Ceramics for Intelligent Terminal

# 智能终端陶瓷

谢志鹏 / 编著

清华大学出版社
北京

## 内容简介

智能终端陶瓷是指应用于移动智能终端产品（如智能手机，智能穿戴设备）外观结构件的各种精密陶瓷材料。目前，使用最多的陶瓷材料是具有高强度、高韧性、耐磨耐蚀、质感温润如玉，便于无线充电和5G通信的纳米微晶氧化锆陶瓷以及在氧化锆中添加氧化铝或各类高温着色剂而形成的纳米复相陶瓷或各种彩色氧化锆陶瓷外观件。此外，还包括可用于智能手机与智能手表显示屏用透明陶瓷和单晶氧化铝蓝宝石。

本书全面阐述了近20年来精密陶瓷在各种智能手机和智能穿戴产品中的应用及发展历程，介绍了各种智能终端陶瓷的纳米粉体合成技术及检测分析，陶瓷外观件的各种成型工艺，烧结技术与热工设备，以及各种精密加工方法和研磨抛光技术。此外对国内外彩色氧化锆陶瓷的制备技术及各类着色剂做了详细论述，并对陶瓷的力学、热学、电学、物理性能的分析测试，以及陶瓷结构件的外观检测进行了系统的讨论。

本书适合高等院校与科研机构中与材料相关专业的师生阅读，也可供从事氧化锆等先进陶瓷研发和陶瓷结构件生产加工的工程技术人员参考。



**图书在版编目（CIP）数据**

智能终端陶瓷/谢志鹏编著．—北京：清华大学出版社，2021.10
ISBN 978-7-302-58856-6

Ⅰ.①智…　Ⅱ.①谢…　Ⅲ.①陶瓷复合材料—应用—智能终端—研究　Ⅳ.①TP334.1

中国版本图书馆CIP数据核字(2021)第158278号

**责任编辑**：黎　强
**封面设计**：傅瑞学
**责任校对**：赵丽敏
**责任印制**：杨　艳

**出版发行**：清华大学出版社
**网　　址**：http://www.tup.com.cn，　http://www.wqbook.com
**地　　址**：北京清华大学学研大厦A座　　**邮　　编**：100084
**社 总 机**：010-62770175　　**邮　　购**：010-62786544
**投稿与读者服务**：010-62776969，c-service@tup.tsinghua.edu.cn
**质量反馈**：010-62772015，zhiliang@tup.tsinghua.edu.cn
**印 装 者**：北京博海升彩色印刷有限公司
**经　　销**：全国新华书店
**开　　本**：185mm×260mm　　**印　　张**：27.25　　**字　　数**：658千字
**版　　次**：2021年10月第1版　　**印　　次**：2021年10月第1次印刷
**定　　价**：198.00元

产品编号：091531-01

# 作者简介

谢志鹏，男，工学博士，清华大学材料学院教授、博士研究生导师。曾任清华大学“新型陶瓷与精细工艺国家重点实验室”副主任，现为美国陶瓷学会会员，中国机械工程学会工程陶瓷专业委员会副理事长兼秘书长，硅酸盐学会工业陶瓷专业委员会副主任，《硅酸盐通报》副主编。

1982年毕业于湖南大学化学化工系，1993年于清华大学材料系获博士学位，1995—1996年在苏黎世瑞士联邦理工学院从事博士后研究工作，1999—2000年在澳大利亚墨尔本莫纳什大学为高级访问学者，2007年在美国中佛罗里达大学和弗吉尼亚理工大学从事合作研究与访问交流。

主要从事精密陶瓷材料的科研与教学工作，研究方向包括：纳米陶瓷粉体及纳米复相陶瓷、彩色氧化锆陶瓷、陶瓷部件精密注射及凝胶注模成型、陶瓷材料先进烧结技术，陶瓷自增韧、透明陶瓷、金属陶瓷、超高强度陶瓷和高导热陶瓷等制备技术。作为课题负责人，先后承担国家“863”项目、国家“973”项目、国家自然科学基金和科技部重点研发项目等国家级课题10余项。

已在国内外期刊和学术会议上发表学术论文200余篇，出版学术专著《结构陶瓷》一部(100万字)，申请和获得授权的国家发明专利近40项；先后获得教育部科技进步奖一等奖，国家教委技术进步奖二等奖，2005年获得国家技术发明奖二等奖。

# 前　言

智能终端陶瓷是指应用于智能终端产品的各种精密陶瓷材料及外观结构件，目前应用最多的领域就是智能手机和智能穿戴设备。在智能手机上的应用包括陶瓷背板、陶瓷中框、指纹识别陶瓷片，也包含手机显示屏用的单晶氧化铝（蓝宝石）和透明陶瓷。而在智能穿戴方面的应用包括智能手表上的陶瓷表圈、陶瓷后盖、陶瓷表链以及智能手环的外观陶瓷件。

由于精密陶瓷材料具有金属和塑料无可比拟的优异特性，特别是近几年伴随5G通信和无线充电的快速发展，智能终端陶瓷得到广泛应用和市场的高度关注。

本书共分8章，第1章对智能终端陶瓷的发展历程、现状和趋势进行了详尽概述；第2章详细介绍了纳米陶瓷粉末的湿化学法合成，磨细，喷雾干燥造粒等制粉工艺技术以及粉体理化特性的各种分析和表征方法；第3章系统介绍了智能手机、智能穿戴用陶瓷外观件的主要成型工艺，包括干压、温压、冷等静压、精密注射成型、流延成型、凝胶注模成型；第4章从理论与实际应用层面介绍了精密陶瓷的烧结技术与相应烧结设备及功能；第6章对陶瓷结构件的各种磨削、研磨、抛光等加工方法及加工设备进行了全面介绍；第7章详尽介绍了陶瓷材料和智能手机陶瓷背板的力学性能、热学特性、介电性能、物理性能及其测试方法；第8章就陶瓷结构件的几何精度、尺寸精度、表面粗糙度及外观检测方法进行了分析；本书的第5章，从陶瓷呈色机理及高温着色剂合成入手，全面系统论述了目前应用广泛的彩色氧化锆智能终端陶瓷的制备技术及各种新工艺新方法。

本书由谢志鹏主笔并负责统稿和定稿，课题组的几位博士研究生参与部分章节的编写。其中胡尊兰博士参与2.7节～2.10节的编写，安迪、胡丰、刘剑、许靖堃四位博士分别参与第4章、第6章、第7章、第8章的编写。此外，硕士研究生董其政、彭子钧、朗杰夫、侯庆冬、余诺婷参与了文献资料整理与文字校对等工作，在此一并致谢。

本书的编写一方面得益于作者长期在先进陶瓷材料领域的研究工作积累，另一方面作者进行大量实际调研，同时参考了国内外近20年来的许多文献资料及会议报告。在此，谨向本书所引用的参考文献的原作者表示谢意。

本书各章的安排与编写，强调理论与实践并重，内容阐述力求深入浅出、语言流畅、通俗易懂；特别是注重图文并茂，书中的图表达到600多幅，从而使本书在兼顾知识性和专业性基础上更具有可读性。

由于水平有限，书中不当之处在所难免，敬请广大读者批评指正。

作　者

2020年11月于北京清华园

# 目　录

# 第1章　绪　　论

## 1.1　智能终端陶瓷概念及特点

### 1.1.1　智能终端

智能终端即移动智能终端的简称，由英文 smart phone 及 smart device 于 2000 年之后翻译而来。

智能终端主要包括智能手机、可穿戴设备、笔记本、掌上电脑等。其中在我们生活中使用最多的就是智能手机(smart phone)。从 20 世纪 90 年代初到今天手机已从功能性手机发展到以安卓，IOS 系统为代表的智能手机时代。它是一种可以在较广范围内使用的便携式移动智能终端，并且已发展至 4G 时代，而且已开始步入 5G 时代。

其次是智能穿戴设备，即可穿戴设备，主要包括智能手表、智能手环、智能项链、智能戒指、智能眼镜等可穿戴设备。智能终端开始与时尚挂钩，人们的需求不再局限于可携带，更追求可穿戴，智能手表、手环、眼镜都有可能成为智能终端。

### 1.1.2　智能终端陶瓷

智能终端陶瓷是泛指应用于智能终端产品的各种精密陶瓷材料及外观件，目前应用最多的领域就是智能手机和智能穿戴设备。在智能手机上的应用包括陶瓷背板、陶瓷中框、指纹识别陶瓷薄片，也包含手机显示屏用的单晶氧化铝(蓝宝石)和透明陶瓷。

而在智能穿戴方面的应用包括智能手表上的陶瓷表壳、陶瓷表链、陶瓷后盖、智能手环和项链的外观陶瓷件，图 1-1 为在智能手机和穿戴设备上使用的各种陶瓷件。

图 1-1　智能手机与可穿戴设备使用陶瓷外观件

智能终端陶瓷目前应用最多的是高强度高韧性的纳米氧化锆陶瓷材料,这是一类通过在 $ZrO_2$ 晶格中引入 $Y_2O_3$(或 $CeO_2$、MgO)等稳定剂的相变增韧陶瓷。1975 年,澳大利亚科学家 R. C. Garvie 等人在国际顶级学术期刊 *Nature* 上发表一篇题为"Ceramic Steel"(陶瓷钢)文章,首次报道了添加 MgO 的部分稳定氧化锆陶瓷(简称 Mg-PSZ),其显微结构特征是在立方相 c-$ZrO_2$ 晶粒基体内析出细小透镜状的亚稳态 t-$ZrO_2$ 晶粒,使其力学性能大幅度提高,抗弯强度由传统氧化锆陶瓷的 250MPa 提高至 600~700MPa,断裂韧性可达 10MPa·$m^{1/2}$。

随后陶瓷材料科学家研究发现了力学性能更为优异的掺杂 2%~3%(摩尔分数) $Y_2O_3$ 作为稳定剂的四方多晶氧化锆陶瓷(简称 Y-TZP)。这种 Y-TZP 陶瓷显微结构特征是内部几乎全部由 500nm 以下的细小亚稳态 t-$ZrO_2$ 晶粒组成。

由最初的氧化镁部分稳定氧化锆(简称 Mg-PSZ)发展到现今的氧化钇稳定的四方多晶氧化锆陶瓷(简称 Y-TZP 或 Y-$ZrO_2$),这种引入 2%~3%(摩尔分数) $Y_2O_3$ 的 Y-$ZrO_2$ 陶瓷材料的三点抗弯强度已可达到 1800MPa,断裂韧性达到 15MPa·$m^{1/2}$,从 2m 高自由摔落下来不会破裂;同时具有优异耐磨损、耐刮痕、耐腐蚀、绝缘以及较高的介电常数等特点。

此外,氧化锆陶瓷具有温润如玉的质感和丰富多彩的颜色,掺入 $Y_2O_3$ 稳定剂的 Y-$ZrO_2$ 陶瓷通常为白玉色,但通过引入其他着色离子可以获得黑色、蓝色、深绿色、粉红色、巧克力色等数十种美丽的颜色,如日本 TOSOH(东曹公司)就可以提供 30 余种颜色的氧化锆粉料,图 1-2 表示部分彩色氧化锆陶瓷样本。

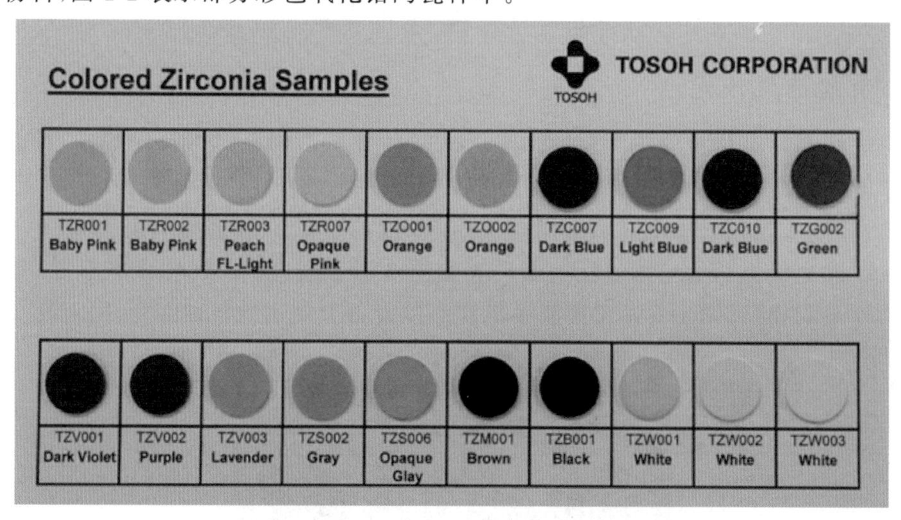


图 1-2 日本 TOSOH 开发的彩色氧化锆样板

正是由于纳米氧化锆陶瓷同时具有上述这些优异的力学性能、绚丽多姿的色彩、温润如玉的高贵质感,从而成为智能手机机身、可穿戴设备外观件、快速解码指纹识别片的最佳材料。

此外,在 Y-$ZrO_2$ 陶瓷中还可以引入 $Al_2O_3$、$SiO_2$ 等少量其他成分来改善 Y-$ZrO_2$ 陶瓷的力学性能和介电性能。例如在 Y-$ZrO_2$ 陶瓷中引入少量的 $Al_2O_3$ 可以降低 Y-$ZrO_2$ 材料的介电常数,甚至提高其抗弯强度和断裂韧性。这就是 $ZrO_2/Al_2O_3$ 复相陶瓷,也是目前一种应用较多的智能终端陶瓷。

除了上述纳米 $ZrO_2$ 多晶陶瓷外，单晶氧化铝蓝宝石和多晶氧化铝（$Al_2O_3$）、阿隆（AlON）、镁铝尖晶石（$MgAl_2O_4$）等透明陶瓷也可以用作智能终端的触摸屏或外观件。例如 $Al_2O_3$ 单晶的蓝宝石已用于智能手机和智能手表的显示屏，高强度的透明陶瓷也可以用作显示屏或背板等外观件，如图1-3所示。

单晶蓝宝石

蓝宝石手机屏

透明陶瓷表盖

图1-3 蓝宝石和高强度透明陶瓷

### 1.1.3 智能终端陶瓷与5G通信和无线充电

近几年智能终端陶瓷得到快速发展和市场的高度关注，主要源于精密陶瓷材料具有其他智能终端材料（如金属、塑料）所不具备的一些优异性能和特点，并且可以满足5G通信及无线充电的发展趋势。

5G通信需要智能手机外壳去金属化

随着步入5G时代，由于5G通信采用3GHz以上的无线频谱，智能手机的天线结构将比4G更为复杂，信号传输量更大，传输速度更快；而目前手机外壳广泛使用的铝镁合金因其对信号屏蔽作用强，无法满足5G信号传输的要求，也不可进行无线充电，而陶瓷材料对信号屏蔽小，便于无线充电，天线结构易于设计。

无线充电技术要求后盖非金属化

无线充电技术主要通过磁共振、电场耦合、磁感应和微波天线传输技术实现。由于目前金属机壳对电磁场有屏蔽和吸收作用，会影响无线充电的传输效率，所以无线充电功能不能用在金属后盖手机和智能手表中。

但是电磁波可以顺利穿过陶瓷、玻璃、塑料等非金属材料，所以智能手机和手表要实现无线充电功能，就必须采用陶瓷和玻璃后盖，塑料虽然也可使用，但易老化；可见无论是5G通信还是无线充电，陶瓷材料可以很好地解决信号传输问题，图1-4为陶瓷材料在智能手表无线充电中的应用。

陶瓷具备玻璃和塑料所没有的独特魅力

如前所述，智能手机可采用的非金属材料机身外壳主要包括陶瓷、玻璃、塑料复合材料。塑料及复合材料易于加工，成本较低，但其质感略差，通常在中低端手机外壳中应用较多。

玻璃背板近几年在智能手机中也得到较多应用，如 iphone 8、三星 Note 8/S8、荣耀9、

图 1-4 陶瓷材料在智能手表无线充电中的应用

小米 6 等品牌。玻璃机身的优点主要包括不会屏蔽手机信号，质感与手感较好，但其缺点主要在于易碎、易产生划痕，因为玻璃是一类二氧化硅的非晶材料。全球最大的手机玻璃供应商美国康宁公司推出了第五代大猩猩玻璃，虽然其强度得到了提升，不过其硬度还是要低于砂粒，容易产生划痕。此外，玻璃加工难度比金属大，特别是弧面和手机中框等加工困难；再就是钢化玻璃断裂容易形成条纹状断裂纹路，容易崩边。

采用稀土 $Y_2O_3$ 作稳定剂的 Y-$ZrO_2$ 纳米陶瓷的抗弯强度通常达到 1000MPa 以上，要大于玻璃背板，断裂韧性也是玻璃的 2 倍，弹性模量和维氏硬度也远高于玻璃，分别为 210GPa 和 1300Hv，而康宁玻璃仅为 50GPa 和 583Hv，显然陶瓷的耐磨损和耐刮痕性能都优于玻璃。

从结构设计上看，在相同强度下陶瓷背板比玻璃薄，可以减薄约 40%，给手机结构设计留下更大的施展空间。此外，陶瓷背板表面可通过加工得到多种表面效果，如亮光、亚光、拉丝等机械纹理；表面还可以进行激光、PVD 镀膜、丝印、喷漆以及边缘的 C 角、R 角处理等。特别是纳米氧化锆陶瓷背板拥有钻石般光泽和温润如玉的质感，显示其高雅和独特魅力。

## 1.2 智能终端陶瓷的发展与应用

### 1.2.1 智能手机陶瓷外观件的发展

#### 1.2.1.1 发展初期

手机上采用精密陶瓷外观结构件已有十余年历史了。早在 2007 年传统的按键手机时代，西门子一款高端 S68 型号手机的背盖和侧面按键就采用了纳米氧化锆亚光陶瓷。随后在 2009 年，全球首家以精湛手工技艺闻名于世的尊贵通信产品制造商 Vertu 发行了限量版 Constellation Pure Collection 手机系列。Vertu 凭借率先采用的彩色陶瓷再一次突破手机材质技术的界限，推出了纯黑、纯白、巧克力色陶瓷外观件，如图 1-5(a)所示。

2014 年初，一款售价为 5999 元的商务翻盖手机——金立天鉴 W808 发布。该手机除了配备四核处理器，800 万像素背照式摄像头以及经典翻盖造型外，外屏还采用了蓝宝石材质，后盖则应用高强度的纳米陶瓷，屏幕边框采用了金属材质并应用金属拉丝工艺，手感一流，在光线照射下呈现金属与陶瓷的硬朗与温润的效果，整体造型奢华贵气，如图 1-5(b)所示。

(a) (b)

图 1-5 按键手机用陶瓷外观件

(a) Vertu 手机黑白陶瓷外观件；(b) 金立手机黑色陶瓷盖板

2014 年下半年华为推出 P7 典藏版限量发售手机，该款手机选用了市场期望值很高的蓝宝石屏幕，提升屏幕的抗刮损能力，后盖则采用了 2D 黑色氧化锆陶瓷材料，高贵大气，见图 1-6。

2014 年 12 月酷派旗下的 ivvi S6 在郑州正式发布。S6 作为 ivvi 时尚旗舰产品，一大卖点是采用陶瓷材质，灵感来自于香奈儿当季手表设计，手感光滑细腻，耐磨性也更强，加上做工精湛的金属边框让 ivvi S6 既有超薄机身，同时机身坚固度也有保证。将陶瓷背板与金属边框两种材质完美地融合，带给用户强烈的个性魅力，如图 1-7 所示。

图 1-6 华为 P7 典藏版手机 2D 黑色氧化锆陶瓷背板

图 1-7 酷派旗下 ivvi S6 陶瓷背板手机

2015 年 10 月一加科技在北京举办发布会，发布了一加手机黑白陶瓷版，背板使用了陶瓷材质，配合边缘的特殊切割工艺，显得更加晶莹剔透，见图 1-8。

如上所述，在 2016 年前，虽然先后有多款陶瓷版手机发布上市，但由于大都为典藏版或限量版，出货量非常小，宣传报道也有限，因此大多数手机使用者对陶瓷版手机了解和认知并不多。

#### 1.2.1.2 发展成熟期

小米手机无疑是全球第一个将陶瓷背板手机推向潮流的品牌。从 2016 年开始，小米先

图 1-8 一加陶瓷版智能手机

后发布过的陶瓷版手机有小米 5 尊享版、小米 6 尊享版、小米 MIX、小米 MIX 2 标准版及尊享版；特别是 2018 年小米公司先后发布多款彩色陶瓷版手机，将陶瓷版手机推至一个新的高度。

2016 年 2 月 24 日，小米首次发布了陶瓷后盖的小米 5 尊享版手机(见图 1-9(a))，该手机为一整块 2.5D 陶瓷背板，背部除了摄像头模块和小米的 Logo 没有任何其他内容，非常简洁，手感细腻和精致。小米 5 尊享版搭载了 2.15GHz Snapdragon 820 处理器，4GB RAM 和 128GB UFS 2.0 存储器，前置摄像头为 400 万像素，后置摄像头则是 1600 万像素，支持 4 轴光学防抖功能。尽管陶瓷尊享版前期出货量较少，但陶瓷机身市场化运作已然成功。

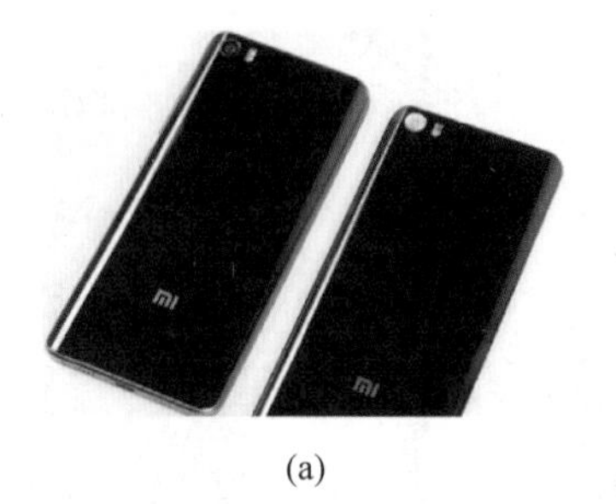

(a)

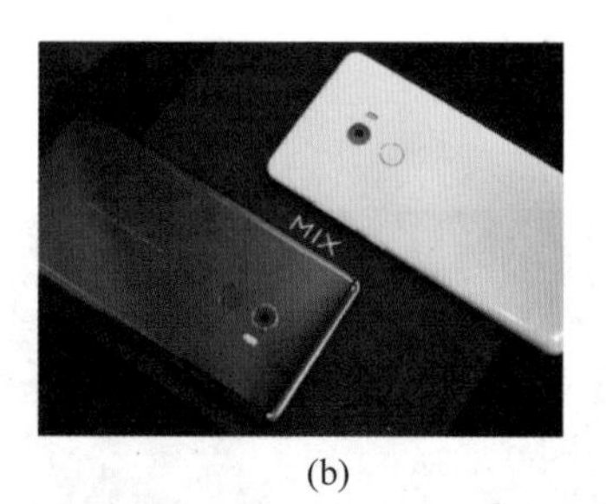


(b)

图 1-9 小米 5 尊享版和小米 MIX 陶瓷版手机

(a) 小米 5 尊享版 2.5D 陶瓷背板；(b) 小米 MIX 首款全陶瓷机身加全面屏

2016 年 10 月 25 日，大胆探索陶瓷黑科技的小米公司又发布了一款概念手机叫小米 MIX，是小米首款全陶瓷机身加全面屏手机，这款手机不仅后盖、边框、甚至按键都使用陶瓷材料。通过榫、卯式结构设计，将屏幕、陶瓷边框、陶瓷背板紧密稳固地连在一起，外观极致纯粹，触摸起来浑厚如凝脂。2017 年，小米 MIX 被芬兰博物馆收藏并称它指明了智能手机未来设计的方向。这种精密陶瓷工艺与极简设计在小米 MIX 身上完美融合，使这款手机在当时引发了一股陶瓷手机浪潮，图 1-9(b)为小米 MIX 全陶瓷机身设计。

小米基于对陶瓷机身工艺积累的大量商用经验，于 2017 年 4 月 19 日推出了小米 6 陶瓷尊享版手机，采用“明如镜，颜如玉”的首款四曲面陶瓷机身(见图 1-10)，如艺术品般精致璀璨。

2017 年 9 月，小米 MIX 2 标准版与尊享版两款陶瓷手机的发布可谓惊艳全场，打破了

图 1-10 小米 6 四曲面陶瓷尊享版手机

小米一直以来只在尊享版发布陶瓷手机的模式，这也意味着陶瓷背板不再受产品良率的制约，产能问题得到解决。

小米 MIX 2 标准版的陶瓷后盖加金属中框的工艺相对容易把控，但是全陶瓷 Unibody 的小米 MIX 2 尊享版的加工难度就比较高了。整片屏幕镶嵌在一整块陶瓷中，手机从未如此简约和更富有流动感，如图 1-11 所示；小米 MIX 2 仍出自全球最负盛名的设计大师菲利普·斯塔克之手。斯塔克说“小米 MIX 2 是一款完美的手机，是我毕生设计的巅峰之作”。

对于这款小米 MIX 2，在央视 CCTV 2 特别播出的“品质中国进行时”专题节目中，以小米 MIX 2 全面屏和全陶瓷机身为例，介绍中国手机行业的技术创新。央视媒体展示了陶瓷版手机的硬度和抗冲击强度所带来的震撼，先后采用钥匙尖头，硬钢小刀，甚至电钻对厚度仅为 0.4mm 左右的陶瓷后盖进行高强度的冲击，但都完好无损。图 1-12 为央视“品质中国进行时”用电钻对陶瓷背板进行冲击的实况照片。

图 1-11 小米 MIX 2 尊享版 Unibody 陶瓷款手机

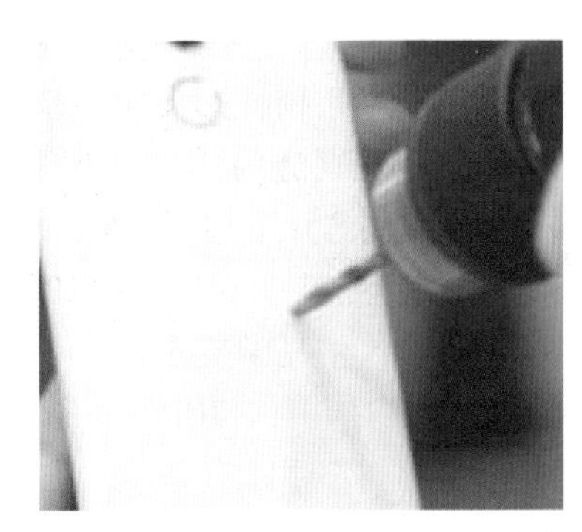

图 1-12 陶瓷背板可承受电钻冲击

此外，初上科技在 2017 年也推出整机一体陶瓷艺术手机，基于对古典品质陶瓷工艺的尊重，邀请著名陶瓷大师进行釉彩手绘作图，使每一部手机都散发着简约纯粹的晶莹之美，完美诠释了陶瓷的魅力，见图 1-13。

2018 年 3 月，OPPO 举行新品媒体沟通会，正式发布了新一代全面屏旗舰手机——OPPO R15 系列。其中一款颜值超高工艺精湛的版本 OPPO R15 陶瓷黑梦境版，如图 1-14 所示。可以看到，OPPO R15 陶瓷黑梦境版通体黑色，给人一种深邃、内敛、大气的视觉感受，同时得益于陶瓷材料更高的硬度，更沉稳的质感，看上去就让人觉得手感很好。

2020 年 3 月华为召开华为 P40 系列 5G 手机的全球线上发布会，其中经典款的陶瓷黑和陶瓷白的华为 P40 Pro+率先亮相，如图 1-15 所示。华为 P40 Pro+后盖采用纳米晶粒的

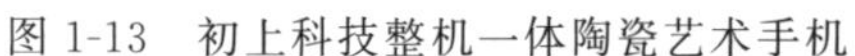

图 1-13　初上科技整机一体陶瓷艺术手机

图 1-14　OPPO R15 陶瓷黑梦境版智能手机

图 1-15　华为 P40 Pro+陶瓷版 5G 手机

氧化锆陶瓷材料，陶瓷背板和金属中框的无缝对接，整体轻巧，温润如玉，其硬度接近蓝宝石但抗弯强度和断裂韧性远高于蓝宝石晶体，耐磨性优异，经久耐用，手感丝滑，表面经过研磨抛光后如钻石般剔透闪耀。硬件层面，华为 P40 Pro+搭载了采用 7nm 制程的顶级麒麟 990 5G 芯片，该芯片采用 16 核心的 G76 GPU，创下华为手机芯片的 GPU 规模之最，在 5G 网络的支持下，麒麟 990 5G 芯片将处理器和基带合二为一，支持 3G/4G/5G 全网通。该 5G 手机支持 10 倍光学变焦，20 倍混合变焦以及最高 100 倍数字变焦。

2020 年 3 月 6 日，OPPO 举行 5G 手机新品发布会，正式推出了 Find Ⅹ2 和 Find Ⅹ2 Pro 两款机型，同时拥有陶瓷、玻璃材质。其中 Find Ⅹ2"夜海"陶瓷版手机采用高强度、高韧性的复合氧化锆陶瓷，并应用拼接间色，在成型阶段实现两种颜色的拼接纹理，如同海与夜的交汇，之后运用微米级丝光镭雕工艺，实现全新的光栅纹理设计，经过仿釉质打磨，使陶瓷的光感和质感如丝绸般舒适，Find Ⅹ2 绸缎黑则是全新丝光陶瓷质感，如图 1-16 所示。

图 1-16　OPPO Find Ⅹ2 Pro 绸缎黑陶瓷版手机

#### 1.2.1.3　彩色陶瓷背板的发展

2018 年，小米携手敦煌研究院和潮州三环集团联合推出了小米 MIX 2S 翡翠色艺术版，开创了智能手机的彩色陶瓷时代。

色彩和灵感来源于敦煌壁画保留最多最好的翡翠色，该色料源自天然矿物孔雀石。古匠人云：次等宝石做珠宝，上等宝石做原料。这也是壁画千年不褪色，鲜艳如初的奥秘所在。

小米 MIX 2S 四曲面陶瓷背板翡翠色彩非常浓郁，肉眼可以说发现不了任何瑕疵，背板在阳光照射下，翡翠色会显出泛泛的蓝色，非常有质感。该款手机采用 5.99 英寸(1 英寸＝2.54cm)分辨率为 2160×1080 的高清屏幕，支持阳光屏，夜光屏和护眼模式。所用高通骁龙 845 处理器＋8G 内存＋256G 储存，也是智能手机的顶级标准了，售价为 3999 元，如图 1-17 所示。

图 1-17 小米 MIX2S 四曲面翡翠色陶瓷版手机

同年 10 月，小米与故宫博物院合作研制的小米 MIX 3 故宫特别版宝石蓝陶瓷版手机问世，见图 1-18。宝石蓝的灵感来自于明宣德三大上品色釉"霁蓝釉"，霁蓝釉又称宝石蓝釉，蓝如宝石般澄净珍贵，堪称陶瓷国宝色。该款手机还将祥瑞神兽"獬豸"铭刻于机身，精细如鎏丝，文雅隽永。

图 1-18 小米 MIX 3 故宫宝石蓝陶瓷版手机

小米 MIX 3 故宫版，宝石蓝陶瓷后盖增加一个"獬豸"Logo，"獬豸"是故宫镇殿五脊六兽之一，传说中长有一角，能区分正直与邪恶，被视为可驱害压邪的祥瑞神兽。该款手机为滑盖全面屏，10GB＋256GB 超大内存，搭载后置 AI 双摄加前置 2400 万柔光双摄，支持 960 帧慢动作摄影，支持超级夜景，支持光学变焦，四轴光学防抖。

2020 年 5 月在魅族 17 系列 5G 旗舰店发布会上，最引人注目的是黑、白、天青色三款陶瓷板手机，尤其是"天青"色陶瓷背板的魅族 17 Pro 5G 手机，如图 1-19 所示，该机采用高通骁龙 865＋8G＋128G/256G UFS 高速闪存方案，内置 4500mAh 电池，支持 27W 无线快充，无线反充，采用 6400 万全场景四摄方案＋2000 万像素前置摄像头，支持超级夜间模式。

图 1-19 魅族 17 Pro 陶瓷背板 5G 手机

与此同时，OPPO Find X2 Pro 系列新推出一款“竹青”色陶瓷背板 5G 手机，色调上比正常的绿色更淡，更像是介于蓝绿之间的青色，而且采用了喷砂工艺，实现了亚光效果，其质感更显内敛、含蓄、淡雅清新，如图 1-20 所示。

图 1-20 OPPO Find X2 Pro“竹青”色陶瓷背板 5G 手机

## 1.2.2 国外手机陶瓷背板的发展

近几年除了小米和 OPPO 多款陶瓷版手机发布面世，一些海外高端品牌手机也在不断尝试和应用陶瓷新材料。

2017 年，由安卓系统创始人即安卓之父安迪·鲁宾(Andy Rubin)潜心研发的陶瓷版手机 Essential Phone 终于面世，售价为 4600 元 Essential Phone 采用了大胆的想法，将无边框的全面屏陶瓷和钛金属这样的顶级材料糅合在机身外壳；配置方面，Essential Phone 搭载骁龙 835 处理器，内置 4GB 内存和 128GB 存储，5.7 英寸 2560×1312QHD 分辨率屏幕及 3040mAh 容量电池，该手机正面屏幕几乎覆盖整个顶端，只剩下一个前置 800 万像素摄像头，虽然底部留有一定的空间，但屏幕面积比三星电子的 Galaxy S8 还大，几乎可以说是市面上最接近全屏的智能手机。不过，出色的硬件配置并不是这款手机所有的卖点，其致力于打造一个配件的生态系统。Essential Phone 的背部有两个磁性接头，用来支持 360 度相机镜头以及充电 Dock 等配件，如图 1-21 所示。

由于这款安卓手机的中框是钛合金打造，拥有比铝合金更高的强度，背部是一整块陶瓷，其硬度和强度比玻璃还高，保证其能在坠落后完好。测试表明，即使第五代大猩猩玻璃屏幕已经破损，然而背部的陶瓷盖板和钛合金中框依然是完好的，没有明显磕痕。

同年，LG 也发布了陶瓷全面屏限量版新款手机。这款 Signature(玺印)的 LG V30 全

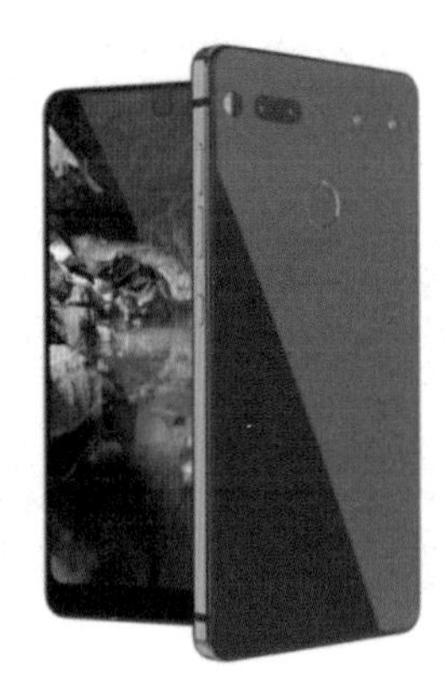

图 1-21　安卓之父陶瓷版手机(黑色与绿色)

球限量版手机共有 300 台,其外观颜值和性能配置都堪称顶级。这款手机采用陶瓷后盖加全面屏设计,颜色以黑色调为主,并以白色调为辅,遵循格调和极简的设计风格,如图 1-22 所示;手机背部除了双摄之外,还有一后置指纹识别模块,除了配置强大外,还支持无线充电技术。该款手机只在韩国出售,价格在 200 万韩元,约合 1.21 万元人民币。

图 1-22　LG 陶瓷全面屏限量版手机

2019 年 2 月,陶瓷版手机再次震撼登场,作为全球手机行业巨头之一的三星 Galaxy S10 系列隆重发布。该系列手机的顶配 Galaxy S10＋不仅有 5G,还有陶瓷机身及 12GRAM。三星 Galaxy S10＋陶瓷机身外壳优势在于经过特殊处理,不仅防划伤性能更优异,而且耐摔,在摔落时不易开裂;陶瓷后盖还可以完美实现无线充电,解决了金属后盖的不足(见图 1-23)。

Galaxy S10＋手机背板上有陶瓷黑和陶瓷白两种色调,陶瓷外观件制备来自中国的潮州三环集团和深圳比亚迪公司。Galaxy S10 顶级版系列之所以采用陶瓷背板,显然,也是看重陶瓷材料的高硬度、高强度、高韧性、可显著降低表面刮伤几率,并且有温润凝脂的厚重质感,更显其高端尊贵。可见一个品牌的格调很重要,驾驭高端手机产品,陶瓷背板是一个较为理想的配置,这意味着随着 5G 的到来,陶瓷新材料有望正式进入千万部手机旗舰产品序列。

图 1-23 三星 Galaxy S10+黑白陶瓷机身外壳

### 1.2.3 智能穿戴陶瓷外观件的发展

智能穿戴产品形态各异，但主要包括智能手表、智能手环、智能眼镜、智能耳机及其他智能佩戴产品。智能穿戴产品涉及信息娱乐、医疗卫生、运动健康等。互联（NFC、wifi、蓝牙、无线），人机接口（语音、体感），传感（人脸识别、地理定位、各类体感器）是该类产品的常见功能。

2017 年全球智能可穿戴产品出货量约 3.1 亿台，比 2016 年增长了 16.7%，市场规模达到 305 亿美元。而随着消费升级以及 AI、VR、AR 等技术的逐渐普及，可穿戴设备已从过去的单一功能迈向多功能，同时具有更加便携实用等特点。智能可穿戴设备在医疗保健、导航、社交网络、商务和媒体等许多领域有众多的开发应用，并能通过不同场景的应用给未来生活带来改变。

我国智能可穿戴设备行业在 2017 年的产量约 5880 万台，比 2016 年的 4440 万台增长了 32.43%。预计 2021 年消费规模将达到 1 亿台左右。上述可穿戴产品中以智能手表和手环为主。智能眼镜由于技术门槛高，实现的功能也最为复杂，尚处于初级阶段。

#### 1.2.3.1 陶瓷智能手表

据统计，2018 年全球智能手表出货量创下 4500 万台的历史新高，其中苹果公司的 Apple Watch 以 2250 万台排名第一，占市场份额的 50%；美国的 Fitbit 公司以 12.2%的市场份额位列第二；接下来是韩国三星、北京佳明 Garmin、深圳华为、Amazfit 华米科技等公司。

智能屏幕手表一般都采用 OLED 屏幕，触摸屏盖板则为蓝宝石或康宁玻璃，表壳、表圈及背板材料主要有不锈钢、陶瓷、合金；表带材质则有金属、硅胶、陶瓷等。纳米氧化锆陶瓷与金属及塑料相比具备耐磨损、耐锈蚀、对皮肤不过敏、亲肤性好、佩戴舒适且外观温润手感好等优点，更适用于智能可穿戴设备，再加上可穿戴设备的气密性和防水性决定它们大都采用无线充电方式；用陶瓷材料做后盖等外观件，信号屏蔽小，不会影响内部的天线布局，可以方便一体成型，不必像铝镁合金一样做成难看的分段式结构，显然优于金属材质。

早在 2015 年，苹果手表 Apple Watch 上市，就首次采用了纳米氧化锆陶瓷材料作为智能手表的后盖。这种黑色圆形氧化锆陶瓷后盖主要由长沙的蓝思科技公司提供，如图 1-24 所示。随后，2016 年苹果发布精密陶瓷款的 Apple Watch Edition 2，Apple Watch Series 2

为磁吸式无线充电底座和 5 伏安的充电头；采用了全新的防水外壳，最大防水深度达到 50m，并搭载了全新的双核处理器，比上一代处理器要快 50%；图形处理能力翻倍，而显示屏幕的亮度最大可达 1000 尼特（cd/$m^2$，又称平方烛光），强烈阳光下手表屏幕也能清晰可见，但一般情况下并不会有那么高的亮度。普通版 Apple Watch Series 2 起售价为 2888 元，但陶瓷表壳的 Apple Watch Series 2 售价为 9588 元，凸显纳米陶瓷的尊贵。对于如此高的价格，苹果方面的解释是“拥有璀璨亮泽的陶瓷表壳，彰显匠心工艺，其硬度为不锈钢的 4 倍，表面如珍珠般闪耀，不易刮伤和失去光泽”。

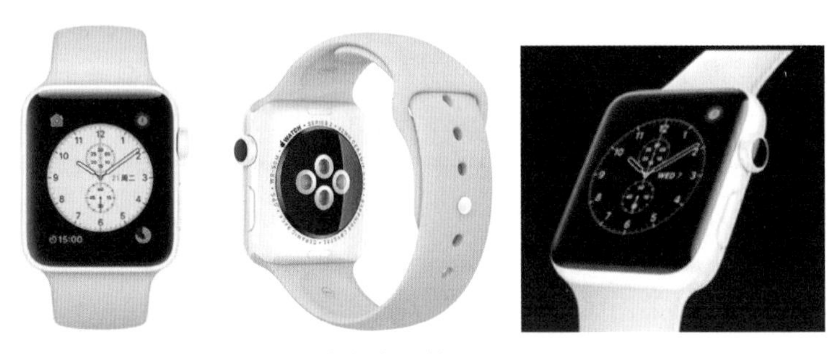

图 1-24　苹果手表精密陶瓷款的 Apple Watch Edition 2

2017 年的 Apple Watch Series 3 和 Apple Watch Series 4 都采用了陶瓷后盖设计，见图 1-25。这样既便于无线充电，佩戴舒适性又好。自从苹果的 Apple Watch 采用陶瓷作为后盖以来，精密陶瓷在可穿戴设备中的应用开始暴增。

图 1-25　Apple Watch Series 3 和 Apple Watch Series 4 陶瓷外壳

小米手表的制造商华米科技于 2016 年在业内率先推出 Amazfit 品牌首款全陶瓷表圈运动手表，以及后来的 Amazfit 智能运动手表，表圈都采用了氧化锆陶瓷，见图 1-26。华米

图 1-26　Amazfit 智能运动手表（氧化锆陶瓷表圈）

Amazfit 运动手表采用 GPS+GLONASS 双星定位，可以精确记录实时轨迹、里程、海拔、步频、配速等专业运动数据。由于采用了 28nm 工艺芯片及配合 280mAh 大容量锂电池，在 GPS 连续跑步模式下全程开启及心率监测续航时长高达 35h。

华米 Amazfit 运动手表采用了氧化锆陶瓷外观设计，陶瓷表圈的高硬度可有效避免运动及日常生活中的磨损和刮擦；硅胶运动腕带的排汗槽结构可以有效排除运动中产生的汗水，让皮肤保持干爽舒适。

陶瓷表圈的设计解决了运动手表行业的一大痛点。现今众多运动爱好者越来越重视手表的佩戴体验，运动手表不仅仅是为了检测运动数据，良好的佩戴感也非常重要。摒弃金属表圈，陶瓷材质不仅能把手表的整体重量控制在合理范围内，而且耐磨损、亲肤性好。华米运动智能手表同小米 MIX 陶瓷版手机一样采用极简的设计理念，全陶瓷表圈加全玻璃覆盖的工艺，全身只有一颗隐藏式的按键，手表的四个表耳采用了冶金粉末锻造工艺成型，悉心打磨，金属陶瓷化的设计让华米运动手表散发出迷人的气质，温润如玉的质感更显尊贵。

2015 年 3 月华为发布了首款智能手表 Huawei Watch。第一款华为智能手表传承传统手表的圆形经典设计，同时采用了 42mm 接近于传统手表直径的尺寸，工艺和材质也按照世界名表的级别打造。用蓝宝石作为触摸屏的盖板，内置一颗高通骁龙 400 处理器，512M 运行内存，4GB 存储空间支持 Android 4.3 及以上版本，并内置了蓝牙 4.1、心率传感器、运动传感器、气压传感器等。

进入 2017 年，各大智能手表厂商再一次重磅发力，推出了各自智能手表的升级版，以运动健康领域为主打核心的智能手表热度再次攀升。除了老牌苹果手表，华为推出了保时捷设计版智能手表，给喜欢 Android Wear 的用户提供了一种别样的奢华体验。第二代华为智能手表更具运动风，尤其是采用陶瓷表圈，更显厚重感与尊贵感，如图 1-27 所示。Huawei Watch 2 相比于 Huawei Watch 增加了一些新的功能，可以独立拨打电话，收发信息上网，内置 GPS 模块，支持记录和分享运动轨迹，支持各种主流运动类型检测及移动支付，真正实现不带手机出门。

(a)

(b)

图 1-27　华为保时捷设计版智能手表

(a) Huawei Watch 2；(b) 保时捷版智能手表

近两年，高科技陶瓷更是成为华为智能手表不可或缺的重要元素。华为在 2018 年底的荣耀发布会上，除了 V20 旗舰手机，荣耀手表 Magic 系列深蓝陶瓷版和梦幻流沙杏色陶瓷版系列也隆重登场，售价 1299 元。荣耀手表选用了领先业界的 3D 陶瓷制备和精加工技术，经多道工序打造陶瓷表圈。其中流沙杏色陶瓷版采用了纳米氧化锆粉与稀土离子氧化物，经过高温烧结，变色出粉嫩的杏色。这款梦幻系列专为女性设计，如图 1-28 所示。也是 9.8mm 轻薄设计，表径 42.8mm，一周续航，具有移动支付、智能心率监测、科学睡眠管理等功能。

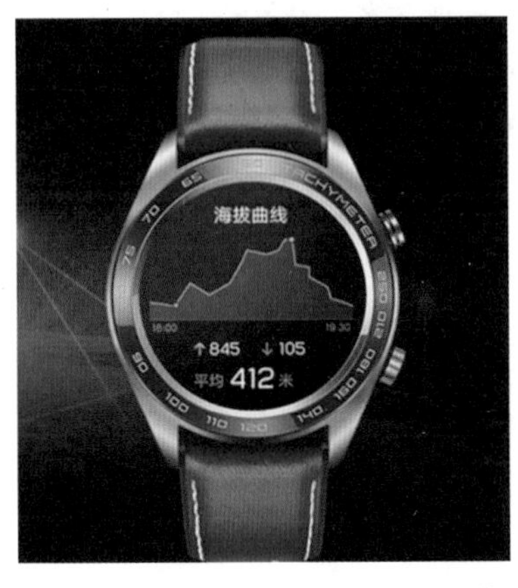

图 1-28　荣耀手表 Magic 系列深蓝陶瓷版和梦幻流沙杏色陶瓷版系列

2019 年 3 月 26 日，华为在法国巴黎召开发布会，在带来华为 P30 系列手机的同时，还特别推出了新款华为 Watch GT 智能手表。采用双皇冠 AMOLED 屏幕，轻巧设计，优雅时尚，搭配传承经典的双表冠不锈钢机身及陶瓷表圈，辅以 DLC 类钻碳镀层，使手表具备高强度与耐磨损等特性，历久弥新，如图 1-29 所示。新一代华为 Watch GT 有 Watch GT Active 和 Watch GT Elegant 两个版本，其中 Watch GT Active 针对运动爱好者设计，具备较大 46mm 表面、更多新款操控接口设计、三项铁人项目追踪功能，电池续航力达 14d，内置加速度感应器、陀螺仪、磁力计、光学心率侦测、环境光感应器和气压计，提供充满活力的橙色与墨绿色的氟橡胶表带选择。

图 1-29　华为 Watch GT 精密陶瓷款智能手表

这种氟橡胶表带材料不仅更亲肤，防水性能和耐脏程度都非常好。而 Watch GT Elegant 顾名思义就是为优雅而生；用上陶瓷表圈，通过业界独创的陶瓷上色工艺，达到幻彩珍珠白和大溪地幻彩黑珍珠效果，见图 1-30。黑色陶瓷表圈遇光反射出“夺睛”紫色，而白色陶瓷表圈搭配钻石等级的切面工艺，经过无数次打磨，精确切割出 48 个小三角切面，在不同角度的光反射下呈现出不同的颜色效果。

除了上述苹果、华为、小米智能手表广泛采用高科技纳米陶瓷材料，其他智能手表厂商也纷纷融入陶瓷元素。例如 2019 年 4 月佳明(Garmin)推出 MARQ 系列高端智能腕表系

图 1-30 华为 Watch GT Elegant 精密陶瓷款智能手表

列，腕表采用陶瓷嵌框设计，最大限度地防止恶劣使用环境下造成的磨损。Garmin 此前也推出了一款采用陶瓷表圈的高尔夫 GPS 腕表 Approach s60 尊享版，如图 1-31(a)所示。

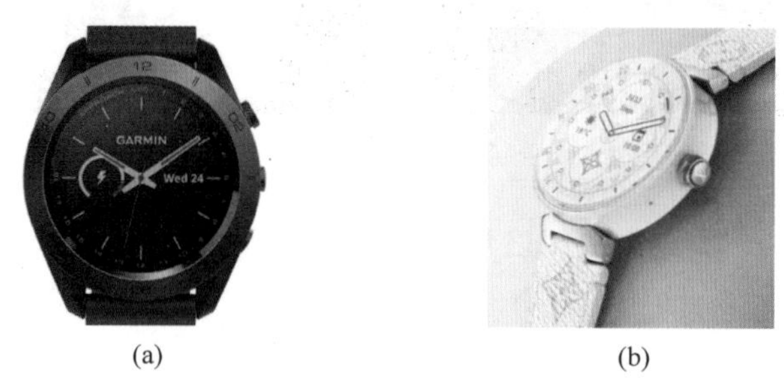


(a) (b)

图 1-31 佳明和路易威登智能陶瓷表

(a) 佳明高尔夫 GPS 陶瓷腕表；(b) 路易威登智能陶瓷腕表

此外，韩国三星也推出多款陶瓷版智能手表，见图 1-32；国际奢侈品牌路易威登(Louis Vuitton)新一代 Tambour Horizon 智能腕表的表壳材质也采用白色抛光陶瓷，见图 1-31(b)。

图 1-32 三星陶瓷版智能手表

#### 1.2.3.2 陶瓷智能手环

智能手环是一种穿戴式智能设备，通过手环可以记录日常生活中的锻炼、睡眠及饮食等实时数据，并将这些数据与手机同步起到指导健康生活的作用。

智能手环作为备受关注的一款科技产品，其拥有的强大功能正悄无声息地参与和改变人们的生活。其内置电池可以续航 10d，振动马达非常实用，简约的设计风格也可以起到饰品的装饰作用。更重要的是，它不但具有普通计步器的一般计步、测量距离、卡路里、脂肪消耗等功能,同时还具有睡眠监测、防水、蓝牙4.0数据传输、疲劳提醒等特殊功能。

高科技陶瓷材料在智能手环中更是受到特别青睐。这是因为陶瓷材质具有稳定的物理和化学性质,防水防锈蚀,且表面温润如玉,能够散发柔美的自然光泽。与不锈钢材料的手环相比,陶瓷手环重量减轻,但其硬度远高于钢,具有不易磨损、永不褪色、不损肌肤的优点。

近几年国内智能手环发展迅速,与国外Fitbit,Misfit等品牌比较,不但功能不差,价格也较便宜,性价比更高。其中最受关注的是华米科技于2015年在北京798艺术区发布的自有品牌Amazfit。Amazfit品牌名称来源于Amazing,不同于此前的小米手机,这款Amazfit的设计样貌很像中国古典精品玉佩,同时在材质、芯片、器件工艺多个方面都达到世界顶级水平。Amazfit手环是全球范围内第一次使用陶瓷材料,使用异形电池,使用比手机更小震子的智能手环,从而让陶瓷主体轻薄而优雅,其组合构件如图1-33所示。

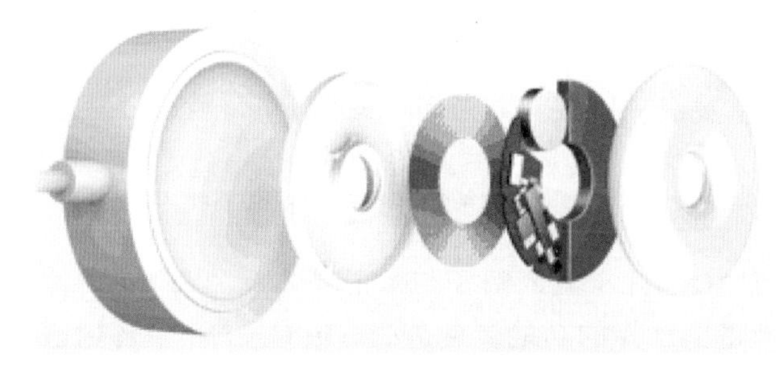

图1-33 Amazfit手环超薄组合构件

为了实现各种佩戴方式间可以随意转换,Amazfit手环的主体最终选择了中空造型的设计,突破了传统电子穿戴设备单纯集合实心的思维逻辑。

Amazfit分为"月霜"和"赤道"两款,见图1-34。"月霜"为时尚女士设计,白色陶瓷主体,皮质腕带衔接18K玫瑰金的不锈钢中框;"赤道"为商务男士设计,黑色陶瓷主体、弓形腕带,材质是黑色金属+TPU(热塑性聚氨酯)材质,售价为299元。

图1-34 Amazfit"赤道"与"月霜"陶瓷手环

Amazfit手环具有步数统计、睡眠记录、智能振动闹钟、来电提醒、解锁手机、连接智能家居、快捷免密支付等功能。"月霜"和"赤道"两款产品均拥有良好的防水功能,内置了15mAh电池,待机时间为10d,采用无线充电技术。

华米科技在发布会上宣布,华米生产的小米手环出货量已达1000万枚,单月出货量超过150万枚。据市场调研机构IDC(互联网数据中心)发布的可穿戴产品市场报告,小米手环在今年第二季度出货量排名世界第三,仅次于Fitbit和苹果公司的Apple Watch。

国际时尚品牌施华洛世奇一方面联合手环制造商 Misfit 推出 SHINE 系列智能手环，另一方面与 Polar 联手打造了一款时尚奢华的 Loop Crystal 智能手环。该款手环选用高雅亮眼的白色 $ZrO_2$ 陶瓷作为手环整体的基础配色，手环表带印上了立体感十足的波浪花纹。最让女性心动的是在显示屏两边镶嵌了 30 颗施华洛世奇水晶，把一款原本运动味十足的手环，瞬间变成一款精致时尚的首饰，如图 1-35 所示。

图 1-35　施华洛世奇陶瓷智能手环

Loop Crystal 智能手环，除了融入陶瓷与水晶高贵元素外，其硬件配置有智能提醒、闹钟、计步、睡眠跟踪、卡路里计算的功能。此外，Loop Crystal 手环内嵌 85 颗 LED 灯，能显示信息的种类或符号，内置 38mAh 锂聚合物电池，最长续航时间能够达到 8d。

#### 1.2.3.3　其他智能穿戴陶瓷

如上所述，智能陶瓷手表和手环已获得广泛使用。此外，其他一些各具特色的智能穿戴陶瓷产品也在不断涌现，如智能陶瓷佩饰、智能陶瓷手链等。

全球影响最大的美国拉斯维加斯国际消费类电子产品展览会曾展出一款由北京偌派科技公司开发的智能佩戴陶瓷产品，如图 1-36 所示。该产品外壳为氧化锆陶瓷材料，由亚光面和抛光面巧妙组合，内置电子元器件与手机互联，可将手机信息及时投影在手掌上阅读，非常便捷。

图 1-36　北京偌派陶瓷版智能穿戴产品

此外，还有医疗级穿戴设备陶瓷壳件，见图 1-37；类似珠宝形状的智能穿戴陶瓷外观件，如图 1-38 所示；以及音乐播放器陶瓷触控开关。智能陶瓷项链，内置高科技芯片与手机智能连接，可追踪个人的身心健康，监测睡眠质量，监测心率和血压等，直观地查看个人身体数据变化。

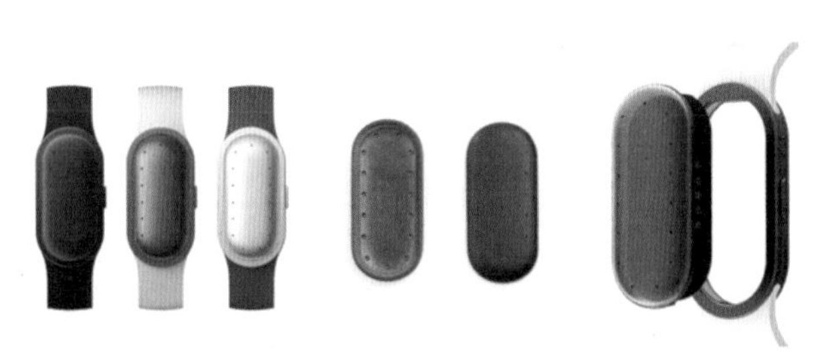

图1-37　医疗级穿戴设备陶瓷壳件

图1-38　珠宝形状的智能穿戴陶瓷外观件

## 1.3　智能终端陶瓷制备技术及发展

智能终端陶瓷产品制备工艺主要包括前段的粉体技术，中段的成型与烧结技术，后段的研磨加工与抛光技术。这三大技术直接影响各种形态的智能终端陶瓷的材料性能、产品品质和良率。

### 1.3.1　前段工艺——纳米陶瓷粉体的制备技术

前段工艺主要是高性能纳米氧化锆粉体的合成与制备技术。为了兼顾材料良好的强度和韧性，这类氧化锆纳米粉体通常引入2%～3%(摩尔分数)的稀土氧化钇($Y_2O_3$)作为稳定剂，从而得到以亚稳态四方相氧化锆为主晶相的纳米氧化锆粉体，并且无团聚、无杂质、烧结活性好，烧结后材料抗弯强度和断裂韧性高，抗摔性好。具体而言，粉体要求合适均匀的化学组成、良好的分散状态、合适的晶粒尺寸、合适的比表面积、合适的相组成。

目前，最常用制备方法主要有水热或水解法、化学共沉淀法。例如日本东曹(TOSOH)公司就是采用水解法，而日本第一稀土元素公司主要是水热法；国内山东国瓷和潮州三环也制备出性能优异的氧化锆粉，在智能终端陶瓷材料和产品上获得出色应用。

此外，彩色氧化锆陶瓷粉体制备技术也日趋成熟。通过在粉末合成过程中引入不同着色氧化物或着色离子，包括氧化物着色和尖晶石着色(详见第5章)，可以获得数十种颜色的氧化锆陶瓷粉体。潮州三环在手机陶瓷背板可量产的颜色系列包括：蒂芙尼蓝、莫兰迪灰、水湖蓝、樱花粉、紫罗兰、深锖蓝、保时捷灰等。这些色彩主要来自于奢侈品牌，如蒂芙尼、保时捷等引领现代潮流风尚，同时又极具科技感。此外，灵感来自敦煌壁画的孔雀绿和来自故宫收藏的明朝宣德年代霁蓝釉色彩的氧化锆粉末也被开发出来，并分别应用于2018年小米MIX 2S翡翠色陶瓷版手机和小米MIX 3故宫典藏版手机。

### 1.3.2　中段工艺——陶瓷产品的成型与烧结技术

成型工艺主要包括：干压＋冷等静压，注射成型，凝胶注模成型，流延＋温压热弯这四类成型方法。

(1) 干压＋冷等静压成型：该工艺是将喷雾造粒后的陶瓷粉末球形颗粒(粒径50～200μm)首先在金属模具内压制成型，获得形状规整的2.5D或3D形状的陶瓷背板素坯，然后放入橡胶模内真空包封后再通过150～200MPa冷等静压(CIP)处理，使陶瓷背板素坯的密度、强度和均匀性大幅提升，有利于保证烧结后产品力学性能和显微结构的一致性和可靠性。这种成型工艺的优点是产品密度均匀、强度高、烧结变形小，特别是研磨抛光后陶瓷产品内气孔少、针孔少，现已成为手机陶瓷背板的主流成型技术之一。

(2) 陶瓷注射成型：该工艺是将陶瓷粉末与高分子结合剂(如聚乙烯、聚丙烯、聚苯乙烯等)和低分子增塑剂、分散剂、润滑剂(如石蜡、硬脂酸等)在密炼机内加热混炼，然后通过造粒机进行造粒，再通过专用注射机进行注射成型得到各种复杂形状的陶瓷坯件。注射成型特别适合3D形状陶瓷盖板和智能手表等穿戴陶瓷外观件的制造，由于成型过程自动化程度高，便于高效批量化制造，并且成型坯件的尺寸精度高，烧结后加工量少，有利于降低加工成本，现已成为智能陶瓷手表、陶瓷手环的主流成型技术。

(3) 凝胶注模成型：该工艺是在陶瓷浆料中引入有机单体和交联剂，加入引发剂和催化剂后，采用非孔模具(如金属，玻璃，塑料)进行浇注成型，模具内浆料通过有机单体的聚合反应产生凝固，得到所需形状的3D或2D陶瓷坯件；成型坯件的强度高，有机黏结剂含量较少(质量分数3%～4%)，该技术曾应用于华为P7典藏版2D陶瓷背板的成型制备。但该工艺由于机械化程度较低，效率较低，成型产品的一致性和稳定性控制难度较大，目前在智能终端陶瓷外观件的成型尚未得到广泛应用。

(4) 流延+温压热弯成型：该工艺是首先制备出适于流延的陶瓷浆料，分有机溶剂浆料和水性浆料，然后在专用流延机上进行流延成型获得坯片。坯片具有很好的柔韧性和塑性，将流延坯片进行裁剪后叠层，再装入钢模内，真空密封后于大约80℃热水中进行温等静压热弯，可得到2.5D和3D陶瓷背板素坯，小米5手机的2.5D氧化锆陶瓷背板就是采用流延+温压热弯成型技术得到。该工艺对于2D和2.5D陶瓷背板的成型比较适合，虽然也可用于3D陶瓷背板成型，但由于背板四个角的位置容易产生褶皱和应力，对材料的可靠性带来一定影响。

烧结技术方面目前对于氧化锆($ZrO_2$)或氧化锆中加入少量氧化铝复相陶瓷($ZrO_2$/$Al_2O_3$)主要采用空气中常压烧结工艺，分间歇式和连续式两种烧结。对于批量大的智能终端陶瓷制品大多采用连续式推板窑来烧结，烧结温度通常在1400～1500℃，依粉体特性和材料化学组成而定，但要求烧结后陶瓷材料达到高的致密度和强度，并且具有很好的一致性。目前常压烧结的氧化锆基陶瓷产品抗弯强度可达到1000MPa。

如果需要进一步提高氧化锆陶瓷材料的断裂强度和产品的一致性与可靠性，可以在常压烧结后再进行热等静压(HIP)处理，即“常压烧结+HIP”技术。将常压烧结后无开口气孔的陶瓷背板放入热等静压炉内，在比常压烧结的温度约低100℃的温度下，于100～200MPa的氩气压力作用下进行热等静压处理，从而消除或减小烧结体内剩余气孔，进一步提高陶瓷材料的致密度，可达到或接近理论密度，而晶粒没有长大，因此可显著改善材料的均匀性和可靠性，经热等静压处理后陶瓷材料的抗弯强度可由1000MPa大幅提升至1500MPa以上。

### 1.3.3 后段工艺——陶瓷CNC/研磨/抛光加工技术

作为后段工艺的CNC/研磨/抛光加工技术，是智能终端陶瓷产品制备一个关键环节。对于2D陶瓷产品，如手机2D陶瓷背板和指纹识别片通常采用金刚石砂轮或端面磨进行研磨与抛光即可。但对于大多数的3D陶瓷外观件，如手机3D陶瓷背板、智能手表、手环和穿戴设备的3D陶瓷外观件大多需要用到数控加工中心(CNC)及专用研磨抛光机。近几年陶瓷CNC加工已获得比较广泛应用,一些针对手机陶瓷背板开发的专用CNC可大大提高加工效率,降低成本。研磨分为粗磨和精磨,相应的磨床及配套用的金刚石砂轮和研磨液也趋于完善。此外,针对智能终端陶瓷外观件的平面抛光和曲面抛光设备也有开发和应用,抛光后可达到镜面水平。相对于前段和中段工艺,智能终端陶瓷后段的加工成本相对较高,占到总成本的50%或更多一点。

## 1.4 智能终端陶瓷市场与产业化进展

智能终端陶瓷在消费电子领域近几年呈现较大增长和上升趋势,陶瓷外观件在智能手机和智能穿戴设备的应用越来越多,先后有金立、华为、一加、小米、OPPO、三星、安卓之父等品牌手机采用陶瓷背板,而苹果智能手表以及华为和小米的智能手表与手环都先后采用精密陶瓷,这是因为与铝镁合金这种常用材质比较,精密陶瓷硬度高,耐刮痕,化学性能稳定,便于无线充电,外观更是温润如玉,精致高雅。特别是步入5G时代,金属外观件由于对信号的屏蔽作用将逐渐退出市场,而无信号屏蔽的陶瓷和玻璃材料将占有更大的市场份额。不同材质的手机外壳的性能参数对比如表1-1所示。

**表1-1 不同材质的手机外壳的性能参数对比**

| 材料 | 莫氏硬度 | 介电常数/(F/m) | 热导率/(W/(m·K)) | 密度/($g/cm^3$) | 电磁屏蔽性 | 着色性 | 化学性质 |
|---|---|---|---|---|---|---|---|
| 氧化锆陶瓷 | 8.5 | 32.0~35.0 | 1.000~2.000 | >6.0 | 无影响,可一体成型 | 简单 | 惰性 |
| 聚碳酸酯塑料 | 3.0 | 2.9~3.0 | 0.162 | 1.2 | 无影响,可一体成型 | 简单 | 易老化 |
| 康宁玻璃 | 7.0 | 6.5 | 1.090 | 2.5 | 无影响,可一体成型 | 困难 | 惰性 |
| 镁铝合金 | 6.0 | 导体不适用 | 201.000 | 1.8 | 影响极大,三段式 | 居中 | 较好 |

过去几年智能终端陶瓷应用受限主要原因之一是成本高,良率低,产能有限。但是现在这些关键瓶颈都已逐渐突破,一块精密陶瓷背板的成本已从最初500~600元,到现在可控制在100~200元,未来成本可能低于100元。这是由于技术进步,导致从陶瓷原料到成型烧结和后续精密加工的成本都显著下降。

初期制约陶瓷背板应用的另一个主要原因是良率太低,不仅使得成本较高,而且产能也上不去。造成良率低主要有两方面因素,一方面是陶瓷硬度远高于铝镁合金和玻璃,加工难度较高,特别是后段的精密加工中,CNC加工时间和研磨抛光时间都较长且容易产生加工缺陷和损伤;另一方面是早期陶瓷背板材质的抗弯强度和断裂韧性偏低,抛光后针孔比较多,通常针孔超过5%以上就达不到手机终端生产商的使用标准。

目前良率低的问题已得到解决,良率由最初的25%左右现已提升到60%以上,这是因为氧化锆陶瓷外观件从原料到成型烧结和CNC等精密加工技术,通过前几年的不断积累与改进已逐渐成熟和完善。特别针对手机陶瓷背板和智能手表外观陶瓷件的专用CNC和研磨设备的开发应用，显著提高加工效率，大幅降低了陶瓷精加工的周期和成本。

值得关注的是，近几年一批有实力的智能终端陶瓷生产企业得到发展壮大，包括潮州三环、顺络电子(东莞信柏)、蓝思科技、伯恩光学、长盈精密、比亚迪等公司。特别是潮州三环集团已打通了智能终端陶瓷的全制程，包括前段的氧化锆粉体原料，中段的成型与烧结，后段的精密研磨加工；陶瓷背板产能可达到每月200万片以上，单片成本可控制在100元左右，已经成为全球智能手机陶瓷背板的最大供应商。2017—2020年先后为小米、OPPO、三星、华为等品牌手机所需陶瓷背板供货；而蓝思科技则是苹果智能手表陶瓷外观件的主要供应商。还有一批具有创新能力的中小企业也在从事智能终端陶瓷产品的研发与生产，主要集中在深圳和东莞。

此外，与智能终端陶瓷产品生产配套的上下游企业也达一百多家，包括陶瓷粉末原料供应商(如山东国瓷、江西赛瓷等)、成型设备和烧结设备以及CNC研磨抛光设备供应商，2018年在东莞举办的智能终端陶瓷产业链展览会上参展企业就达近200家。智能终端陶瓷在我国已经形成了一个较为完整的产业链，为国内外生产智能手机，智能手表与手环等知名终端厂商(如苹果、三星、华为、小米、OPPO)提供各种陶瓷外观件。

智能终端陶瓷的市场近几年在不断扩大，已由培育期步入高速成长期。据统计，2018年手机陶瓷背板出货量达到500万片，终端客户包括小米、OPPO等厂商。2019年随着三星陶瓷版手机发布，进一步扩大了市场空间。随着5G的到来和应用，手机金属背板将逐渐退出，陶瓷背板将占有更大的市场份额。以全球13亿部智能手机出货量为前提假设，若手机行业采用陶瓷外观件占有率为5%，即可达到6500万片，每块陶瓷背板均价150元，市场空间将达近100亿元。据IDC东方证券研究所给出的2016—2020年手机陶瓷背板市场空间预测来看(见图1-39)，其中中性预测与实际情况比较接近，智能终端陶瓷在未来几年将达到百亿元规模。

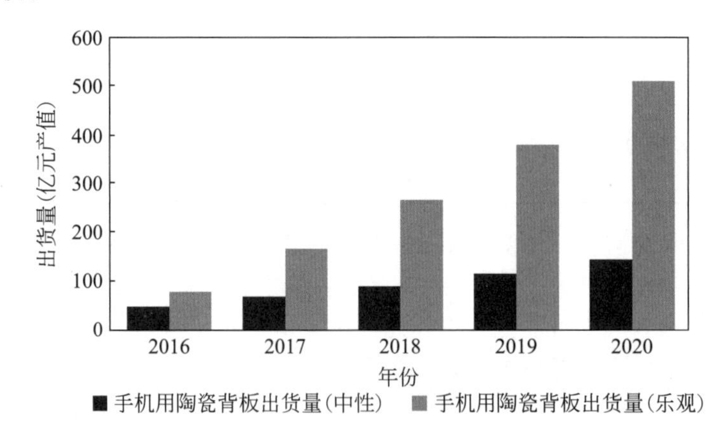


图1-39 2016—2020年手机陶瓷背板市场空间预测

## 参考文献

[1] 中国材料研究学会. 中国新材料产业发展报告2019[M]. 北京：化学工业出版社，2020.

[2] 宋锡滨. 高性能陶瓷粉体的研究及产业化状况[C]. 2018陶瓷基板制备技术及产业链应用发展高峰论坛，苏州，2018-11-09.

[3]　谢志鹏. 手机陶瓷背板制备关键技术及产业化应用进展[C]. 2018 陶瓷基板制备技术及产业链应用发展高峰论坛,苏州,2018-11-09.
[4]　杨双节. 5G 手机氧化锆陶瓷背板新工艺新进展[C]. 2019 上海国际先进陶瓷前沿与产业发展高峰论坛,上海,2019-03-24.
[5]　刘继红. 氧化锆材料在小米手机的应用实践[C]. 2019 上海国际先进陶瓷前沿与产业发展高峰论坛,上海,2019-03-24.
[6]　杨双节. 火凤凰陶瓷的新进展——在换机周期变长的情况下陶瓷外观件的耐用性[C]. 2020 上海国际先进陶瓷前沿与产业发展高峰论坛,上海,2020-08-11.
[7]　黄海云. 先进陶瓷在消费电子中的应用发展[C]. 第三届手机陶瓷外壳技术与应用论坛,深圳,2018-01-12.
[8]　谢志鹏,朱天彬. 高强度高韧性氧化锆陶瓷材料制备技术研究进展[C]. 第三届手机陶瓷外壳技术与应用论坛,深圳,2018-01-12.
[9]　黄奂衢. 玻璃氧化锆陶瓷对 5G 手机天线设计的影响[C]. 第五届手机外壳新材料新工艺论坛,深圳,2018-04-20.
[10]　黄海云. 火凤凰陶瓷在智能手机外壳中的应用[C]. 第五届手机外壳新材料新工艺论坛,深圳,2018-04-20.
[11]　霍胜力. 智能手机终端的发展与机遇[C]. 第五届手机外壳新材料新工艺论坛, 深圳,2018-04-20.
[12]　谢志鹏. 手机陶瓷外壳制备技术及其发展[C]. 第五届手机外壳新材料新工艺论坛,深圳,2018-04-20.
[13]　王长明. 陶瓷手机背板及其无线充电线圈制造工艺[C]. 第五届手机外壳新材料新工艺论坛,深圳,2018-04-20.
[14]　杨双节. 5G 手机氧化锆陶瓷背板新工艺新进展[C]. 2019 上海国际先进陶瓷前沿与产业发展高峰论坛,上海,2019-03-24.
[15]　李超. 陶瓷设计设计研发中的故事[C]. 第三届手机陶瓷外壳技术与应用论坛,深圳,2018-01-12.
[16]　李庆丰. 氧化锆手机背板理论探讨与实践[C]. 第三届手机陶瓷外壳技术与应用论坛,深圳,2018-01-12.
[17]　兰猛. 氧化锆陶瓷加工 CNC 整体解决方案[C]. 第三届手机陶瓷外壳技术与应用论坛,深圳,2018-01-12.
[18]　丁涛. 手机陶瓷外壳加工工艺及良率管控[C]. 第三届手机陶瓷外壳技术与应用论坛,深圳,2018-01-12.
[19]　黄海云. 陶瓷在手机智能穿戴中的成型加工技术及应用[C]. 第二届粉末冶金/手机陶瓷外壳研讨会,深圳,2017-3-17.
[20]　李超. 浅谈手机设计中陶瓷材质的应用与趋向[C]. 第二届粉末冶金/手机陶瓷外壳研讨会,深圳,2017-3-17.
[21]　蓝海凤, 黄永俊, 李少杰, 等. 精细陶瓷在智能手机上的应用及其制备工艺[J]. 陶瓷, 2018(5): 63-70.
[22]　董军. 5G 来了,手机厂商如何把握变化趋势[J]. 金融经济, 2019(19): 56-57.
[23]　5G 通信技术在全球各主要国家和地区商用进程均在加速[J]. 卫星电视与宽带多媒体, 2019(16): 1-2.
[24]　2019 年 Q2 全球智能手表出货量[J]. 办公自动化, 2019, 24(18): 21.
[25]　李志刚. 赋能 MIX 2S,小米 AI 技术落地[J]. 电器, 2018(4): 89.
[26]　严智超. 基于工业机器人的氧化锆陶瓷手机后盖抛光技术与应用研究[D]. 郑州:河南工业大学, 2019.
[27]　徐彤. 可穿戴智能设备市场和技术设计与发展[J]. 电子世界, 2019(21): 109.
[28]　于程杨. 陶瓷手机后盖的应用价值探索[J]. 工业设计, 2019(4): 85-87.

[29] 宁绍强，张梦婷．陶瓷材料在电子产品设计中的特色探讨[J]．中国陶瓷，2016，52(12)：102-106．
[30] 罗云晖．陶瓷艺术与产品设计的融合研究[J]．艺术品鉴，2019(35)：199-200．
[31] 严智超，李焕峰，李端．陶瓷手机后盖恒压力抛光技术[J]．机械工程师，2018(9)：14-16．
[32] 朱天阳，孙韵涵，周小儒．陶瓷在手机 CMF 设计中的应用研究[J]．中国陶瓷工业．2018,25(4)：48-50．
[33] 周萌．重磅：2019 年国内手机行业将迎来的十大趋势[J]．消费电子,2018(12)：50-55．
[34] 樵苏．2019 智能终端分类排行[J]．互联网周刊．2019，(10)：40-41．
[35] 勒川．一面科技一面艺术 小米 MIX 2S 发布[J]．中关村，2018(4)：65．
[36] 李晋．智能手表产业链[J]．办公自动化，2019，24(19)：22．
[37] 艾媒咨询．2016—2017 年中国智能手机市场监测报告．[EB/OL]．http://iimedia.cn/49815.html，2017-3-13．
[38] 华强微电子．你不知道的氧化锆陶瓷性能和成本优势,三大方向进入消费电子[EB/OL]．https://sanwen8.cn/p/1fbYZPG.html，2016-10-31．
[39] 王永飞,赵升吨,张晨阳．手机外壳材料及其成型工艺的研究现状与发展[J]．锻压装备与制造技术,2015,50(4)：72-77．
[40] 于程杨,宋瑞波．陶瓷材料在手机外观配件设计中的应用研究[J]．山东工业技术，2017(13)：282-283．
[41] 蔡明．一种陶瓷壳体结构件及其制备方法和一种手机[P]．CN104068595B，2016-08-03．
[42] 谢灿生．一种氧化锆陶瓷手机后盖的制备方法[P]．CN104961461A，2015-10-07．
[43] 宁绍强,张梦婷．陶瓷材料在电子产品设计中的特色探讨[J]．中国陶瓷,2016(12)：102-106．
[44] 王曙光．指纹识别技术综述[J]．信息安全研究，2016，2(4)：343-355．
[45] 手机之家．指纹识别产业链现状：盖板方案受追捧[EB/OL]．http://news.imobile.com.cn/articles//2016/0729/169974.html，2016-7-29．
[46] 张文奇．一种指纹识别模组结构及其制作方法[P]．CN104615981A，2015-05-13．
[47] 集微网．指纹识别盖板：蓝宝石、涂覆式、玻璃、陶瓷谁更胜一筹？[EB/OL]．http://www.eepw.com.cn/article/201605/291870.html，2016-5-30．
[48] 吴崇隽．一种氧化锆陶瓷指纹识别盖板[P]．CN205692182U，2016-11-16．
[49] 王秀，谢志鹏，李建保，等．工程陶瓷注射成型的研究与发展[J]．稀有金属材料与工程，2004，33(11)：1121-1126．
[50] 梁建超．氧化锆基片的流延制备技术及其性能研究[D]．武汉：华中科技大学，2005．
[51] 王双喜，黄永俊，王文君，等．一种陶瓷生带及其制备工艺[P]．CN105906333A，2016-04-19．
[52] 黄咸波，谢光远，赵芃，等．手机背板用氧化锆陶瓷流延片烧结工艺研究[J]．材料科学，2016，6(6)：442-448．
[53] D. Maltoni，D Maio，A K Jain，et al. Handbook of fingerprint recognition[J]. Kybernetes，2009，33(5～6)：1314-1318.
[54] Desmond Lobo，Kerem Kaskaloglu，ChaYoung Kim，et al. Web usability guidelines for smartphones：a synergic approach[J]. International Journal of Information and Electronics Engineering，2011,1(1)：33-37.
[55] Gartner. Gartner says annual smartphones sales surpassed sales of feature phones for the first time in 2013[EB/OL]. http://www.gartnrt.com/newsroom/id/2665715，2014-02-13.

# 第2章 粉体制备与分析表征

## 2.1 概述

陶瓷粉体的性能和质量对于后续的成型和烧结有着显著影响，特别是对陶瓷材料最终显微结构和力学性能具有重要作用。通常纯度高、粒径细小均匀且烧结活性好的粉体有利于制得结构均匀致密和力学性能优异的智能终端陶瓷材料。

智能手机和智能穿戴等终端产品所用的陶瓷材料，从目前和今后发展来看，主要有高强度高韧性氧化锆陶瓷、氧化锆与氧化铝复合陶瓷、高性能透明陶瓷、蓝宝石晶体等，上述这些材料的制备都需要纳米或亚微米的粉体。目前已可以制备出抗弯强度达到1000MPa以上Y-$ZrO_2$纳米陶瓷，500～1000MPa的透明$Al_2O_3$陶瓷，1000MPa的蓝宝石晶体，特别是热等静压烧结的Y-$ZrO_2$纳米陶瓷和Y-$ZrO_2$/$Al_2O_3$纳米微米复相陶瓷抗弯强度高达1700MPa以上，从几米的高度落下而不破坏，完全可以在各种苛刻条件下使用。许多研究和生产实际经验已表明，上述高强度智能终端陶瓷产品离不开性能优异的粉体，涉及粉体的化学合成工艺，粉体的研磨与分散，粉体的喷雾干燥和造粒等一系列粉体制备和处理技术；此外，还有粉体的物理和化学特性的表征测试技术也是至关重要的，可以对制备的粉体性能进行分析和评价。

目前广泛应用的各种结构陶瓷中，由稀土氧化物(如$Y_2O_3$)作为稳定剂的纳米氧化锆陶瓷具有更高的抗弯强度和断裂韧性，纯氧化锆陶瓷由于在不同的温度下会发生相变，如图2-1所示，并伴随体积变化，因此不能直接使用；但通过引入$Y_2O_3$、$CeO_2$、MgO等可固溶到$ZrO_2$晶格中的稳定剂，可以使亚稳态四方相氧化锆(t-$ZrO_2$)一直保留在室温下，从而获得相变增韧氧化锆陶瓷材料，强度和韧性大幅提高。在上述各种稳定剂中，$Y_2O_3$的效果最好，引入摩尔分数为2%～3% $Y_2O_3$-$ZrO_2$陶瓷具有最佳的力学综合性能，在手机陶瓷背板和智能手表的表圈表盖表链中已被广泛使用。

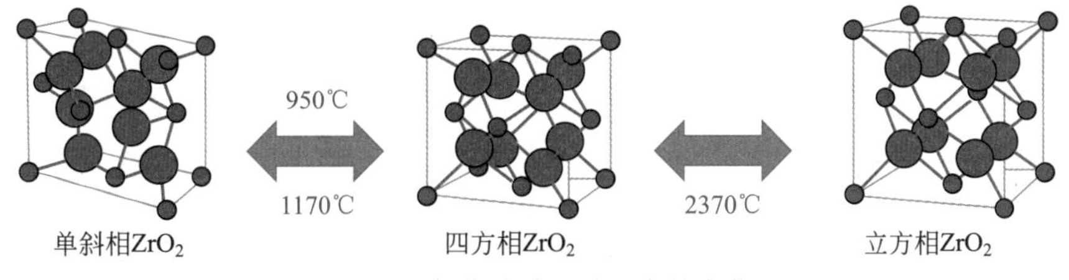


图2-1 氧化锆晶型随温度的变化

本章将系统论述高性能纳米Y-$ZrO_2$陶瓷粉体的主要化学合成方法，包括常用的化学共沉淀法、水热法、水解法、水热-水解法等；透明陶瓷粉末的合成主要包括现在应用较多的$Al_2O_3$粉体、$MgAl_2O_4$粉体、AlON粉体；以及合成后粉体的球磨、搅拌磨、砂磨的磨细工艺和喷雾干燥与造粒技术。

本章还将全面介绍陶瓷粉体的分析与表征技术，粉体物理特性测试主要包括颗粒大小、粒径分布、比表面积、颗粒形貌、造粒料的流动性、堆积密度；粉体的其他特性主要包括化学成分、杂质元素、物相组成、粉体表面结构、表面化学状态等。

## 2.2 氧化锆粉体制备工艺

### 2.2.1 共沉淀法

共沉淀法是指在混合的金属盐溶液（即两种或两种以上金属盐）中添加沉淀剂（可外加或内部生成）获得化学组成均匀的混合沉淀，经洗涤、干燥、煅烧（热分解）、磨细，得到氧化锆或复合氧化物粉末，如图 2-2 所示。共沉淀法的优点是工艺设备简单、生产成本较低，且所得纳米粉体的性能较好；但其缺点是在洗涤后的沉淀物中含有少量初始溶液中的阴离子及沉淀剂中的阳离子残留物，会对纳米粉体的烧结性能产生不良影响，特别是在制备过程中容易产生硬团聚现象，硬团聚的存在将导致粉体的分散性差、烧结活性变差。

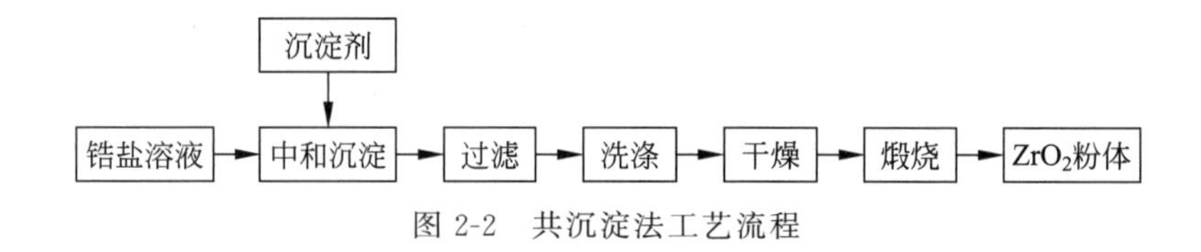

图 2-2 共沉淀法工艺流程

氧化锆粉体的共沉淀法制备具体工艺过程是：以氢氧化钠、氢氧化钾、氨水和尿素等碱液作为沉淀剂，将 $ZrOCl_2 \cdot 8H_2O$ 或 $Zr(NO_3)$ 和 $Y(NO_3)_3$ 等盐溶液中的无机盐离子以 $Zr(NO)_4$，$Zr(OH)_4$ 凝胶和氢氧化钇凝胶的形式析出，然后再将所得的沉淀物经离心过滤、洗涤、干燥、煅烧（700～900℃）、球磨即可制备出钇稳定的氧化锆粉体，由该法可以制得初始粒径为 50～100nm 的氧化锆粉体。

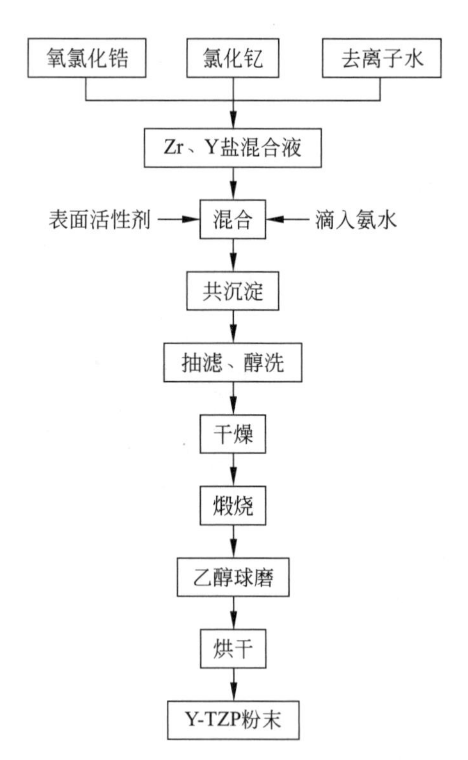

图 2-3 共沉淀法合成 Y-TZP 粉末工艺流程

采用共沉淀法制备 $ZrO_2$ 粉末工艺已日益成熟，各种稳定剂的 $ZrO_2$ 粉末或者复合氧化锆粉均可采用共沉淀工艺制备，如 $Y_2O_3$ 稳定的 $ZrO_2$ 粉，MgO 稳定的 $ZrO_2$ 粉，CeO 稳定的 $ZrO_2$ 粉以及 $Y\text{-}ZrO_2/Al_2O_3$ 复合粉体。其中，共沉淀法一直是最常用的 Y-TZP 超细粉制备的重要方法，其工艺流程如图 2-3 所示，所得 Y-TZP 粉末的原始粒径通常小于 100nm，其晶粒形貌的透射电镜照片见图 2-4。

国内外许多企业采用化学共沉淀法制备 $3Y\text{-}ZrO_2$ 粉体，其批量生产工艺流程大致如下：

共沉淀：去离子水和乙醇洗涤→过滤→

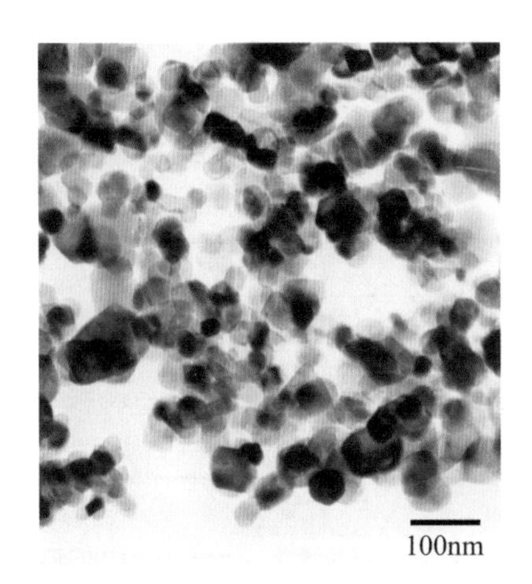


图 2-4　共沉淀法合成 Y-TZP 粉末的透射电镜照片

滤饼→装匣钵→连续式推板窑煅烧→气流粉碎→球磨（或搅拌磨）→砂磨→浆料→加胶喷雾造粒（或不加胶喷雾干燥）→造粒粉。通常干法成型用加胶的造粒粉料，流延和注射成型用的粉为不加胶的喷雾干燥粉。表 2-1 给出化学共沉淀法制备的商业氧化锆粉体性能指标。

**表 2-1　共沉淀法商业氧化锆粉体性能**

| 化学成分 | | 物理指标 | | |
|---|---|---|---|---|
| $ZrO_2(HfO_2)+Y_2O_3$ | Si、Fe、Na(max) | D50 | SBET | 烧结密度 |
| ≥94%(质量分数) | $150/10^{-6}$ | 0.7～0.9μm | 5～12$m^2/g$ | ≥5.99$g/cm^3$ |

| 化学成分/% | | | | | 物理指标 | | |
|---|---|---|---|---|---|---|---|
| $ZrO_2(HfO_2)$ | $SiO_2$ | $Fe_2O_3$ | $TiO_2$ | $Na_2O$ | D50 | SBET | 灼减量 |
| ≥99.9 | <0.02 | <0.003 | <0.003 | <0.005 | <1.0μm | <10$m^2/g$ | <1.0% |

## 2.2.2　水解法

氧化锆粉体的水解法工艺是通过氯氧化锆或硝酸锆的水溶液存在的自发水解平衡，经过长时间煮沸可以将其水解产物 HCl 和 $HNO_3$ 全部挥发从而得到氧化锆粉体的前驱体——水合氧化锆凝胶(含水氢氧化锆)，其化学反应式如下：

$$ZrOCl_2+(3+n)H_2O = Zr(OH)_4\cdot nH_2O\downarrow +2HCl\uparrow$$

$$ZrO(NO_3)_2+(3+n)H_2O = Zr(OH)_4\cdot nH_2O\downarrow +2HNO_3\uparrow$$

上述水解反应通常在 100℃沸腾 48h 左右，即可生成氢氧化锆水凝胶沉淀物，再进行洗涤和过滤，洗涤通常是先采用去离子水洗多次，再用无水乙醇洗涤，然后于 100～120℃进行干燥除去水分，在 1100～1200℃下高温煅烧发生转相生成 $ZrO_2$，经粉碎磨细即可得到氧化锆粉体。水解法制备 Y-$ZrO_2$ 粉体工艺流程如图 2-5 所示。

日本东曹公司采用水解的方法，通过控制水解条件，将锆盐溶液水解合成氧化锆粉体。东曹公司的典型的氧化锆粉末产品中是含有 3%(摩尔分数)的氧化钇的 3Y-$ZrO_2$(牌号 TZ-3Y-E)，

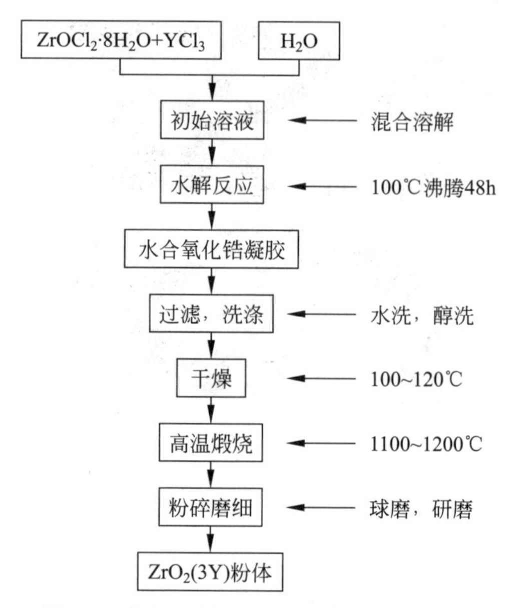


图 2-5 水解法制备 Y-$ZrO_2$ 粉体工艺流程

经过较低温度(1350℃)的烧结，其烧结体具有高密度和良好的晶粒显微结构，可大大提高强度、韧性以及耐磨性和抗老化性，广泛应用于工业领域和消费电子产品；另一牌号 3Y-$ZrO_2$ 粉(TZ-3YS-E)则具有较小的比表面积，便于在注射成型、流延成型中应用，也适合大尺寸部件的压制成型或冷等静压成型工艺。此外，牌号为 ZPEX 的氧化锆粉可用于修复牙齿，具有高透射率和出色的抗老化性。图 2-6 为日本东曹公司水解法合成 3Y-TZP 粉体的透射电镜照片，粉体性能如表 2-2 所示。

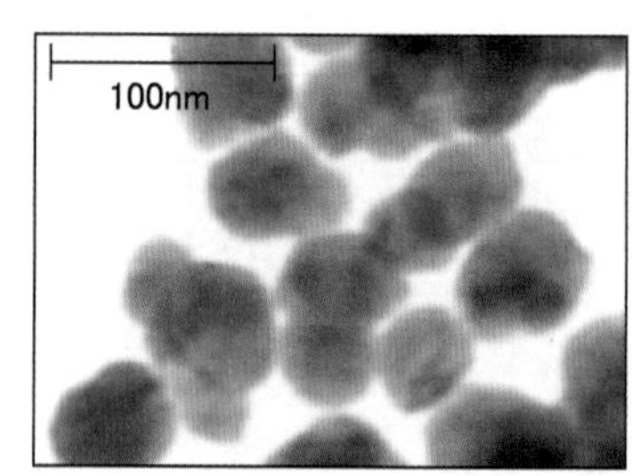


图 2-6 日本东曹公司水解法合成 Y-TZP 粉体的透射电镜照片

**表 2-2 日本东曹公司水解法合成 Y-TZP 粉体性能**

| 化学成分%(质量分数) | | | | | | 物理指标 | |
|---|---|---|---|---|---|---|---|
| $Y_2O_3$ | $HfO_2$ | $Al_2O_3$ | $SiO_2$ | $Fe_2O_3$ | $Na_2O$ | 实际粒径 | SBET |
| 5.2±0.5 | <5.0 | 0.1~0.4 | ≤0.02 | ≤0.01 | ≤0.04 | 0.04μm | 16±3$m^2$/g |
| 化学成分%(质量分数) | | | | | | 物理指标 | |
| $Y_2O_3$ | $HfO_2$ | $Al_2O_3$ | $SiO_2$ | $Fe_2O_3$ | $Na_2O$ | 实际粒径 | SBET |
| 5.2±0.5 | <5.0 | 0.1~0.4 | ≤0.02 | ≤0.01 | ≤0.06 | 0.09μm | 7±2$m^2$/g |

### 2.2.3 水热法

1. 水热法原理及工艺

水热法又称热液法，是在特制的密闭反应容器(高压釜)内，采用水溶液作为反应介质，通过对反应容器加热，形成高温高压，使得通常在常温常压下难溶的前驱物溶解，形成生长基元、成核、晶粒生长，最终形成具有一定粒径和晶相结构的纳米颗粒，其工艺流程如图 2-7 所示。

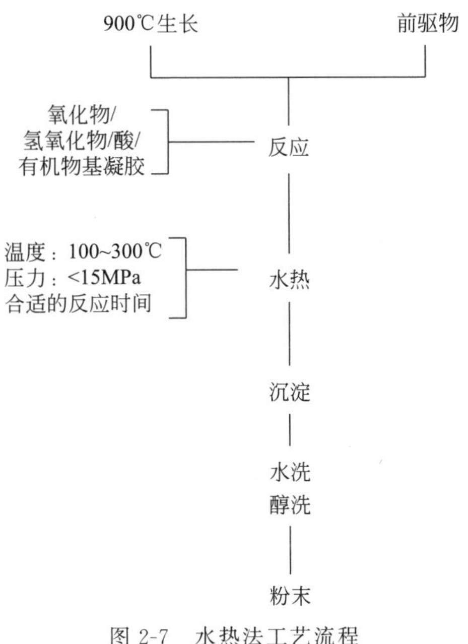


图 2-7　水热法工艺流程

采用水热法可直接生成氧化物结晶颗粒，避免了一般湿化学法(如化学共沉淀法、溶胶-凝胶法)需要对氧化物前驱体煅烧转化成氧化物结晶相这一可能形成硬团聚的步骤，因此水热法制备的粉体具有更好的分散性。该工艺的优点为：①晶粒发育完整，晶粒细小且分布均匀；②粉体无团聚或团聚程度低；③易得到合适的化学计量物和晶体形态，化学纯度较高；④可以使用较便宜的原料，不必高温煅烧和球磨，从而避免了杂质和结构缺陷等。正如美国学者 Dawson 对水热技术的评述，水热法合成粉末因无需煅烧，直接从溶液中结晶，其晶粒尺寸和化学成分可控，几乎无团聚，具有高的分散性和烧结活性。

2. 水热法工艺分类

按照水热温度和压力可分为如下几类：常规水热(压力＜14MPa；温度＜337℃)、亚临界水热(压力 14～22.1MPa；温度＜374℃)、超临界水热(压力 22.1～25MPa；温度＜600℃)、超超临界水热(压力＞25MPa；温度＞600℃)。水热法中的液固气三相与温度和压力的关系如图 2-8 所示。若按照水热反应具体工艺特点来分类有水热氧化、水热还原、水热沉淀、水热合成、水热水解、水热晶化等。

(1) 水热沉淀

水热沉淀是水热法中最常用的方法，是通过在高压釜中的可溶性盐或化合物与加入的各种沉淀剂反应，形成不溶性氧化物或含氧盐的沉淀，其过程可以在氧化、还原或惰性气氛中进行。水热沉淀的一个典型例子是采用氧氯化锆 $ZrOCl_2$ 和尿素 $CO(NH_2)_2$ 混合水溶液为反应前驱物，在水热反应过程中首先尿素受热分解，使溶液 pH 值增大，从而形成 $Zr(OH)_4$，进而生成 $ZrO_2$，最后得到立方相和单斜相 $ZrO_2$ 晶粒混合粉体。

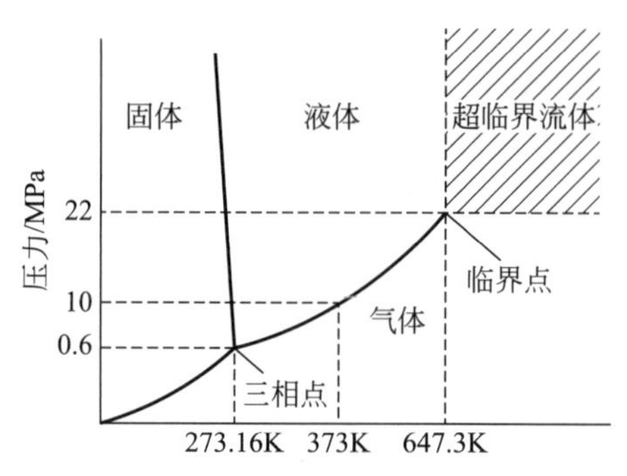


图 2-8 水的液固气三相与温度和压力的关系

(2) 水热晶化

水热晶化是以非晶态氢氧化物、氧化物或水凝胶作为前驱物，在水热条件下结晶成新的氧化物晶粒。例如以 $ZrOCl_2$ 水溶液中加沉淀剂(氨水、尿素等)得到的 $Zr(OH)_4$ 胶体为前驱物，加入合适矿化剂，在 200～600℃、100MPa 下处理 24h，可得到 20nm，甚至更小(7～9nm)的 $ZrO_2$ 纳米晶粒。

(3) 水热分解

水热分解是指氢氧化物或含氧盐在酸或碱溶液中的水热条件下分解形成氧化物粉末，或氧化物在酸或碱溶液中再分散为细粉的过程。例如将一定比例的 $Zr(NO_3)_4$ 溶液和浓硝酸混合，置于聚四氟乙烯高压容器内，在水热反应(150℃，12h)后冷却至室温，即可获得白色 $ZrO_2$ 纳米级粉末，用水和丙酮洗涤后干燥，可得晶粒粒径大约 5nm 的单斜相 $ZrO_2$。

3. Y-$ZrO_2$ 的水热法合成工艺

采用水热法制备纳米 $ZrO_2$ 粉体通常是将 $ZrO_2$ 的前驱物(如 $ZrO(OH)_2$)与一定的水一起加入到高压水热反应釜中，然后控制一定的温度和压力，经过几个小时至数十小时，$ZrO_2$ 析晶成核和晶粒生长，再通过去离子水和无水乙醇的洗涤、干燥等过程即可得到 10～100nm 的 $ZrO_2$ 粉体，上述水热法制备纳米 $ZrO_2$ 工艺过程中须注意调控的因素有：①前驱体：前驱体的不同，直接影响着颗粒的形成和长大，这主要是因为它有很大的表面能和活性，不同的前驱体，生长方式不同；②水热温度：一般可以控制在 150～300℃，在满足水热反应的温度条件下，温度的升高会影响到生长速率；③水热反应压力，通常在 14MPa 以下；④水热时间：一般根据不同需要可以控制在 48～120h；⑤前驱体形成的 pH 值：一般控制在 8～13 为好，酸碱性程度影响水热前驱体的结构，进而影响晶型，pH 值调到合适的范围，能够有利于不同晶相 $ZrO_2$ 的形成，减少颗粒间团聚作用，产物粒子变得均匀，分散性同时达到了较好的效果；⑥矿化剂：主要是用 $K_2CO_3$ 和 KOH，通常采用复合矿化剂，其作用主要是使晶粒变小，并且反应釜里的温度也会随之下降，使反应釜能在合适的环境中进行反应；⑦保温时间：一般控制在 2～4h 为好，保温时间对晶粒的长大有一定影响；⑧洗涤影响：主要是为了除去 $Cl^-$，除去盐桥，避免硬团聚，减轻由吸附和毛细水引起的团聚。措施是用蒸馏水或去离子水反复洗涤后采用无水乙醇再洗几次；⑨干燥工艺：干燥温度通常在 100℃左右，并且要先用无水乙醇洗涤，再干燥粉末，这样得到的粉体分散性较好，粒度均匀；⑩表面活性剂：在粉末制备的初始阶段，沉淀粒子的分散情况，对团聚体的形成也有很大的影响，因此在沉淀生成之前，向溶液中加入某种活性剂可得到很好的效果，表面活性剂一般都为有机大分子，例如聚乙二醇(PEG)和某种醚烯醇铵等，它们产生的位阻效应可减少团聚程度，改变粉末的性能，表面活性剂的选用依据颗粒表面和要去除的杂质粒子的带电情况，一般要选用与颗粒表面的电荷相异，与想除去粒子的电荷相同的一种表面活性剂，同时其用量须恰到好处。如果加少了，吸附的量就不够，不能达到效果；如果加多了，也同样产生相反的作用；⑪填充度：当反应釜中水的填充度达到临界值时，在低于30%条件下，随着温度升高界面会上升，当温度升高到一个定值时，界面又开始下降，一直升到临界温度350℃左右，液相将会消失。因此，界面和温度与开始时填充度有关，能够通过改变填充度的手段来改变压力，压力升高，溶解度也会升高，有利于晶体生长速率变快，有研究表明，用此法制备氧化物，反应物占总体积的80%左右为好。图2-9为水热法制备的典型纳米3Y-$ZrO_2$粉体形貌的透射电镜照片。

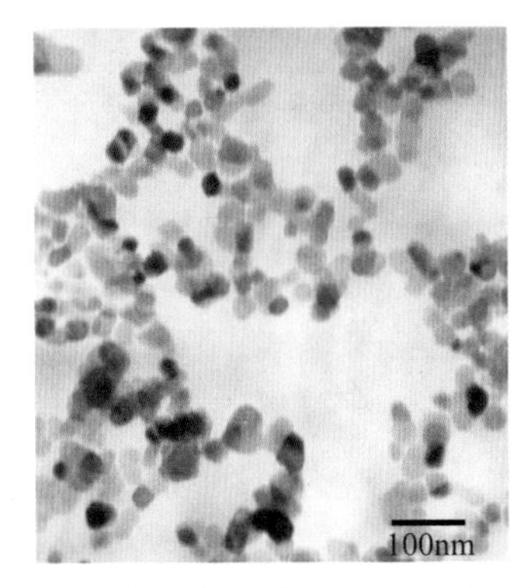

图2-9 水热合成的3Y-$ZrO_2$粉末的透射电镜照片

宋锡滨等人报道了一种可用于低温烧结的Y-$ZrO_2$的水热合成工艺，其过程是将氧氯化锆、醋酸锆、碳酸锆等一种或几种可溶性锆盐配置成锆离子浓度为0.2～0.5mol/L的溶液，在上述溶液中加入相当于锆元素质量3%～10%的$Y_2O_3$，然后调节溶液的pH为8.0～10.5，得到前驱体沉淀物在反应釜中进行水热反应，温度110～150℃、压力0.4～0.6MPa、时间6～120h；将上述水热反应后形成的含有沉淀物溶液水洗至pH为7.0～8.5，再用无水乙醇洗涤脱水，最后在合适温度下烘干即得纳米原晶的氧化锆粉体，该粉体具有良好的烧结活性，于1350℃就可获得高的致密度和抗弯强度，该水热反应釜的结构如图2-10所示。

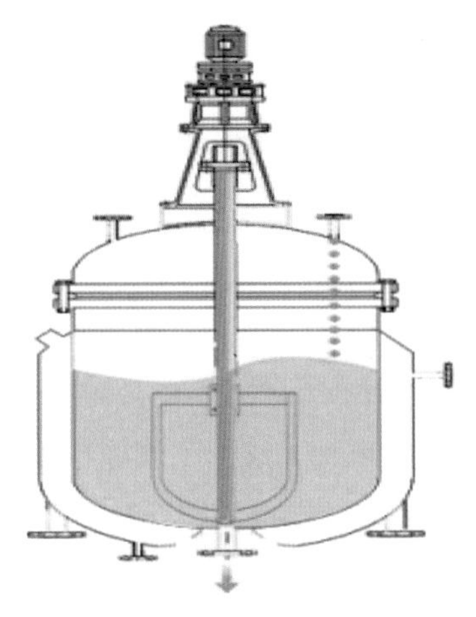
图2-10 水热反应釜的结构

有关水热法合成纳米$ZrO_2$粉体过程中如何调控工艺参数及控制团聚已有许多研究，祝宝军等人采用$ZrOCl_2 \cdot 8H_2O$溶于蒸馏水制成溶液；将$HNO_3$倒入$Y_2O_3$，水浴加热至完全溶解，再倒入$ZrOCl_2$溶液中，加入聚乙二醇作分散剂，搅拌；再用氨水滴定至预定pH值，持续搅拌后静置12h，然后过滤洗涤至无$Cl^-$离子，加入矿化剂，放入反应釜水热合成，沉淀产物经洗涤烘干研磨后，得到纳米Y-$ZrO_2$。对上述过程中水热反应温度、反应时间、滴定速度、pH值、洗涤和干燥等参数的研究结果如下：

(1) 反应温度为180℃时，结晶以四方相氧化锆为主，晶粒尺寸大约8.5nm，220℃和300℃时以立方相氧化锆为主，晶粒尺寸13.9nm；

(2) 水热反应时间24h合成氧化锆颗粒呈粒状，但比较模糊，晶体发育并不完全；随着反应时间的延长，晶体发育趋于完全，水热反应时间为48h比较适宜；

(3) 滴定速度的影响。在$Zr(OH)_4$-$Y(OH)_3$共沉淀的过程中，混合盐及氨水溶液的过饱和度大，反应离子的绝对浓度也很高，所以晶体生长的诱导期特别短，$Zr(OH)_4$-

$Y(OH)_3$ 沉淀快速生成，结晶过程的聚集速度太快，定向速度也很小，使体系快速生长形成无序的无定形 $Zr(OH)_4$-$Y(OH)_3$ 粒子。由于这些粒子之间的范德华引力大于其双电层斥力，当它们接近到一定程度时，就产生初次聚集，形成胶黏状的聚集体。图 2-11 是保持其他条件不变，于不同滴定速度下，水热合成产物的扫描电镜照片；其中 a 样品的滴速为 4.8mL/min，b 样品的滴速为 14.4mL/min。由图 2-11 可见，(a)样品的粒度小，粒度均匀，粒子间团聚现象较少；(b)样品由于团聚现象比较严重，所以颗粒尺寸大，而且粒度不均匀。

(a)

(b)

图 2-11　不同滴定速度下水热合成 Y-$ZrO_2$ 的扫描电镜照片

(4) pH 值的影响。在较低的 pH 值下，$OH^-$ 的浓度低，$Zr^{4+}$ 周围的配位体主要是水分子，随着 pH 值的增大，$Zr^{4+}$ 周围的水分子逐渐被 $OH^-$ 取代，氧化锆前驱体结构对最终氧化锆的晶型是有影响的，主要影响在于氧化锆前驱体网状结构的有序程度，即是否含有较多结构水分子和配位水分子，不同 pH 值条件下氧化锆前驱体结构可能有以下四种模型：

$$[Zr(OH)_2(H_2O)_4]^{2+} \quad (pH<7)$$

$$[Zr(OH)_4(H_2O)_2]^0 \quad (pH=7)$$

$$[Zr(OH)_6]^{2-} \quad (pH=7\sim10.5)$$

$$[Zr(OH)_7]^{3-} \quad (pH=10.5\sim14)$$

采用氨水滴定氯氧化锆溶液，控制体系最终 pH 值分别为 7 和 11，对沉淀产物进行水热反应处理后所得试样的扫描电镜照片如图 2-12 所示，可见 pH=7 时团聚比较严重，而当 pH=11 时，体系中 $OH^-$ 过量，使沉淀颗粒间相互的排斥势能增加，减少了颗粒间的团聚作用，产物粒子变得均匀，分散度有所改善。

(5) 洗涤和干燥的影响。$Cl^-$ 的存在影响胶团结构，增加凝胶中非架桥羟基、结构配位水和吸附水的数量，阻止凝胶在低温下脱去非架桥羟基，从而导致硬团聚的产生，因此对凝胶必须反复彻底清洗，尽量减少 $Cl^-$，消除“盐桥”，防止硬团聚。另外，滴定所得湿凝胶前驱体中包含了大量的自由吸附水和毛细管水；由于吸附水和毛细管水的表面张力是自由水的几十倍，在 $Zr(OH)_4$-$Y(OH)_3$ 湿凝胶的水热处理过程中，巨大表面张力的存在使吸附水和毛细管水排除时，最终残留在颗粒间的微量水通过氢键将颗粒和颗粒紧密地黏结在一起，导致最终粉末团聚。消除或减轻由吸附水和毛细水引起团聚的措施是：对前驱物

图 2-12　不同 pH 值条件下水热合成 $ZrO_2$ 的扫描电镜照片

用蒸馏水反复洗涤后采用无水乙醇再洗涤数次，然后用无水乙醇作分散剂对前驱体进行水热处理。

水热处理产物的干燥是制备纳米 $ZrO_2$ 粉末的一个重要步骤，因为无定形前驱物经水热处理转化为晶粒尺寸十几纳米的微晶，这些微晶巨大的表面能使其对水分子的吸附能力很强，在微晶表面形成水膜，所以从高压釜中卸出的水热处理料液经静置抽滤后，得到的水热处理产物中仍有一定量的物理吸附水、配位水和少量的表面吸附羟基；在干燥过程中，物理吸附水和配位水的蒸发使得颗粒之间及分子之间相互靠近，为团聚体的形成创造条件，而非架桥羟基的脱除则引起实质性团聚。因此，如何去除邻近胶体分子间的水分子成为减小粉末团聚，制备纳米 $ZrO_2$ 粉末的关键。如果干燥工艺不当，这些水分的排除会导致干燥后的粉料团聚。图 2-13 是水热处理产物直接干燥和经无水乙醇洗涤 3 次再干燥后试样粉末的电镜照片。由图 2-13 可见，直接干燥粉末由于不同程度的团聚导致颗粒大小不均匀；经无水乙醇洗涤后再干燥的粉末分散性较好，粉末粒度均匀，说明采用无水乙醇反复洗涤水热处理产物有利于减轻粉末团聚现象。

图 2-13　水热合成产物经不同工艺干燥后的扫描电镜照片

(a) 直接干燥；(b) 乙醇洗涤三次后再干燥

目前，国内外许多企业采用水热法制备高性能纳米氧化锆粉体，国内以山东国瓷为代表，该企业水热合成的氧化锆陶瓷粉末照片及粒度分布如图 2-14 所示，粉体性能见表 2-3。

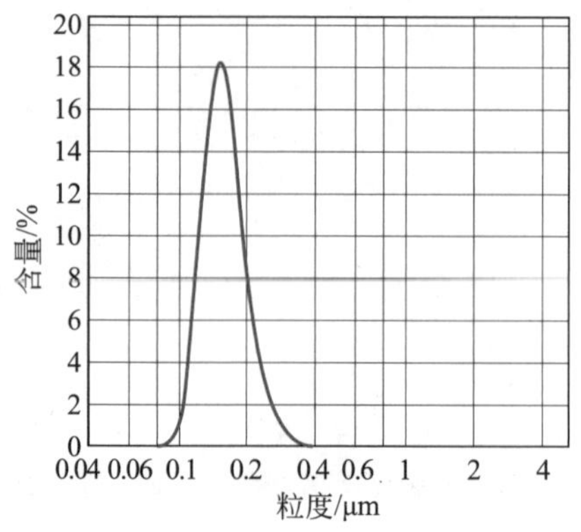


图 2-14 水热合成的 Y-$ZrO_2$ 粉末及颗粒分布

**表 2-3 水热法制备 Y-$ZrO_2$ 粉体性能**

| 化学成分/%(质量分数) | | | | | | | 物理指标 | | | |
|---|---|---|---|---|---|---|---|---|---|---|
| $Y_2O_3$ | $Al_2O_3$ | $SiO_2$ | $Fe_2O_3$ | CaO | $Na_2O$ | SBET/($m^2$/g) | 粒径分布/μm | | | 灼减量/%(质量分数) |
| | | | | | | | D10 | D50 | D90 | |
| 5.63 | 0.27 | 0.0012 | ND | ND | ND | 8.97 | 0.14 | 0.21 | 0.46 | 0.52 |

| 化学成分/% | | | | | | | 物理指标 | | |
|---|---|---|---|---|---|---|---|---|---|
| (Zr+Hf)$O_2$ | $Y_2O_3$ | $SiO_2$ | $Fe_2O_3$ | $TiO_2$ | $Na_2O$ | $Cl^-$ | D50/μm | SBET/($m^2$/g) | 灼减量/% |
| >94.0 | 5.5±0.2 | <0.015 | <0.002 | <0.005 | <0.005 | <0.02 | 0.5±0.2 | 8~12 | <1.0 |

### 2.2.4 水热-水解法

水热-水解法是将水热工艺和水解工艺相结合,利用各自优势,制备具有良好分散性的纳米氧化锆粉体的一种新技术,近 10 年来该技术已得到许多研究和应用。

梁新杰等人采用水热-水解法在 30h 内获得四方相氧化钇掺杂的氧化锆粉体,粉体的晶粒尺寸约为 50nm。其工艺过程如下:(1)水热反应:配制一定体积、一定浓度的氧氯化锆和碳酰二胺的混合水溶液,最终形成$c[Zr^{+4}]$=0.4mol/L,$c[CO(NH_2)_2]$=1mol/L 的反应料液;将反应料液置于内衬为聚四氟乙烯的水热合成反应釜中,恒温 150℃反应 3h,生成凝胶;(2)水解反应:取出水热反应后获得的凝胶,再加入一定量的原反应料液,搅拌此溶液,同时在沸腾温度下继续进行水解反应,所得水合 $ZrO_2$ 溶胶的转化率为 99%。添加硝酸钇到水合 $ZrO_2$ 溶胶中,使氧化钇浓度为 3%(摩尔分数);(3)粉体的获得:干燥所得混合物,并在 1140℃煅烧 2h,先后用去离子水和无水乙醇洗涤所得煅烧粉末,直到滤液中无 $Cl^-$;在 80℃干燥滤饼 12h,研磨筛分获得 Y-$ZrO_2$ 纳米粉体。

采用该技术合成的纳米粉体几乎均为四方相 Y-$ZrO_2$,其 X 射线衍射分析表明未见单斜相 $ZrO_2$ 和游离的 $Y_2O_3$ 存在,如图 2-15 所示;若与 Tosoh 公司 TZ-3Y-E 粉体的 XRD 图谱(见图 2-16)对比可以发现,二者峰形基本一致,但峰强存在一定的差异:图 2-16 中峰强最高可达 2300,图 2-15 中的峰强最高为 1000,相比较而言,Tosoh 公司 TZ-3Y-E 粉体的结

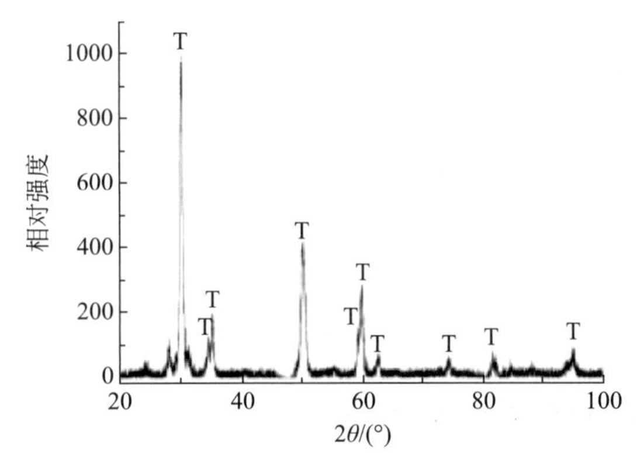


图 2-15　水热-水解法纳米 Y-ZrO 粉体的 XRD 图谱

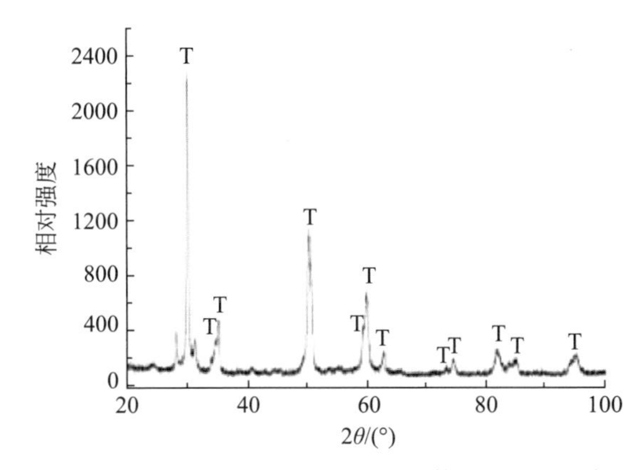


图 2-16　Tosoh 公司 TZ-3Y-E 粉体的 XRD 图谱

晶度更高些。

由该水热-水解法制备的 Y-$ZrO_2$ 粉体的粒度分布如图 2-17 所示，粉体粒度呈正态分布，$d_{10}=0.920\mu m$，$d_{50}=1.647\mu m$，$d_{90}=3.155\mu m$。其微观形貌如图 2-18 所示，粉体中原始纳米晶粒尺寸约为 50nm。粉体的微米级粒度分布状态是由纳米晶粒的团聚形成的。

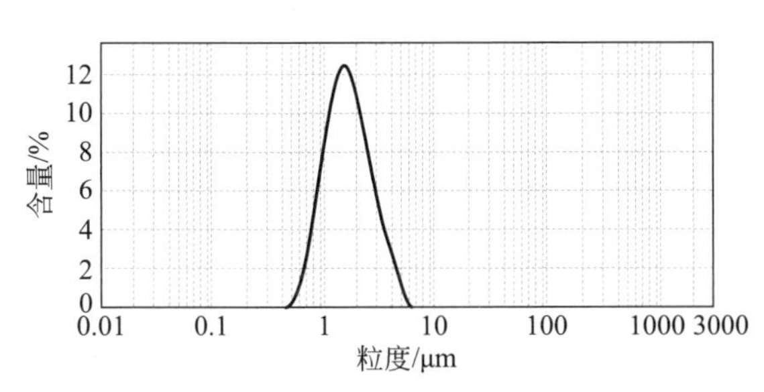


图 2-17　水热-水解反应制备的 Y-$ZrO_2$ 粉体粒度分布

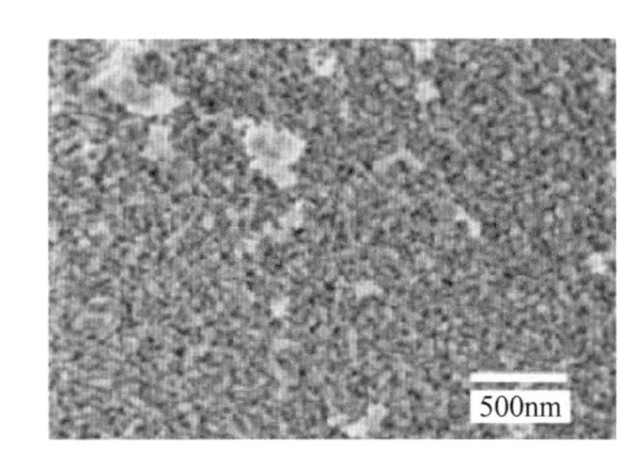


图 2-18　水热-水解反应的 Y-$ZrO_2$ 粉体的微观形貌

上述水热-水解法涉及的反应机理分析如下：采用氧氯化锆和碳酰二胺作为反应前驱物，碳酰二胺在特定温度下可以分解释放出 $NH_3$，$NH_3$ 溶于水中使得溶液中出现 $OH^-$，

$Zr^{4+}$与$OH^-$在溶液中迅速聚沉，在pH=3.2时，$Zr(OH)_4$即可沉淀完全，最终形成尺寸形貌均一的细小晶核，反应式如下。

$$CO(NH_2)_2 + H_2O \longrightarrow 2NH_3 + CO_2$$

$$NH_3 + H_2O \longrightarrow NH^{4+} + OH^-$$

$$Zr^{4+} + 4OH^- \longrightarrow Zr(OH)_4$$

此外，反应前驱物中的碳酰二胺不但可以在水溶液中形成碱性条件，而且分解形成的$CO_2$也增加了反应釜内的压力。水解反应是将由水热反应获得的凝胶在一带有冷凝管的反应装置中于沸腾条件下连续水解一定时间得到水合$ZrO_2$溶胶，使水解生成的氯化氢不断蒸发出去，从而使水解反应不断向右移动。

$$ZrOCl_2 + (3+n)H_2O = Zr(OH)_4 \cdot nH_2O \downarrow + 2HCl \uparrow$$

沉淀物中含有大量的$NH_4Cl$，将沉淀物过滤后用水洗涤至无氯离子，再用乙醇洗涤3次。水洗有以下不利因素：水的表面张力大，是乙醇的3倍，导致水洗的凝胶形成硬团聚；氢氧化物在水中的溶解度大于在乙醇中的溶解度，随着悬浮液的干燥，溶质可能黏着粒子，形成团聚，因此需用乙醇除去吸附于沉淀物表面的水。水合$ZrO_2$粉末在1140℃煅烧的分解反应为：

$$Zr(OH)_4 \longrightarrow ZrO_2 + 2H_2O$$

### 2.2.5 常压水解-低温水热法

该方法是将前驱体母盐$ZrOC1_2$的水溶液在反应釜中进行常压水解处理，然后将水解液在较低的温度和较低的压力下进行水热处理。刘琪等人报道了采用常压水解-低温水热法制备氧化钪稳定氧化锆纳米粉体，其工艺流程如图2-19所示；具体过程是将含有氧氯化锆、氧化钪掺杂量占8%（摩尔分数）、氧化铝、氧化铈、氧化铋的掺杂总量占0～7%（质量分数）的前驱体母盐在反应釜中加热并搅拌使其溶解，进行常压水解处理，然后选取合适种类的矿化剂，并精确控制矿化剂的最佳用量，通过使用结构合理设计的反应釜（包括反应釜的长径比、搅拌方式和速度、釜体材料、冷却方式等），再将水解液在较低的温度（<150℃）和压力（0.3～0.5MPa）下进行水热处理，以及水洗、过滤、干燥、磨细，可得到氧化钪稳定氧化锆粉体，其粒径小、粒度分布集中、比表面积较小、烧结活性高；经测定其一次粒径大小为60～80nm，团聚粒径大小$d_{50}<0.50\mu m$，$S_{BET}=11.2\pm0.4m^2/g$，可在1350℃保温3h常压烧结致密化。

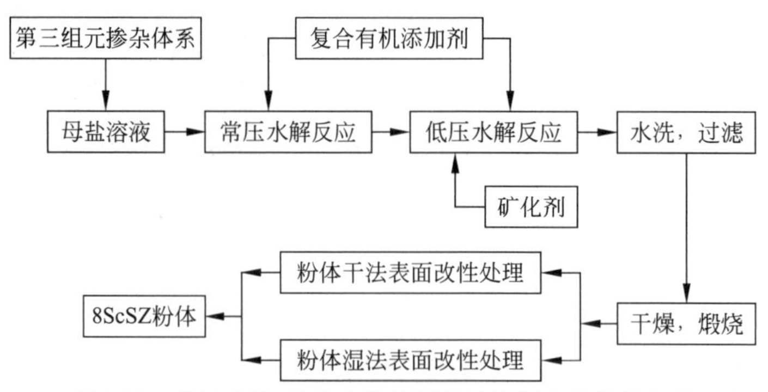


图2-19 常压水解-低温水热法制备纳米氧化锆粉体工艺

### 2.2.6　共沉淀-水解法

该工艺是将共沉淀法与加热水解法相结合，取长补短，从而制备高品质低成本的超细氧化锆粉末的一种方法。其基本工艺过程是，利用共沉淀的方法使氨水和锆盐在溶液中反应，产生的沉淀在过滤、洗涤后，加入氯氧化锆使沉淀产生溶胶，把溶胶作为结晶核心，加热使溶胶进一步水解产生沉淀，将水解物洗涤、煅烧、研磨，最后得到一次颗粒大小可控、均匀一致的氧化锆颗粒。

将共沉淀法与加热水解法相结合的一个优点是有利于克服结晶成核和长大无法控制，一次颗粒的大小不均匀的问题；在共沉淀-水解法中通过加入外来结晶核心后，不再发生自发成核，晶核的数量是一定的，最终颗粒的大小可通过水解时间的长短来控制。此方法的另一优点是依靠加入外来晶核代替自发成核，节省了自发成核的孕育时间，把直接水解法所需要的时间缩短，提高效率。

彭雨辰等人报道了采用该法成功制备出性能优异的氧化锆粉体，其具体工艺过程如下：(1)将 322g 氯氧化锆与可折合为氧化钇 6.4g 的 43g 氯化钇溶液，混合制备成浓度 1.0mol/L 的氯氧化锆和氯化钇混合溶液，将 14mol/L 的氨水稀释成 1.0mol/L 的氨水溶液，在不断搅拌条件下，将氨水溶液加入到氯氧化锆和氯化钇混合溶液中，产生氢氧化锆的沉淀，到 pH=7.0 中止，老化 12h；(2)上面的沉淀物中含有大量的 $NH_4Cl$，用去离子水充分洗涤以便除去氯离子，直到用硝酸银检测不到白色沉淀为止，得到沉淀；另取氢氧化锆 966g 溶解在去离子水中，将上述洗涤后的沉淀物加入到该溶液中，加水到锆离子的浓度达到 1.0mol/L，在搅拌条件下加热到沸腾，直到全部沉淀发生胶溶；(3)对上述产物进行离心沉降，分离出未胶溶的沉淀物；把溶胶装入密闭容器，在高速离心机上沉降 1h 得到溶胶；(4)将溶胶加热到沸腾，不断缓慢加入氯氧化锆和氯化钇混合溶液，保持加入量与水解量相等，在达到预期的一次颗粒大小后，停止加入，保持沸腾，直到溶液中的锆离子水解完毕；在加热过程中，水分不断蒸发，需要经常补充水，使溶液体积保持不变；(5)将水解产物用去离子水和无水乙醇洗涤、过滤，于 800℃煅烧 5h 得到颗粒状氧化锆，用球磨机将颗粒氧化锆加水研磨，粒度达到 0.2～0.3μm；(6)XRD 检测表明该 Y-$ZrO_2$ 全部由四方相构成，将喷雾干燥的粉体在 200MPa 下冷等静压成型，1500℃烧结 2h，密度达到 6.07g/$cm^3$。

## 2.3　$ZrO_2/Al_2O_3$ 复合粉体制备

氧化锆陶瓷和氧化铝陶瓷具有良好的化学和物理相容性，它们的力学性能、导热系数、硬度和弹性模量又有较强的互补性。研究表明，在氧化锆-氧化铝系统中，通过向 3Y-TZP 内添加 20%(质量分数)的 $Al_2O_3$，简称 ATZ；经 1450℃的 HIP 处理，可获得强度高达近 2000MPa 的复合陶瓷材料，有望作为一种高韧性、高强度的结构陶瓷材料得到实用化，现已成为高性能陶瓷材料研究的一个热点。优质复合粉体是复相陶瓷材料制备的基础，下面简要介绍 $ZrO_2/Al_2O_3$ 复合粉体的几种制备方法。

(1) 机械混合法

机械混合法是一种相对比较简便的工艺，较为常用。该方法将 $ZrO_2$ 和 $Al_2O_3$ 粉体进行机械混合，为达到高度分散和避免团聚，通常采用湿法球磨或强力搅拌分散；可通过调节

pH 值、添加分散剂等方式来增加粉体的均匀性。机械混合法可能存在的问题是很难达到完全均匀的分散状态。

(2) 共沉淀法

共沉淀法是在混合金属溶液中加沉淀剂,得到各成分均匀混合的沉淀,然后将沉淀物热分解即可得到 $ZrO_2/Al_2O_3$ 复合粉体。其工艺过程是将一定浓度的 $ZrOCl_2 \cdot 8H_2O$ 乙醇溶液和 $AlCl_3 \cdot 6H_2O$ 水溶液按不同摩尔分数配比均匀混合,再加入适量的碱溶液,即可得到 $ZrO_2/Al_2O_3$ 的前驱体,将制备的 $ZrO_2/Al_2O_3$ 的前驱体,在 800℃ 下煅烧 2h,最终得到 $ZrO_2/Al_2O_3$ 复合陶瓷粉体,图 2-20 为共沉淀法制备 $ZrO_2/Al_2O_3$ 复合粉体工艺流程。

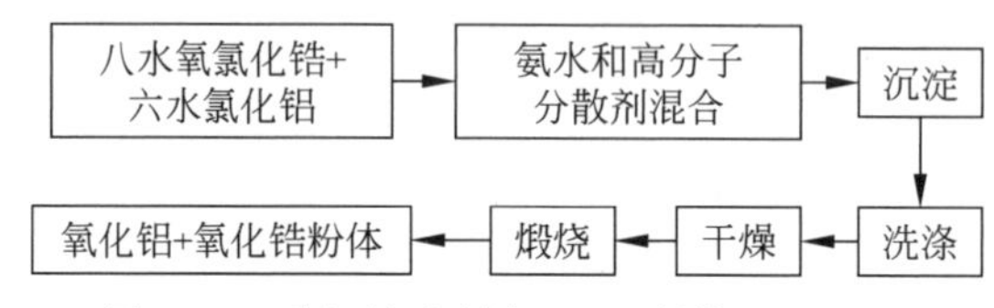


图 2-20 共沉淀法制备 ATZ 粉体工艺流程

(3) 水热法

水热法是将一定浓度的 $Al(NO_3)_3$ 和 $ZrOCl_2$ 水溶液按不同摩尔分数配比均匀混合,再加入适量的碱溶液,即可得到 $Al(OH)_3$-$Zr(OH)_4$ 白色混合胶体,再经反复洗涤即可用作水热反应前驱物;选用不同浓度的 KBr,KOH,NaOH 作为矿化剂,水热反应温度范围为 200~430℃,反应时间为 8~72h 不等。

水热反应完成后,对产物进行固-液分离并反复洗涤,然后在 110℃ 下进行干燥,对粉体进行不同温度的处理,最终得到 $ZrO_2/Al_2O_3$ 复合粉体。图 2-21 为 $ZrO_2/Al_2O_3$ 复合粉体的扫描电镜照片,表 2-4 为日本东曹公司水热法制备的 $ZrO_2/Al_2O_3$ 复合粉体性能。

图 2-21 $ZrO_2/Al_2O_3$ 复合粉体的扫描电镜照片

**表 2-4 日本 Tosoh 公司水热法制备的 $ZrO_2/Al_2O_3$ 复合粉体性能**

| 含量(质量分数)或性能指标 | TZ-3Y20A | TZ-3Y20AB | TZ-3YS20AB |
|---|---|---|---|
| $ZrO_2+HfO_2+Y_2O_3+Al_2O_3$/% | >99.9 | >99.9 | >99.9 |
| $Y_2O_3$/% | 3.90±0.30 | 3.90±0.30 | 3.90±0.30 |
| $Al_2O_3$/% | 20±2 | 20±2 | 20±2 |
| $SiO_2$/% | ≤0.02 | ≤0.02 | ≤0.02 |

续表

| 含量(质量分数)或性能指标 | TZ-3Y20A | TZ-3Y20AB | TZ-3YS20AB |
|---|---|---|---|
| $Fe_2O_3$/% | ≤0.01 | ≤0.01 | ≤0.01 |
| $Na_2O$/% | ≤0.04 | ≤0.04 | ≤0.04 |
| 质量损失/% | ≤1.2 | 3.6±0.6 | 5.5±1.0 |
| BET 比表面积/($m^2$/g) | 15±3 | 15±3 | 7±2 |

## 2.4　原料的磨细与分散

采用湿化学法制备的氧化锆等陶瓷原料在使用之前，通常需要对上述方法制备的氧化锆粉料进行进一步机械粉碎磨细处理，这个过程可采用球磨、搅拌磨和砂磨机来完成。

### 2.4.1　球磨与球磨机

1. 球磨过程

球磨是磨碎或研磨的一种常用方法，图 2-22 为球磨机结构示意图。球磨过程主要是利用下落的研磨体的冲击作用以及研磨体与物料及内壁的研磨作用而将物料粉碎并研磨。当球磨机转动时，由于研磨体与球磨机内壁之间的摩擦作用，将研磨体依旋转的方向带上后再落下，这样物料就连续不断地被研磨和冲击粉碎。此外，为了避免陶瓷粉料球磨过程被金属污染，通常在球磨机内壁镶嵌耐磨聚氨酯内衬或耐磨陶瓷内衬，如图 2-23 所示。

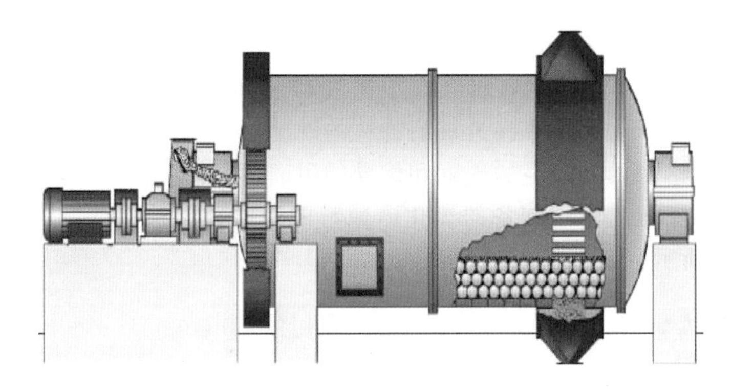

图 2-22　球磨机结构

图 2-23　球磨机内壁镶嵌的耐磨陶瓷内衬板

研磨体有三种运动状态：泄落式、抛落式、圆周式，如图 2-24 所示。泄落式即研磨体不能被带到适宜高度，对物料只有轻微研磨作用，而且冲击力很小；抛落式即研磨体能被带到一定高度后呈抛物运动下落，对物料有较大的研磨作用和冲击力；圆周式即研磨体和物料紧贴筒壁而不掉落，研磨体对物料几乎没有任何研磨和冲击作用。因此，通过调整球磨机转速，使球磨机工作时研磨体处于抛落式运动可以获得高的研磨效率。

2. 研磨体

研磨体(又称为研磨介质)的选择，包括研磨体材料、加入量、直径或分布，以及料球加入

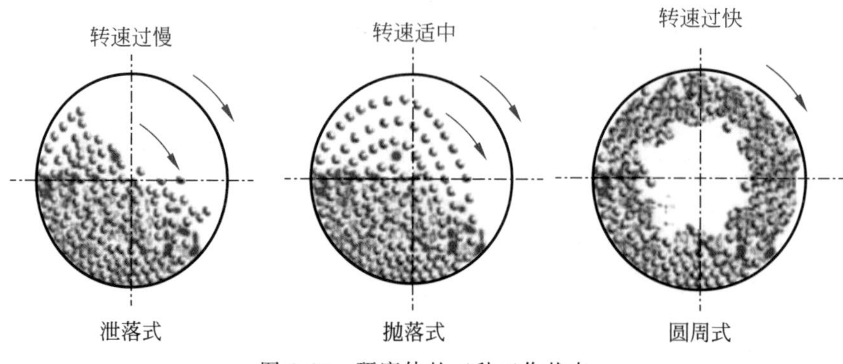


图 2-24　研磨体的三种工作状态

量之比都是需要考虑的；此外研磨介质的相对密度、形状和表面粗糙度，对研磨效果均有影响。

研磨体一般多用球形，有时也使用短柱状研磨体，这是因为其他不规则形状的介质容易产生自身磨损，引起物料污染。研磨体大小直接影响粉磨效率和产品细度，研磨体直径越大，粉磨后颗粒的粒径也越大；反之，研磨体粒径越小，研磨介质接触点就越多，研磨物料的机会也就多，产品粒度越小。当然，在具体的研磨过程中，研磨体直径大小选择一般视给料粒度和要求的产品细度而定。此外为提高粉磨效率，研磨介质的直径具有一定分布，即大小搭配有利。

研磨体的装填量对研磨效率有直接影响，填充率一般为 50%～60%。此外，研磨体的耐磨性和化学稳定性也是衡量研磨介质质量的重要因素，这是为了防止研磨介质在研磨中与物料发生化学反应，会对物料造成污染。

研磨体密度、硬度对粉碎磨细效果也产生影响，研磨介质密度越大，研磨作用强、效率高。为了增加研磨效果，研磨介质的硬度须大于或接近被磨物料的硬度；通常结构陶瓷研磨体，如氧化锆、氧化铝、氮化硅、碳化硅，都具有较高的硬度和优异的耐磨性和化学稳定性，均为良好的研磨体。为了避免污染，对于湿化学法制备的氧化锆原料的研磨通常采用球形或圆柱形氧化锆研磨介质，如图 2-25 所示。

图 2-25　氧化锆研磨介质形状与大小分布

### 2.4.2　搅拌磨及其磨机

搅拌磨是湿法超细粉碎的一种主要方式，是 20 世纪 70 年代开始逐渐应用的粉磨设备。

搅拌磨原理是通过搅拌方式推动研磨介质，依靠研磨介质冲击和摩擦研磨来粉碎磨细物料。搅拌磨的种类有多种，按搅拌器的结构形式可分为盘式、棒式、环式搅拌磨；按工作方式可分为间歇式、连续式和循环式搅拌磨；按工作环境可分为干式和湿式（一般以湿法搅拌为多）；按安放方式可分为立式和卧式搅拌磨。目前，对于氧化锆等氧化物或非氧化物陶瓷原料的磨细与分散主要采用湿法立式搅拌磨，如图 2-26 所示。

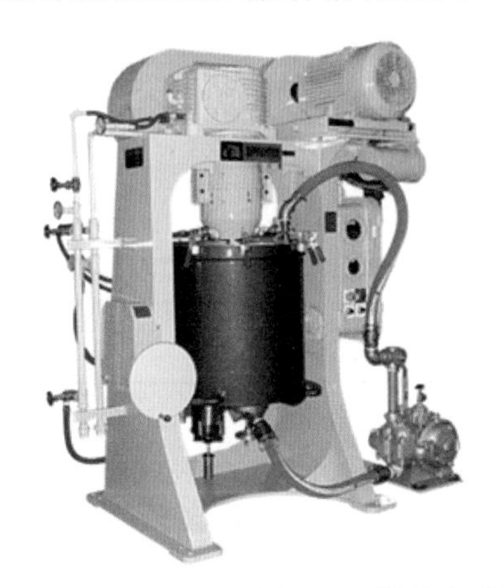

图 2-26　湿法立式搅拌磨及其结构

### 2.4.3　砂磨与砂磨机

1. 砂磨机特点及原理

砂磨机属于湿法超细研磨设备，广泛应用于超细粉体（纳米和亚微米级粉体）的生产过程中。砂磨机与球磨机、搅拌磨机等研磨设备相比较，具有生产效率高、连续性强、产品细度分布窄等优点。一般常见的有立式砂磨机和卧式砂磨机，图 2-27 为一款卧式砂磨机及其内部结构示意图。

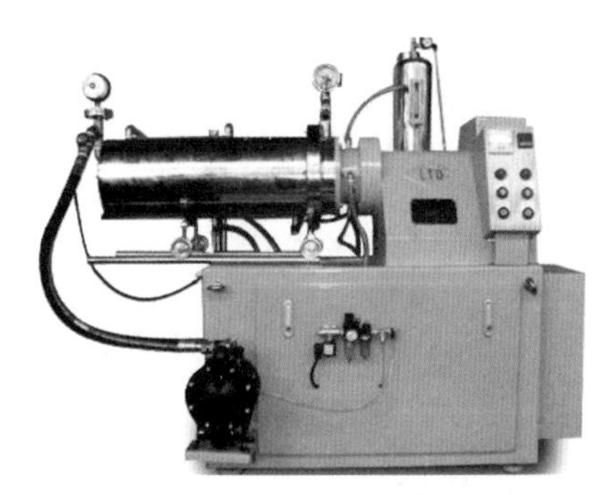
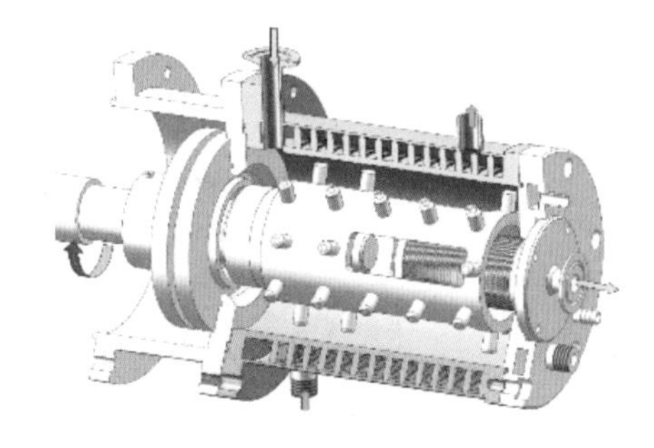

图 2-27　砂磨机及内部结构

砂磨机工作原理是将预先搅拌好的原料送入研磨槽，研磨槽内填充适量的研磨介质，经由分散叶片高速转动，赋予研磨介质以足够的动能，与被分散的物料颗粒撞击产生剪切破碎力和挤压破碎力，达到磨细和分散的效果，再经特殊分离装置，将被磨细的颗粒与研磨介质分离排出。图 2-28 为砂磨机工作原理图，砂磨机的类型与工作特点见表 2-5。下面分别介绍典型的两款立式和卧式砂磨机。

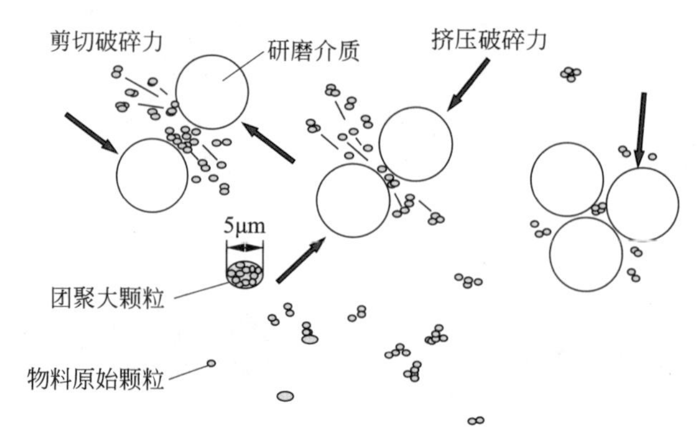


图 2-28 砂磨机工作原理

**表 2-5 砂磨机的类型与工作特点**

| 砂磨机类型 | 特点 | 常用研磨介质 |
| --- | --- | --- |
| 密闭立式砂磨机 | 带压工作，可处理黏度相对较高的物料，机型相对较小 | 推荐使用 0.6～3.0mm 硅酸锆珠或氧化锆珠 |
| 传统卧式砂磨机 | 增加了珠子的填充量，可提高研磨效率 | 推荐使用 1.0～3.0mm 玻璃珠或硅酸锆珠 |
| 棒销卧式砂磨机 | 更好地控制物料的温度而提高浆料的处理量，适合处理高黏度的物料 | 推荐使用 0.6～2.0mm 氧化锆珠 |
| 涡轮卧式砂磨机 | 研磨效率高，实现了大流量循环的生产 | 推荐使用 0.4～2.0mm 硅酸锆珠或氧化锆珠 |
| 纳米级卧式砂磨机 | 研磨珠在研磨腔内均匀分布，能量利用率充分提高 | 推荐使用 0.3mm 以下的氧化锆珠 |

2. 立式砂磨机

图 2-29 为一款立式砂磨机，适应小磨介研磨(可使用 0.03～3mm 的小磨介)，高转速

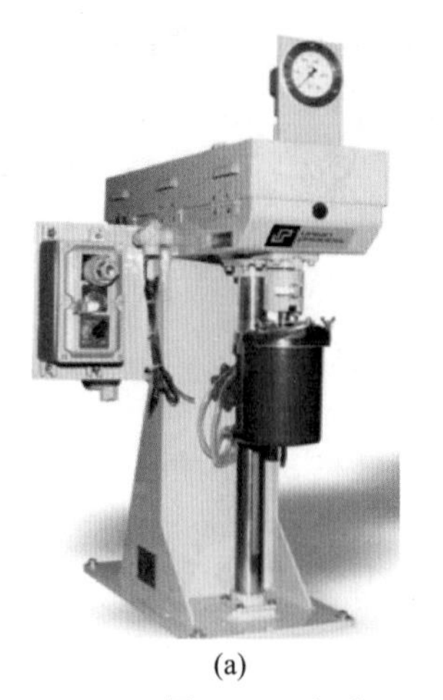
(a)

(b)

图 2-29 实验型(a)和生产型(b)立式砂磨机

(400～4000r/min)搅拌小磨介，研磨缸可倾斜方便清洗，包含带有磨介格栅的侧卸料组件，研磨缸装有夹套以便更有效冷却，卸磨介阀在底部，其实验型和生产型分别如图2-29(a)、(b)所示，其参数和性能指标见表2-6。该立式砂磨机具有很多批量式研磨机的优点，包括：研磨效率高、无须预混、在研磨过程中随时可以检查物料并加料、无须昂贵的轴封维护、设备结构紧凑、操作简单。

**表2-6 实验型和生产型立式砂磨机参数和性能指标**

| 型号 | 01-HDDM 750cc | 01-HDDM 1400cc | 05-SDM | 1-SDM | 5-SDM | 10-SDM | 15-SDM | 20-SDM | 30-SDM |
|---|---|---|---|---|---|---|---|---|---|
| 研磨缸容积/L | 0.75 | 1.4 | 4.9 | 11 | 53 | 106 | 159 | 231 | 314 |
| 浆料容积/L | 0.125～0.175 | 0.25～0.35 | 1.4 | 2.3-3 | 15 | 30 | 45.4 | 60.6 | 90.8 |
| 磨合量/L | 0.28 | 0.56 | 2.3 | 4.9 | 24.6 | 49.2 | 73.8 | 98.4 | 147.6 |
| 功率/kW | 0.37 | 0.37 | 2.2 | 3.7 | 11 | 18.4 | 29.4 | 37 | 55 |
| 高度/cm | 99 | 99 | 116.8 | 152.4 | 223.5 | 231.1 | 246.4 | 264.2 | 279.4 |
| 占地(长×宽)/m | 43×97 | 43×97 | 71×122 | 81×137 | 91×165 | 99×178 | 112×193 | 122×198 | 132×206 |
| 设备质量/kg | 110 | 110 | 318 | 726 | 1180 | 1680 | 1861 | 2270 | 2815 |
| 运行总质量/kg | 115 | 115 | 340 | 772 | 1339 | 1907 | 2293 | 2860 | 3677 |

3. 卧式砂磨机

图2-30为一款循环式卧式砂磨机及循环式研磨系统示意图，对于研磨大批量的陶瓷物料循环砂磨机是最为经济的选择，相对其他研磨设备，设备投入和磨介的选择都具有较低成本。另外，使用循环磨的优点是可以得到很窄的粒度分布，能够连续处理大量的浆料，还可以在研磨过程中随时向预混缸加入陶瓷物料组分，并且因为浆料经过研磨室只有短短的

图2-30 循环式卧式砂磨机及循环式研磨系统

15～25s，所以可以进行精确的温度控制。

循环式研磨系统包括一个研磨机（DMQX-Mmll[tm] 小磨介研磨机）以及一个通常是研磨室 10～20 倍容量的预混缸，这个大的预混缸使物料可以在 5～10min 内进行一次循环；为了得到最佳的研磨效果以及很窄的粒度分布，物料经由泵高速通过研磨室；同时拥有一个特殊的磨介分离器保证物料高流速地卸料。

该循环式卧式砂磨机具有如下特点：(1)采取先进的盘式与棒削式相结合，提高盘片之间低速区域线速度，扩大高能量密度区域，从而提高研磨效率，同时使得物料研磨后粒度分布更加均一；(2)特殊设计的磨介分离器，可调节，不容易堵料；(3)可用 0.1～2mm 磨介球，可将物料加工到 100nm；(4)智能化控制系统；(5)研磨组件可选用氧化锆、氧化铝、聚氨酯、硬质合金或 440C 不锈钢材料。该循环式卧式砂磨机的参数和性能指标见表 2-7。

**表 2-7 循环式卧式砂磨机的参数和性能指标**

| 型号 | 实验型设备 | | 生产型设备 | | | | |
|---|---|---|---|---|---|---|---|
| | DMQX-07 | DMQX-2 | DMQX-5 | DMQX-10 | DMQX-20 | DMQX-40 | DMQX-80 |
| 磨介量/L | 0.41 | 1.0 | 2.6 | 5.0 | 10.2 | 20.2 | 40.4 |
| 最大转速/(r/min) | 3700 | 2650 | 1900 | 1560 | 1170 | 940 | 740 |
| 电功率/kW | 2.2～3.7 | 3.7 | 5.5～7.5 | 11～15 | 22～30 | 45～55 | 55～75 |
| 储料缸/L | 3.75～20 | 20～40 | 50～100 | 100～200 | 200～400 | 400～800 | 800～1600 |
| 整机尺寸/mm | 760×535×865 | 865×660×1120 | 965×810×1270 | 1220×865×1400 | 1575×1015×1525 | 1670×1270×1780 | 2767×1245×1500 |
| 质量/kg | 135 | 410 | 635 | 820 | 1090 | 2270 | 3000 |

4. 研磨介质

砂磨机通常使用的研磨介质有氧化锆微珠、硅酸锆微珠、玻璃微珠、稀土氧化锆微珠等，与球磨机和搅拌磨比较，砂磨机使用的研磨介质更小，其直径通常为几个毫米甚至不到 1 毫米，常用研磨介质性能见表 2-8。

**表 2-8 常用研磨介质性能**

| 技术参数 | 玻璃 | 氧化锆 | 硅酸锆 | 稀土氧化锆 |
|---|---|---|---|---|
| 化学成分 | $SiO_2+Na_2O+CaO$ | $ZrO_2+Y_2O_3$ | $ZrO_2+SiO_2$ | $ZrO_2+SiO_2+Y_2O_3$ |
| 真实比重 | 2.5 | 6.0 | 3.8～4.0 | 5.5 |
| 堆积比重 | 1.5 | 3.6 | 2.3 | 3.5 |
| 研磨效率 | 低 | 高 | 中 | 高 |
| 使用寿命 | 短 | 长 | 中 | 较长 |

一般来说研磨介质比重(即与水的密度之比)越大，尺寸越小，单位体积内介质的数目越多，介质之间的接触点就越多，砂磨机研磨效率就越高，研磨效果也就越好，尤其对高固含量和高黏度产品的研磨，更能显示出大比重研磨介质的优势，目前大多采用比重较大的氧化锆研磨介质。

## 2.5　干燥工艺与造粒

智能终端陶瓷的粉体制备常用方法都是湿化学法，用湿化学法制备氧化锆要解决的一个问题是如何进行干燥，即将湿法研磨后的氧化锆浆料中所含有的水分，以气态的形式从粉体中分离出来，同时进行造粒，以满足后续各种成型工艺对粉体颗粒形态的要求，也就是经过球磨或搅拌磨和砂磨机磨细的浆料需要进行干燥和造粒。

### 2.5.1　干燥方法介绍

干燥方法有很多种，针对氧化锆等陶瓷浆料，根据目前研究现状主要有热风干燥、喷雾干燥和冰冻干燥等几种方法。

(1) 热风干燥

热风干燥即热空气干燥，是利用电加热的热空气作干燥介质对含水或酒精陶瓷粉料进行干燥的方法，需在特定的干燥器中进行。

热风干燥法优点是：干燥速度较快，可间歇或连续干燥；用热风干燥法干燥陶瓷粉料时需要粉碎，对块状的干燥效果不是太理想。根据热空气温度和湿度的不同进行控制，主要分为三种干燥工艺制度，分别为低湿高温干燥、低湿逐渐升温干燥和控制湿度干燥。

低湿高温干燥是采用低湿度的干热空气作介质，使粉体在整个干燥过程中始终处于湿度低、温度高的干燥环境，进而对粉体进行干燥处理。该方法主要应用于薄陶瓷粉体层的加热干燥。

低湿逐渐升温干燥是在干燥过程中，使热空气始终保持低的湿度，而使其温度逐渐升高，目的是使粉体的干燥速度由小至大渐进增加，从而减小粉体的内外温差和内扩散阻力，以保证粉体内外扩散速度的相互适应，避免粉体出现"干面"现象。该方法适用于厚陶瓷粉体层的加热干燥，缺点是干燥时间长，干燥效率也低。

控制湿度干燥是按照干燥过程的规律与特点，通过对干燥介质湿度的控制，合理调节粉体在不同干燥阶段的干燥速度。该方法制度合理，适用于量大、粉体层厚的干燥，但需要配置能够调控干燥介质湿度和温度的干燥设备。

(2) 喷雾干燥

喷雾干燥是目前工业生产上陶瓷浆料最常用的干燥方法，是将陶瓷悬浮液或浆料用喷雾器喷入干燥塔内进行雾化形成浆料雾滴，这时进入塔内的雾滴即与从另一路进入塔内的热空气会合而进行脱水干燥，浆料雾滴中的水分受热空气的干燥作用，在塔内蒸发而成为干粉，然后经旋风分离器吸入料斗回收。喷雾干燥优点是产量大、可连续生产、工艺也比较简单、自动化程度较高，易得到流动性好的球状团粒，图 2-31 为喷雾干燥工艺示意图。

喷雾干燥法根据喷雾器类型可分为三种：离心式喷雾干燥、压力式喷雾干燥、气流式喷雾干燥。陶瓷浆料的喷雾干燥常采用离心式和压力式喷雾干燥这两种工艺，在后续喷雾造粒介绍中会详细论述。此外，陶瓷浆料的喷雾干燥分两种情况：一种是陶瓷浆料中无黏结剂或黏结剂含量很少，仅含有少量分散剂(质量分数小于 1%)，干燥的陶瓷粉体主要用于陶瓷产品的流延成型、注射成型、热压铸成型、注浆成型等湿法流动成型工艺，因为这类湿法成型工艺需要独立地加入黏结剂、分散剂、润滑剂等，以满足成型坯体的强度和显微结构均匀

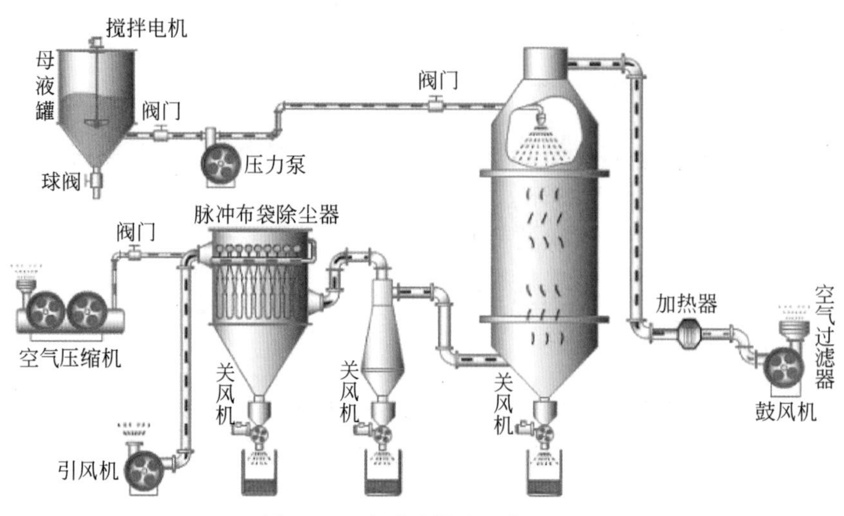


图 2-31 喷雾干燥法工艺原理

性要求,不希望初始粉末含有黏结剂;另一种情况是陶瓷浆料中含有一定的黏结剂、分散剂、润滑剂、脱模剂等,喷雾干燥得到 50～200μm 的球形颗粒,具有很好的流动性和堆积密度,主要用于陶瓷产品的干压成型和冷等静压等干法成型工艺,以便获得密度和均匀性高的陶瓷坯体。

(3) 冷冻干燥

冷冻干燥技术是先将雾化的浆料冻结到其冰点温度以下,使水分变成固态的冰,然后在适当的真空度下,使冰直接升华为水蒸气,再用真空系统中的水气凝结器(捕水器)将水蒸气冷凝,而获得干燥粉体的一种方法。干燥过程是水的物态变化和移动的过程,这种变化和移动发生在低温低压下。因此,冷冻干燥技术的基本原理就是在低温低压下传热传质的机理,如图 2-32 所示:a、b 和 c 点分别是纯水、盐溶液的三相点以及冰、饱和盐溶液、盐和水蒸气的四相共存点;常用的加热干燥过程会使溶液 1 逐渐挥发水蒸气而向位置 2* 方向变化,溶液因浓缩而产生沉淀,并发生颗粒的聚集,所以不能得到有原生粒子组成的粉末。相反,如果让溶液温度快速冷却下降,使溶液由位置 1 向(冰+盐)的两相区位置 2 移动,然后在冷冻状态下减压到 c 点以下,如位置 3 处,此时,对冷冻干燥物提供一定的热量,真空蒸发就不会引起一次粒子聚集。由于这个过程没有液相的出现,可以有效地阻止一次粒子聚集和硬团聚的发生。通常冷冻干燥分为 4 个步骤,即溶液(或胶体)制备、喷雾冷冻、真空升华干燥和热分解。

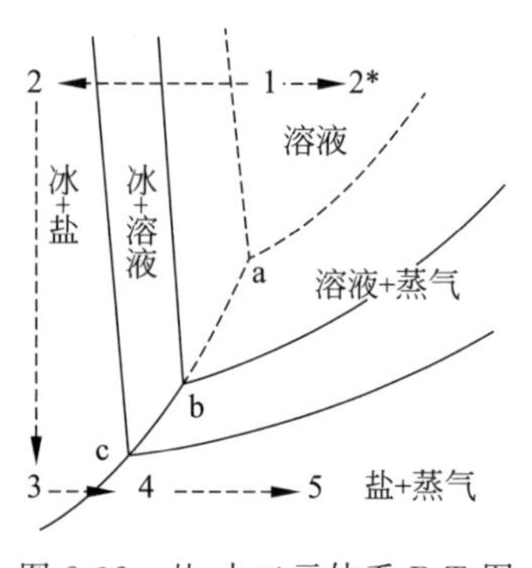


图 2-32 盐-水二元体系 P-T 图

## 2.5.2 喷雾造粒原理及造粒球

### 2.5.2.1 造粒原理及过程分析

陶瓷粉料特性对成型坯体的密度和均匀性有着十分重要的影响,为达到陶瓷干压或冷等静压成型产品质量和性能稳定的要求,粉料在充模过程中必须具有良好的流动性,而纳米或亚微米级陶瓷粉体的流动性差，因此通常需要经过造粒来提高其流动性和堆积密度。喷雾干燥造粒技术具有便于实现自动化、生产效率高、容易得到纯度高、流动性好的造粒球等优点，因而在陶瓷粉料造粒工序中获得广泛应用。图2-33给出先进陶瓷行业应用较多的离心式喷雾造粒干燥器系统的各部分组成。

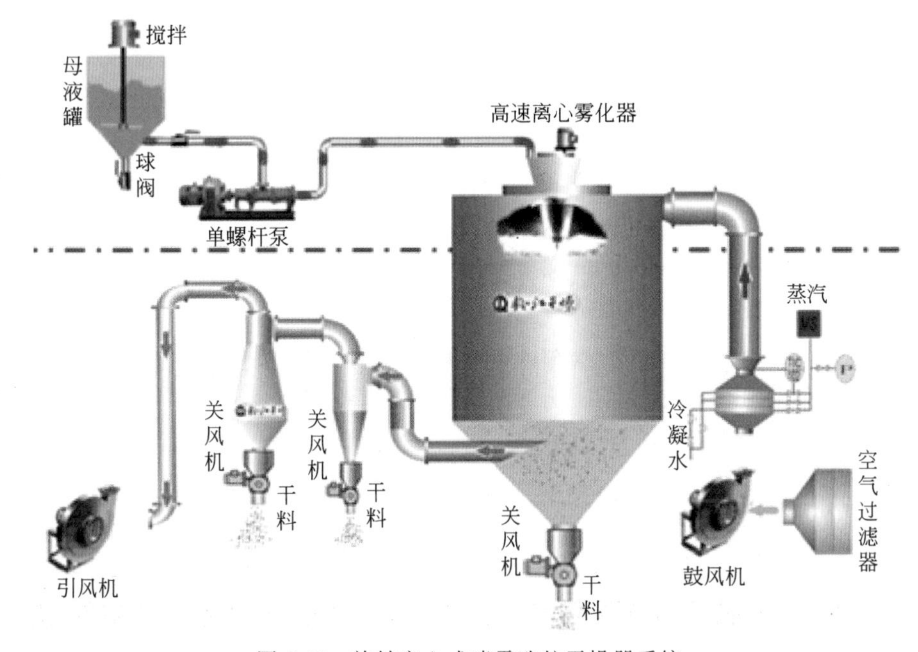


图2-33　旋转离心式喷雾造粒干燥器系统

喷雾造粒过程，主要分为如下三个阶段：

(1) 料浆雾化

料浆由供料系统中的隔膜泵以一定压力从喷嘴压入干燥塔，压力的能量转换为动能，料浆从喷嘴高速喷出，形成一层高速的液膜，液膜随即分裂为液滴，雾化产生的液滴尺寸与压力成反比，喷嘴的生产能力与压力的平方成正比。

(2) 浆料液滴干燥成球

热空气可通过干燥塔顶部的热空气分配器进入塔内，热风分配器产生一股向下的空气气流，浆料的雾化液滴与喷入热空气相会；雾化液滴由于表面张力作用而形成球形，同时由于雾化液滴具有很大的表面积，其中水分迅速蒸发干燥，而最终收缩形成干燥的球形颗粒粉料。

(3) 颗粒粉料卸出

形成的球形颗粒粉料在干燥塔内逐渐沉降，与热空气分离，塔下部的漏斗腔使颗粒粉料汇集并从出料口卸出；而较细的颗粒粉料与干燥空气一起由与漏斗形上部相连的抽风机抽取而进入除尘系统。除尘系统由高效旋风分离器、布袋除尘器、离心风机等组成；抽风机将较细的颗粒料与干燥空气一起送入高效旋风分离器；经过有效分离，较细颗粒粉料进入分离器底部的收集筒回收，所剩的含有极少量微细颗粒粉料的废气由离心风机吸入布袋除尘器经过再次除尘收集，实现了废气的无害化处理，最后的废气从管道排出。

此外，电加热器和燃气热风炉等组成的加热系统为干燥塔提供热空气；电器控制柜以及安装于进风口和出料口监测温度的现场传感器等组成的电器系统对整个喷雾造粒干燥机的各个主要环节进行监测和控制，保证整个设备的正常运行。

#### 2.5.2.2 造粒球形貌与内部结构

1. 喷雾造粒球粒度分布

造粒球的粒度分布对于造粒过程来说也是一个很重要的参数，在大规模批量喷雾造粒时，由于粉料颗粒性质对流动充模和压缩成型性能有显著影响，因此必须在造粒过程中对其进行控制，主要包括：(a)颗粒尺寸及形状，造粒尺寸为 20～200μm，形状接近球形的颗粒通常具有较好的流动性；(b)颗粒堆积密度，具有高的堆积密度的颗粒具有良好的充模和压缩性能；(c)粉体颗粒间的摩擦力和颗粒表面与模壁的摩擦力，低的摩擦力有助于提高粉体颗粒堆积密度和堆积均匀性。图 2-34 为国内商业氧化锆喷雾造粒球的形貌与尺寸分布，表 2-9 是氧化锆的化学成分及造粒前后粒径变化。

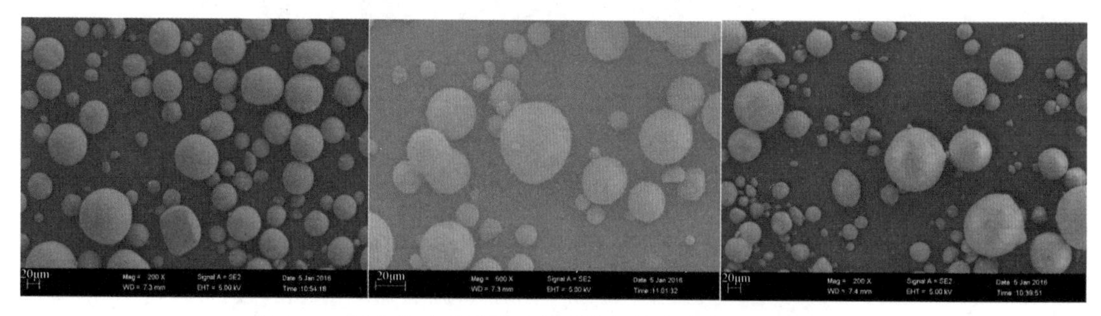


图 2-34 氧化锆喷雾造粒球的形貌与尺寸分布(SEM 照片)

**表 2-9 氧化锆粉体化学成分及造粒前后粒度变化**

| 化学成分/% | | | | | | 物理指标 | | |
|---|---|---|---|---|---|---|---|---|
| $(Zr+Hf)O_2$ | $Y_2O_3$ | $SiO_2$ | $Fe_2O_3$ | $TiO_2$ | $Na_2O$ | 造粒前 | | 造粒后 |
| >94 | 5.5±0.2 | <0.015 | <0.005 | <0.005 | <0.005 | D50 /μm | SBET/ $(m^2/g)$ | D50 /μm |
| | | | | | | 0.5±0.2 | 8～11 | 50～80 |
| 化学成分/% | | | | | | 物理指标 | | |
| $(Zr+Hf)O_2$ | $Y_2O_3$ | $SiO_2$ | $Fe_2O_3$ | $TiO_2$ | $Na_2O$ | 造粒前 | | 造粒后 |
| >94 | 5.5±0.2 | <0.015 | <0.005 | <0.005 | <0.005 | D50 /μm | SBET/ $(m^2/g)$ | D50 /μm |
| | | | | | | 0.5±0.2 | 14～18 | 40～70 |

2. 喷雾造粒球内部结构

喷雾造粒球内部的理想结构一般为实心结构，但由于浆料浓度和喷雾造粒工艺控制等原因，也会产生空心或多孔的结构，图 2-35 显示了氧化锆粉末的造粒球内部显微结构，由图可见有些造粒球存在孔洞和团聚体气孔等缺陷。因此，通过优化喷雾造粒工艺尽可能减少造粒球内部缺陷也是非常重要的。

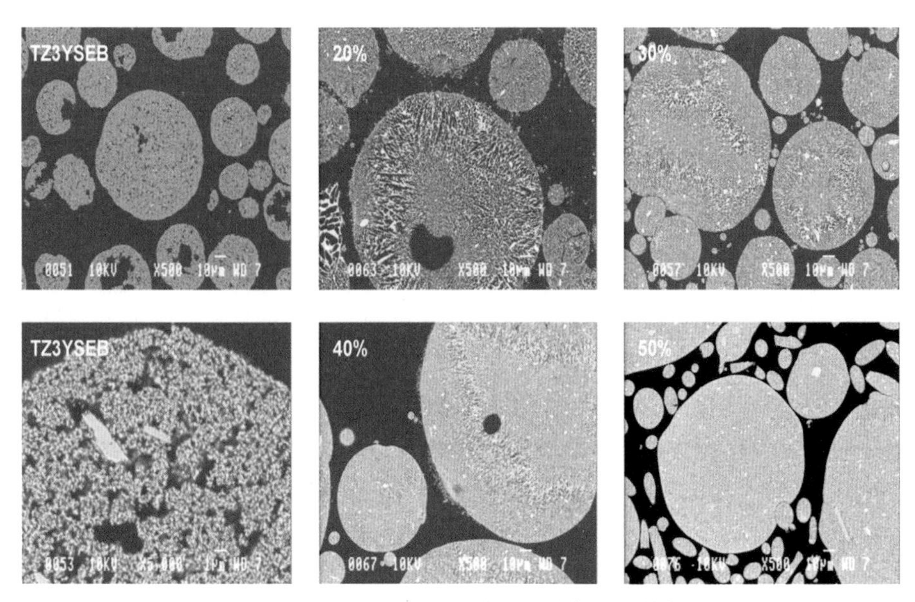


图 2-35　氧化锆粉末的造粒球内部显微结构

#### 2.5.2.3　喷雾造粒有机添加剂

1. 喷雾造粒用黏结剂等添加剂

(a) 黏结剂：有聚乙烯醇(PVA)、聚乙烯酰胺、甲基纤维素、糊精、淀粉、木质素、丙烯酸盐等，其作用是增强成型体中颗粒间结合力，保持素坯形状并维持一定强度，有机黏结剂分子量一般为 500～2000，残余水分<0.08%；

(b) 润滑剂：如石蜡、石蜡乳液、油酸、硬脂酸、硬脂酸锌、硬脂酸镁等，其作用是增强颗粒间滑动，易脱模，从而减少颗粒间或粉料与模壁间的摩擦，减少压力分布不均匀性和分层的可能性；

(c) 塑化剂：如聚乙烯醇、乙烯基乙二醇、丙三醇等，其作用是改善黏结剂膜的韧性，用以调整黏结剂性质(黏弹性、脆性、凝胶性等)，使颗粒有塑性变形；

(d) 分散剂：如丙烯酸聚合物与共聚物铵盐，浆料分散时用，可提高固相含量、降低黏度，避免团聚。

上述这些添加剂如何进行配方设计，如何选择，对于浆料特性，特别是喷雾干燥后造粒球的强度等性质具有显著影响。

2. 喷雾造粒用黏结剂选择注意事项

黏结剂可以按硬度分类，也就是说按照掺入黏结剂制成的造粒球是硬的还是韧性的来分类。这样的粒团，尺寸稳定，能自由流动，因而是自动压机大批量生产的最佳粒团。但是，这样的粒团一般不能自行润滑，所以还需要加少量的润滑剂或润湿剂，同时也需要较大的压力才能保证均匀的压实。如果原始粉末粒团在压制时没有完全破裂成连续的压实体，尺寸近似的粒团的较小的缺陷将继续通过后面的各工序，会成为大的缺陷，这将限制成品的强度。

糊精、淀粉、木质素、丙烯酸盐能制成相当硬的造粒球；而聚乙烯醇、甲基纤维素可以制成稍软的造粒球；石蜡、石蜡乳胶和树胶可以制成软的造粒球。

黏结剂的选择还必须与陶瓷材料要求的纯度相适应，黏结剂必须在陶瓷致密化之前被除去，大多数黏结剂能用热分解的方法除去。假如黏结剂与陶瓷之间在低于黏结剂分解温度时发生反应，或者热分解的残留物保留在坯体内，则后续制备的陶瓷产品将会被黏结剂玷污，也许甚至有裂缝或鼓胀。如果温度升得太快太高，黏结剂会烧成炭，而不是分解。

### 2.5.3　喷雾造粒工艺与设备

喷雾造粒设备是一种可以同时完成干燥和造粒的装置，按工艺要求可以调节料液泵的压力、流量、喷孔的大小，得到所需的具有一定尺寸分布的球形颗粒。喷雾造粒设备为连续式常压干燥器的一种，用特殊设备将浆料喷成雾状，使其与热空气接触而被干燥。根据热空气与雾滴的接触方式将设备分成：并流式，逆流式，混流式；根据雾化形式可将雾化器分为：气流式雾化器，旋转式离心雾化器，喷嘴压力式雾化器。目前，先进陶瓷行业主要采用离心式喷雾造粒和压力式喷雾造粒这两种造粒技术，下面重点介绍这两种喷雾造粒技术。

#### 2.5.3.1　离心式喷雾造粒工艺及设备

离心式喷雾造粒设备的工作原理是在干燥塔的顶部导入热风，温度在300℃左右，同时将陶瓷浆料泵送至塔顶，经过高速旋转的离心雾化器喷成雾状的液滴，这些浆料液滴的表面积很大，其与高温热风接触后水分迅速蒸发，在极短的时间内便成为干燥的颗粒，较大的球形颗粒沉降下来从塔底卸料口排出。与此同时，喷雾塔内热风与浆料液滴接触后温度显著降低而引起湿度增大，作为废气由排风机抽出，废气所夹带细粉采用旋风分离装置回收。

上述喷雾造粒的整个干燥可分为等速和减速两个阶段。在等速阶段，水分蒸发是在浆料液滴表面发生，蒸发速度由蒸汽通过周围气膜的扩散速度所控制，其动力是周围热风与液滴的温度差，温度差越大蒸发速度越快，水分通过颗粒的扩散速度大于蒸发速度。而后，当扩散速度降低而不能再维持颗粒表面的饱和时，蒸发速度开始减慢，干燥开始进入减速阶段；在减速阶段，颗粒温度开始上升，干燥结束，此时物料温度接近周围空气温度。

离心式喷雾造粒设备的结构如图2-36所示，图2-37为大川原公司离心式喷雾造粒设备照片。

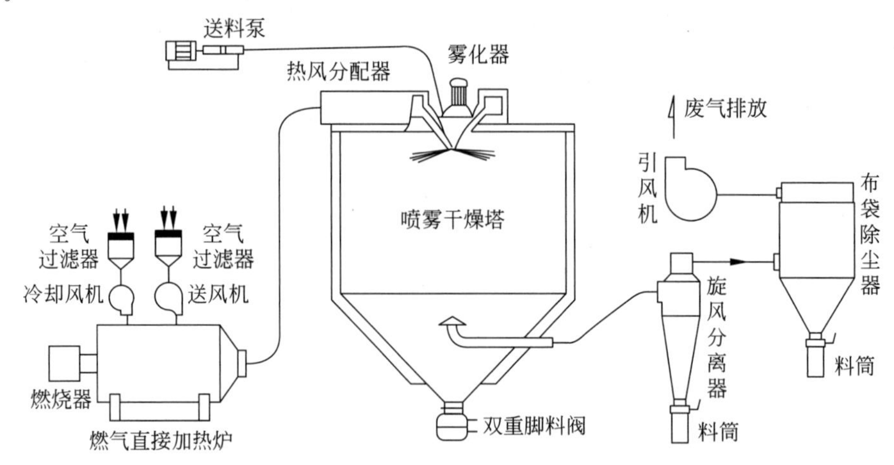


图2-36　离心式喷雾造粒设备的结构

离心式喷雾造粒工艺在 Y-$ZrO_2$、$Al_2O_3$、$ZrO_2/Al_2O_3$、$Si_3N_4$、SiC 等陶瓷材料上得到广泛应用，这是由于离心喷雾造粒得到的颗粒球比较小，通常在 100μm 以下，并且一致性好，造粒球内部结构大多为实心结构，如图 2-38 所示。这种颗粒特别适合精密陶瓷结构件的冷等静压成型。

图 2-37　大川原公司的离心式喷雾造粒设备

国外喷雾干燥设备主要有丹麦尼鲁公司生产的喷雾干燥塔，日本大川原公司及在上海和苏州的大川原公司，而国内喷雾造粒干燥设备生产地主要集中在江苏无锡和常州。

图 2-39 为上海大川原公司生产的一种离心压力式喷雾干燥造粒设备，其工作过程是雾化器将溶液或浆料等料液雾化成细微液滴，经与热风接触水分急速蒸发而干燥(几秒至几十秒)，从而直接得到粉体颗粒。该喷雾干燥造粒设备具有以下特点：可互换三种雾化装置(离心式雾化器、二流体喷嘴、四流体喷嘴)；使用时可根据粉体产品的不同粒径要求，选用其中一种雾化装置；三种雾化装置可达粒径的参考范围如下，离心式雾化器 15～50μm，二流体喷嘴 10～20μm，四流体喷嘴 1～10μm；可变换粉体产品的收集方式，旋风分离器＋布袋过滤器的两点收集及布袋过滤器一点收集方式；控制方式采用 PLC＋HMI，可实现远程监视管理，喷雾干燥技术参数如表 2-10 所示。

图 2-38　离心式喷雾造粒的 Y-$ZrO_2$ 颗粒球

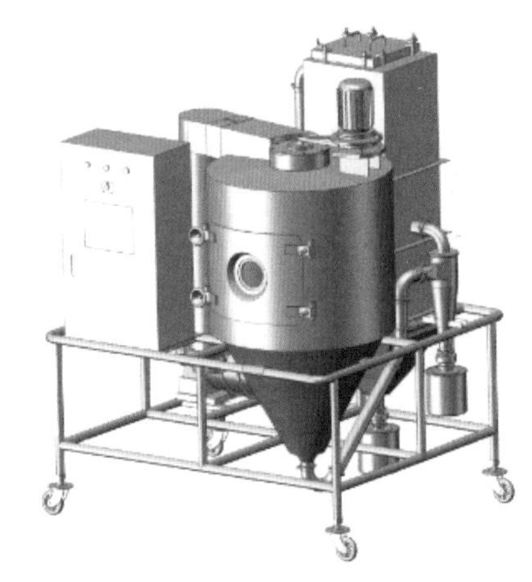

图 2-39　大川原公司生产的喷雾造粒干燥设备

国内企业已可生产不同规格型号的离心式喷雾造粒设备，特别是在江苏无锡、常州集中了一批喷雾干燥造粒设备的生产企业，表 2-11 是一家企业生产的高速离心式喷雾造粒设备规格型号及技术参数。

氧化锆结构件干法成型粉料大都采用离心式喷雾造粒工艺，其中喷雾造粒的工艺参数和氧化锆料浆的调配对于获得性能优良的氧化锆颗粒至关重要，已有许多文献都进行了报道。刘春红等人选用聚丙烯酸铵为分散剂、聚乙烯醇为黏结剂通过制备固相质量分数为 80％和 85％的氧化锆浆料，来探索喷雾造粒工艺参数的影响：

**表 2-10　大川原公司生产的喷雾造粒干燥机技术参数**

| | | | | |
|---|---|---|---|---|
| 性能·构成 | 水分蒸发量 | 3kg/h（进风温度 250℃，排风温度 100℃） | 温度调节方式 | 比例控制方式<br>150～250℃±1℃ |
| | 干燥系统形式 | 开式干燥系统 | 热源 | 电加热器，功率 9kW |
| | 雾化方式 | 离心式雾化器/二流体喷嘴/四流体喷嘴 | 干燥室尺寸 | 直径 800mm×高度 800mm（直筒部） |
| | 热风接触方式 | 并流式 | 电控仪表元件 | 进风温度：自动控制、显示、报警<br>排风温度：手/自动控制、显示、报警<br>电加热器：启动连锁保护功能<br>控制方式：PLC＋HMI，可显示温度、压力及雾化器转速等参数 |
| | 产品收集方式 | 旋风分离器＋布袋过滤器两点收集/布袋过滤器一点收集 | | |
| | 供料泵 | 无级调速蠕动泵 | | |
| | 排风机 | 离心式风机 | | |
| 规格 | 环境条件 | 全压 760mmHg、温度 15℃，相对湿度 70% | 选件 | • 雾化装置按需选用<br>• 塔壁振打<br>• 旋风分离器<br>• 远程监视系统 |
| | 压缩空气 | 200L/min(0.5～0.7MPa) | | |
| | 电源 | 3 相，380V 50Hz，10kW | | |
| | 外形尺寸 | 长 1650mm×宽 1500mm×高 2150mm | | |
| | 质量 | 约 600kg | | |

**表 2-11　离心式喷雾造粒设备规格型号及技术参数**

| 型号<br>参数 | LPG | | | | | |
|---|---|---|---|---|---|---|
| | 5 | 25 | 50 | 100 | 150 | 200～2000 |
| 入口温度/℃ | 140～350，自动控制 | | | | | |
| 出口温度/℃ | 80～90 | | | | | |
| 水分最大蒸发量/(kg/h) | 5 | 25 | 50 | 100 | 150 | 200～2000 |
| 离心喷雾头传动形式 | 压缩空气传动 | 机械传动 | | | | |
| 转速/(r/min) | 25000 | 18000 | 18000 | 18000 | 15000 | 8000～15000 |
| 喷雾盘直径/mm | 50 | 100 | 120 | 140 | 150 | 180～340 |
| 热源 | 电 | 电＋蒸汽 | 电＋蒸汽、燃油、煤气 | | | 用户自行解决 |
| 电加热最大功率/kW | 9 | 36 | 63 | 81 | 99 | |
| 外形尺寸/m（长×宽×高） | 1.8×0.93×2.2 | 3×2.7×4.26 | 3.7×3.2×5.1 | 4.6×4.2×6 | 5.5×4.5×7 | 根据具体情况自行解决 |
| 干粉回收率/% | ≥95 | ≥95 | ≥95 | ≥95 | ≥95 | ≥95 |

（1）雾化器频率和进料速率对造粒粉末性能的影响。雾化器频率较低时，液滴雾化不充分，有较大的液滴存在，干燥过程较慢，半干颗粒被甩至干燥机内壁造成粘壁现象，物料的

收率降低；其他条件不变时，只改变雾化器频率，对造粒粉末性能影响明显；增大雾化转速，液滴分散均匀，在较高的温度条件(280～300℃)下能被充分干燥，粘壁量减少，物料收率有明显提高；但是雾化转速不宜过大，过大时液滴受到的离心力增大，粒径急剧减小，导致小颗粒迅速黏结，形成絮状物；转速选择合适时，既能使喷雾液滴得到充分雾化，又能保证造粒料具有较好的球形度，得到平均粒径在 80～90μm 的流动性较好的球形实心颗粒，从而提高颗粒的流动性和均匀性。

(2) 引风量及热风温度对造粒过程的影响。对于 GLP 型离心喷雾造粒干燥机，干燥过程是在微负压的条件下进行的。从雾化盘甩出的雾滴能否被充分雾化并及时得到干燥，这与顶部热风的温度及引风量有密切关系。进口热风温度较高，雾滴在到达干燥器内壁之前就已经干燥成为球形颗粒，在自身重力和离心力的作用下进入收料筒；当进口热风温度较低时，雾滴在到达内壁之前未被完全干燥，结果是半干物料黏附于造粒机内壁，直接影响最终收率。当引风量较大时，带入的热空气多，有利于干燥过程的进行，但是引风量过大，导致进口热风温度无法升至所设温度，未被充分干燥的颗粒相互黏结在一起，形成絮状结构。试验表明热风温度在 280～300℃ 比较合适。

(3) 料浆固相含量和黏度对喷雾造粒的影响。固相含量较低的料浆，在干燥过程中会因黏结剂随水分迁移到颗粒表面而造成颗粒内部有机物分布不均，造粒粉末多为空心颗粒或不规则形状。图 2-40 为不同固相含量的氧化锆料浆所得喷雾造粒粉末的光学显微图像。由图 2-40(a)可知，当料浆固相质量分数为 80%时，造粒粉末多呈顶部凹陷的苹果状，流动性相对较差，这将给成型过程带来不利影响；由图 2-40(b)可知，将料浆固相质量分数提高至 85%时，造粒粉末形貌有明显改善，粉末相对均匀，颗粒缺陷少，球形度好，有利于坯体的成型和烧成；这主要是因为固相含量较高的料浆，水分从液滴或颗粒表面蒸发至饱和状态的时间较短，有机物向颗粒表面迁移的概率减小，喷雾造粒粉末的密度较大；但是固相含量过高，料浆的黏度变大，流动性变差，在造粒过程中会堵塞进料管，影响整个造粒过程的进行。

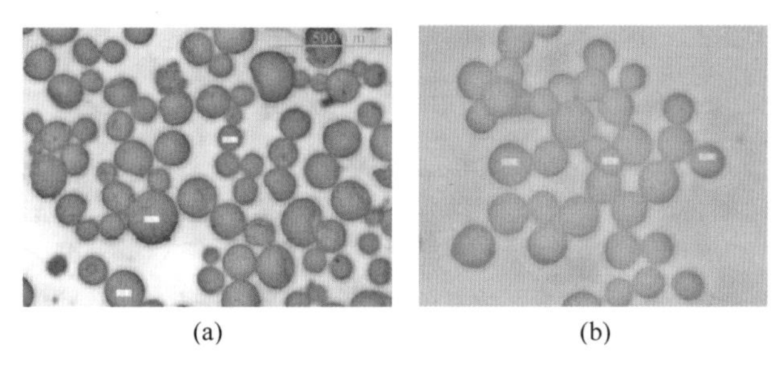

(a)　(b)

图 2-40　氧化锆浆料固相含量和黏度对造粒球形貌影响

(a) 凹陷苹果状颗粒；(b) 球形颗粒

#### 2.5.3.2　压力式喷雾造粒工艺与设备

压力式喷雾造粒设备和系统结构如图 2-41 所示，其工作过程是：加热后的气体从干燥塔内顶部由上而下运动，而陶瓷浆料经高压隔膜泵的输送通过位于干燥塔中下部的喷嘴向上喷射，因喷嘴的机械摩擦作用以及喷射出的浆料液滴在热气介质中运行受到摩擦阻力和压差阻力，喷射出的 50～300μm 的液滴与对流而来的热风逆向运动，液滴上升至一定高度

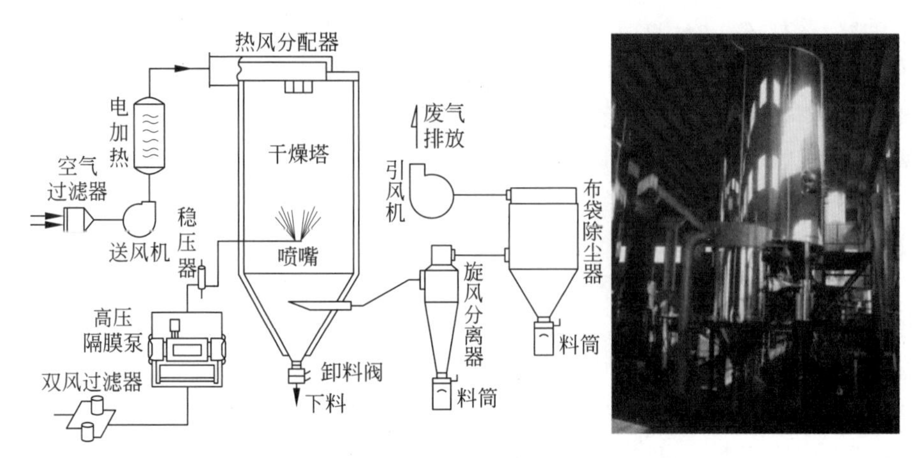


图 2-41　压力式喷雾造粒设备照片和系统结构

后下落，与热气流同向运动，因液滴与热风接触面积很大，热量交换十分剧烈，导致浆料液滴中水分快速蒸发形成干燥的陶瓷粉料颗粒球。

与离心式喷雾干燥造粒设备比较，压力式喷雾造粒塔的高度较高，干燥效率和产量更大一些，喷雾造粒球直径也大一些，一般可以到 200μm，颗粒流动性好，特别适合大尺寸氧化铝氧化锆瓷球、陶瓷内衬等结构件的干法成型。表 2-12 给出无锡阳光公司生产的压力式喷雾造粒设备的规格型号及参数。

**表 2-12　压力式喷雾造粒设备的规格型号及参数**

| 项目 | DZ 系列压力喷雾造粒干燥机型号 | | | | | | | | | | | | | | |
|---|---|---|---|---|---|---|---|---|---|---|---|---|---|---|---|
| | 6 | 12.5 | 25 | 50 | 65 | 100 | 150 | 200 | 500 | 1000 | 1500 | 2000 | 3000 | 4000 | 5000 |
| 最大水分蒸发量/(kg/h) | 6 | 12.5 | 25 | 50 | 65 | 100 | 150 | 200 | 500 | 1000 | 1500 | 2000 | 3000 | 4000 | 5000 |
| 喷雾形式 | 低压压力喷嘴 | | | | | | | | | | | | | | |
| 喷雾压力/MPa | 0.6～2.5 | | | | | | | | | | | | | | |
| 热源(自选) | 燃料、天然气、煤气、燃煤、蒸汽、电等 | | | | | | | | | | | | | | |
| 备注 | 水分蒸发量与物料的特性、含热量及热风进出口温度有关 | | | | | | | | | | | | | | |

### 2.5.4　冷冻干燥造粒工艺

冷冻干燥造粒是基于喷雾悬浮液滴的即时冷冻及随后的冷冻干燥的技术和设备，其基本过程是将均匀的陶瓷悬浮液或浆料直接喷雾分散到制冷剂中，快速冷却冻结为固体状态，再将其置于真空下并供给热量，使所含固态水升华为气体而除去。常用的制冷剂为液氮或干冰与丙酮混合溶液。喷雾冷冻干燥得到的粉末颗粒，其颗粒尺寸比一般喷雾干燥产物要小得多，比表面积更大，图 2-42 为一种小型悬浮液雾化冷冻干燥装置的原理图。

冷冻干燥技术可用来处理高纯超细陶瓷粉体，可以较好地消除陶瓷粉体干燥过程中的团聚现象，这是因为含水粉体在结冰时可以使固相颗粒保持在水中的均匀状态，冰升华时，

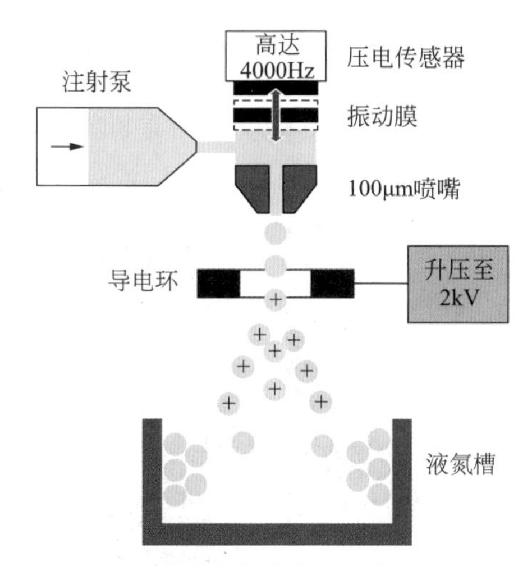


图 2-42　悬浮液雾化冷冻干燥装置的原理图

由于没有水的表面张力作用，固相颗粒之间不会过分靠近，从而避免了团聚的产生。因此喷雾冷冻干燥在颗粒均匀性、颗粒的形状、大小和密度的调控方面均具有一定优越性。

冷冻造粒可以制备出球形的、流动性好的、没有空洞缺陷的颗粒球，直径范围在 20～500$\mu$m；悬浮体的固相含量和工艺参数（泵速和气流）控制着颗粒的密度和颗粒大小，图 2-43 为 PowderPro AB 公司喷雾冷冻干燥造粒球电镜照片。

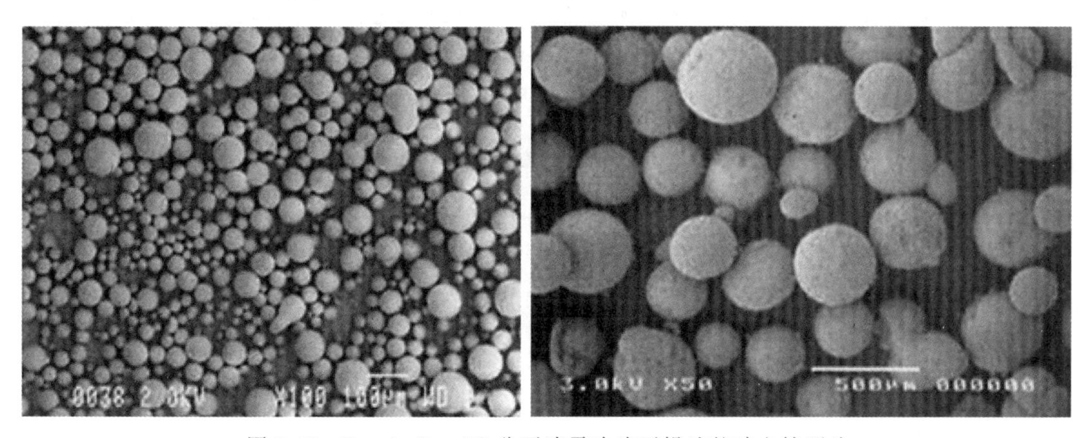

图 2-43　PowderPro AB 公司喷雾冷冻干燥造粒球电镜照片

喷雾冷冻干燥造粒技术在氧化物陶瓷粉末造粒中的应用已有许多报道，包括氧化锆、氧化铝、氧化钛、镁铝尖晶石透明陶瓷等造粒粉体，有学者系统研究了浆料性能、喷嘴类型、喷口温度、气液压力与流速等因素对造粒粉体性能的影响。一些研究表明，有机添加剂对浆料的流变性能具有明显影响，进而决定造粒粉体的粒径分布、颗粒形貌和流动性等成型性能。

张浩等人报道了添加剂对喷雾冷冻干燥 $MgAl_2O_4$ 粉体性能的影响，实验研究以 $MgAl_2O_4$ 纳米粉体为原料，聚丙烯酸铵溶液为分散剂，其添加量为 1.5%（质量分数，下同），PVA-105 和 PEG200 为添加剂，添加量分别为 1%、2%、3%；混合后的浆料置于脱气罐中脱气处理，经压力罐以恒定压力 0.05MPa 输送至双流体喷嘴，进气端口压力设置为 0.1MPa，雾化后的浆料直接进入液氮冷冻；最后，将冷冻后的粉体移至冷冻干燥设备真空干燥 24h，制得造粒粉体，图 2-44 给出分别添加 PVA 和 PEG 的喷雾冷冻造粒粉体颗粒形貌。然后将造粒粉体置于直径 20mm 的金属模具中，在 20MPa 压力下干压成型，通过 200MPa 冷等静压处理进一步提高素坯密度。素坯在 800℃煅烧排除有机物后，置于 1525℃空气气氛下预烧 3h，最后通过 1600℃热等静压后处理制得 $MgAl_2O_4$ 透明陶瓷。

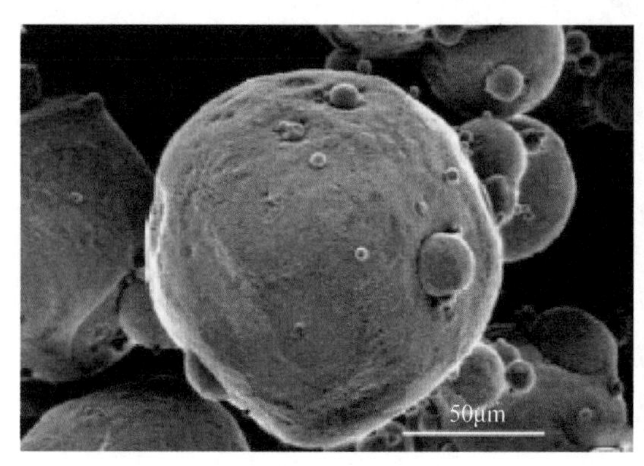

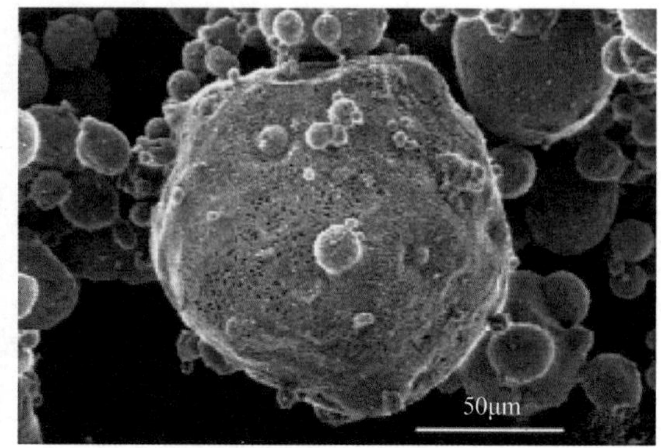


图 2-44 添加 PVA(左)和 PEG(右)的喷雾冷冻造粒粉体颗粒形貌

上述试验结果表明：(1)造粒粉体颗粒强度和流动性随 PVA 添加量的增加而增加，添加 3% PVA，粉体颗粒强度增加 0.37MPa，流动性提高 5%；(2)PEG 对造粒粉体的流动性和颗粒强度无影响，由于 PEG 吸附水分子形成膜层，降低了颗粒间作用力，其预烧体密度提高 0.3%；(3)添加 PVA 和 PEG 造粒粉体制备的素坯在预烧过程中可以避免晶界处大气孔的生成，添加 PEG 的预烧体气孔尺寸较小，短波范围透光率较高，400nm 波长处透光率为 77.1%。

## 2.6 透明陶瓷粉体

### 2.6.1 概述

很长时期以来，人们认为陶瓷是不透明的。但 1962 年美国 GE 公司的 R. L. Coble 首次报道成功地制备了半透明 $Al_2O_3$ 陶瓷(商品名称为 Lucalox)，从而一举打破了人们的传统观念，也为陶瓷材料开辟了新的应用领域。此后，其他氧化物如 $Y_2O_3$、MgO、$MgAl_2O_4$、AlON(阿隆)等透明陶瓷相继问世；随后，可作为新一代固体激光材料的掺杂钇铝石榴石(如 Nd：YAG)透明陶瓷也被制备出来，并得到广泛的应用，如图 2-45 所示。

上述这些透明陶瓷不仅具有良好的透光性和光学特性，同时又保持结构陶瓷的高强度、耐腐蚀、耐高温、电绝缘好、导热率高及良好的介电性能，因此在新型光源照明、高温高压及腐蚀环境下的观测窗口、红外探测用窗口、透明装甲以及消费电子等领域得到愈来愈多的应用。与晶体相比，透明陶瓷制造成本低、易于大批量生产，可以制成尺寸较大、形状复杂的制品；而与玻璃相比，透明陶瓷具有高的强度和硬度、光学透过范围大、散热性好、耐腐蚀、耐磨损等优势。

图 2-46 为德国开发的高强度透明陶瓷，可应用于手表透明表盘，替代蓝宝石晶体和玻璃。该透明陶瓷具有极高的抗弯强度，为玻璃的 4 倍，测试结果表明一般的掉落很难破坏用这种陶瓷做成的手表表面；因为其硬度高，在日常生活中经常被摩擦碰触的手表表面能够不被磨损。

图 2-45　几种典型的透明陶瓷样品

(a) $Al_2O_3$ 透明陶瓷；(b) $MgAl_2O_4$ 透明陶瓷；(c) Nd:YAG 透明激光陶瓷；(d) AlON 透明陶瓷

图 2-46　德国高强度透明陶瓷及在手表中的应用

## 2.6.2　氧化铝透明陶瓷粉体

透明氧化铝陶瓷最早是由美国 GE 公司的 Coble 博士发明的，其商品名称为 LucaloxTM，0.75mm 厚的 Lucalox 薄片于可见光谱区的总透光率达 90%。

透明氧化铝陶瓷对粉体的要求特别严格，要求粉体为 $\alpha$-$Al_2O_3$、高纯度(质量分数>99.95%)、分散性好、无团聚、超细(粉末细度控制在 0.3μm 以下)。因此，粉体的制备工艺成为决定陶瓷透明性的重要因素。目前高纯氧化铝细粉制备的主要方法有：硫酸铝铵热分解法、碳酸铝铵热分解法、铝醇盐加水分解法、金属铝水中火花放电法等，都已得到商业化应用，下面分别论述。

(1) 硫酸铝铵热解法

硫酸铝铵制备 $\alpha$-$Al_2O_3$ 超细粉，其反应如下：

$$Al_2(NH_4)_2(SO_4)_4 \cdot 24H_2O \xrightarrow{\text{约 }200℃} Al_2(SO_4)_3 \cdot (NH_4)_2SO_4 \cdot H_2O + 23H_2O\uparrow$$

$$Al_2(SO_4)_3 \cdot (NH_4)_2SO_4 \cdot H_2O \xrightarrow{500\sim600℃} Al_2(SO_4)_3 + 2NH_4\uparrow + SO_3\uparrow + 2H_2O\uparrow$$

$$Al_2(SO_4)_3 \xrightarrow[\text{生长控制剂}]{800\sim900℃} \gamma\text{-}Al_2O_3 + 3SO_3\uparrow$$

$$\gamma\text{-}Al_2O_3 \xrightarrow{1300℃} \alpha\text{-}Al_2O_3$$

采用硫酸铝铵法可得到纯度达到 99.9%以上，原晶粒径小于 0.5μm，烧结性能好的超细氧化铝粉，但该工艺的不足之处是分解过程中产生大量 $SO_3$ 有害气体，造成环境污染。

(2) 碳酸铝铵热解法

碳酸铝铵是将硫酸铝铵的近似饱和水溶液，在室温下以一定的速度滴入剧烈搅拌的碳酸氢铵溶液后生成的，其反应过程为：

$$NH_4Al(SO_4) \cdot 24H_2O + 4NH_4HCO_3 \longrightarrow NH_4AlO(OH)HCO_3 + 3CO_2 + 2(NH_4)_2SO_4 + 25H_2O$$

生成的碳酸铝铵在升温加热过程中发生如下相变：

$$\text{碳酸铝铵} \rightarrow \text{无定形 } Al_2O_3 \rightarrow \theta\text{-}Al_2O_3 \rightarrow \alpha\text{-}Al_2O_3$$

通常碳酸铝铵于 1100℃热分解完全转变为 $\alpha$-$Al_2O_3$：

$$2NH_4AlO(OH)HCO_3 \xrightarrow{1100℃} \alpha\text{-}Al_2O_3 + 2CO_2 + 3H_2O\uparrow + 2NH_3\uparrow$$

采用碳酸铝铵热解法可获得 0.1～0.3μm 大小，$Al_2O_3$ 含量>99.9%的 $\alpha$-$Al_2O_3$ 粉，粉料具有良好烧结性能。

(3) 有机铝盐水解法

此法是通过金属铝烷基化然后得到醇铝盐，再将醇铝盐加水分解制得氢氧化铝，对氢氧化铝进行煅烧热分解从而制得 $\alpha$-$Al_2O_3$ 粉。在将金属铝有机化时，属于杂质的 Fe、Si、Ti 等元素难以有机化而被分离出来，因而制得的铝盐纯度很高，从而保证可得到高纯度的 $\alpha$-$Al_2O_3$ 粉。其工艺流程如下：

$$\text{工业氧化铝} \xrightarrow[\text{电解}]{Na_3AlF_6} \text{金属铝} \xrightarrow[\text{烧基化}]{ROH} \text{醇铝盐} \xrightarrow{\text{水解}} \text{氢氧化铝} \xrightarrow{\text{热分解}} \alpha\text{-}Al_2O_3\text{ 粉}$$

日本住友化学工业株式会社采用醇铝盐水解法制备出高纯超细氧化铝粉(AKP 系列)，$\alpha$-$Al_2O_3$ 粉纯度达到 99.99%以上，颗粒直径小至 0.1μm，且具有窄的粒径分布和很好的烧结活性。该粉体可用于制备透明氧化铝陶瓷、高纯及高强度陶瓷。

(4) 金属铝粒子在水中火花放电法

该法是将电解得到的纯度高达 99.9%，直径为 10～15mm 扁平的铝粒子浸于纯水中，将电极插入其中进行高频火花放电，则铝粒子剧烈运动，与水反应生成 $Al(OH)_3$，反应槽如图 2-47 所示。通过对该氢氧化铝煅烧热分解制得高纯超细 $\alpha$-$Al_2O_3$ 粉体，其工艺流程如下。

$$\underset{\text{(拜耳法)}}{\text{工业氧化铝}} \xrightarrow[\text{电解}]{Na_3AlF_6} \text{金属铝} \xrightarrow{\text{水中火花放电}} Al(OH)_3 \xrightarrow{\text{热分解}} \alpha\text{-}Al_2O_3\text{ 粉}$$

上述几种方法均可制备出烧结活性良好的高纯超细氧化铝粉体。日本几个主要厂家生

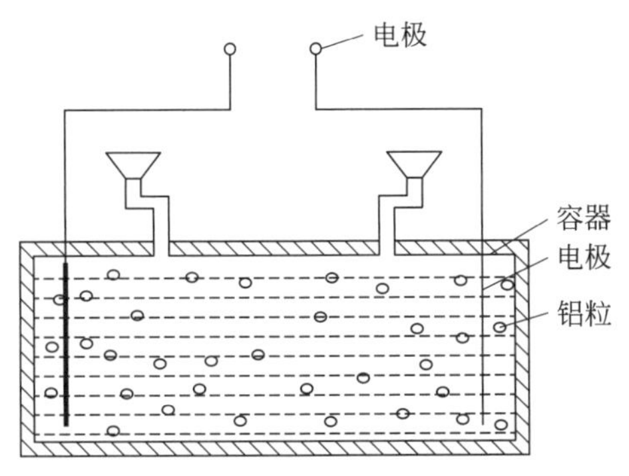


图 2-47　水中火花放电法制备 $\alpha$-$Al_2O_3$ 粉

产的高纯超细氧化铝粉体特性如表 2-13 所示。图 2-48 为日本大明和住友公司生产的 $\alpha$-$Al_2O_3$ 粉体形貌的透射电镜照片。

**表 2-13　日本生产的典型高纯超细氧化铝粉体特性**

| 合成方法 | 硫酸铝铵热解法 | 碳酸铝铵热解法 | 有机铝盐水解法 | 铝在水中火花放电法 |
|---|---|---|---|---|
| $Al_2O_3$/% | >99.99 | >99.99 | >99.99 | >99.99 |
| $Fe_2O_3$/% | 0.004 | <0.003 | <0.001 | 0.004 |
| $SiO_2$/% | 0.009 | <0.008 | <0.002 | 0.004 |
| $Na_2O$/% | 0.007 | <0.001 | <0.0004 | <0.0003 |
| 中位粒径/μm | 0.52 | 0.35 | 0.1～0.3 | 0.83 |
| 原晶粒径/μm | | 0.1 | | |
| 公司名称 | BA | TC | SC | IC |
| 商品名称 | CR-6 | TN-10 | AKP-50 | RA-40 |

注：SC-住友化学工业；TC-大明化学工业；IC-岩谷化学工业；BA-拜柯夫斯基。

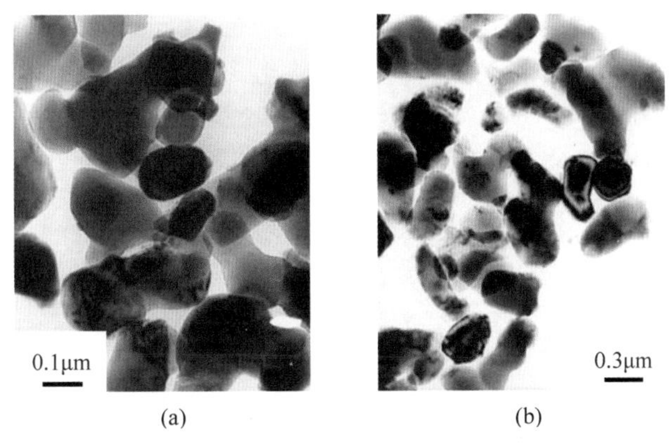


图 2-48　$\alpha$-$Al_2O_3$ 粉体形貌的透射电镜照片

(a) 日本大明 TM-DAR；(b) 日本住友 AKP

### 2.6.3　镁铝尖晶石透明陶瓷粉体

镁铝尖晶石($MgAl_2O_4$)属于立方晶系，具有光学各向同性的特性，因此这种材料可以

具有比六方晶系 $Al_2O_3$ 更高的透明度，对于可见光、紫外光和红外光均具有良好的透过率。

20 世纪 60 年代初，美国 GE 公司首先研制出尖晶石透明陶瓷。他们用高纯的 MgO 和 $Al_2O_3$ 粉末合成 $MgAl_2O_4$ 粉末，再进行真空烧结或气氛烧结。目前，美国 Surmet Ceramics Company 也已经生产出性能优异的 7 英寸整流罩和 11 英寸×11 英寸的大尺寸 $MgAl_2O_4$ 透明陶瓷平板制品，也可制作透镜，用于可见光和中波红外光学系统。国内于 90 年代初开始研制透明尖晶石陶瓷，主要有北京人工晶体研究所、中科院上海硅酸盐研究所等单位，目前已经研制出性能优异的透明尖晶石陶瓷及其粉体。

镁铝尖晶石粉体的制备方法很多，目前常用的可获得高纯、超细、分散性好、高活性镁铝尖晶石粉体的制备方法主要是液相法和固相法，比较而言，液相法可实现分子级的均匀混合，且组成可控，是获得粒度细小甚至纳米级颗粒的较好的方法。以下介绍 5 种液相法。

(1) 溶胶-凝胶法

溶胶-凝胶法有利于制备高纯、超细、均匀性好、活性高的粉体。张显等人报道了采用该方法制备 $MgAl_2O_4$ 粉体的具体工艺过程如下，分别称取适量的硝酸镁（$Mg(NO_3)_2 \cdot 6H_2O$，分析纯）和硝酸铝（$Al(NO_3)_3 \cdot 9H_2O$，分析纯）试剂，用适量的水溶解，制成 1mol/L 的硝酸镁和硝酸铝水溶液；同样，分别称量适量的柠檬酸和尿素，用水溶解，制成 1mol/L 的柠檬酸和尿素的水溶液。根据镁铝尖晶石的化学计量比，量取硝酸镁和硝酸铝溶液倒入容器成为硝酸盐溶液，加入定量的柠檬酸制成镁铝尖晶石的柠檬酸铝镁盐前驱体溶液，其中，柠檬酸的用量根据硝酸盐与柠檬酸的物质的量之比为 1∶1 加入；再将该前驱体溶液分成 A 和 B 两份试样，在试样 B 中加入尿素，尿素的加入量按硝酸盐与尿素的物质的量之比为 1∶2.5 加入，即得到含脲柠檬酸铝镁盐前驱体，试样 A 为不加入尿素的柠檬酸铝镁盐前驱体。将两种镁铝尖晶石前驱体溶液在 60～85℃烘箱中放置 48h，成为透明的溶胶。在通风柜中的热板上加热溶胶试样，随着温度的升高，出现沸腾和稠化状态。将上述试样置于 180℃烘箱中，保温 4h 后，试样呈现疏松泡沫状。试样经过研磨后，放置在 800℃，1000℃的马弗炉中进行煅烧，时间为 0.5h，即得到 30nm 左右的镁铝尖晶石粉，两种粉体形貌的透射电镜照片如图 2-49 所示。

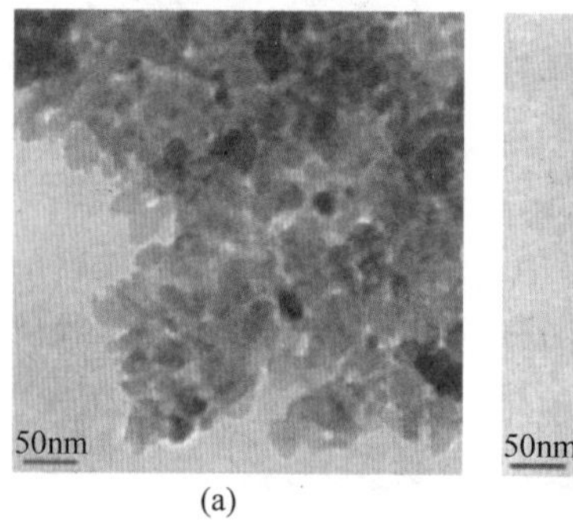


(a)

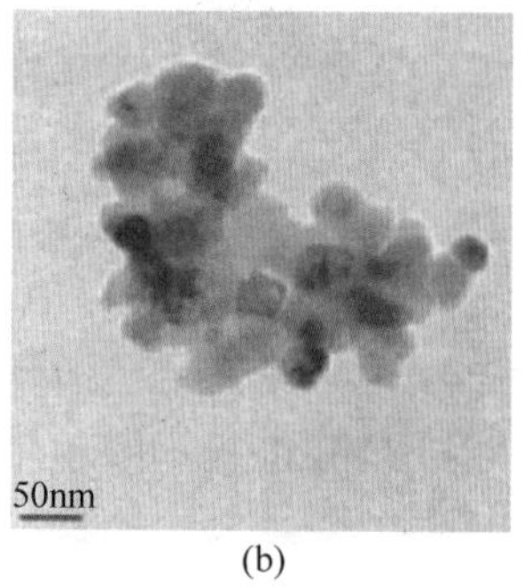


(b)

图 2-49 两种 $MgAl_2O_4$ 粉体形貌的透射电镜照片

(a) A 试样；(b) B 试样

(2) 共沉淀法

共沉淀法是在两种或两种以上的金属盐混合溶液中加入沉淀剂，得到各种成分均匀的沉淀，再进行热分解制备粉体。在很多研究中，常以氨水做沉淀剂，与镁和铝的盐溶液反应

制备 $MgAl_2O_4$。但据报道，氨水作沉淀剂制得的镁铝尖晶石粉末的烧结性较差，很难达到高致密。Li Jiguang 等人在硝酸镁和硝酸铝的混合溶液中，用碳酸铵作沉淀剂来合成镁铝尖晶石前驱物。由$[NH_4Al(OH)\ 2CO_3 \cdot H_2O]$水滑石相$[MgAl(CO_3)(OH)16 \cdot 4H_2O]$组成的前驱物通过 400～800℃的分解，在 800～900℃时 MgO(由水滑石分解)和 $\gamma$-$Al_2O_3$(由$[NH_4Al(OH)2CO_3 \cdot H_2O]$分解得到)发生固相反应，并在 1100℃ 烧结 2h 得到镁铝尖晶石粉末。利用该粉末在 1550℃通过真空烧结 2h 制得致密度达 99%的尖晶石陶瓷。此法能实现低温合成，得到超细颗粒，且制得的粉末烧结性好，可用于制备高性能陶瓷。但共沉淀法制得的粉末易产生团聚，可引入有机表面活性剂来减少颗粒团聚。

(3) 非水解溶胶-凝胶法

20 世纪 90 年代初，Corriu 等人提出了一种非水解溶胶-凝胶技术(nonhydrolytic sol-gel process，NHSG)，该法不经过金属醇盐水解过程，直接通过反应物之间脱卤代烷的缩聚反应形成凝胶。不仅如此，非水解聚合反应通常是在封闭体系内进行，体系自身产生的压力场，会迅速引发反应，瞬间形成大量胶核，从而可获得纳米级氧化物粉体。因此，采用 NHSG 技术不仅可简化制备工艺，降低合成成本，而且所制备的粉体纯度更高、颗粒更细小。魏恒勇等人采用非水解溶胶-凝胶法制备 $MgAl_2O_4$ 粉体的实验过程如下：在通风橱中，量取 30mL 二氯甲烷和 9.5mL 无水乙醇混合倒入烧杯中，向其中缓慢加入 2.56g 无水氯化镁，磁力搅拌 0.5h 后，再缓慢加入 7.16g 无水三氯化铝，继续搅拌至其溶解；将上述混合溶液转移到带有聚四氟乙烯内衬的压力容器中，于 110℃烘箱中加热 16h 使其凝胶化，将湿凝胶于 70℃保持真空 12h 得到干凝胶，经 900℃煅烧 0.5h 所得 $MgAl_2O_4$ 粉体的扫描电镜照片见图 2-50，其粒径大约 50nm。

图 2-50 $MgAl_2O_4$ 粉体的扫描电镜照片

(4) 蒸发分解法

蒸发分解法是将溶液中的溶剂蒸发并使盐类分解生成粉状物，再通过焙烧生产粉体的方法。Adaka 等人将 $Mg(NO_3)_2 \cdot 6H_2O$ 和 $Al(NO_3)_3$ 按摩尔比 1∶2 溶于蒸馏水中，再加聚乙烯醇，并使金属离子与 PVA 单体的摩尔比达到 1∶3。在 130～160℃下加热混合液并不断搅拌使溶剂蒸发。当溶剂蒸发完后，硝酸盐也开始分解，形成粉状物。将其于 1000℃焙烧 2h 即可得晶粒尺寸约为 30nm 的尖晶石粉。与常规的固相反应法和共沉淀法相比，上述方法可在较低的温度下合成镁铝尖晶石，且工艺较简单、成本低，此法也被称为低温化学合成法。

(5) 冷冻干燥法

冷冻干燥法是将反应得到的前驱物溶胶喷射到低温液体中，使其快速凝固，并在低温低压的条件下进一步升华脱水，最后经热分解获得粉体的方法。Wang 等人以甲氧基镁和洁净的铝溶胶为起始反应物，按一定配比将铝溶胶和甲氧基镁溶胶混合得到尖晶石前驱物溶胶，然后在 85℃经过 48h 的反应后蒸馏，再喷射到低温液体中快速冷冻，将凝固后的溶胶置于 50℃条件下干燥直至所有的冰升华。最后，在 1100℃将干燥后的粉体焙烧 2h，得到 50nm 的尖晶石粉体。该法制得的粉体烧结活性很高、孔隙度低，但形成凝胶时易产生团聚。

此外,还有水热合成法、火焰喷射热解法、合成燃烧法等,其中水热合成法获得的镁铝尖晶石粉体晶粒形态较完整,粒径分布也很均匀,而且制备过程污染小,但生产周期较长;火焰喷射热解法是将金属盐溶液喷入燃烧室中,快速引发燃烧,从而直接生成超细粉体的方法,该法适于连续操作,生产能力强,但产物粒度分布范围较宽;燃烧合成法是利用反应物之间的氧化还原反应释放的热量来维持反应进行并合成粉体的方法,具有省时节能、工艺简单、易于实现批量生产等优点,缺点是反应过程难以控制,产物颗粒尺寸比较大、不均匀。表 2-14 为日本生产的一种高纯镁铝尖晶石粉体成分与特性。

**表 2-14 日本生产的高纯镁铝尖晶石粉体成分与性能**

| 产品名称 | 高纯镁铝尖晶石粉体 $MgAl_2O_4$ | |
|---|---|---|
| 主要成分 | $MgAl_2O_4$ 质量分数≥99.99% | |
| Si | $10^{-6}$ | 11 |
| Fe | $10^{-6}$ | 2 |
| Na | $10^{-6}$ | 5 |
| K | $10^{-6}$ | 8 |
| Ca | $10^{-6}$ | 1 |
| 比表面积 | $m^2/g$ | 14.9 |
| 平均粒径 | μm | 0.24 |
| 容积密度 | $g/cm^3$ | 0.65 |
| 压实密度(成型压力 98MPa) | $g/cm^3$ | 1.82 |
| 烧结密度(1600℃下烧结 1h) | $g/cm^3$ | 3.53 |

### 2.6.4 阿隆透明陶瓷粉体

阿隆(AlON,氮氧化铝)是 AlN 和 $Al_2O_3$ 体系中的一类重要的单相稳定的固溶体。迄今为止,在 $Al_2O_3$-AlN 三元体系中,被发现的物相有十几种,但其中只有 γ-AlON 相才能实现陶瓷的透明化。AlON 透明陶瓷的制备方法主要有以下几种途径:(1) $Al_2O_3$ 和 AlN 粉末于高温下直接合成得到 AlON 透明陶瓷,无需使用 γ-AlON 陶瓷粉体,即高温固相反应合成 AlON 陶瓷;(2)先制备出 γ-AlON 粉体,加入烧结助剂,然后再进行高温致密化烧结获得 AlON 陶瓷;(3)在 $Al_2O_3$、AlN 粉末中加入烧结助剂(如 $Y_2O_3$、$La_2O_3$、$B_2O_3$ 等),在高温某一阶段形成液相的过渡产物,高温下形成液相促进致密化过程和气孔消除。

γ-AlON 粉末及其透明陶瓷的制备可直接由 $Al_2O_3$ 与 AlN 反应得到,也可由 $Al_2O_3$ 还原氮化法制得。刘学建等人以 α-$Al_2O_3$ 和 AlN 粉体为原料,经过湿磨、烘干、过筛、压片处理后在 0.1MPa 氮气气氛下于 1600~1950℃ 处理 4h,接着采用放电等离子烧结工艺在 0.1MPa 氮气气氛下于 1600℃进行高温烧结得到了 AlON 透明陶瓷。

还原氮化法是以超细 $Al_2O_3$ 粉和还原剂(C、Al、$NH_3$ 等)为初始原料,在 $N_2$ 气氛条件下进行,通常多采用碳热还原法,这种方法的优势在于成本低,生成的 AlON 纯度高、粒度小。其过程是通过两步法来实现的:

$$Al_2O_3 + 3C + N_2 \longrightarrow 2AlN + 3CO$$

$$Al_2O_3 + AlN \longrightarrow AlON$$

张芳与王士维采用碳热还原氮化法合成了 AlON 粉体并用其制备了透明 AlON 陶瓷块体，研究了 C 含量对 AlON 产率和纯度的影响。试验用原料为高纯 γ-$Al_2O_3$(>99.97%)和活性炭(>97.5%)，将上述两种粉体按比例混合均匀后通过粒度小于 74μm 的筛网，装入刚玉坩埚在流动氮气氛中进行氮化还原反应。反应分两步进行：1550℃保温 1h，再于 1750℃保温 0.5～4h。反应后的粉体还需进行球磨预处理以减少团聚现象。球磨在行星球磨机上进行，使用聚氨酯球磨罐和高纯 $Al_2O_3$磨球，球料混合比为 10∶1，球磨介质为无水乙醇。球磨转速为 200 r/min，球磨时间选用 10h 和 20h。AlON 反应粉体经 10h 和 20h 球磨后的扫描电镜照片如图 2-51 所示，由图可见球磨 10h 后粉体的颗粒形状不太规则且尺寸分布也不均匀；而 20h 后颗粒明显细化，变得均匀及等轴化，平均粒度大约为 0.5μm。在上述 2 种粉体中均未发现颗粒的团聚现象。这样的粉体状态对后续烧结有利。

图 2-51　球磨 10h(a)和 20h(b)后 AlON 粉体扫描电镜照片

对上述结果和粉体的烧结研究可得出以下几点结论：(a)用活性炭和 γ-$Al_2O_3$通过碳热还原法制备 AlON 纯相粉体是一种行之有效的方法，其产物可用于制备 AlON 多晶透明陶瓷；(b)采用球磨预处理可有效改变碳热还原法 AlON 粉体的状态，包括形貌及尺寸分布。球磨 20h 可获得均匀、细小的亚微米级粉体；(c)AlON 多晶陶瓷的透过率一定程度上取决于原始粉体的状态，由均匀细小的原始粉体可获得更高的透过率。

## 2.7　粉体粒径与比表面分析

### 2.7.1　粉体颗粒与粒径相关定义

粉体通常是由不同尺寸的颗粒组成的，颗粒依其结构可分为：原始颗粒、软团聚颗粒、硬团聚颗粒、造粒球、絮凝体。

原始颗粒：原始颗粒是离散的、低孔隙的物质单元，它的微观结构可以是单晶、多晶或者是非晶态态，可以定义为粉体中具有明确表面的最小单元。

软团聚颗粒：棱角相连，表面积变化不大，如湿法合成干燥后的粉体；颗粒越小、静电力或范德瓦尔力越大，越容易凝聚；采用超声波振荡、搅拌、添加分散剂等有可能使之解聚。

硬团聚颗粒：由原始颗粒聚集而成。接触面积大，表面积显著减少；颗粒之间通过氢键等化学键相连，连接牢固，必须用足够大的剪切力才能使其分开。

造粒及造粒球：是指将粉体添加结合剂做成具有一定形状与大小的、流动性好的固体颗粒的工艺过程。造粒球平均尺寸为 20～200μm，形状接近球形的颗粒通常具有高的堆积密度。

絮状体：液体悬浮液中的颗粒团，通过微弱的静电力或由高分子物质吸附架桥而使胶体颗粒相互聚结；可以通过改变溶液的化学性质，改变界面力，重新分散颗粒。

粉体一般由不同尺寸的颗粒组成，这些尺寸分布在某一范围内。对不规则形状颗粒的尺寸定义有很多种，我们关注的一般是平均颗粒尺寸及其分布状态。由于颗粒形状通常很复杂，难以用一个尺度来表示，所以常用等效粒度的概念，不同原理的粒度仪需依据不同颗粒的特性做等效对比，颗粒的几种粒径定义如表 2-15 所示。

**表 2-15　几种颗粒粒径定义**

| 符号 | 名称 | 定义 |
|---|---|---|
| $d_v$ | 体积直径 | 与颗粒同体积的球直径 |
| $d_s$ | 表面积直径 | 与颗粒同表面积的球直径 |
| $d_f$ | 自由下降直径 | 相同流体中，与颗粒相同密度和相同自由下降速率的球直径 |
| $d_{St}$ | Stoke's 直径 | 层流颗粒的自由下落直径 |
| $d_e$ | 周长直径 | 与颗粒投影轮廓相同周长的圆直径 |
| $d_u$ | 投影面积直径 | 与处于稳态下颗粒相同投影面积的圆直径 |
| $d_A$ | 筛分直径 | 颗粒可通过的最小方孔宽度 |
| $d_F$ | 费莱特直径 | 颗粒投影的二对边切线（相互平行）之间的距离 |
| $d_M$ | 马丁直径 | 颗粒投影的对开线长度（也称定向径） |

颗粒形状对流动性和粉末堆积程度有一定影响，一般倾向于球形和等轴状颗粒，因为有利于提升固体的堆积密度。

粒度分布是指用特定的仪器和方法反映出粉体样品中不同粒径颗粒占颗粒总量的百分数，有区间分布和累计分布两种形式。区间分布又称为微分分布或频率分布，它表示一系列粒径区间中颗粒的百分含量；累计分布也叫积分分布，它表示小于或大于某粒径颗粒的百分含量。

通常表示粒度直径有两个关键指标是：

（1）$D_{50}$：一个样品的累计粒度分布百分数达到 50％时所对应的粒径；其物理意义是粒径大于它的颗粒占 50％，小于它的颗粒也占 50％，$D_{50}$ 也叫中位粒径或中值粒径，常用来表示粉体的平均粒度。

（2）$D_{90}$：一个样品的累计粒度分布数达到 90％时所对应的粒径。它的物理意义是粒径小于它的颗粒占 90％，$D_{90}$ 常用来表示粉体粗端的粒度指标。

### 2.7.2　粉体粒径的测试方法

粉体粒径及粒径分布表征方法主要有：筛分法、显微分析法、沉降法、激光法等，这几种测试方法对比见表 2-16。

**表 2-16 粉体粒度测试方法对比**

| 方法 | 优点 | 缺点 |
|---|---|---|
| 筛分法 | 成本低，操作简便 | 应用领域小，低于 400 目(38μm)的干粉较难测量，不能测量乳浊液 |
| 显微分析法 | 可以测量颗粒大小，观察颗粒的形貌 | 仪器设备较贵 |
| 沉降法 | 广泛用于涂料和陶瓷等工业中 | 测量速度慢，不能测量不同密度的混合物。易受温度等环境因素和人为因素的影响 |
| 激光法 | 适用范围广，测试范围宽，准确性高，重复性好，测试速度快 | 分辨率相对较低 |

### 2.7.2.1 筛分法

使用多个不同孔径的筛子进行筛选，将颗粒分成若干个粒级，分别称重，根据比例来求粒径分布的方法。图 2-52 为筛分原理图和德国 Fritsch Analysette 3 Spartan 筛分机，该筛分机的性能参数见表 2-17。

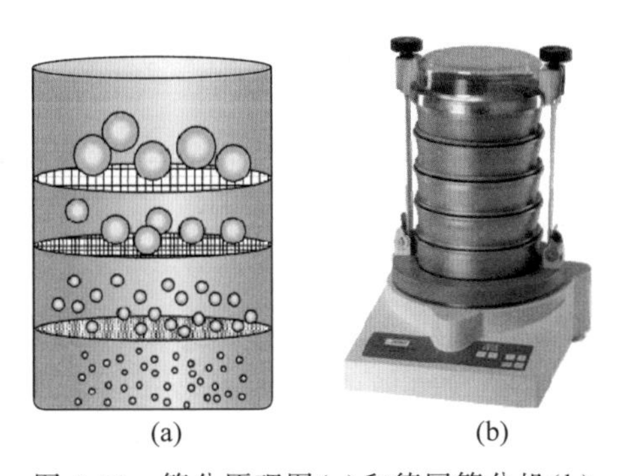


图 2-52 筛分原理图(a)和德国筛分机(b)

**表 2-17 德国 Fritsch Analysette 3 Spartan 筛分机参数**

| 名称 | 参数 |
|---|---|
| 检测范围 | 干法：32～63mm<br>湿法：20～10mm |
| 样品处理量 | 干法：2kg<br>湿法：20～100g |
| 测量时间 | 干法：3～20min<br>湿法：3～10min |
| 最多可同时放置的筛盘数目 | 直径为 50mm 的筛盘：10 个<br>直径为 25mm 的筛盘：16 个 |
| 筛网类型 | 包括(直径/高度)200mm/50mm，200mm/25mm，100mm/40mm 和 8 英寸/2 英寸的分析筛 |
| 质量 | 净重 21kg，毛重 26kg |

筛分法操作简单,颗粒易于分级,成本较低,测试的粉体量较大,分析结果以质量粒径分布表示。这种测试方法也有一些缺点,当干燥粉体小于 38μm 时难以测量,而湿式筛分的重现性差,不适合黏性或成团的粉料,分辨率依赖于筛孔的选择。

### 2.7.2.2　沉降法

沉降法粒度分析,是基于颗粒在液体中的沉降符合斯托克斯定律这一原则,通过检测颗粒在介质中的沉降速度来确定颗粒粒度分布,图 2-53 为沉降法原理示意图,沉降速度计算公式为:

$$u_{St}=\frac{(\rho_s-\rho_f)gd^2}{18\eta}$$

式中 $u_{St}$ 为粒子的沉降速度,$\rho_s$ 和 $\rho_f$ 分别为球形粒子与介质的密度,$d$ 为粒子的直径,$\eta$ 为介质的黏度,$g$ 为重力加速度。

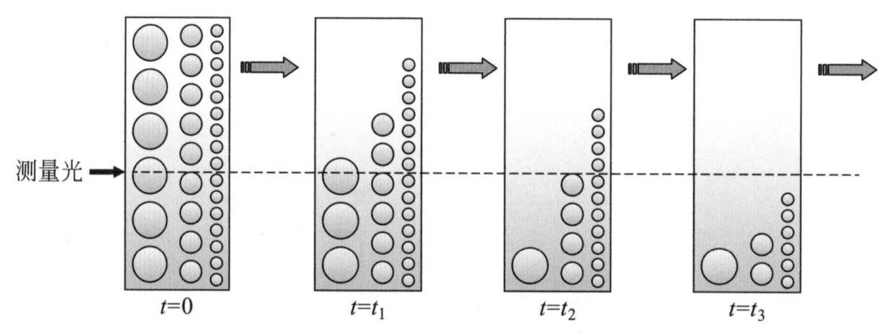


图 2-53　沉降法原理

在已知密度为 $\rho_f$、黏度为 $\eta$ 的溶剂中,存在直径为 $d$、密度为 $\rho_f$ 的颗粒;由于重力的影响,颗粒以一定的速度下沉,大颗粒沉降速度快,小颗粒沉降速度慢,以此进行粒度区分。在实际操作中,由于颗粒沉降速度慢,小于 2μm 的颗粒的布朗运动占主导地位,很难完全沉降,测量需要较长的时间,且需要合适的沉降介质和分散剂。图 2-54 为美国贝克曼库尔特 Multisizer 4e 颗粒计数及粒度沉降分析仪,该仪器可检测的最小极限为 0.2μm(200nm),可以对粒度进行三维测量,总体粒径分析范围为 0.2～1600μm,仪器的功能参数值如表 2-18 所示。

图 2-54　美国贝克曼库尔特颗粒计数及沉降分析仪

表 2-18　美国贝克曼库尔特 Multisizer 4e 仪器参数

| 名称 | 参数 |
|---|---|
| 分析范围 | 粒径：0.2～1600μm；体积：0.004～2.145×$10^9$ fL 或 $\mu m^3$ |
| 小孔管直径 | 10～2000μm（标称直径） |
| 小孔管动态范围 | 标准：1∶30（直径）；总体：1∶40（直径）<br>标准：1∶27000（体积）；总体：1∶64000（体积） |
| 粒度分布数据 | 提供直径、体积和面积的粒度分布、绝对数量、数量（%）、数量（毫升）、体积、体积（%）、体积（毫升）、表面积、表面积（%）和表面积（毫升） |
| 体积模式 | 从 50～2000μL 连续可选 |
| 计量系统 | 无汞，多范围计量泵 |
| 容积泵精度 | 优于 99.5% |
| 尺寸和重量 | 净重：45kg（99 磅）；宽度：64cm（25 英寸）；深度：61cm（24 英寸）；高度：51cm（20 英寸）；设定范围内输入电压：100～120V（交流）；230～240V（交流）±10%；单相 |
| 电源频率 | 47～63Hz |
| 电源 | 小于 55VA（或 W） |
| 保险丝类型 | 250V，IEC（5×20mm），延时型（TD），2.0A |
| 工作温度 | 5～40℃ |
| 相对湿度 | 30%～ 85%，无凝结 |

注：① 1fL（液盎司）≈29.6mL（美制）；② 1 英寸＝2.54cm。

### 2.7.2.3　激光法

陶瓷粉体粒度分析目前最常用的是激光法，无论在粉体加工、应用与研究领域，激光粒度仪作为一种新型的粒度测试仪器已得到广泛的应用，国内外已有多款激光粒度仪应用于陶瓷粉体粒径及粒径分布的测量，其中以英国马尔文激光粒度仪为代表的激光粒度仪在大学研究机构和企业检测中心获得较多应用，图 2-55 为马尔文激光粒度仪 Mastersizer 3000，其性能参数见表 2-19。

图 2-55　英国马尔文激光粒度仪（Mastersizer 3000）

**表 2-19 马尔文激光粒度仪 Mastersizer 3000 仪器参数**

| 名称 | 参数 |
| --- | --- |
| 颗粒粒度 | 悬液剂、乳剂、干粉 |
| 原理 | 激光散射 |
| 分析 | Mie 与 Fraunhofer 散射 |
| 数据采集速率 | 10kHz |
| 典型测量时间 | ＜10s |
| 尺寸 | 690mm×300mm×450mm(长×宽×高) |
| 质量 | 30kg |
| 光学系统 | |
| 红光光源 | 最大值(M) 4mW He-Ne，632.8nm |
| 蓝光光源 | 最大值(M) 10mW,LED,470nm |
| 透镜分布 | 反傅里叶（会聚光束） |
| 有效焦距 | 300mm |
| 检测器 | |
| 分布 | 对数间隔排列 |
| 角度范围 | 0.015°～144° |
| 对光 | 自动 |
| 颗粒粒度 | 0.01～3500μm |
| 粒度分级数目 | 100(用户可调) |
| 精确度 | 优于 0.6% |
| 精确度/可重复性 | 优于 0.5%变量 |
| 重现性 | 优于 1%变量 |
| 电源功率 | 100/240V,50/60Hz,50W（未连接分散装置）<br>最高 200W（连接 2 个分散装置） |
| 湿度 | 温度高达 31℃时，最大 80%；40℃时线性降低至 50% |
| 操作温度 | +5～+40℃ |
| 产品储存温度 | −20～+50℃ |

激光粒度仪原理是根据颗粒能使激光产生散射这一物理现象，来检测粒度分布，其原理如图 2-56 所示。由于激光具有很好的单色性和极强的方向性，所以一束平行的激光在没有阻碍的无限空间中将会照射到无限远的地方，并且在传播过程中很少有发散的现象。当光束遇到颗粒阻挡时，一部分光将发生散射现象。散射光的传播方向将与主光束的传播方向形成一个夹角 $\theta$。根据散射理论和实验结果，散射角 $\theta$ 的大小与颗粒的大小有关，颗粒越大，产生的散射光的 $\theta$ 角就越小；颗粒越小，产生的散射光的 $\theta$ 角就越大。进一步研究表明，散射光的强度代表该粒径颗粒的数量。这样就能在不同的角度上测量散射光的强度，从而得到样品的粒度分布了。

下面通过两个应用实例来看激光粒度仪在氧化锆粉体粒径及分布测试中的应用，表 2-20 为圣戈班公司使用激光衍射法对 GY3Z 氧化锆粉体的粒度测试结果，对于钪稳定的氧化锆粉体粒度分布如图 2-57 所示。

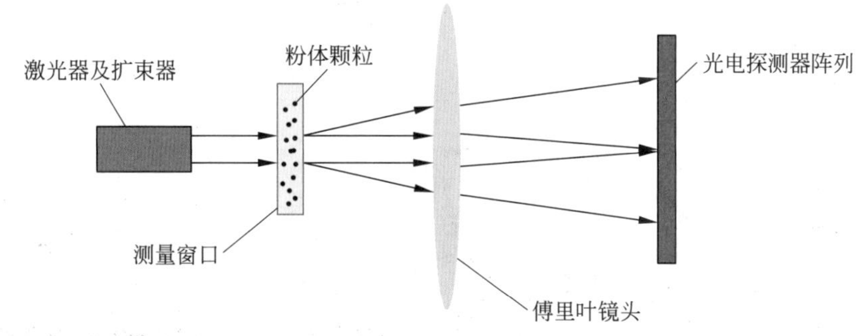


图 2-56　激光粒度仪的原理

**表 2-20　圣戈班 GY3Z 氧化锆粉体粒度**

| 指标 | 平均粒径/μm |
|---|---|
| $D_{10}$ | 28.56 |
| $D_{50}$ | 59.17 |
| $D_{90}$ | 107.77 |

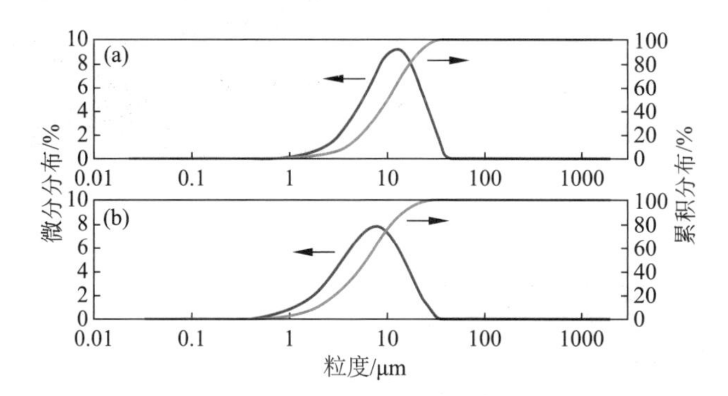


图 2-57　钪稳定氧化锆粉体粒度分布

(a) 分散在去离子水中；(b) 分散在 $KOH+K_2CO_3$ 溶液中

由在蒸馏水和 $KOH+K_2CO_3$ 溶液中进行分散的钪稳定氧化锆粉体的粒径分布图 2-57 可以看出，当引入 $KOH+K_2CO_3$，颗粒尺寸会减小；在蒸馏水和 $KOH+K_2CO_3$ 溶液中制备的粉体粒径的中位数是 10.2μm 和 6.1μm，即通过引入 $KOH+K_2CO_3$，可以获得尺寸更小的钪稳定氧化锆粉体。

### 2.7.2.4　电子显微镜分析法

原始颗粒的粒径分析可以采用扫描电子显微镜(scanning electron microscope，SEM)和透射电子显微镜(transmission electron microscope，TEM)这两种仪器进行统计观测，为了减小统计误差，一般要求被测颗粒不少于 600 个。由于电镜法是对样品局部区域的观测，所以在进行粒度分布分析时需要多幅照片的观测，通过软件分析得到统计的粒度分布，图 2-58 和图 2-59 分别为 SEM 和 TEM 仪器及氧化锆粉体颗粒照片。

下面通过一个应用实例来论述电镜显微分析法在粉体粒径及分布测试统计中的应用，图 2-60 为不同 $H^+$ 浓度下氧化锆粉体样品的扫描电镜(SEM) 照片及粒径分布图。

图 2-58 扫描电镜及氧化锆粉体扫描照片

图 2-59 透射电镜及氧化锆粉体透射电镜照片

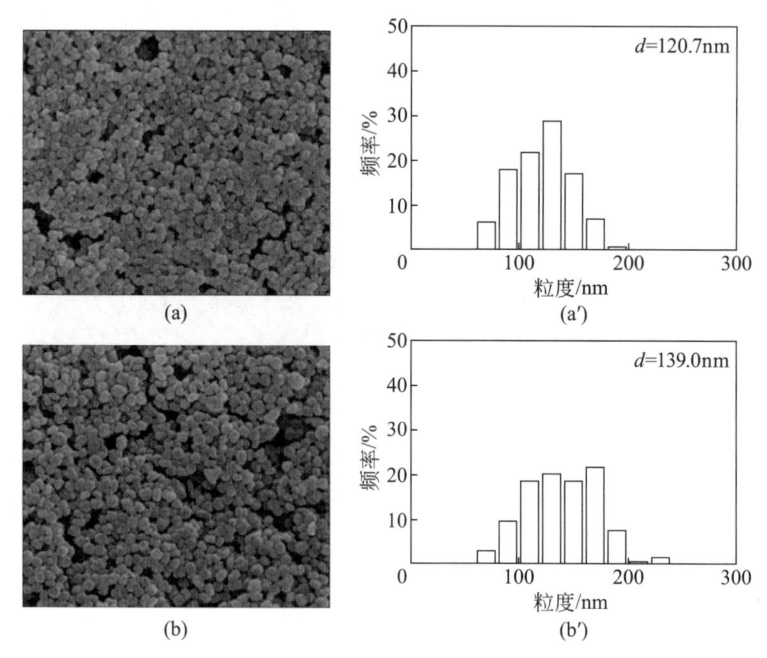


图 2-60 不同 $H^+$ 浓度下氧化锆粉体的 SEM 图像及粒径分布

(a)、(a′) 0.73mol/L；(b)、(b′) 0.85mol/L

图 2-60 中左边的照片为不同 $H^+$ 浓度下氧化锆粉体的 SEM 图像，右边为随机统计图片中 150～200 个颗粒粒径后得到的粒径分布图，其中 $d$ 为平均粒径。通过对这些颗粒的尺寸进行统计，可以获得粉体的平均粒径及分布情况。$H^+$ 浓度为 0.73mol/L 时，氧化锆粉体粒径统计为 120.7nm；$H^+$ 浓度为 0.85mol/L 时，氧化锆粉体粒径统计为 139.0nm。可见对比图中粉体颗粒尺寸分布，在较低的 $H^+$ 浓度时，制备出的氧化锆粉体颗粒尺寸更小、分布更均匀。

### 2.7.3　粉体比表面积测试

粉体的许多性质，如烧结活性和成型性能等都与表面能有关，通常颗粒越小，形状越不规则，则表面能越大。由于固体表面能测定困难，故可通过测定比表面积对粉体形状、团聚状况等进行表征。

粉体颗粒外表形状不规则，可通过测量粉体表面吸附的具有一定尺寸的气体分子的数量来计算比表面积。气体吸附是由于固体表面原子受力不饱和，存在剩余力场，因而吸引气体分子造成的。固体表面的原子或分子生长台阶，结晶中的位错、附晶，粉体的裂隙、沟槽等缺陷会影响吸附，表面性质对吸附有很大影响。

比表面积测试方法主要分为吸附法、透气法和其他方法，其中吸附法比较常用且精度较高；透气法是根据透气速率不同来确定粉体比表面积大小，比表面积测试范围和精度很有限；其他比表面积测试方法有粒度估算法、显微镜观测估算法，已很少使用。

吸附法根据吸附质的不同又分为吸碘法、压汞法、低温氮吸附法等。在吸碘法中，由于使用的碘分子直径较大，不能进入许多小孔，致使其测得数据不能完全表征粉体的比表面积，另外碘分子活性较高，对不少粉体不能适用，局限性较大；压汞法主要用来测试大孔孔径分布，使用的吸附质汞具有毒性，而且比表面积测试的精度较低，已很少使用。目前广泛应用的方法是低温氮吸附法。

低温氮吸附法根据吸附质吸附量确定方法分为动态色谱法、静态容量法、重量法等。目前比表面积仪器以动态色谱法和静态容量法为主，动态色谱法在比表面积测试方面比较有优势，静态容量法在孔径测试方面有优势。

动态色谱法是将粉体样品放入 U 形管中，通入一定比例的载气(He)和吸附质气体($N_2$)的混合气体，待混合气体流过样品后，根据吸附前后气体浓度变化，得到待测样品吸附量，如图 2-61(a)所示。优点是分析速度快、准确度好、分辨率高，尤其针对中小比表面积样

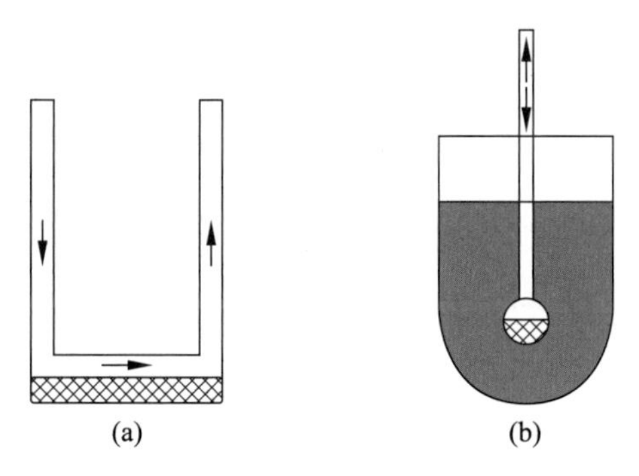


图 2-61　常用的低温氮吸附法
(a) 动态色谱法；(b) 静态容量法

品，如陶瓷粉末、电池材料、金属粉体等，比表面积分析下限低，重复性高。缺点是由于分压范围低，不能测试真正的脱附等温线等，不适合做孔径分析。测试范围，分压：5%～95%，对应孔径范围 1.29～50nm，比表面积 0.01$m^2/g$ 以上。

静态容量法是将待测粉体样品装在一定体积的一段封闭的试管状样品管内，向样品管内注入一定压力的吸附质气体，根据吸附前后的压力或重量变化来确定被测样品对吸附质分子（$N_2$）的吸附量，见图 2-61(b)。这种方法适合比表面积及孔径分析，尤其对中大比表面积和孔隙发达的样品分辨率、准确度高，适合催化剂、分子筛等多孔、比表面积较大样品的比表面积及孔径分布分析测试。但是由于定量依赖于气体状态方程，故对于蒸汽吸附的定量准确度低，不适合做蒸汽吸附。静态容量法测试范围，分压 0.0001%～99.6%，对应孔径范围 0.35～500nm，比表面积 0.01$m^2/g$ 以上。

两种方法比较而言，动态色谱法比较适合测试中小吸附量的小比表面积样品（对于中大吸附量样品，静态法和动态法都可以定量得很准确），静态容量法比较适合孔径及比表面积测试。图 2-62 为常用的美国康塔 Monosorb 直读动态流动法比表面积分析仪，该仪器的性能参数见表 2-21。

图 2-62　美国康塔 Monosorb 直读动态法比表面积分析仪

**表 2-21　Monosorb 直读动态法比表面积分析仪的性能参数**

| 名称 | 性能参数 |
| --- | --- |
| 比表面积测量范围 | 0.01～3000$m^2/g$ |
| 吸附质 | $N_2$，Ar，Kr，$CO_2$ |
| 杜瓦瓶升降 | 自动 |
| 分析站 | 1个 |
| 准备站 | 1个 |
| 电源 | 100～120V，或 220V，50/60Hz |
| 尺寸 | 650mm×310mm×610mm(长×宽×高) |
| 重量 | 24kg |

下面以日本东曹(Tosoh)公司的几种牌号的氧化锆粉体为样品,采用动态法比表面积分析仪器进行比表面积的测试,结果如表 2-22 所示。

**表 2-22　日本东曹公司氧化锆粉体比表面积**

| 型号 | TZ-3Y-E | TZ-8Y | TZ-8YS | TZ-10YS | TZ-3Y20A | TZ-3YS20A |
|---|---|---|---|---|---|---|
| 比表面积/($m^2$/g) | 16±3 | 16±3 | 7±2 | 6±2 | 15±3 | 7±2 |

图 2-63 为采用 1,4-丁二醇(ZNP)处理的氧化锆粉体的典型吸附/解吸等温过程曲线,不同曲线的 1,4-丁二醇浓度不同,分别为:(a)0.21mol/$dm^3$;(b)0.3mol/$dm^3$;(c)0.4mol/$dm^3$;(d)0.62mol/$dm^3$。所有的样品都以 600℃的温度在空气中煅烧 1h。可以通过对处理的氧化锆粉体的比表面积和孔隙体积的测试,对制备的粉体效果进行评价。

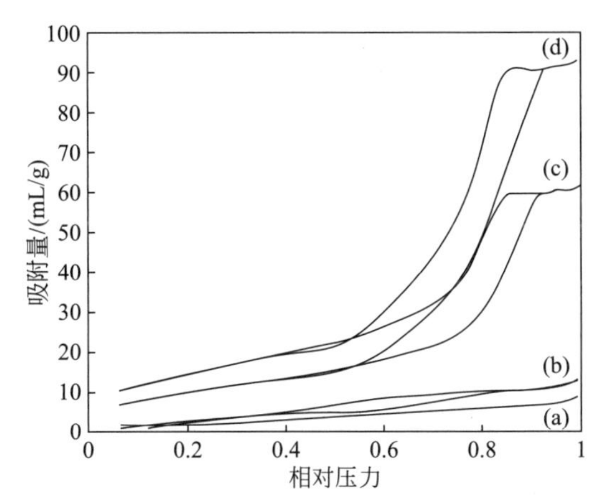


图 2-63　1,4-丁二醇(ZNP)处理的氧化锆粉体的典型吸附/解吸等温过程曲线

从图 2-63 中可以看出,随着 ZNP 浓度增加,等温线的吸附类型逐渐变化。表 2-23 给出了不同的 ZNP 浓度准备的合成产品和煅烧样品的具体比表面积和孔隙体积。随着正丙醇锆浓度的增加,BET 比表面积和孔隙体积略有增加。上述结果表明 1,4-丁二醇中制备的氧化锆的二次粒子大小、BET 比表面积和孔隙系统取决于正丙醇锆浓度。因此,通过调整初始的正丙醇锆含量可以控制氧化锆颗粒的性质。

**表 2-23　ZNP 浓度对 1,5-戊二醇合成的氧化锆的影响**

| ZNP 浓度/(mol/L) | BET 比表面积/($m^2$/g) | | 孔体积/(mL/g) | |
|---|---|---|---|---|
| | 多元醇溶剂热法[a] | 600℃[b] | 多元醇溶剂热法[a] | 600℃[b] |
| 0.21 | 147 | 8.5 | 0.05 | 0.01 |
| 0.3 | 196 | 11 | 0.10 | 0.02 |
| 0.4 | 225 | 37 | 0.19 | 0.10 |
| 0.62 | 205 | 54 | 0.22 | 0.14 |

a. 采用多元醇溶剂热法制备的氧化锆粉;b. 采用多元醇溶剂热法制备氧化锆粉体,然后在 600℃煅烧 1h。

## 2.8 粉体形貌表征方法

陶瓷粉体在烧结过程中的大多数固相反应取决于表面积，在一定程度上也与颗粒的形貌有关系。了解粉体的形貌与粒度，可以获取颗粒反应活性的信息，从而判断烧结过程中的影响因素。

粉体表面形貌表征技术是基于微观粒子(原子、离子、中子、电子等)之间的反应以及辐射现象(X 射线衍射、紫外线辐射等)，这些相互作用会产生不同的射线，通过这些射线可以得到关于粉体样品的许多信息。目前，粉体的形状和微观形貌、表面缺陷、粗糙度等主要通过扫描电子显微镜和透射电子显微镜等观察。

### 2.8.1 粉体形貌扫描电镜分析

扫描电镜能产生样品表面的高分辨率图像，且呈三维图像，不仅能用来鉴定样品的表面结构，还可以观察颗粒间的接触状况和测定颗粒尺寸。

扫描电镜的放大倍数，一般在 20～200000 倍，根据入射电子束斑直径，相应仪器的最高分辨率略有差别。利用场发射电子枪可使束斑直径小于 3nm，相应的仪器最高分辨率可达到 3nm 左右。

图 2-64 为扫描电镜成像原理，扫描电镜电子枪发射出来的电子束，在加速电压的作用下，经过多级磁透镜系统汇聚，电子束汇聚成一个细的电子束聚焦在样品表面。在末级透镜上边装有扫描线圈，在它的作用下使电子束在样品表面扫描。由于高能电子束与样品物质的交互作用，结果产生了各种信息：二次电子、背反射电子、吸收电子、X 射线、俄歇电子、阴极发光和透射电子等。这些信号被相应的接收器接收，经放大后送到显像管的栅极上，调制显像管的亮度。经过扫描线圈的电流是与显像管相应的亮度一一对应的，也就是说，电子束打到样品上一点时，在显像管荧光屏上就出现一个亮点。扫描电镜就是这样采用逐点成像的方法，把样品表面不同的特征，按顺序、成比例地转换为视频信号，完成一帧图像，从而使人们在荧光屏上观察到样品表面的各种特征图像。

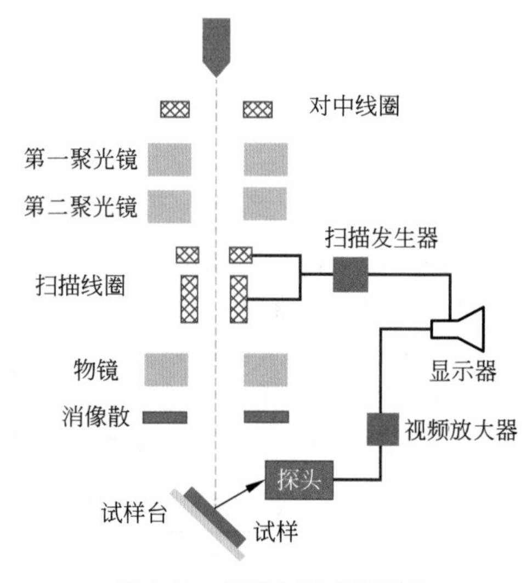


图 2-64 扫描电镜成像原理

对于像陶瓷这样的绝缘体或导电性差的材料来说，需要预先在样品表面喷涂 10～20nm 厚的导电层，否则入射电子束在样品表面造成电子堆积，阻挡入射电子束进入样品，并阻止样品内电子逸出样品表面。导电层一般选择金、铂、碳和铝等，采用真空蒸镀获得导电膜层，通常称之为喷金。

图 2-65 为德国蔡司 EVO 18 分析型扫描电镜，该扫描电镜的性能参数如表 2-24 所示；

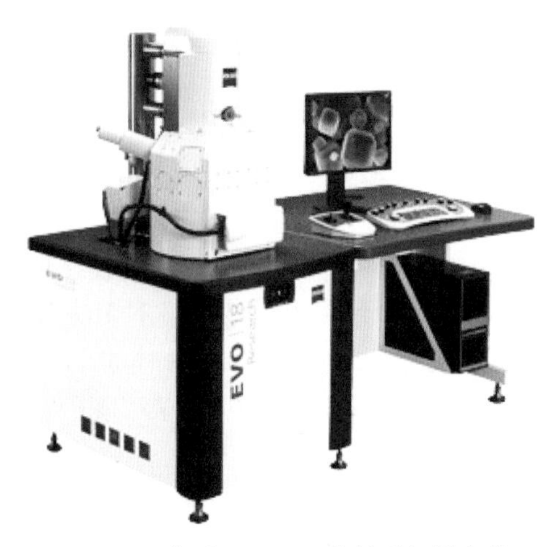


图 2-65　蔡司 EVO 18 分析型扫描电镜

采用该电镜对圣戈班粉体的形貌进行分析，其 SEM 照片如图 2-66 所示，由图片可见氧化锆粉体颗粒为近等轴状的球形颗粒，尺寸大小比较均匀。

**表 2-24　蔡司 EVO 18 分析型扫描电镜的性能参数**

| 名称 | 参数 |
|---|---|
| 加速电压 | 200V～30kV，10V 步进连续可调 |
| 图像电平移 | ±50μm |
| 放大倍数 | 5～1000000，连续可调 |
| 分辨率 | 高真空二次电子成像＜3.0nm(30kV)；<br>低真空背散射电子成像＜4.0nm(30kV) |
| 探针电流范围 | 0.5pA～5μA，连续可调 |
| 聚焦工作距离 | 2～145mm |
| 电子束气体路径长度 | ＜2mm |
| 真空度 | 最高真空度：优于 0.1mPa；<br>低真空压力范围：10～400Pa |
| 可放置的最大样品尺寸 | 直径 250mm，高度 145mm |
| 元素探测范围 | Be(4)～Pu(94) |

图 2-66　圣戈班氧化锆粉体形貌扫描电镜照片

### 2.8.2 粉体形貌透射电镜分析

透射电镜是以波长极短的电子束为照明源，用电子透镜聚焦成像的一种高分辨率、高放大倍数的电子光学仪器。透射电镜是把加速和聚集的电子束投射到非常薄的样品上，电子与样品中的原子碰撞而改变方向，从而产生立体角散射；散射角的大小与样品的密度、厚度相关，因此可以形成明暗不同的影像，影像将在放大、聚焦后在成像器件（如荧光屏、胶片以及感光耦合组件）上显示出来。可以看到在光学显微镜下无法看清的小于 0.2μm 的细微结构，这些结构称为亚显微结构或超微结构，可以对粉体进行形貌分析和晶体结构分析。图 2-67 为日本 JEOL 生产的 JEM-2200FS 透射电镜，表 2-25 为该透射电镜的性能参数。

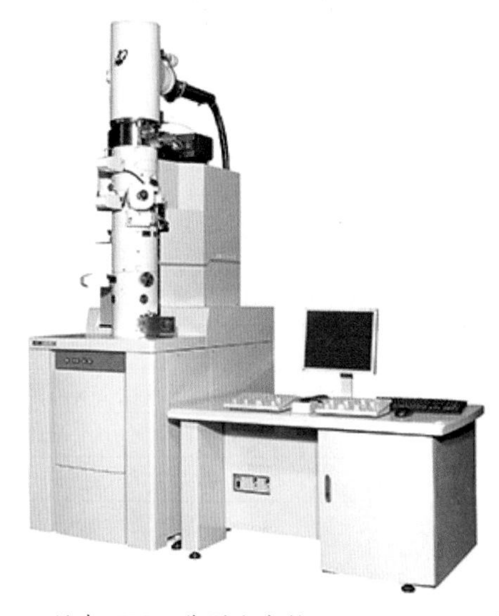

图 2-67 日本 JEOL 公司生产的 JEM-2200FS 透射电镜

**表 2-25 日本 JEOL 公司 JEM-2200FS 透射电镜的性能参数**

| 物镜种类＊1 | 极高分辨率（UHR） | 高分辨率（HR） | 样品高倾斜（HT） | 冷冻传输（CR） | 高衬度（HC） |
|---|---|---|---|---|---|
| 物镜 | URP 型 | HRP 型 | HTP 型 | CRP 型 | HCP 型 |
| 分辨率 | | | | | |
| 点分辨率 | 0.19nm | 0.23nm | 0.25nm | 0.27nm | 0.31nm |
| 线分辨率 | 0.1nm | 0.1nm | 0.1nm | 0.14nm | 0.14nm |
| 加速电压＊2 | 160kV，200kV＊1 | | | | |
| 最小步长 | 50V | | | | |
| 电子枪 | | | | | |
| 发射方式 | ZrO/W（100） | | | | |
| 亮度 | $\geqslant 4\times10^{8}$ A/（$cm^{2}\cdot sr$） | | | | |
| 真空度 | $\times10^{-8}$ Pa | | | | |
| 束流电流 | 0.5nA 以上（束斑直径 1nm） | | | | |

续表

<table>
<tr><td>物镜种类＊1</td><td>极高分辨率<br>(UHR)</td><td>高分辨率<br>(HR)</td><td>样品高倾斜<br>(HT)</td><td>冷冻传输<br>(CR)</td><td>高衬度<br>(HC)</td></tr>
<tr><td>物镜</td><td>URP 型</td><td>HRP 型</td><td>HTP 型</td><td>CRP 型</td><td>HCP 型</td></tr>
<tr><td colspan="6">束斑尺寸</td></tr>
<tr><td>TEM 模式</td><td colspan="4">2～5nm</td><td>7～30nm</td></tr>
<tr><td>EDS 模式</td><td colspan="2" rowspan="3">0.5～2.4nm</td><td>—</td><td>—</td><td>4～20nm</td></tr>
<tr><td>NBD 模式</td><td>—</td><td>—</td><td>—</td></tr>
<tr><td>CBD 模式</td><td colspan="2">1.0～2.4nm</td><td>—</td></tr>
</table>

在为透射电镜制样时，将试样载在一层支持膜上，将该膜用铜网承载，加强支持膜。将陶瓷粉体以水或有机溶剂作为悬浮剂，制成悬浮液后，滴在支持膜上，干后即成。此外，根据粉体的不同情况，可选用包藏法、撒布法、糊状法、喷雾法等。

下面举例来说明用透射电镜分析观察陶瓷粉体形貌的优势，由于 TEM 比 SEM 的放大倍数和分辨率高，而且粉体样品分散状态更好，可以完整清晰地观察到纳米级氧化锆粉体颗粒的形貌，图 2-68 为国内某商用氧化锆粉体 TEM 成像照片，可以清晰地看到氧化锆粉体颗粒呈近似球状形貌，粒径小于 30nm，在某些颗粒中并发现可能存在亚晶界结构。

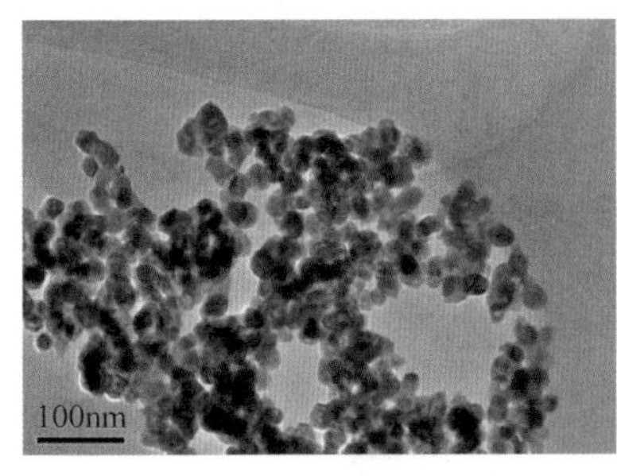

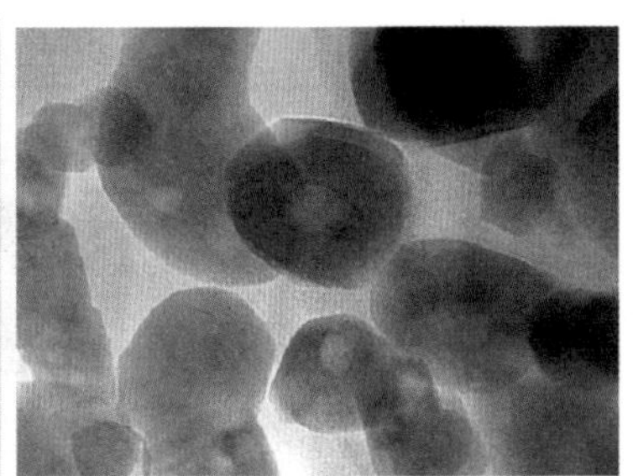

图 2-68　纳米级氧化锆粉体 TEM 照片

## 2.9　粉体流动性与堆积密度测试

粉体的流动性与颗粒的形状、大小、表面状态、密度、空隙率等有关，流动包括重力流动、压缩流动、流态化流动等多种形式。

粉体之所以流动，其本质是粉体中颗粒受力的不平衡。对颗粒受力分析可知，颗粒受到重力、颗粒间的黏附力、摩擦力、静电力等，对粉体流动影响最大的是重力和颗粒间的黏附力。粒径分布和颗粒形状对粉体的流动性具有重要影响，此外，温度、含水量、静电电压、空隙率、堆积密度、黏结指数、内部摩擦系数、空气中的湿度等因素也对粉体的流动性产生影响。粉体流动性测试方法有休止角法、Jenike 法、比表面积法等，目前主要应用休止角法和 Jenike 法。

### 2.9.1　休止角法及测试仪

表示流动性的参数，主要有休止角(安息角)、摩擦系数、流动速度等。其中以休止角比较常用，根据休止角的大小，可以间接反映流动性的大小。一般认为粒径越小，或粒度分布越大的颗粒，其休止角越大；而粒径大且均匀的颗粒，颗粒间摩擦力小，休止角小，易于流动，所以休止角可以作为选择润滑剂或助流剂的参考指标。一般认为休止角小于30℃则流动性好，大于40℃则流动性不好。休止角测定过程包括如下环节：

(1) 在正常的实验室环境下进行测量，推荐温度21～25℃，相对湿度45%～55%；或者温度25～29℃，相对湿度60%～70%；

(2) 通过观察水平仪，调节高度调节螺丝使载料板保持水平；

(3) 准备足够的待测样品；

(4) 先将漏斗颈堵住，再将粉体样品倒入漏斗，打开漏斗颈让粉体流动，用搅拌器慢慢地搅拌；

(5) 物料在容器内形成圆锥，知道容器装满堆积圆锥达到一定高度后，测量粉体的锥形高度；

(6) 用实验室样品进行最少5次试验；样品的休止角 $\Psi$ 由下式给出，以角度表示：

$$\Psi = \arctan(h/r)$$

式中，$h$ 是粉体的锥形高度，$r$ 是容器参照底板半径。取5次测量的算术平均值作为结果，如果结果偏差5%或者更大，则需重新测量。图2-69为德国PTL公司出品的V36.61型粉末休止角测量仪。

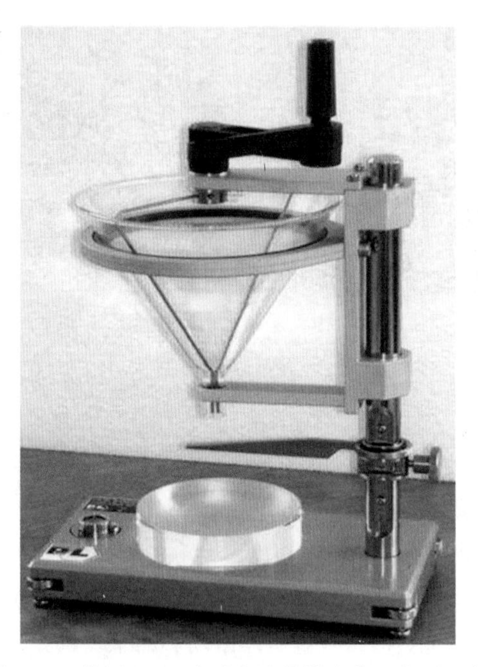

图2-69 德国PTL公司出品的粉末休止角测量仪

## 2.9.2 Jenike法

有关粉体流动性的测量，Jenike以粉体力学理论为基础进行了大量的实验和深入的理论研究，提出了粉体的连续介质粉体模型，并发展了流动-不流动的判据，创建了一套科学的表示散状物料流动性能的指标和方法。Jenike法可以依据相似准数指导料仓模拟，更全面地反映粉体的流动性能。美国 ASTM 据此制定了有关粉体测量的标准。

美国 Brookfield 公司的粉体流动测试仪 PFT(powder flow tester),就是根据 Jenike 法设计,可以检测粉体的流动性能。粉体流动测试仪 PFT 测量原理是:驱动一个环形剪切单元的压缩盖垂直向下进入粉体样品,粉体样品有确定的体积,且测试前应测量样品的质量。仪器通过一个校准好的可上下移动负载单元来控制施加到粉体上的压实应力,然后环形剪切单元在特定速度下旋转,粉体对抗的扭矩可由校准的扭矩传感器测得。通过 PFT 测量得到的粉体流动特性可以用来表征粉体流动能力。通过测试,可以对粉体的流动性进行定性和定量的测试和判断,同时对影响粉体流动的因素,包括:颗粒大小、水分含量、温度、添加剂、容器内壁、时间固结、压力等因素进行测量和分析,对粉体的配方、结构和强度等进行不同条件的预测,并对设备设计提供相应的设计参数。图 2-70 为美国 Brookfield PFT 粉体流动测试仪,该流动测试仪的性能参数见表 2-26。

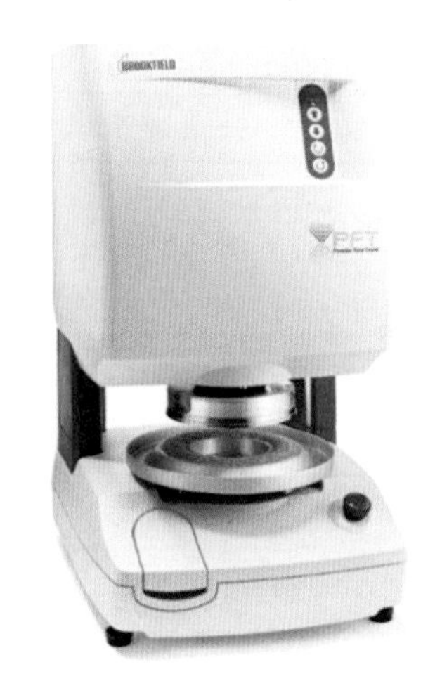

图 2-70　美国 Brookfield PFT 粉体流动测试仪

**表 2-26　美国 Brookfield PFT 粉体流动测试仪的性能参数**

| | |
|---|---|
| 垂直轴向压力负载 | 7kg,精度:±0.6%FSR |
| 轴速度 | 0.1mm/s,可高达 5mm/s |
| 距离 | 精度 ±0.3mm/s |
| 扭矩 | ±0.7N·m,精度:±1.2%FSR |
| 料槽旋转速度 | 1r/h(RPH),可高达 5RPH |
| 温度感应 | −20～120℃ |
| 湿度感应 | 10%～95%,RH ±5% |
| 规格尺寸 | 362mm×397mm×676mm(宽×厚×高) |
| 质量 | 34kg |

注:FSR 为精度单位。

### 2.9.3　振实密度与松装密度测试

振实密度(又称密充堆积密度、紧堆密度)是粉体质量的一个重要指标。振实密度的测量是指将一定量的粉体装入容器中,在一定条件下有规律振动,尽量压缩颗粒之间的空隙,最终达到颗粒之间的空隙无法再缩小的程度。当容器中粉体体积不再减少时,读出粉体的体积,然后用粉末的质量除以该体积就得到振实后的密度。图 2-71 为美国康塔 Autotap 和 Dual Autotap 振实密度仪。

松装密度(也叫体积密度,apparent density),是粉末自然堆积时的密度,是指粉末在规定条件下自由充满标准容器后所测得的堆积密度,即粉末松散填装时单位体积的质量,单位以 $g/cm^3$ 表示,是粉末的一种工艺性能。

松装密度是粉末多种性能的综合体现,对生产工艺的稳定及产品质量的控制都是很重

图 2-71 美国康塔 Autotap 和 Dual Autotap 振实密度仪

要的，也是模具设计的依据。粉末松装密度的测量方法有三种：漏斗法，斯柯特容量计法，振动漏斗法。

(1) 漏斗法，粉末从漏斗孔按一定高度自由落下充满杯子。

(2) 斯柯特容量计法，是把粉末放入上部组合漏斗的筛网上，自由或靠外力流入布料箱，最后从漏斗孔按一定高度自由落下充满杯子。

(3) 振动漏斗法，是将粉末装入带有振动装置的漏斗中，在一定条件下进行振动，粉末借助于振动，从漏斗孔按一定高度自由落下充满杯子。

对于在特定条件下能自由流动的粉末，采用漏斗法；对于非自由流动的粉末，采用后两种方法。图 2-72 为德国 PTL V 32.02 型粉体密度测量仪。

图 2-72 德国粉体密度测量仪

漏斗法测量松装密度的操作步骤如下：(a)样品先进行烘干，放置室内自然冷却后通过 80 目(180μm)标准筛除去杂物，准备测定；(b)用圆柱杯在电子秤上进行去皮称量，将测定装置各部件组装在试验台上，调整水平；(c)用塞棒塞住漏斗流出口，将试样倒入漏斗中；

(d)拔出塞棒使粉体自由落至下部圆柱杯中，圆柱杯内粉体溢出后，用刮片将堆积于圆柱杯上部粉体刮去；(e)刮平后轻轻敲打圆柱杯，使粉末下沉(避免挪动过程中粉末散失)；(f)先把圆柱杯外表面擦拭一下，然后进行称量，记下质量，称量圆柱杯内粉末精确到 0.05g；(g)计算松装密度，计算公式为：

$$\rho_{as} = m/V$$

式中：$\rho_{as}$ 为松装密度，$m$ 为粉末质量(g)，$V$ 为量杯体积($cm^3$)。

斯科特容量计见图 2-73，其测试粉末松装密度的原理及过程如下：首先把粉末放入上部组合漏斗的筛网上，自由或靠外力流入布料箱，交替经过布料箱中 4 块倾斜角为 25°的玻璃板和方形漏斗，最后流入已知体积的圆柱杯中，呈松散状态，然后称量圆柱杯中的粉末质量。这种装置适用于不能自由流过漏斗法中孔径为 5mm 的漏斗和用震动漏斗法易改变特性的粉末。

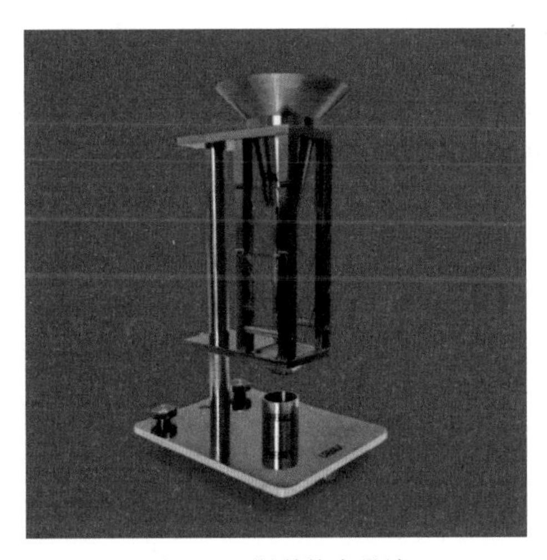

图 2-73　斯科特容量计

影响粉末松装密度的因素很多，如粉末颗粒形状、尺寸、表面粗糙度及粒度分布等，通常这些因素因粉末的制取方法及其工艺条件的不同而有明显差别。一般来说，粉末松装密度随颗粒尺寸的减小、颗粒非球状系数的增大以及表面粗糙度的增加而减小。

## 2.10　粉体的物相与化学分析

### 2.10.1　粉体化学成分分析

化学成分是表征粉体的重要内容，化学组成直接决定了材料的结晶相和化学物理性能，若化学组成偏离化学计量比，陶瓷的性能可能发生根本性改变。陶瓷原料粉体一般要求较高的纯度，即要求粉体的杂质含量低，杂质含量将影响产品的工艺性能和力学、电学、热学等性能，在粉体的制备过程中应避免杂质的引入。

陶瓷粉体化学成分常用分析方法有原子吸收光谱法(atomic absorption spectroscopy, AAS)，X 射线荧光光谱法(X-ray fluorescence, XRF)，ICP 发射光谱法(inductive coupled plasma emission spectrometer)，火焰原子吸收法(flame AA)，电感耦合等离子体发射光谱

法(ICP-OES),加热炉原子吸收法(furnace AA)等,表 2-27 为几种粉体化学成分分析方法的比较。

**表 2-27 粉体化学成分几种分析方法比较**

| 名称 | flame AA | ICP-OES | furnace AA | XRF |
|---|---|---|---|---|
| 适用范围 | 金属和非金属元素 | 金属和非金属元素 | 金属和非金属元素 | 原子序数大于 8 |
| 测试样品状态 | 液态 | 液态 | 液态 | 固态 |
| 检出限/$10^{-6}$ | $10^{-3}$～$10^{-1}$ | $10^{-3}$～$10^{-1}$ | $10^{-5}$～$10^{-2}$ | >10 |
| 精密度/% | 0.2～1 | 0.5～2 | 1～2 | 0.1～0.5 |
| 精确度/% | 1～2 | 2～5 | 5～10 | 0.1～1 |

### 2.10.1.1 原子吸收光谱法

原子吸收光谱法,又称原子分光光度法,是基于待测元素的基态原子蒸气对其特征谱线的吸收,由特征谱线的特征性和谱线被减弱的程度对待测元素进行定性定量分析的一种分析方法。原子吸收光谱法采用的原子化方法主要有火焰法(flame AA)、石墨炉法(furnace AA)和氢化物发生法。图 2-74 为原子吸收光谱测试仪的单元组成,日本岛津 AA-6880 型原子吸收仪见图 2-75,该仪器的性能参数见表 2-28。

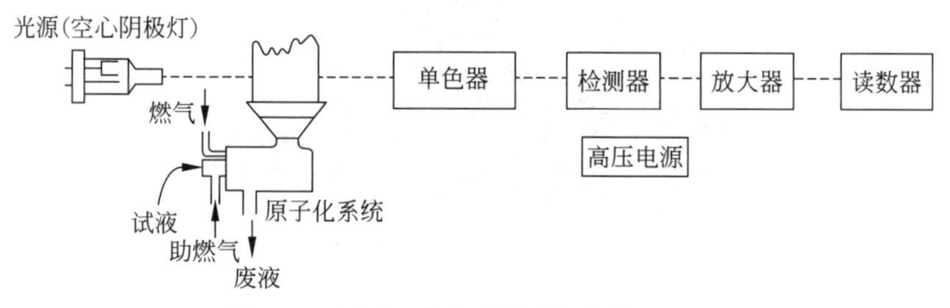


图 2-74 原子吸收光谱测试仪的单元组成

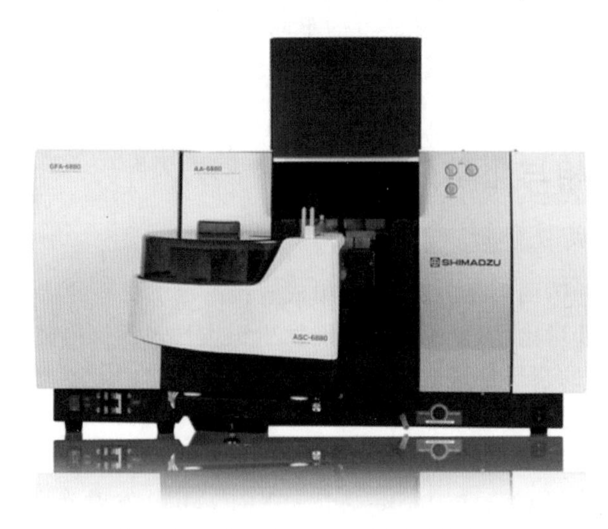


图 2-75 岛津 AA-6880 型原子吸收仪

表 2-28　岛津 AA-6880 型原子吸收仪的性能参数

| 名称 | 参数 |
|---|---|
| 检测器 | 光电倍增管 |
| 光学系统 | 双光束 |
| 稳定性(RSD) | <0.2% |
| 检出限 | Cu≤0.005mg/L |
| 单色元件 | 平面光栅 |
| 仪器种类 | 火焰 |
| 灵敏度 | $5/10^{-6}$ Cu 吸光度>0.4A |
| 分辨率 | 0.1nm |

#### 2.10.1.2　X 射线荧光光谱法

该法又叫 X 射线荧光分析法，可以对任何种类的样品进行元素分析，无论分析的样品是液体、固体还是粉末均可。

X 射线荧光分析是确定物质中元素的种类和含量的一种方法，又称 X 射线次级发射光谱分析，是利用原级 X 射线光子或其他微观粒子激发待测物质中的原子，使之产生次级的特征 X 射线(X 光荧光)，进而进行物质成分分析和化学态研究。一个稳定的原子是由一个原子核和绕它轨道运行的电子组成，绕轨道运行的电子形成不同壳层，每个壳层是由相同能量级的电子组成。当高能量入射(初级)X 光与原子碰撞，就会扰乱这种稳定性。一个电子从低能量级别被激发出(例如 K 层)，就形成一个空缺；于是另一个电子从一个更高的能量级别(如 L 层)来填补这一空缺。在这些层次之间的电子移动产生的能量差被释放出来形成二次 X 射线，这是元素的特性，这个过程称为 X 射线荧光。探测系统测量这些放射出来的二次 X 射线的能量及数量，然后通过仪器软件将探测系统所收集到的信息转换成样品中各种元素的种类及含量。

通过 XRF 进行元素分析的优势在于：基本不需要样品的特殊制备，可以进行无损分析；分析范围从百万分之几($10^{-6}$ 或 ppm)到百分之几(%)含量水平，对钠至铀的元素可进行精确分析；不使用化学试剂；固体、液体、粉末、薄膜、颗粒等均可分析；可进行快速分析，得到结果只需几秒；可进行定性、半定量和定量分析；操作相对简单；对于陶瓷粉末的化学成分使用 X 射线荧光分析确实比较方便快捷。

XRF 的缺点是对低原子量元素的检测灵敏度非常低，有效的元素测量范围为 9 号元素(F)到 92 号元素(U)。图 2-76 为日本岛津 MXF-2400 型多道 X 射线荧光光谱分析仪，该型号 X 射线荧光光谱仪的性能参数见表 2-29。

下面通过实例来了解 X 射线荧光光谱仪(简称 XRF)对氧化锆粉末测试的情况，表 2-30 为采用波长色散 X 射线荧光光谱法测试四种不同含量钇稳定二氧化锆材料中的各个元素的百分含量，表中 Y1、Y2、Y3、Y4 分别为不同氧化钇含量的氧化锆的粉体，可见 $Na_2O$、$Fe_2O_3$、$TiO_2$ 等杂质含量都小于 0.01%。表 2-31 为使用粉末压片法制样，用几种不同方法测定纳米 Y-$ZrO_2$ 粉体中的 $ZrO_2$，$Y_2O_3$，Cl 等成分；由表中可见，使用 X 射线荧光光谱法和化学法对样品测定结果很接近，都在误差范围之内。

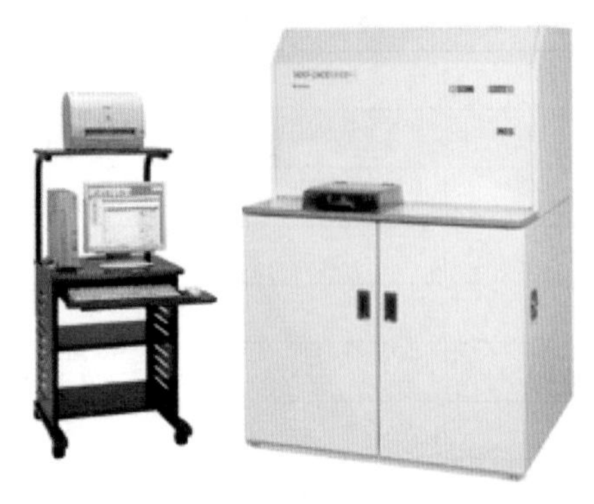

图 2-76 岛津 MXF-2400 型多道 X 射线荧光光谱仪

**表 2-29 岛津 MXF-2400 型多道 X 射线荧光光谱仪的性能参数**

| 分析元素 | 4Be～92U |
|---|---|
| 固定分光器 | 弯曲晶体聚焦分光，全元素真空型 |
| 扫描型分光器 | 平板晶体平行光束方式 |

**表 2-30 波长色散 X 射线荧光光谱法测试钇稳定二氧化锆**

| 样品名称 | 各元素含量/% | | | | | | | |
|---|---|---|---|---|---|---|---|---|
| | $ZrO_2$ | $HfO_2$ | $Y_2O_3$ | $Na_2O$ | $Fe_2O_3$ | $SiO_2$ | $TiO_2$ | $Al_2O_3$ |
| Y1 | 92.35 | 2.33 | 5.24 | <0.01 | <0.01 | <0.015 | <0.01 | <0.01 |
| Y2 | 88.78 | 2.24 | 8.76 | <0.01 | <0.01 | <0.018 | <0.01 | <0.01 |
| Y3 | 83.38 | 2.16 | 14.20 | <0.01 | <0.01 | <0.014 | <0.01 | <0.01 |
| Y4 | 91.92 | 2.32 | 5.22 | <0.01 | <0.01 | <0.012 | <0.01 | 0.20 |

**表 2-31 纳米级 Y-$ZrO_2$ 粉体的 XRF 法与化学法对比**

| 组分 | P9-3 | | 日本 $ZrO_2$ | | Zr-9 | |
|---|---|---|---|---|---|---|
| | XRF 法 | 化学法 | XRF 法 | 化学法 | XRF 法 | 化学法 |
| $ZrO_2$/% | 92.46 | 92.89 | 100.00 | 99.90 | 95.01 | 94.72 |
| $Y_2O_3$/% | 6.80 | 6.56 | — | 0.0 | 5.11 | 5.27 |
| Cl/(μg/g) | 2473 | 2445 | 430 | 419 | 1.0 | 0.0 |

Zr-9 为光谱纯基准物质配制的标准样品。

#### 2.10.1.3 ICP 发射光谱法

ICP 发射光谱仪即电感耦合等离子体光谱仪，该法是根据激发态的待测元素原子回到基态时发射的特征谱线对待测元素进行分析的，主要应用于无机元素的定性及定量分析。

ICP 发射光谱法包括了三个主要的过程：(1)由等离子体提供能量使样品溶液蒸发，形成气态原子，并进一步使气态原子激发而产生光辐射；(2)将光源发出的复合光经单色器分解成按波长顺序排列的谱线，形成光谱；(3)用检测器检测光谱中谱线的波长和强度。由于待测元素原子的能级结构不同，因此发射谱线的特征不同，据此可对样品进行定性分析；而根据待测元素原子的浓度和发射强度不同，可实现元素的定量测定。

ICP-AES 全称为电感耦合等离子体-原子发射光谱(inductively coupled plasma-atomic emission spectrometry)，也称为电感耦合等离子体-发射光谱(inductively coupled plasma optical emission spectrometry，ICP-OES)。由于等离子发射光谱技术中不仅选用原子谱线，而且更多地采用离子谱线，因而称 ICP-OES 更为科学准确。ICP-OES 测量的是光学光谱(120～800nm)，检测原子光谱中的多条谱线，检测限也比较低，而且多通道的可以同时检测多种原子和离子。图 2-77 为美国 Perkinelmer 公司 Avio 500 Scott/Cross Flow ICP-OES 仪器，其性能参数见表 2-32。

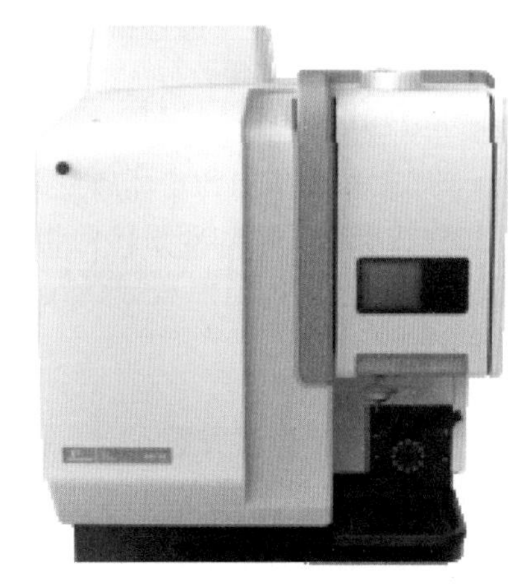

图 2-77　美国 Perkinelmer 公司 ICP-OES 仪器

**表 2-32　美国 Perkinelmer 公司 ICP-OES 仪器的性能参数**

| 21 CFR Part 11 兼容 | 是 |
|---|---|
| 深度 | 84.0cm |
| 高度 | 87.0cm |
| 型号名称 | Avio 500 Scott/Cross Flow |
| 便携式 | 否 |
| 产品品牌名称 | Avio |
| 技术类型 | 原子光谱 |
| 质量 | 163.0kg |
| 宽度 | 76.0cm |

下面通过实例来了解 ICP 发射光谱仪(ICP-OES)对氧化锆粉末中元素测试的情况，表 2-33 为使用 ICP-OES 及其他方法测定日本东丽公司 3YI-R 牌号氧化锆粉末化学元素的含量结果。

**表 2-33　日本 3YI-R 氧化锆粉末成分分析**

| 成分 | 含量/%(质量分数) | 检测方法 |
|---|---|---|
| $Y_2O_3$ | 4.9 | ICP |
| $Al_2O_3$ | 0.4 | ICP |
| $Fe_2O_3$ | <0.02 | ICP |
| $SiO_2$ | <0.02 | ICP |
| $TiO_2$ | <0.02 | ICP |
| $Na_2O$ | <0.02 | AAS |

由表 2-33 可以看出，3YI-R 氧化锆粉末中 $Y_2O_3$ 含量为 4.9%，$Al_2O_3$ 含量为 0.4%，使用 ICP 方法检测，轻元素 Na 使用原子吸收光谱法进行检测，$Na_2O$ 含量<0.02%。在氧化锆粉末成分检测中，因检测仪器的局限性，常使用多种方法来进行检测，相互补充。

## 2.10.2 粉体的物相分析

由于不同结晶形态的粉体致密化行为不同，或对烧结后陶瓷材料结晶形态的要求不同等原因，往往要求了解陶瓷粉体的物相或相组成，这就是陶瓷粉体的物相分析。粉体的物相分析常用的是 X 射线衍射法，此外还有高分辨率透射电子显微镜、电子选区衍射、拉曼光谱等检测手段。

### 2.10.2.1 X 射线衍射分析

XRD 全称为 X 射线衍射(X-ray diffraction)，利用 X 射线在晶体中的衍射现象来获得衍射后 X 射线信号特征，经过处理得到衍射图谱，获得材料的成分、材料的晶型结构、材料内部原子或分子的结构或形态等信息。将具有一定波长的 X 射线照射到结晶性物质上时，X 射线因在结晶内遇到规则排列的原子或离子而发生散射，散射的 X 射线在某些方向上相位得到加强，从而显示与结晶结构相对应的特有的衍射现象。衍射 X 射线满足布拉格(W. L. Bragg)方程，即 $2d\sin\theta=n\lambda$，式中 $\lambda$ 是 X 射线的波长，$\theta$ 是衍射角，$d$ 是结晶面间距，$n$ 是整数。波长 $\lambda$ 可用已知的 X 射线衍射角测定，进而求得面间距，即结晶内原子或离子的规则排列状态。将求出的 X 射线衍射强度和面间距与已知的表对照，即可确定试样结晶的物质结构，此即定性分析。若从 X 射线衍射强度的比较和相应计算，可进行定量分析。注意采用 X 射线衍射方法测定相组成的检测极限为 0.1%～1%(质量分数)，且不能检测非晶态物质。

该衍射仪主要由 X 射线发生系统、测角及探测控制系统、记录和数据处理系统三大部分组成。图 2-78 为美国 Bruker D8 Advance 型 X 射线衍射仪，相应的性能参数见表 2-34。

图 2-78 美国 Bruker D8 Advance 型 X 射线衍射仪

**表 2-34 美国 Bruker D8 Advance 型 X 射线衍射仪的性能参数**

| 名称 | 参数 |
|---|---|
| 外部尺寸 | 1868mm×1300mm×1135mm |
| 质量 | 770kg |

续表

| 名称 | 参数 |
|---|---|
| 测角仪 | $\theta$ 立式测角仪 |
| $2\theta$ 角度范围 | $-110°\sim168°$ |
| 靶材 | Cr/Co/Cu 靶 |
| 角位置控制 | 带光学编码器的步进电机 |
| 探测器 | 林克斯阵列探测器、林克斯 XE 阵列探测器 |
| 最小步长 | 0.0001° |
| 灵敏度 | 测量峰位和标准峰位的误差不超过 0.01° |
| 功率 | 6.5kW |

使用 XRD 方法对粉末样品进行物相分析时，通常要求其平均粒径控制在 50μm 左右，亦即通过 320 目或 45μm 的筛子，粉末样品要求在 3g 左右，如果太少也需 5mg。而且在加工过程中，应防止由于外加物理或化学因素而影响试样原有的性质。下面通过实例来了解 X 射线衍射(XRD)对氧化锆粉末三种物相(四方相，单斜相，立方相)的检测情况，图 2-79(a)为采用水热法制备的一种商用氧化锆粉体的 XRD 衍射谱图，可见所有衍射峰均为四方相氧化锆($t\text{-}ZrO_2$)的特征峰；由图 2-79(b)可以发现，与常规水热法相比，使用超临界合成方法

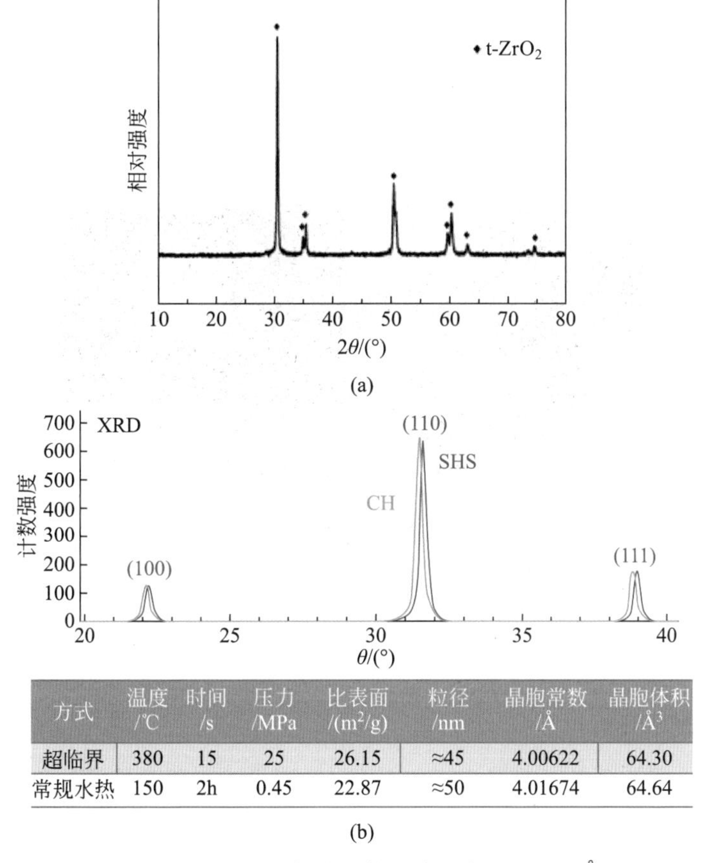


| 方式 | 温度/℃ | 时间/s | 压力/MPa | 比表面/($m^2$/g) | 粒径/nm | 晶胞常数/Å | 晶胞体积/Å$^3$ |
|---|---|---|---|---|---|---|---|
| 超临界 | 380 | 15 | 25 | 26.15 | ≈45 | 4.00622 | 64.30 |
| 常规水热 | 150 | 2h | 0.45 | 22.87 | ≈50 | 4.01674 | 64.64 |

图 2-79　四方相 $ZrO_2$ 的 X 射线衍射图谱及分析(图中 1Å=0.1nm)

可以获得更小的晶胞常数和粒径的四方相氧化锆粉体。

#### 2.10.2.2 透射电镜与选区电子衍射

高分辨率透射电镜(high resolution transmission electron microscope,HRTEM)是透射电镜的一种,可将晶面间距通过明暗条纹形象地表示出来;通过测定明暗条纹的间距,然后与晶体的标准晶面间距 $d$ 对比,确定属于哪个晶面。这样很方便标定出晶面取向,或者材料的生长方向,用 HRTEM 研究纳米颗粒可以结合高分辨率图像和能谱分析结果来得到颗粒的结构和成分信息。图 2-80 是采用高分辨率透射电镜对二氧化锆的分析图像,其中(a)显示的为四方相,(b)显示的为单斜相。

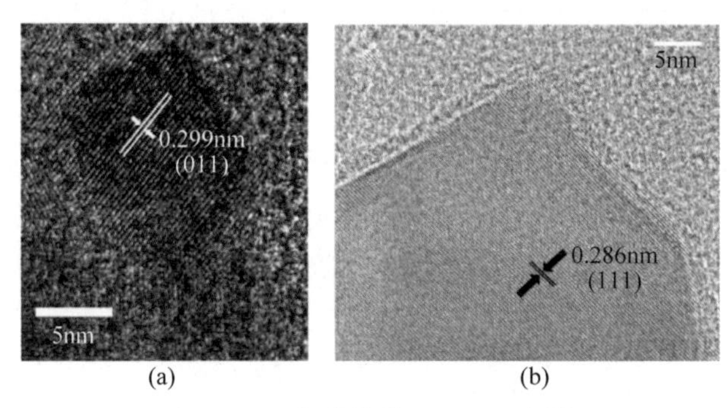


图 2-80 二氧化锆的 HRTEM 图像

选区电子衍射(selected area electron diffraction, SAED)是由选区形貌观察与电子衍射结构分析的微区对应性,实现晶体样品的形貌特征与晶体学性质的原位分析方法。图 2-81 为采用选区电子衍射获得的物相信息。

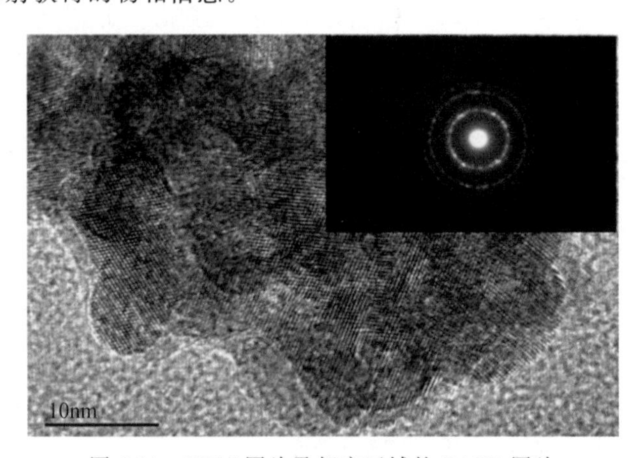


图 2-81 TEM 图片及相应区域的 SAED 图片

#### 2.10.2.3 拉曼光谱分析

拉曼光谱是一种研究物质结构的重要方法,特别是对于研究低维纳米材料,它已经成为首选方法之一。利用拉曼光谱可以对材料进行分子结构分析、理化特性分析和定性鉴定等,可揭示材料中的空位、间隙原子、位错、晶界和相界等方面信息。

拉曼光谱是分子的非弹性光散射现象所产生，非弹性光散射现象是指光子与物质发生相互碰撞后，在光子运动方向发生改变的同时还发生能量的交换（非弹性碰撞）。拉曼光谱产生的条件是某一简谐振动对应于分子的感生极化率变化不为零，拉曼频移与物质分子的转动和振动能级有关，不同物质有不同的振动和转动能级，同时产生不同拉曼频移；拉曼光谱具有灵敏度高、不破坏样品、方便快速等优点。

图 2-82 为法国 HOIBA 公司生产的 LabRAM HR Evolution 拉曼光谱仪，该拉曼光谱仪的性能参数见表 2-35。

图 2-82　法国 HOIBA 公司 LabRAM HR Evolution 拉曼光谱仪

**表 2-35　法国 LabRAM HR Evolution 拉曼光谱仪的性能参数**

| 名称 | 参数 |
|---|---|
| 光谱重复性 | $\leqslant\pm0.03cm^{-1}$ |
| 最低波数 | $10cm^{-1}$ |
| 光谱分辨率 | $\leqslant0.35cm^{-1}$ |
| 光谱范围 | $50\sim9000cm^{-1}$ |
| 仪器种类 | 显微共焦拉曼光谱 |

下面通过实例来了解拉曼光谱仪在分析氧化锆纳米粉体化学合成过程中的应用，图 2-83(a)以硝酸锆为前驱物，用水热法分别合成了纯单斜相、四方相以及四方和单斜混合相的氧化锆纳米粒子。图(a)为前驱体浓度为 0.1mol/L（晶化温度为 160℃，晶化时间为 72h）所得到 $ZrO_2$ 并且经过不同温度焙烧之后的拉曼光谱图；样品经过 400℃焙烧后，在 $148cm^{-1}$，$266cm^{-1}$，$312cm^{-1}$ 处观察到了 3 个峰，可归属为具有拉曼活性的四方相 $ZrO_2$ 的振动模式；而 $179cm^{-1}$，$340cm^{-1}$，$477cm^{-1}$，$560cm^{-1}$，$636cm^{-1}$ 的谱峰归属为具有拉曼活性单斜相 $ZrO_2$ 的振动模式；$266cm^{-1}$ 峰是四方相氧化锆的特征峰，而 $179cm^{-1}$ 是单斜相氧化锆的特征峰。此外，单斜和四方相氧化锆的拉曼光谱图有两个主要的不同点：(1)对于单斜相，$477cm^{-1}$ 的谱峰强于 $636cm^{-1}$ 的谱峰，而对四方相恰好相反；(2)对于单斜相氧化锆，$477cm^{-1}$，$636cm^{-1}$ 的两个峰之间存在一些小的谱峰，而这些谱峰在四方相氧化锆的拉曼光谱图中并没有观察到。很明显在 400℃焙烧样品后，氧化锆为四方相和单斜相的混合相，但是以单斜相为主体。

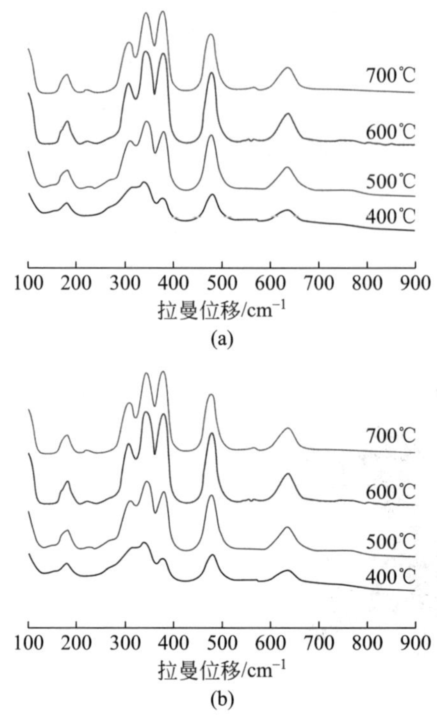


图 2-83　不同前驱体浓度制备的 $ZrO_2$ 在不同温度焙烧后的拉曼光谱

(a) 前驱体浓度 0.1mol/L；(b) 前驱体浓度 0.4mol/L

在焙烧温度提高到500℃之后，四方相的谱峰已基本消失，单斜相峰有所增强，并且在 226cm$^{-1}$，307cm$^{-1}$ 的谱峰强于 636cm$^{-1}$ 的，出现了归属于拉曼活性单斜相氧化锆的振动模式。在温度继续升高到600℃和700℃后，单斜相谱峰进一步增强，且在 560cm$^{-1}$ 的谱峰强于 636cm$^{-1}$ 的，出现了归属于拉曼活性单斜相氧化锆的振动模式。综上可以看出，当前驱体浓度为 0.1mol/L 时，所得的 $ZrO_2$ 经过不同温度焙烧，单斜相均占优势。图 2-83(b)为前驱体浓度为 0.4mol/L 的样品经过不同温度焙烧之后的拉曼光谱图。虽然经过不同温度焙烧后单斜相仍然是样品的主要晶相，但是直至焙烧温度达到 600℃时，仍然能观察到四方相谱峰，这说明较高前驱体浓度有利于四方相 $ZrO_2$ 的稳定。

### 2.10.3　粉体表面结构分析

粉体的表面结构对一些表面现象，如蒸发、腐蚀、催化有很大影响。此外，粉体的表面结构及成分还对粉体的分散性、成型性能、烧结性能及微观组织的形成有影响。

粉体的表面组分、能态、价态和官能团等可以采用 X 射线光电子能谱分析(XPS)、俄歇电子能谱法(AES)、傅里叶变换衰减全反射红外光谱法等进行分析。

#### 2.10.3.1　X 射线光电子能谱分析

采用 X 射线光电子能谱(XPS)能够对样品表面进行定性和定量分析，其原理是当单色的 X 射线照射样品时，具有一定能量的入射光子同样品原子将产生如下相互作用：(1)光致电离产生光电子；(2)电子从产生之处迁移到表面；(3)电子克服逸出功而发射。若用能量分析器分析光电子的动能，得到的就是 X 射线光电子能谱；通过测量接收到的电子动能，就可以计算出元素的结合能，常用靶材有铝靶($h\nu=1486.6\text{eV}$)和镁靶($h\nu=1253.6\text{eV}$)。图 2-84 为 XPS 原理示意图。

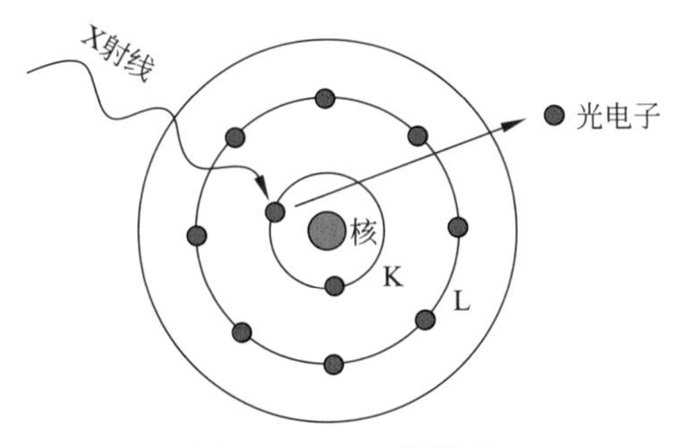


图 2-84　XPS 的原理

采用 X 射线光电子能谱也可以进行定性分析，根据测得的光电子动能可以确定表面存在哪些元素。XPS 优点包括：(a)能够分析除了氢、氦以外的所有元素，灵敏度约 0.1%(原子百分含量)，空间分辨率为 100μm，X 射线的分析深度在 1.5nm 左右；(b)相隔较远，相互干扰较少，定性的相邻元素的同种能级的谱线标识性强；(c)能够观测化学位移，该位移与原子氧化态、原子电荷和官能团有关；化学位移信息是利用 XPS 进行原子结构分析和化学键研究的基础。根据 XPS 也可以进行定量分析，根据具有某种能量的光电子的强度可知某种元素在表面的含量，误差约 20%；利用这种仪器既可测定元素的相对浓度，又可测定相同元素在不同氧化态的相对浓度。

此外，采用 XPS 能够根据某元素光电子动能的位移了解该元素所处的化学状态，有很强的化学状态分析功能；由于距离表面只有几个纳米范围的光电子可逸出表面，因此 XPS 测试信息可反映材料表面几个纳米厚度层的状态；结合离子溅射可以进行深度分析，对材料无破坏性，由于 X 射线不易聚焦，照射面积大，不适于微区分析，因此 XPS 是一种高灵敏超

图 2-85　ThermoFisher 公司的 X 射线光电子能谱仪

微量表面分析技术，样品分析的深度约为 2nm，信号来自表面几个原子层，样品量可少至 $10^{-8}$g，绝对灵敏度高达 $10^{-8}$g。图 2-85 为美国 ThermoFisher 公司生产的 Escalab Ⅺ 型 X 射线光电子能谱分析仪，该能谱仪的性能参数见表 2-36。

**表 2-36 Escalab XI 型 X 射线光电子能谱仪的性能参数**

| 单色器 | 双晶体微聚焦单色器配备一个 500mm 直径的罗兰圆，使用铝阳极靶 |
|---|---|
| 光斑 | 样品 X 射线光斑尺寸可选择范围为 200～900μm |
| 微区分析 | ＜20μm |
| 能量分析器 | 180°半球型 |
| 离子源 | 数控式 EX06 离子枪 |

介绍一个实例，即通过 XPS 分析氧化锆粉末的结合能，将该粉末在 200℃和 500℃下进行了煅烧，以确定锆的化学状态，分析结果如图 2-86 所示。Zr 在室温、200℃和 500℃的结合能分别为 181.8eV、181.6eV 和 182eV，它们都与氧化锆的标准值(182.2eV)相似。图 2-87 是 $n\mathrm{ZrO_2}$-$\mathrm{NH_2C}$ 纳米复合材料的 XPS 谱图。从 XPS 全谱中可以看到，粉体中有 Zr、O、N、C 四种元素，从高分辨率 XPS 能谱(b)图中，可以看到 C 元素在 284.3eV、285.7eV、287.4eV 和 289.7eV 结合能处有四个峰，对应于 C—C/C＝C，C—N，C—O 和 C＝N/C＝O 键。从图(c)中可以看出，粉体中存在与 O 结合的 Zr—O、C＝O 和 C—O 三种类型的共价键；图(d)显示存在 N—H 键；图(e)表明以 332.5eV 和 346.2eV 为中心的两个结合能分别与 Zr 3$p$3/2 和 Zr 3$p$1/2 相对应。根据 XPS 能谱可以通过软件计算出 C 含量为 41.29%，O 含量为 23.86%，Zr 含量为 29.61%，N 含量为 5.24%。

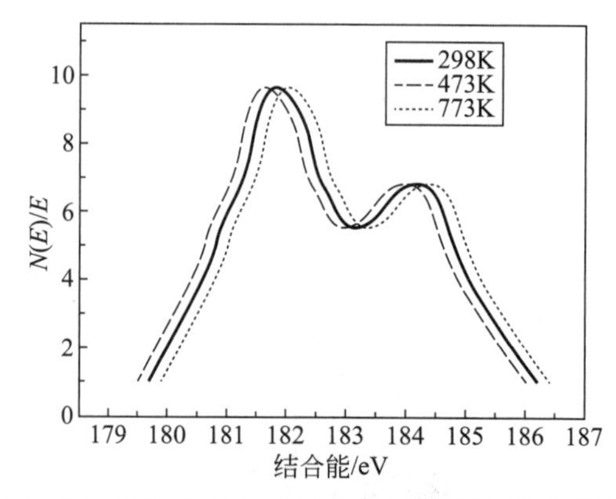


图 2-86 不同温度下煅烧的氧化锆粉体 XPS 能谱

### 2.10.3.2 俄歇电子能谱法

俄歇电子能谱(Auger electron spectrometry，AES)是指用具有一定能量的电子束(或 X 射线)激发样品，产生俄歇效应，通过检测俄歇电子的能量和强度，从而获得有关材料表面化学成分和结构的信息的方法。图 2-88 为俄歇电子产生原理示意图。

俄歇电子能谱分析是一种表面分析方法且空间分辨率高，大多数元素在 50～1000eV 能量范围内都有较高的俄歇电子，它们的有效激发体积(空间分辨率)取决于入射电子束的束斑直径和俄歇电子的发射深度。能够保持特征能量(没有能量损失)而逸出表面的俄歇电

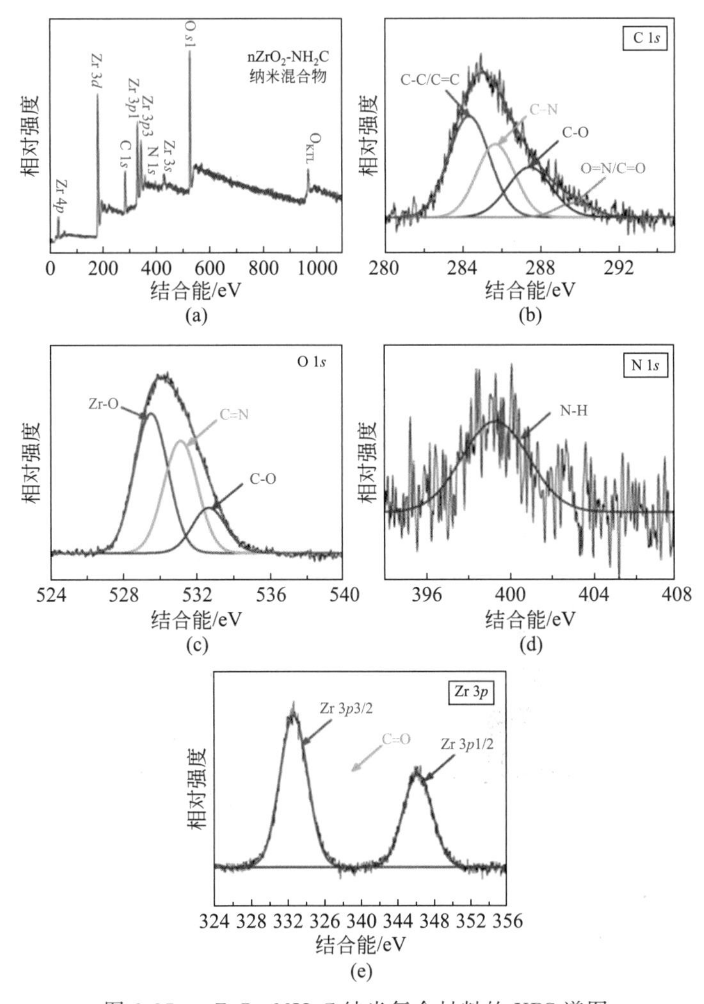


图 2-87　$nZrO_2$-$NH_2C$ 纳米复合材料的 XPS 谱图

(a) 纳米复合材料 XPS 全谱；(b)、(c)、(d)和(e) 高分辨率 XPS 的光谱分别对应于 C 1*s*、O 1*s*、N 1*s* 和 Zr 3*p* 轨道能谱

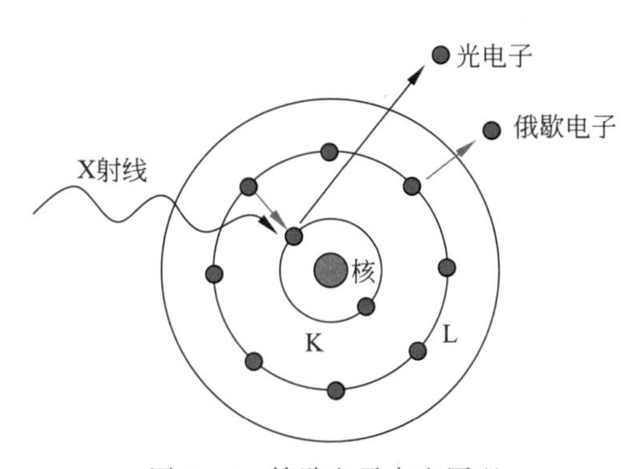


图 2-88　俄歇电子产生原理

子，发射深度仅限于表面以下大约 2nm 以内，约相当于表面几个原子层，且发射(逸出)深度与俄歇电子的能量以及样品材料有关；在这样浅的表层内逸出俄歇电子时，入射电子束的侧向扩展几乎尚未开始，故其空间分辨率直接由入射电子束的直径决定。

通过俄歇电子能谱可以进行化学组态、定性分析、定量分析或半定量分析、成分深度分析、微区分析。俄歇电子能谱分析的特点如下：(1)分析层薄，0～3nm；AES的采样深度为1～2nm，比XPS(对无机物约2nm，对高聚物≤10nm)还要浅，更适合于表面元素定性和定量分析；(2)分析元素广，除H和He外的所有元素，对轻元素敏感；(3)分析区域小，≤50nm区域内成分变化的分析。由于电子束束斑非常小，AES具有很高的空间分辨率，可以进行扫描和在微区上进行元素的选点分析、线扫描分析和面分布分析；(4)可获得元素化学态的信息；(5)具有元素深度分布分析的能力，需配合离子束剥离技术；(6)定量分析精度还不够高。

俄歇电子能谱现已发展成为表面元素定性、半定量分析、元素深度分布分析和微区分析的重要手段。在材料研究领域具有广泛的应用前景。图2-89为日本PHI 710型俄歇电子能谱分析仪，该仪器的性能参数见表2-37。

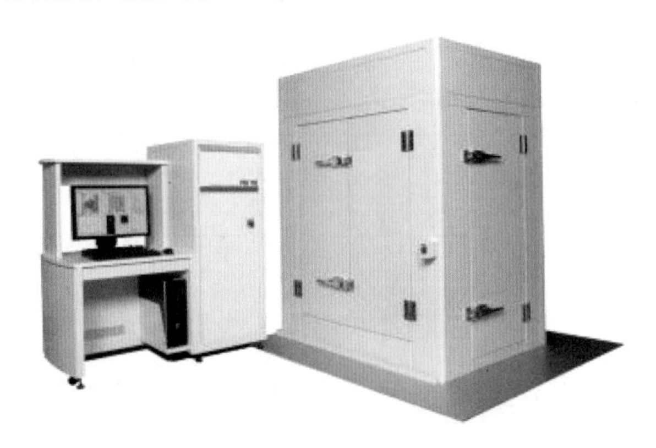

图2-89 日本PHI 710型俄歇电子能谱分析仪

**表2-37 日本PHI 710型AES仪器的性能参数**

| 名称 | 参数 |
| --- | --- |
| SEM像空间分辨率(25kV) | ≤3nm |
| AES空间分辨率(20kV，1nA) | ≤8nm |
| 灵敏度 | 700kcps(10kV，10nA) |
| SEM放大倍率 | 45(加速电压：3kV)～1000000 |
| 样品台可变动范围 | X，Y轴各±25mm |
| 离子枪加速电压 | 0～5kV可变 |
| 离子枪光栅面积 | 最大4mm×4mm |
| 极限真空 | $6.7\times10^{-8}$ Pa以下 |

### 2.10.3.3 傅里叶变换红外光谱法

傅里叶变换红外光谱仪(Fourier transform infrared spectrometer，FTIR)，是基于对干涉后的红外光进行傅里叶变换的原理而开发的光谱仪。ATR衰减全反射(attenuated total refraction)红外附件的出现与应用，产生了傅里叶变换衰减全反射红外光谱(attenuated total internal reflectance Fourier transform infrared spectroscopy，ATR-FTIR)，ATR-

FTIR 在难以制备的样品、无损检测及表面信息的获取等方面具有独特的优势。

ATR 的应用极大地简化了一些特殊样品的测试，使微区成分的分析变得方便而快捷，检测灵敏度可达 $10^{-9}$g 数量级，测量显微区直径达数微米，ATR 附件是基于光内反射原理而设计的。从光源发出的红外光经过折射率大的晶体再投射到折射率小的试样表面上，当入射角大于临界角时，入射光线就会产生全反射。事实上红外光并不是全部被反射回来，而是穿透到试样表面内一定深度后再返回表面。在该过程中，试样在入射光频率区域内有选择吸收，反射光强度发生减弱，产生与透射吸收相类似的谱图，从而获得样品表层化学成分的结构信息。

ATR-FTIR 具有以下特点：(1)制样简单，无破坏性，对样品的大小、形状、含水量没有特殊要求；(2)可以实现原位测试、实时跟踪；(3)检测灵敏度高，测量区域小，检测点可为数微米；(4)能得到测量位置处物质分子的结构信息、某化合物或官能团空间分布的红外光谱图像微区的可见显微图像；(5)能进行红外光谱数据库检索以及化学官能团辅助分析，确定物质的种类和性质；(6)在常规 FTIR 上配置 ATR 附件即可实现测量，仪器价格相对低廉，操作简便。近年来，随着计算机技术的发展，ATR 实现了非均匀、表面凹凸、弯曲样品的微区无损测定，可以获得官能团和化合物在微分空间分布的红外光谱图像。图 2-90 为日本岛津傅里叶变换红外光谱仪，该光谱仪的性能参数见表 2-38。

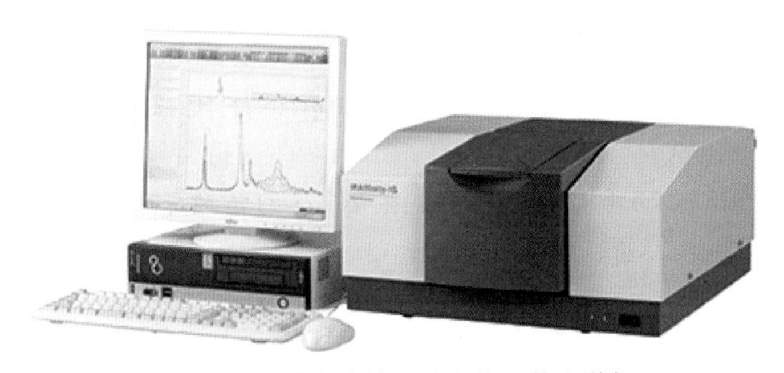

图 2-90　日本岛津傅里叶变换红外光谱仪

**表 2-38　岛津傅里叶变换红外光谱仪的性能参数**

| 信噪比 | 大于 30000∶1 |
|---|---|
| 分辨率 | 0.5、1、2、4、8、16$cm^{-1}$ |
| 仪器类型 | 实验室型 |
| 波数范围 | 7800～350$cm^{-1}$ |
| 仪器种类 | 傅里叶变换型 |
| 激光器 | 高稳定性 He-Ne 激光器 |

介绍一个实例，通过 ATR-FTIR 分析氧化锆粉末的特征峰如图 2-91 所示，该图为用不同表面活性剂制备的不同 $ZrO_2$ 样品 ATR-FTIR 光谱图。表面活性剂：CTAB(溴化十六烷基三甲铵)，Triton 114X-NaOH (聚氧乙烯辛烷基苯酚醚-氢氧化钠混合溶液)，SDBS(十二烷基苯磺酸钠)，SDBS-NaOH(十二烷基苯磺酸钠-氢氧化钠混合溶液)。仅用 CTAB 合成的单斜相和立方相 $ZrO_2$ 样品在 4000$cm^{-1}$ 和 830$cm^{-1}$ 之间没有明显的峰，在 800$cm^{-1}$ 处出现了 Zr—O 的峰。在用 Triton 114X-NaOH 混合溶液制备的立方 $ZrO_2$ 样品中，观察

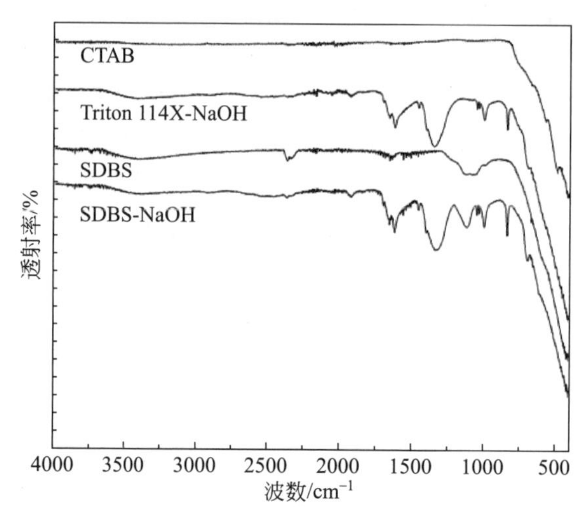


图 2-91 不同表面活性剂制备的 $ZrO_2$ 样品 ATR-FTIR 光谱图

到几个新的振动带，在 $3650cm^{-1}$ 和 $3000cm^{-1}$ 之间，可以观察到宽而微小的振动带，这对应于 O—H 振动。另外，在 $1922cm^{-1}$，$1650cm^{-1}$，$619cm^{-1}$，$1456cm^{-1}$，$1342cm^{-1}$，$1045cm^{-1}$，$1025cm^{-1}$，$1000cm^{-1}$ 和 $835cm^{-1}$ 处出现振动带，所有这些振动带符合碳酸氢钠（$NaHCO_3$）的 FTIR 光谱。因此，样品中存在的钠与 $CO_2$ 和 $H_2O$ 反应生成 $NaHCO_3$。样品中存在的部分 NaOH 用于稳定立方 $ZrO_2$ 相，其余部分停留在表面，随后与 $CO_2$ 和 $H_2O$ 反应。这一结论得到了两种 SDBS 样品的 ATR-FTIR 光谱的支持。没有 NaOH 的样品未出现 $NaHCO_3$ 的峰，而合成的 SDBS-NaOH 混合溶液样品清楚地显示 $NaHCO_3$ 的振动带，两个 SDBS 样品都在 $1122cm^{-1}$ 处呈现额外的振动带，对应于样品中存在的残留 SDBS。

### 2.10.4 粉体合成的热分析技术

热分析技术可应用于氧化物陶瓷粉末湿化学法制备过程中的质量变化、热量变化和相变化的分析。

热分析（thermal analysis，TA）是指用热力学参数或物理参数随温度变化的关系进行分析的方法。国际热分析协会（International Confederation for Thermal Analysis，ICTA）于 1977 年将热分析定义为："热分析是测量在程序控制温度下，物质的物理性质与温度依赖关系的一类技术"，根据测定的物理参数又分为多种方法。

图 2-92 德国耐驰同步热分析仪

最常用的热分析方法有差热分析（DTA）、热重分析（TG）、差示扫描量热法（DSC）、热机械分析（TMA）和动态热机械分析（DMA）。图 2-92 为德国耐驰同步热分析仪，该分析仪的性能参数见表 2-39。

表 2-39　耐驰热分析仪的性能参数

| 名称 | 参数 |
|---|---|
| 温度范围 | －150～2000℃ |
| 升降温速率 | 0.001～50K/min(取决于炉体配置;高速升温炉最大线性升温速率 1000K/min) |
| 称重范围 | 5000mg |
| TG 解析度 | 0.025μg |
| DSC 解析度 | <1μW(取决于配备的传感器) |
| 气氛 | 惰性,氧化,还原,静态,动态,真空 |
| 真空度 | $10^{-4}$ mbar($10^{-2}$ Pa) |

采用热分析技术能快速准确地测定物质的晶型转变、熔融、升华、吸附、脱水、分解等变化,对无机、有机及高分子材料的物理及化学性能分析,是重要的测试手段。

介绍一个实例,通过热分析技术来检测氢氧化锆前驱体热分解过程,如图 2-93 所示。由图可见,在 75.5℃处有个吸热峰,至 340℃左右吸热结束,整个过程失重约 22.14%,此处应是自由水及结合水的脱除过程;在 472.4℃左右有个明显的放热峰,至 650℃放热结束,整个过程共失重约 6.21%,此处应是氧化锆晶体由单斜相向四方相转变的过程,在这个过程中还伴随着残留分散剂的去除过程,此氧化锆晶型转变温度与文献值有较大差异,可能原因是,表面活性剂的加入致使氧化锆可在相对较低的温度条件下进行晶型转变,由单斜相转变为四方相,但是此条件下的四方相氧化锆并不稳定,当粉体温度降至室温时,其晶型又转变为单斜相。

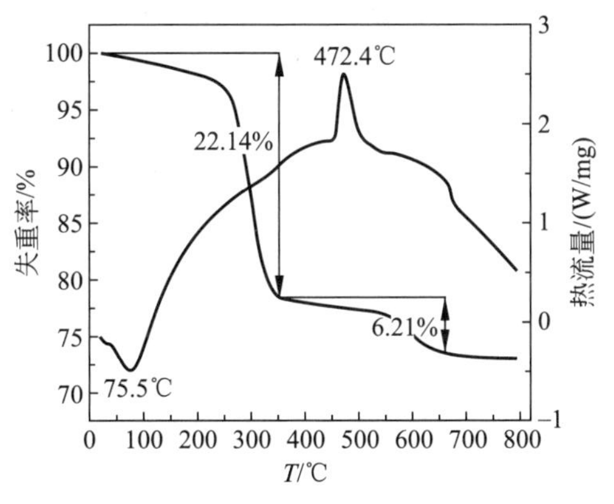


图 2-93　氢氧化锆前驱体的热分解过程

## 参考文献


[1]　谢志鹏. 结构陶瓷[M]. 北京: 清华大学出版社, 2010.

[2]　宋锡滨, 杨爱民, 张巧云, 等. 一种复合氧化锆粉体方法及其制备方法和用途[P]. CN110372397A, 2019-10-25.

[3]　藤崎浩之, 河村清隆. 透光性氧化锆烧结体和氧化锆粉末及其用途[P]. CN105829264A, 2016-08-03.

[4] 藤崎浩之. 用于黑色氧化锆烧结体的粉末与制造方法及其烧结体[P]. CN101172838，2008-05-07.
[5] 利剑，陈兰桂，蒋永洪，等. 氧化钇稳定的氧化锆粉体的制备方法[P]. CN105503181A，2016-04-20.
[6] 徐明霞，田玉明，赵今伟，等. 制备钇-掺杂纳米氧化锆粉体快速固液分离的共沉淀方法[P]. CN1837059，2006-09-27.
[7] 骆树立，一种制备氧化锆超细粉体的方法. 发明专利. 申请日：2004.10.25，申请号：200410064520.5
[8] 彭雨辰，蔡育妮，陈嘉敏，等. 沉淀-水解法制备 $ZrO_2$ 纳米微晶及其表征[J]. 广州化工，2011，39(12)：82-83.
[9] 胡泽华. 一种氧化锆复合物纳米晶体材料的制备方法[P]. CN1830810，2006-09-13.
[10] 黄岳祥，郭存济，谢贻芬. 不同工艺制备的水合氧化锆凝胶之特性[J]. 硅酸盐通报，1993(5)：32-37.
[11] 罗天勇，梁彤祥，李辰砂，等. 用双液相水解法制备二氧化锆纳米粉[P]. CN1482066，2004-03-17.
[12] 刘琪，张爱华. 一种氧化钪稳定氧化锆粉体及其制备方法[P]. CN101830505A，2010-09-15.
[13] 梁新杰，仇越秀，王洪友，等. 水热-水解法制备氧化锆粉体及其表征[J]. 材料导报，2015，29(2)：43-46.
[14] 刘琪，张爱华. 一种经氧化钇稳定的氧化锆纳米粉体的制备方法[P]. CN101891471A，2010-11-24.
[15] 赵多. 水热合成法制备氧化锆及分散性的研究[D]. 鞍山：辽宁科技大学，2014.
[16] 宋锡滨，杨爱民，焦英训，等. 一种低温烧结氧化锆陶瓷的方法[P]. CN108147814A，2018-06-12.
[17] 杨爱民，莫雪魁，宋锡滨. 白色氧化锆烧结体及其制备方法和应用[P]. CN106830929B，2019-12-20.
[18] 祝宝军，陶颖，张婷婷，等. 水热法合成纳米氧化锆团聚机理研究[J]. 稀有金属与硬质合金，2008(3)：1-5.
[19] 祝宝军，陶颖，蒋东，等. 水热合成纳米氧化锆工艺研究[J]. 硬质合金，2008(2)：91-94.
[20] 卢旭晨，徐廷献，李金有，等. $ZrO_2$ 粉料喷雾造粒颗粒的形貌、显微结构及其成型性能[J]. 硅酸盐学报，1997(3)：116-119.
[21] 蔡飞虎，冯国娟. 喷雾干燥技术基本原理与生产控制[J]. 佛山陶瓷，2010，20(1)：18-27.
[22] 章登宏，龚树萍，周东祥，等. 喷雾造粒因素对粉体颗粒形成的影响[J]. 中国陶瓷，2000(6)：7-9.
[23] 刘春红，李学伟，郑书航，等. 氧化锆喷雾造粒粉末的制备[J]. 中国粉体技术，2013，19(3)：55-57.
[24] 李金有，葛志平，蔡舒. 黏结剂对喷雾造粒 $ZrO_2(Y_2O_3)$粉末特性的影响[J]. 陶瓷学报，2003(1)：8-11.
[25] 倪占翔. 喷雾干燥法制备 ZTA 陶瓷粉末及 ZTA 陶瓷致密性研究[D]. 株洲：湖南工业大学，2016.
[26] 黄毅华，江东亮，张景贤，等. 凝胶冷冻干燥法制备透明氧化钇陶瓷[J]. 无机材料学报，2008(6)：1135-1140.
[27] 张浩，辛健，韩丹，等. 添加剂对喷雾冷冻干燥 $MgAl_2O_4$ 粉体性能的影响[J]. 硅酸盐通报，2019，38(12)：3849-3854.
[28] 魏勇，王合洋，魏颖娜，等. 非水解和水解溶胶-凝胶法合成 $MgAl_2O_4$ 粉体对比研究[J]. 人工晶体学报，2013，42(7)：1384-1389.
[29] 武小娟，李健寿，王明远，等. 镁铝尖晶石粉体的制备方法[J]. 兵器材料科学与工程，2015，38(3)：136-139.
[30] 张显，曾庆丰，郝富锁. 溶胶凝胶法制备纳米镁铝尖晶石纳米粉[J]. 硅酸盐通报，2009，(8)：130-133.
[31] 张芳，王士维，张昭，等. AlON 粉体制备及透明陶瓷的烧结[J]. 稀有金属材料与工程，2009，38(S2)：403-406.

[32]　卢帅，周有福，苏明毅，等. 透明 AlON 陶瓷的研究进展与展望[J]. 现代技术陶瓷，2017，38(2)：85-95.
[33]　余明清，范仕刚. (Ce,Y)-$ZrO_2$ 陶瓷的制备及性能研究[J]. 硅酸盐通报，2000，19(6)：6-10.
[34]　戴健，温廷琏，吕之奕. 醇盐水解法制备的纳米级稳定氧化锆细粉[J]. 无机材料学报，1993(1)：51-56.
[35]　李少波，何锐，李国安，等. 制备 $ZrO_2$ 陶瓷粉末的液相合成法[J]. 陶瓷科学与艺术，1999(1)：47-51.
[36]　吴音，刘蓉翾. 新型无机非金属材料制备与性能测试表征[M]. 北京：清华大学出版社，2016.
[37]　中国粉体网. 粉体课堂二氧化锆的相变及其制备[EB/OL]. http://www.cnpowder.com.cn/news/42443.html.
[38]　江西赛瓷材料有限公司官网[EB/OL]. http://www.sinozr.com.
[39]　广东东方锆业科技有限公司官网[EB/OL]. http://www.orientzr.com/cn.
[40]　东曹化工有限公司官网[EB/OL]. http://www.tosoh-guangzhou.com.
[41]　王秀峰，金志浩. 水热法制备陶瓷粉体的机理与应用[J]. 陶瓷，1996(2)：21-25.
[42]　施尔畏，栾怀顺. 水热法制备超细 $ZrO_2$ 粉体的物理-化学条件[J]. 人工晶体学报，1993(1)：79-86.
[43]　施尔畏，夏长泰. 水热法的应用与发展[J]. 无机材料学报，1996(2)：193-206.
[44]　苗鸿雁，董敏，丁常胜. 水热法制备纳米陶瓷粉体技术[J]. 中国陶瓷，2004，40(4)：25-28.
[45]　山东国瓷功能材料股份有限公司官网[EB/OL]. http://www.sinocera.cn.
[46]　广东华旺锆材料有限公司官网[EB/OL]. http://www.zirconium-oxide.com/cn.
[47]　中国粉体网. 球磨机[EB/OL]. http://www.cnpowder.com.cn/index.php.
[48]　中国粉体网. 搅拌磨[EB/OL]. http://www.cnpowder.com.cn/index.php.
[49]　中国粉体网. 砂磨机[EB/OL]. http://www.cnpowder.com.cn/index.php.
[50]　中国粉体网. 氧化锆粉体干燥方法[EB/OL]. http://www.sohu.com/a/211732846_675698.
[51]　上海大川原干燥设备有限公司[EB/OL]. http://www.ojn-sd.com/.
[52]　李文芳. 纳米四方相二氧化锆的水热合成[J]. 安徽大学学报(自然科学版)，2018，42(6)：93-100.
[53]　赵金虎，刘振英，檀文俊，等. 共沉淀法制备氧化铝-氧化锆复合粉体[J]. 中国非金属矿工业导刊，2015(3)：9-10.
[54]　田明原，施尔畏. 氧化铝-氧化锆复合陶瓷粉体的水热法制备及高温灼烧处理[J]. 硅酸盐学报，1998(6)：773-781.
[55]　李继光，孙旭东，张民，等. 碳酸铝铵热分解制备 $\alpha$-$Al_2O_3$ 超细粉[J]. 无机材料学报，1998，13(6)：803-807.
[56]　雷牧云，黄存新，闻芳，等. 透明尖晶石陶瓷的研究进展[J]. 人工晶体学报，2007，36(2)：319-322.
[57]　武小娟，王明远，张翼飞，等. $MgAl_2O_4$ 透明陶瓷粉体的研究进展[J]. 硅酸盐通报，2016，35(1)：137-140.
[58]　施剑林. 冯涛. 无机光学透明材料：透明陶瓷[M]. 上海：上海科学普及出版社，2008.
[59]　李祯，雷牧云，娄载亮，等. 非化学计量比镁铝尖晶石透明陶瓷的制备及性能[J]. 硅酸盐通报，2011，30(4)：891-894.
[60]　米歇尔 B. 获得金色金属外观的氧化锆基制品的方法[P]. 中国. 1179921C. 2004-12-15.
[61]　魏巍. AlON 透明陶瓷的制备与性能研究[D]. 武汉：武汉理工大学，2007.
[62]　付萍，许永，吕文中，等. $MgAl_2O_4$ 透明陶瓷微观组织和光学性能的研究[J]. 华中科技大学学报(自然科学版)，2013，41(10)：1-5.
[63]　刘志宏，赵立星，刘智勇，等. 钇稳定四方相氧化锆粉末的水热水解法制备[J]. 中国有色金属学报，2016，26(6)：1339-1349.

[64] 吴清良，王云英，梁以流．波长色散X射线荧光光谱法测试钇稳定二氧化锆[J]．陶瓷，2011(4)：45-47.

[65] 史玉芳，黄兆丽，肖红雁．纳米级$ZrO_2$($Y_2O_3$)粉体材料的X射线荧光光谱分析[J]．广西师范大学学报(自然科学版)，2003.

[66] 李剑，孙友宝，马晓玲，等．氢氟酸直接进样——电感耦合等离子体原子发射光谱法(ICP-AES)测定氧化锆中多种杂质元素[J]．中国无机分析化学，2013，3(S1)：31-32.

[67] 郑典模，温爱鹏，温圣达，等．正交法优化均匀沉淀法制备超细氧化锆粉体工艺[J]．硅酸盐通报，2015，34(4)：973-977.

[68] 阎松，吴维成，张静．水热法合成条件对氧化锆晶相影响的光谱研究[J]．石油化工高等学校学报，2012，25(5)：13-17.

[69] 黄红英，尹齐和．傅里叶变换衰减全反射红外光谱法(ATR-FTIR)的原理与应用进展[J]．中山大学研究生学刊(自然科学.医学版)，2011(1)：20-31.

[70] 仝建峰，周洋．凝胶固相反应法制备镁铝尖晶石微粉的研究[J]．航空材料学报，2000，20(3)：144-147.

[71] 吴义权，张玉峰．镁铝尖晶石超微粉的制备方法[J]．材料导报，2000，14(4)：41-43.

[72] 伊衍升，陈守刚，刘英才．氧化锆陶瓷的掺杂稳定及生长动力学[M].北京：化学工业出版社，2004.

[73] 唐勋海，顾华志，汪厚植，张文杰．氯氧化锆前驱体制备纳米氧化锆的机理探讨[J]．无机盐工业，2004.

[74] 顾幸勇，李霞，刘琪．水热法制备$ZrO_2$(3Y)纳米粉体中复合矿化剂的作用[J]．陶瓷学报，2005，26(4)：216-220.

[75] 高龙柱．纳米氧化锆制备及晶型控制的水热法研究[D]．南京：南京工业大学，2004.

[76] 邹兴.纳米粉制备过程中团聚现象的探讨[J].粉末冶金工业，2004，14(5)：24-27.

[77] 卓蓉晖．$ZrO_2$超细粉制备过程中粉体团聚的控制方法[J].江苏陶瓷，2002，35(3)：31-32.

[78] 胡英顺，尹秋响，侯宝红，等．结晶及沉淀过程中粒子聚结与团聚的研究进展[J]．化学工业与工程，2005，22(5)：371-375.

[79] 陈少贞，林小莲.湿法制备$ZrO_2$超细粉的团聚机理、表征及控制[J]．佛山陶瓷，1995，(4)：1-5.

[80] 酒金婷，葛钥，张涑戎，等．无团聚纳米氧化锆的制备及应用[J]．无机材料学报，2001，16(5)：867-871.

[81] 许珂敬．表面活性剂在制备$ZrO_2$微粉中的作用[J].材料研究学报，1994，(4)：434-436.

[82] 卢旭晨，袁启明，杨正方．氧化锆料浆性能对其喷雾造粒粉料性质的影响[J]．中国陶瓷，1997，33(5)：21-23.

[83] 周学永，高建保．喷雾干燥粘壁的原因与解决途径[J]．应用化工，2007，36(6)：599-602.

[84] 郭建波，杨晓龙．喷雾干燥塔粘壁原因的分析及探讨[J]．中国氯碱，2005(4)：23-24.

[85] 王晓兰，刘智刚．喷雾干燥粉料粒度分布的影响因素探讨[J]．佛山陶瓷，2001，11(7)：16-18.

[86] 卢旭晨，徐廷献，李金有等．$ZrO_2$粉料喷雾造粒颗粒的形貌[J]．硅酸盐学报，1997，25(3)：364-367.

[87] 徐有华，刘春富.浅析有机黏结剂对等静压喷雾粉料的影响[J]．陶瓷研究，2000，15(1)：14-16.

[88] 刘继富，吴厚政，谈家琪.冷冻干燥法制备MgO-$ZrO_2$[J]．硅酸盐学报，1996，24：105-108.

[89] 赵惠忠，葛山，张鑫.共沉淀-真空冷冻干燥法制备纳米$MgAl_2O_3$粉体[J]．耐火材料，2005，39：168-171.

[90] 蒋亚宝，聂祚仁，席晓丽，等．冷冻干燥技术在材料制备领域的应用研究进展[J]．真空科学与技术学报，2006，26(6)：469-474.

[91] 刘军，徐成海，窦新生．真空冷冻干燥法制备纳米氧化铝陶瓷粉的实验研究[J]．真空，2004，41(4)：80-83.

[92] 周志鹏，杨付，陈晶，等. 共沉淀-冻干法制备钇铝石榴石纳米粉体的研究[J]. 激光与光电子学进展，2011，48(10)：132-135.
[93] 张鑫，赵惠忠，马清，等. 真空冷冻干燥法制备纳米尖晶石[J]. 稀有金属材料与工程，2005，34(S1)：78-81.
[94] 黄政仁，江东亮，谭寿洪. 喷雾造粒 SiC 粉料在成型过程中的破碎行为[J]. 硅酸盐学报，2000，28(3)：204-209.
[95] 王秀峰，王永兰，金志浩. 水热法制备纳米陶瓷粉体[J]. 稀有金属材料与工程，1995，24(4)：1-6.
[96] 黄存新，彭载学，王雁鹏，等. 光学透明陶瓷铝酸镁($MgAl_2O_4$)的制备工艺和性能[J]. 人工晶体学报，1996，25(2)：108-112.
[97] 王跃忠，卢铁城，喻寅，等. 铝热还原法合成 AlON 粉体及其热力学分析[J]. 稀有金属材料与工程，2009，38 (S2)：48-51.
[98] 蒲季春，齐建起. 铝热还原氮化法一步烧结制备 AlON 陶瓷研究[J]. 四川大学学报，2015，52(5)：1101-1106.
[99] 田庭燕，杜洪兵，孙峰，等. 透明 AlON 陶瓷研究现状及应用[J]. 陶瓷，2008，(12)：20-23.
[100] 张芳，王士维，张昭，等. AlON 粉体制备及透明陶瓷的烧结[J]. 稀有金属材料与工程，2009，38(A02)：403-404.
[101] 刘学建，袁贤阳，张芳，等. 碳热还原氮化工艺制备 AlON 透明陶瓷[J]. 无机材料学报，2010，25(7)：678-682.
[102] 雷景轩，施鹰，谢建军，等. 碳源对 AlON 粉体合成及其透明陶瓷制备的影响[J]. 材料工程，2015，43(8)：37-42.
[103] 黄岳祥，郭存济，谢贻芬. 不同工艺制备的水合氧化锆凝胶之特性[J]. 硅酸盐学报，1993，21(5)：461.
[104] 王云燕. 水热法制备纳米二氧化锆及其形貌控制[D]. 南京：南京理工大学，2007.
[105] 张克从. 晶体生长科学与技术[M]. 北京：科学出版社，1997.
[106] 施尔畏，夏长泰，王步国，等. 水热法的应用与发展[J]. 无机材料学报，1996，11(2)：193-206.
[107] 邓淑华，温立哲，黄慧民，等. 水热法制备纳米二氧化锆粉体[J]. 稀有金属，2003，27(4)：486-490.
[108] 卢瑶，尹衍升，陈守刚. 水热法制备纳米氧化锆晶体[J]. 江苏陶瓷，2005，38(1)：13-15.
[109] 李汶军，施尔畏，等. 氧化物晶体的成核机理与晶粒粒度[J]. 无机材料学报，2000，15(5)：781-783.
[110] 郝顺利，王新，等. 纳米粉体制备过程中粒子的团聚及控制方法研究[J]. 人工晶体学报，2006，35(2)：43-345.
[111] 周晓东，古宏晨. 喷雾热分解法制备氧化锆纤维的过程研究[J]. 无机材料学报，1998，13(3)：401-406.
[112] 马亚鲁. 化学共沉淀法制备镁铝尖晶石粉末的研究[J]. 实验科学，1998，30(1)：3-4.
[113] 刘学建，李会力，王士维，等. 高温固相反应工艺制备 AlON 粉体[J]. 无机材料学报，2009，24(6)：1159-1162.
[114] Wang J A，Valenzuela M A，Salmones J，et al. Comparative study of nanocrystalline zirconia prepared by precipitation and sol-gel methods[J]. Catalysis Today，2001，68(1)：21-30.
[115] Chen Shougang，Yin，et al. Experimental and theoretical investigation on the correlation between aqueous precursors structure and crystalline phases of zirconia[J]. Journal of Molecular Structure，2004，690(1)：181-187.
[116] Wen T L，Hebert V，Vilminot S，et al. Preparation of nanosized yttria-stabilized zirconia powders and their characterization[J]. Journal of Materials Science，1991，26(14)：3787-3791.

[117] Uchiyama K, Ogihara T, Ikemoto T, et al. Preparation of monodispersed Y-doped $ZrO_2$ powders [J]. Journal of Materials Science, 1987, 22(12): 4343-4347.

[118] Dawson, W. J. Hydrothermal synthesis of advanced[electronic]ceramic powders[J]. American Ceramic Society Bulletin, 1988, 67(10): 1673-1678.

[119] Zeng Z, Wang J. Freeze granulation: powder processing for transparent alumina applications[J]. Journal of the European Ceramic Society, 2012, 32(11): 2899-2908.

[120] Etoh S, Arahori T, Mori K, et al. Machinable ceramic of blackish color used in probe guides comprises solid particles of boron nitride, zirconia and silicon nitride, sintering aid and coloring additive[P]. U. S. 2005130829-Al. 2004-09-17.

[121] Briod R. Black decorative zirconia-based article mfr. involves sintering moulded powder mixt. In air[P]. U. S.. 5711906-A. 1995-04-17.

[122] Ren F, Ishida S, Takeuchi N. Color and vanadium valency in V-doped $ZrO_2$ [J]. Journal of the American Ceramic Society, 1993, 76(7): 1825-1831.

[123] Fujisaki H, Hiroyuki F. Zirconia-containing powder for black zirconia sintered body, e. g. For ornamental articles such as watch bands, contains specified amount of cobalt-zinc-iron-aluminum or aluminum oxide containing pigment, aluminum oxide, and yttrium oxide[P]. Japan. 2007308338-A. 2006-05-18.

[124] Honeyman-Colvin P, Lange F F. Infiltration of porous alumina bodies with solution precursors: strengthening via compositional grading, grain size control, and transformation toughening[J]. Journal of the American Ceramic Society, 1996, 79(7): 1810-1814.

[125] Tu W C, Lange F F. Liquid Precursor Infiltration Processing of Powder Compacts: I, Kinetic Studies and Microstructure Development [M]. Guide to training opportunities for industrial development. UNIDO, 1995.

[126] Marple B R, Green D J. Mullite/alumina particulate composites by infiltration processing[J]. Journal of the American Ceramic Society, 1989, 72(11): 2043-2048.

[127] Marple B R, Green D J. Graded compositions and microstructures by infiltration processing[J]. Journal of Materials Science, 1993, 28(17): 4637-4643.

[128] Darby R J, Farnan I, Kumar R V. Method for making minor dopant additions to porous ceramics [J]. Advances in Applied Ceramics, 2009, 108(8): 506-508.

[129] Ho P W, Li Q F, Fuh J Y H. Evaluation of W-Cu metal matrix composites produced by powder injection molding and liquid infiltration [J]. Materials Science & Engineering: A (Structural Materials: Properties, Microstructure and Processing), 2008, 485(1-2): 657-663.

[130] Glass S J, Green D J. Mechanical properties of infiltrated alumina-Y-TZP composites[J]. Journal of the American Ceramic Society, 1996, 79(9): 2227-2236.

[131] Defriend K A, Barron A R. Surface repair of porous and damaged alumina bodies using carboxylate-alumoxane nanoparticles[J]. Journal of Materials Science, 2002, 37(14): 2909-2916.

[132] Lan W, Xiao P. Fabrication of yttria-stabilized-zirconia thick coatings via slurry process with pressure infiltration[J]. Journal of the European Ceramic Society, 2009, 29(3): 391-401.

[133] Yung-Jen Lin, Yi-Chi Chen. Cyclic infiltration of porous zirconia preforms with a liquid solution of mullite precursor[J]. Journal of the American Ceramic Society, 2001, 84(1): 8.

[134] Zhong W, Yu L, Li H. A synthesis method of black zirconia[P]. China. 1566021A. 2005-04-13.

[135] Messing G L, Kumagai M. Low-temperature sintering of seeded sol-gel-derived, $ZrO_2$-toughened $Al_2O_3$ composites[J]. Journal of the American Ceramic Society, 1989, 72(1): 40-44.

[136] Esposito L, Piancastelli A, Martelli S. Production and characterization of transparent $MgAl_2O_4$ prepared by hot pressing[J]. Journal of the European Ceramic Society, 2013, 33(4): 737-747.

[137] Prabhakaran K, Patil D S, Dayal R, et al. Synthesis of nanocrystalline magnesium aluminate ($MgAl_2O_4$) spinel powder by the urea-formaldehyde polymer gel combustion route[J]. Materials Research Bulletin, 2009, 44(3): 613-618.

[138] Abdi M S, Ebadzadeh T, Ghaffari A, et al. Synthesis of nano-sized spinel ($MgAl_2O_4$) from short mechanochemically activated chloride precursors and its sintering behavior[J]. Advanced Powder Technology, 2015, 26(1): 175-179.

[139] Liu W, Yang J L, Xu H, et al. Effects of chelation reactions between metal alkoxide and acetylacetone on the preparation of $MgAl_2O_4$ powders by sol-gel process[J]. Advanced Powder Technology, 2013, 24(1): 436-440.

[140] Ping F, Lu W, Wen L, et al. Transparent polycrystalline $MgAl_2O_4$ ceramic fabricated by spark plasma sintering: microwave dielectric and optical properties[J]. Ceramics International, 2013, 39(3): 2481-2487.

[141] Goldstein A, Goldenberg A, Yeshurun Y, et al. Transparent $MgAl_2O_4$ spinel from a powder prepared by flame spray pyrolysis[J]. Journal of the American Ceramic Society, 2008, 91(12): 4141-4144.

[142] Mosayebi Z, Rezaei M, Hadian N, et al. Low temperature synthesis of nanocrystalline magnesium aluminate with high surface area by surfactant assisted precipitation method: effect of preparation conditions[J]. Materials Research Bulletin, 2012, 47(9): 2154-2160.

[143] Fukuyama H, Nakao W, Susa M, et al. New synthetic method of forming aluminum oxynitride by plasma arc melting[J]. Journal of the American Ceramic Society, 2010, 82(6): 1381-1387.

[144] Hartnett A T M, Gentilman R L. Optical and mechanical properties of highly transparent spinel and ALON domes[C]//Technical Symposium, 1984.

[145] Cole J J, Cole J J, Caraco N F, et al. Carbon in catchments: connecting terrestrial carbon losses with aquatic metabolism[J]. Marine & Freshwater Research, 2001, 52(1): 101-110.

[146] Mccauley J W, Patel P, Chen M, et al. AlON: A brief history of its emergence and evolution[J]. Journal of the European Ceramic Society, 2009, 29(2): 223-236.

[147] Hongmin A O, Liu X, Zhang H, et al. Preparation of scandia stabilized zirconia powder using microwave-hydrothermal method[J]. Journal of Rare Earths, 2015, 33(7): 746-751.

[148] Kongwudthiti S, Praserthdam P, Silveston P, et al. Influence of synthesis conditions on the preparation of zirconia powder by the glycothermal method[J]. Ceramics International, 2003, 29(7): 807-814.

[149] Fan C L, Rahaman M N. Factors controlling the sintering of ceramic particulate composites: I, conventional processing[J]. Journal of the American Ceramic Society, 2010, 75(8): 2056-2065.

[150] Hertz A, Drobek M, Ruiz C, et al. Robust synthesis of yttria stabilized tetragonal zirconia powders (3Y-TZPs) using a semi-continuous process in supercritical $CO_2$ [J]. Chemical Engineering Journal, 2013, 228: 622-630.

[151] Gossard A, Grasland F, Goff X L, et al. Control of the nanocrystalline zirconia structure through a colloidal sol-gel process[J]. Solid State Sciences, 2016, 55: 21-28.

[152] Su J, Li Y, Fan B, et al. Eco-friendly synthesis of nanocrystalline zirconia with tunable pore size [J]. Materials Letters, 2016, 174: 146-149.

[153] Huang C, Tang Z, Zhang Z, et al. Study on a new, environmentally benign method and its feasibility of preparing nanometer zirconia powder[J]. Materials Research Bulletin, 2000, 35(9): 1503-1508.

[154] Gupta P K, Khan Z H, Solanki P R. Effect of nitrogen doping on structural and electrochemical properties of zirconia nanoparticles[J]. Advanced Science Letters, 2018, 24(2): 867-872.

[155] Ahemen I, Dejene F B, Botha R. Strong green-light emitting $Tb^{3+}$ doped tetragonal $ZrO_2$ nanophosphors stabilized by $Ba^{2+}$ ions[J]. Journal of Luminescence, 2018, 201: 303-313.

[156] Tani E, Yoshimura M. Formation of ultrafine tetragonal $ZrO_2$ power under hydrothermal conditions[J]. J. Am. Ceram. Soc, 1983, 66 (1): 11-14.

[157] Dell Agli G, Esposito S, Mascolo G, Mascolo M C, Pagliuca C. Films by slurry coating of nanometric YSZ (8mol% $Y_2O_3$) powders synthesized by low-temperature hydrothermal treatment [J]. Journal of the European Ceramic Society 25 (2005) 2017-2021.

[158] Brain J, Briscoe N O. Compaction behavior of agglomeration alumina powders[J]. Powder Tech, 1997, 90: 195-123.

[159] Stanleg J. Lukaiewicz. Spray-drying ceramic powder[J]. J. Am. Ceram. Soc, 1989, 72(4): 617-624.

[160] Bala P C, Raghupathy, Jon G P. Spray granulation of nanometric zirconia particles[J]. Journal of the American Ceramic Society, 2011, 94(1): 42-48.

[161] Su M, Zhou Y, Wang K, et al. Highly transparent AlON sintered from powder synthesized by direct nitridation[J]. Journal of the European Ceramic Society, 2015, 35 (4): 1173-1178.

[162] Qi J, Wang Y, Xie X. Effects of $Al_2O_3$ phase composition on AlON powder synthesis via aluminothermic reduction and nitridation[J]. International Journal of Materials Research, 2014, (4): 409-412.

[163] Gonzalo-Juan I, Ferrari B, Colomer M T. Influence of the urea content on the YSZ hydrothermal synthesis under diluteconditions and its role as dispersant agent in the post-reaction medium[J]. J Eur Ceram Soc, 2009, 29(15): 3185.

[164] Huang Yuexiang, Guo Cunji, Xie Yifen. Characteristics of hydrous zirconia gel prepared by different process[J]. BullChinese Ceram Soc, 1993, 21(5): 461(in Chinese).

[165] Pitieescu R R, Moniy C, Taloi D. Hydrothermal synthesis of zirconia nanomaterials[J]. J Euro. Ceram. Soc, 2001, 21: 2057-2060.

[166] Richard E Riman, Wojciech L Suchanek, Malgorzata M. Lencka. Hydrothermal crystallization of ceramics[J]. Ann. Chim. Sci. Mat. 2002, 27(6): 15-36.

[167] Eiji T, Masaltiro Y, Shigeyuki S. Formation of ultrafine tetragonal $ZrO_2$ powder under hydrothermal conditions[J]. J. AmCeramsoe 1982, 66(1): 11.

[168] Yoshimura M, Somiya S. Hydrothermal synthesis of crystallized nano-particles of rare earth-doped zirconia and hafria[J]. Mat Chem And Physics. 1999, 61: 1-8.

[169] Anna Wajler, Henryk Tomaszewski, Helena Weglarz, et al. Study of magnesium aluminate spinel formation from carbon-ate precursors[J]. Journal of the European Ceramic Society, 2008, 28: 2495-2500.

[170] Li Jiguang, Takayasu Ikegami, Lee Jong-Heun, et al. A wet-chemical process yielding reactive magnesium aluminate spi-nel($MgAl_2O_4$)powder[J]. Ceramics International, 2001, 27: 481-489.

[171] Niederberger M, Garnweitner G, Niederberge M. Organic reaction pathways in the nonaqueous synthesis of metal oxide nanoparticles [J]. Chemistry-A European Journal, 2006, 12 (28): 7282-7302.

[172] CorriuR J P, Leclercq D, Mutin P H, et al. Preparation of monolithic binary oxide gels by a nonhydrolytic sol-gel process[J]. Chemistry of Materials, 1992, 4(5): 961-963.

[173] Adak A K, Saha S K, Pramanik P J. Synthesis and character-ization of $MgAl_2O_4$ spinel by PVA evaporation technique[J]. Mater Sci Lett, 1997, 16(3): 234-235.

[174] Marakkar Kutty P V, Subrata Dasgupta. Low temperature syn-thesis of nanocrystalline magnesium aluminate spinel by asoft chemical method[J]. Ceramics International, 2013, 39: 7891-7894.

[175] Robert Ianos, Radu Lazau. Combustion synthesis, character-ization and sintering behaviour of magnesium aluminate ($MgAl_2O_4$) powders[J]. Materials Chemistry and Physics, 2009, 115: 645-648.

[176] Ali Saberi, Farhad Golestani-Fard, Hosein Sarpoolaky, et al. Chemical synthesis of nanocrystalline magnesium aluminatespinel via nitrate-citrate combustion route [J]. Journal of Al-loys and Compounds, 2008, 462: 142-146.

[177] Prabhakaran K, Patil D S, Dayal R, et al. Synthesis of nano-crystalline magnesium aluminate ($MgAl_2O_4$) spinel powder bythe urea-formaldehyde polymer gel combustion route[J]. Ma-terials Research Bulletin, 2009, 44: 613-618.

[178] Mackenzie K J D, Temuujin J, Jadambaa T S, et al. Mechano-chemical synthesis and sintering behaviour of magnesium alu-minate spinel[J]. Journal of Materials Science, 2000, 35: 5529-5535.

# 第3章　陶瓷外观件的成型工艺

## 3.1　概述

智能终端陶瓷外观件的成型工艺主要包括以下几种：(1)干压、冷等静压成型；(2)注射成型；(3)流延成型；(4)凝胶注模成型。上述各种成型方法都有各自特点。

干压成型效率高，自动化程度高，产品尺寸精度高，特别适合批量化生产；冷等静压成型坯体更致密均匀，而且强度高，可素坯加工；手机陶瓷背板的素坯即可采用干压成型，或者先干压成型然后再进行冷等静压成型，即干压＋冷等静压组合成型方法，从而可获得形状和尺寸精确，致密度和强度高的陶瓷素坯，这种组合成型工艺已成为手机陶瓷背板的一种主要成型方法。

注射成型的特点在于可成型各种复杂形状的3D陶瓷外观件，并且自动化程度高，效率高，便于量产，特别适合智能穿戴产品的陶瓷外观件，如智能手表的表圈、表盖、表链等，还有智能手环或智能佩戴产品中的陶瓷件。目前，苹果手表，华为和小米智能手表的陶瓷外观件大都是采用注射成型。此外，注射成型也可用于3D陶瓷背板的成型。早期西门子手机陶瓷背板就已开始应用注射工艺制备。

流延成型适合薄片坯带和2D手机陶瓷背板制备，例如手机上的指纹识别片(大约0.08mm)。此外，若将双层或多层流延片叠在一起，再放入2.5D或3D模具内进行温等静压成型，也可获得2.5D和3D陶瓷背板素坯，例如小米5手机的2.5D陶瓷背板就是采用这种方法制备的。

凝胶注模成型适合2D和3D陶瓷外观件的成型，且成型坯体的强度高，可以进行精密加工。2014年华为推出的P7典藏版智能手机，其后盖则采用了凝胶注模成型制备的2D黑色氧化锆陶瓷背板。但由于凝胶注模成型工艺目前大多为手工操作，其稳定性、一致性还不够理想，效率也较低，其竞争优势并不明显。

通过近10年的发展，国内已有一批企业可进行智能手机陶瓷背板、智能手表、手环等产品用陶瓷外观件的成型制备，大型企业有潮州三环、蓝思科技、佰恩光学、顺络电子、比亚迪；中小企业包括深圳丁鼎、广东夏阳、深圳宏通、北京赛乐米克等。目前，国内外智能终端陶瓷外观件大都来自上述几家大企业，图3-1为潮州三环公司制备的智能陶瓷手表和手机背板等外观件。

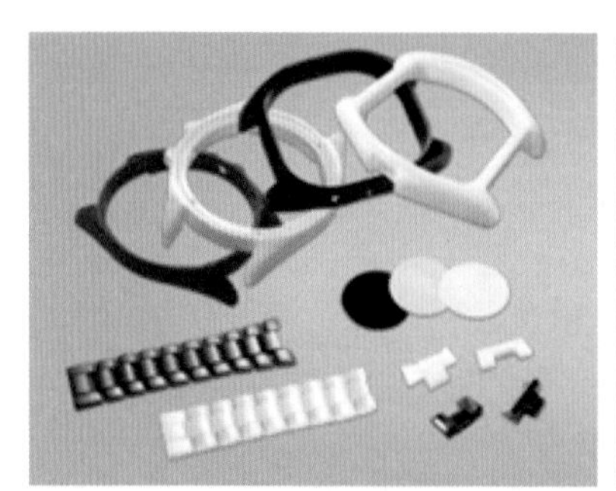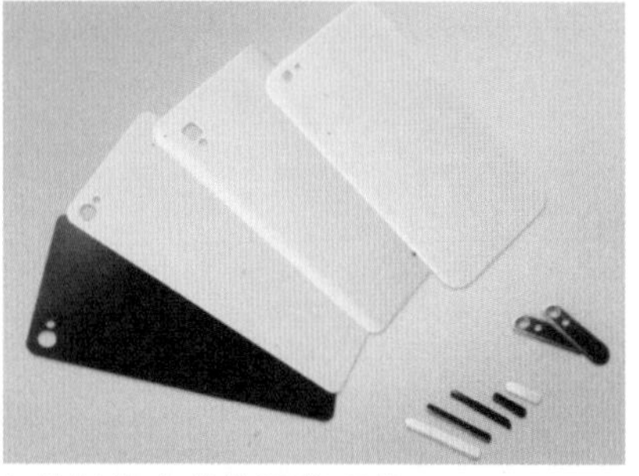

图3-1　潮州三环公司制备的智能穿戴陶瓷外观件

# 3.2　干压与等静压成型

## 3.2.1　简述

### 3.2.1.1　干压成型

干压成型又称模压成型，是最常用的成型方法之一。干压成型是将经过造粒、流动性好的颗粒粉料，装入金属模腔内，通过压头施加压力，压头在模腔内位移，传递压力，使模腔内粉体颗粒重排变形而被压实，形成具有一定强度和形状的陶瓷素坯。依据粉料中水分含量的不同，又分干压法、半干压法。依据压头和模腔运动方式不同，干压成型可分为以下几种：

(1) 单向加压：即模腔和下压头固定，上压头移动单向加压。此时，外摩擦使压坯上端密度较下端高，且压坯直径越小，高度越大，则密度差也越大。故单向压制一般适用于高径比 $H/D \leqslant 1$ 的陶瓷制品。

(2) 双向加压：模腔固定，上压头和下压头从两端同时加压，又称同时双向压制。若先单向加压，然后再在密度较低端进行一次反向单向压制，则称为非同时双向压制，又称后压。这种方式可以在单向加压的压力机上实现双向压制。双向压制时，若两向压力相等则低密度层位于压坯中部；反之，低密度层向低压端移动。双向压制的压坯密度分布较单向压制的均匀，密度差减小，适用于 $H/D \leqslant 2$ 的陶瓷部件。

(3) 浮动压制：下压头固定不动，模腔（阴模）由弹簧、汽缸或油缸支撑可上下浮动；压制时对上压头加压，随着粉末被压缩，阴模壁与粉末间的摩擦逐渐增大；当摩擦力大于弹簧等的支承力（浮动力）时，阴模与上压头一同下降，相当于下压头上升反向压制而起双向压制的作用。浮动压制中除阴模浮动外，芯杆也可浮动，这时的密度分布同双向压制。若阴模浮动，芯杆不动，则压坯靠近阴模处近似双向压制，中部密度最低；压坯靠近芯杆处类似上模冲下移的单向压制，最下端密度最低。浮动压制适用于 $H/D=2$ 的零件。

对于沿压制方向横截面有变化的压坯，如带台阶、具有斜面或曲面等的压坯，需要采用组合压头才能得到密度均匀的压坯。新发展的多动作压制法和多动作浮动阴模引下压制法都设计有两个以上可动的上、下模冲或芯杆，它们都可按要求分别动作，以保证压坯各部位的压缩比相等，可以压制多台阶零件，如 5G 陶瓷滤波器和新能源汽车继电器等带有台阶的产品。

在上述压制过程中，由于粉料和模壁的摩擦，将使压应力不能均匀地作用于粉体上，即成型压力的一部分传递至模壁；此外，压制过程中颗粒移动与颗粒重排在颗粒之间也会产生摩擦，阻碍压力的传递。上述两类摩擦都将产生压力的损失，从而导致坯体内的应力梯度和密度梯度。对于单向加压，离加压面越远的坯体部分受到压力越小，密度越低，如图 3-2(a)所示；而对于双向加压，有利于减小这种密度差，如图 3-2(b)所示。

干压成型中压头和模腔之间的间隙大约在 10～25μm，对于稍大的颗粒物料，允许间隙可以到 50μm。模腔内壁一般设置一定的锥度（＜10μm/cm），以便于脱模。干压成型中的成型压力在 20～100MPa 范围内，结构陶瓷所用的成型压力一般高于黏土基陶瓷的成型压力，工业生产中干压成型坯体的质量公差低于±1%，厚度方向公差小于±0.02mm。干压成型中由于不同高度处粉料压应力不同导致成型素坯密度的不同，因此干压成型制品的高

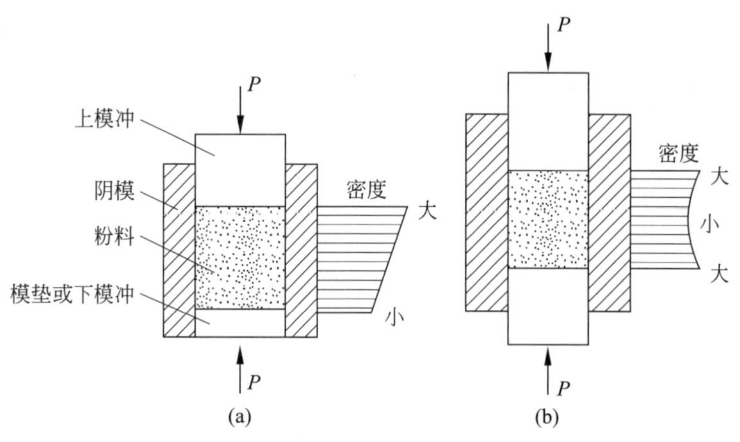


图 3-2　单向和双向加压形成的压坯密度沿高度的分布
(a) 单向加压；(b) 双向加压

度与直径的比值一般为 0.5～1.0，对于单向加压长径比一般不大于 0.5，对于双向加压长径比一般不大于 1。此外，干压成型中粉料的含水量一般小于 2%(质量分数)。

### 3.2.1.2　等静压成型

等静压成型是在传统干压成型基础上发展起来的特种成型方法，它利用流体传递压力，从各个方向均匀地向弹性模具内的粉体施加压力。由于流体内部压力的一致性，粉体在各个方向承受的压力都一样大，因此能避免坯体内密度的差别。等静压技术按其成型和固结时温度的高低，一般分为三种：冷等静压(CIP)、温等静压(WIP)和热等静压(HIP)。由于等静压时温度的差别，因此三种等静压技术分别采用了相应的设备、压力介质和包套模具材料，其特点如表 3-1 所示。

**表 3-1　等静压工艺分类及特点**

| 等静压技术 | 设备 | 压制温度 | 压力介质 | 包套材料 |
|---|---|---|---|---|
| 冷等静压 | 冷等静压机 | 室温 | 水或油 | 橡胶、塑料 |
| 温等静压 | 温等静压机 | 80～120℃ | 水或油 | 橡胶、塑料 |
| 热等静压 | 热等静压机 | 1000～2000℃ | 惰性气体 | 金属或高温玻璃 |

(1) 湿袋式等静压成型

通常所说的等静压成型就是指冷等静压成型，有湿袋式和干袋式等静压之分。湿袋式等静压技术是将预先成型的坯体或粉体装入可变形的橡胶包套内，再放入压力容器液体介质内，然后通过液体对橡胶包套施加各向均匀的压力，当压制过程结束时，再将装有坯体的湿袋橡胶包套从容器内取出，湿袋式等静压可以成型形状较为复杂的制品，图 3-3(a)为湿式等静压成型原理。这种技术优点是成本相对较低，成型不同形状制品的灵活性大，且压力可达 300MPa；在实验室和一定规模生产中均可采用该技术，由于坯体密度均匀，制品长径比可不受限制，特别有利于生产棒状、管状细而长的产品，且可成型中等复杂程度的部件，其缺点是只能间歇式操作，每次都要进行装袋、卸袋等操作，工序较多，操作费时，效率低，压制时间较长，在一定时间内成型制品的数量有限；泄压后，料带直接从工作缸中取(捞)出，工件

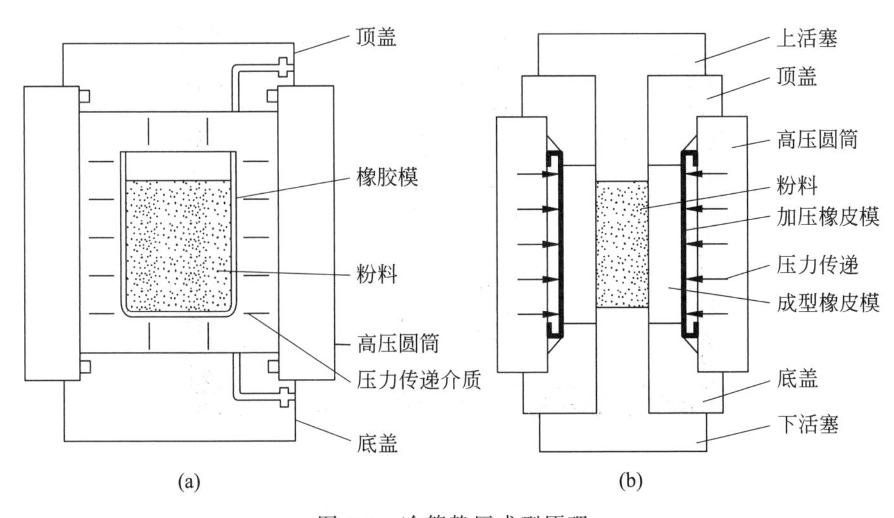


图3-3　冷等静压成型原理

(a) 湿袋式等静压；(b) 干袋式等静压

易被介质污染。

(2) 干袋式等静压成型技术

干袋式等静压成型技术是将陶瓷粉末批量地填入柔性预成型模具内，再送入液压缸体内，然后施以等静压。由于干袋式成型模具被固定在设备中，在压制完成后，成型制品被自动顶出，然后重复装料和压制这一循环，因此自动化程度和生产效率较高，图3-3(b)为干袋式等静压成型原理。"干袋"式成型周期短，模具使用寿命长，特别便于进行大规模连续化工业生产，所用模具材料有聚氨酯合成橡胶或硅橡胶，相对于湿袋式等静压成型，干袋式等静压压力较低，一般在150MPa以下。大家最熟悉的陶瓷火花塞目前就是用干袋式等静压成型，压制时间通常只有1～2s。

#### 3.2.1.3　干压+冷等静压组合成型

干压+冷等静压组合成型工艺，就是在干压成型的基础上，对素坯再进行冷等静压处理，目的是提高成型坯体的密度和强度及均匀性。该工艺是目前制备性能优异陶瓷坯体最有效的方法之一，近几年已在智能陶瓷终端领域(如手机陶瓷背板)得到了广泛的应用。

干压+冷等静压组合成型具有以下优点：(1)压坯的密度均匀一致。在干压成型中，无论是单向还是双向压制，由于粉料与钢模之间的摩擦阻力而会出现压坯密度分布不均现象，这种密度的变化在压制复杂形状制品时，往往可达到10%以上；但等静压流体介质传递压力，在各方向上相等，包套与粉料受压缩大体一致，粉料与包套无相对运动，它们之间的摩擦阻力很小，压力只有轻微的下降，这种密度下降梯度一般只有1%以下。因此，可以认为等静压制的坯体密度是均匀的；(2)坯体密度高，比单向和双向模压成型的坯体密度高，烧结收缩小，因而不易变形；(3)冷等静压成型的坯体强度高，可以直接进行各种机械加工；(4)坯体内应力小，减少了坯体开裂、分层等缺陷；(5)可以少用或不用黏结剂，既减少了对制品的污染，又简化了制坯工序；(6)可实现坯体近净尺寸成型，减少加工费用和原材料浪费。图3-4为干压+冷等静压成型的陶瓷手机背板。值得注意的是，干压成型时压力通常不用

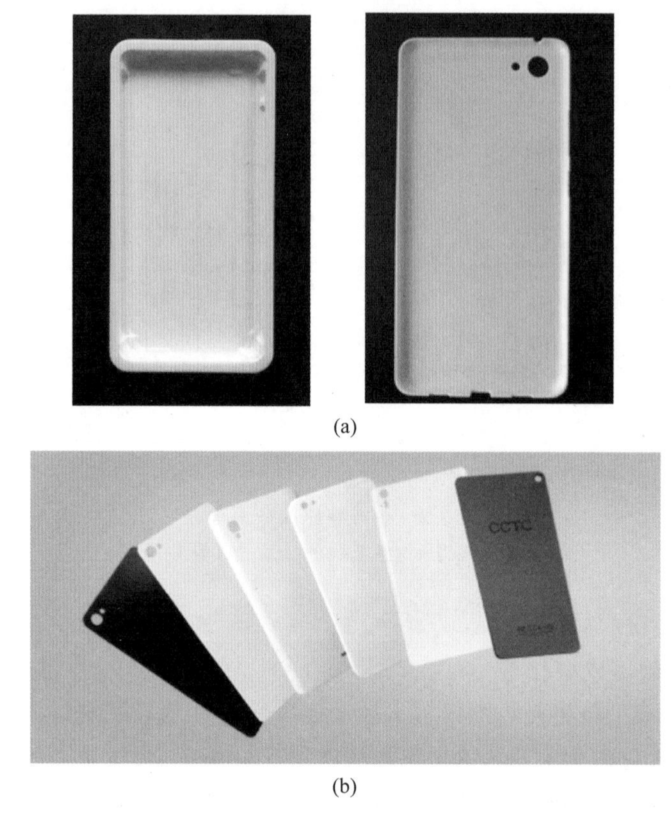


图 3-4　干压+冷等静压成型与烧结后手机陶瓷背板

(a) 干压+冷等静压成型的手机陶瓷背板；(b) 烧结加工后手机陶瓷背板

太大，一般小于 50MPa；然后采用冷等静压时，压力可以增大至 150～200MPa，这样更有利于致密度和均匀性提高。

干压+等静压组合成型工艺分为两步：第一步是氧化锆等陶瓷粉末的干压预成型，第二步是对预成型的样品进行冷等静压处理。其中干压预成型主要工艺流程包括：粉体造粒、粉末充模与压实、成型坯体的脱模及移出；冷等静压成型主要工艺流程包括：包套真空密封、包套外表清洗、模具装入高压缸内、压制、取出包套模、脱模、坯件检验等，如图 3-5 所示。

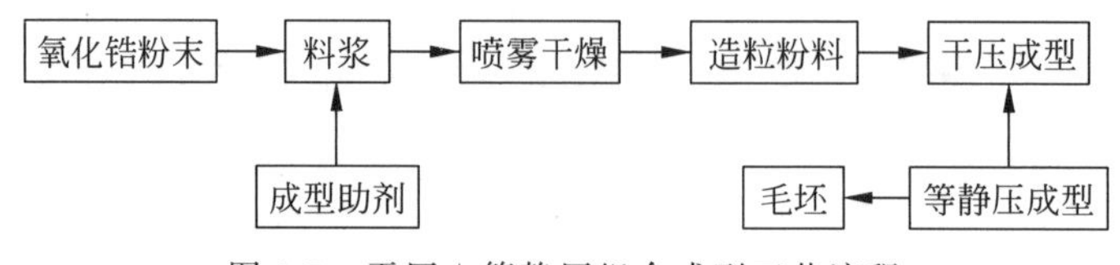


图 3-5　干压+等静压组合成型工艺流程

## 3.2.2　压制成型过程及造粒粉料

### 3.2.2.1　成型用造粒粉料

如前所述，为达到成型坯体较高的密度和较均匀的内部结构要求，粉料在充模过程中具有良好的流动性是非常重要的，亚微米或微米级陶瓷原粉的流动性差，通常需要经过造粒来提高其流动性。工业上批量化生产都采用喷雾干燥法造粒，对于实验室的小批量实验用料，也可采用手工造粒，即粉料与黏结剂溶液混合后充分研磨，使之混合均匀，再过筛；但手工造粒不仅费工费时，而且造粒质量波动性大，因此较少采用，对于干压成型和冷等静压成型粉料基本上都采用喷雾造粒。

由于造粒粉料颗粒球性质对流动充模和压缩成型性能有显著影响，因此必须在造粒过程中对其进行控制，主要包括：(1)颗粒尺寸及形状，造粒尺寸通常为 20～100$\mu$m，形状接近球形的颗粒通常具有较好的流动性，如图 3-6 所示；(2)适当的颗粒压缩强度和弹性模量；(3)颗粒堆积密度，具有高的堆积密度的颗粒具有良好的充模和压缩性能；(4)粉体颗粒间的摩擦力和颗粒表面与模壁的摩擦力，低的摩擦力有助于提高粉体颗粒堆积密度和堆积均匀性；(5)造粒球内部避免空心结构。

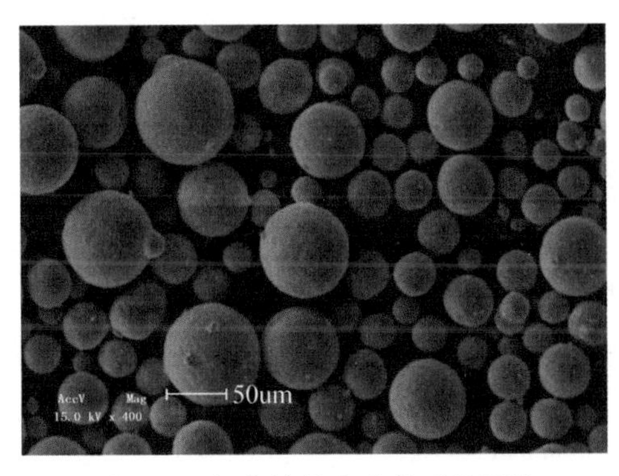


图 3-6　氧化锆粉末造粒后的颗粒

为了获得良好的造粒粉料，用于喷雾干燥的陶瓷浆料中需加入各种添加剂，主要包括：黏结剂，增塑剂，分散剂，润滑剂，表面活性剂等。黏结剂的作用是增加坯体强度，主要有聚乙烯醇，聚乙二醇，微晶石蜡乳液；增塑剂作用主要是提高体系的可塑性并降低黏结剂对水分的敏感性，水分通常也起到增塑剂的作用，但造粒粉料的水分应严格控制；也可在造粒过程中或者另外加入润滑剂，润滑剂可增加颗粒之间的滑动，减小颗粒之间及颗粒与模腔之间的摩擦力，有利于脱模和提高坯体密度的均匀性；压制成型的坯体不能粘模，并且须有足够的强度保证顺利脱模和后续操作，黏结剂用量应在能够顺利成型的条件下尽量减少，以降低成本和减少烧结过程中黏结剂分解气体的产生。

粉料良好的流动性是顺利充模、快速压制和密度均匀的保证，粉料流动性的评价方法是测定一定体积或质量的粉料通过标准漏斗的时间，或者从粉体在一个平板上的安息角推算。粉体流动速度和安息角之间有良好的相关性，一般来说，安息角越小，流动性越好。表面圆滑(表面无凹陷)，密实(没有空心)，粒径大于 40$\mu$m 的造粒粉料具有良好的流动性，有利于压制成型。另外，过细的粉料会进入压头和模壁间隙从而增加摩擦，阻碍气体排出；而粒径过大的颗粒一般表面粗糙，在充模时这些大颗粒之间会产生架桥效应阻碍粉料流动，影响坯体密度的均匀性，但这些粗颗粒可以通过过筛除去。通常造粒粉料颗粒的粒径应在 30～100$\mu$m，对于含有水溶性黏结剂体系的造粒粉料，储存环境的湿度对粉料的流动性影响很大，应加以控制。

高的粉料填充密度可以降低压制成型中的缺陷并减少粉料中的气体量和压头的移动距离，充分填充到模具中的高密度粉料有利于提高填充密度。阻止粉料流动的因素同样会影响粉体密实化，将导致坯体密度的不均匀，通过机械振动可以促进颗粒重排使其堆积更加密实。

典型的造粒粉料的填充密度一般在30%～40%，如表3-2所示。喷雾干燥制得的粉料的粒径分布服从正态分布，填充密度由颗粒密度和填充行为决定；如果造粒粉料中颗粒密度低或者颗粒包含气孔、颗粒形状为非球形或者颗粒表面粗糙，则填充密度相对较低，成型压力损失与密度分布也会受到影响。

**表3-2 几种陶瓷造粒粉料特性与填充密度**

| | 粒径[a]/μm | 有机物/% | 造粒粒度[b]/μm | 造粒相对密度/% | 填充相对密度/% |
|---|---|---|---|---|---|
| 氧化铝基片 | 0.7 | 3.6 | 92 | 54 | 32 |
| 氧化铝火花塞 | 2.0 | 13.3 | 186 | 55 | 34 |
| 氧化锆传感器 | 1.0 | 10.5 | 75 | 55 | 37 |
| 碳化硅 | 0.3 | 20.4 | 174 | 45 | 29 |

注：a. 体积平均值；b. 体积几何平均值(50%)；有机物含量为体积分数。

由于粉料在压制成坯体过程中伴随弹性压缩，储存在坯体中的弹性应变能在脱模时会导致坯体膨胀，使坯体尺寸增加，这种现象叫作弹性回复。少量的弹性回复有助于将坯体与压头分离，但过多的弹性回复会导致坯体中产生缺陷。通常情况下，坯体中弹性回复应该在0.75%以内。

高的成型压力和有机添加剂含量都会产生大的弹性回复，通过增加黏结剂系统塑性的成分，可以减小弹性回复。脱模力主要取决于以下因素：模具锥度、模具表面状态、压坯弹性应力、模腔表面润滑剂和脱模速率。有锥度的模具和表面光洁的模具可以采用较小的脱模力。塑性黏结剂的润滑作用可以降低脱模力80%～90%，表面润滑剂可以更大幅度降低脱模力，而且润滑剂可以减小脱模过程中模具磨损和被卡压的趋势。

#### 3.2.2.2 粉料干压成型过程及控制

在干压成型过程中，压头移动将压力施加在模腔中的粉料上，使其压实，同时伴随着颗粒堆积的形状和组织结构发生变化。通常在压制的初始阶段致密化速率很高，初始阶段的压力通过颗粒间的接触，使包覆有黏结剂的颗粒滑动和重排，当进一步加压时颗粒变形将增加相互间的接触面，减小颗粒间的气孔，气体在加压过程中通过颗粒间迁移，最终通过模具间的缝隙排出。当成型压力为50MPa以上时，致密化速率相对较低。通常工程陶瓷的成型压力低于100MPa。下面就压实过程中的压制比及压实过程的三个阶段进行讨论。

(1) 压制比

压制坯体的压制比($CR$)的表达式为：

$$CR = V_{\text{fill}}/V_{\text{pressed}} = D_{\text{pressed}}/D_{\text{fill}} \tag{3-1}$$

式中，$V_{\text{fill}}$ 为粉料填充的体积，$V_{\text{pressed}}$ 为压实后体积，$D_{\text{pressed}}$ 为压实的密度，$D_{\text{fill}}$ 为填充密度。对于陶瓷干压成型，较低的压制比可以减小压头的移动距离和减少坯体内的压缩气体，通常希望 $CR<2.0$，陶瓷压制粉料中包含塑性粒料和脆性颗粒，高的填充密度可以保障低的压制比。

(2) 压实过程的三个阶段

由压实相对密度-压力曲线可以获得很多和粉料压实相关的重要信息，可将压制过程分为三个阶段(见图 3-7)，粉体颗粒在加压过程中形貌的变化见图 3-8。

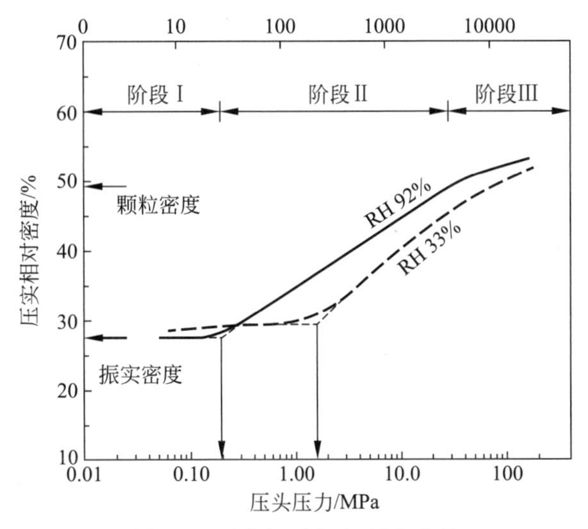


图 3-7　压实相对密度-压力曲线

第一阶段，主要是颗粒的滑动和重排。

无论是一般的粉体或造粒后的粉体，在填充于模具中的最初结构中都含有和颗粒尺寸差不多大或稍小一点的空隙，在第一阶段，由于压力的作用颗粒发生滑移和重排，可减少这些空隙，使密度略有提高，见图 3-8(a)。

第二阶段，颗粒接触点部位发生变形和破裂。

当压力超过粉料表观屈服应力 $P_r$ 时，颗粒发生变形使颗粒间空隙减小，见图 3-8(b)。随着颗粒变形，坯体体积和最大空隙尺寸减小，见图 3-7(阶段Ⅱ)；塑性低的致密粉料相应的屈服应力大，达到相同的致密度需要更高的成型压力。$P_r$ 与相应的黏结剂和粉料参数间的关系如下：

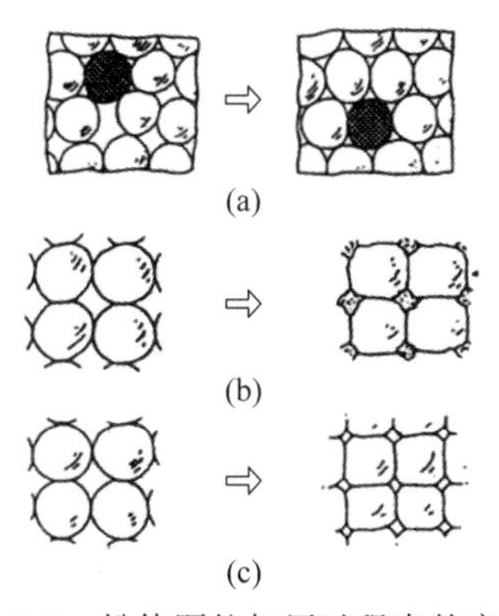


图 3-8　粉体颗粒加压过程中的变化
(a) 重排，大空隙的填充；(b) 破裂；
(c) 塑性流动，小空隙的填充

$$P_r = R\left(\frac{PF}{1-PF}\right)\left(\frac{V_b}{V_p}\right)S_o$$

式中 $R$ 为常数；$PF$ 为颗粒堆积系数；$V_b$ 为黏结剂的体积；$V_p$ 为颗粒体积；$S_o$ 为黏结剂的强度。

压制成型中主要的致密化过程发生在第二阶段，而颗粒的变形和部分粉料发生破碎是致密化的主要机制，在这一阶段，压实密度表示如下：

$$D_{compact} = D_{fill} + m\lg\left(\frac{P_a}{P_r}\right)$$

式中 $D_{compact}$ 为压力 $P_a$ 时的压实密度，$m$ 为与粉料的变形及致密化性能相关的一个常数。

对于高密度粉料，可以在相对低斜率 $m$ 下获得高的压实密度；但是对于低密度的粉料，

其 $m$ 值在 7%～10%，应该尽量排出颗粒间的气体。对于某一种粉料，存在一个最佳的粉料密度、填充密度和 $m$ 值来平衡压制比并确保大气孔的排出。

第三阶段，坯体进一步密实与弹性压缩。

这一阶段起始于更高的成型压力，坯体密度会有稍许提高，但不会像第二阶段提高幅度那么大，见图 3-8(c)。此阶段，会发生一定程度的弹性压缩，这种弹性压缩若过大，对坯体从模具中的脱模可能带来缺陷。

#### 3.2.2.3 冷等静压成型过程与调控

(1) 包套的密封与除气：在干压预成型坯体或造粒粉料放入橡胶模具内真空除气后，对橡胶装料口进行密封，可采用黏结剂密封，也可不用黏结剂，外部用捆扎方式密封。捆扎最好用弹性带，这样在端塞的压缩变形过程中仍具有密封作用而不致脱落。为提高坯体质量，对于尺寸较大的制品，可在包套密封前在粉末与端塞间放置起过滤作用的海绵垫或过滤纸，以防粉末在抽气时带走。

(2) 等静压加压操作：将清洗干净的包套模放进高压缸内，装上缸盖，开始加压操作。加压操作包括升压、保压、泄压三个步骤。最佳成型压力主要由粉料性能和压力机的最高工作压力来确定。压坯性能通常用坯体的密度和强度来衡量；不同的材料，所需成型压力也不同，一般需通过实践或经验来选定。对于 95%氧化铝料或氧化锆粉料，等静压压力通常为 180～200MPa。保压时间是根据坯件截面积大小来确定的，一般为 0～5min。对于压制壁厚、尺寸大的坯件，保压可以增加颗粒的塑性变形，从而可提高坯件密度，一般可提高 2%～3%，同时使坯体内外密度均匀一致。泄压速度是一个十分重要的工艺参数，如果泄压速度控制不当，就可能由于压坯的弹性释放、塑胶包套的弹性回复、坯件中的气体膨胀等原因而导致坯体开裂。在具体的加压操作过程中，升压、保压、泄压工艺应根据粉末特性、产品形状和尺寸、装料振实密度、包套壁的厚薄等因素来决定。

(3) 脱模：经过冷等静压成型后的坯件，塑胶包套回弹与坯体分离，刚性芯模由于坯体的弹性后效作用，坯件与芯模形成 0.2～0.3mm 的间隙，在正常情况下可顺利脱模。在脱模的操作过程中应细心，做到轻拿轻放，防止碰撞和损坏。

(4) 坯件尺寸和性能检测：坯件的形状尺寸是否符合要求、坯体切削余量的大小，取决于模具的结构设计、压坯粉料的性质、模具的表面光洁度、粉末在模腔中充填均匀性、成型压力、升压速度、包套的质量、压坯截面尺寸和压缩比等。在冷等静压成型中，要保持这些因素的恒定有一定难度。因此，为了保证制品的形状尺寸，在一般情况下都留有一定的加工余量；被冷等静压成型后的坯件强度高，通常可以进行各种机加工。对于生坯强度不够高的成型坯体，直接用来切削加工容易损坏，可通过素烧来提高坯体强度，再进行切削加工。对坯件的检查，主要是检查有无层裂、开裂，壁厚是否一致，表面有无伤痕、杂质等缺陷。

由于冷等静压技术能够改善产品性能，提高产品质量，增加经济效益，与其他成型工艺相比，有许多引人注目的优点，因此，应用领域不断扩大，技术越来越成熟。迄今为止，采用等静压技术的产品种类已达数百种，图 3-9 为部分冷等静压成型的陶瓷产品。

采用湿式冷等静压技术可制备大型薄壁、高精度、高性能的石英陶瓷天线罩，外形尺寸为：外径 210mm，孔径 200mm，高 500mm 圆锥形，壁厚为 4～5mm，公差尺寸 0.03mm。也可制备大型壁厚、形状复杂、带伞棱的 97%氧化铝陶瓷高频端子绝缘瓷套。国内外采用冷

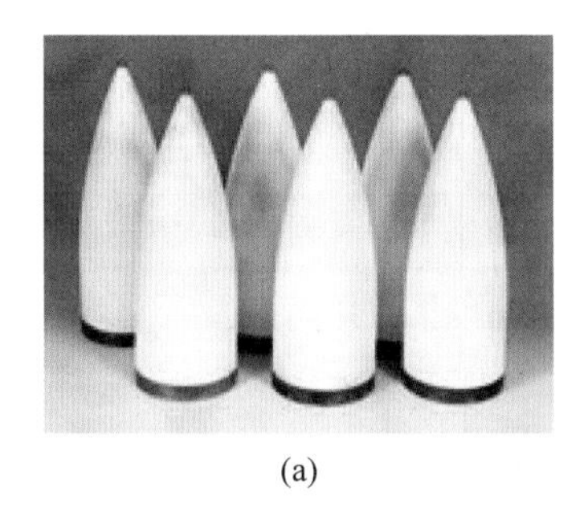

(a)　(b)

图 3-9　部分冷等静压成型的陶瓷产品

(a) 石英陶瓷头罩；(b) 陶瓷髋关节球

等静压技术大批量生产 95%氧化铝陶瓷真空开关灭弧室“管壳”系列产品，该产品用冷等静压技术生产比用热压铸工艺生产的合格率高，性能稳定。用该技术还批量生产了氧化铝和氧化锆陶瓷柱塞，以及石油钻探用大尺寸氧化锆陶瓷缸套。

高压钠灯用透明氧化铝陶瓷管，目前普遍使用干袋式连续等静压成型。该方法成型效率高、成本低，且成型密度高、均匀性好。透明氧化铝陶瓷管的长度一般为 250mm，壁厚只有 0.6mm，壁厚公差控制在 0.1mm 以内，每小时可生产 540 件产品。

陶瓷火花塞的生产，早期主要采用热压铸或注射成型工艺来制造火花塞，在该工艺中，加入 15%～17%的结合剂，压坯密度小，不均匀，很难实现烧结致密、性能优异的绝缘体，制品收缩率大，尺寸难以控制。目前，氧化铝火花塞的制备已经普遍采用干袋式连续等静压成型方法，压力分布均匀，坯件密度高，并且消除了结构不均匀性和各向异性，改进了产品的机电性能。

英国 Smiths 公司设计的等静压机有单头、双头、4 头、6 头、8 头多种设计，单头每小时成型 180 只，毛坯在磨削机上自动整形。日本日特陶公司采用等静压工艺，原料配合在振动磨机中粉碎，用自动化设备分级，混合成料浆，再用喷雾干燥法制成球状粉末，在橡皮模专用机上压成柱状，4 个工位，每 8s 可成型一次。德国 Dorst 陶瓷机械公司为压制火花塞设计了一种专用等静压机，完全自动化，每分钟 7 次，每小时产量约 2500 只，成型压力为 60MPa。

## 3.2.3　干压与冷等静压成型设备

### 3.2.3.1　陶瓷粉末液压成型机

陶瓷工业用液压成型机以柱式液压机用途最广，常用的为两柱式和四柱式；按工作油缸的数目可分为液压泵直接传动、蓄能器传动和液压泵增压器传动等；按组合模型的相对运动分为下模固定、模腔浮动式和模腔固定、下膜升降式等。先进陶瓷模压成型大部分选用柱式、多缸、立式的机型。

(1) 基本结构。液压成型机一般包括三个基本部分：自动加料部分，自动压制成型部分和自动出坯部分。对于自动成型生产线，在液压机的前端连接有自动制粉机械，后面连接有自动修坯机械。

(2) 工作原理简介。液压成型机原理如图 3-10 所示，主要动作由下列执行元件来完成：(a)加压：油压由调节阀 5，换向阀 8，溢流阀 6 等推动活塞往上运动实行加压动作；(b)卸荷：换向阀既可调节活塞行程又可作为卸荷阀；当压制小尺寸产品时，为提高工效可启用快速卸荷决阀(即溢流阀)；(c)加压功能：自动加压：泵 3 动作，单向阀 10 关闭，则能实现自动加

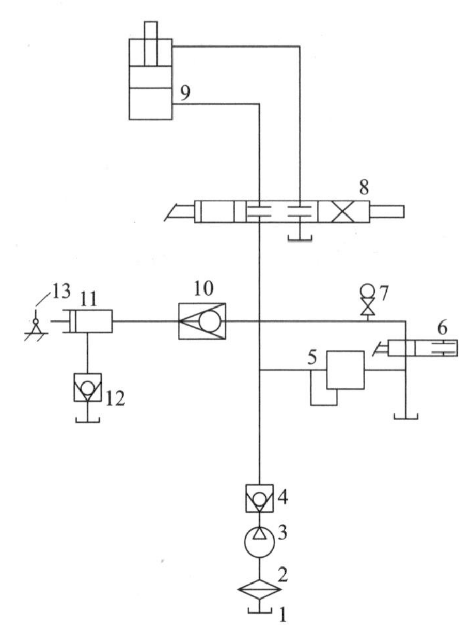


图 3-10 液压成型机原理

1—油池；2—滤网；3—泵；4—单向阀；5—调节阀；6—溢流阀；7—压力表；
8—换向阀；9—成型机；10—单向阀；11—柱塞泵；12—单向阀；13—手动柄

压。手动加压：当无电源或试样需缓慢加压时，按手动柄 13，使柱塞泵 11 工作，单向阀 4 关闭即可。

(3) 液压机性能特点：(a)能达到极高的冲压次数，工效较高；(b)用拉出法进行压实，可对压模进行有效的控制；(c)采用可以无级调节的顶端冲压，能获得均一的坯体密度；(d)采用很高的拉出力，可保证压实工件能够从压模内完全弹出。

如前所述，干压或称模压成型，由于粉料和模壁的摩擦导致轴向产生密度梯度，单向干压成型对于 $H/D$ 比值较大的陶瓷坯体尤为明显，因此单向干压成型只适合板状等 $H/D$ 比值小的产品成型；对于 $H/D$ 比值为 0.5～1.0 的较厚的产品，采用双向加压成型有利于

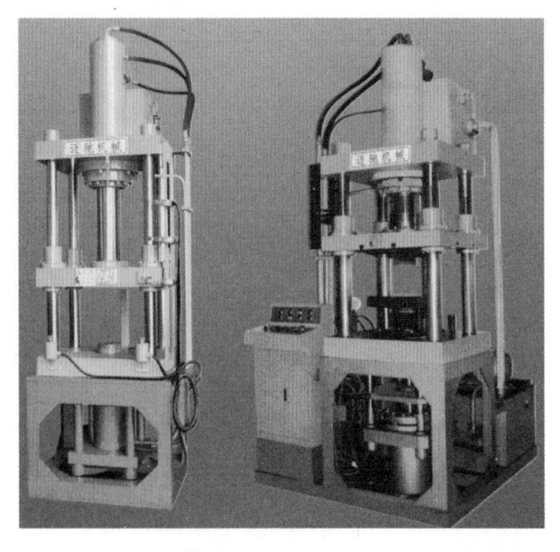

图 3-11 先进陶瓷干压成型的四柱双向液压机

坯体的均匀性，对于板状产品采用双向加压其密度均匀性更好。因此，对于氧化锆氧化铝等氧化物陶瓷结构件目前已广泛使用双向干压成型。图3-11为广东佛山迈驰机械生产的用于先进陶瓷干压成型的四柱双向液压机，其主要性能参数见表3-3，该液压机适合陶瓷手机背板和较厚产品的压制成型，如图3-12所示。

**表3-3　四柱双向液压机的技术参数**

| 参数＼型号 | YS40-80 | YS100-200 | YS200-400 | YS400-800 |
|---|---|---|---|---|
| 主油缸公称轴向力/kN | 400 | 1000 | 2000 | 4000 |
| 主油缸额定工作压力/MPa | 20 | 20 | 20 | 25 |
| 活动横梁最大行程/mm | 460 | 400 | 450 | 450 |
| 活动横梁到工作台面最大距离/mm | 770 | 700 | 850 | 850 |
| 活动横梁到工作台面最小距离/mm | 310 | 300 | 400 | 400 |
| 活动横梁快速下行速度/(mm/s) | 120 | 120 | 120 | 120 |
| 活动横梁慢速下行速度/(mm/s) | 12 | 12 | 12 | 10 |
| 活动横梁上升回程速度/(mm/s) | 60 | 60 | 60 | 100 |
| 下缸公称力/kN | 400 | 1000 | 2000 | 4000 |
| 下缸额定工作压力/MPa | 20 | 20 | 20 | 25 |
| 下缸活塞最大行程/mm | 200 | 200 | 250 | 250 |
| 工作台有效尺寸(左右×前后,mm) | 485×510 | 600×720 | 750×850 | 750×720 |
| 电机功率/kW | 7.5 | 18.5 | 22 | 34 |
| 主机质量/t | 2.2 | 3.45 | 8 | 9 |

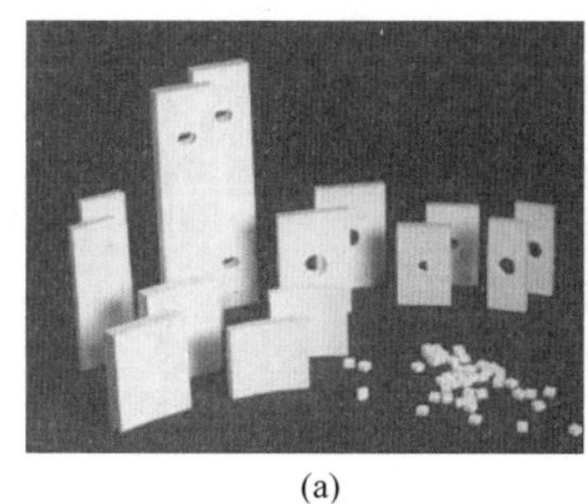
(a)

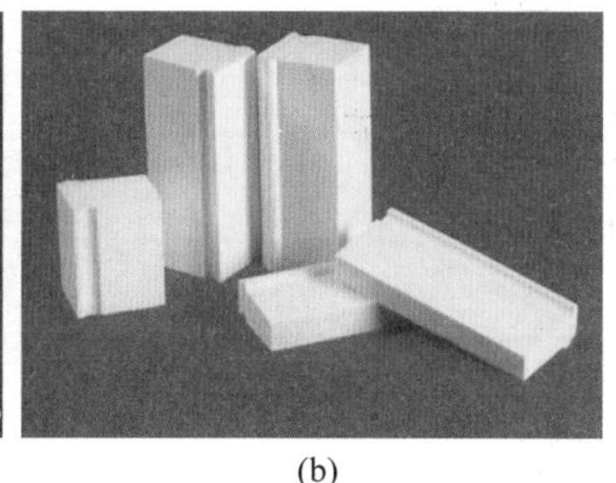
(b)

图3-12　双向干压成型陶瓷结构件
(a) 耐磨陶瓷衬板；(b) 氧化铝陶瓷结构件

#### 3.2.3.2　陶瓷粉末全自动成型压机

(1) 基本结构：自动干压机通常由自动冲压、电气控制和监督装置等系统构成。有的机械设计采用“三重加热、浮动压制、拉下脱模”以达到“双向压制”的效果；有的则采用“无级调速”，用微机控制装置。在冲压机构中，上冲头采用肘杆机构，下冲头采用凸轮机构，凸轮装置具有加压、保压、脱坯三个功能。

(2) 工作原理：陶瓷的模压成型，是将一定含水量(一般为2%)及黏结剂的造粒粉料置于钢模中，在自动干压机的较高压力作用下，使粉料颗粒在模具内相互靠近，凭借粉料颗粒间的内摩擦力，把各种颗粒牢固地联结起来，以保持一定形状而成型；自动压片机能完成加料、压制（实）、脱模、重新加料并推走刚刚压好的坯件等动作。

（3）性能特点：自动干压机具有操作简单，维修方便，换模快速，连续工作稳定，压制的坯体一致性好，生产效率高（是油压机工效的 60 倍以上）等特点，且可一人看管多机，还配有摩擦离合器、过载保护装置，适合于生产功能陶瓷产品。

图 3-13（a）为一典型高精度全自动陶瓷粉末压机，具有如下特点：（a）该压机采用机械式强制凹模浮动，并可实现非同时三次加压，及预压、同步压、上压，保证压制坯件密度均匀，尺寸、重量一致；（b）采用可调力和行程的上凸模预加载机械，避免毛坯脱模时产生开裂；（c）机器的压制行程、脱模行程、顶压行程、装料高度以及运行速度等参数均可无级调整，并有刻度指示，可以满足任何坯件的成型调节要求；（d）该压机可配置多种形式模架，如上二下三模架可以使形状复杂的台阶类坯件成型；（e）机器采用 PLC 控制和运行角度数字显示、设定与控制，并有各种安全保护机构；（f）采用大量进口元器件，从而保障机器运行安全、工作可靠；（g）除基本机型外，机器还可以附加机械手，见图 3-13（b）；采用该类全自动陶瓷粉末压机成型带有台阶的陶瓷结构件非常便捷，如图 3-14 所示。图 3-13（a）所示的全自动干粉压机的技术参数如表 3-4 所示。

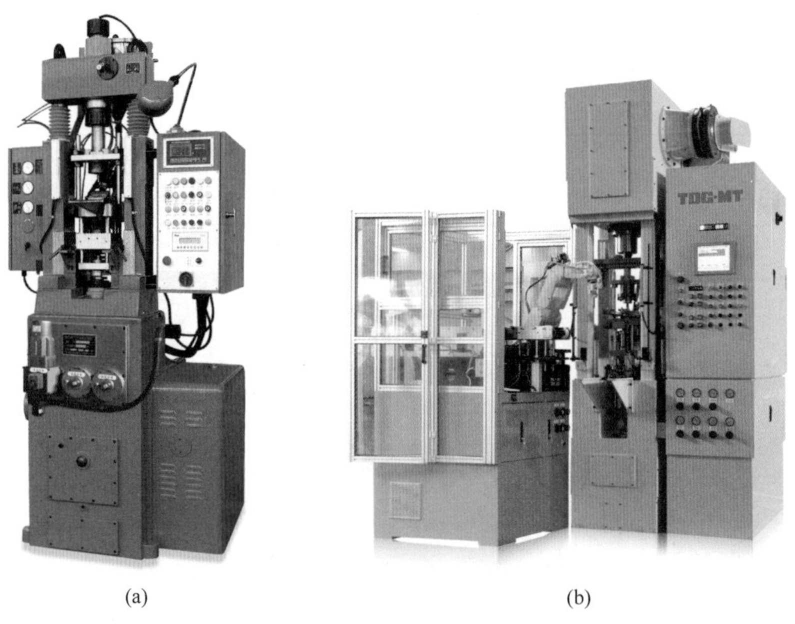


(a) (b)

图 3-13 可压制形状复杂的台阶类坯件的全自动干粉压机

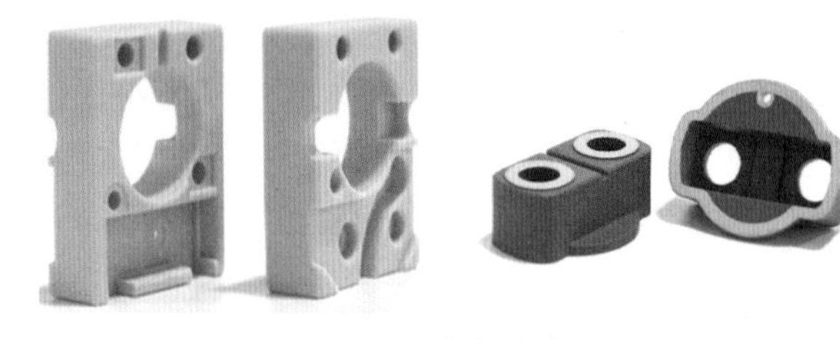
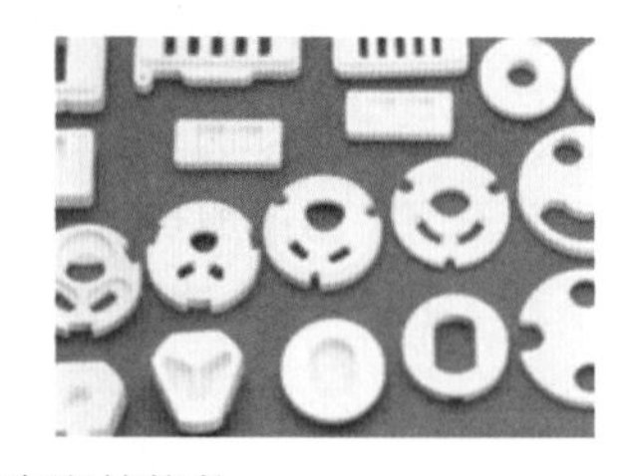

图 3-14 全自动陶瓷粉末压机成型带有台阶的陶瓷结构件

表 3-4　全自动干粉压机的技术参数

| 型号 | | C35160 | |
|---|---|---|---|
| 压机最大压力/kN | 160 | 离合器空气动力/MPa | 0.55 |
| 最大脱模力/kN | 80 | 压缩空气需要量/(L/min) | 225 |
| 压制位置最大支撑力/kN | 50 | 总功率/kW | 4.55 |
| 凹模最大返回力/kN | 5.5 | 上凸模向下时压力调节范围/MPa | 0.1～0.55 |
| 上凸模冲程/mm | 100 | 上凸模向下力调节范围/N | 450～2810 |
| 上凸模调节行程/mm | 70 | 上凸模向上时空气压力/MPa | 0.55 |
| 最大装料高度/mm | 65 | 向上力/N | 1380 |
| 最大压制行程/mm | 30 | 可调行程/mm | 30 |
| 最大脱模行程/mm | 35 | 最大空气消耗量/(L/min) | 63 |
| 顶压行程/mm | 6 | 机器质量/kg | 1900 |
| 冲程/mm | 12～50 | 外形尺寸(长×宽×高)/mm | 2380×1125×1120 |
| 电机功率/kW | 3 | | |

#### 3.2.3.3　湿袋与干袋式等静压成型设备

冷等静压机的工作原理是利用液体介质不可压缩性和能均匀传递压力的原理，使处于高压容器中的被成型工件所受到的压力如同处于同一深度的静水中所受到的相同压力而设计的。一般等静压成型机由主体(含高压筒体)、液压泵站和电气控制三大部分构成。等静压成型机高压容器内的液体介质工作压力一般高达 100～300MPa，故需用高压柱式泵或用较低压的柱塞泵并配有增压器；等静压成型机的液压传动系统有如下特点：(a)动力部分通常由低压泵和高压柱塞泵组成，起始升压，供油由大流量的低压油泵承担，达到一定压力后，启动高压泵，低压泵作为高压泵的前级泵；(b)液压系统为高压系统，须设有可靠的密封和安全装置；(c)高压容器等部件均需按有关高压容器的严格规定，进行规范、测试、安装和试压。

如前所述，冷等静压成型机分为湿袋式和和干袋式两种，湿袋式等静压机为间歇式，适合各种产品和一次多件，如压制陶瓷轴承球等；干袋式等静压成型机为半连续式，对于同一尺寸形状的产品批量连续化生产效率较高，特别适合长柱状、管状类产品，也可用于手机陶瓷背板和基板的连续化成型。

(1) 湿袋式等静压机

湿袋式等静压机如图 3-15 所示，(a)为中小型湿袋式等静压机，适合实验室和企业成型小部件；(b)为中大型湿袋式等静压机，适合企业成型大部件和批量化生产。

图 3-15(b)显示的中大型的湿袋式等静压机由机械主机、增压站、电控柜三部分构成，具有以下特点：(a)工作腔口径可以达 850mm；(b)可自动检测工作液是否已经充满工作腔，不再像以往只能依靠预先设定的补液时间来控制补液过程；(c)在合盖和补液时，工作腔都可以顺畅排气，有效减少了由于高压腔内空气过多而造成的增加时间延长；(d)可自动收集工作腔开口处溢出的工作液，并回流至补液箱，减少浪费；(e)采用多重工作液过滤系统，更加有效地保障设备可靠运行；(f)增压器通过非接触位置传感器来控制内部柱塞换向，让柱塞换向时的噪声更低、升压更平稳。该类型湿袋式等静压机的技术参数如表 3-5 所示。

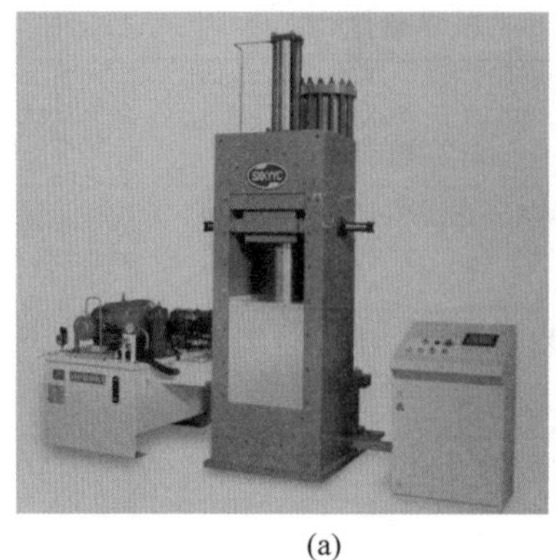

(a) (b)

图 3-15 中小型和中大型的湿袋式等静压机

**表 3-5 湿袋式等静压机的技术参数**

| 型号 | KJYm400 | KJYm450 | KJYm500 | KJYm550 | KJYm600 |
|---|---|---|---|---|---|
| 高压腔有效内径/mm | 400 | 450 | 500 | 550 | 600 |
| 高压腔有效深度/mm | 500～2500 | 500～2500 | 600～2500 | 600～2500 | 800～2500 |
| 最大工作压力/MPa | 100～350 | 100～350 | 100～350 | 100～350 | 100～350 |
| 装机功率/kW | 23.5 | 23.5 | 23.5 | 23.5 | 23.5 |
| 提料方式 | 需配置提料装置 | | | | |
| 降压速率/(MPa/s) | 可进行调节 | | | | |
| 工作介质 | 油或乳化液 | | | | |
| 动力介质 | 抗磨液压油 | | | | |
| 人机界面 | 全彩触摸屏 | | | | |
| 记录数据导出接口 | USB 接口 | | | | |
| 驱动方式 | 液压驱动 | | | | |
| 冷却方式 | 水冷 | | | | |

(2) 干袋式半连续等静压机

干袋式半连续等静压机的内部结构如图 3-16(a)所示,长柱状样品周边通过干袋受到均匀压力而获得较高密度,上端盖和下端盖并不传递压力,一款国产干袋式等静压机如图 3-16(b)所示,该等静压机通过变换模具可以成型手机陶瓷背板及其他形状陶瓷坯体,见图 3-17;该

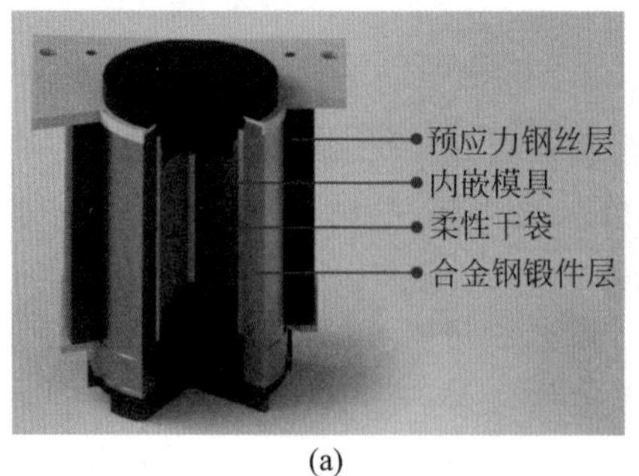

(a) (b)

图 3-16 干袋式等静压机与内部结构

(a) 内部结构;(b) 干袋式等静压机

图 3-17　干袋式等静压机成型的不同形状陶瓷坯体

类干袋式等静压机的技术参数如表 3-6 所示。

**表 3-6　干袋式等静压机的技术参数**

| 项目 | 参数 |
| --- | --- |
| 设备总功率 | 21kW |
| 油泵功率 | 15kW |
| 低压压力 | 31.5MPa |
| 高压压力 | 150MPa |
| 模套直径 | 160mm |
| 模腔尺寸 | 90mm×120mm×560mm |
| 压制长×宽 | 110mm×550mm |
| 压制效率 | 2～3 次/min |
| 设备尺寸 | 1820mm×2150mm×1750mm |
| 设备质量 | ≥6.5t |

成都君遂公司生产的干袋立式等静压机和大口径干袋式等静压机如图 3-18 所示，使用的部分管状产品模具见图 3-19。该干袋式等静压机采用双袋系统，由一个中间袋和一个料袋组成，中间袋固定在缸内。粉末装入料袋后，再放进中间袋内加压，成型后由活塞带出缸体。坯料的添加取出、模具(料袋)的进入退出都是在干燥状态下进行，整个过程中料袋不与液体相接触。这种方法可连续操作，适用于成批生产，产品和工人不受油污，场地干净。粉料能振实，成型坯料质量更好，光洁度更高；粉料不需预压，粉料添加剂不需要或添加很少，粉料利用率更高；与湿式等静压相比，压制成型的所需实际压力更低。君遂公司干袋式等静压与湿式等静压成型比较如表 3-7 所示。

(a)

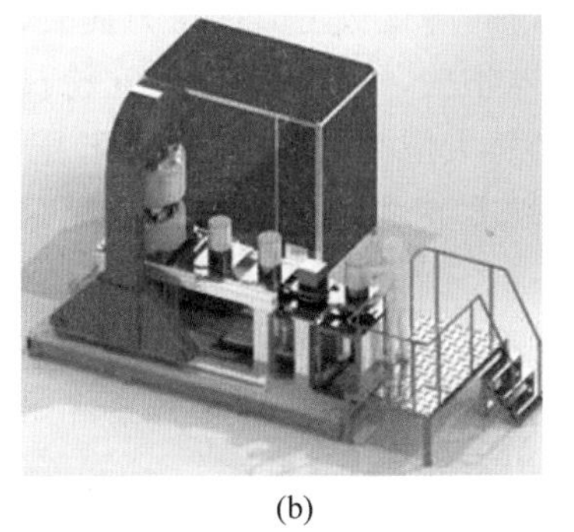

(b)

图 3-18　成都君遂生产的干袋式等静压机

(a) 干袋立式等静压机；(b) 大口径干袋式等静压机

图 3-19　干袋式等静压模具

表 3-7 干袋式与湿式等静压成型比较

| 项目 | 干袋式等静压机 | 湿式等静压机 |
| --- | --- | --- |
| 效率 | 较高(一模 120s 左右) | 较低(单件)或高(多件) |
| 使用原料 | 不需预压,添加剂(少量或不用) | 需预压,添加剂较多 |
| 制品精度 | 高,直线度好 | 精度一般,直线度稍差 |
| | 少量加工或不加工 | 加工余量大,材料损耗高 |
| 光洁度 | 较高 | 一般 |
| 粉料振实 | 易振实 | 一般不能 |
| 装料方式 | 简单 | 工序繁琐 |
| 坯料 | 不会污染 | 易污染 |
| 卸料方式 | 自动脱模,时间短 | 手工脱模,时间长 |
| | 不接触油污 | 接触油污 |
| 生产模式 | 同规格连续生产 | 断续生产 |
| 所耗功率 | 低 | 高 |
| 占地面积 | 小,不挖坑安装,调平即可 | 大,需挖坑安装 |

## 3.2.4 成型坯体质量的影响因素

### 3.2.4.1 成型坯体质量影响因素分析

(1) 添加剂的影响

为提高粉料的工艺性能,可在压制成型的粉料中,加入一定种类和数量的添加剂,以提高压制成型的工艺性能,提高坯料的密度和强度,减少密度分布不均的现象。添加剂主要有三个作用:增加粉料颗粒之间的黏结作用,这类添加物又称黏结剂;减少粉料颗粒间及粉料与模型壁之间的摩擦,这种添加剂又称润滑剂;促进粉料颗粒吸附、湿润或变形,此类添加剂一般为表面活性物质。

实际上一种添加剂往往起着几种作用,如石蜡既可黏结粉料颗粒,也可减少粉料的摩擦力。添加物和粉料混合后,它吸附在颗粒表面及模型壁上,减少颗粒表面的粗糙程度,并能使模具润滑因而可减少颗粒的内、外摩擦,降低成型时的压力损失,从而提高坯体密度、强度及分布的均匀性。若添加剂是表面活性物质,则它不只吸附在粉料颗粒表面上,而且会渗透到颗粒的微孔和微裂纹中,产生巨大的劈裂应力,促使粉料在低压下便可滑动或碎裂,使坯体的密度和强度得以提高。若加入黏性溶液,将瘠性颗粒粉料黏结在一起,自然可提高坯体强度。

选择压制成型的添加剂时,希望在产品烧成过程中尽可能烧掉,至少不会影响产品的性能。添加剂与粉料最好不会发生化学反应,添加剂的分散性要好,少量使用便能得到良好的效果。

压制工业用陶瓷(如高压电瓷、高铝瓷、滑石质装置瓷、铁氧体磁芯、金属陶瓷等)坯体时通常采用含极性官能团的有机物做润滑剂,如油酸、硬脂酸锌、硬脂酸镁、石蜡、树脂等,用量在粉料质量的1%以下;含黏土的粉料可用水作黏结剂,不含黏土的粉料常用有机黏结剂,如聚乙烯醇的水溶液(浓度约 5%，用量为粉料质量的 2%～10%，配合后放置稍久易结团且粘模)、苯胶溶液(聚苯乙烯 30%、甲苯或 70%二甲苯，用量 8%～10%)、石蜡(用量 4%～7%，粉料加热后与石蜡混合，有润滑能力，烧成收缩大)、淀粉水溶液等。

(2) 加压方式的影响

干压成型中加压方式有单向压制和双向压制，由于加压方式不同，压力在模具内的分布与传递性也不同。单向压制由于粉末颗粒之间，粉末与模头、模壁之间的摩擦，使压制压力损失，造成坯体密度分布的不均，如图 3-20 所示。为了克服这一缺点，可以改为双向压制，由于上下加压，压力梯度的有效传递距离缩短了，由摩擦带来的能量损失也减少了，在这种情况下，坯体密度相对均匀多了。双向加压可分为双向同时加压和双向先后加压两种。双向同时加压在制品的中间部位粉料位移极小，上、下两端的位移较大，由于侧壁摩擦力的作用，使得传递到压制品中间部位的压力减小，易形成制品中间部位密度较两端低的情形，但其优点是设备相对较为简单，可采用浮动圈模的方法获得底模的压缩动作，不需分别驱动上模和底模。而双向先后加压可使中间部位的粉料先向下做压缩移动，再在底模的驱动下向上移动，可较好地减轻中间部位密度低的现象。

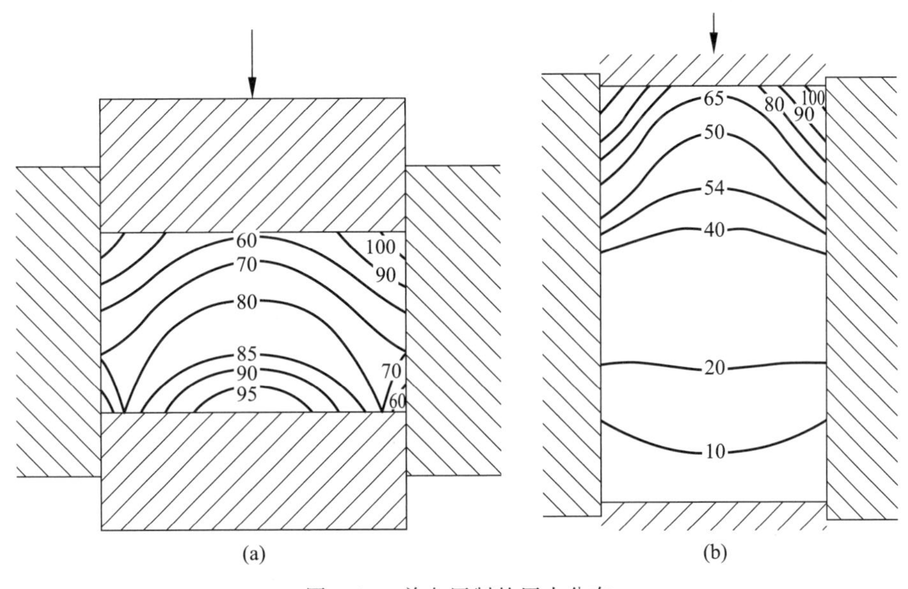


图 3-20　单向压制的压力分布

(a) $L/D=0.45$；(b) $L/D=1.75$

(3) 加压压力的影响

一般说来，坯体的密度随着压力的增大而提高。压力加大时颗粒开始滑动，成紧密状态堆积，密度逐渐提高，从而使坯体具有一定的强度。但是，压力并不是越大越好，当超过极限压力时，压力增大反而会使坯体密度下降，如图 3-21 所示。

随着加压压力的逐渐增加，陶瓷坯体的密度也逐步增加。但是，当所施加的压力超过极限压力(图 3-21 中为 90MPa)时，压力增大反而会使坯体密度下降，这是由于坯体产生层裂的结果。坯体的层裂主要是由于弹性后效引起的，陶瓷坯体在压制成型后压力取消时，空隙中被压缩的空气竭力膨胀，横向受到模具侧壁的阻止，只能沿纵向膨胀，使纵向呈较大的膨

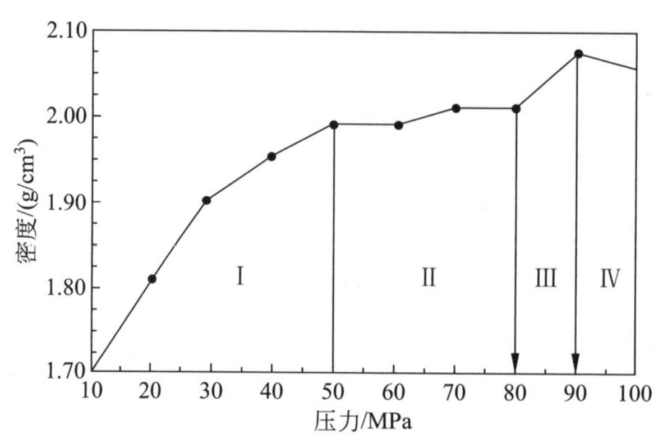


图 3-21　加压压力与坯体密度的关系

胀。由于不均匀性的膨胀和坯体本身性质的不均匀性，导致坯体产生层裂。另外，在压力达到极限时，颗粒表面接触进一步加大，有的颗粒表面发生弹性变形，外力撤销后，发生弹性变形的颗粒极力恢复原形，使纵向的反弹力大于颗粒之间的各种结合力，从而产生弹性后效，引起层裂；最后，一个不可忽略的原因是当从模具中顶出坯体时，已顶出的坯体部分不受模壁约束，而留在模具中的坯体受模壁的约束，从而产生层裂。针对这一原因引起的层裂所采取的措施是快速将坯体从模具中顶出。

(4) 粉料含水量的影响

在压力不变的情况下，粉料的含水量也是影响坯体密度的因素之一。如果粉料在过于干燥的状态下被施加压力，颗粒间相互移动的摩擦力大，使之充分固结就不容易成型。当含水量逐渐增加时，由于水的润滑作用，制品较易结实。但当水分超过某一比例时，过剩的水在压缩状态下将要占据空隙，影响颗粒的固结。实际操作过程中应根据不同的粉料特性寻找合适的含水量，以期达到最好的成型效果。

(5) 加压速度与保压时间的影响

实践证明加压速度与保压时间对坯体性能有很大的影响，即压力的传递和气体的排除有很大关系。如加压速度过快，保压时间过短，气体不易排出，会使坯体出现鼓泡、夹层和裂纹等。同样，当压力还未传递到应有的深度时，外力就已卸掉，显然也难以得到理想的坯体质量。当然，如果加压速度过慢，保压时间过长使得生产率降低，也是没有必要的，因此应根据坯体大小、厚薄和形状来调整加压速度和保压时间。一般对于大型、厚壁、高度大、形状较为复杂的产品，开始加压宜慢，中间可快，后期宜慢，并有一定的保压时间，这样有利于排气和压力传递。如果压力足够大，保压时间可短些。对于小型薄片坯体，加压速度可适当加快，以提高生产率。

#### 3.2.4.2　压制成型坯体缺陷及分析

(1) 干压成型坯体中常见的成型缺陷有分层、裂纹、表层剥离等。几种典型的缺陷指分层、帽盖式表层剥离、周边剥离，如图 3-22 所示。

分层和裂纹的产生，主要是由于轴向压力分布不均匀，脱模时坯体各部分不一致的弹性回复引起的。引起坯体内部各部分不一致弹性回复以及坯体和模具间的不一致弹性回复的原因主要有：(a)模壁摩擦在坯体内造成的应力梯度；(b)不同种类粉料、不一致充模和压缩

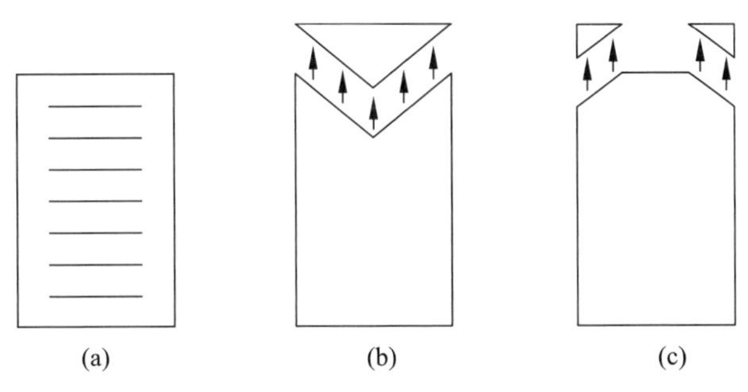

图 3-22　干压成型坯体中常见的缺陷
(a) 分层；(b) 帽盖式表层剥离；(c) 周边剥离

空气导致的坯体内部不一致的弹性压缩；(c)模壁表面不光滑或者润滑不良导致脱模时的摩擦阻力；(d)坯体的脱出部分和被模具限制的未脱出部分的不一致收缩。一般情况下，可以通过以下措施减少坯体分层：降低成型压力以减小平均弹性回复；改变添加剂组成以提高坯体强度、减小弹性回复；润滑模具来减小应力梯度；使用模壁光滑、刚度足够、具有进口锥度的模具。

帽盖式表层剥离是指脱模时在坯体顶部有一块角度在 10°～20°楔形坯料从坯体分离。这种成型缺陷主要发生在弹性回复相对较高、坯体强度低、坯体各部分不一致弹性回复的情况，坯料和压头粘连会加剧这种缺陷的产生。周边剥离是由于压力径向不均匀导致弹性回复不同引起的。可通过减小径向压力的不均匀性以及减小坯体和模壁间的摩擦力，从而减小坯体内弹性回复的不一致程度。使用抛光良好的压头和模壁，采用合适的模具锥度也有助于减少这种缺陷的出现。

此外，干压成型的坯体在烧结后往往会出现变形和翘曲，或在内部存在大气孔。烧结过程中的变形是由于坯体内密度不一致引起的，大气孔是在成型过程中某些大颗粒、硬团聚体或中空颗粒的引入而导致的。可通过减少粉料中的大颗粒，避免使用硬团聚体粉料来消除大气孔；对粉料进行过筛可以去除其中的大颗粒，中空颗粒可以通过调整造粒添加剂和喷雾干燥工艺来消除。

(2) 等静压成型的缺陷与分析

等静压成型体中的缺陷如图 3-23 所示，主要包括：(a)填充不均匀而形成的颈部，这与粉料流动性差有关；(b)粉料填充不均匀或装料的橡胶袋无支撑而导致的不规则表面；(c)湿

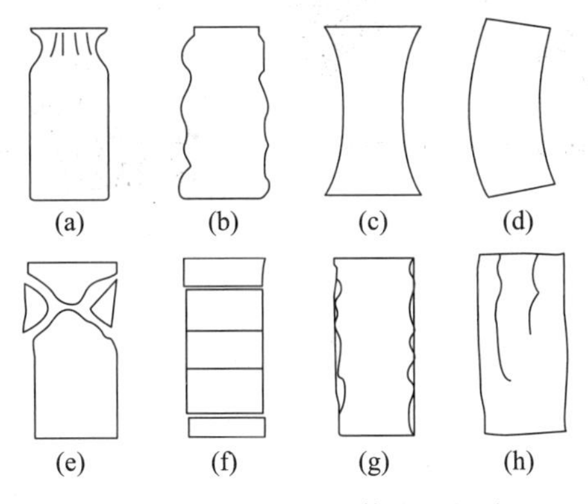

图 3-23　等静压成型体中的缺陷

式等静压中因模具橡胶袋太硬或因粉料压缩性太大而形成的“象脚”；(d)湿式等静压中因橡胶模具袋无支撑而形成的“香蕉”形；(e)成型中轴向弹性回弹形成的压缩裂纹，硬粉料更是如此；(f)由于压缩裂纹而形成分层，这来源于不合适的或过厚的袋材料或较弱的坯块；(g)不规则表面形状，与密封橡胶袋材料不合适或太厚，坯体强度低或小的角半径有关；(h)由于不充分的弹性而形成的轴向裂纹。

## 3.3 注射成型

### 3.3.1 陶瓷注射成型发展概述

陶瓷注射成型(ceramic injection molding, CIM)是将聚合物注射成型方法与陶瓷制备工艺相结合而发展起来的一种制备陶瓷零部件的新工艺。特别是对于尺寸精度高、形状复杂的陶瓷制品大批量生产，采用陶瓷粉末注射成型最具优势，因此，这种技术在国内外得到广泛的研究和应用。

早在1938年，第一个有关陶瓷粉末注射成型的方法在美国专利局获得专利，其后不久在1940年，一个关于应用压力将含有有机黏结剂与陶瓷的复合物注入一个模具生产火花塞的方法获得德国专利，随后陶瓷注射成型成为用于形状复杂陶瓷零部件制备的一种新型工业技术。

20世纪80年代，伴随陶瓷发动机研制和涡轮转子及叶片等高温陶瓷部件制备的需要，由美国贝特尔纪念协会组织世界上近40余家研究机构，制订了“陶瓷注射成型”研发计划，美国、英国、日本、瑞典、德国等都参与这一研究计划。由于陶瓷注射成型是一门跨学科的综合技术，涉及高分子流变学、粉体科学、表面化学、陶瓷工艺学等，因此国内外许多大学和研究机构都先后开展这一研究与开发，清华大学在这一时期也开展了这一工作，研究的重点是氮化硅、碳化硅等非氧化物高温陶瓷部件，特别是发动机用$Si_3N_4$、SiC涡轮转子、叶片和滑动轴承的注射成型制备，如图3-24所示。

图3-24　发动机用$Si_3N_4$涡轮转子和叶片

近20年来，陶瓷注射成型技术的研究和应用领域更加广阔和深入，在成型的粉体材料方面，纳米氧化锆、氧化铝、氧化锆增韧氧化铝等氧化物陶瓷的注射成型备受重视，光纤连接器用四方相氧化锆陶瓷插芯的注射成型(外径为2.5mm，内孔直径仅有125μm)和套筒已在国内外实现规模化生产，见图3-25；注射成型技术还广泛应用于透明陶瓷托槽和种植牙陶瓷核桩等生物陶瓷，如图3-26所示；氧化锆陶瓷手术刀、陶瓷钻头等医疗器械用陶瓷制品，

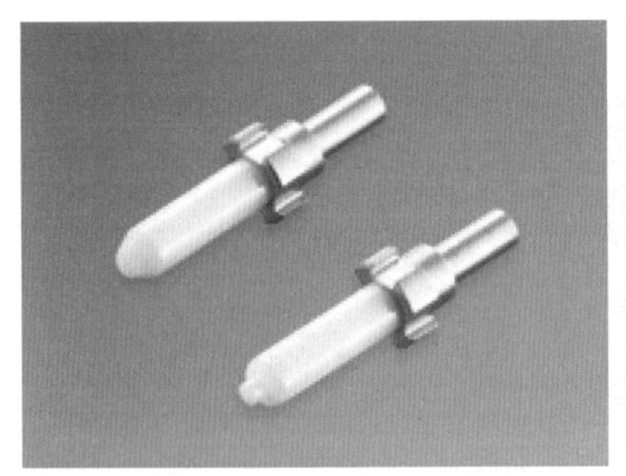
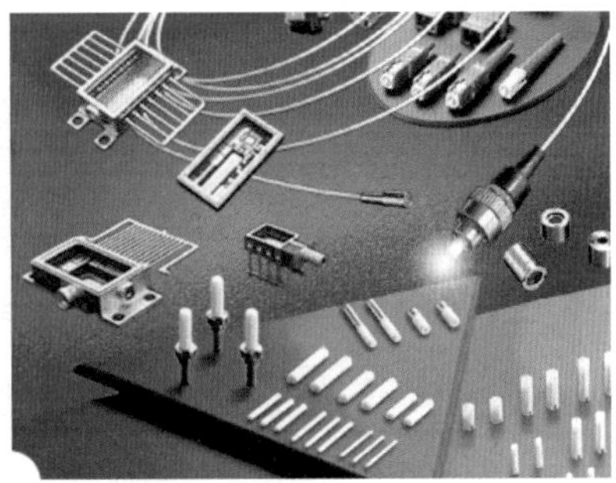

图 3-25 光纤连接器用 Y-$ZrO_2$ 陶瓷插芯

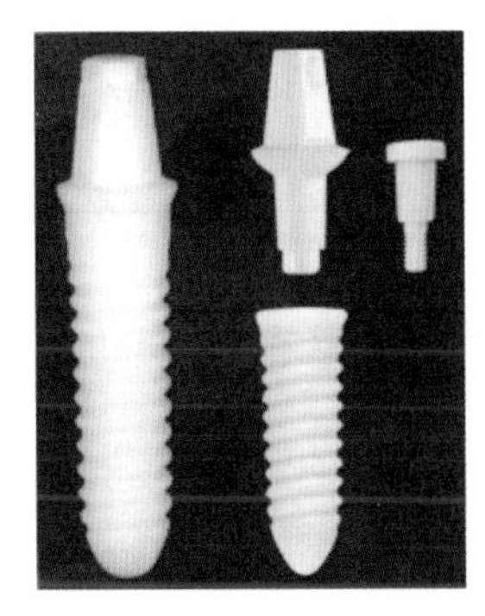

图 3-26 透明陶瓷托槽(左)和种植牙陶瓷核桩(右)

见图 3-27,其韦氏硬度为 1350HV,弯曲强度高达 1200MPa。注射成型氧化锆陶瓷钻头极其锋利,甚至使用数百次后的切削刃也不会变钝,而传统的金属钢钻头在使用 20 次后就开始变钝。此外注射成型近 10 年来还大量应用于电子行业中的氮化铝陶瓷散热器和纺织行业的氧化铝耐磨瓷件等复杂形状产品的制造,见图 3-28。特别是智能手机和智能穿戴陶瓷外观件的精密注射成型在近 10 来年得到快速发展,我国已成为全球智能手表陶瓷外观件和手机陶瓷背板最大的制造基地。

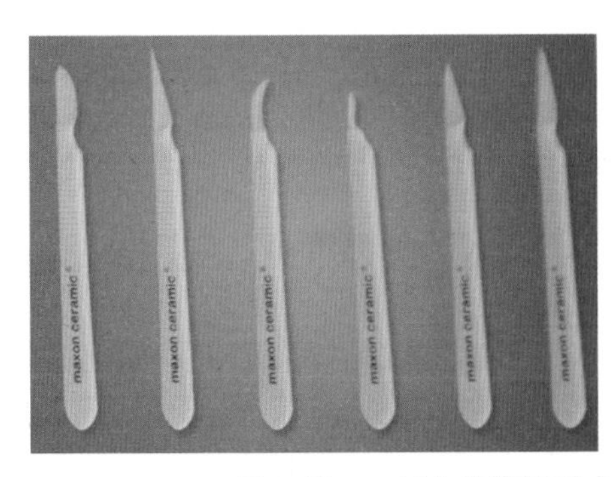

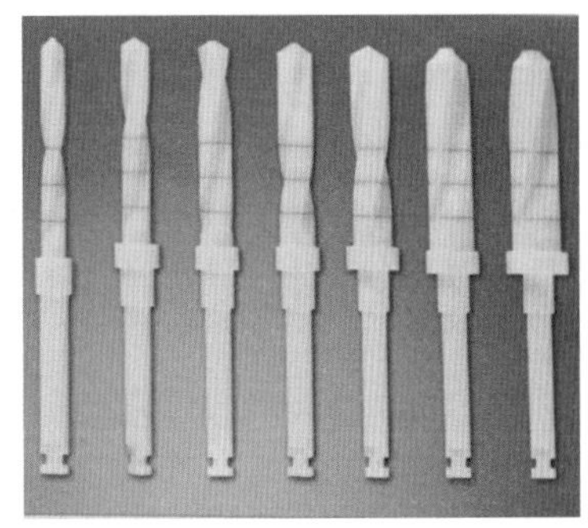

图 3-27 氧化锆陶瓷手术刀(左)陶瓷钻头(右)

在注射成型黏结剂和脱脂技术方面,一些新的黏结剂体系和脱脂工艺相继被开发,如日本、美国、德国、中国分别提出的超临界脱脂、有机溶剂萃取脱脂、化学催化脱脂、微波脱脂和水萃取脱脂等新工艺也得到发展和应用。目前应用比较多的有机黏结剂体系主要分为两类:一类是蜡基黏结剂体系,对应的脱脂方式为热脱脂和有机溶剂萃取脱脂;另一类是塑基

图 3-28　氮化铝陶瓷散热器(左)和氧化铝纺织耐磨瓷件(右)

黏结剂体系,对应的脱脂方式为催化脱脂;而水基黏结剂和水萃取脱脂工艺尚在应用探索中。表 3-8 给出这几类黏结剂体系及其各自特点。

**表 3-8　几类黏结剂体系及其各自特点**

| 黏结剂体系 | 有机黏结剂 | 优点 | 缺点 | 脱脂方式 |
|---|---|---|---|---|
| 蜡基黏结剂 | 结合剂、增塑剂、分散剂、润滑剂 PE/PP/PS/EVA/PW/SA/DBP | 流动性好、强度较高、适合制备复杂的部件 | 注射引入的内应力较大,易在脱脂时引发一系列缺陷、变形、裂纹等 | 热脱脂<br>溶剂脱脂 |
| 塑基黏结剂 | POM/(PE/EVA/PW)/硬脂酸锌 | 注射坯体强度高、变形小、脱脂效率高 | POM 混炼温度窄、混炼时易挥发甲醛等气体 | 催化脱脂 |
| 水基黏结剂 | (PEO/PEG)<br>(PMMA/PVB/CAB)/SA/DBP<br>甲基纤维素体系<br>琼脂糖体系<br>淀粉体系 | 黏结剂无毒性 | 坯体强度低,黏度较大,混炼易氧化,甲基纤维素、琼脂糖和淀粉等需前期处理 | 水脱脂 |

注: SA 为硬脂酸;HSA 为十二羟基硬脂酸;PW 为石蜡;PP 为聚丙烯;EVA 为乙烯醋酸乙烯共聚物;PS 为聚苯乙烯;PEO 为聚环氧乙烷;PEG 为聚乙二醇;PMMA 为聚甲基丙烯酸甲酯;PVB 为聚乙烯醇缩丁醛;CAB 为醋酸丁酸纤维素;DBP 为邻苯二甲酸二丁酯(黏结剂、增塑剂、分散剂、润滑剂);POM 为聚甲醛;PE 为聚乙烯。

从脱脂技术应用分布来看:(1)日本、中国、韩国等亚洲国家主要以热脱脂和有机溶剂脱脂工艺的应用为多,如日本东曹、京瓷、东芝陶瓷,国内潮州三环、山东国瓷、东莞信柏、丁鼎陶瓷、深圳尚德,深圳宏通等;(2)德国、法国、英国、荷兰等欧洲国家以催化脱脂工艺的应用为多,主要采用巴斯夫公司生产的注射喂料,如德国赛琅泰克、英国摩根、荷兰 Formatec 公司,目前法国圣戈班公司也开发了溶剂萃取脱脂的氧化锆喂料;(3)美国等北美国家主要采用有机溶剂脱脂工艺为多,如知名陶瓷公司 CoorsTec、Ceradyne 等。

此外,微注射成型(micro injection molding,MIM)是近 10 年发展起来的新技术,由于氧化锆氧化铝等结构陶瓷优异的力学、化学和耐高温特性,在微电子产业和微机电系统(MEMS)中许多微型部件(几十至 1000μm)需采用这些陶瓷材料。相对于其他微加工技术,采用微注射成形将陶瓷粉末一次成型可得到各种形状的坯件,制造成本较低,效率高,因此已经成为最有应用前景的一种先进成型制造技术。目前，德国在这一工艺技术和装备的研究方面都处于领先地位。

图3-29为德国Battenfeld公司开发的微型注射成型机(Micro-system 50)，该设备将注射系统、锁模系统和模具等集成在一个有限的空间内，结构紧凑、设备精度高。其工艺过程和原理与普通的陶瓷注射成型基本相同，但由于是制备几十至1000μm的微型陶瓷零部件，因此注射粉料流动性至关重要，注射体系的黏度要低；为了保证成品的质量，要选用容易脱模的模具。

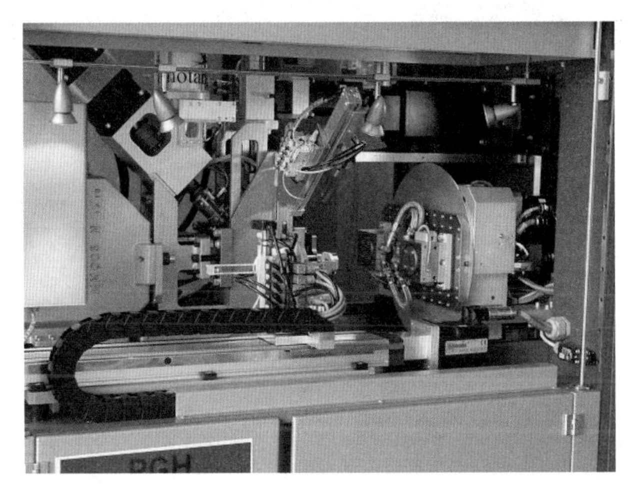

图3-29 德国Battenfeld公司的微注射成型机

微注射成型根据注射压力又可分为高压微注射(HPIM)和低压微注射成型(LPIM)。其中低压微注射成型适用于制造微型陶瓷或金属部件，它的最大优点是可降低工艺温度(60～100℃)和注射压力(3～5MPa)，这是由于该工艺使用了低黏度石蜡作为黏结剂。目前，一些氧化铝、氧化锆、氮化硅、锆钛酸铅、钛酸钡、羟基磷灰石以及氮化铝的微型陶瓷部件已由低压微注射成型法制成，有些微型陶瓷零部件已进入实际应用，图3-30为微注射成型制备的各种微型陶瓷零部件。

### 3.3.2 注射成型特点与陶瓷外观件

注射成型作为一种近净尺寸成型工艺，具备以下的优点：(1)可近净尺寸成型各种几何形状复杂及有特殊要求的小型陶瓷零部件，使烧结后的陶瓷产品无需进行机加工或少加工，从而降低昂贵的陶瓷加工成本；(2)机械化和自动化程度高、成型周期短、坯件的强度高、可自动化生产、生产过程中的管理和控制也很方便，适宜大批量生产；(3)由于黏结剂有较好的流动性，注射成型坯件的致密度相当均匀；(4)由于粉末和黏结剂的混合很均匀，粉末之间的间隙很小，烧结过程中的收缩特性基本一致，所以制品各部位密度均匀，几何尺寸精度及表面光洁度高。

图3-31表示注射成型陶瓷坯件的四个步骤：(a)进入螺杆料筒内的喂料被加热熔融塑化；(b)熔融的喂料被注射充满模腔，并短暂保温保压；(c)模腔内固化后的陶瓷坯件被脱模顶出；(d)机械手自动夹持坯件放置。由此可见整个注射过程可实现高度的机械化和自动化。

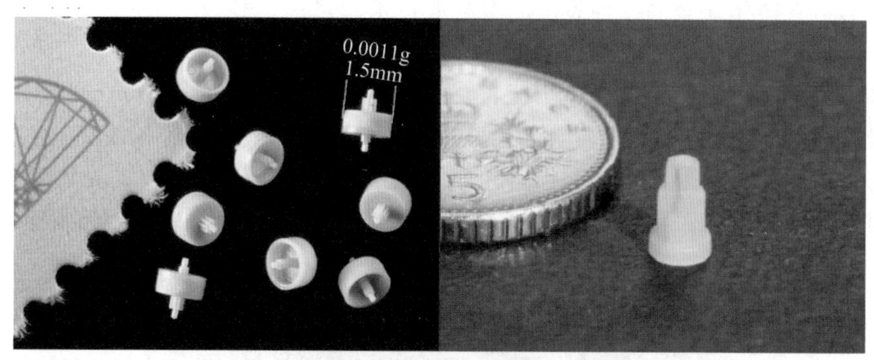


采用Microsystem 50制造的微型陶瓷轴承

微环形齿轮泵的氧化锆陶瓷部件

图 3-30 采用微注射成型机制备的各种微型陶瓷零部件

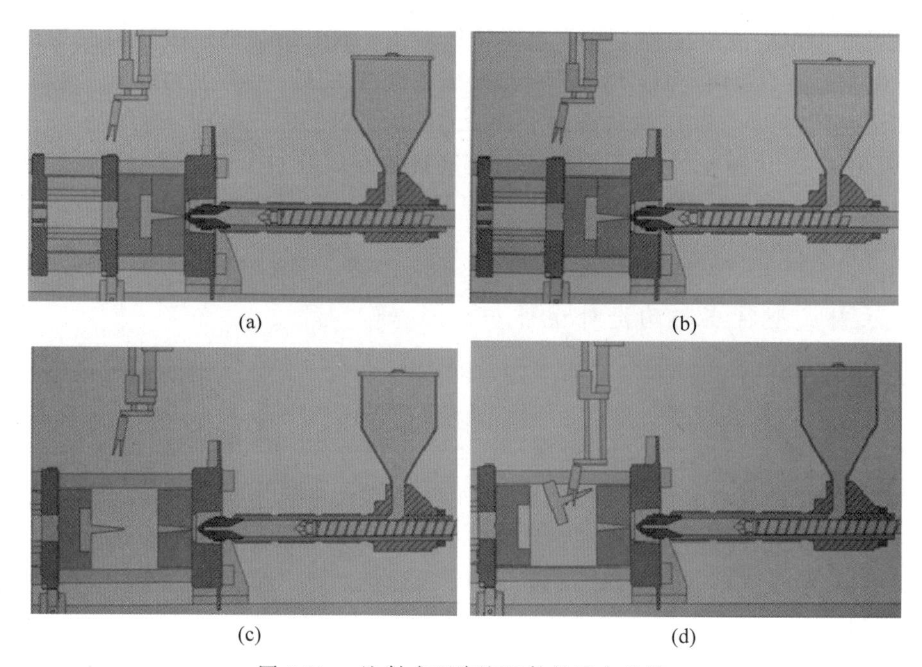


图 3-31 注射成型陶瓷坯件的四个步骤

图 3-32 从产能和产品形状复杂程度这两个维度对注射成型与其他成型方法进行了比较，可见流延成型虽然产能高，但只适合于二维基板或坯片的制备，并不适合三维形状的产

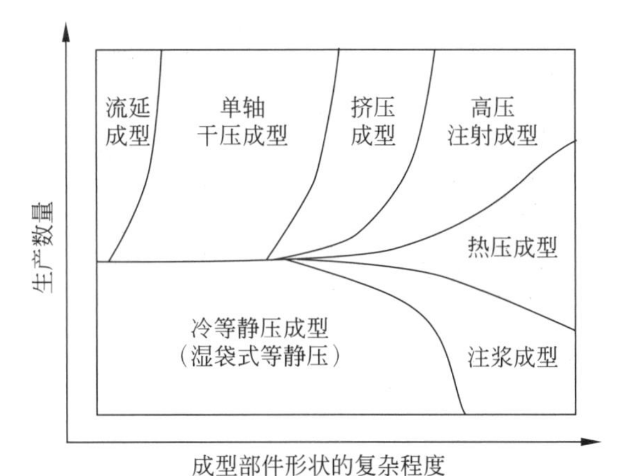


图 3-32　注射成型与其他成型方法的比较

品;干压成型和挤出成型虽可以批量化,但也不适合太复杂的形状;冷等静压和注浆成型虽然可以成型制备复杂形状的陶瓷零部件,但均为间歇式生产,不利于大规模连续化批量制备。对于像智能手表形状各异的陶瓷外观件和智能手机3D陶瓷背板这类量大的产品,显然采用陶瓷注射成型技术具有明显优势。

注射成型已成为国内外智能终端陶瓷外观件产业广泛采用的一种制备技术。早在1986年瑞士IWC陶瓷事业部和1990年的Rado陶瓷事业部就运用注射成型技术生产瑞士高端手表陶瓷外观件,特别是雷达陶瓷手表广泛采用各种颜色的氧化锆陶瓷表链、表圈、表盖,达到现代陶瓷艺术与高科技的完美结合,如图3-33所示。

图 3-33　瑞士雷达品牌陶瓷手表

1990年雷达表业的时针采用陶瓷设计,陶瓷注射成型这些早期里程碑式的尝试在后来的香奈儿J12的陶瓷表中得到成功应用;在J12上的应用更清楚地展示了CIM的潜力,不仅在技术角度也在产品审美方面作为一种理想的材料运用在高端手表上。当然,CIM手表和手表组件有许多独特的吸引人的特点。他们硬度高、耐热性高、耐腐蚀和不易划出划痕。陶瓷是惰性的、比钢轻、有温润光滑的手感,它们不会像金属似的在冬天对皮肤有"冰冷"的感觉,图3-34为香奈儿氧化锆陶瓷表。

欧洲很早就采用注射成型制备手机陶瓷外观件,早在智能手机之前,就注射成型制备了氧化锆陶瓷后盖和按键,例如用于西门子高端S68的手机后盖和侧面按键,如图3-35(a)所示,后期又开发了彩色陶瓷背板的智能手机,见图3-35(b)。

近10年智能手表及其陶瓷外观件的注射成型在国内外发展迅速,以美国苹果公司的

图 3-34 香奈儿品牌氧化锆陶瓷表

(a)

(b)

图 3-35 智能手机陶瓷外观件

(a) 西门子 S68 手机陶瓷后盖；(b) 智能手机陶瓷背板

i-watch 为代表首先使用黑色氧化锆作为智能手表背盖，如图 3-36 所示，由于其温润的质感和亲肤性以及便于无线充电而备受欢迎。

随后，华为公司和小米公司发布的各种高端智能手表，也是采用时尚典雅温润如玉的氧化锆陶瓷作为表圈、表后盖或者表链，如图 3-37 所示，所有这些不同造型和不同颜色的陶瓷外观件都是采用注射成型技术制备的。

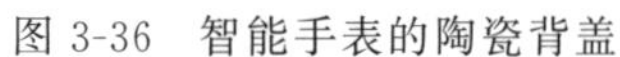

图 3-36 智能手表的陶瓷背盖

图 3-37 华为和小米的智能手表

上述 i-watch 和华为、小米的智能手表的陶瓷外观件几乎都是由国内企业注射成型制造，包括潮州三环、蓝思科技、顺络电子、伯恩光学等大公司；除了 i-watch 陶瓷后盖使用日本东曹的氧化锆注射喂料外，其他基本都采用国内自己开发的陶瓷注射喂料，尤其是潮州三环从氧化锆粉体到注射喂料、成型烧结、精密加工已形成完整产业链，成为国内外智能手机和智能穿戴产品陶瓷外观件最大的生产商。

近 10 年来韩国在智能穿戴陶瓷外观件注射成型制备技术方面也有快速发展，包括

Kinori、Bestner、KICET、KIST 等企业，注射成型生产氧化锆和氧化铝等陶瓷产品，大多数使用的粉末是从日本进口的原粉，许多公司都有自己的黏结剂系统和喂料制备能力，包括喂料密炼机、挤出造粒机、脱脂炉，而注塑机和烧结炉大多是从日本和德国进口。2000 年，韩国 Bestner 公司开始成为粉末注射零部件生产商，主要客户是生产韩华公司著名的陶瓷表产品，图 3-38(a)为所制备的陶瓷表，图 3-38(b)为 Kinori 公司注射成型开发的彩色氧化锆表链及透明陶瓷。

图 3-38　韩国公司生产的智能穿戴陶瓷外观件

### 3.3.3　陶瓷注射成型工艺流程及设备

注射成型制备陶瓷构件过程如图 3-39 所示，具体工艺流程见图 3-40，主要包括以下几个方面：(1)配料与混炼，将可烧结的陶瓷粉料与合适的有机载体在一定温度下均匀混炼，以提供陶瓷注射成型所需的流动性及生坯强度；(2)造粒，即混炼后的块状或片状混合料，经粉碎或挤出切割成颗粒状，又称之为喂料(feedstock)，以备注射成型时使用；(3)注射充模，颗粒状喂料在注射机的料筒中加热熔融获得良好流动性，在一定温度和压力下高速注入模

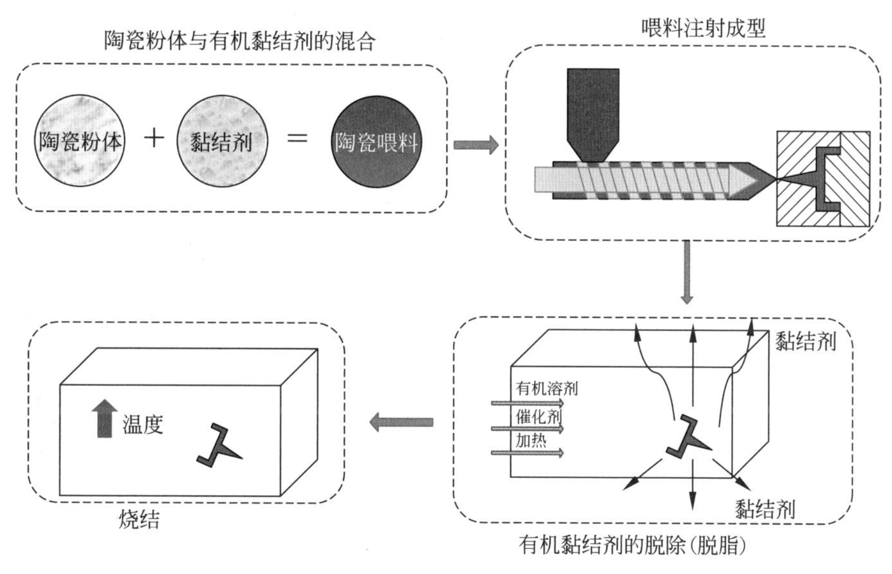


图 3-39　注射成型制备陶瓷构件过程

具内充满模腔,待冷却凝固得到所需形状和有一定强度的坯体(green body)后,再脱模;(4)脱脂,通过加热或其他物理与化学的方法,将成型坯体内有机物排出,得到陶瓷素坯(brown body);(5)烧结,将脱脂后的素坯在高温下致密化烧结。

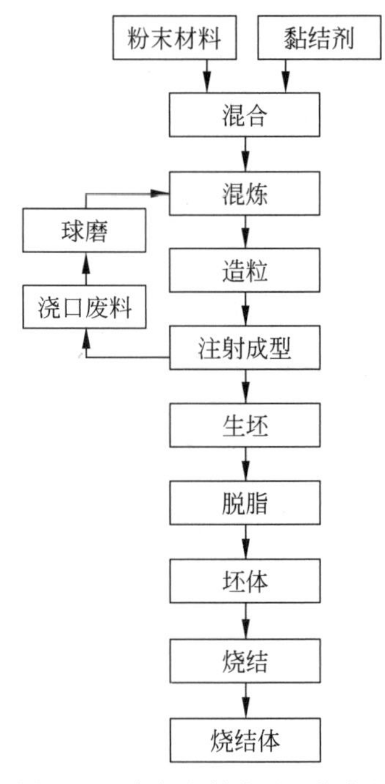


图 3-40 陶瓷注射成型工艺流程

### 3.3.3.1 注射喂料的密炼与造粒

(1) 密炼与密炼机

注射喂料是通过加热混炼与造粒得到的一种直径或长度在几个毫米的颗粒。陶瓷注射喂料要求:陶瓷粉末与有机黏结剂均匀分散,具有良好流动性,注塑过程不发生偏析,因此要求混炼过程中剪切分散效果好,无死角,无污染。

混炼过程包括原料预处理和熔融共混两个步骤。原料预处理主要指对陶瓷粉体进行干燥或者表面改性处理,以及对其他几种有机黏结剂组分进行预混合。由于高分子聚合物熔体的黏度较高,而陶瓷粉体又易于团聚,因此混炼设备必须提供足够大的剪切力,使聚合物熔体产生足够的形变和流动,以利于陶瓷颗粒完全分散,同时还有助于将已形成团聚的陶瓷粉料进行破碎和分散。通常,混炼机(或称密炼机)对物料施加的剪切应力比团聚体的结合强度高5～10倍时,可以获得分散性良好的混合物料。

目前,采用的具有高剪切力的混炼设备主要有两种形式:①实验室用的双辊混炼机;②生产用双轴多变叶轮混炼机。分别见图 3-41 和图 3-42,这两种混炼机都有加热系统,双辊混炼机在混炼过程中需要手工操作,一次混炼的陶瓷粉末和有机物有限,而且是敞开式,有机物易挥发,因此多用于实验室少量陶瓷喂料的制备。而双轴多变叶轮混炼机一次装填的粉末和有机物载体量较大,而且是封闭式,可避免有机物的挥发,混炼过程自动化程度较高,因此比较适合工业化生产。由于精细陶瓷粉末易发生团聚,应优先考虑行星式或者 Z 叶片式混炼机,便于获得分散性更好的注射喂料,国内东莞的利拿公司和昶丰公司均可制备

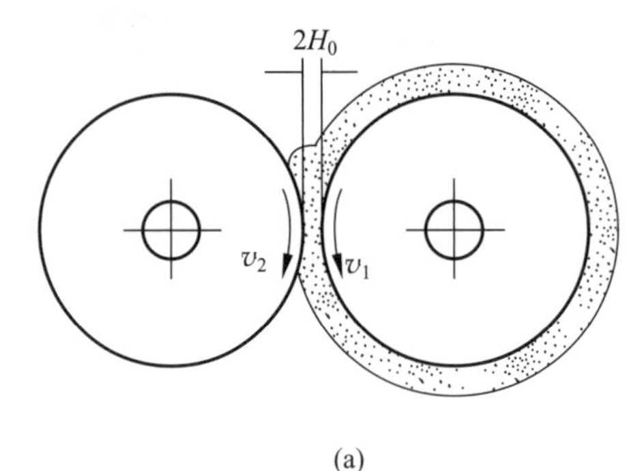


(a)

(b)

图 3-41 敞开式双辊混炼机

(a) 原理图;(b) 实物图

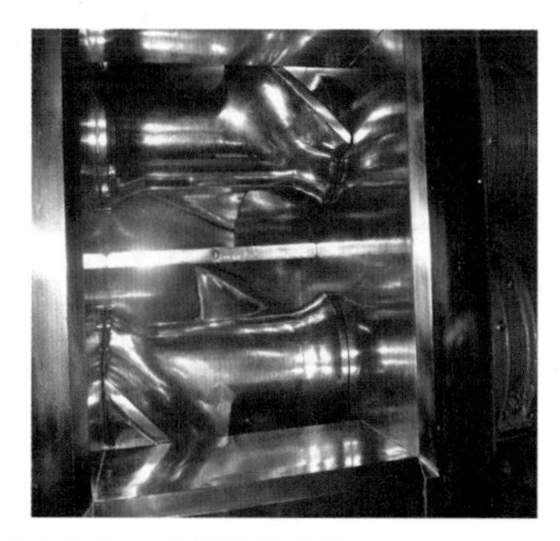

图3-42　利拿双轴叶轮翻转式密炼机与内部螺旋结构

这类密炼机。

工业上用的陶瓷注射密炼机依据出料的方式不同，可以分为翻转式和离合式(也称开启式)，图3-42即为一种翻转式密炼机，密炼后主机卸料时采用翻转卸料。广东利拿科技公司生产的一种混合容量为5L的密炼机，类似于图3-42。该密炼机驱动电机为7.5kW，翻转电机为0.55kW，转角度为110°，每次产量为5～15kg(具体产量以物料的密度与分散要求而定)。该密炼机采用"M-W"加压式与浇铸混合槽，不但坚固耐磨，而且确保物料混合均匀与物性变化都达到同比混炼的最佳效果。防漏粉装置采用二次拐角设计，能极大地提高防漏粉功能；内置集尘器，方便快捷回收粉尘。选材上该密炼机混合槽内壁采用高级特殊钢制造，表面皆经耐磨处理，耐磨性好。混合槽可分为可倾倒式与升降式，搅拌轴防漏采用干式机械轴封使清洗简便环保。密炼机转子制造和材质是采用进口合金钢堆焊-高精度抛磨-渗碳-表面镀硬铬处理，这样能确保耐磨耐用。

注射喂料离合式密炼机，其密炼室可以完全打开，便于卸料，清理物料死角，因此获得广泛的应用。图3-43(a)为广东利拿科技公司开发的一款液压离合式陶瓷喂料密炼机，图3-43(b)为该机液压离合式结构剖析图。该密炼机内腔体采用进口特殊合金钢，经真空热处理等综合技术，使表面具有超强的耐磨、耐冲刷、耐腐蚀性能；内腔体与物料混炼接触面均进行镜面抛光处理，高光镜面使物料不粘壁易清理；密炼机具有剪切比任意可调、混炼效果好、工作效率高等特点；控温系统可保证外部温度和内热温度的平衡控制；采用智能软件控制，实现时间、温度、压力，电流扭矩记忆导出；控制系统可设置多个混炼步骤和温区的设定。该密炼机的技术参数如表3-9所示。

(2) 造粒与造粒机

造粒是将密炼后的块状或大片状物料进行颗粒化处理的过程，目前陶瓷喂料的造粒机有双锥螺旋挤压式等不同结构类型。图3-44(a)为广东利拿实业科技有限公司的一款双锥螺旋挤压式造粒机，造粒机的挤出模头、双锥螺杆、切粒装置见图3-45；图3-44(b)为新开发的LN-V25/40双锥造粒多功能一体机，该造粒机集强制喂料、一键式打开螺杆等进行无死角快捷清洗、非接触性切粒技术、筛选大小颗粒物料为一体，可有效避免机械污染。此外，该密炼机控制系统有手动控制和自动控制两种模式，PLC对运行程序的温度、转速、动作等进

(a)

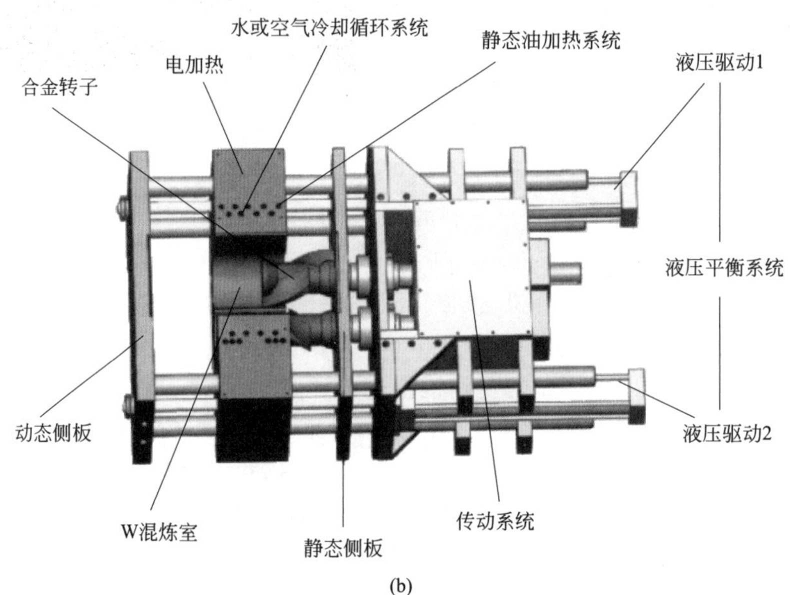


(b)

图 3-43 液压离合式陶瓷喂料密炼机及其结构

**表 3-9 液压离合式密炼机的技术参数**

| 型号 | LN-D-0.1 | LN-D-1 | LN-D-2 | LN-D-3 | LN-D-5 | LN-D-10 |
|---|---|---|---|---|---|---|
| 混炼容积/L | 0.1 | 1 | 2 | 3 | 5 | 10 |
| 驱动电机/kW | 2.2 | 3.7 | 5.5 | 5.5 | 7.5 | 15 |
| 泵站电机/kW | 1.5 | 1.5 | 1.5 | 1.5 | 1.5 | 1.5 |
| 离合行程/mm | 150 | 200 | 400 | 400 | 400 | 400 |
| 自动吸尘功率/kW | 0.2 | 0.2 | 0.2 | 0.2 | 0.2 | 0.2 |
| 空压机功率/kW | 2.2 | 2.2 | 2.2 | 2.2 | 2.2 | 2.2 |
| 循环水冷却压力/MPa | 0.2～0.4 | 0.2～0.4 | 0.2～0.4 | 0.2～0.4 | 0.2～0.4 | 0.2～0.4 |
| 电加热/kW | 1 | 2 | 2.6 | 3.5 | 5.6 | 8.4 |
| 机器质量/kg | 700 | 900 | 1100 | 1200 | 1500 | 1800 |
| 外观尺寸/mm | 1100×<br>400×<br>1500 | 1800×<br>1200×<br>2000 | 2000×<br>1400×<br>2500 | 1400×<br>1700×<br>2800 | 2500×<br>1800×<br>2800 | 3000×<br>2100×<br>3100 |

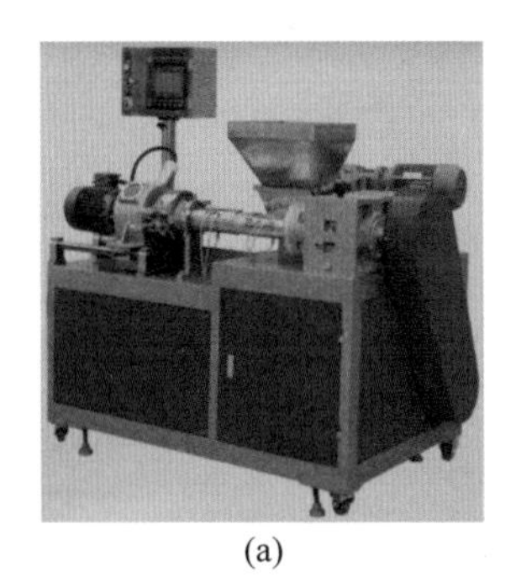
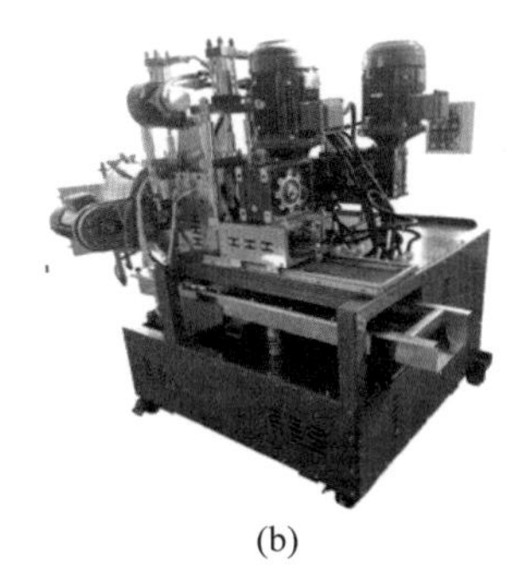

(a)　　(b)

图 3-44　双锥螺旋挤压式造粒机

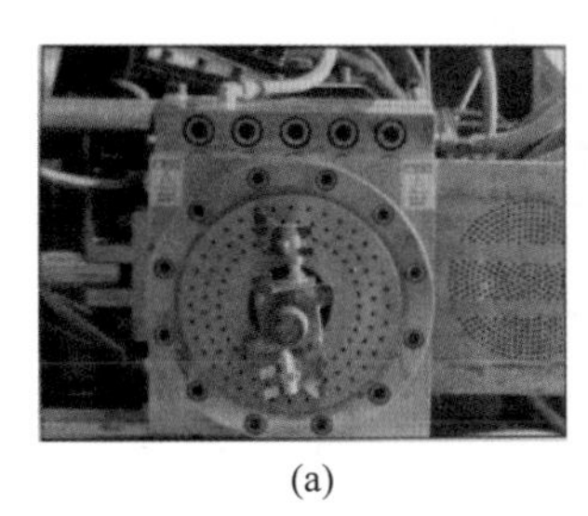

(a)　　(b)　　(c)

图 3-45　双锥螺旋挤压式造粒机的三个关键装置

(a) 造粒机模头；(b) 造粒机双锥螺杆；(c) 切粒装置

行准确控制，可实时准确显示各温度段温度，调节各段温度，升温速率快(≤200℃/45min)，有效避免了陶瓷复合配方物料在长时间的加温过程中可能的黄变。表 3-10 为 LN-V25/40 双锥造粒多功能一体机的技术参数和特性一览表。

**表 3-10　LN-V25/40 双锥造粒多功能一体机的技术参数和特性**

| 参数指标 | LN-VY-25 型 | LN-VY-40 型 | 功能简述 |
|---|---|---|---|
| 螺杆直径 | 25mm | 40mm | 具有一键拉开螺杆的快捷无死角清洁螺杆的功能，本技术填补业内空白 |
| 团状强制喂料单元 | 方式：双锥式 | 方式：双锥式 | 容料开放式的倒梯形，防尘式自动盖<br>快拆清理方便 |
| 机械污染率 | 0.5%～2% | 0.5%～3% | 具体视材料的耐磨程度与物性要求而定 |
| 填料容量 | 5～10kg | 8～20kg | 具体填料视物料的振实密度而定 |
| 模头残留量 | 100～380g | 150～450g | 残留料可重复加热后挤出 |
| 模孔出料直径 | 2.5～4.0mm | 2.5～4.0mm | 精准直径视物料的熔融指数而定 |
| 切粒方式 | 非接触性切粒法 | 非接触性切粒法 | 利拿专利切粒法：确保切粒无污染 |
| 预产能 | 10～30kg/h | 20～60kg/h | 具体产量视配方特性及螺杆转速而定 |

续表

| 参数指标 | LN-VY-25 型 | LN-VY-40 型 | 功能简述 |
|---|---|---|---|
| 螺筒基体材质 | 38CrMoAl | 38CrMoAl | 日本进口优质氮化钢/深度氮化处理 |
| 螺筒螺杆表层硬度 | HRC65-70 | HRC65-70 | 抗接触性疲劳强度较高,有良好的尺寸稳定性和抗蚀性,螺杆悬挂性能强 |
| 螺筒螺杆氮化深度 | 筒 0.70～0.90mm<br>杆 0.65～0.75mm | 筒 0.70～0.90mm<br>杆 0.65～0.75mm | 脆性不大于 11 级,对陶瓷粉造粒具有针对性,氮化时间为 120h 以上 |
| 电控单元 | PLC 编程控制<br>采用施耐德或<br>欧姆龙或西门子等 | PLC 编程控制<br>采用施耐德或<br>欧姆龙或西门子等 | PLC 控制各区温度,运行程序等一键开机、关机及安全连锁 |

图 3-46 为日本公司生产的挤出造粒机,其双螺旋挤压式结构有助于物料均匀,可同时挤出数十根直径为几毫米物料条,然后切割成颗粒。

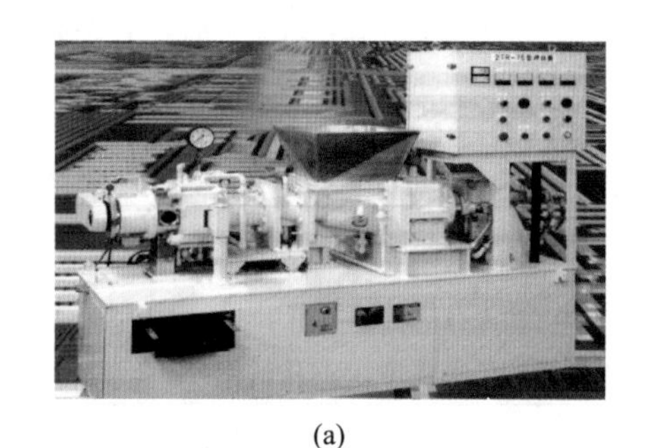

(a)

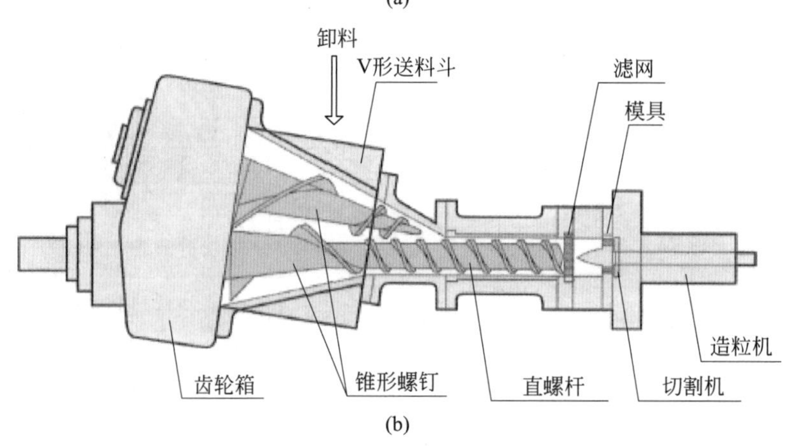


(b)

图 3-46 日本挤出造粒机

(a) 造粒机实物;(b) 内部结构

图 3-47(a)为德国公司生产的一款注射喂料造粒机,该造粒机可以获得塑化均匀性非常好的颗粒料,保证颗粒中黏结剂均匀分布;图 3-47(b)为喂料造粒后颗粒形貌及注射成型生

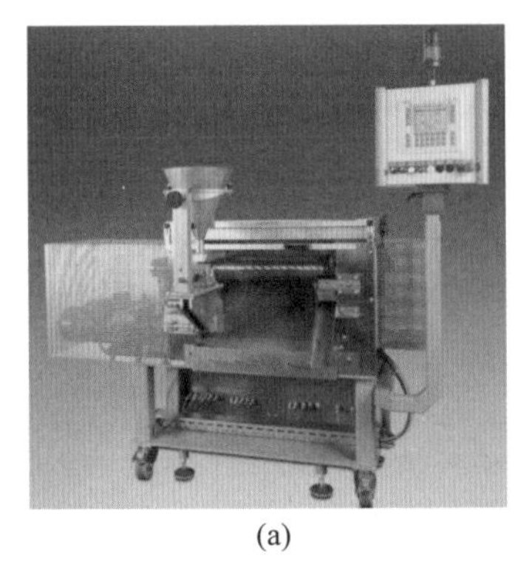
(a)

(b)

图 3-47　德国公司生产的注射喂料造粒机
(a) 造粒机；(b) 造粒喂料及注射成型生产的样品

产的陶瓷杯，造粒机的技术参数见表 3-11。

表 3-11　德国造粒机的技术参数

| 项目 | 单位 | 技术参数 |
|---|---|---|
| 尺寸 | mm | 1800×600×1300 |
| 工作高度 | mm | 1000 |
| 质量 | kg | 约 950 |
| 轧辊直径 | mm | 80～100 |
| 辊身宽度 | mm | 500～700 |
| 驱动功率 | kW | 2×5 |
| 轧辊速度 | r/min | 20～120(可调) |
| 辊缝 | mm | 0.2～1 |
| 轧辊压力 | N | 最大 2×60000(可调) |
| 电机功率 | kW | 12 |
| 生产能力 | kg/h | 0.5～12(取决于被加工材料) |

(3) 喂料的均匀性

理论上最理想的注射喂料的特性是高固相含量、低黏度；在微观形貌上则表现为粉末均匀地分布在黏结剂中，如图 3-48 所示，如果黏结剂过多或过少，如图 3-48(d)和(a)所示，黏结剂偏析将产生，这将导致坯体在烧结过程中发生不一致收缩，从而产生一些导致最终性能恶化的缺陷(如气孔、翘曲及裂纹)。喂料是由陶瓷粉末和黏结剂在混炼机中混炼而成，因此其均匀性主要受黏结剂类型、组成及陶瓷粉末粒径等内因和粉末混合工艺等外因的影响。

喂料的均匀度一般通过两个维度定义：(1)与喂料组成有关的均匀度，如陶瓷粉末在喂料中的含量即固相装载量；(2)陶瓷粉末在喂料颗粒中的分散度。陶瓷颗粒在喂料中的容积率($V_c$)常需要严格的优化才能保证喂料的均匀度，其范围一般为 50%～60%；如果容积率过高($V_c$>60%)，喂料黏度将过高从而难以成型、黏结剂难以充分填满颗粒之间间隙从而在颗粒之间形成内部气孔(如图 3-48(b)所示)，此外，过高的容积率将使颗粒之间距离变窄从而为黏结剂排出带来困难；如果容积率过低($V_c$<50%)，由脱脂及烧结阶段产生的坍塌

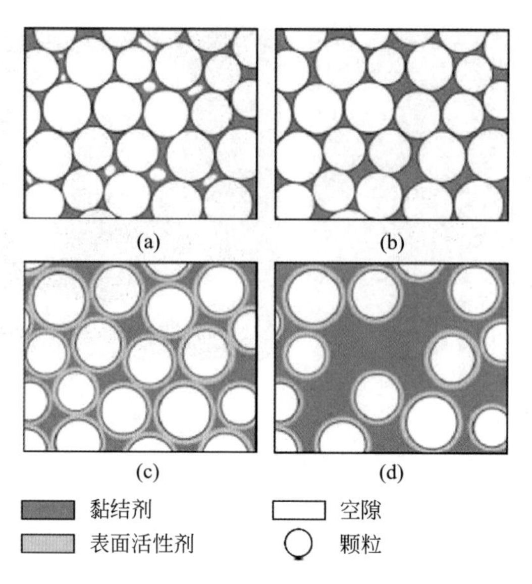


图 3-48 注射喂料与黏结剂的关系

(a) 黏结剂偏少；(b) 临界黏结剂含量；(c) 最佳黏结剂含量；(d) 黏结剂过多

及收缩不一致引发的变形等缺陷将无法避免。此外，低的容积率将使坯体强度及最终产品密度降低，从而为黏结剂排出后的处理带来困难。

#### 3.3.3.2 陶瓷注射成型机

陶瓷注射成型机的结构和工作原理与塑料注射成型机基本相同，有卧式和立式两种。目前大都使用卧式往复螺旋式注射机，其内部结构如图 3-49 所示。注射机的主要技术参数有公称注射量、注射压力、注射速率、塑化能力、锁模力、合模装置的基本尺寸、开合模速度、空循环时间等，这些参数是设计、制造、购置和使用注射成型机的依据。

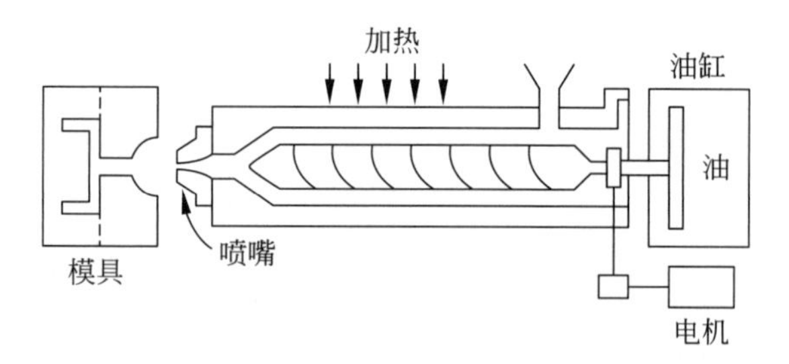


图 3-49 注射机结构

图 3-50 为广东诺恩公司生产的陶瓷注射机，该机采用独特的四缸全液压锁模结构，提高了开、合模的平稳性、高效性、精密性、安全性、耐用性等；具有以下性能特点：(a)精密：采用四缸全液压锁模结构，四个锁模油缸油路相通，移模、锁模同步进行，使模具受力均匀，并由模具分型面定位，重复精度高，稳定性好；锁模力可以通过电脑准确设定，而且可以从锁模油缸中的压力传感器直接将信号反馈给电脑，不受环境温度等因素的影响。(b)高速：小径移模油缸快速移模，大径锁模油缸为再生油回路。(c)安全：保护模具，不存在力的放大区，低压护模区的大小可以通过电脑设定，没有传统液压式结构内泄漏及吸真空等造成的爬

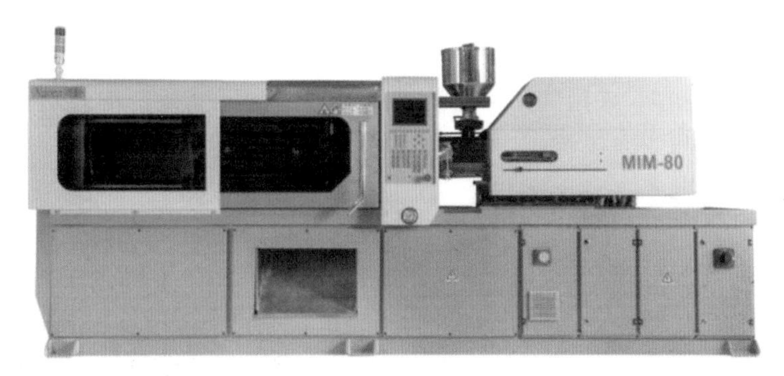


图 3-50　陶瓷专用高速注射机

行现象，具有低压护模功能。(d)适用范围广：开模行程比普通注射成型机长 1/3 以上，可实现注射-压缩成型，在精密成型、深腔及复杂制品的制造上具有很大优势。(e)方便耐用：无须调模，可直接设定多级锁模力和移模速度，移模导向性好，开、合模平稳，噪音低。机械磨损小，受力线短 40%，系统刚性高。模具受力均匀，受高压时间短，可延长模具寿命 50% 以上。

该注射机的锁模单元和注射单元结构如图 3-51 所示，其中锁模单元为独特的四缸全液压系统，注射单元采用精密的单缸一线式注射结构。

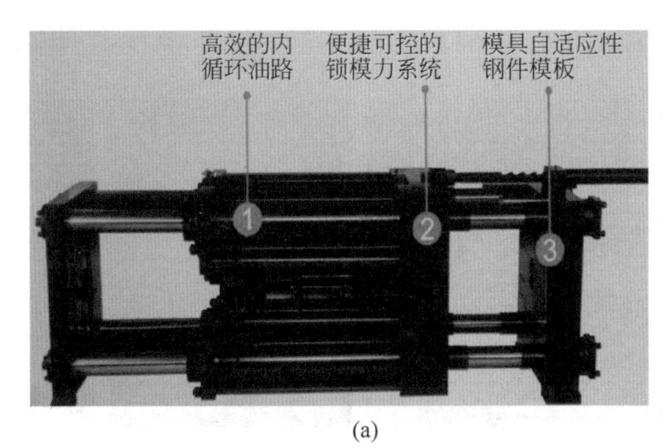


(a)

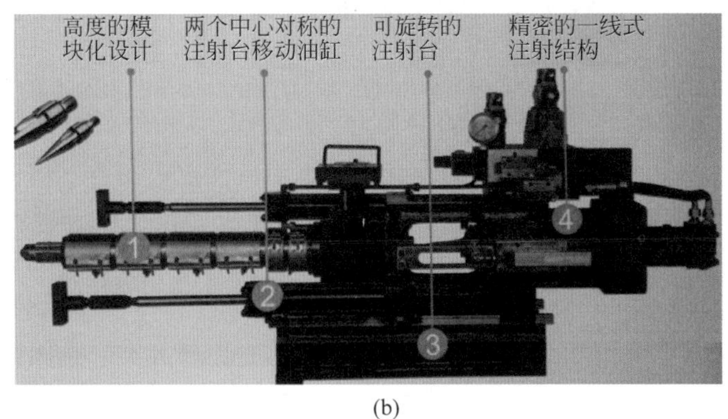


(b)

图 3-51　注射机的锁模单元和注射单元结构

(a) 锁模单元；(b) 注射单元

图 3-52 为德国阿博格公司陶瓷注射成型机，该注射机具有优异的耐磨性和物料注射过程的精密控制系统，可用于氧化锆、氧化铝、氮化硅等氧化物和非氧化物陶瓷零部件的成型制备，还是在 21 世纪初期，采用阿博格注射机就成型制备了氧化锆陶瓷结构件用于西门子高端 s68 手机的后盖和侧面按键。

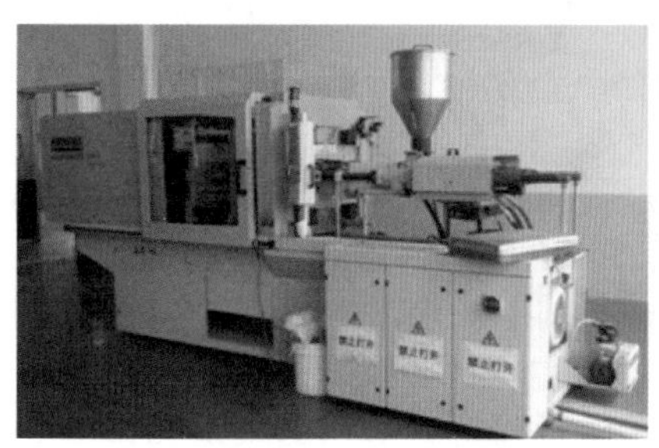

图 3-52 德国阿博格公司注射机及生产的彩色陶瓷手机背板

近几年来，法国圣戈班公司与日本企业联手开发了氧化锆陶瓷手机背板注射成型自动化生产线，如图 3-53 所示，其突出优点是：(a)喂料适合大尺寸复杂形状构件注塑成型；(b)尺寸控制好，收缩与变形小；(c)良品率高，可加工性强；(d)脱脂工序短，溶剂循环使用，无毒环保；(e)节省时间和制造成本。此外，该手机陶瓷背板具有良好的力学性能：断裂韧性为 15MPa・$m^{1/2}$，抗弯强度达到 1000MPa，以及高的抗冲击性能和抗摔性能，介电性能良好，有优异的信号透过性能。

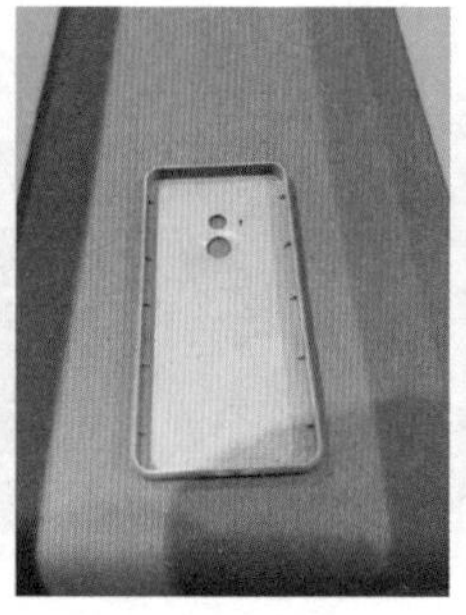

图 3-53 圣戈班氧化锆陶瓷手机背板注射成型坯体与自动化生产线

### 3.3.4 陶瓷注射成型用有机载体

有机载体，包括有机黏结剂、增塑剂、润滑剂、表面活性剂等具有不同性质和功能的有机物，因为它们提供陶瓷粉末注射成型过程中的流动性和成型体强度，但烧结前要脱除，故称有机载体。

(1) 热固性和热塑性黏结剂

有机载体中的主要高聚物黏结剂可分热固性和热塑性两大类。热固性树脂因其流动性和成型性较差已很少使用。而热塑性树脂因其流动性及结合性均较佳，得到较为广泛使用。像聚乙烯(PE)，聚丙烯(PP)、聚丁烯这样的聚烯烃，首先得到应用，因为这类聚合物有足够流动性和结合强度，并能通过分子量大小及分布的选择来调节其热降解特性。随后，聚苯乙烯(PS)、聚甲基丙烯酸甲酯(PMMA)、乙烯-醋酸乙烯酯共聚物(EVA)这类热塑性树脂又被引入陶瓷注射成型，特别是 EVA 的综合性能较好，使用较多。针对某些树脂热性能差，易从坯体内熔出、分解及挥发而使成型体产生变形和龟裂，日本志智雄之等认为使用乙烯-丙烯酸乙酯共聚物（EEA），乙烯-乙烷基丙烯酸树脂作结合剂是极有效的。齐藤胜义对注射成型用 PE、PP、EEA、EVA、PS 及纤维类树脂、聚酰胺树脂的性能与结构进行分析后指出，采用不同的热塑性树脂时，其玻璃化转变温度（Tg）不应重合，可由分子量大小调节 Tg，聚合物的分解以末端基分解的"拉链"型为主，并且应与其他类型的结合剂有良好相容性。J. Woodthorpe 等人研究了以低分子量聚丙烯（LMPP）、无规聚丙烯（APP）和等规聚丙烯（IPP）为主要黏结剂，微晶石蜡（Wax）为辅助黏结剂的 Si 粉注射成型配方，发现当 PP∶Wax＝3∶1 时，具有高的熔体流动指数，并认为引入低分子量 APP 可产生一个更稳定的初始失重，改善部件的质量。

（2）增塑剂和润滑剂

由于陶瓷注射成型中固相体积分数达 50%以上，仅靠热塑性树脂聚合物提供流动性是有限的，难以获得完好的注射充模过程。还需要引入增塑剂和润滑剂。许多研究表明：增塑剂可减弱高聚物大分子之间结合力，降低其玻璃化转变温度（$T_g$），从而减小其黏度，增加柔软性。润滑剂分子间内聚能较低，在高温下与聚合物相容性增大，同样可削弱聚合物分子间内聚力，减小其摩擦，降低熔体黏度，增加流动性。像邻苯二甲酸二丁酯（DBP）、邻苯二甲酸二乙酯（DEP）、邻苯二甲酸二辛酯（DOP）、邻苯二甲酸丙烯酯、石蜡、微晶石蜡等增塑剂和润滑剂在陶瓷注射成型中都有较为成功的应用。

（3）表面活性剂

表面活性剂包括硬脂酸（SA）、油酸（OA）、羟基硬脂酸（HSA）、硅烷等，表面活性剂在很大程度上控制着陶瓷喂料的性质，喂料的稳定性可随陶瓷颗粒表面更厚的吸收层而增加。Dean-Mo Liu 等进行了硬脂酸、油酸、羟基硬脂酸的对比研究，他们指出，由于这三类脂肪酸具有大致相同的分子长度，用作表面活性剂时，喂料的稳定性就决定于陶瓷颗粒表面的吸收。他们的实验结果表明，不同表面活性剂作用的喂料黏度是 $\eta_{SA}<\eta_{OA}<\eta_{HSA}$，从而表明了硬脂酸在颗粒表面的吸收层最厚。

（4）有机物之间的相容性

聚合物之间或是聚合物与增塑剂或润滑剂之间的相容性是必要的，若有机载体系统内相容性差，则不能有效地降低混合物黏度，注射成型过程中有机物产生大量偏析，结合剂与模具相分离，不能获得组分均匀的成型体。齐藤胜义认为，不但要求有机载体间具有良好的相容性，并且有机物与陶瓷粉料的润湿性要好，才可获得均匀、无空隙、无缺陷的混合物熔体与成型体。谢志鹏等研究了多种有机物的相容性及对陶瓷粉料的润湿性，通过 DSC、SEM 和溶度参数计算表明：石蜡、硬脂酸、邻苯二甲酸二丁酯之间具有很好相容性，聚乙烯、乙烯-醋酸乙烯酯共聚物（EVA）之间以及它们与上述小分子有机物也具有较好的相容性。此外，这些有机物与氮化硅粉体均具有很好的浸润性，适合氮化硅陶瓷的注射成型。

（5）有机黏结剂体系与脱脂方式

依据脱脂方式不同，有机黏结剂体系通常可以分为蜡基黏结剂，塑基黏结剂，水基黏结剂三大类。(a)蜡基黏结剂体系是以石蜡为主的有机载体，包括聚乙烯、聚丙烯、聚苯乙烯、乙烯-醋酸乙烯共聚物、石蜡、硬脂酸、邻苯二甲酸二丁酯等；石蜡基黏结剂体系一般采用热脱脂及溶剂脱脂工艺脱除黏结剂；(b)塑基黏结剂体系是以聚甲醛为主的有机载体，主要包括聚甲醛、聚乙烯、乙烯-醋酸乙烯共聚物、石蜡等，采用催化脱脂；(c)水基黏结剂体系是以聚环氧乙烷、聚乙二醇、聚甲基丙烯酸甲酯、聚乙烯醇缩丁醛、醋酸丁酸纤维素为主要的有机载体；或者是甲基纤维素，琼脂糖，淀粉体系。

上述三类有机黏结剂体系各有其优点和缺点，适合产品的尺寸大小、形状复杂程度、尺寸精度也不同，对应的脱脂方法和脱脂效率等也不同，见表 3-12。

**表 3-12 不同脱脂方法及特点一览表**

| 脱脂类型 | 工艺特点 | 可能存在的问题 |
| --- | --- | --- |
| 热脱脂 | 工艺简单、价格低廉、应用比较广泛 | 速率慢（尤其是厚壁零件）、软化的液相或分解的气相易导致变形、鼓泡、裂纹等 |
| 有机溶剂脱脂 | 脱脂速率较快 | 溶剂须回收和环保，坯件溶胀或随后热脱脂可能产生裂纹等 |
| 催化脱脂 | 注射零件保型性好、脱脂快捷安全 | 酸催化和裂解产物污染，需专门的酸化设备，需环保 |
| 水脱脂 | 安全、环保、高效，特别适合厚壁零件 | 注塑坯体硬化慢，强度偏低，工艺不够成熟 |

### 3.3.5 氧化锆粉末表面改性及其作用

表面活性剂分子中一部分基团可与陶瓷粉末表面的活性基团键合，另一部分基团则与有机物结合，将两者联系在一起，改善聚合物与陶瓷粉末的相容性与结合性。硬脂酸是一种表面活性剂，分子的一端是带有羧基的极性基团，另一端为油溶性的烃基基团，是陶瓷粉体良好的表面改性剂。

(1) 硬脂酸表面活性剂的改性作用

谢志鹏和王霖林等研究了硬脂酸作为表面活性剂对四方相氧化锆（Y-TZP）陶瓷粉末的表面改性，图 3-54 是三种含量的硬脂酸表面活性剂吸附于氧化锆粉体颗粒表面的 TEM 照片，可见三种体系的粉体周围均包覆了一层硬脂酸分子膜。对于含 0.5%（质量分数，下同）硬脂酸的体系，硬脂酸包覆层较薄，约为 0.5～0.8nm，包覆层不均匀；对于 1.5%和 3%的体系，硬脂酸包覆层很均匀，包覆层厚度分别为 1.93nm 和 3.82nm，这与理论计算值比较符合。

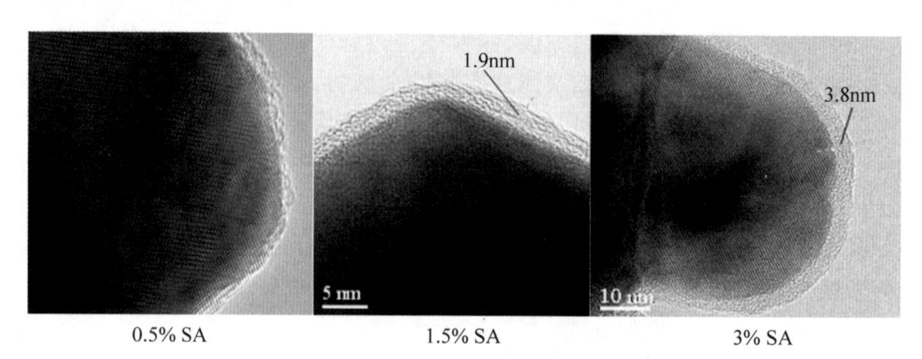


图 3-54 氧化锆粉体颗粒表面吸附硬脂酸包覆层的 TEM 照片

采用黏度法可以表征氧化锆粉体的改性效果，较高固相含量的固液悬浮体的黏度与颗粒表面和液体的亲和作用相关。在同一温度和剪切速率下，黏度低，说明粉体改性效果好，体系相容性好。采用微晶石蜡与改性后的粉体混合，100℃下，用圆筒黏度计测量，剪切速率为 500$s^{-1}$,测试体系黏度与硬脂酸添加量的关系如图 3-55 所示。

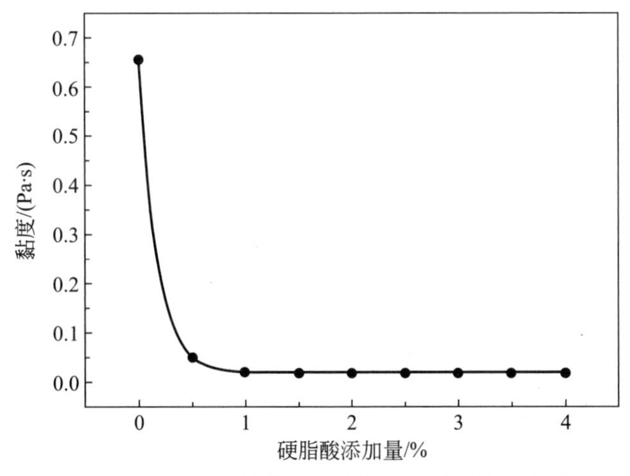


图 3-55　氧化锆-石蜡体系黏度与硬脂酸添加量的关系

由图可见随硬脂酸添加量的增加,氧化锆表面由亲水性向亲有机性变化,体系黏度不断降低,当氧化锆含量超过 1.5%时,体系黏度基本不变,此时硬脂酸的量为最佳用量,之后再增加的硬脂酸,只是分散在石蜡体系中起稀释作用,不对氧化锆表面起改性作用,故这之后体系的黏度随硬脂酸用量的增加变化不大。

有关硬脂酸与氧化锆表面作用机理,通过红外光谱分析可以看出,硬脂酸与氧化锆表面的羟基发生了下述酯化反应:

$$ZrO_2—OH + HOOCR \longrightarrow ZrO_2—OOCR + H_2O$$

硬脂酸分子链的长度在 1.9nm 左右,当硬脂酸添加量为 1.5%(质量分数,下同)时,其包覆层厚度为 1.93nm,此时,硬脂酸与氧化锆表面的羟基发生反应后,烃基链段自然地伸向四周,粉体的周围恰好能布满硬脂酸的单分子层;如果继续加大硬脂酸的用量(3%时),增加的部分只能靠物理吸附包覆在周围。这一假设与计算的流变性结果恰好符合。图 3-56

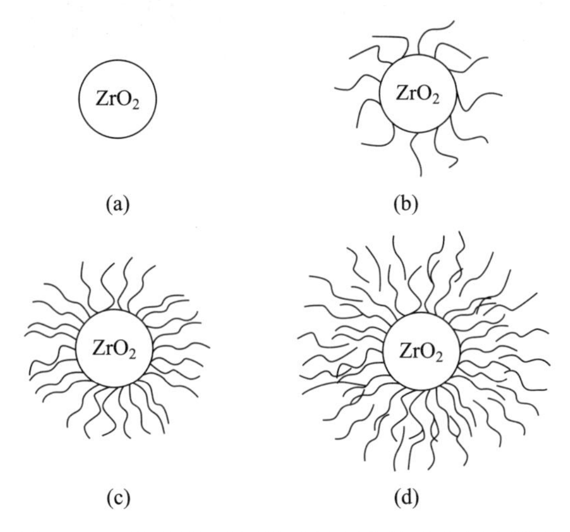


图 3-56　不同硬脂酸用量改性氧化锆粉体微观模型

(a) 纯氧化锆;(b) 不足 SA 包覆;(c) 单分子层包覆;(d) 过量 SA 包覆

为硬脂酸改性的微观模型。

（2）油酸表面活性剂的改性作用

温佳鑫和谢志鹏的研究表明，采用油酸也可对氧化锆等粉体进行表面改性，从而增加喂料固相含量，减小混炼时黏度，改善其流动性。图 3-57 为改性前后粉体颗粒及颗粒表面 TEM 图。由图可知，改性粉体比未改性粉体展现出更优异的分散性，且通过高分辨率透射电镜（HRTEM）观察发现，一层约为 2nm 的无定形膜吸附在改性陶瓷颗粒表面，而在未改性陶瓷颗粒表面却没有，推测这层薄膜是通过预球磨引入的油酸在陶瓷颗粒表面发生化学反应所形成的。

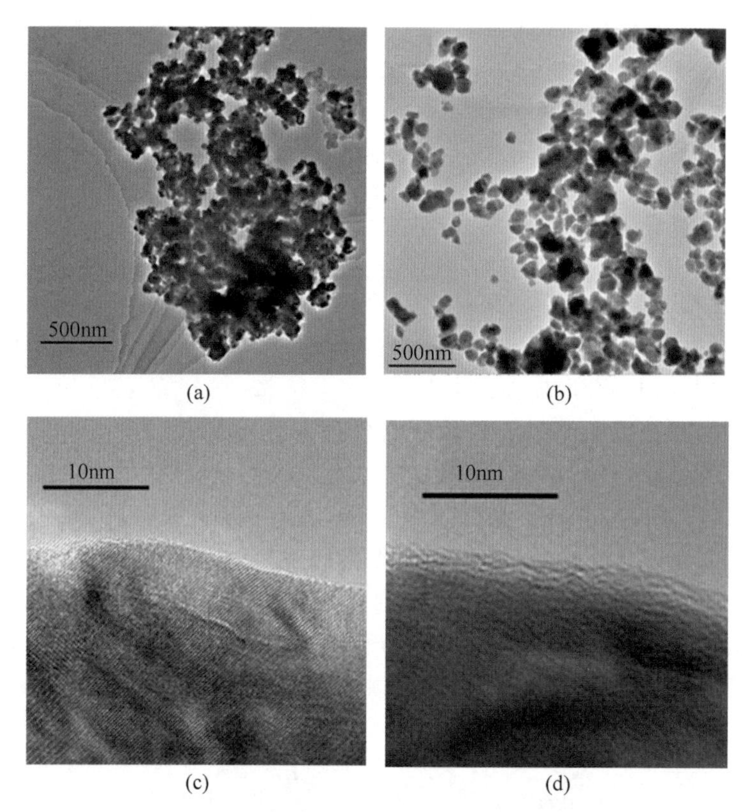


图 3-57 改性前后 $ZrO_2$ 粉体分散及其表面状态

（a）、（c）为粉末表面改性前状态；（b）、（d）为粉末表面改性后的分散状态

注射坯体常常由于粉体自身的团聚带来一些缺陷，而油酸可通过改善粉末的分散状况使这些缺陷得以减少。由于未改性粉末表面常表现为极性及亲水性，因此其与有机黏结剂常常相容性较差，从而在高剪切速率下喂料常常发生粉末与黏结剂分离，如图 3-58（a）、（c）所示，使用未改性粉末的生坯及水脱脂后素坯展现出较大的团聚，脱脂后遗留下较大尺寸的裂痕，如图中红色圆圈所示；而经过油酸改性后，陶瓷颗粒表面的化学极性从亲水性变为疏水性，从而改善了陶瓷颗粒与黏结剂的相容性，有效地减少生坯的团聚，同时使脱脂后素坯气孔分布均匀，见图 3-58（b）、（d）。此外，这种均匀的气孔依然在热脱脂后的素坯中得以保持，如图 3-59 所示，同时，使用改性粉体的热脱脂素坯气孔分布更为集中，这为获得更高强度及更少缺陷的烧结体提供了可能。

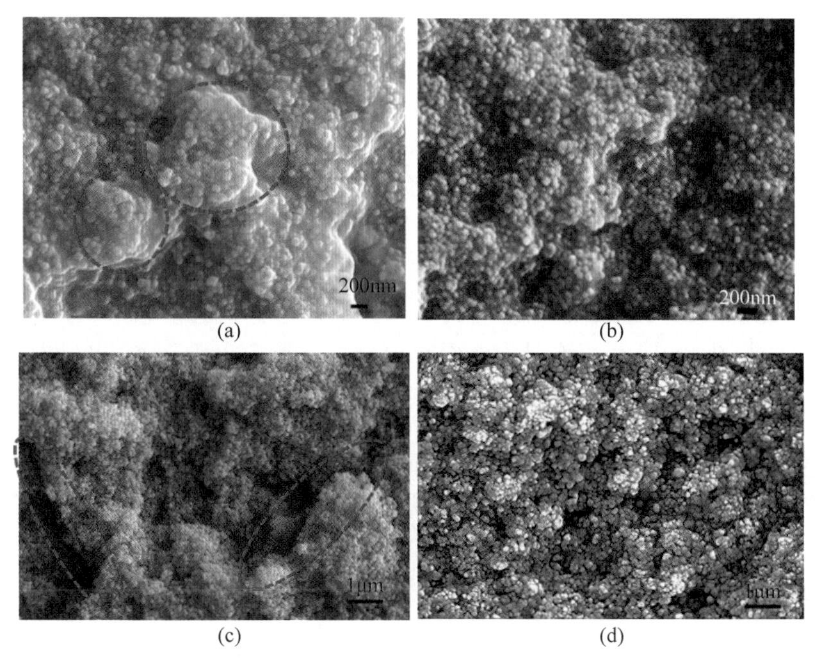


图 3-58　不同氧化锆粉末生坯及水萃取脱脂后素坯形貌

生坯形貌：(a) 未改性粉末，(b) 改性粉末；水脱脂后形貌：(c) 未改性粉末，(d) 改性粉末

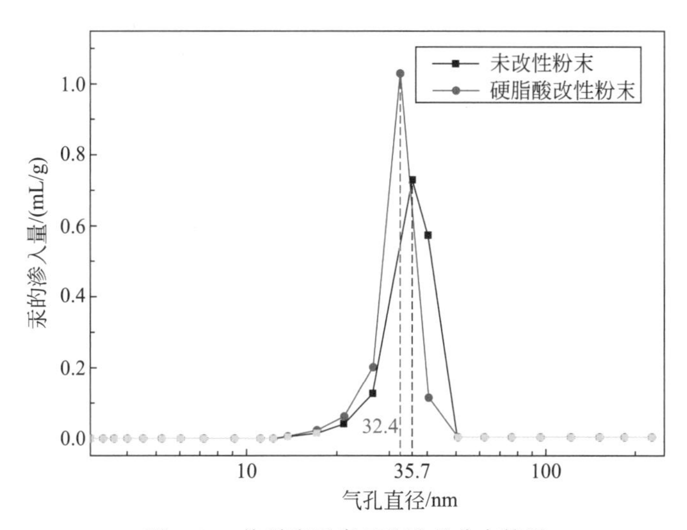


图 3-59　热脱脂后素坯的孔径分布情况

### 3.3.6　注射充模过程及工艺参数调控

注射成型陶瓷部件时，颗粒状的注射喂料送入注射机料管里同时将其加热使其成为半流动状，注塑材料通过封闭的浇道系统注入模具的型腔内。通常聚合物和石蜡基成型原料在模具中加热到 130～200℃，然后通过喷嘴以 50～150MPa 的压力注射进入型腔。

上述陶瓷注射成型过程中的工艺参数主要包括：注射温度、注射压力、注射速度、保压压力、保压时间。这些参数控制直接影响成型坯体的质量和缺陷的形成。

(1) 注射压力与充模

在注射过程中必须有足够的压力,因为充模过程要克服熔体黏性阻力、推动熔体前进的压力损失及摩擦阻力损失。前者通常称为动态压力损失,后者为静态压力损失。压力损失的大小不仅与模具的浇口、流道有关,且与熔体本身温度及注射压力有关。在相同的注射压力下,熔体温度愈高,其压力损失愈小,对于动态压力损失尤为显著,对于静态压力损失而言,随注射压力提高,损失增大。

注射压力的确定应与流道、浇口及模具内总压力损失联系起来考虑。通常注射压力为20～200MPa,当然这还与成型部件大小有关。杨现锋等人研究了注射成型的充模实物图及充模过程模拟,如图3-60所示,该图为注射充模过程不同阶段的照片,可以看出,注射熔体向周围扩展至整个模腔,最后到达底部。显然,注射压力过小,会影响充模过程完整。

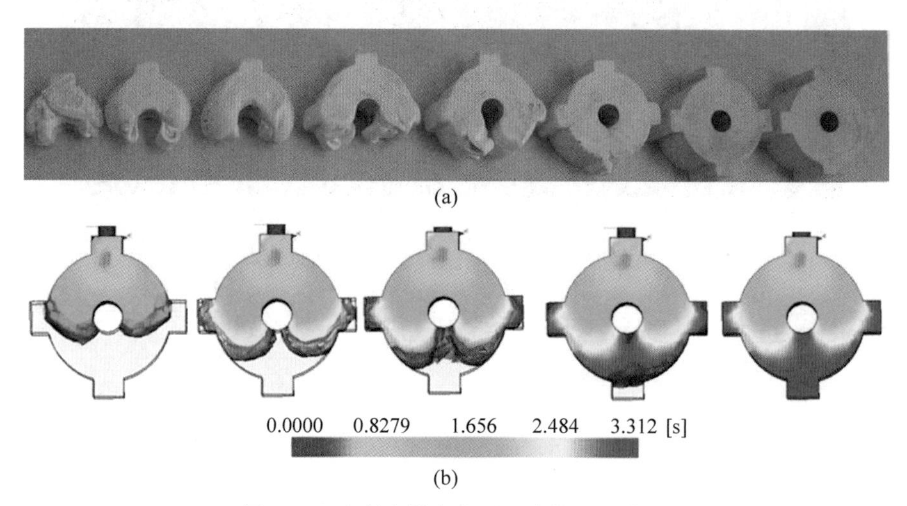


图 3-60 注射充模实物图及充模过程模拟

(2) 注射速度及浇口设计

注射速度直接影响到熔体进入模腔后的填充速率。一些研究认为:对注射较大制品,若注射速度过小,熔体充模缓慢,而陶瓷注射料导热系数远比塑料高,若不能同时充填,因冷却太快而不能缠结在一起而形成焊接线。反之,高速充模,对模具设计要求很高。许多研究表明,若模具浇口设计不合理,非常容易产生射流而形成编织线,见图3-61(a);为了获得理想的充模状态,浇口位置的设计应合理,使充模过程形成较为稳定的熔体流,见图3-61(b)。

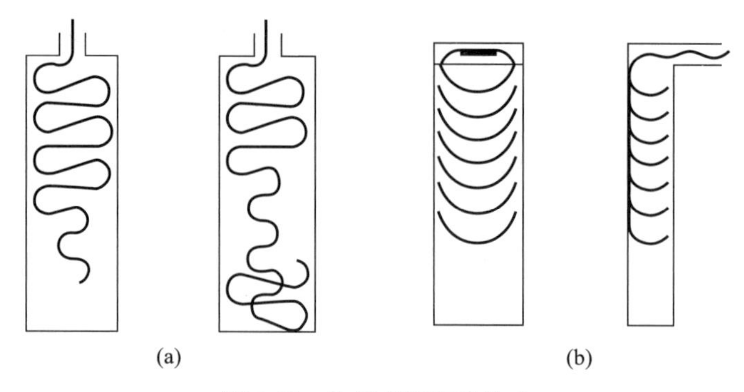


图 3-61 注射充模流动状态

清华大学杨现锋等采用 Moldflow 软件对不同浇口设计的模具进行了注射成型的模拟研究，其中对于制品的注射成型，采用双浇口系统注射时容易产生焊接区等缺陷，而采用四浇口系统注射时可获得完好的环形坯体，这与实际情况相吻合，如图 3-62 所示。

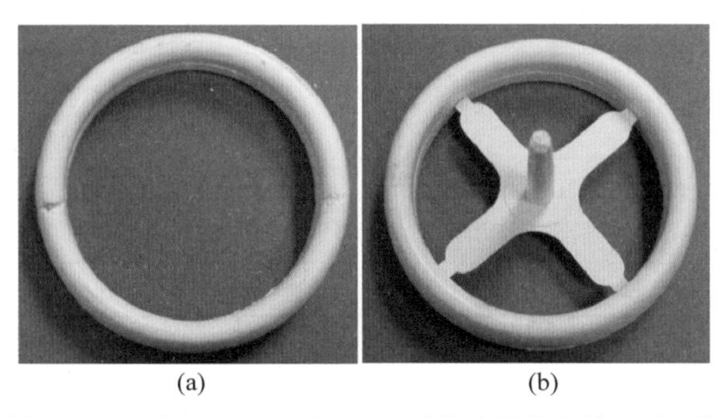


图 3-62 双浇口(a)和四浇口(b)系统注射获得的环形坯体

注射熔体的温度也是一个重要参数。若从充模效果考虑，提高熔体温度在不同程度上可降低熔体黏度，对熔体的充模有利；但一些研究表明：过高的温度易导致有机物挥发，使有机物总量减少而影响黏度，另外若挥发物不能从模具内有效排除，还可能会在坯体内产生气泡。根据使用的黏结剂体系不同，注射温度一般在 150～220℃。

综上所述，注射压力、注射速度、注射温度等注射参数都会影响成型的陶瓷坯体质量，因此必须根据注射混合料具体配方和特性进行合理调控。

### 3.3.7 成型坯体脱脂方法及设备

注射成型使用的有机黏结剂在烧结之前，在不产生缺陷的前提下，通过物理、化学等方法脱除有机黏结剂的过程，被称为脱脂。脱脂过程也是最重要的一个阶段，它在某种程度上决定了最终产品的质量，因为陶瓷材料中绝大多数的缺陷都在脱脂阶段形成，比如裂纹、气孔、变形、鼓泡等情况，并且在脱脂过程中产生的缺陷也是无法通过后期的烧结阶段来弥补的，图 3-63 为成型坯体脱脂后可能出现的缺陷示意图。

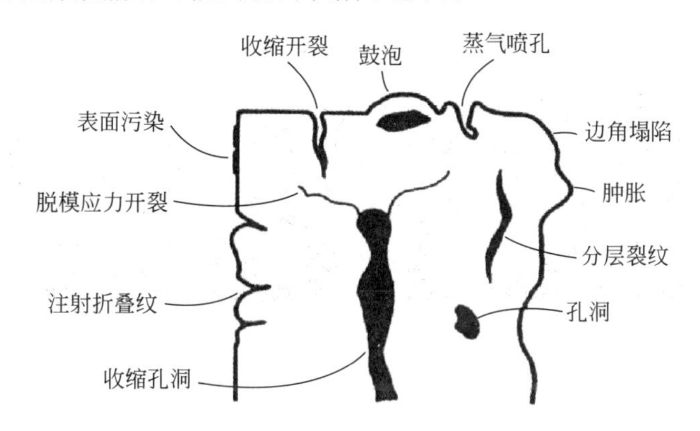


图 3-63 注射成型坯体脱脂后可能出现的缺陷

脱脂是陶瓷注射成型最耗时和关键的步骤，其工艺主要与所使用的黏结剂有关，表 3-13 列出了几种常用脱脂工艺的优缺点对比。

表 3-13 几种脱脂工艺的优缺点比较

| 脱脂方式 | 优点 | 缺点 |
| --- | --- | --- |
| 热脱脂 | 工艺简单、成本低、无需专门的设备、投资少、无环境污染 | 脱脂慢，为 0.1mm/h，脱脂时间长，只适用于小件，易起泡、开裂、坍塌 |
| 溶剂脱脂 | 脱脂速度快，脱脂时间短 | 工艺复杂，需要小心处理，需增加设备，成本高，对环境和人体有害，存在变形 |
| 催化脱脂 | 脱脂速度快，为 1～2mm/h，可生产较厚(<40mm)零件，无变形 | 分解气体有毒，需专门设备和酸处理，投资大 |
| 水基萃取脱脂 | 缩短脱脂时间，无变形，对环境无污染 | 黏结剂体系有限 |

### 3.3.7.1 热脱脂工艺

(1) 热脱脂过程及机理

热脱脂是发展较早且应用最广泛的脱脂工艺，其设备简便，成本较低，特别适合截面尺寸较小的精密陶瓷部件。其原理是通过加热方法把坯体中的有机黏结剂进行分解、熔融、挥发和裂解来脱除。但是由于黏结剂组分受热软化，导致坯体在重力和热应力作用下易产生黏性流动变形，因此热脱脂的速率非常缓慢，脱脂时间特别长，对于厚壁的陶瓷部件更是这样。尤其是在脱脂初期，低熔点的有机物无法排出而在坯体内部产生较高压力，容易导致坯体产生鼓泡、裂纹和变形等缺陷，所以热脱脂的工艺关键是提高粉末的装载量，增大脱脂温度范围，且对制品的截面厚度有一定的限制，一般控制在 10mm 以内比较合适。

热脱脂是一个非稳态传热和传质过程，液相黏结剂及其气相产物在空间上的分布随时间的变化而变化。根据坯体结构的变化可以把热脱脂过程分为三个阶段：初期，坯体仍被有机黏结剂充满，坯体表面由于黏结剂的挥发变得"粗糙"，如图 3-64(a)所示；中期，液/气界面由坯体表面向内推进，坯体内逐步形成贯通气孔，如图 3-64(b)所示；后期，具有贯通气孔结构的疏松坯体继续在较高温度下排出剩余黏结剂，形成陶瓷颗粒弱结合的坯体，如图 3-64(c)所示。

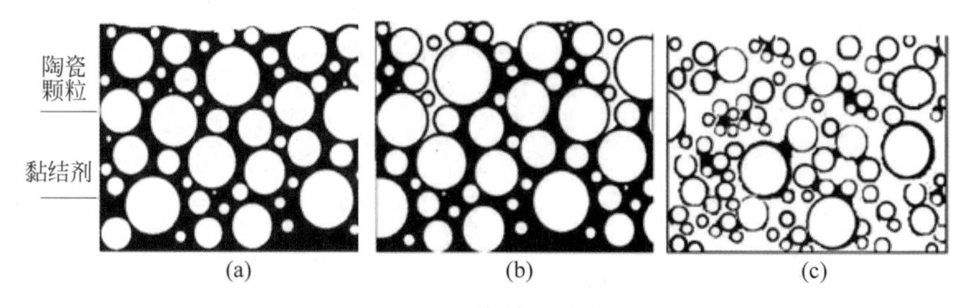


图 3-64 热脱脂过程
(a) 初期；(b) 中期；(c) 后期

热脱脂过程中的主要传质方式有两种：液相传质和气相传质。液相传质是指熔融态的有机组分在毛细管力作用下在孔道中的迁移，它伴随脱脂的整个过程。气相传质有两种：(1)挥发或者裂解的气相产物在液相中的扩散；(2)气相产物在气孔中的渗透或扩散。

不同热脱脂阶段的坯体结构变化及其传质机理不同。脱脂初期主要是毛细管力作用下的黏结剂迁移,如图3-64(a)所示;在脱脂的中、后期,除了毛细管作用下的液相迁移外,气相产物在液相中的扩散或者在气孔中的扩散或渗透等传质途径逐渐占据主导地位,如图3-64(b)所示,挥发或裂解产生的气相产物首先通过在液态黏结剂中扩散迁移到已经形成的气孔中,然后通过这些气孔到达坯体表面排出。气相产物在液相中的扩散过程由Fick定律控制:

$$J=\frac{-D\Delta C}{L}$$

式中$J$为扩散通量,$D$为有效扩散系数,$\Delta C$为浓度差,$L$为扩散距离。

Cima M J等的研究表明,当黏结剂排出40%时,坯体内就形成了贯通的气孔网络,脱脂进入后期阶段,如图3-64(c)所示。在此阶段,黏结剂的气相产物可以迅速到达孔隙通道,虽然决定性步骤仍然为气相在孔隙中的渗透,但由于气孔网络是贯通的,并且和坯体表面连通,内部气压不会超过一个大气压,不会产生鼓泡开裂等缺陷,可以采用较快的升温速率排出剩余黏结剂。

在热脱脂过程中对升温速率的要求也很高。在软化温度以下,可容许的升温速率因坯体尺寸而异;当温度到达软化温度以上的时候,升温速率必须控制得非常低,否则会因为内部分解气体而无法顺利排出,逐渐形成内部应力致使生坯鼓泡或者开裂,图3-65为不同温度和升温速率与缺陷产生的关系。

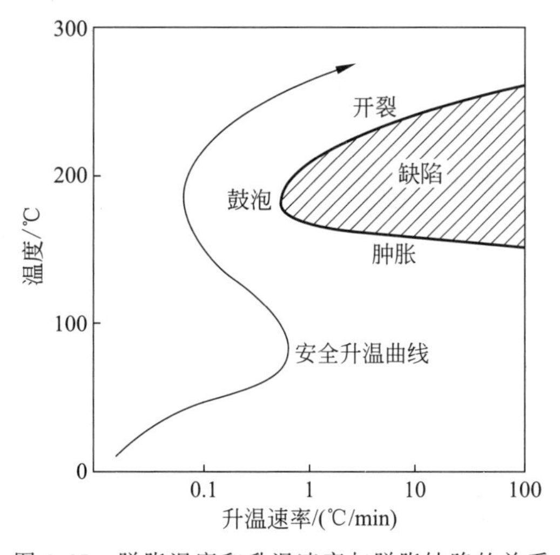


图3-65 脱脂温度和升温速率与脱脂缺陷的关系

热脱脂的气氛有氧化气氛、惰性气氛以及真空等,不同气氛对裂解速度和裂解活化能都会产生影响。例如,在起始阶段200~300℃,氧气阻滞某些高聚物(如PMMA)的分解,而在更高的温度下氧气可以促进随机裂变而加速热裂解过程。谢志鹏等的研究发现,空气中发生的氧化降解所需能量与有机物分子量大小关系不大,而在氮气气氛中发生的热降解反应随着反应优势转化,大分子量组分降解所需能量增大。Wright J K等的研究表明,聚烯烃的混合物在惰性气体中热裂解行为和单一组分的叠加比较接近,但在氧化气氛中却相去甚远。

(2) 热脱脂排胶炉

由于热脱脂过程中占陶瓷坯体质量的12%~18%的有机物分解逸出,脱脂炉不仅需要良好的升温与降温控制，而且需要保证有机物废气的及时排出。对于中小批量产品脱脂可以采用热风循环箱式脱脂炉，如图 3-66 所示，该脱脂炉的热风循环有利于炉内温度均匀性，另外裂解式尾气净化装置为净化管道多层气流挡板设计，可有效提高尾气净化的效果。对于规模化大批量注射成型坯体的脱脂，通常采用隧道推板式排胶炉，见图 3-67，该排胶炉依据排胶工艺和加热元件本身特性，采用等直径电阻丝棒上下加热，电阻丝外套刚玉莫来石保护管，有效地提高发热元件使用寿命，设备的技术参数如表 3-14 所示。

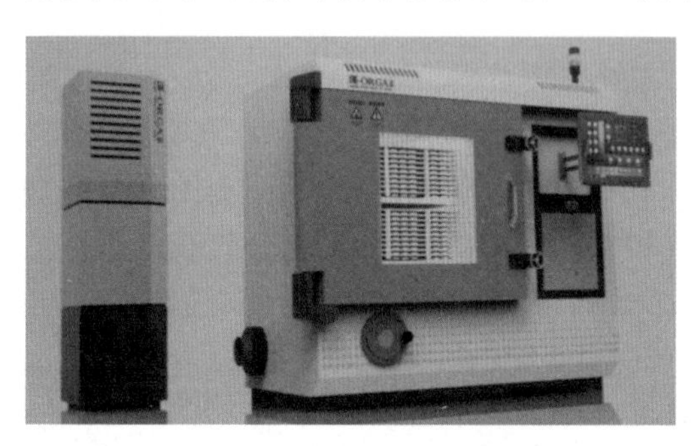

图 3-66 热风循环箱式脱脂炉

图 3-67 陶瓷排胶专用隧道推板式脱脂炉

**表 3-14 隧道推板式脱脂炉技术参数**

| 设备型号 | GTB-34/40/10 | 炉膛高度 | 400mm |
|---|---|---|---|
| 最高温度 | 800℃ | 炉膛长度 | 22000mm |
| 控温精度 | ±1.0℃，采用进口单回路，调节仪控制 | 推板尺寸 | 340mm×360mm×40mm（宽×长×高） |
| 控温点数 | 10 点 | 推板材质 | 刚玉莫来石（$Al_2O_3$） |
| 主推进器 | 液压油缸推进 | 最大升温功率 | 约 145kW |
| 推重 | ≤6t | 主推工作速度 | 700～2100mm/h，连续可调 |
| 外形尺寸 | 约 25600×1900×1700mm（宽×长×高） | 温区个数 | 10 个 |
| 废气排放系统 | 在升温段设置 6 组烟囱，用于排水、排出有机物、调节炉压；在降温段设置 1 个烟囱，用于辅助降温。全段设计有强制进风口，便于排胶 | | |
| 废气处理系统 | 采用高温燃烧裂解处理 | 加热方式 | 电加热、天然气加热 |

(3) 热脱脂注射成型产品实例

目前,热脱脂注射成型主要应用于小尺寸陶瓷产品,如光通信光纤连接器用 Y-$ZrO_2$ 陶瓷插芯和陶瓷套筒,陶瓷插芯注射坯件和烧结后产品如图 3-68 所示,陶瓷插芯内孔直径只有 0.125mm,外径为 2.499±0.0005mm(外径真圆度<0.001mm),同时要求极高的同心度和表面光洁度,外径和内径的偏心度≤0.0007mm。

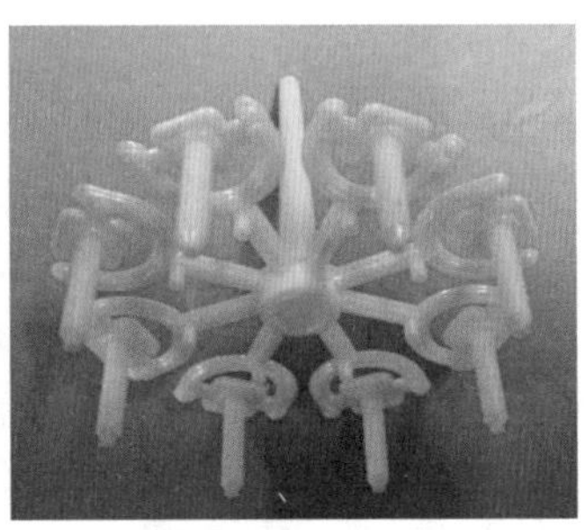

图 3-68　Y-$ZrO_2$ 陶瓷插芯注射坯件与烧结件

又如半导体领域应用于键合引线的 $Al_2O_3$/$ZrO_2$ 陶瓷劈刀,呈锥形和台阶状,如图 3-69 所示,其孔径大约 45μm,尖端内孔直径大约 19μm,要求极高,目前日本、美国、瑞士和中国采用精密注射成型和热脱脂已批量化生产。

图 3-69　半导体领域键合引线的 $Al_2O_3$/$ZrO_2$ 陶瓷劈刀

瑞典(北京)偌派公司采用注射成型开发出系列智能穿戴陶瓷产品;日本索尼公司开发了手机机壳连接音乐播放器的陶瓷外观件,如图 3-70 所示。

图 3-70　手机机壳连接音乐播放器的陶瓷外观件

### 3.3.7.2　水基萃取脱脂工艺

水基萃取脱脂最早于 1992 年由美国 Thermal Precision Technology 公司开发,起初用于精密金属粉末的注射成型，随后应用于结构陶瓷粉末的注射成型。该方法所用黏结剂分可为两部分，一部分是水溶性的，另一部分是不溶于水的。通常采用聚乙二醇(PEG)或聚环氧乙烷(PEO)为水溶性黏结剂，作为第一组元，采用交联聚合物如聚乙烯醇缩丁醛(PVB)或聚甲基丙烯酸甲酯(PMMA)为第二组元。这样脱脂可以分为两步，首先坯体浸于水中，水溶解去除 PEG 或 PEO，此时 PVB(或 PMMA)保持交联固态，然后再采用加热等其他方式脱除 PVB(或 PMMA)等剩余黏结剂。

水脱脂一般选择在 40～60℃的水中进行，为控制沥取速率和水对坯体的影响，可在水中加入一些特殊的添加剂，如抗腐蚀剂、抗氧化剂等，此外水要不停地搅动。水脱脂所耗费的时间通常比较短，脱脂效率与催化脱脂相近，水脱脂的机理与模型如图 3-71 所示。

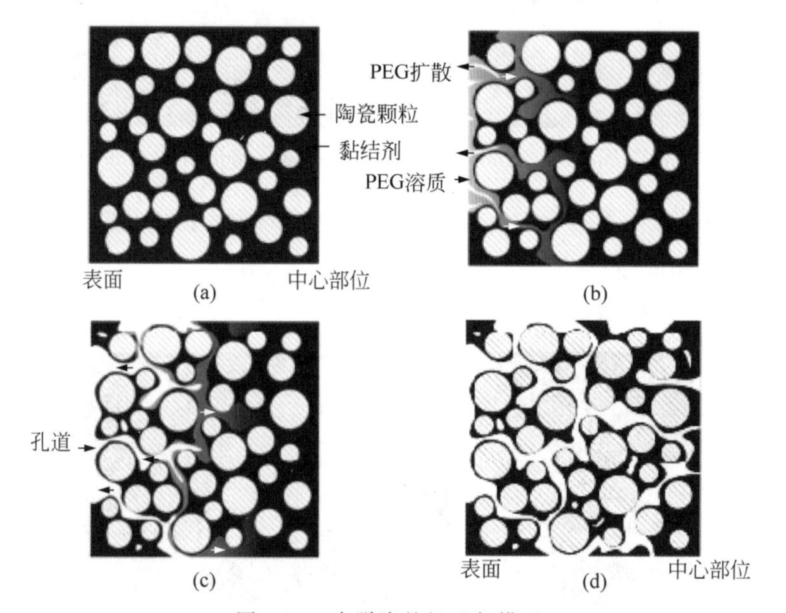


图 3-71　水脱脂的机理与模型

针对氧化铝的水基萃取脱脂的一些研究表明：采用不同分子量的 PEG 在一起配合使用，占黏结剂质量比的 80%，另一种非水溶性的骨架黏结剂为 PMMA，占 20%，当喂料配方为：81.72%(质量分数，下同) $Al_2O_3$ 和 3.67% PMMA 及 14.61% PEG 时，可以获得良好的脱脂效果。

清华大学谢志鹏、王霖林、杨现锋等系统研究了四方氧化锆(Y-TZP)陶瓷的水基萃取脱脂及其注射成型坯体性能。黏结剂主要采用 PEG、PVB(或 PMMA)，还有一些辅助黏结剂，在 40℃的去离子水中，PEG/PVB 体系的陶瓷试条 2h 可脱除 67%左右的 PEG，PEG/PMMA 体系的陶瓷试条 4h 也可脱除 65%的 PEG；图 3-72 为 PEG/PVB 黏结剂体系的 $ZrO_2$ 坯体在水脱脂不同阶段的断面 SEM 照片，脱脂前坯体均匀致密，经 2h 和 4h 水脱脂后，大部分 PEG 被溶解，在坯体中形成了大量的气孔通道。不同水温(30～60℃)对 PEG 的脱除率如图 3-73 所示，可见适当提高温度有助于提高脱脂速率。采用水脱脂工艺已制备出热脱脂难以制备的厚截面氧化锆陶瓷部件，如图 3-74 所示，可见水脱脂及烧结后的陶瓷部件致密完好，而热脱脂烧结后的陶瓷部件则已产生裂纹等缺陷。

图 3-72　$ZrO_2$ 坯体在水脱脂不同阶段的断面 SEM 照片

(a) 素坯；(b) 15min 的坯体表面；(c) 2h 坯体的中心；(d) 4h 坯体的中心

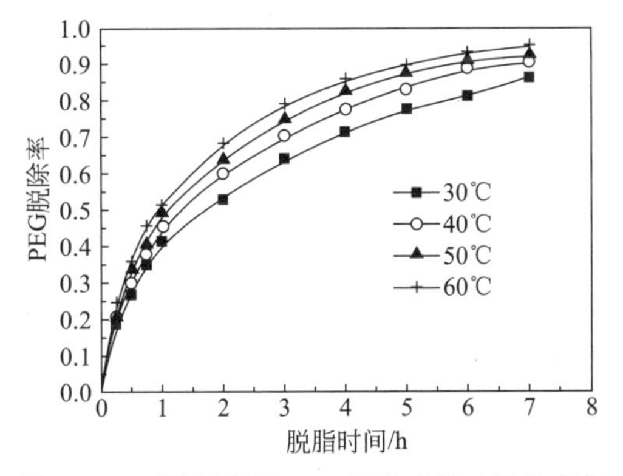


图 3-73　不同温度下 PEG 脱除率随时间的变化

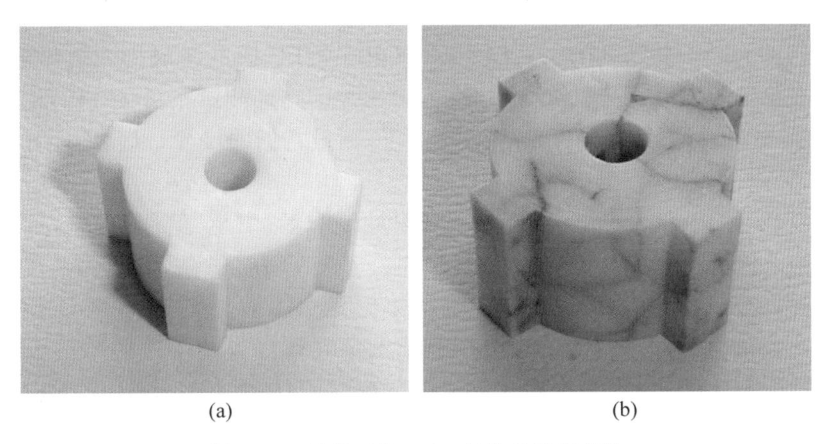


图 3-74　厚截面的 $ZrO_2$ 氧化锆陶瓷部件

(a) 水脱脂后烧结无裂纹；(b) 热脱脂后烧结开裂

#### 3.3.7.3 有机溶剂萃取脱脂

该工艺最早由美国 AMAX Metal Injection Molding 公司发明。在溶剂萃取脱脂工艺中，注射料的有机黏结剂体系一般是双组分的。第一组分的有机物(如石蜡、植物油等)，可以很好地溶解在某些烷烃溶剂(如丙酮、三氯乙烷)中；另一组分是不溶于溶剂的高分子，在可溶性组分脱除后起到支撑坯体强度的作用，残存的有机载体和溶剂最后可通过快速加热完全脱除。

(1) 溶剂萃取脱脂过程的分析

溶剂萃取脱脂所需的温度不高，一般为 50～80℃，脱脂时黏结剂尚未软化，避免了热脱脂过程中的变形问题。另外，由于溶剂进入生坯的过程是由外向内逐渐扩展的，外围区域的黏结剂脱去后就在坯体内留下了孔洞，成为黏结剂溶解后排出的通道；内部区域的黏结剂溶解去除时就会相对容易，也就避免了因为没有足够的黏结剂排出通道而造成的缺陷。溶解萃取脱脂的优点是能够提高脱脂速率，因为有机溶剂对有机载体进行化学排除时，在坯体中产生连续的孔道，连续的孔道一旦形成，就能使热解过程缩短至 3～4h；其缺点是延长了溶剂的排出过程，而且现在的有机溶剂一般都包含氯和其他有毒物质，这些溶剂都必须回收处理，这些严格的后处理工艺增加了生产的成本。

目前，国内的溶剂脱脂主要采用煤油或溶剂油，而不使用正庚烷、三氯乙烷及二氯甲烷等易燃有毒性的溶剂。清华大学采用的是二步脱脂法(先煤油萃取脱脂后快速热脱脂)，而在煤油萃取脱脂阶段，所有的生坯都将浸没在煤油盒内，并放入恒温水浴锅，调节温度至 60℃。大分子黏结剂只含 EVA 的坯体，经煤油萃取后，坯体表面遍布裂纹且最终导致了“坍塌”；而对于 E/H(即 EVA/HDPE)坯体，其大分子黏结剂以一部分 HDPE 取代 EVA 后，坯体表面的裂纹开始显著减少，但“剥皮”缺陷依然存在。对于大分子黏结剂含有 EVA 在溶剂萃取脱脂中出现的缺陷，Li 等人认为这是 EVA 在溶剂萃取脱脂时过大的体积膨胀所引起的，通过对比在 $CH_2Cl_2$ 中 EVA 与 PE 的体积膨胀率可以证实这个观点。然而，ZaKy 等人报道他们使用只含 EVA 的坯体经石油醚、正戊烷及乙醚等溶剂萃取脱脂后未发现任何缺陷。因此，对含有 EVA 坯体脱脂行为的影响，应具体考虑溶剂萃取脱脂所使用的溶剂。

若使用四种大分子黏结剂 EVA、LDPE、HDPE 及 PP 通过注射机注射形成测试试条，应观察它们在煤油萃取脱脂中的变化。首先，将四种黏结剂测试条浸没在煤油盒内，同时置于 60℃的恒温水浴锅，然后每隔 5min 取出、烘干，测量它们的尺寸，以此来计算它们的体积溶胀变化。

经测试发现，LDPE、HDPE 及 PP 试条经煤油浸泡后，发生“溶胀”现象，且它们的体积膨胀率与浸泡时间关系如图 3-75(a)所示。而对于 EVA 测试试条，其经煤油浸泡后则出现了与其他几种大分子黏结剂不同的现象，即未发生“溶胀”，而是先变软，再变凝胶，最后逐渐被溶解。因此，可以认为以 EVA 为大分子黏结剂的坯体经煤油萃取脱脂后出现的“坍塌”现象是由于注射坯体中的 EVA 也在这一阶段被溶解了，从而使坯体失去大分子支撑，最终丧失了力学性能。

HDPE 作为一种半结晶聚合物，可以降低一定程度的体积溶胀且在 PW 和 SA 被溶剂萃取后维持脱脂素坯的完整性。对于 E/H 坯体，由于 EVA 的分子量远远超过 PW 和 SA，

图 3-75　60℃下经煤油萃取 20h 后不同大分子黏结剂素坯断口 SEM 图片
(a) E/H；(b) L；(c) L/H(E/H：EVA+HDPE；L：LDPE；L/H：LDPE+HDPE)

故 EVA 在溶剂脱脂的"溶胀""溶解"过程中产生的应力将远远大于 PW 和 SA，所以"裂纹""起泡"缺陷在这一阶段极易产生，如图 3-75(b)所示。同样的，坯体经溶剂脱脂后将会产生更多、更大尺寸的孔洞，如图 3-75(c)中的圆圈所示，从而使其脱脂速率提高，如图 3-76(b)所示。

由图 3-76 (a)可知，与所使用大分子黏结剂相比，LDPE 在煤油的体积溶胀率最大，这就意味着 L 坯体经煤油萃取脱脂后形成的气孔孔径将会较其他两种坯体的大。对于 L/H 坯体，由于其同时具有 LDPE 高溶胀率及 HDPE 抵抗溶胀的能力，因此经煤油萃取后坯体的气孔尺寸将会更小，如图 3-75(c)所示。

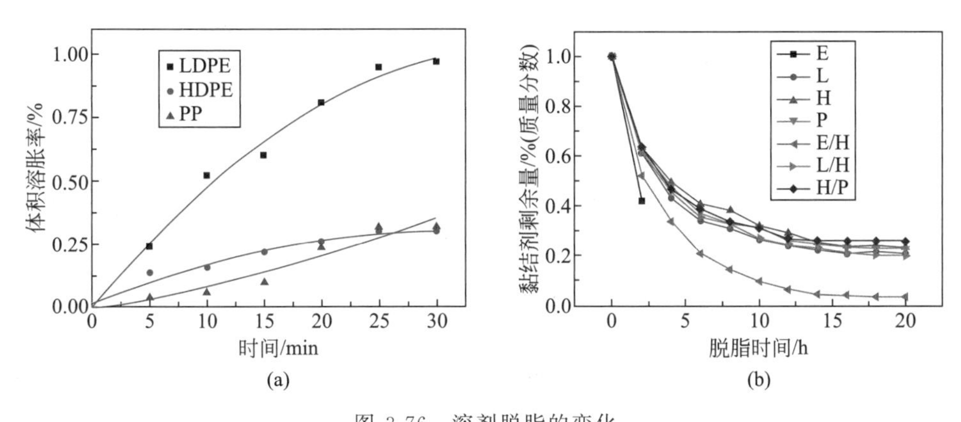


图 3-76　溶剂脱脂的变化
(a) 溶胀率与时间的关系；(b) 黏结剂质量损失与脱脂时间的关系

脱脂后，所有坯体将置于高温箱式烧结炉内以 100℃/h 的升温速率升高至 1500℃，并保温 2h，以研究不同大分子黏结剂对烧结后微观结构、相对密度及抗弯强度的影响。可以发现 L/H 烧结后相对密度最高为 98.9%，而 E/H 坯体烧结后相对密度最低为 92.9%。对于 L/H 坯体，因为在黏结剂体系中加入了相对于 HDPE 更低黏度的 LDPE，因此黏结剂体系中的 PW 的迁移能力相较于其他黏结剂体系更为活跃，而体系中的 HDPE 在熔融的 PW 中也会更为分散，从而获得具有均一、细小孔洞的脱脂坯体，将会得到更为均匀晶粒的烧结体，见图 3-77。对于 E/H 坯体，一方面，由于在脱脂阶段形成的孔洞太大，因此颗粒之间的距离太大，使颗粒之间难以融合，从而阻碍坯体达到致密；另一方面，由于颗粒之间距离不一致，导致坯体在烧结时收缩不一致，从而形成孔洞、降低力学性能。对于 L 坯体，由于 LDPE

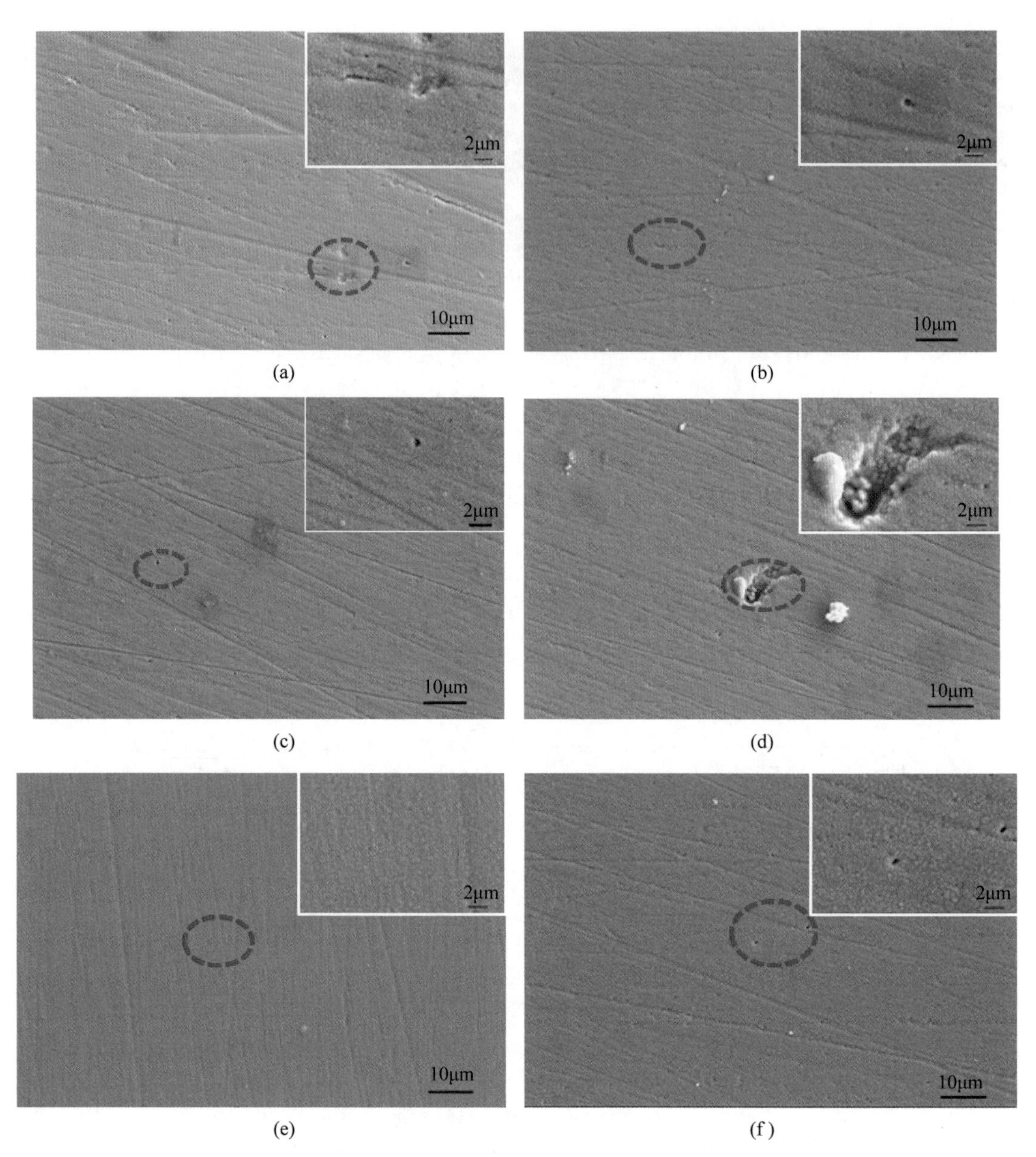


图 3-77 不同大分子黏结剂烧结熟坯表面的 SEM 图片

(a) E；(b) L；(c) P；(d) E/H；(e) L/H；(f) H/P(P 代表 PW)

在煤油中过大的体积溶胀率，其在溶剂萃取中形成的孔洞尺寸也会偏大，而在烧结致密化过程中，这些偏大尺寸的孔洞将难于“愈合”，从而导致力学性能的恶化。氧化锆烧结坯体要取得优异力学性能一般需满足几个条件：缺陷少、高密度和细晶粒。因此，缺陷少及高密度的 L/H 烧结熟坯展现出最高的抗弯强度 949MPa，而有着严重缺陷的 E/H 烧结熟坯则表现出较低的相对密度及最低的抗弯强度。

(2) 溶剂萃取脱脂设备及产品实例

溶剂萃取脱脂设备应具备温度便于精确控制和温度均匀，减少溶剂挥发，以及循环利用等功能，简易的萃取脱脂设备可以依据产品设计加工，也有商业化自动化程度高的溶剂萃取脱脂设备，如图3-78所示，其技术参数见表3-15。该设备整机为全封闭结构，顶部设有排风口，将废气排放到厂房的排气管道；槽体和框架为全不锈钢，耐腐蚀，不生锈；萃取槽的上部装有冷排管，顶部装有气动盖板，多重防护，阻断溶剂挥发；配有蒸馏回收系统，提高溶剂的利用率，降低排放量；采用间接加热，温度均匀，安全防爆，可适用多种有机溶剂；萃取液的加热和冷却自动控制，可按照设定的萃取工艺路线自动切换；工件进出萃取槽采用机械方式，避免人工接触有机溶剂；采用人机界面交互方式，具有手动操作和自动操作方式。

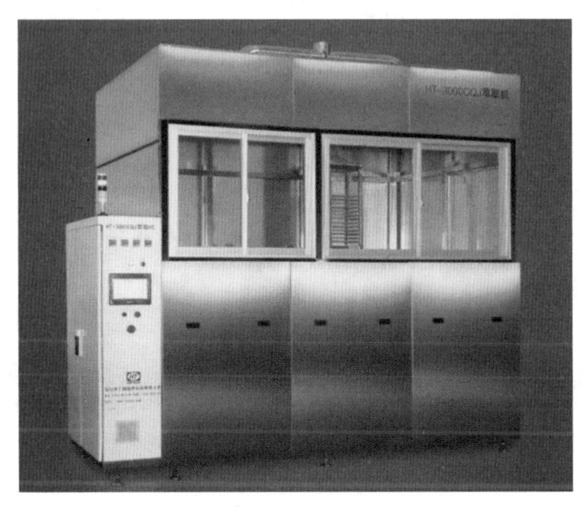

图3-78　溶剂萃取脱脂设备

**表3-15　溶剂萃取脱脂设备技术参数**

| 型号 | HT-3000CQJ |
|---|---|
| 萃取槽数量/个 | 3 |
| 单槽容积/L | 70 |
| 总容积/L | 210 |
| 萃取槽有效尺寸/mm | 400×320×540 |
| 料盘总面积/$m^2$ | 2 |
| 使用温度/℃ | 40～80 |
| 使用介质 | 有机溶剂 |
| 装机功率/kW | 25 |
| 外形尺寸/mm | 3100×1800×3000 |

目前智能穿戴产品的陶瓷外观件，如陶瓷表圈、表盘、表链和陶瓷手环等注射坯件，大都先采用溶剂萃取脱脂脱去石蜡等，待坯件形成通孔结构后，再快速热脱脂脱去剩余高分子有机黏结剂。图3-79为煤油溶剂脱脂烧结后的彩色$ZrO_2$陶瓷表圈，透明$Al_2O_3$陶瓷杯的溶剂萃取脱脂与烧结后产品见图3-80。

#### 3.3.7.4　催化脱脂工艺

(1) 催化脱脂工艺过程分析

催化脱脂首先是由德国著名的BASF化工公司开发的。催化脱脂的原理是利用一种

图 3-79 彩色 $ZrO_2$ 陶瓷表圈

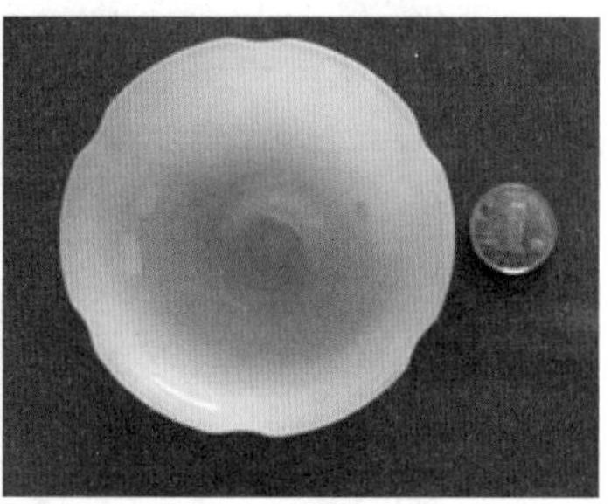

图 3-80 陶瓷杯的溶剂萃取脱脂与烧结后照片

催化剂把有机载体分子分解为较小的可挥发的分子，这些分子比其他脱脂过程中的有机载体分子片段有较高的蒸气压，能迅速地扩散出坯体。催化脱脂工艺所采用的黏结剂体系一般是由聚醛树脂和起稳定作用的添加剂组成。聚醛基体系由于极性高，与陶瓷粉体的相容性较好，成型坯体强度高。在酸蒸气催化作用下，聚醛类的解聚反应一般在 110～150℃之间快速进行，反应产物是气态甲醛单体，此反应是直接的气-固反应。催化脱脂的反应温度低于聚甲醛树脂的熔点，以防止液相生成。这样就避免了热脱脂过程中由于生成液相而导致"生坯"软化，或由于重力、内应力或黏性流动影响而产生的变形和缺陷。图 3-81(a)为催化脱脂装置，主要由催化反应部分、催化剂加入部分、惰性气体供应和废气处理部分组成，催化脱脂陶瓷坯体的断面如图 3-81(b)所示。

催化脱脂催化剂通常使用硝酸、草酸等，BASF 公司对 $Si_3N_4$、$ZrO_2$、SiC 不同陶瓷粉末在这两种催化剂作用下的脱脂效果的研究表明：硝酸作催化剂时，脱除速率为 0.7～1.5mm/h，且脱除速率快慢顺序为 $Si_3N_4 > ZrO_2 > SiC$；草酸作催化剂时，脱除速率为 0.9～1.5mm/h，脱脂快慢顺序为 $ZrO_2 > SiC > Si_3N_4$，如图 3-82 所示。催化脱脂的不足是用硝酸等强酸作催化剂，因此对设备结构及操作方式有更高的要求；此外，适合于催化脱脂的有机载体也局限于聚醛类树脂，限制了有机载体的选择范围。

(2) 催化脱脂实例及脱脂设备

荷兰南部的 Formatec 技术陶瓷公司是 $ZrO_2$ 陶瓷奢侈品的注射成型制造的专业公司，所生产的 $ZrO_2$ 和 $Al_2O_3$ 等陶瓷产品具有极好的光泽和绚丽的外观；该公司采用德国 BASF 的 Catamold 喂料，开发了高端艺术品手机的黑色 $ZrO_2$ 陶瓷外壳和表圈(见图 3-83)，该款陶瓷外壳很薄，其长度达 10cm，宽度达 6cm。与此同时，该产品须满足非常高的尺寸精度与公差要求，其中一个挑战是要求非常平整和均匀。该公司通过控制注射工艺过程，能够

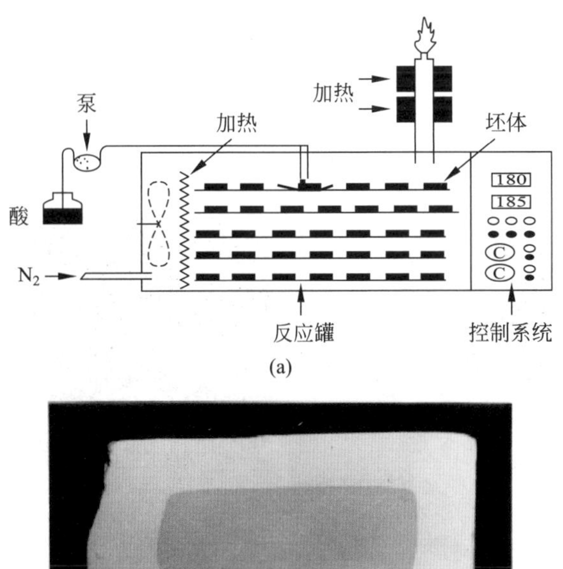


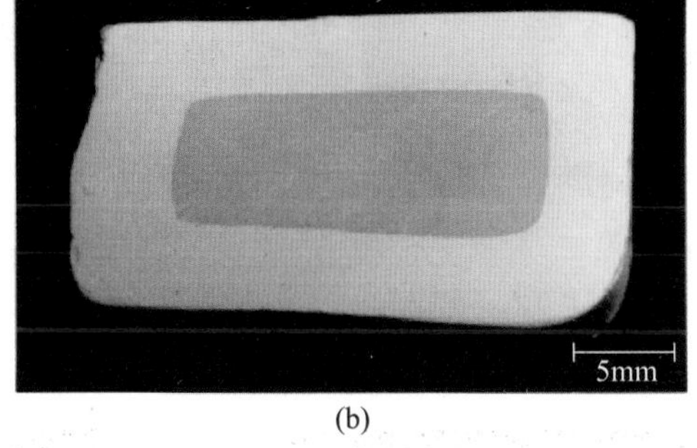


图 3-81 催化脱脂装置及坯体脱脂后的断面

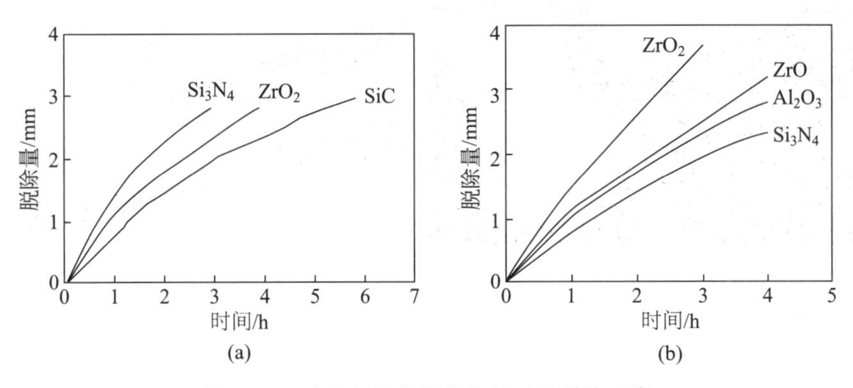


图 3-82 硝酸和草酸作催化剂时的脱除速率

(a) 硝酸；(b) 草酸

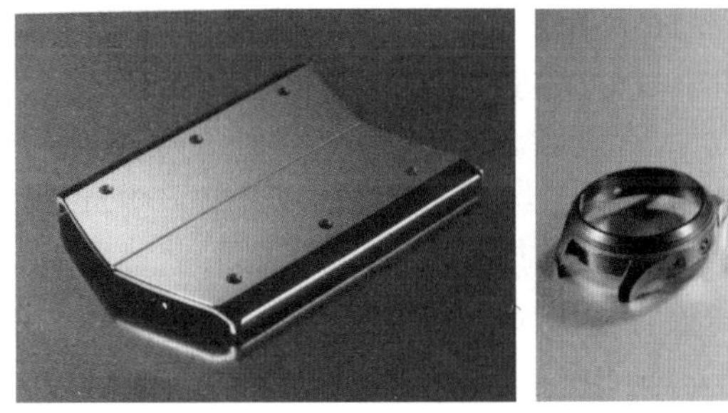

图 3-83 早期高端手机的黑色 $ZrO_2$ 陶瓷外壳和表圈

达到薄壁要求,同时喂料流动性好,便于充满模具,不但注射成型而且脱脂和烧结后都能保持所要求的平整度。

在宝马7系汽车的iDrive上有15个不同的氧化锆注射成型部件,图3-84为宝马7系汽车上空调和音响系统用黑色氧化锆陶瓷件,越来越多的汽车购买者选择更加昂贵的高科技陶瓷而不选择标准的镀锌金属件。

图3-84 宝马7系汽车上空调和音响系统用黑色氧化锆陶瓷件

近几年,国内催化脱脂工艺也得到发展,开始用于智能手机陶瓷外观件等大尺寸氧化锆产品,图3-85为国内企业采用注射成型制备的手机陶瓷中框经催化脱脂和烧结前后的照片。

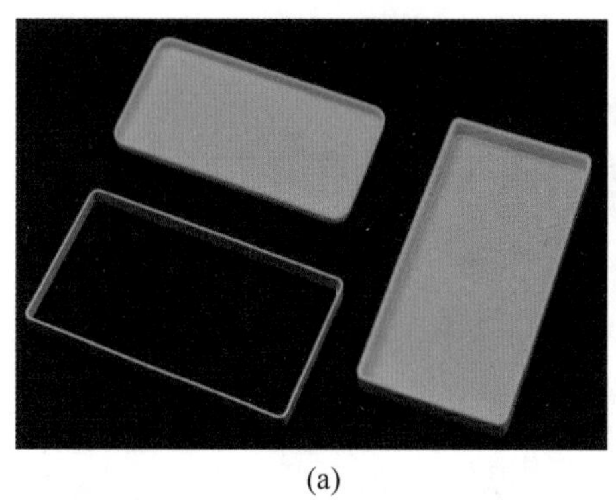

(a)

(b)

图3-85 催化脱脂及烧结后的手机陶瓷中框

(a) 烧结前 $ZrO_2$ 中框;(b) 烧结后 $ZrO_2$ 中框

催化脱脂涉及酸液及酸性气体,存在安全环保和腐蚀等问题,因此需采用专业的脱脂设备,图3-86为一款催化脱脂炉,该脱脂炉具有如下特点:(a)整机均为不锈钢,刚性好,耐腐蚀,不易生锈;(b)高精度进气控制:采用质量流量控制器,根据工艺参数自动调节流量;(c)高精度定量加酸:采用德国FINK原装进口计量泵,加酸量准确,运行可靠;(d)硝酸无需二次分装:外购50kg酸桶直接置放在储酸柜内;(e)外热式加热装置:温度均匀,炉温均匀度≤5℃,加热器不会受到酸腐蚀,安全可靠;(f)酸量称重装置:实时显示酸液储量、酸泵流量等参数,并有多个报警提示设置;(g)防爆装置:炉门上装有防爆缓冲装置和防爆插销;(h)良好的操控性能:采用人机界面交互方式,实时监控并记录工作温度、氮气流量、硝酸流量,记录有实时曲线和历史曲线;(i)独特的燃烧装置,燃烧完全,达到环保标准。该脱脂炉的技术参数见表3-16。

图 3-86　陶瓷注射坯件的催化脱脂炉

**表 3-16　催化脱脂炉的技术参数**

| 参数＼型号 | HT-300LTZL | HT-500LTZL |
| --- | --- | --- |
| 炉腔容积/L | 300 | 500 |
| 料架尺寸/mm | 420×400×1050 | 530×460×1050 |
| 料盘面积/$m^2$ | 6.28 | 9.1 |
| 最高温度/℃ | 160 | |
| 装机功率/kW | 12.7 | 17 |
| 工作气氛 | $N_2$ | |
| 外形尺寸/m | 1.82×2.1×2.4 | 1.92×2.2×2.4 |

## 3.3.8　注射成型过程中缺陷及控制

目前，智能手表、手链、项链等智能穿戴产品的陶瓷外观件几乎都采用注射成型工艺来制备，如华为、小米智能手表的表圈、表链、表盖等，无线充电苹果手表的后盖等。

注射成型过程中不同阶段都可能引入或隐含潜在的缺陷，特别是有机黏结剂、增塑剂、润滑剂、表面活性剂等选择不合理，以及喂料制备过程中的混炼和造粒过程中分散不均匀，可能引入缺陷，在后续的模腔注射和脱脂过程中可能出现陶瓷坯体裂纹、气孔、变形等各种缺陷，见表 3-17。

**表 3-17　不同阶段的缺陷形态与成因**

| 缺陷产生阶段 | 缺陷 |
| --- | --- |
| 混炼 | 团聚，黏结剂分离 |
| 注射 | 焊接线，欠注<br>原料表面吸水、不一致收缩引起的空穴<br>不一致收缩引起的开裂<br>脱模缺陷，脱模时表面起泡，表面质量差<br>内应力释放造成的开裂 |

续表

| 缺陷产生阶段 | | 缺陷 |
|---|---|---|
| 脱脂 | $T<T_{软化}$ | 残余应力引起的变形<br>开裂 |
| | $T=T_{软化}$ | 鼓泡，肿胀 |
| | $T\gg T_{软化}$ | 黏结剂分解引起的开裂<br>黏结剂排出速度不同引起的开裂<br>不合理的坯体支撑造成的开裂<br>坯体表面起皮<br>黏结剂残留物污染 |

在智能终端陶瓷结构件注射成型中可能产生的缺陷、分析调控以及相应措施包括以下几点：

1. 熔接线及裂纹形成分析

烧结后陶瓷部件形成裂纹可能是素坯中熔接线导致的，关键问题是避免或消除注射充模过程中熔接线的形成。熔接线形成的一般原因包括：(1)设备方面：塑化不良，熔体温度不均，可加长塑化量，使塑化更安全，必要时更换塑化容量大的机器，或采用热流道装置；(2)模具方面：a. 模具温度过低，应适当提高模具温度或有目的地提高熔接线处的局部温度。b. 流道细小、过狭或过浅。应增大流道，提高流道效率。c. 扩大浇口截面，改变浇口位置。浇口开设要尽量避免熔体在嵌件、孔洞的周围流动。发生喷射充模的浇口要设法修正、迁移或加挡块缓冲。d. 排气不良或没有排气孔。应开设、扩张或疏通排气通道，其中包括利用镶件、顶针缝隙排气。e. 浇口的设计不适当(位置、数量)、内浇道或流道的尺寸太小；(3)工艺方面：a. 提高注射压力，延长注射时间。b. 调整注射速率，高速可使熔料来不及降温就到达汇合处，低速可让型腔内的空气有时间排出。c. 调好机筒和喷嘴的温度，温度高注射料的黏度小，流态通畅，熔接痕变细。d. 提高螺杆转速，使塑料黏度下降；增加背压压力，使塑料密度提高；(4)注射料与黏结剂方面：a. 注射料应尽量干燥。b. 对流动性差或热敏性高的塑料适当添加润滑剂及稳定剂，必要时改用流动性好或耐热性好的塑料黏结剂。

但是，对于尺寸较大、结构复杂、厚薄不均的陶瓷件、还需考虑以下几个方面：a. 模具排气要通畅，这样才能达到快速充模，减轻或避免熔接线；b. 模具温度不宜太低，也不宜太高，一般在 45～75℃，视注射料的黏度而定；c. 采用塑化量和成型压力较大的注射机；d. 浇口和流道尺寸适当增大，减少充模过程阻力；可以改成多点浇口，譬如三点浇口，减小或缩短充模流程；e. 采用热流道系统，避免进入浇口的注射料温度下降过多。

2. 产品底部中部上部三处直径差异原因分析与调控措施

从充模过程可以看出，注射料通过浇口进入流道后，先到达模具底部再向浇口(上部)填充，底部因注射压力较大会比较密实，该部位比较厚实，因此烧结后收缩较小；而注射料通过底部由下而上到达口部，若注射和保压压力偏小，会导致密度较小；同时口部由于内部较空(肉薄)，而且远离产品加强筋(外圆突出的环)，这也容易导致口部烧成收缩大于底部，导致最终产品口部直径偏小。

因此,可能采取的措施如下:(a)改进注射压力和保压压力,提高口部的坯体密度;(b)改进流道设计或大小,尽可能提高注射坯体的密度均匀性,减小或避免产品“失圆”;(c)若上述方法效果有限,也可考虑适当增大口部的设计尺寸,注意尺寸变化要从口部(顶部)平缓地过渡到底部。

3. 注射成型过程中的气泡、流纹(接水纹)、缩水及烧结变形问题及调控措施

气泡主要是由于注射过程中排气不畅,或者混料不匀,注射时引入空气,因此可通过修正模具或调节注射参数来解决;缩水一般是注射喂料中固相含量偏低,或浇口设计不合理阻力太大造成,因此可以适当提高固相含量来消除;流纹多由喂料流动性不好或排气不好引起,因此可以适当提高配方中石蜡的含量;烧结变形主要是成型密度不均匀或者由于粉料与黏结剂偏析引起,因此应从注射充模均匀性考虑,改进模具设计和适当提高喂料流动性。这些问题可以首先通过模具设计入手,然后配合喂料配方,良好的流动性和低黏度是关键。

## 3.4 流延成型

### 3.4.1 工艺概述

#### 3.4.1.1 工艺发展历程

流延成型(tape-casting)又称为刮刀成型(knife-coating)。麻省理工学院的G. N. Howatt等人最早对流延成型进行了研究,于1945年对该工艺用于陶瓷成型进行了公开报道;1947年流延成型工艺正式应用于陶瓷电容器的工业生产;1952年G. N. Howatt获得了第一个将流延成型用于陶瓷生产的专利。后来,H. W. Stetson于1967年成功地进行了$Al_2O_3$基片的流延成型,目前流延成型仍是0.2~1mm厚$Al_2O_3$基片AlN基片的批量化生产工艺。

流延成型的基本原理是将具有合适黏度和良好分散性的陶瓷浆料从流延机料槽刀口处流至基带上,通过基带与刮刀的相对运动使浆料铺展,在表面张力的作用下形成具有光滑上表面的坯膜,坯膜的厚度主要由刮刀与基带之间间隙来调控。坯膜随基带进入烘干室,溶剂蒸发有机黏结剂在陶瓷颗粒间形成网络结构,形成具有一定强度和柔韧性的坯片,干燥的坯片与基带剥离后卷轴待用。然后可按所需形状切割、冲片或打孔,最后经过排胶和烧结得到不同厚度的基板或膜片成品。

由于流延成型可以制备出从几微米至1000$\mu$m平整光滑的陶瓷薄片材料,且具有连续操作、自动化水平高、工艺稳定、生产效率高、产品性能一致性好等优点,因此是当今制备单层或多层薄片材料最重要和最有效的工艺,无论是在实验室还是在大生产中都得到广泛使用,如生产独石电容器瓷片,厚膜和薄膜电路用$Al_2O_3$基片,AlN基板,$ZrO_2$陶瓷基板等。

近年来由于智能穿戴产品的快速发展,流延成型又用于制备氧化锆陶瓷指纹识别片以及陶瓷手机后盖(2D、2.5D),并且与温压成型结合,可以成型手机3D陶瓷背板。因此,流延成型技术的进步和发展,不但给电子元件的微型化以及超大规模集成电路的实现提供了广阔的前景,同时也给智能终端陶瓷的宏观结构设计和性能调控提供了可能。

#### 3.4.1.2 工艺分类及特点

(1) 有机流延成型工艺

目前,应用较广的流延成形是有机流延成型工艺,即以有机溶剂为液体介质的流延工艺,主要包括浆料制备、球磨、脱泡、成型、干燥和剥离基带等工序。该工艺的特点是可连续操作,工艺稳定,生产效率和流延坯片质量高,可实现高度的自动化。有机流延成型工艺流程如图 3-87 所示。

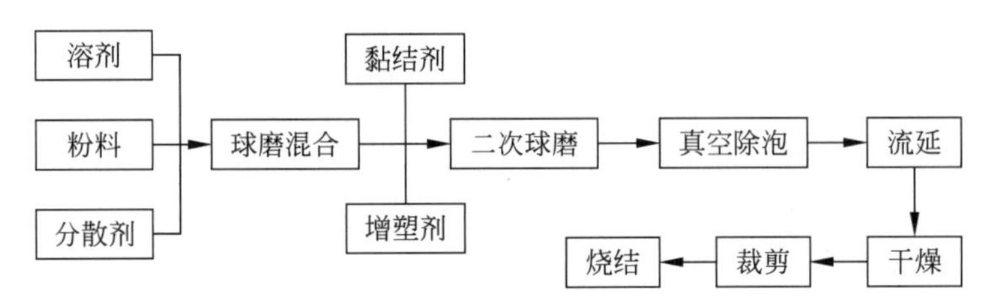


图 3-87 有机流延成型工艺流程

传统的有机流延成型已经比较成熟,在陶瓷领域也有了广泛应用,如用流延成型制备 AlN 基板、$ZrO_2$ 基板、$Al_2O_3$ 基板和燃料电池电解质膜等。

(2) 水基流延成型工艺

水基流延成型工艺利用水性溶剂替代有机溶剂。由于水分子是极性分子,而黏结剂、塑性剂和分散剂等为有机添加剂,与水分子之间存在着相容性的问题,因此在添加剂的选择上,必须选择水溶性或者能够在水中形成稳定乳浊液的有机物,从而确保得到稳定均一的浆料。同时还应该在保证浆料稳定悬浮的前提下,使分散剂的用量尽可能少;在确保素坯强度和柔韧性的前提下,使黏结剂和塑性剂等有机物的用量尽可能少;水基流延浆料制备及成型工艺过程与图 3-87 相似。

水基流延成型工艺的一个重要特征是用水性溶剂代替有机物溶剂,具有价格低廉,无毒性,不易燃和便于大规模生产等优点,但也存在如下问题:①水对陶瓷粉料的润湿性能较差,蒸发速度低,干燥时间长;②所需的黏结剂浓度高;③氢键能引起陶瓷粉末团聚导致絮凝;④浆料对工艺参数变化较敏感,不易形成表面致密光滑的陶瓷薄膜;⑤坯体柔韧性较差,结合不充分,干燥易起泡开裂,脆性大,强度不高,易弯曲变形;⑥缺陷导致应力集中,导致烧结开裂;⑦浆料脱气困难,从而影响坯体的质量。如何解决水基流延成型工艺中存在的这些问题,这是今后水基流延成型发展应用的关键所在。

(3) 水基凝胶流延成型工艺

即利用有机单体的聚合原理进行流延成型,该方法最早是由清华大学谢志鹏等人提出,其原理是将陶瓷粉料分散于含有有机单体和交联剂的水溶液中,从而制备出低黏度并且高固相含量的浓悬浮体(体积分数>50%)。然后加入引发剂和催化剂,在一定温度条件下引发有机单体的聚合,使悬浮体的黏度增大,从而导致原位凝固成型,得到具有一定强度并可进行机加工的坯体。水基凝胶流延成型所使用的浆料主要由陶瓷粉末、有机单体、溶剂、交联剂、分散剂和塑性剂等配制而成,具体成型工艺流程见图 3-88。

凝胶流延成型工艺的优点在于它可以极大地降低浆料中有机物的使用量,提高了浆料的固相含量,从而提高素坯的密度和强度,同时大大减轻了环境的污染,并能够显著降低生产成本。

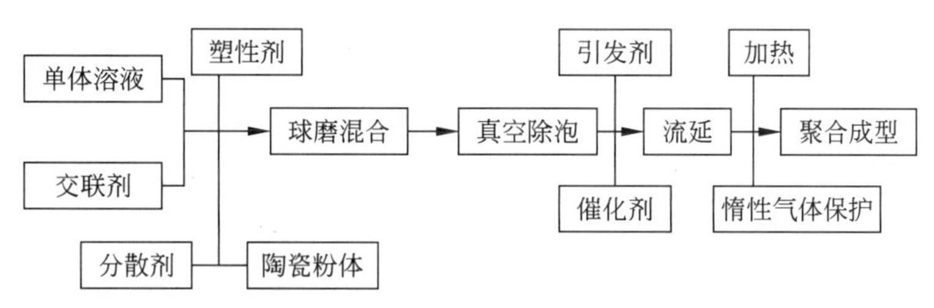


图 3-88　水基凝胶流延成型工艺

(4) 紫外引发聚合流延成型工艺

基于水基流延成型工艺所存在的不足，人们在成型机理上进行了改变，T. Chartier 等应用了紫外引发原位聚合机制，在浆料中加入紫外光敏单体及紫外光聚合引发剂，成型时引发聚合反应，从而使浆料原位固化达到成型的目的，从而免去了最为复杂、最容易导致成型失败的干燥工艺。具体工艺流程如图 3-89 所示。

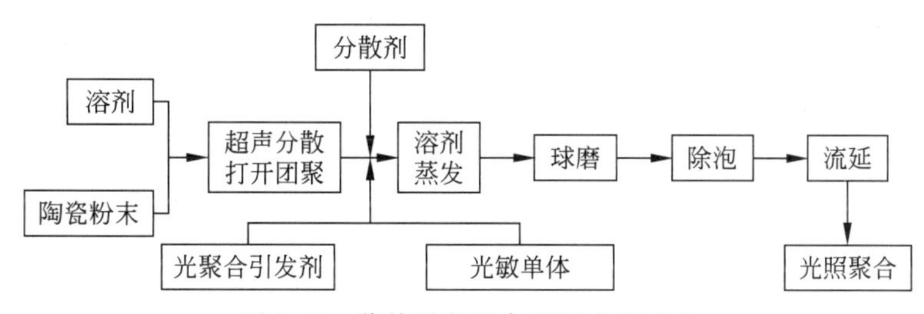


图 3-89　紫外引发聚合流延成型工艺

与传统的流延成型工艺相比，紫外引发聚合流延成型工艺最大的特点是不使用溶剂，因此不需要干燥工序。成型工艺过程是在普通流延机上，利用紫外光源完成。浆料流延后，通过紫外光照射从而引发聚合反应，全部组分发生原位固化，迅速完成成型过程，可以直接脱模，而不必经过费时复杂的干燥过程，因此可以避免干燥收缩和开裂的现象。但是整个工艺过程需要保持温度在 50℃以上进行，从而保证浆料必要的流动性，这给操作带来了一定不便。此外，聚合时紫外光的强度在 $450mW/cm^2$ 左右，对人体具有一定危害。

(5) 流延与温等静压复合成型工艺

该工艺流延成型和温等静压成型有效地结合起来，可以提高素坯的成型密度和烧结密度。它的工艺过程较为简单，易于较厚陶瓷基板的工业化生产。

由于流延素坯本身制备工艺的限制，它的浆料固相含量较低，虽然通过增大粒径，可以提高浆料固相含量和提高素坯密度，但是粉体粒径过大，其烧结性能就发生下降，反而会导致烧结坯片的密度下降。另一方面，在素坯干燥过程中，因为溶剂的挥发，黏结剂和塑性剂难以在干燥前填充溶剂挥发所留下的气孔，从而导致在素坯表面和内部留下了许多凹坑和孔洞，使素坯片结构疏松，密度较低。而单层流延坯片由于其厚度较小，不能采用一些非常规烧结手段(如热压烧结)，只能进行无压烧结，加上烧结过程中大量有机添加剂的烧除，很难获得致密的流延坯片。因为素坯密度较低，结构疏松但延展性较好，所以对素坯采用等静压二次成型提高素坯成型密度，将有可能提高烧结坯片密度。

### 3.4.2　流延成型过程与浆料制备

流延成型制备陶瓷坯带整个过程可以分为浆料制备、脱泡处理、浆料流延、干燥排胶几个部分,具体工艺流程如图 3-90 所示。

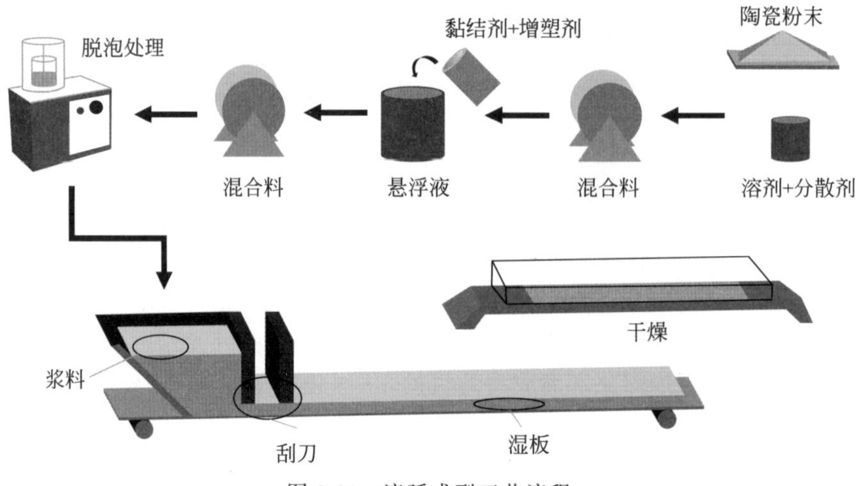


图 3-90 流延成型工艺流程

### 3.4.2.1 流延浆料及制备工艺

在流延成型工艺中,稳定浆料的制备是成型低缺陷高质量陶瓷坯片的关键。在浆料制备过程中产生的缺陷难以通过后续工艺的调整来消除,粉料颗粒在流延浆料中的分散性和均匀性直接影响素坯的质量及烧结特性,从而影响烧结致密性、气孔率和机械强度等一系列特性。因此,在成型过程中,控制浆料中颗粒的作用力,以便排除团聚体,改善浆料的流变性质对于坯片质量至关重要。为了制备均匀稳定的高固相含量浆料,必须采用合适的评价指标,考察溶剂、分散剂、黏结剂和增塑剂等因素对浆料黏度和稳定性的影响规律,为制备稳定分散的浆料提供依据。

浆料制备包括两次球磨、真空除泡、过筛几个工艺环节。第一次球磨的目的是打开颗粒团聚体和湿润粉料,因此,浆料应只包含粉料、溶剂和分散剂;第二次球磨的目的是使浆料与黏度较高的增塑剂和黏结剂这些高分子溶液及其他功能性添加剂(如除泡剂、润湿剂)均匀混合,上述球磨或混合的时间都在 12～24h。经球磨混合后,浆料中一般都会有一定量的气泡,因此流延前必须进行真空除泡;球磨后的浆料及真空除泡,见图 3-91。在真空除泡时可

图 3-91 氧化锆球磨后的浆料及真空除泡

能会使一些溶剂挥发，因此，由于溶剂损失而引起的浆料黏度增加在制定浆料组成时必须考虑到。流延浆料的最佳黏度值在0.5～4Pa·s，它取决于流延设备的工作原理和所要求的流延片厚度。最后在即将流延前，还须过筛（常用10μm筛孔的细筛）来除去浆料中的有机或无机杂质，如黏结剂块或球磨介质的磨屑。图3-92为常用的三种流延浆料制备工艺流程。

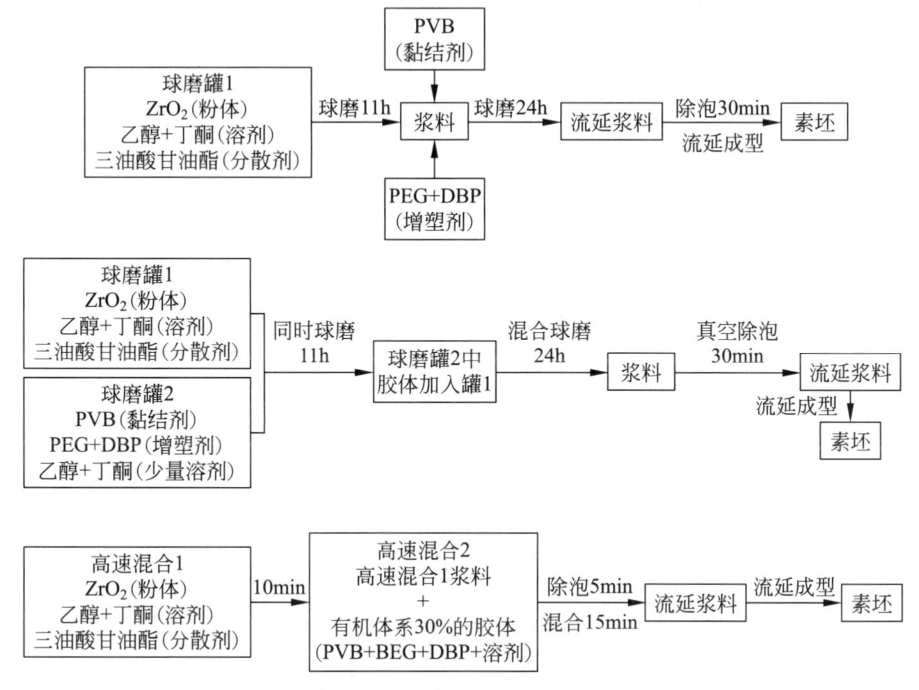


图3-92　常用的三种陶瓷流延浆料制备工艺流程

### 3.4.2.2　球磨过程对浆料性能的影响

（1）球磨过程对浆料黏度的影响

流延浆料的制备要经历两次球磨工艺，第一次是将粉体颗粒的软团聚打开，同时分散剂吸附到颗粒的表面阻止颗粒的团聚；第二次是在将分散剂和黏结剂混合后加入悬浮液中进行球磨，得到分散均匀、流变性合适的流延浆料。其中第一步的球磨起着至关重要的作用，如果第一步球磨没有将粉料颗粒完全分散，随后加入黏结剂和分散剂后就会产生团聚。此种情况下，团聚体随着空气的诱导包裹在聚合物内，充当流延成型中残留物的一个单元；它像好多拉链包围团聚颗粒，诱导空气与浆料中溶剂混合。如果在塑化剂和黏结剂加入之前，颗粒能很好地分散和解聚，就不会发生这个现象，能获得最优的浆料特征和流延效果。因此悬浮液第一步的球磨非常重要，其中球磨转速是一个非常重要的因素。

通过对固相含量为50%（质量分数）的氧化锆浆料在不同的球磨转速下球磨（不添加黏结剂和增塑剂），得到了如图3-93所示的不同球磨速率与浆料黏度的关系。从图中可以看出，随着球磨转速从50r/min增加到70r/min，悬浮液的黏度降低，球磨转速从70r/min继续增加到90r/min，悬浮液的黏度增加。这是因为随着球磨转速的增加，球磨效率提高，有利于氧化锆团聚体的反复破碎，使得氧化锆陶瓷粉末充分分散，悬浮液黏度降低；随着球磨

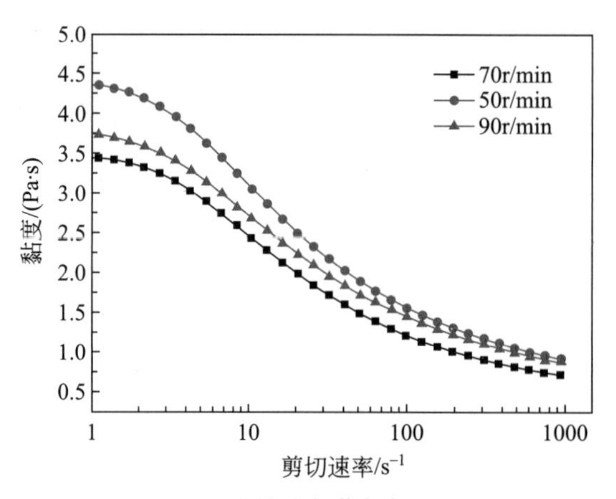


图 3-93 球磨转速与浆料粘度的关系

转速继续增加，悬浮液黏度增大，这主要是因为球磨速度继续增加会降低球磨效率，同时转速较大，系统内热量较高，不可避免地会使溶剂挥发以及陶瓷粉末团聚，悬浮液流动性变差。

(2) 球磨对浆料稳定性的影响

浆料的分散性通常可以通过以下方式来表征：第一是浆料的黏度；第二是黏度随剪切速率有着较小变化率；第三为悬浮液或浆料的稳定性实验即沉降试验，通过观察相同时间后沉降速率的快慢来体现分散性，沉降速率越慢表明浆料的稳定性越好。本实验中通过选取3个10mL的量筒，分别加入经过不同转速球磨后的50%(质量分数)的氧化锆浆料，密封后每隔0.5h观察浆料沉降后高度与最初高度(10mL)的比值。

图 3-94 为固相含量为40%的浆料经不同转速球磨并静置不同时间后量筒中悬浮液高

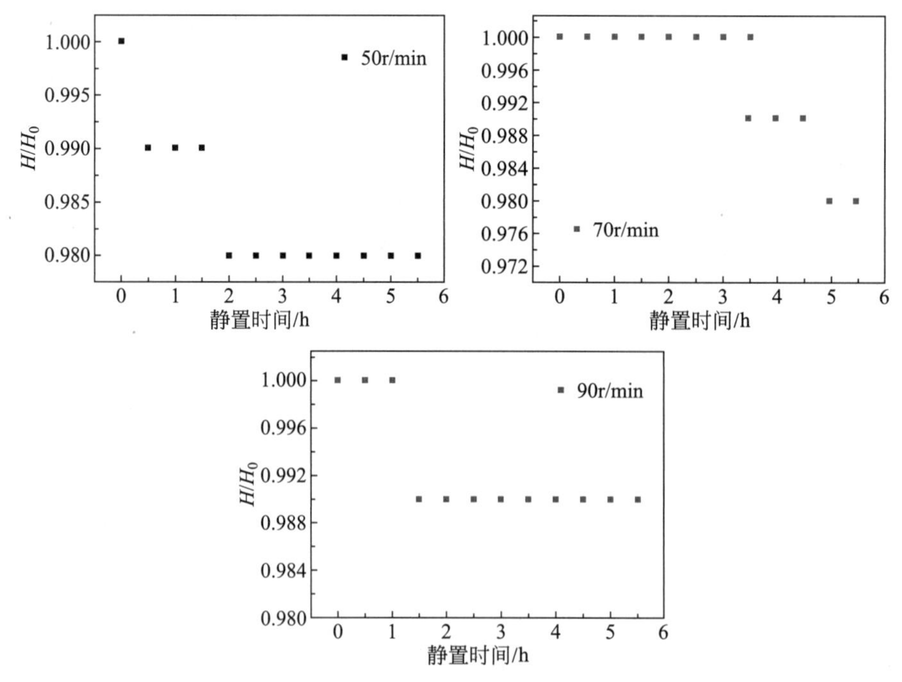


图 3-94 球磨转速与浆料稳定性的关系

度与最初高度的比值，从图中可以看出70r/min的悬浮液沉降较慢，稳定性较好，而其他的悬浮液则相对沉降较快。因为沉降速率与颗粒的直径成正比(斯托克斯公式)，相对分散性较差的悬浮液由于颗粒没有完全分散而沉降较快。图3-95的结果与图3-94的结果是一致的，故在后续实验中，第一次球磨的转速为70r/min。

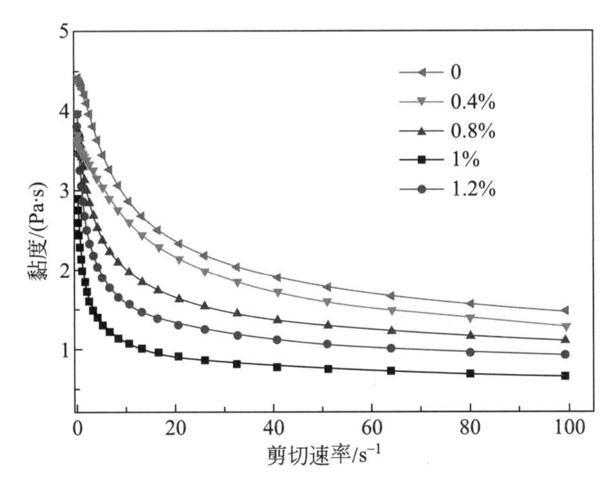


图3-95 不同分散剂含量(质量分数)与悬浮液流变性能的关系

### 3.4.2.3 分散剂和黏结剂对浆料性能的影响

(1) 分散剂含量对浆料流变性能的影响

分散剂在系统中是一种使粉体颗粒相互分离的添加剂。在流延成型中，分散剂主要作用有以下几方面：(a)将粉体的原始颗粒相互分离开来，使黏结剂分子能依附于每个颗粒表面；(b)提高浆料的固相含量；(c)减少溶剂使用量，从而降低成本；(d)减少溶剂用量从而能快速干燥坯片，并减少收缩；(e)为了不污染最终产品而燃烧完全。因此分散剂的分散效果是决定流延法制备高固相分散性好的坯片成败的关键。在本实验中，蓖麻油属于空间位阻高分子，在有机溶剂体系中分散剂作用的机理主要是空间位阻稳定机理，即分散剂通过吸附在陶瓷颗粒表面，增强颗粒间的排斥，进一步阻止颗粒间相互靠近，达到分散的目的。

不同分散剂含量(均为质量分数)时氧化锆悬浮液黏度与剪切速率的关系如图3-95所示，其中悬浮液的固相含量为55%(不添加黏结剂和增塑剂)，分散剂含量在0～1.2%。从图3-95中可以看出，随着分散剂含量的增加，氧化锆悬浮液的黏度降低，这是因为随着分散剂的加入，分散剂吸附于颗粒表面通过空间位阻稳定作用阻止了颗粒间的团聚，增强了颗粒的分散性，导致悬浮液有更好流动性；而后随着分散剂含量的增加，悬浮液的黏度逐渐增加，这是因为随着分散剂含量的增加，在分散剂在颗粒表面吸附饱和后，多余的分散剂在颗粒间起桥联作用，降低了颗粒间的分散性，导致了低的悬浮液流动性。

图3-96是剪切速率为$20s^{-1}$(由实验中刮刀高度及流延速度计算得到)时氧化锆悬浮液黏度与分散剂含量的关系，从图中可以更直观地看出，不加分散剂时，浆料的黏度较高，随着分散剂含量的增加，悬浮液黏度最初逐渐降低，接着降低幅度增大，当分散剂含量为1%时，达到最低，因此在接下来的实验当中，分散剂含量为1%。

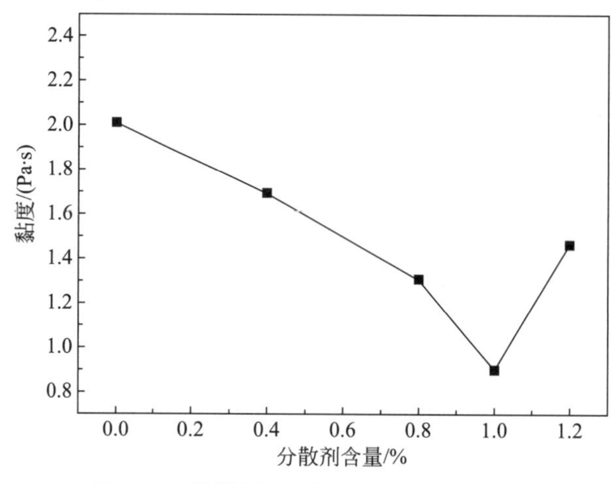


图 3-96　分散剂含量与悬浮液黏度的关系

(2) 黏结剂含量对浆料流变性的影响

在陶瓷生坯片的生产过程中,黏结剂可能是整个系统中最重要的添加剂。黏结剂能够在进一步的成型工艺中将所有粉体和添加剂构建为一个网络。作为坯片中唯一的连续相,黏结剂将陶瓷颗粒通过聚合物网络相互联结在一起或者粉体被包入聚合物中形成了聚合物坯片,对坯片的性能起到了重要的作用,包括成型强度、叠层性能等,但是黏结剂加入太多会增加浆料的黏度,同时降低最终流延生坯的密度,不符合浆料配制的一般原则。因此,调控浆料中黏结剂含量对最终流延成型坯片的质量至关重要。

图 3-97 为不同黏结剂含量对氧化锆浆料黏度的影响,其中浆料的固相含量为 55%(质量分数,下同),分散剂含量为 1%,黏结剂含量范围在 3%～6%,增塑剂与黏结剂的质量比为 1。从图中可以看出,不同黏结剂含量的氧化锆浆料随剪切速率增加都表现出剪切变稀的特性,即浆料黏度随剪切速率增加而降低(假塑性流体),这种流体特性一方面有利于限制流延过程中不可控的边缘流动,精确控制湿坯形状,另外也可以降低流延后坯片的边缘翘曲

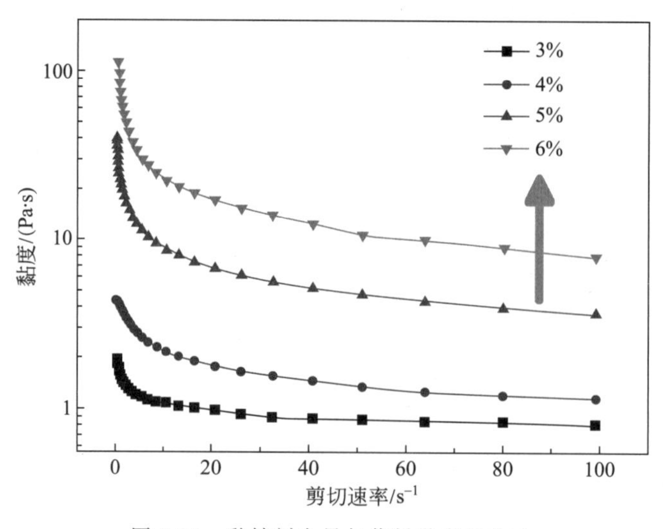


图 3-97　黏结剂含量与浆料黏度的关系

现象，具有剪切变稀特性的浆料可以通过低剪切速率和高剪切速率的黏度值来表征：

$$P=\frac{\eta(R=1\mathrm{s}^{-1})}{\eta(R=10\mathrm{s}^{-1})}$$

式中，$\eta$ 为浆料在不同剪切速率下的黏度，$R$ 为剪切速率。当 $P=1$ 时，浆料黏度值是不变的，浆料表现出牛顿行为。当 $P>1$ 时，浆料表现出剪切变稀行为。

经过试错法分析后发现，6%黏结剂含量的浆料由于黏度太大不利于后续的除泡及流延成型，而较低的黏结剂含量(3%)会导致生坯片强度降低，容易引起开裂，因此对于流延成型合适的黏结剂含量为 4%，如图 3-98 所示。

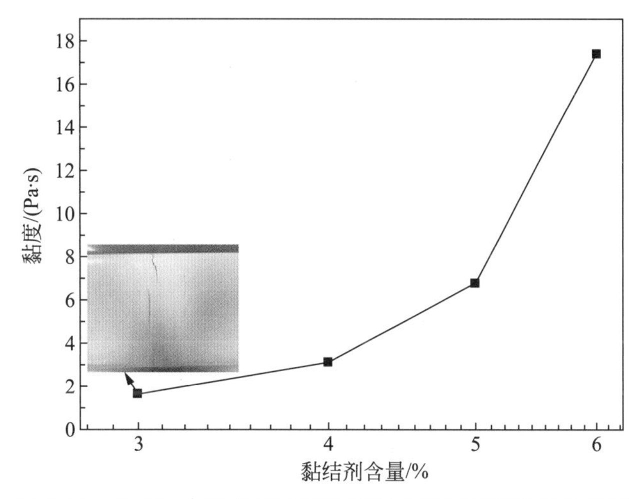


图 3-98　在 $20\mathrm{s}^{-1}$ 剪切速率下黏结剂含量与浆料黏度的关系

图 3-98 可以直观地反映黏结剂含量变化对浆料流变性能的影响，随着黏结剂含量的增加，在 3%～4%范围之内，随黏结剂含量增加浆料的黏度变化较小，在 4%～5%范围内，随黏结剂含量增加浆料的黏度变化增大，在 5%～6%范围之内，随黏结剂含量增加浆料的黏度变化最大。可以看出，当黏结剂含量低于 4%时，黏结剂含量对浆料的流变性有较小的影响，而当黏结剂含量大于 4%时影响较大，尤其是黏结剂含量超过 5%，流变性能变化显著增大，而较高的黏结剂含量将导致浆料黏度不均匀。

(3) $R$ 值(增塑剂与黏结剂的质量比)对浆料流变性的影响

增塑剂的作用是软化黏结剂聚合物链，使它们在应力下拉长或偏转，更准确的描述是改变黏结剂的 $T_g$ 或是黏结剂溶剂。$T_g$ 是玻璃转化温度的标志，塑化剂是通过缩短聚合物链的长度和部分溶解聚合物链两个方法来改变聚合物的 $T_g$，两种方法都能使流延片更具有柔韧性。增塑剂含量增加，尽管会增加坯片的韧性但同时也会降低坯片的强度，会导致坯片开裂。另外，增塑剂的增加(有机物含量增加)也会降低坯片的密度，增加了排胶时缺陷产生的可能性。因此在保证坯片一定强度和韧性的情况下，增塑剂与黏结剂的质量比要小。

因此研究增塑剂和黏结剂的比值($R$ 值)对获得表面光滑平整且具有一定强度和韧性的坯片非常重要。

图 3-99 是剪切速率 $20\mathrm{s}^{-1}$ 下，氧化锆浆料的黏度随 $R$ 值的变化曲线。其中固相含量为 55%(质量分数，下同)、分散剂含量为 1%、黏结剂含量为 4%、增塑剂与黏结剂质量比($R$ 值)为 0～1.4。从图中可以看出，$R$ 值越大，浆料的黏度越低，其原因是增塑剂破坏了黏结

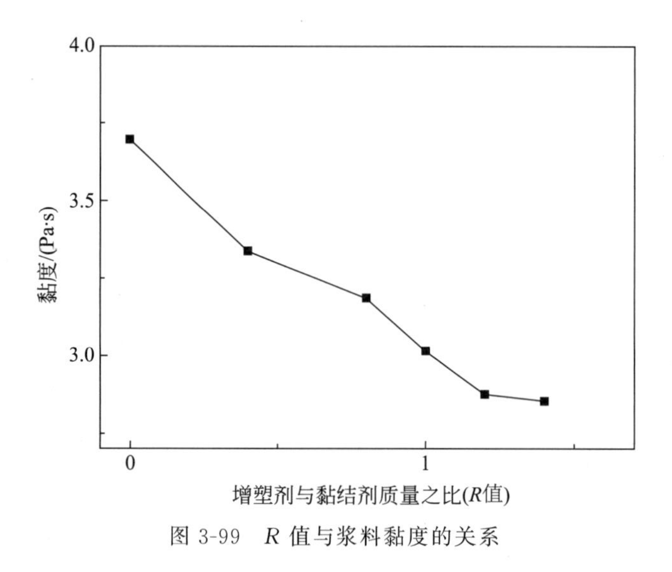


图 3-99 *R* 值与浆料黏度的关系

剂 PVB 分子间的排列和结合，从而降低了浆料的黏度，虽然增塑剂的加入可以降低浆料的黏度并且有利于流延成型工艺，但同时也会降低生坯的强度，因此一个优化后的 *R* 值应该被得出，经过试错分析后发现，*R* 值范围在 0.8～1.2 是适合本实验的，得到的素坯的强度和柔韧性都较好。

### 3.4.2.4 固相含量对浆料流变性的影响

制备高固相含量、低黏度稳定的流延浆料是流延成型的关键。高固相含量的浆料不仅能减低干燥时的收缩，降低产生缺陷的风险，还可以得到致密的氧化锆流延坯片。因此在保证流延浆料的流变性在合适范围的同时，最大限度地增加浆料中固相含量是必要的。

固相含量对氧化锆浆料流变性能的影响如图 3-100 所示，其中分散剂含量为 0.8%（质量分数，下同），黏结剂含量为 4%。从图中可以看出，氧化锆浆料黏度随着固相含量的增加而增加，同时随着剪切速率的增加，所有浆料都表现出剪切变稀行为，即浆料的黏度随着剪

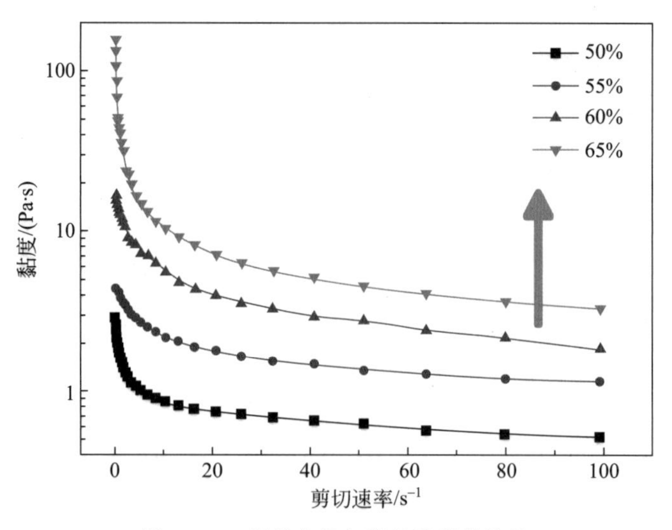


图 3-100 固相含量与浆料黏度的关系

切速率的增加而逐渐降低(假塑性流体)。此特性的浆料在刮刀下受应力作用而表现为黏度降低以利于浆料铺展在膜带上,所以有助于流延;另外具有假塑性流变特性的浆料经流延干燥后不会产生边缘翘曲的现象,可增加实际可利用的坯片;因此从浆料流变性角度分析所有浆料都满足流延成型,经过试错分析,固相相量为 65%浆料因高的固相含量导致了高的黏度和不均匀的浆料。

图 3-101 给出剪切速率 $20s^{-1}$ 下固相含量与黏度值的关系,该图可以更直观地反映浆料的流变特性随固相含量的变化,在 50%~60%范围内,随着固相含量增加,浆料黏度呈平缓上升趋势,表明固相含量的增加对浆料流变性的影响较小;当固相含量为 60%~65%时,随着固相含量的增加,浆料黏度显著上升,浆料的流动性急剧下降,表明固相量的增加对浆料流变性影响较大。尽管获得低黏度高固相含量均匀分散浆料是重要的,然而较高的固相含量将导致黏度较大和浆料不均匀。

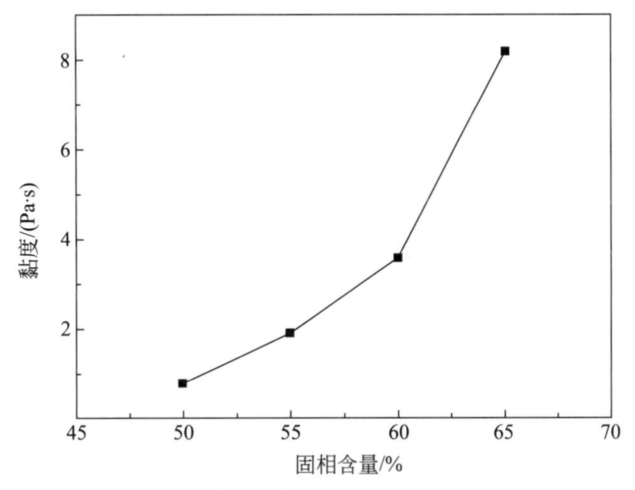


图 3-101　$20s^{-1}$ 剪切速率下固相含量与浆料黏度的关系

### 3.4.3　生产型与试验型流延机

陶瓷浆料的流延成型需要在专用流延成型机上完成,流延成型机一般由进料槽、刮刀和基带三个主要部分组成,另外包括传动机构和干燥等辅助设备等。根据流延成型机的工作方式和应用不同,可以将流延成型分为连续式和间歇式,工业化生产型和实验室型。通常连续式流延成型机采用进料槽和刮刀固定,基带运动的工作方式;在基带运动过程中,浆料经进料槽流向基带,经过刮刀后形成厚度均匀的浆料覆盖层,在溶剂挥发后浆料固化,形成坯片。

工业用流延机一般长度为 10~25m,宽度为 0.6~1.5m,流延速度一般可达 1500mm/min,流延厚度范围在 25~1000μm。国内陶瓷基板流延机供应商主要有北京东方泰阳、浙江德龙、西安鑫乙等公司。图 3-102 为两款国产工业生产型流延机,其流延宽度分别可达 1000mm 和 1100mm,流延厚度范围在 25~1500μm;可满足规模化生产要求。该类流延机具有先进的伺服调刀、伺服张力、快速纠偏、高效率的干燥系统,使其非常适合 25~1200μm 瓷带生产,从浆料供给到生坯坯带的收卷全程高度自动化控制。此外,整机设备采用全封闭式门框,提高内部空间洁净度;进料带有浆料滤筒,防止颗粒物影响流延品质;采用独特的刮刀切割工艺,保证流延精度,刀片精度达 0.1μm。表 3-18 为 24SE1000 型流延机的技术参数。

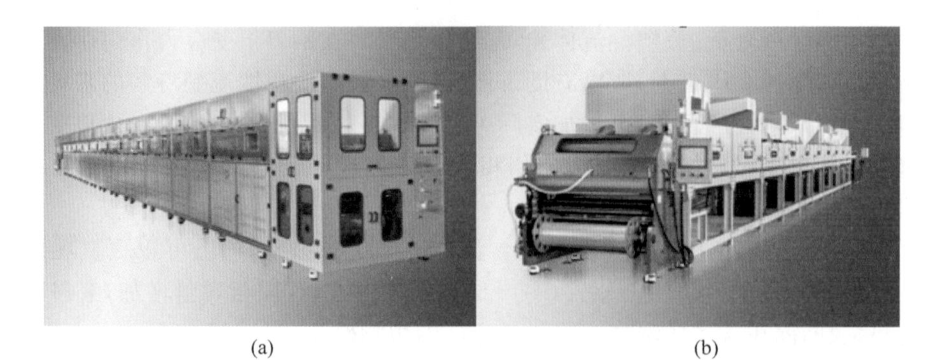

(a) (b)

图 3-102 两款国产工业生产型流延机

(a) DL-LYJ-24SE1000；(b) DL-LYJ-25ME1100

**表 3-18 24SE1000 型流延机技术参数**

| | | | |
|---|---|---|---|
| 产品型号 | DL-LYJ-24SE1000 | 干燥区域 | 第 1 区——4 米上部区嘴热风循环＋四段底板加热 |
| 设备规格 | 29000mm×1800mm×2000mm | | 第 2 区——4 米上部区嘴热风循环＋四段底板加热 |
| 载带材质 | PET 薄膜(100～188μm) | | 第 3 区——4 米上部区嘴热风循环＋四段底板加热 |
| 流延黏度 | 500～50000Pa·s | | 第 4 区——4 米上部区嘴热风循环＋四段底板加热 |
| 流延宽度 | 650～1000mm<br>(基膜宽度 680～1050mm) | | 第 5 区——4 米上部区嘴热风循环＋四段底板加热 |
| 流延速度 | 0.02～6.0m/min | | 第 6 区——4 米上部区嘴热风循环＋四段底板加热 |
| 刮刀高度 | 5～4500μm | | (每段附带温度监测、显示，实时可调) |
| 瓷带厚度 | 适合 25～1500μm | 自动供料系统 | 全自动供料、PID 控制流量，控制精度±0.1mm |
| 调刀精度 | 0.001mm | 液位高度 | 0～40.0mm |
| 调刀控制 | 电机加滚珠丝杠带电子千分表闭环控制 | 瓷带修边分切 | 进口合金钢刀片 |
| 厚度精度 | ±(1μm+2%带厚度) | 静电除尘 | 4 套 |
| 底板控制温度 | 室温～120℃ | 张力控制 | 伺服电机(日本松下)控制张力，基带运行无波动 |
| 上部进风加热温度 | 室温～120℃ | 工作电压 | 380V,50/60Hz |
| 温度总段数 | 24 段底板加热 | 自动功率 | 100kW |
| 刮刀方式 | 直板刮刀/圆筒刮刀 | 运行功率 | 50kW |

对于研发可采用实验室型小型流延机，通常实验型流延机长度1.5～3m，宽度200～400mm，有双刮刀，刀口高度可用千分尺调节，图3-103为敞开式和封闭式两款实验型流延机。其中(b)为封闭式流延机，型号为DL-LYJ-2QE240，该流延机是将混合浆料自动供料到料槽流至基带之上，通过基带(PET)与逗号刮刀的相对运动形成坯膜，坯膜的厚度由刮刀控制(调刀精度可达0.001mm)。将坯膜连同基带一起送入烘干室，溶剂蒸发，有机结合剂在陶瓷颗粒间形成网络结构，形成具有一定强度和柔韧性的坯片，将干燥的坯片进行剥离，除静电后再收卷料带。该流延机技术参数如表3-19所示。

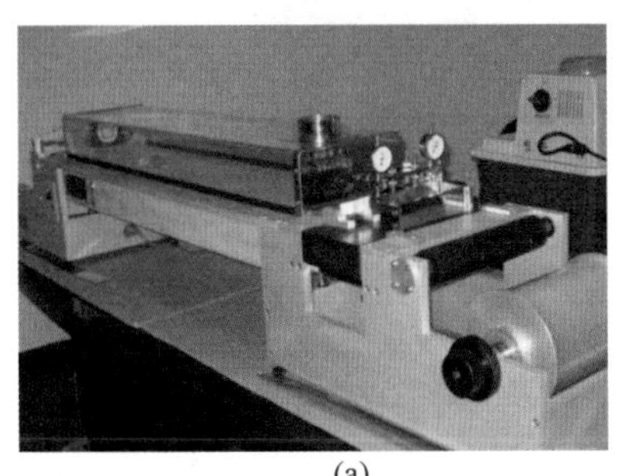
(a)

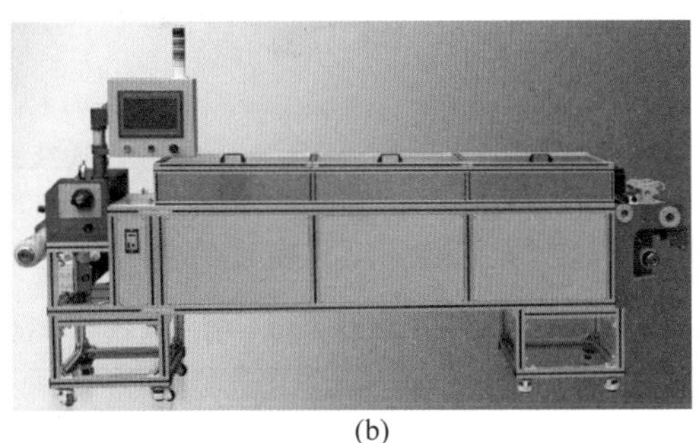
(b)

图3-103 实验型流延机
(a) 敞开式；(b) 封闭式

**表3-19 封闭式实验型流延机技术参数**

| 产品型号 | DL-LYJ-2QE240 | 黏度 | 500～50000Pa·s |
|---|---|---|---|
| 设备规格 | 2980mm×600mm×1250mm | 有效烘干长度 | 2m |
| 基带 | PET膜(38～188μm) | 温控 | 3段底板加热+热风循环 |
| 基带宽幅 | 250mm | 温度控制 | 室温～100℃可调(控制±0.1℃) |
| 流延宽度 | 220mm | 溶剂 | 水性溶剂 |
| 调刀精度 | 0.001mm | 流延膜控制 | 双伺服电机控制，张力可调 |
| 厚度精度 | ±(1μm+2%带厚度) | 电气控制系统 | 西门子PLC可编程序控制 |
| 刮刀精度 | 0.1μm | 控制面板 | 10英寸彩色液晶触摸屏 |
| 刮刀 | 圆筒逗号刮刀 | 放卷轴 | 3英寸气胀轴 |
| 流延速度 | 0.01～2m/min | 收卷轴 | 3英寸气胀轴 |
| 流延厚度 | 10～400μm(静止可达到1200μm以上) | 工作电压 | 220V,50/60Hz |
| 刮刀高度 | 0～3500μm | 启动功率 | 2.6kW |
| 静电除尘 | 4套 | 运行功率 | 1.3kW |

中试流延机是介于生产和实验室的，图3-104为一款国产DL-LYJ-6MU240型中试流延机，该流延机的工作过程是将混合浆料通过供料脱泡装置供给到浆料盒内，采用激光位移传感器控制液位高度，然后经过刮刀制作形成具有一定强度和柔韧性的薄膜坯片，经过烘道及多个高速气嘴干燥后再进行全自动膜带纠偏，基带连同生坯收卷待用，也可以在干燥后将

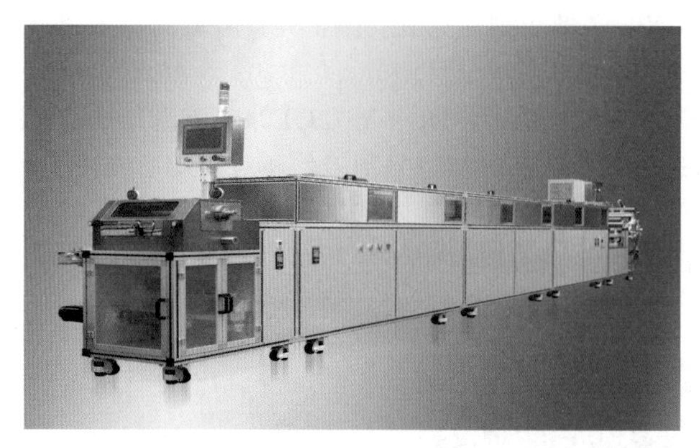

图 3-104　国产连续式中试流延机

生坯剥离后修边，再分切到用户指定的宽度。表 3-20 为该流延机的技术参数。

**表 3-20　国产连续式中试流延机技术参数**

| 产品型号 | DL-LYJ-6MU240 | 黏度 | 500～50000Pa·s |
|---|---|---|---|
| 设备规格 | 8800mm×850mm×1350mm | 刮刀方式 | 直板刮刀/圆筒刮刀 |
| 载带材质 | PET 膜(38～188μm) | 底板温度控制 | 室温～100℃(±0.1℃)，进风最高温度 100℃ |
| 流延宽度 | 220mm | 干燥区域 | 第 1 区——2 段底板加热＋抽风循环 |
| 流延速度 | 0.02～3.0m/min | | 第 2 区——4 段底板加热＋气嘴热风循环 |
| 刮刀高度 | 5～3500μm | 自动供料系统 | 全自动供料，PID 控制流量，控制精度±0.1mm |
| 流延黏度 | 500～5000Pa·s | 液位高度 | 0～40.0mm |
| 流延厚度 | 适合 20～1500μm | 修边分切 | 合金钢刀片 |
| 调刀精度 | 0.001mm | 静电除尘 | 4 套 |
| 刮刀精度 | 0.1μm | 张力控制 | 伺服电机控制张力，基带运行无波动 |
| 调刀控制 | 丝杠配合千分表手动控制 | 工作电压 | 380V，50/60Hz |
| 厚度精度 | ±(1μm＋2%带厚度) | 启动功率 | 12kW |
| 刮刀精度 | 0.1μm | 运行功率 | 6kW |

## 3.4.4　流延坯片及干燥与烧结

### 3.4.4.1　浆料的流延与坯片

浆料应该具有显著的剪切变稀的假塑性体性质，温度对黏度的影响很显著，浆料温度应该控制在高于环境温度。

浆料通过料槽随刮刀流淌在干净、平滑、不渗透、不溶解的基带上，例如聚酯薄膜、聚四氟乙烯或醋酸纤维素薄膜。基带可以涂覆表面活性剂，便于坯带剥离以及基带重复使用。流延坯带的厚度与刮刀与基带间的高度产、基带速度、浆料的黏度、浆料槽液面高度及干燥收缩有关，Otsuka 和 Chou 等人提出了干坯厚度 $D$ 与各种流延参数的关系式：

$$D=\alpha\cdot\frac{h}{2}\left(1+\frac{h^{2}\Delta P}{6\eta L v_{0}}\right)$$

式中，$\alpha$ 为湿坯干燥时厚度的收缩系数，$h$ 和 $L$ 分别是刮刀刀刃间隙的高度和长度，$\eta$ 为浆料的黏度，$\Delta P$（通常由浆料层的高度决定）为刀刃间隙的入口和出口的压力差，$v_0$ 为流延装置和支撑载体的相对速率。

在干燥过程中，厚度方向有显著的收缩，但几乎没有横向收缩，厚度既与浆料黏度有关，又与流延速度有关。该计算公式表明，当 $h/\eta$ 相对较小时，厚度近似为流延速度 $v_0$ 的函数；高的浆料黏度和高于 0.5cm/s 的注浆速度有利于厚度均匀。

对于不同厚度的流延坯带，浆料黏度大小要求是不同的，前面已述及流延浆料的黏度范围通常为 0.5～2.5Pa·s，一般而言，对于数十微米这样比较薄的坯带，黏度应比较低，在下限值，而对于厚度在 0.5～1mm 这样的坯片时，黏度应比较高，如图 3-105 所示。

图 3-105　实验室氧化锆流延成型的坯片

实际生产中采用工业型流延机，如图 3-106(b)所示，流延前浆料也需进行真空脱泡，脱泡机见图 3-106(a)。从球磨到浆料脱泡的过程是把球磨后的浆料通过过滤器放入脱泡机

(a)

(b)

图 3-106　浆料真空脱泡机与连续式流延坯带

(a) 真空脱泡机；(b) 流延坯带

内，进行真空搅拌，再借助真空泵抽力，最大限度地去除在球磨过程中混入的气泡，同时调节浆料黏度，亦可调节浆料的温度，从而使脱泡后的浆料达到适合流延的要求。这种脱泡后的浆料可以连续不断地送入流延机的浆料槽内，连续生产得到连续的流延坯带，若在流延机出口设置切刀即可获得产品所需宽度的坯带，如图 3-106(b)所示。

### 3.4.4.2 流延坯片的干燥与排胶

(1) 流延坯片的干燥

浆料流出刮刀后，即进入干燥区进行干燥，坯带的上部是缓慢流动的空气，可以通过调节空气的流量和流速来保持空气中的溶剂蒸气分压低于该温度下的溶剂饱和蒸气压，从而使溶剂以一定的速率挥发。由于坯带表面与空气接触，表面处的溶剂的挥发速率必然比内部的大，且挥发速率在坯带内自上而下呈梯度分布，所以经过一段时间后，表面的溶剂含量明显低于内部。此时，坯带表层透气性极为重要。此外，需控制内部蒸发速率，以免挥发气体不能及时通过表面逸出而导致表面鼓泡和开裂。

干燥中随着溶剂脱除坯体发生收缩，颗粒间距变小，厚度方向收缩后厚度一般为刀口高度的一半多。干燥时应避免有机物和粉体颗粒的偏析，有时会有塑化剂迁移到干燥表面的现象，但高分子量的黏结剂及胶凝的黏结剂很少迁移，尤其是黏结剂分子被吸附以及使用细粉体时。随着干燥进行，黏弹性坯带逐渐变为塑性，干燥后坯带中的固相含量约为 55%～60%，其他部分为 35%的有机物和 15%的气孔；干燥后的坯片可以直接使用，也可以卷轴储存待用，图 3-107 为干燥后具有柔韧性可卷曲的氧化锆流延坯带。

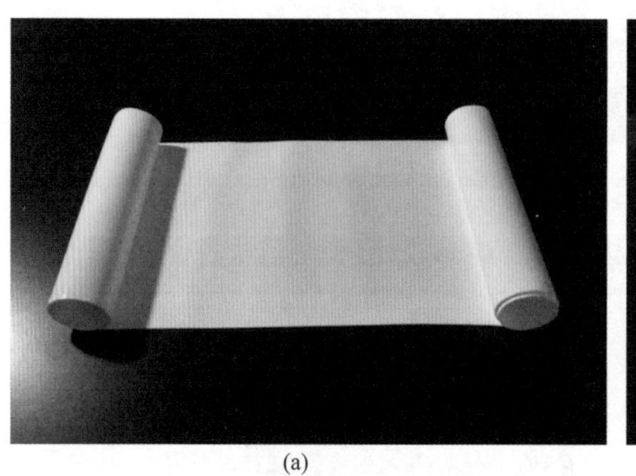
(a)

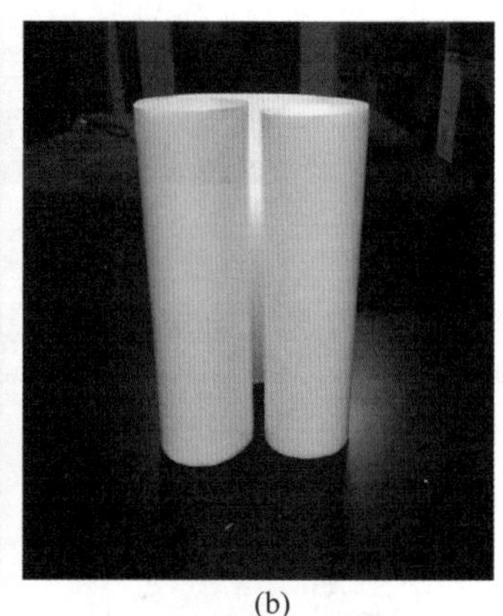
(b)

图 3-107 干燥后具有柔韧性可卷曲的氧化锆流延坯带

干燥坯带的质量表征主要包括：表面状况、拉伸强度、柔韧性、塑性、尺寸结构特征、稳定性及黏结剂的脱脂行为。粗糙的坯带表面说明浆料中颗粒存在严重的团聚现象，典型的圆孔如针眼是由于憎水性分散体系中含有水分或者流延前除泡不充分所引起的。

流延坯片的干燥是一种独特的单向干燥工艺过程。当浆料流延得到均匀的薄层后，坯片中的溶剂从坯片的单面挥发，而坯片的底部是不发生渗透的膜带，因此可能导致流延坯片疏松及不均匀的结构。为此，可以考虑将流延坯片叠层进行等静压处理。等静压作为一种成型工艺，主要优势在于样品可以受到各个方向大小相等静压力。流延后的坯片本身具有一定的柔韧性，对坯片施加冷等静压可以达到如下效果：①得到高密度的生坯，降低烧结收缩率；②得到光滑的生坯表面;③消除流延坯片单向干燥引起的翘曲;④可以得到厚度均匀的坯片。

从图 3-108 中可以看到,等静压前后坯片中颗粒的分布始终是均匀分散的,但等静压后坯片的内部结构较等静压前更加致密,孔洞数量明显减少。说明通过等静压对素坯进行挤压,可以大大消除溶剂留下的孔洞,使素坯内部结构更加紧密,为后续的烧结和产品的性能打下了一个良好的基础。通过压汞仪测试得到了等静压前后坯片的密度分别为 2.7925g/cm$^3$ 和 3.044g/cm$^3$,因此,流延成型之后进行等静压处理是必要的。

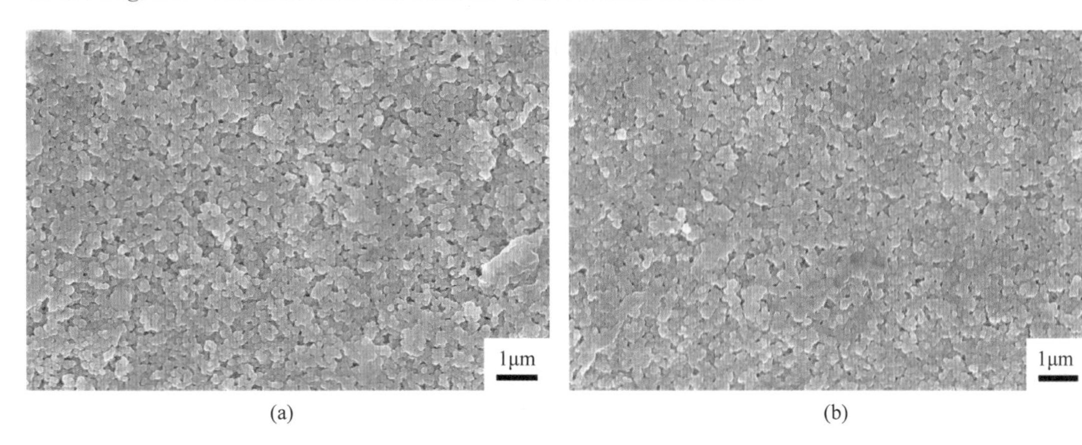


(a)　　(b)

图 3-108　等静压前后 $ZrO_2$ 生坯的微观照片

(a) 等静压前;(b) 等静压后

(2) 坯带加工与排胶

流延坯带在烧结前,通常须进行整形加工和排出内部的有机添加剂。整形加工主要是对坯带进行切割、冲孔等,由于干燥后的坯带具有一定强度和柔韧性,因此可采用自动切割或冲孔等设备进行加工,如图 3-109 所示。

图 3-109　流延陶瓷坯带的冲压裁剪

流延坯带的切片和冲孔须采用专用的设备,图 3-110 为国产的坯带切片机和冲孔机。坯带切片机是把叠好的生坯先堆垛放入料盒,然后通过一号机械手抓取到旋转切割平台上,再根据切割距离和条数,切割成烧结前的马赛克或连续不断的阵列产品,完成后再通过二号气动模组自动抓取到收料盒内。只有通过热切机按规定尺寸规格进行在线切割,热切后的坯带无缺口,无焦边,连续不断裂,从而达到要求极高的效果。冲孔机设备主要是将直接流

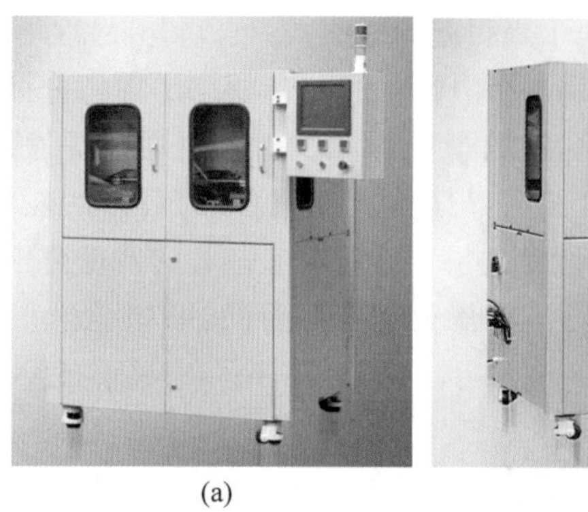
(a)

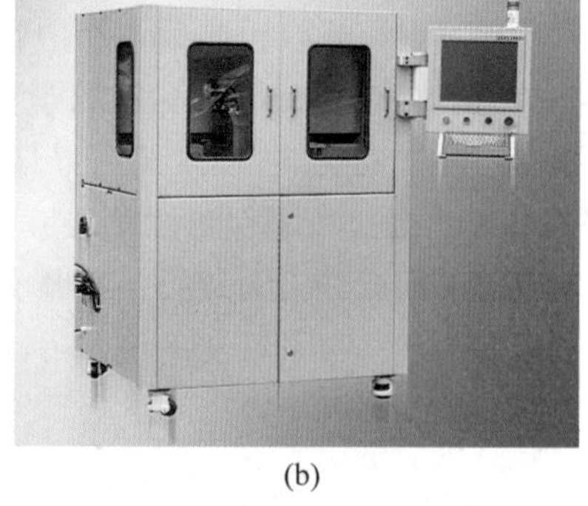
(b)

图 3-110 流延陶瓷坯带切割机和冲孔机
(a) 瓷带切片机；(b) 瓷带冲孔机

延成卷的坯带，裁成用户指定尺寸，通过真空吸附到金属框架固定，再利用丝杆导轨输送到冲孔区域，按用户预先编好的冲孔程序进行冲孔。再将冲好的生坯采用机械手盘自动吸取，定点摆放进入料盒。表 3-21 和表 3-22 分别给出坯带切割机和冲孔机的技术指标。

**表 3-21 瓷带切片机技术指标**

| 产品型号 | DL-RQ-SE150 | 切割精度 | ±0.01mm |
|---|---|---|---|
| 切割周期 | 6 片/min | 切刀尺寸 | 155mm×0.25mm(合金钢) |
| 切割面积 | 152mm×152mm(最大面积) | 刀片加热温度 | 室温～100℃ |
| 放料机构 | 1 只 | 切割底板温度 | 室温～100℃ |
| 废料盒 | 1 只 | 吸盘预热温度 | 室温～100℃ |
| 入料机构 | 1 只 | 温度均匀性 | ±2℃；控制精度±0.1℃ |
| 自动机械吸取模组 | 2 套(放料和收料各一组) | 设备功率 | 4.5kW |
| 切刀精度 | ±10μm | 切割间隔和次数 | 参数化设置 |
| 进刀精度 | ±10μm | 工作电压 | 220V,50/60Hz |
| 平台旋转精度 | ±0.005° | 外形尺寸 | 1300mm×1150mm×1785mm |

**表 3-22 瓷带切片机技术指标**

| 产品型号 | DL-CK-4SE200 |
|---|---|
| 冲孔速度 | 平均输出 10 次/s，距离为 1mm×1mm 时 20 次/s |
| 冲孔区域 | 高达 200mm×200mm |
| 平台运行速度 | 350mm/s |
| 薄膜厚度 | 最大 500μm |
| 载带(PET)厚度 | 25～100μm |
| 伺服自动换刀 | 4 组冲头 |
| 模具种类数量 | 4 套 |
| 外形尺寸 | 1350mm×1150mm×1920mm |
| 设备功率 | 3kW |
| 工作电压 | 220V,50/60Hz |

黏结剂的排除是通过加热使有机添加剂产生分解，分解产物扩散到坯体表面，再从表面挥发，整个过程一般在250～600℃发生。对于像$ZrO_2$、$Al_2O_3$、$BaTiO_3$等氧化物陶瓷可在氧化气氛中进行排胶，但必须采取一些预防措施以避免难以控制的放热反应或者是有机排出物发生燃烧，尤其对于尺寸较大的不均匀的组分如多层片，这将导致局部应力并使部件破坏。对于AlN和$Si_3N_4$等非氧化物陶瓷基片，排胶过程必须在非氧化气氛中进行，如在氮气或氩气中，但是必须避免黏结剂降解产生残余碳。

#### 3.4.4.3 流延坯片烧结及整平处理

陶瓷基片的烧结通常是将裁剪后的坯片放在平整的承烧板上，为了防止烧结后坯片发生翘曲和变形，可在待烧坯片上面压上一块重量合适的陶瓷板，图3-111为在实验室箱式电炉烧结氧化锆坯片的示意图，$ZrO_2$坯片位于氧化铝承烧板之间。

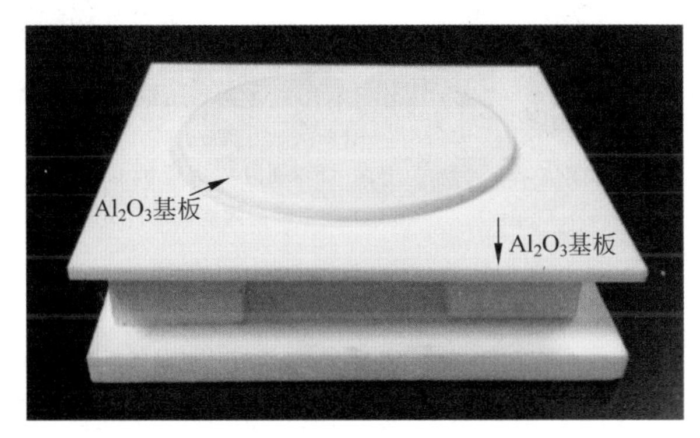


图3-111 $ZrO_2$坯片烧结装置

采用上述方法对某商用氧化锆坯片进行烧结，烧结温度1480℃，保温1h，然后再进行热等静压处理，可得到致密的氧化锆基片，如图3-112(a)所示。从图中可以看出，烧结后的坯片表面光滑无缺陷，并具有适当的透光性(氧化锆陶瓷坯片后面的字体清晰可见)。该氧化锆基片的显微结构的扫描电镜照片见图3-112(b)，可见$ZrO_2$晶型完整，晶粒大小均匀且堆积致密，结晶形态为多面体型；采用阿基米德排水法测定$ZrO_2$陶瓷的体积密度为6.04g/cm$^3$，利用阻抗分析仪测得介电常数为31。

实际生产中为提高装炉量，通常采用叠层烧结的方法，即在陶瓷坯片之间均匀铺撒一层

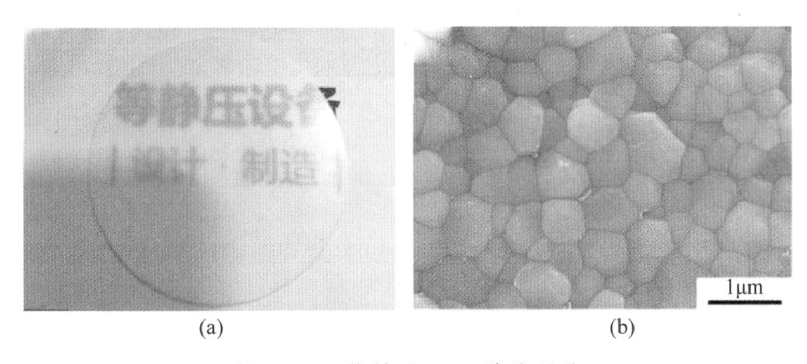


图3-112 烧结后$ZrO_2$陶瓷基片
(a) 试样照片；(b) 显微结构照片

薄薄的高纯刚玉细砂以防止烧结后基片黏结在一起，同时叠层烧结也有利于减少陶瓷坯片的变形；将装载好的叠层坯片放入推板式电热隧道窑，可进行连续式烧结（见图 3-113），烧结后的叠层陶瓷基板易于分离和清除其表面黏附的砂粒，

烧结后的陶瓷基片若有变形，可以根据实际需要进行整平处理，即将基板在承烧板上码好，大约在陶瓷基板产生蠕变的温度（通常低于烧结温度 50～100℃）下，进行再次热处理使其达到规定的平整度要求，最后可采用激光进行切割，见图 3-114。

图 3-113 陶瓷坯片叠层堆放连续烧结

(a) (b)

图 3-114 陶瓷板的整平与激光切割

(a) 整平后的陶瓷基片；(b) 陶瓷基片的激光切割

### 3.4.5 流延＋温等静压组合工艺

流延成型工艺便于制备出小于 0.6mm 平整光滑的柔性氧化锆陶瓷基板，并且具有连续操作生产效率高、产品性能一致性好等优点；若将流延基板裁剪后（或叠层）再装入钢模内，真空密封后，在热水中进行温等静压（80℃），由于坯片内黏结剂发生软化从而产生热弯效果，可得到 2.5D 和 3D 陶瓷背板素坯，如图 3-115 所示。

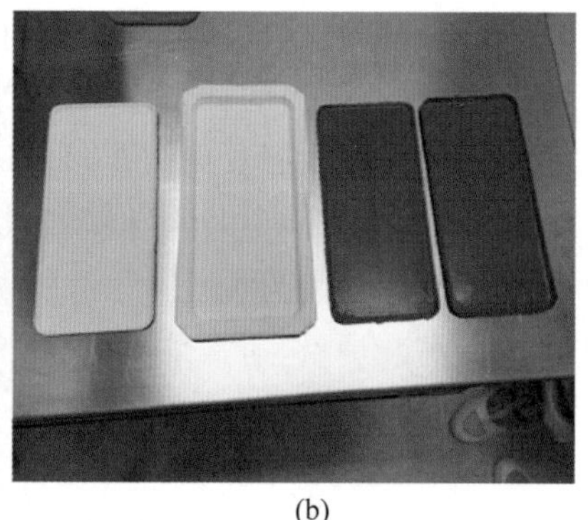

(a) (b)

图 3-115 温等静压机与 3D 陶瓷背板素坯

(a) 温等静压机；(b) 温压后 3D 陶瓷背板素坯

温等静压机的工作过程是首先将多块坯片装入模具内，然后用真空包装袋封口，置于温压腔体内，再通过伺服电机传动将腔体同材料一起放入热水密封缸体环境内，经过高压增压泵将腔体内水压增至高压（50～100MPa），通过温度和压力均匀地作用在温压缸内的生坯上，达到设定的保压时间后，腔体自动上升，取出产品。图 3-116 分别给出温压用模具和温压成型制备的氧化锆陶瓷手机背板。

图 3-116 温压模具与陶瓷手机背板

### 3.4.6 流延坯片质量的影响因素及调控

陶瓷基板或坯片的有机溶剂流延成型技术已比较成熟，该方法的特点是成型的陶瓷生坯内部结构均匀、强度高、柔韧性好、便于切割和加工，目前在工业生产和实验室中得到广泛应用。这是由于有机溶剂沸点低，非常有利于坯体的干燥，同时有机溶剂对于聚合物黏结剂、塑性剂等具有很好的溶解性，并且有机溶剂不会与陶瓷颗粒发生水解反应，可保证浆料的稳定性。

有机流延成型工艺需使用有机溶剂和各种添加剂，如分散剂、黏结剂、塑化剂以及其他功能助剂；这些有机物的选择对有机流延成型工艺非常重要，直接影响流延坯带的性能，从而影响烧结制品的性能。

#### 3.4.6.1 溶剂与分散剂选择

有机溶剂选择主要考虑的因素有：(a)必须能溶解其他添加组分，如分散剂、黏结剂和塑化剂等；(b)分散陶瓷粉料，提供浆料合适黏度；(c)在料浆中具有良好的化学稳定性，不与粉料发生化学反应；(d)在适当的温度易于蒸发与烧除；(e)安全卫生和对环境污染少，且价格便宜。常用的有机溶剂有乙醇、甲乙酮、三氯乙烯、甲苯、二甲苯等，实际应用中常选择混合溶剂，特别是共沸混合溶剂尤其适用于有机基黏结剂体系，因为它们可提供良好的溶解特性，并且溶剂能以恒定的组分蒸发。表 3-23 列出一些二元和三元的共沸体系有机溶剂。

**表 3-23 共沸体系有机溶剂**

(a) 二元体系

| 组分 1 | 质量分数/% | 组分 2 | 质量分数/% | 沸点/℃ |
|---|---|---|---|---|
| 甲基乙基酮 | 88.6 | 水 | 11.4 | 73.6 |
| 甲基乙基酮 | 40 | 乙醇 | 60 | 74.8 |
| 甲基乙基酮 | 30 | 正丙醇 | 70 | 77.3 |
| 甲基乙基酮 | 86 | 甲醇 | 14 | 55.9 |
| 乙醇 | 95.6 | 水 | 4.4 | 78.2 |
| 乙醇 | 27 | 三氯乙烯 | 73 | 70.9 |
| 乙醇 | 68 | 甲苯 | 32 | 76.7 |
| 正丙醇 | 87.7 | 水 | 12.3 | 80.4 |

续表

(a) 二元体系

| 组分 1 | 质量分数/% | 组分 2 | 质量分数/% | 沸点/℃ |
|---|---|---|---|---|
| 正丙醇 | 30 | 三氯乙烯 | 70 | 75.5 |
| 正丙醇 | 21 | 乙酸酯 | 79 | 75.3 |
| 正丙醇 | 52 | 丁基醋酸酯 | 48 | 80.1 |
| 正丙醇 | 48 | 丁醇 | 52 | 82.3 |

(b) 三元体系

| 组分 1 | 质量分数/% | 组分 2 | 质量分数/% | 组分 3 | 质量分数/% | 沸点/℃ |
|---|---|---|---|---|---|---|
| 甲基乙基酮 | 81 | 水 | 8 | 乙醇 | 11 | 73.5 |
| 三氯乙烯 | 69 | 乙醇 | 26 | 水 | 5 | 67.3 |
| *n* 丁基醋酸酯 | 35.3 | *n* 丁醇 | 27.4 | 水 | 37.3 | 89.4 |
| 乙酸酯 | 83.2 | 乙醇 | 9.0 | 水 | 7.8 | 70.3 |
| 正丙醋酸酯 | 63.7 | 正丙醇 | 26.2 | 水 | 10.1 | 76.1 |

分散剂又称为悬浮剂，可控制颗粒的团聚程度，改善粉料颗粒在流延浆料中的悬浮性和均匀稳定性。分散剂的作用机制主要还是通过双电层静电排斥和空间位阻稳定。用于静电稳定的分散剂有亚甲基氯、磷酸酯、芳基磺酸、甲基乙基酮+甲醇等，用于空间位阻稳定的分散剂有聚乙烯、聚氧乙烯、聚甲基丙烯酸甲酯、聚乙烯醋酸酯等；此外，还有一些表面活性剂也可用作分散剂。图 3-117 为分散剂分散不均匀所导致的团聚现象。

### 3.4.6.2 黏结剂增塑剂及功能助剂

黏结剂最重要的作用是通过包裹粉料颗粒和产生三维相互连接的网络结构，赋予素坯一定的强度和韧性。但由于黏结剂都有相互交联的链，使得其塑限温度 $T_g$ 往往高于室温，即使黏结剂能够保证坯片的强度却不能使素坯具有足够用于冲孔切割等加工所需的柔韧性。增塑剂的加入能够调节塑限温度 $T_g$，使其接近或低于室温，这是因为增塑剂分子能嵌入黏结剂大分子之间，削弱黏结剂分子间的结合力。此外，增塑剂的加入可显著提高干燥后坯带的柔韧性。但塑化剂同时降低了黏结剂的强度，因此黏结剂和塑化剂的配比需使坯片强度和浆料中最高固相含量达到一个平衡。黏结剂含量不足可能导致坯片开裂，见图 3-118。

图 3-117 分散剂分散不均匀导致的团聚

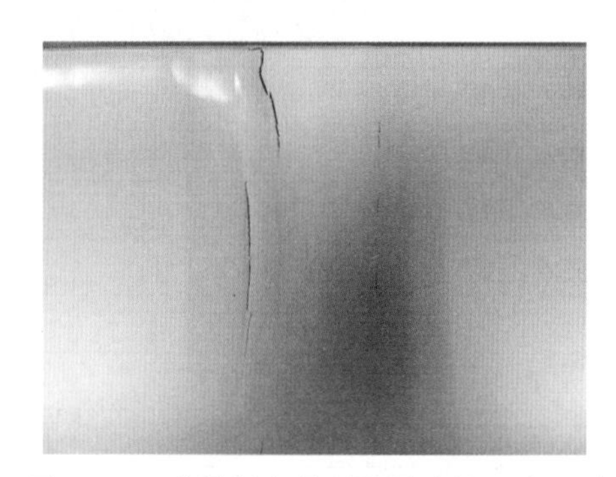

图 3-118 黏结剂含量不足导致的坯片开裂

若在球磨过程中黏结剂不能充分溶解和均匀分散在浆料中，流延后会导致团聚与偏析，见图3-117。表3-24给出常用的黏结剂与增塑剂及其他添加剂。

**表3-24　有机流延成型溶剂与添加剂**

| 溶剂 | 黏结剂 | 增塑剂 | 悬浮剂 | 润湿剂 |
|---|---|---|---|---|
| 丙酮<br>丁醇<br>三氯乙烯<br>溴氯甲烷<br>丁醇<br>二丙酮<br>乙醇<br>丙醇<br>乙基乙丁烯酮<br>甲苯<br>二甲苯 | 聚乙烯缩丁醛<br>聚丙烯酸甲酯<br>乙基纤维素<br>纤维素醋酸丁烯<br>乙醚纤维素<br>丙烯酸酯<br>聚乙烯<br>聚甲基丙烯<br>聚乙烯醇<br>聚甲基丙烯酸甲酯 | 聚乙二醇<br>邻苯二甲酸二丁酯(DBP)<br>三乙烯乙二醇<br>聚二乙醇<br>酞酸酯混合物<br>丙三醇(甘油)<br>磷酸三甲苯酯 | 脂肪酸(三油酸甘油)<br>天然鱼油<br>合成界面活性剂<br>苯磺酸<br>鱼油<br>油酸<br>甲醇<br>辛烷 | 烷丙烯基聚醚乙醇<br>聚乙烯甘醇乙基乙醚<br>乙基苯甘醇<br>聚氧乙烯酯<br>单油酸甘油<br>三油酸甘油<br>乙醇类 |

功能助剂主要有润湿剂、悬浮剂、消泡剂等。润湿剂主要是溶于液相的表面活性剂，用来减小液体表面张力(特别是水)，提高它们对粉料和被作用物的润湿性，因此，表面活性剂也被用作为润湿剂(见表3-24)。消泡剂主要在高分子溶液(PVA)或高分子分散体系易产生有害的泡沫的水基浆料中使用，特别是搅拌过程中。常用的消泡剂是正丁醇、乙二醇各半的混合液。单纯使用消泡剂的效果有局限性，因此对浆料还需真空除泡。

#### 3.4.6.3　流延成型合理的工艺参数

(1) 球磨工艺参数

流延浆料的制备要经历两次球磨工艺，第一次是将粉体颗粒的软团聚打开，这一步通常需要分散剂的加入(通过吸附到颗粒的表面阻止颗粒的团聚)；第二次是将增塑剂和黏结剂混合后加入悬浮液中进行球磨，得到分散均匀、流变性合适的流延浆料；其中第一步的球磨对后续浆料的制备起着至关重要的作用。图3-119表示球磨时间不够致使流延坯片产生的颗粒团聚现象。

图3-119　球磨时间不够导致的颗粒团聚

(2) 除泡时间以及负压大小

流延浆料除泡技术是真空除泡加缓慢的搅拌，但过高的真空度以及过长的除泡时间，在除去气泡的同时也会导致大量的溶剂挥发而使浆料不均匀流动性变差，从而影响流延坯片质量，如图3-120所示。

(3) 干燥气氛及环境温度

干燥温度和气氛都非常重要，通常溶剂气氛对流延坯片有一定保护作用，若环境温度较高且在空气气氛下干燥会引起坯片上下的流速产生差异性，导致坯片上下表面干燥速度明显不一致，使得坯片发生翘曲，如图3-121所示。

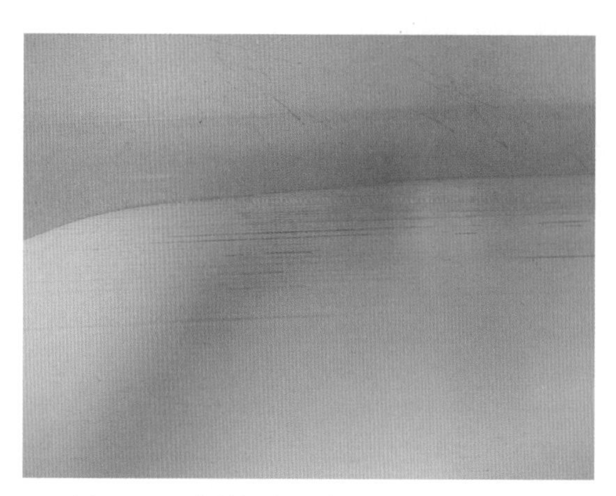

图 3-120　溶剂挥发导致流延坯片质量变差

图 3-121　空气气氛下干燥导致的坯带弯曲

### 3.4.7　流延成型制备陶瓷外观件实例

(1) 流延＋温压热弯组合成型生产陶瓷背板

流延＋温压热弯组合成型工艺最成功的商业化应用就是 2016 年小米 5 手机中 2.5D 陶瓷背板的制备，其制备流程如图 3-122 所示，图 3-123 是采用流延＋温压热弯组合成型工艺制备的小米 5 手机黑色氧化锆陶瓷背板。

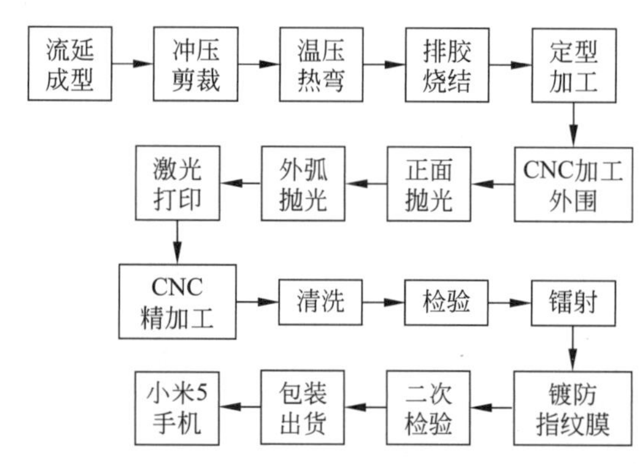


图 3-122　小米 5 手机 2.5D 陶瓷背板的制备流程

图 3-123　小米 5 手机黑色氧化锆陶瓷背板

(2) 陶瓷指纹识别片的流延成型

氧化锆陶瓷指纹识别贴片(厚度小于 0.1mm)因其高介电常数、比蓝宝石具有更快速反应的指纹解锁功能,先后在小米、华为、OPPO、VIVO 手机中获得应用。氧化锆陶瓷指纹识别片也是采用流延成型烧结后,再在端面磨机进行研磨抛光即可得到表面平整光洁、厚度仅为 0.08mm 左右的指纹识别片,如图 3-124 所示。

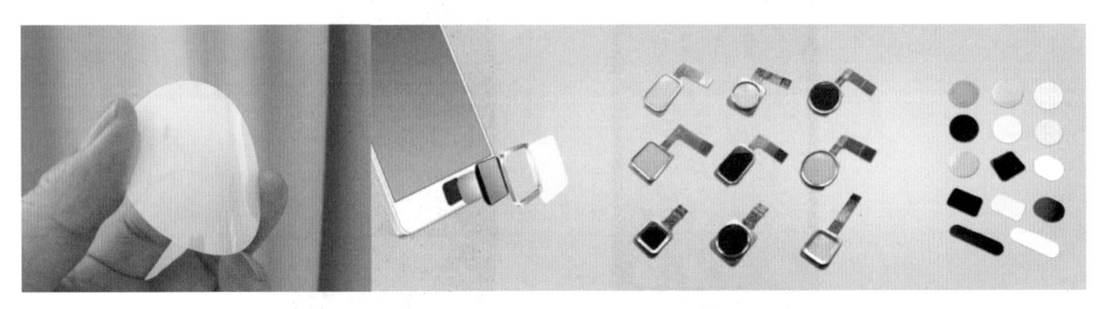

图 3-124　氧化锆陶瓷指纹识别片

## 3.5 凝胶注模成型

### 3.5.1 简述

凝胶注模成型或称注凝成型(gel casting),是美国橡树岭国家实验室 M. A. Janney 和 O. O. Omatete 等人于 20 世纪 90 年代初提出的一种胶态成型工艺。他们在丙烯酰胺单体和 *N*,*N*-亚甲基双丙烯酰胺(交联剂)的混合溶液中加入氧化铝或氮化硅陶瓷粉体制备出悬浮体,然后再引入过硫酸铵(引发剂)和 *N*,*N*,*N*,*N*-四甲基乙二胺(催化剂),从而使有机单体产生聚合及交联反应而导致凝胶化,使陶瓷悬浮体固化成型,制备出形状复杂的氧化铝和氮化硅陶瓷部件,如图 3-125 所示。此后中国、日本、德国、英国、韩国等进行了深入和广泛的研究,研究范围也不断扩展,从结构陶瓷拓展到功能陶瓷,从单相陶瓷体系延伸至复相体系,从微米级陶瓷颗粒到亚微米和纳米级颗粒的成型。特别是在氧化铝和氧化锆及氧化硅等氧化物陶瓷产品的制备上获得越来越多的应用。

图 3-125　美国橡树岭实验室采用凝胶注模成型生产的陶瓷部件

凝胶注模成型在智能终端陶瓷结构件制备的经典应用是用于陶瓷背板，2014年下半年华为公司推出P7典藏版限量发售手机，该款手机屏幕选用了抗刮痕能力更高的蓝宝石，后盖则采用了凝胶注模成型制备的2D黑色氧化锆陶瓷背板，见图3-126。

图3-126 采用凝胶注模制备的华为P7氧化锆陶瓷手机背板

凝胶注模成型之所以得到如此广泛的研究和重视，是因为这种成型工艺具有自身的一些特点和优势。M. A. Janney等对凝胶注模成型与注浆成型、注射成型、压滤成型工艺进行了对比（见表3-25），可见其突出优点如下：(a)成型周期短，湿坯和干坯强度高，干燥后坯体的弯曲强度一般可达20～40MPa，可以进行机加工以制备形状更为复杂的部件，陶瓷坯体脱模时不易开裂变形；(b)适应陶瓷粉末能力强，适合于氧化物和非氧化物等各种陶瓷粉末的成型，并且可用于亚微米、微米及纳米陶瓷粉末的浆料固化成型；(c)工艺过程和操作较为简便，设备简易，成本低；(d)可成型大尺寸和形状复杂及厚壁部件，模具可选用多种材料；(e)有机物加入量较少（相对于注射成型和热压铸成型），占坯体总质量的2%～4%（质量分数），容易通过脱脂除去。

**表3-25 凝胶注模与注浆、注射、压滤成型工艺的比较**

| 性能 | 凝胶注模 | 注浆成型 | 注射成型 | 压滤成型 |
|---|---|---|---|---|
| 成型时间 | 5～60min | 1～10h | 1～2min | 10min～5h |
| 湿坯强度 | 中～高，与凝胶体系有关 | 较低 | 高 | 低 |
| 干坯强度 | 非常高 | 较低 | 中 | 低 |
| 模具材料 | 金属、玻璃、塑料 | 石膏 | 金属 | 多孔材料 |
| 脱脂时间 | 2～3h | 2～3h | 一天以上 | 2～3h |
| 坯体缺陷 | 小 | 小 | | 小 |
| 坯体最大尺寸 | ～1m | ＞1m | 截面＜1cm | ～0.5m |
| 干燥脱脂变形 | 较小 | 小 | 可能严重 | 小 |
| 坯体厚度 | 无影响 | 厚壁延长注模时间 | 影响脱脂 | 厚壁延长注模时间 |
| 粉料粒径 | 粒径减小导致黏度提高 | 粒径减小延长注模时间 | 粒径减小导致黏度提高 | 粒径减小延长注模时间 |

### 3.5.2　成型原理及工艺流程

凝胶注模成型工艺流程见图 3-127。首先将有机单体、交联剂按一定比例溶解于水中，制备预混液。然后将分散剂和陶瓷粉料与预混液一起混合，通过球磨等方法使粉料均匀分散，制备出低黏度高固相体积分数的浓悬浮体(>45%)。再对浆料进行真空除泡，然后加入引发剂和催化剂，在室温环境下将悬浮体注入模具中，再加热模具到 40～80℃(也可预先加热模具)，引发有机单体聚合形成三维网络凝胶结构，从而导致浆料原位凝固成型为坯体，坯体脱模经干燥后强度很高，可进一步进行机加工，或直接脱脂后烧结。

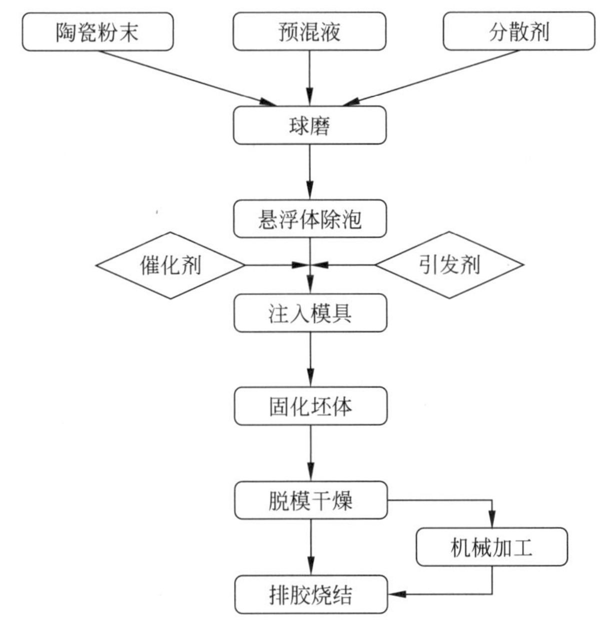


图 3-127　凝胶注模成型工艺流程

在水溶液凝胶注模的丙烯酰胺体系中，常使用的单体是单功能团的丙烯酰胺(AM)和双功能团的 $N,N'$-亚甲基双丙烯酰胺(MBAM)，溶剂是水。预混液中单体含量为 4.8%～18.0%，胶联剂含量为 0.2%～0.6%，MBAM 和 AM 的比例从 3∶30 到 1∶90，水的含量为 81.8%～95%。有两种水溶性引发剂，过硫酸铵[$(NH_4)_2S_2O_8$]和过硫酸钾($K_2S_2O_8$)，在预混液中加入 0.5%或更少的引发剂时，于 60℃或 80℃条件下，大约 5min 就开始发生凝胶化反应。若加入催化剂($N,N,N',N'$-四甲基乙二胺)0.1%(占总溶液的质量分数)以下时，在室温条件下数分钟即可发生凝胶化反应。通常在陶瓷浆料中先加入引发剂并混合均匀，然后再加入催化剂溶液。

对于非水溶液凝胶注模成型使用的有机溶剂，除了作为单体的溶剂外，有机溶剂还必须满足以下凝胶注模使用条件：(1)在交联温度下蒸气压低；(2)黏度较低。可供使用的有以下几类溶剂：邻苯二甲酸酯，二元酯，高沸点石油溶剂，长链醇，吡咯烷酮，邻苯二甲酸二丁酯(DBP)，另外萘醇也可用于凝胶注模。

目前，最为成熟且应用最为广泛的是丙烯酰胺水基体系，它适用于大多数陶瓷粉料。水基凝胶注模体系和有机溶剂凝胶注模体系相比具有以下几大优点：(1)用水作为溶剂，成本低，同时有助于降低浆料黏度；(2)避免了与处理有机溶剂相关的某些环境问题；(3)使凝胶注模过程更接近传统注浆成型工艺，操作简便。因此现已很少采用有机溶剂凝胶注模成型。水基凝胶注模工艺除了广泛使用的丙烯酰胺单体，还有其他各种水溶性单体，可参考相关文献。

综上所述，陶瓷凝胶注模成型工艺可概括为：(1)低黏度高固相陶瓷料浆的制备；(2)陶瓷浆料的凝胶化过程，即浆料固化得到含有一定水分的陶瓷坯体；(3)将含有一定水分的陶瓷坯体进行干燥，得到陶瓷素坯；(4)陶瓷素坯的排胶和致密化烧结。

## 3.5.3 氧化锆凝胶注模成型的浆料制备

下面针对氧化锆陶瓷的凝胶注模成型的浆料制备进行讨论。所用超细粉体为3%(摩尔分数) $Y_2O_3$ 稳定 $ZrO_2$，激光粒度仪分析其颗粒直径 $d_{50}$ 为0.199μm，粒度分布曲线见图3-128，比表面积 $16m^2/g$。凝胶注模成型用有机单体为丙烯酰胺(AM)，以 *N*，*N*-亚甲基双丙烯酰胺(MBAM)为交联剂，过硫酸铵(APS)为引发剂，*N*，*N*，*N'*，*N'*-四甲基乙二胺(TEMED)为催化剂。分散剂采用柠檬酸三铵、SD-00、D3007和A型分散剂(聚丙烯酸盐)进行对比；采用氨水、氢氧化钠溶液、乙酸溶液和稀盐酸调节料浆的pH值。

### 3.5.3.1 浆料分散与分散剂的选用

采用柠檬酸三铵、SD-00、D3007和A型分散剂这四种不同类型的分散剂，将上述分散剂按一定的比例(未标注者均为体积分数)与超细 $ZrO_2$ 粉经球磨后制成料浆，用美国布鲁海文的Zeta点位分析仪测试了加入分散剂和不加分散剂时料浆稀悬浮液在不同pH值的Zeta电位，测试结果见图3-129。

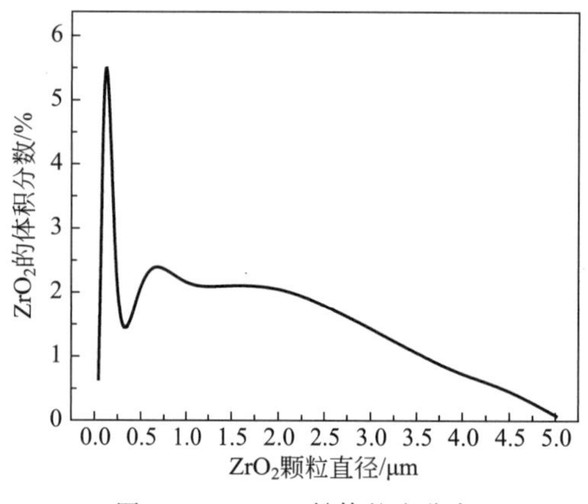


图3-128 $ZrO_2$ 粉体粒度分布

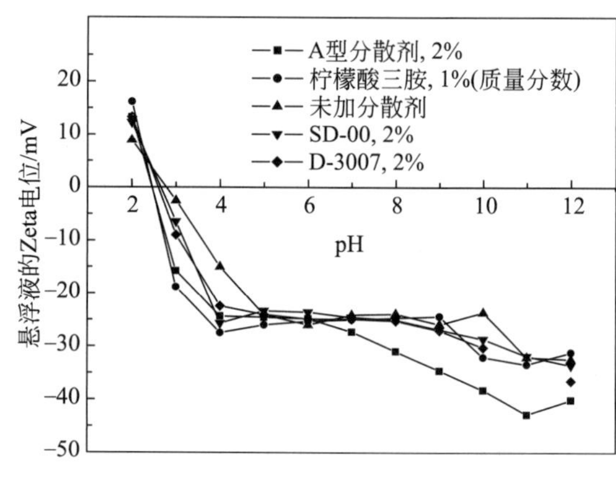


图3-129 分散剂和pH值对料浆Zeta电位的影响

由图3-129可以看出，随pH值的变化，加入不同种类分散剂料浆Zeta电位的变化趋势基本一致，Zeta电位的最大负值出现在pH=10～11之间。不加分散剂的料浆，Zeta电位的最大负值为−32.08mV，采用柠檬酸三铵、SD-00和D-3007作分散剂，Zeta电位的最大负值分别为−33.41mV、−33.58mV和−36.24mV，而采用A型分散剂，Zeta电位的最大负值可达−44.86mV，比前者提高了−10mV左右。

显然，从静电作用势能角度来看，采用A型分散剂效果最好。A型分散剂属于一种聚合电解质，在水溶液中存在以下解离平衡：

$$R—COOH + H_2O \rightleftharpoons R—COO^- + H_3O^+$$

在碱性条件下（pH＝10～11），上述平衡向右移动，聚阴离子 $R—COO^-$ 由于分子间引力等作用吸附在 $ZrO_2$ 粉体颗粒表面，使其表面 $\varphi$ 电位增大，从而提高 Zeta 电位；此外，A 型分散剂所含的一价阳离子电离后经水化进入 $ZrO_2$ 颗粒胶团中，置换颗粒表面吸附的高价阳离子，使其双电层厚度增加，也会提高胶团表面 Zeta 电位，使得颗粒之间的静电斥力增大，从而起到静电稳定作用。

同时，由于 A 型分散剂为高聚合电解质，其分子量较高（8000～9000），它吸附在 $ZrO_2$ 颗粒表面，能够有效阻止颗粒之间相互靠近，即起到空间位阻作用。因此，选定 A 型分散剂作为超细 $ZrO_2$ 粉体的分散剂对浆料的分散更为有效。

### 3.5.3.2　氧化锆料浆流变特性的测试

采用德国 MCR300 高级扩展式流变仪，测试固相体积含量 52％和 54％的料浆在室温下的流变特性曲线，料浆 pH 值调整为 10.21，研磨时间 12h，测试结果见图 3-130 和图 3-131。

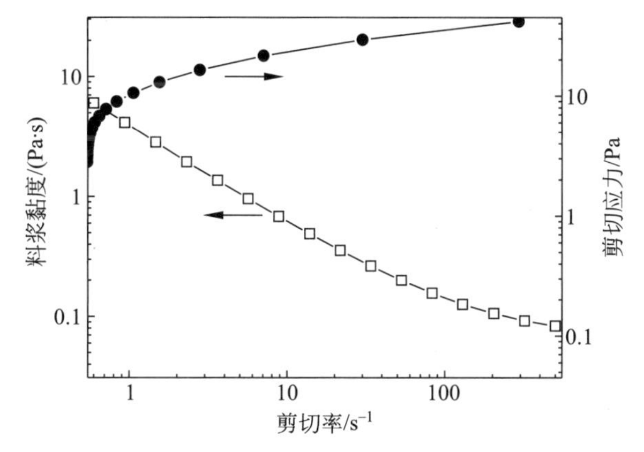


图 3-130　固相含量 52％料浆流变曲线

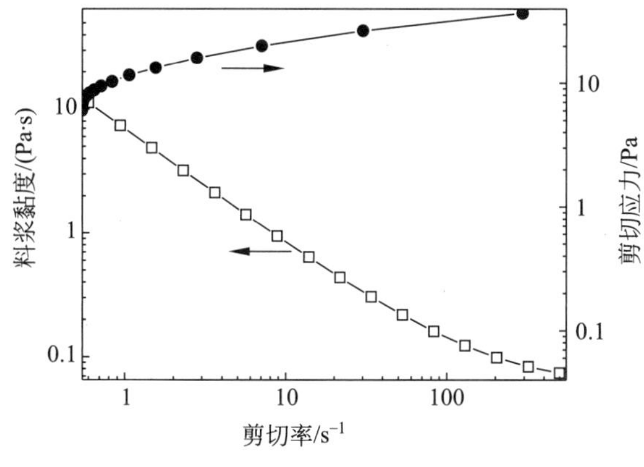


图 3-131　固相含量 54％料浆流变曲线

可以看出，两种料浆均呈现剪切变稀特性，即随着剪切速率的上升，料浆黏度下降。这是由于剪切作用对料浆结构的影响所造成的，在剪切速率很低时，料浆的流动要克服颗粒之间的阻力，随剪切速率的增加，引起了料浆内部颗粒排列取向，流动阻力减小，黏度随之下降。在试验的剪切速率范围内（$\leqslant 500s^{-1}$），没有出现剪切增稠现象。

### 3.5.3.3 pH 值对氧化锆料浆影响

pH 值主要影响颗粒表面的荷电性，超细 $ZrO_2$ 粉体颗粒表面由于吸附 $H^+$ 或 $OH^-$ 而带有一定的电荷，不同 pH 值时，分散介质中 $H^+$ 或 $OH^-$ 浓度不同，粉体表面吸附不同类型及浓度的离子而导致带有不同类型及数量的电荷。

由前面 Zeta 电位-pH 值曲线可以看出，超细 $ZrO_2$ 粉体的等电点（Zeta 电位为零）在 pH=2.8 左右，加入分散剂对等电点略有影响；当 pH 值小于等电点时，颗粒表面带正电，Zeta 电位为正，但电位值不高（不超过 20mV），并且由于 pH 值太低，酸性强，腐蚀性大；随着 pH 值增大，颗粒表面逐渐显示负电性，Zeta 电位的绝对值也相应增大，当 pH 值达到 10～11 时，Zeta 电位出现极值，尤以加入 A 型分散剂最为明显，其 Zeta 电位达－44.86mV。显然，料浆的 pH 值控制在 10～11 比较合理。

为了进一步确定最佳的 pH 值范围，用 A 型分散剂（加入的体积分数为 2%）配制了固相含量为 50%（体积分数）的料浆悬浮体，测试不同 pH 值时料浆的黏度，获得了料浆黏度与 pH 值的关系曲线，见图 3-132。可以看出，pH=10.66 时料浆黏度最低，这与前面的结论一致。

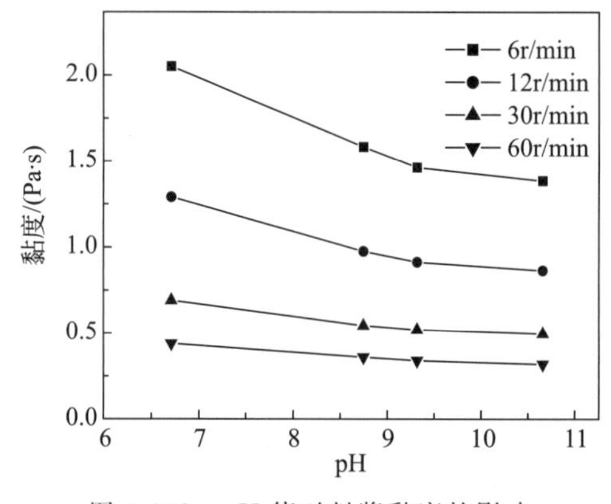


图 3-132 pH 值对料浆黏度的影响

### 3.5.3.4 氧化锆料浆固相含量的优化

一般来说，凝胶注模成型希望在较低的料浆黏度下尽量提高固相含量，这主要是考虑较高的固相含量有利于获得致密的陶瓷材料。但是，对于一定的粉体颗粒，可以达到的固相体积分数有一个限度，超过这个极限，反而导致材料密度下降，强度降低，这主要是因为固相含量提高会导致料浆黏度上升，流动特性变差，不利于成型操作。

对于微米级颗粒，凝胶注模成型的料浆固相体积含量一般为 50%～60%，更粗的颗粒体系（毫米级）可达 60%～65%，而纳米级氧化锆颗粒凝胶注模成型料浆的固相含量则要低一些。

随着料浆固相含量的提高，粉体颗粒之间的间隙逐渐减小，这一关系可用流体力学理论中的 Woodcock 方程来描述：

$$\frac{h}{d}=\left(\frac{1}{3\pi\varphi}+\frac{5}{6}\right)^{1/2}-1$$

式中，$h$ 为颗粒间距；$d$ 为颗粒直径；$\varphi$ 为固相含量。

可以看出，当颗粒直径 $d$ 一定时，随着固相含量 $\varphi$ 的增加，颗粒间距 $h$ 逐渐减小，由该公式可知，颗粒之间的范德华作用力逐渐增强，表现为料浆黏度提高，聚沉趋势加大。当固相含量达到一定值时，颗粒间距很小，颗粒之间几乎连接形成整体而使料浆失去流动性，此时固相含量达到理论上的临界值，实际上可以进行成型操作的最大固相含量要低于理论临界值。

为了确定纳米氧化锆粉体颗粒的固相体积分数，分别配制了不同固相含量的料浆，测试其黏度变化情况，结果见图 3-133。随着固相含量的增加，料浆黏度呈上升趋势，当固相含量达到 54%时，料浆在 60r/min 的转速下黏度达到 0.952Pa·s，此时尚能满足注浆操作的要求。如果继续增加固相体积分数，黏度将进一步升高，流动性变差，影响注浆操作的顺利进行。

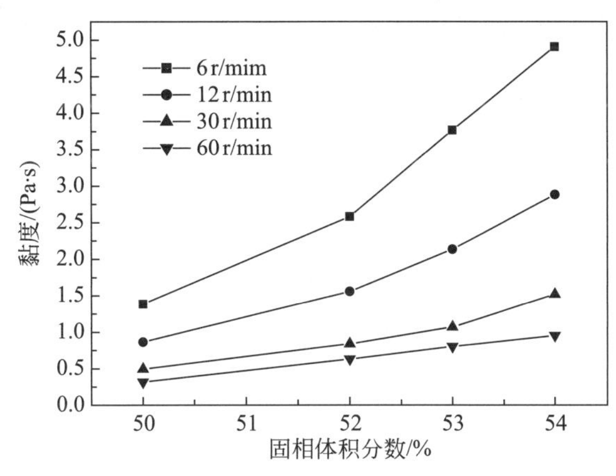

图 3-133 固相含量对料浆黏度的影响

### 3.5.3.5 固相含量对陶瓷烧结致密度的影响

陶瓷材料的机械性能如强度、弹性模量、冲击韧性等均与其密度相关。一般地，如果材料烧结后密度较高，其机械性能指标也相应较高，因此通过测试材料密度，可以间接评价其性能。

随着固相含量的增加，生坯密度也逐渐提高，材料烧结时扩散传质距离缩短，烧结致密化易于进行，烧结后材料密度较高。但是，如前所述，高的固相含量会影响坯体结构的均匀性，烧结后材料局部可能出现气孔、疏松等缺陷，从而影响材料的均匀性和致密度。

将不同固相含量料浆成型的生坯经过干燥、排胶后，在 1550℃温度下烧结，获得 $ZrO_2$ 陶瓷材料。用排水法测试了材料的密度，结果见表 3-26。

**表 3-26 $ZrO_2$ 陶瓷材料的密度**

| 固相体积含量/% | 46 | 48 | 50 | 52 | 54 |
|---|---|---|---|---|---|
| 密度/($g/cm^3$) | 5.97 | 5.98 | 6.01 | 5.99 | 5.95 |

由密度测试结果可以看出，固相含量为 50%时，烧结后材料的密度最高，超过 50%后，材料密度逐渐减小，当固相含量为 54%时，材料密度下降比较明显。这主要是由于固相体积分数的提高，料浆黏度增大，成型坯体的均匀性变差，烧结过程中材料内部不同部位传质情况差别较大，导致晶粒大小不均，材料致密性下降。从烧结材料的显微结构照片中可以看出，固相含量 50%的材料结构均匀(图 3-134)，而固相含量 54%的材料中有团聚体和较大晶粒出现(图 3-135)。

图 3-134　固相含量 50%的 $ZrO_2$ 陶瓷断口显微结构

图 3-135　固相含量 54%的 $ZrO_2$ 陶瓷断口显微结构

## 3.5.4　料浆的固化过程及其影响因素

### 3.5.4.1　预混液中单体浓度对固化的影响

首先将单体与交联剂加入去离子水中制成预混液，再与 $ZrO_2$ 粉体混合制备料浆悬浮体。在料浆固相含量一定的前提下，预混液中单体的浓度决定了单体与交联剂的用量和 $ZrO_2$ 粉体之间的比例，这一比例是否适当将影响三维网络结构能否形成，即单体聚合后能否将粉体很好地结合在一起。同时，单体的浓度还会影响凝胶化的速度。

一般来说，如果单体浓度过低，则难以聚合形成稳定的网络结构，也就无法将陶瓷粉体胶结到一起；随着单体浓度的增加，凝胶化形成的三维网络结构逐渐趋于完善，坯体的强度逐渐提高；但是，如果单体浓度过高，虽然成型后生坯强度有所增加，由于干燥、排胶后单体要被排出，原来单体占据的部位将形成空隙，空隙越多，烧结过程中传质越困难，反而不利于烧结后材料密度的提高，从而影响材料强度等各种性能。

此外，随着单体浓度的增加，聚合反应速度也会加快。凝胶注模成型应该在一个均匀适宜的反应速度下完成，如果单体浓度过低，聚合反应速度很慢或难以完成反应，即使可以成型，也会导致成型过程漫长；单体浓度过高又会导致聚合速度过快，工艺上难以控制，并且快速聚合往往会造成坯体均匀性下降，坯体内部常常留有气孔，原因是在凝胶固化过程中有机物的聚合反应会放出气体，固化的速度非常快，气体来不及排除，被包裹在坯体中，形成气孔。气孔的存在会在烧结过程中引发裂纹等缺陷。为获得良好的坯体性能，在成型过程中固化速度不宜过快，应控制在适当范围内。

### 3.5.4.2　单体与交联剂的比例对凝胶化的影响

单体与交联剂二者之间应该具有合理的用量比例，该比例决定了聚合时长链分子的链增长速度和链与链之间的桥联速度，稳定的网络结构应该是在链增长和桥联处于平衡状态下形成的。

如果单体/交联剂比例较低，单体聚合时线性分子的链增长速度较慢，获得短链结构，网络聚合度低；随着单体/交联剂比例的增加，链增长速度与链之间的桥联速度逐渐趋于合理，此时凝胶化过程均匀完成，获得稳定的坯体结构；若继续增加单体∶交联剂的比例，则链增长速度过快，会形成长链结构，不利于坯体的均匀性和机械性能的提高

图 3-136 为料浆温度随时间的变化情况，由该图可见，去离子水∶单体∶交联剂比例为 100∶5∶1 时，在 60min 内没有记录到料浆温度的变化，表明此时单体浓度过低，凝胶反应过于微弱，放热量太少，微弱的反应不足以形成较强的网络结构，所以料浆没有固化。

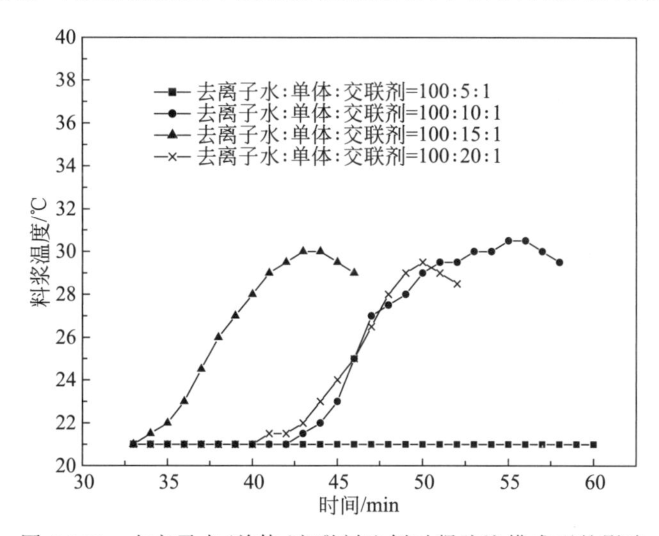


图 3-136　去离子水/单体/交联剂比例对凝胶注模成型的影响

当去离子水∶单体∶交联剂比例为 100∶10∶1 时，可以观察到料浆凝胶过程，温度上升也比较明显，但此时料浆的停留时间(从开始加入引发剂和催化剂到料浆开始升温的一段时间)较长，凝胶化反应时间(从料浆开始升温到开始降温的一段时间)也较长。这表明此时预混液中单体的浓度偏低，聚合反应比较迟缓，成型周期较长。

当去离子水∶单体∶交联剂比例为 100∶15∶1 时，料浆的停留时间和凝胶化反应时间都比较合适，分别为 33min 和 11min，既有足够的注浆操作时间，又能在比较适当的时间内完成料浆固化过程，此时链增长的速度和桥联速度处于相对平衡状态；随着有机单体浓度的继续增加(去离子水∶单体∶交联剂为 100∶20∶1)，料浆停留时间和凝胶化反应时间又开始变长，这是由于单体与交联剂的比例偏离了平衡状态，链增长速度较快，但交联速度慢，导致凝胶化过程变得迟缓。显然，最佳的去离子水∶单体∶交联剂比例应确定为 100∶15∶1。

### 3.5.4.3　引发剂与催化剂对固化过程的影响

引发剂与催化剂对凝胶化过程的影响如图 3-137 所示，如果按预混液∶引发剂∶催化剂＝

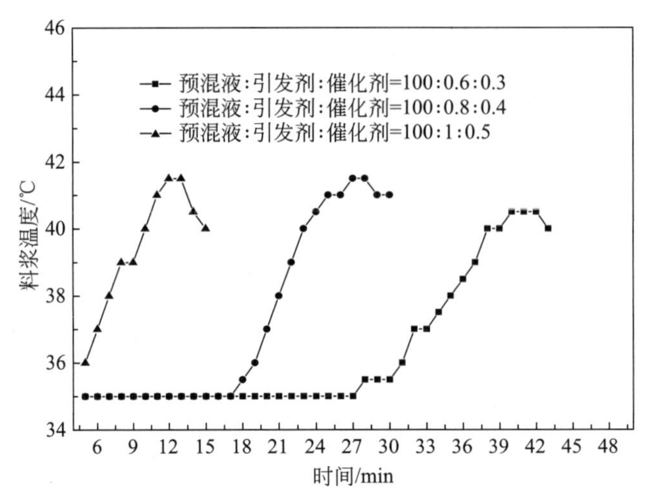


图 3-137 引发剂/催化剂比例对凝胶注模成型的影响(室温 35℃)

100∶1∶0.5 加入引发剂和催化剂,往往料浆来不及注入模型就已经固化,其停留时间一般在 5min 以下,并且在滴加引发剂的过程中会出现局部结块的现象;将预混液∶引发剂∶催化剂比例降为 100∶0.8∶0.4,料浆停留时间约为 17min,凝胶化反应时间约为 12min,基本能够满足凝胶注模成型的要求;再减少引发剂和催化剂用量到预混液∶引发剂∶催化剂=100∶0.6∶0.3,料浆停留时间延长到 27min 左右,反应时间约为 15min。

因此,随着室内温度的变化,应适当调整引发剂和催化剂的用量。冬季(室温 13℃)以预混液∶引发剂∶催化剂=100∶2∶1 为宜;夏季(室温 35℃)则调整预混液∶引发剂∶催化剂比例为 100∶0.8∶0.4～100∶0.6∶0.3 比较合适。

### 3.5.5 凝胶坯体的排胶与烧结过程

凝胶注模成型工艺所使用的单体、交联剂、催化剂等有机物(有时为了改善成型坯体的表面质量还要加入 PEG 等)在烧结前必须先排除,否则在烧结过程中由于这些有机物的挥发和软化,会导致材料产生严重变形,或在材料中出现较多气孔而导致密度、机械强度等机械性能降低。因此,需要先在一定温度下排胶,将坯体中的有机物排除干净,再进行烧结,以保证材料的表观和内在质量。

采取合理的排胶工艺,制订适宜的排胶温度制度,可以有效防止坯体变形和开裂等缺陷,排胶的作用主要体现在以下几个方面:(1)在保证坯体原有形状的前提下,将其中含有的有机物排出,为材料烧结做好准备,保证获得致密、均匀、性能优良的完整烧结体。一般排胶采取氧化气氛(尤其对于氧化物陶瓷更应如此),将有机物氧化,使之生成气体排出。但必须注意升温速度的控制,或采取一些预防措施以避免难以控制的放热反应或有机物的燃烧,尤其对于尺寸大、形状复杂的制品,防止排胶过程中产生局部应力导致材料破坏;(2)随着坯体内部有机物的排出,其三维网络结构随之破坏,坯体强度下降,为了使后续操作能够顺利进行,一般在排胶后期将温度适当升高,使粉料颗粒之间发生一定固相反应,从而获得一定的强度;(3)如果在烧结时坯内存在有机物,通风不良时有机物会生成 CO 气体,使材料受还原气氛影响,而排胶可以避免因有机物存在而导致在烧结时产生的还原作用。

### 3.5.5.1 排胶工艺制度及其优化

(1) 排胶温度及优化

根据排胶过程中材料内部发生的主要物理化学变化，可以确定排胶在 500℃以上基本完成，一般排胶温度为 700℃左右。考虑到排胶后材料强度较低，为了保证后续烧结过程顺利进行，可以采取两种措施：一种方法是适当提高排胶温度(1000℃左右)，使粉体颗粒之间产生一定结合力和坯体强度，然后再于高温炉中进行烧结，这样可以将排胶过程中产生缺陷的坯体选出，但是这种工艺周期较长；另一种方法是排胶和烧结连续进行，可以避免排胶后坯体位置移动导致的损坏。

由于水分和各种有机物的排出温度不同，所以在不同的温度下排胶所获得的材料密度、强度等有所不同。为此分别对 200℃、300℃、400℃、500℃、600℃、700℃和 1000℃排胶后坯体的显气孔率和抗折强度进行了测试，图 3-138 为采用煮沸法测试的坯件在不同温度下排胶后的显气孔率，图 3-139 为排胶后坯件抗折强度随温度的变化情况。

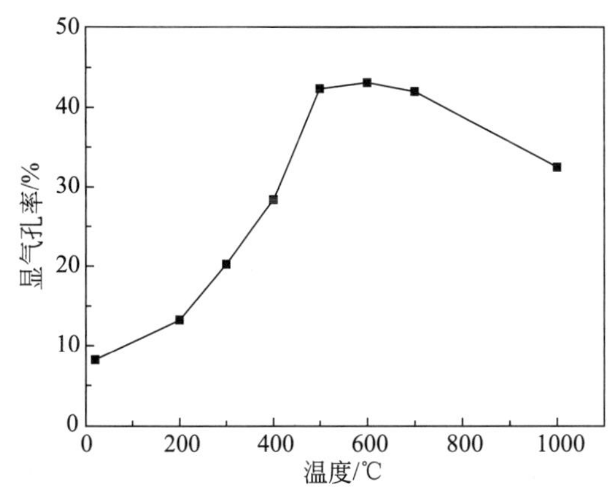


图 3-138　材料显气孔率与排胶温度的关系

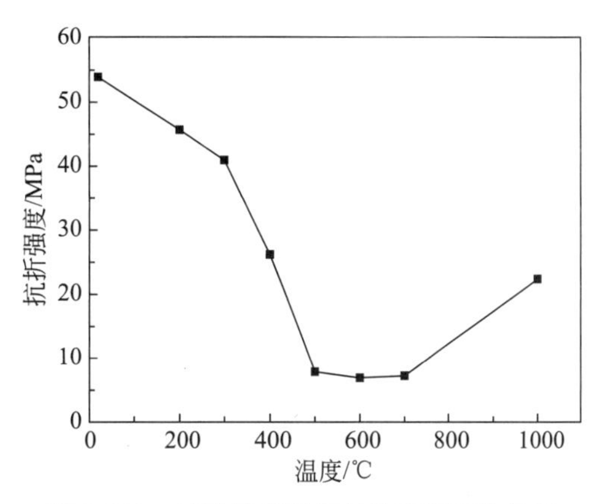


图 3-139　坯件抗折强度与排胶温度的关系

由图 3-138 和图 3-139 可见，在 250℃以前，材料的显气孔率稍有上升，坯件强度略为下降，这主要是其中残余水分和部分小分子蒸发排出造成的；随着温度的继续升高，显气孔率迅速增加，表明材料内部的聚合物开始分解氧化，形成气体排出，结构网络遭到整体破坏，体现为材料的强度大幅度下降；在 500～700℃时，气孔率达到最高，抗折强度最低，材料内部的有机物几乎全部排出，此时排胶过程基本结束；为了使排胶后的坯体具有一定强度，将坯体继续升温至 1000℃。由该图还可以看出，700℃以后，材料的显气孔率逐渐下降，强度也开始回升，表明颗粒之间已经开始固相反应，但由于温度较低，反应并不十分显著，因此材料的气孔率和强度变化不太明显。

(2) 升温速率及优化

升温速率主要影响材料中水分及有机物的排出速度和温度，如果升温较快，水分和有机物在较低的温度下来不及排出，其氧化分解的温度会相应推迟到更高的温度。当温度较高时，会加剧它们的氧化分解，大量气体迅速排出，导致材料内部气孔分布不匀，容易产生变形、开裂等缺陷。图 3-140 为材料在升温速率 10℃/min 时排胶过程中的差热-失重曲线。

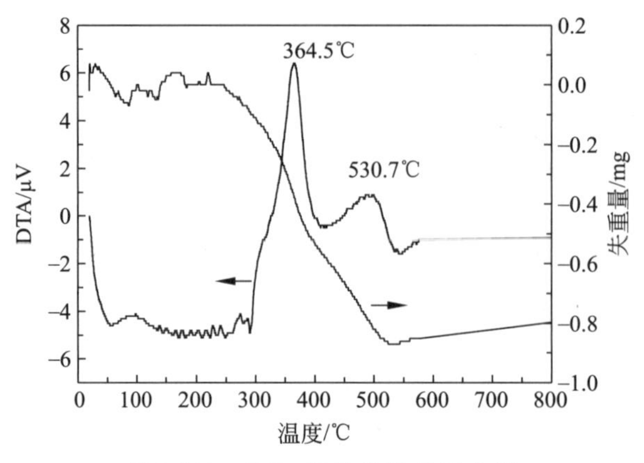


图 3-140 $ZrO_2$ 坯体差热-失重曲线

(3) 排胶工艺制度的确定

根据材料在排胶过程中的物理化学变化,并充分考虑水分蒸发、有机物氧化分解的特殊温度区间,制订排胶温度制度,如表 3-27 所示,升温曲线见图 3-141。

**表 3-27 $ZrO_2$ 坯体排胶温度制度**

| 序号 | 温度范围/℃ | 升温速率/(℃/min) | 时间/h | 坯体内部主要物理化学变化 |
|---|---|---|---|---|
| 1 | 20～200 | 3 | 1 | 残留水分排出 |
| 2 | 200 | 0 | 1 | 残留水分完全排出 |
| 3 | 200～400 | 0.83 | 4 | 聚合物开始发生分解 |
| 4 | 400～500 | 1.1 | 1.5 | 聚合物继续氧化、分解 |
| 5 | 500～700 | 1.7 | 2 | 高分子网络分解,变为气体排出 |
| 6 | 700 | 0 | 1 | 排胶过程充分完成 |

采用上述温度制度排胶,材料没有发生变形、开裂等缺陷,图 3-142 为固相体积含量 52%的坯体排胶后显微结构照片。通过照片可以看到,排胶之后材料内部存在一些孔隙,虽然胶结物已经排出,但是 $ZrO_2$ 颗粒仍然和排胶之前一样,颗粒之间保持着良好的聚集状态,这表明聚合物是缓慢均匀排出的,因此材料并没有因为排胶而产生缺陷。

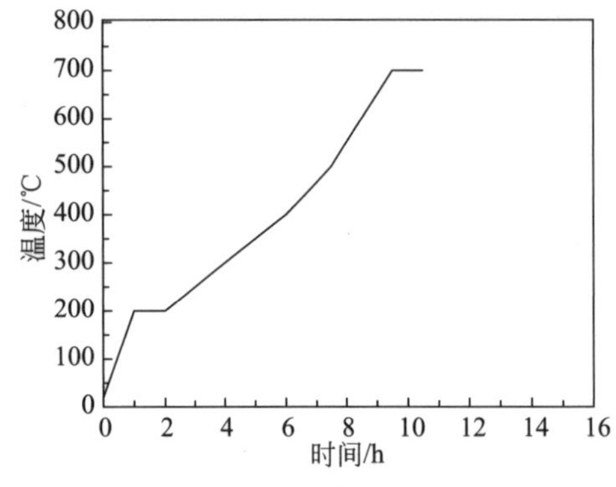


图 3-141 排胶温度曲线

图 3-142 固相含量 52%的坯体排胶后的显微结构

#### 3.5.5.2　坯件致密化烧结过程及性能

排胶后的陶瓷素坯，分别按下述四种温度制度直接烧结，见图 3-143；冷却后采用排水法测定烧结体的密度，结果见表 3-28。比较不同固相含量的坯体在四种温度制度下烧结后材料的密度，可以确定，烧结曲线 B 相对比较理想。

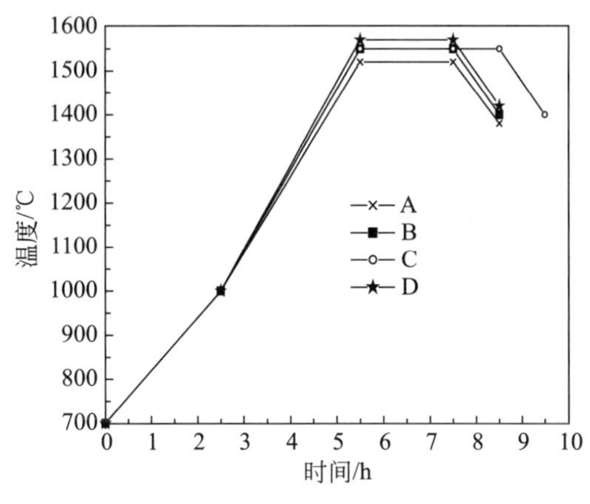


图 3-143　烧结温度曲线

**表 3-28　不同温度制度烧结后材料密度($g/cm^3$)**

| 固相体积含量/% | A | B | C | D |
| --- | --- | --- | --- | --- |
| 50 | 5.99 | 6.01 | 6.00 | 5.98 |
| 52 | 5.98 | 5.99 | 5.99 | 5.98 |
| 54 | 5.90 | 5.95 | 5.92 | 5.94 |

三种固相含量的坯体按烧结曲线 A 烧结后，材料密度均没有达到最大，表明材料没有完全烧结，需要继续升高烧结温度或延长保温时间；采用烧结曲线 B 烧结，材料密度达到极值，此时烧结状态良好；烧结曲线 C 将最高烧结温度(1550℃)下的保温时间延长 1h，可以看出，固相体积含量 50%～52%的材料密度几乎不变或略有下降；而烧结曲线 D 将烧结温度提高到 1570℃，材料密度出现了不同程度的下降。造成材料密度下降的主要原因是较高的烧结温度导致了局部晶粒长大，影响了材料的均匀性。采用上述温度制度烧结的固相含量 50%的超细 $ZrO_2$ 陶瓷材料的主要性能指标见表 3-29。

**表 3-29　注凝成型 $ZrO_2$ 材料主要性能指标(固相体积分数 50%)**

| 主要性能 | 指标 | 主要性能 | 指标 |
| --- | --- | --- | --- |
| 密度/($g/cm^3$) | 6.01 | 抗折强度/MPa | 1050 |
| 相对密度/% | 99.33 | 弹性模量/GPa | 147 |
| 总收缩率/% | 22.08 | 断裂韧性 $K_{IC}$/($MPa \cdot m^{1/2}$) | 10.73 |

### 3.5.6　凝胶注模成型工艺的应用

(1) 氧化铝陶瓷基板的制备

氧化铝陶瓷基板的凝胶注模成型，通常采用多层玻璃板组合式模具，组合结构是中间夹层玻璃板外形和垫条在玻璃板上的摆放方式,精密加工的垫条夹在平整光滑的玻璃板之间控制坯片厚度并起密封作用,在玻璃板上边中部留出弧形浇口,而两侧面玻璃板保持完整,料浆不会从浇口流出,模具组装如图 3-144 所示。再配以简易的夹具和操作机构,使合模、注模、脱模操作简便易行。

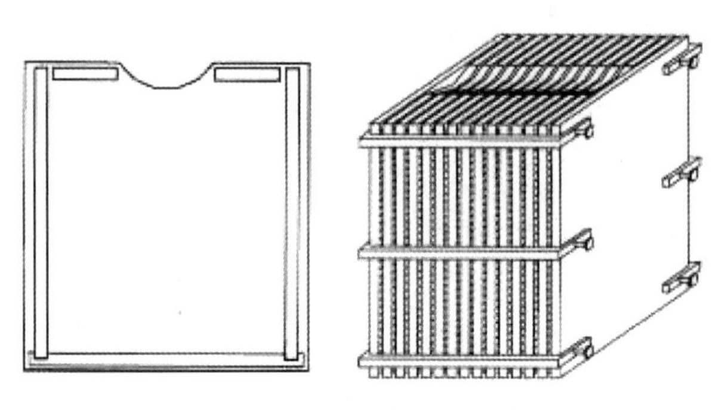

图 3-144　玻璃板模具的组装

在浇注操作时,料浆从组合模具上部弧形口注入,在重力作用下流入各玻璃板间隙中部,到达底部后再向两边铺展直至充满整个间隙,空气则从上部两侧口排出。只要料浆事先称量准确,就可以保证每层玻璃板间隙的料浆都正好达到弧形口下沿。采用这种组合模具,每班每人平均可以生产超过 $10m^2$ 的陶瓷坯片。由于玻璃板粗糙度很低,烧结后基片粗糙度可达到 $Ra=0.4\mu m$,特别是双面粗糙度比流延法更小。

陈大明等采用凝胶注模工艺制备的 96 氧化铝陶瓷基板如图 3-145 所示,基板的主要性能:体积密度 $3.75g/cm^3$,抗弯强度≥300MPa,导热率≥25W/(m·K),击穿强度≥35kV/mm,介电常数 9～10(1MHz),表面粗糙度 0.35～0.65$\mu m$。

(2) 氧化锆陶瓷基板制备

采用上述玻璃板组合式模具,通过凝胶注模成型工艺同样可以制备氧化锆陶瓷板(见图 3-146),用作手机 2D 陶瓷背板或其他产品;若增大玻璃板之间的厚度,还可以用来生产陶瓷刀等氧化锆制品。

图 3-145　凝胶注模制备的氧化铝陶瓷基板

图 3-146　氧化锆陶瓷薄板

(3) 大尺寸二氧化钛金红石陶瓷电容器

为提高凝胶注模成型陶瓷产品的一致性和生产效率,清华大学开发了半自动凝胶注模成型设备,该设备可将陶瓷浆料自动注入模具内,待浆料凝固成坯体后,再进行脱模,采用该设备已成功制备出大功率金红石陶瓷电容器及其他氧化物陶瓷产品，如图3-147所示。

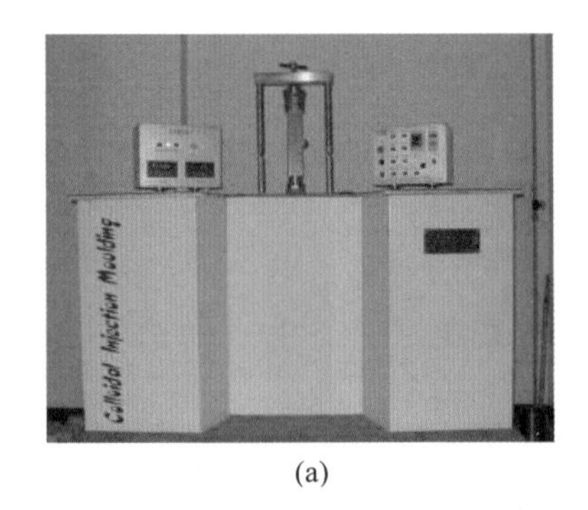


(a)

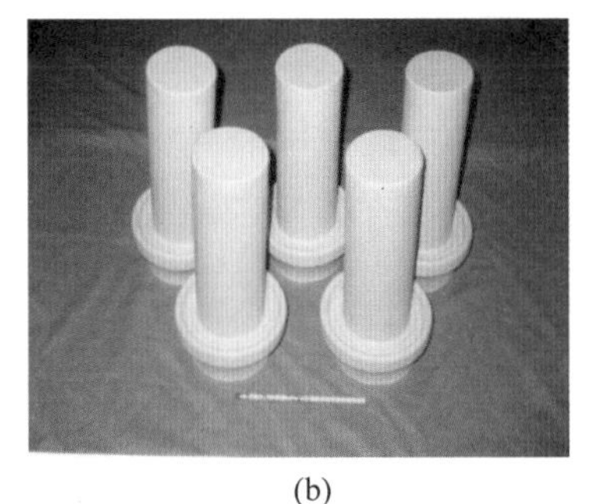

(b)

图3-147　凝胶注模成型机与金红石陶瓷电容器

(a) 凝胶注模成型机；(b) 金红石陶瓷电容器

(4) 氧化铝陶瓷结构件

$Al_2O_3$ 陶瓷结构件的凝胶注模成型已获得产业化应用。清华大学杨金龙、谢志鹏、黄勇等人较早进行了研究，采用丙烯酰胺单体预混液，通过分散剂PMAA-$NH_4$ 降低 $Al_2O_3$ 等电点并增加Zeta电位，获得低黏度高固相体积分数(55.7%)的浓悬浮体，固化成型的坯体干燥强度为20～40MPa，可直接进行车削和螺纹等机械加工，图3-148为加工后的 $Al_2O_3$ 陶瓷素坯；$Al_2O_3$ 陶瓷的凝胶注模成型技术还可用于高速纸机脱水板(具有燕尾槽结构)的制备(见图3-149)，从而提高产品质量和降低制造成本。

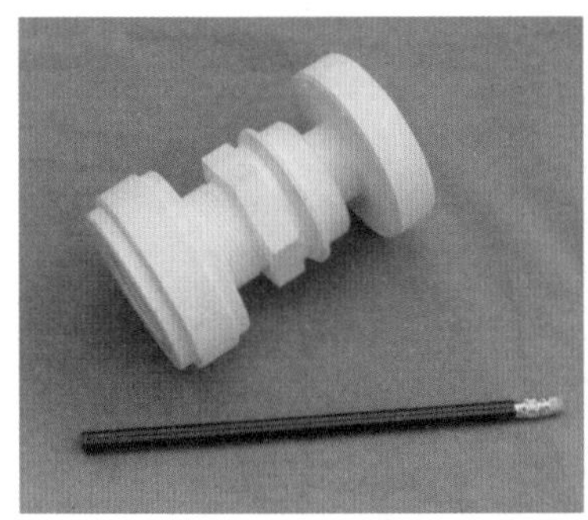

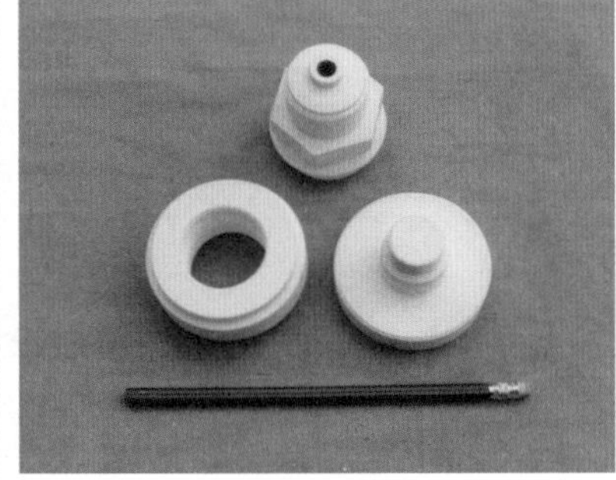

图3-148　加工后可组合的 $Al_2O_3$ 陶瓷坯件

图3-149　全陶瓷氧化铝耐磨脱水板

（5）大尺寸熔融石英陶瓷产品的制备

熔融石英陶瓷具有以下特点：(a)热膨胀系数小，抗热震性好，具有较好的体积稳定性，在1000℃与冷水之间冷热循环而不破裂；(b)热导率低，且在1100℃以下几乎没有变化，隔热性能好；(c)机械强度随温度的升高而显著增加(1100℃以内)，其他氧化物陶瓷从室温至1000℃强度降低60%左右，而熔融石英陶瓷强度增加约33%；(d)电绝缘性好，常温电阻率可达$10^{15}\Omega\cdot cm$；介电常数与介质损耗角正切随温度的变化很小；(e)高温下尺寸稳定，容易制作大件和异形制品，且机加工性好；(f)具有很好的化学稳定性。因此，熔融石英陶瓷在玻璃工业、光伏多晶硅冶炼、航天与国防等领域有许多应用。

对于上述应用所需的大尺寸异形结构陶瓷件，目前大都采用凝胶注模成型工艺来生产，可以制得各种异形大件熔融石英陶瓷制品，包括玻璃窑炉中的调节闸板砖、玻璃水平钢化炉的陶瓷辊棒，用来承托和传输软化状态的玻璃；光伏产业多晶硅铸锭炉中使用的大尺寸石英陶瓷坩埚。山东工陶院采用凝胶注模成型技术制备的石英陶瓷产品见图3-150。

(a)

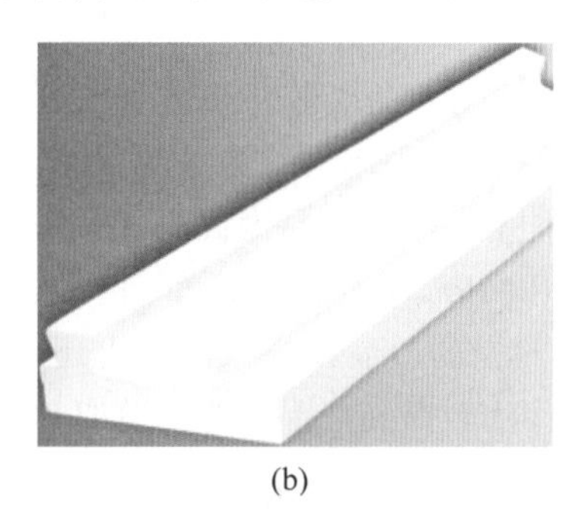

(b)

图3-150　凝胶注模成型制备的石英陶瓷产品

(a) 石英陶瓷坩埚；(b) 石英陶瓷结构件

## 参考文献

[1] 谢志鹏.结构陶瓷[M].北京：清华大学出版社，2011.

[2] 谢志鹏，杨金龙，黄勇. 陶瓷注射成型的研究[J]. 硅酸盐学报，1998(3)：3-5.

[3] 谢志鹏，杨金龙，黄勇，等. AlOOH对$Al_2O_3$直接凝固注模成型坯体强度等性能影响[J]. 无机材料学报，1997(6)：855-860.

[4] 谢志鹏，杨金龙，黄勇，等. AlOOH对$Al_2O_3$直接凝固注模成型的电动特性[J]. 流变性及凝固过程的影响，1997，12(5)：675-680.

[5] 谢志鹏，杨金龙，黄勇，等. 清华大学结构陶瓷胶态成型技术的新进展[J]. 陶瓷工程(增刊)，1997.

[6] 谢志鹏，杨金龙，黄勇. 陶瓷注射成型有机载体的选择及相容性研究[J]. 硅酸盐通报，1998(3)：3-5.

[7] 谢志鹏，杨金龙，黄勇，余心刚.陶瓷注射成型脱脂过程研究[J].硅酸盐通报，1998(2)：3-5.

[8] 谢志鹏，杨现锋，贾翠，肖冰. 陶瓷注射成型水脱脂中脱脂温度和坯体结构对扩散传质的影响[J]. 稀有金属材料与工程，2009，38(S2)：142-145.

[9] 谢志鹏，杨现锋，王霖林. 先进陶瓷的精密注射成型[J]. 长沙理工大学学报(自然科学版)，2006(3)：102-106.

[10] 谢志鹏，杨金龙，余心刚，等. 工艺参数对陶瓷注射成型的影响与分析[J]. 陶瓷学报，1997(2)：67-72.

[11] 谢志鹏，杨金龙，黄勇，等. 陶瓷直接凝固注模成型(DCC)原理及应用[J]. 陶瓷学报，1997(3)：167-171.

[12] 宋明，谢志鹏，温佳鑫，等. 先进陶瓷注射成型的脱脂工艺进展[J]. 陶瓷学报，2015，36(2)：119-126.
[13] 王霖林，谢志鹏，杨现锋. 注射成型用氧化锆粉体的表面改性研究[J]. 稀有金属材料与工程，2008，37(S1)：527-530.
[14] 谢志鹏，杨现锋，贾翠，等. 陶瓷注射成型水脱脂中脱脂温度和坯体结构对扩散传质的影响[J]. 稀有金属材料与工程，2009，38(S2)：142-145.
[15] 杨现锋，谢志鹏，黄勇. 氧化锆粉体表面改性及其注射成型水脱脂研究[J]. 稀有金属材料与工程，2009，38(S1)：432-436.
[16] 谢志鹏，刘伟. 高技术陶瓷产品的精密注射成型制备技术的应用与发展[J]. 中国陶瓷工业，2010，17(5)：47-51.
[17] 张丽莉，谢志鹏，刘伟，等. 氧化锆陶瓷注射成型溶剂脱脂行为的研究[J]. 陶瓷学报，2011，32(4)：501-505.
[18] 杨现锋，谢志鹏，贾翠，等. 陶瓷注射成型充模过程及成型缺陷计算机模拟分析[J]. 稀有金属材料与工程，2011，40(S1)：514-517.
[19] 杨现锋. 陶瓷注射成型脱脂工艺基础研究[D]. 北京：清华大学，2009.
[20] 王金锋，高雅春，谢志鹏，等. pH 值对 $ZrO_2$ 超细粉体料浆性能的影响[J]. 人工晶体学报，2007(1)：70-75.
[21] 王金锋，高雅春，谢志鹏，孙加林. 注凝成型超细二氧化锆悬浮体的制备[J]. 材料工程，2008(3)：18-21.
[22] 王金锋，高雅春. 固相含量对氧化锆陶瓷注凝成型的影响[J]. 中国陶瓷，2007(3)：26-28.
[23] 王金锋，谢志鹏，孙加林. 超细二氧化锆室温凝胶注模成型研究[J]. 材料科学与工艺，2008(2)：180-183.
[24] 王金锋，高雅春，谢志鹏，等. 聚乙二醇用于注凝成型 $ZrO_2$ 坯体干燥研究[J]. 人工晶体学报，2007(6)：1339-1342.
[25] 胡志军，曹峰，桂文涛. 凝胶浇注制备高性能氧化锆陶瓷的研究[J]. 武汉理工大学学报，2006(1)：13-14.
[26] 王金锋. 超细 $ZrO_2$ 粉体凝胶注模成型研究[D]. 北京：北京科技大学，2008.
[27] 刘晓光，李斌太，李国军，等. 水基凝胶注模法制备稳定氧化锆坯体的研究[J]. 硅酸盐通报，2003(6)：68-70.
[28] 王永刚，孙琦，马峻峰，等. 氧化锆陶瓷的凝胶注模成型研究[J]. 硅酸盐通报，2006(1)：6-9.
[29] 刘晓光，仝建峰，李宝伟，陈大明. 水基凝胶注模坯体的排胶工艺研究[J]. 航空材料学报，2005(1)：48-52.
[30] 崔文亮，袁向东，吴翠珍，张翼，刘文化，王永刚，孙星民. 熔融石英陶瓷的凝胶注模成型研究[J]. 现代技术陶瓷，2000(2)：32-34.
[31] 陈大明，李斌太，杜林虎，仝建峰. 水基料浆注凝法生产氧化铝陶瓷基片的关键技术[J]. 真空电子技术，2005(4)：4-7.
[32] 陈大明，欧阳胜林. 我国水基注凝法氧化铝陶瓷基片的产业化进程[J]. 新材料产业，2006(9)：70-73.
[33] 黄勇，汪长安. 高性能多相复合陶瓷[M]. 北京：清华大学出版社，2008.
[34] 黄勇，向军辉，谢志鹏，等. 陶瓷材料流延成型研究现状[J]. 硅酸盐通报，2001，20(5)：22-27.
[35] 黄勇，杨金龙，谢志鹏，等. 高性能陶瓷成型工艺进展[J]. 现代技术陶瓷，1995(4)：4-11.
[36] 焦宝祥，李纯成，丘泰，等. 注凝成型制备 ZTA 复相陶瓷[J]. 复合材料学报，2004，021(6)：125-129.
[37] 江崇经. 冷等静压技术的应用[J]. 电瓷避雷器，1994(4)：13-18.
[38] 金志浩，高积强，乔冠军. 工程陶瓷[M]. 西安：西安交通大学出版社，2000.

[39] 李世谱. 特种陶瓷工艺学[M]. 武汉：武汉工业大学出版社，1990.
[40] 梁建超. 氧化锆基片的流延制备技术及其性能研究[D]. 武汉：华中科技大学，2005.
[41] 刘晓光，仝建峰，李宝伟，等. 水基料浆凝胶注模法制备氧化锆陶瓷刀具的研究[J]. 陶瓷学报，2004(3)：145-148.
[42] 王零森. 特种陶瓷[M]. 2 版. 长沙：中南大学出版社，2005.
[43] 丁志静，侯永改，黄庆飞，等. 氧化锆凝胶注模工艺研究[J]. 人工晶体学报，2017(11)：34-37.
[44] 吴翠珍，杨为振，翟宝森，等. 凝胶注模成型厚实熔融石英陶瓷研究[J]. 现代技术陶瓷，2004，25(3)：10-11.
[45] 向军辉. 陶瓷片材水基凝胶快速固化流延成型新工艺的研究[D]. 北京：清华大学，2001.
[46] 杨现锋，谢志鹏，等. 陶瓷注射成型充模过程及成型缺陷计算机模拟分析[J]. 稀有金属材料与工程，2011(S1)：514-517.
[47] 颜鲁婷，司文捷，苗赫濯. CIM 中最新脱脂工艺的进展[J]. 材料科学与工程，2001，19(3)：108-112.
[48] 杨金龙. 胶态成型工艺及其原位凝固机制的研究[D]. 北京：清华大学，1996.
[49] 杨金龙，戴春雷，马天，等. 高可靠性陶瓷部件胶态注射成型关键技术及装备[J]. 中国有色金属学报，2004，14(z1)：243-249.
[50] 杨金龙，谢志鹏. 精密陶瓷原位凝固制备技术的研究[J]. 陶瓷学报，1996，017(3)：47-51.
[51] 杨金龙，谢志鹏，汤强，等. $\alpha$-$Al_2O_3$ 悬浮体的流变性及凝胶注模成型工艺的研究[J]. 硅酸盐学报，1998(1)：44-49.
[52] 杨现锋，谢志鹏，刘冠伟，等. 埋粉对热脱脂速率和传质过程的影响[J]. 稀有金属材料与工程，2009，38(增刊 2)：138-141.
[53] 杨现锋. 陶瓷注射成型脱脂工艺基础研究[D]. 北京：清华大学，2002.
[54] 杨一凡，肖建中，夏风，等. 有机添加剂对 $ZrO_2$ 流延生坯性能的影响[J]. 硅酸盐通报，2007(1)：181-185.
[55] 来俊华. 流延法制备 $Al_2O_3$ 陶瓷基板的研究[D]. 南京：南京工业大学，2003.
[56] Rodrigo Moreno. The role of slip additives in tape casting technology. II：Binders and plasticizers [J]. American Ceramic Society Bulletin，1992.
[57] 刘伟. 透明氧化铝陶瓷成型与烧结工艺的基础研究[D]. 北京：清华大学，2013.
[58] 刘亮. 氧化铝透明陶瓷的流延成型制备[D]. 景德镇：景德镇陶瓷学院，2014.
[59] 廖艳梅. 氧化锆陶瓷流延成型的制备技术与应用研究[D]. 北京：北京科技大学，2011.
[60] 颜宏艳. 氧化锆陶瓷基板流延成型的制备技术研究[D]. 北京：北京科技大学，2012.
[61] 梁建超. 氧化锆基片的流延制备技术及其性能研究[D]. 武汉：华中科技大学，2005.
[62] 戴维 W. 里彻辛. 现代陶瓷工程：性能，工艺，设计[M]. 北京：中国建筑工业出版社，1992.
[63] 理查德 J. 布鲁克. 陶瓷工艺[M]. 北京：科学出版社，1999.
[64] [美]R. M. German. [中]宋久鹏. 粉末注射成型—材料. 性能. 设计与应用[M]. 北京：机械工业出版社. 2011.
[65] 王树海，李安明，乐红志，崔文亮. 先进陶瓷的现代制备技术[M]. 北京：化学工业出版社. 2007.
[66] 陈大明. 先进陶瓷材料的注凝技术与应用[M]. 北京：国防工业出版社. 2011.
[67] [美]R. E. Mistler，E. R. Twiname. 流延成型的理论与实践[M]. 罗凌虹，译. 北京：清华大学出版社，2015.
[68] 梁叔全，黄伯云. 粉末注射成型流变学[M]. 长沙：中南大学出版社，2000.
[69] 谢志鹏. 陶瓷粉末注射成型技术[C]. 第二届粉末冶金/手机陶瓷外壳研讨会. 深圳. 2017-3-17.
[70] 丁涛. 陶瓷成型技术在未来的应用[C]. 第二届粉末冶金/手机陶瓷外壳研讨会. 深圳. 2017-3-17.
[71] 李世普. 特种陶瓷工艺学[M]. 武汉：武汉工业大学出版社，1990.
[72] 施剑林. 现代无机非金属材料工艺学[M]. 长春：吉林科学技术出版社，1993.

[73] R. M, K. F, LIN, et al. Key issues in powder injection molding[J]. American Ceramic Society Bulletin, 1991, 70: 1294-1302.

[74] M. J, Edirisinghe. Review: Fabrication of engineering ceramics by injection moulding. II. Techniques[J]. International Journal of High Technology Ceramics, 1986.

[75] T. J. Whalen, C. F. Johnson. Injection Molding of Ceramics[J]. American Ceramic Society Bulletin, 1983, 60(2): 216-220.

[76] Reddy J J, Ravi N, Vijayakumar M. A simple model for viscosity of powder injection moulding mixes with binder content above powder critical binder volume concentration[J]. Journal of the European Ceramic Society, 2000, 20(12): 2183-2190.

[77] Supati R, Loh N H, Khor K A. Mixing and characterization of feedstock for powder injection molding[J]. Materials Letters, 2000, 46(2/3): 109-114.

[78] Md Ani S, Muchtar A, Muhamad N, et al. Fabrication of zirconia-toughened alumina parts by powder injection molding process: Optimized processing parameters[J]. Ceramics International, 2014, 40(1): 273-280.

[79] Hidalgo J, A. Jiménez-Morales, Torralba J M. Torque rheology of zircon feedstocks for powder injection moulding[J]. Journal of the European Ceramic Society, 2012, 32(16): 4063-4072.

[80] Liu W, Xie Z, Bo T, et al. Injection molding of surface modified powders with high solid loadings: A case for fabrication of translucent alumina ceramics[J]. Journal of the European Ceramic Society, 2011, 31(9): 1611-1617.

[81] Xianfeng Yang, Wei, et al. Optimization of the compositions of PEG/PMMA binder system in ceramic injection moulding via water-debinding[C]//2013 International Conference on Mechanical Engineering and Materials(ICMEM 2013).

[82] Mohd Foudzi F, Muhamad N, Bakar Sulong A, et al. Yttria stabilized zirconia formed by micro ceramic injection molding: Rheological properties and debinding effects on the sintered part[J]. Ceramics International, 2013, 39(3): 2665-2674.

[83] Xianfeng Y, Zhipeng X, Cui J, et al. Computer simulation analysis of ceramic powder injection molding process and molding defects formation[J]. Rare Metal Materials and Engineering, 2011, 40(22): 514-517.

[84] Liu W, Bo T Z, Xie Z P, et al. Fabrication of injection moulded translucent alumina ceramics via pressureless sintering[J]. Advances in Applied Ceramics, 2011, 110(4): 251-254.

[85] Liu W, Xie Z P, Zhang L L, et al. Debinding behaviors and mechanism of injection molded $ZrO_2$ ceramics using kerosene as solvents[J]. Key Engineering Materials, 2012, 512-515: 431-434.

[86] Yang X, Xie Z, Huang Y. Influence of the compacts homogeneity on the incidence of cracks during thermal debinding in ceramic injection molding[J]. Journal of Materials Science and Technology, 2009, 25(2): 264-268.

[87] Wen J, Xie Z, Cao W, et al. Effects of different backbone binders on the characteristics of zirconia parts using wax-based binder system via ceramic injection molding [J]. Journal of Advanced Ceramics, 2016, 5(4): 321-328.

[88] Liu W, Xie Z, Yang X, et al. Surface modification mechanism of stearic acid to zirconia powders induced by ball milling for water-based injection molding[J]. Journal of the American Ceramic Society, 2011, 94(5): 1327-1330.

[89] Wen J X, Xie Z P, Cao W B. Novel fabrication of more homogeneous water-soluble binder system feedstock by surface modification of oleic acid[J]. Ceramics International, 2016: 15530-15535.

[90] Wen J X, Zhu T B, Xie Z P, Cao W B, Liu W. A strategy to obtain a high-density and high-strength zirconia ceramic via ceramic injection molding by the modification of oleic acid [J]. International Journal of Minerals Metallurgy and Materials, 2017(6): 718-725.

[91] Wen J X, Xie Z P, Cao W B, et al. Effects of different backbone binders on the characteristics of zirconia parts using wax-based binder system via ceramic injection molding[J]. Journal of Advanced Ceramics, 2016, 5(4): 321-328.

[92] Barati A, Kokabi M, Famili M H N. Drying of gelcast ceramic parts via the liquid desiccant method [J]. Journal of the European Ceramic Society, 2003, 23(13): 2265-2272.

[93] Graule T J, Gauckler L J, Baader F H. Direct coagulation casting—A new green shaping technique. 1. Processing principles[J]. Industrial Ceramics, 1996, 16(1): 31-35.

[94] Barati A, Kokabi M, Famili N. Modeling of liquid desiccant drying method for gelcast ceramic parts [J]. Ceramics International, 2003, 29(2): 199-207.

[95] Alan, Bleier, Paul, et al. Effect of aqueous processing conditions on the microstructure and transformation behavior in $Al_2O_3$-$ZrO_2$ ($CeO_2$) composites[J]. Journal of the American Ceramic Society, 1992.

[96] Chong J S, Christiansen E B, Baer A D. Rheology of concentrated suspensions[J]. Journal of Applied Polymer, 1971, 15(8).

[97] J. S. Ebenhöch, Maat J H H T, Hesse W, et al. New binder system for ceramic injection molding [M]//Proceedings of the 20th Annual Conference on Composites, Advanced Ceramics, Materials, and Structures—A: Ceramic Engineering and Science Proceedings. John Wiley & Sons, Ltd, 2008.

[98] Edirisinghe M J, Evans J R G. Properties of ceramic injection-molding formulations[J]. Journal of Material Science, 1989, 24(3): 1038-1048.

[99] Edirisinghe M J, Evans J R G. Injection mouldable ceramic-polymer blends: effect of some powder characteristics on the binder removal process[J]. J. Mater. Sci. Lett., 1990, 9: 1039-1043.

[100] Evans J R G, Edirisinghe M J. Interfacial Factors Affecting the Incidence of Defects in Ceramic Mouldings[J]. J. Mater. Sci., 1991, 26: 2081-2088.

[101] Farris R J. Prediction of the viscosity of multimodal suspensionsfrom unimodal viscosity data[J]. Trans. Soc. Rheology, 1968, 12(1): 281-288.

[102] Gauckler L J, Graule T J. Process of fabrication of ceramic green bodies[P]. Swiss Patent, No. 02377, 1992.

[103] Gietzelt T, Jacobi O, Piotter V, et al. Development of a micro annular gear pump by micro powder injection molding[J]. J. Mater. Sci., 2004, 39: 2113-2119.

[104] Graule T J, Baader F H, Garckler L J. Shaping of ceramic green compacts direct from suspensions by enzyme catalyzed reactions[J]. Scientific Forum, 1994, 71: 37-42.

[105] Graule T J, Gauckler L J, Baader F H. Process for fabrication of ceramic green bodies by double layer compression[P]. Swiss Patent, No. 01096, 1993.

[106] Graule T J, Gauckler L J, Baader F H. Direct coagulation casting—A new green shaping technique, Part Ⅰ: processing principles[J]. Ceramics: Charting the Future, 1995, 1601-1608.

[107] Griffin C, Daufenbach J, Mcmillin S. Desk-top manufacturing-lom vs pressing[J]. Am. Ceram. Soc. Bull., 1994, 73(8): 109-113.

[108] Griffin E A, Mumm D R, Marshall D B. Rapid prototyping of functional ceramic composites[J]. Am. Ceram. Soc. Bull., 1996, 75(7): 65-68.

[109] Gurauskis J, Sanchez-Herencia A J, Baudin C. $Al_2O_3$/Y-TZP and Y-TZP materials fabricated by stacking layers obtained by aqueous tape casting[J]. J. Eur. Ceram. Soc, 2006, 26(8): 1489-1496.

[110] Ha Jung-Soo. Effect of atmosphere type on gelcasting behavior of $Al_2O_3$ and evaluation of green

strength[J]. Ceramics International, 2000, 26(3): 251-254.

[111] Hesse W. Injection molding and catalytic debinding of zirconia (Y-TZP) ceramics with a polyacetal based binder system[J]. Ceramic Transaction, 1995, 51: 309-313.

[112] Hidber P, Baader F, Graule T H, et al. Sintering of wet-milled centrifugal cast alumina[J]. J. Euro. Ceram. Soc., 1994, 13: 211-219.

[113] Hinczewski C, Corbele S, Chartier T., et al. Ceramic suspensions suitable for stereolithgraphy [J]. J. of the Euro. Ceram. Soc., 1998, 18(6): 583-590.

[114] Janney M A, Omatete O O. Method for molding ceramic powder using a water-based gelcasting [P]. US 5028362, 1991.

[115] Janny M A, Omatete O O, Walls C A, et al. Development of low-toxicity gelcasting systems[J]. Journal of the American Ceramic Society, 1998, 81(3): 581-591.

[116] Hotza D, Greil P. Review: aqueous tape casting of ceramic powders[J]. Materials Science and Engineering A, 1995, 202: 206-217.

[117] Howatt G N, Breckenridge R G, Brownlow J M. Fabrication of thin ceramic sheets for capaitors [J]. J. Am. Ceram. Soc., 1947, 30(1): 237.

[118] James S. Reed. Principles of Ceramics Processing[M]. Second Edition. New York: John Wiley & Sons, Inc., 1947.

[119] Lange F F. Powder processing science and technology for increased reliability[J]. J. Am. Ceram. Soc., 1989, 72(1): 3-15.

[120] Liu Dm. Control of yield stress in low-pressure ceramic injection mouldings [J]. Ceramics International, 1999, 25: 587-592.

[121] Ma J T, Xie Z P, Miao H Z, et al. Elimination of surface spallation of alumina green bodies prepared by acrylamid-based gelcasting via polyvinylpyrrolidone [J]. Journal of the American Ceramic Society, 2003, 86(2): 266-272.

[122] Mclean A F. Ceramic technology for automotive turbine[J]. Am. Cerm. Soc. Bull., 1982, 61(8): 861-871.

[123] Merz L, Rath S, Piotter V, et al. Feedstock development for micro powder injection molding[J]. Microsystem Technologies, 2002, 8: 129-132.

[124] Mikeska K, Canon W R. Dispersants for tape casting pure barium titanate[C]. In: Mangels J A, Messing G C, Eds. Advances in Ceramics-Forming of Ceramics, Columbus: Am. Ceram. Soc, 1984, 164-183.

[125] Mistler R E. Tape casting: past, present, potential[J]. American Ceramic Society Bulletin, 1998, 77(10): 82-86.

[126] Murat Bengisu, Elvan Yilmaz. Gelcasting of alumina and zirconia using chitosan gels[J]. Ceramics International, 2002, 28: 431-438.

[127] Mutsuddy B C. Injection moulding research paves way to ceramic engine parts[J]. J. Ind. Res. And Dev, 1983, 25: 76-80.

[128] Mutsuddy B C. Injection Moulding[J]. in: Engineered Materials Handbook. ASM International, 1991, (4): 173-180.

[129] Omatete O O, Janney M A, Strehlow R A. Gelcasting—a new ceramic forming process[J]. Am. Ceram. Soc. Bull., 1991, 70(10): 1641-1649.

[130] Piotter V, Bauer W, Benzler A, et al. Injection molding of components for microsystems[J]. Microsystem Technology, 2001, 7: 99-102.

[131] Prabhakaran K, Pavithran C. Gelcasting of alumina from acidic aqueous medium using acrylic acid [J]. Journal of the European Ceramic Society, 2000, 20(8): 1115-1119.

[132] Quinn D B, Bedford R E, Kennard F L. Dry-bag isostatic pressing and contour grinding of technical ceramics[J]. Ed: J. A. mangels and G. L. Messing, Forming of Ceramics, Advances in Ceramics, 1984(9): 4-15.

[133] Reed J S. Principles of Ceramics Processing[M]. Second Edition, New York: John Wiley & Sons, Inc. , 1995.

[134] Richerson D W. Modern Ceramic Engineering: Properties, Processing and Use in Design[M]. New York: Marcel Dekker, Inc. , 1992.

[135] Snijkers F, Wilde A, Mullens S, et al. Aqueous tape cast-ing of yttria stabilised zirconia using natural product binder[J]. J Eur Ceram Soc, 2004, 24: 1107.

[136] Thomas Y, Marple Br. partially water-soluble binder formulation for injection molding submicrometer Zirconia[J]. Advanced Performance Materials, 1998(5): 25-41.

[137] Tseng W J, Liu D M, Hsu C K. Influence of stearic acid on suspengsion structure and green microstructure of injection-molded zirconia ceramics [J]. Ceramics International, 1999, 25: 191-195.

[138] Xie Z P, Huang Y, Cheng Y L, et al. A new gel casting of ceramics by reaction of sodium alginate and calcium iodate at increased temperatures[J]. Journal of Materials Science Letters, 2001, 20: 1255-1257.

[139] Xie Z P, Luo J S, Wang X. The effect of organic vehicle on the injection molding of ultra-fine zirconia powders[J]. Materials & Design, 2005, 26(1): 79-82.

[140] Xie Z P, Ma C L, Huang Y. Effects of additives on alumina sheets forming by a novel gel-tape-casting[J]. Materials & Design, 2003, 24 (4): 287-291.

[141] Xie Z P, Ma C L, Huang Y, et al. Gel tape casting ceramic sheets[J]. American Ceramic Society Bulletin, 2002, 81(10): 33-37.

[142] Xie Z P, Ma J T, Miao H Z, et al. Suppression of surface-exfoliation by gelcasting ceramics with mixed polymer-monomer solutions[J]. Key Engineering Materials, 2002, 224-2: 657-662.

[143] Xie Z P, Wang X, Jia Y, et al. Ceramic forming based principle and process of sodium alginate[J]. Materials Letters, 2003, 57: 1635-1641.

# 第4章　陶瓷烧结技术与设备

## 4.1　概述

陶瓷烧结实质上就是陶瓷致密化的过程。通常成型后的陶瓷素坯是由许许多多单个的固体颗粒所组成的，坯体中存在大量气孔，气孔率一般为35%～60%(即素坯相对密度为40%～65%)，具体数值取决于粉料自身特性和所使用的成型方法与技术。当对固态素坯进行高温加热时，素坯中的颗粒发生物质迁移，达到某一温度后坯体发生收缩，出现晶界移动和晶粒长大，伴随气孔排除，最终在低于材料熔点的温度下(一般是熔点的0.5～0.7倍)素坯变成致密的多晶陶瓷材料，这一过程称为烧结。

烧结的驱动力是粉末坯体的系统表面能减小，烧结过程是由低能量晶界取代高能量晶粒表面和坯体收缩引起的总界面减少来驱动；而促使坯体致密化的烧结机理包括蒸发-凝聚、晶格扩散、晶界扩散、黏滞流动等传质方式。烧结过程中通常发生三种主要变化：(a)晶粒尺寸及密度的增大；(b)气孔形状的变化；(c)气孔尺寸和数量的变化，通常使气孔率减小。对于致密陶瓷材料相对密度一般可达到98%以上，而对于透明陶瓷要求烧结后陶瓷内部气孔率趋近于零。陶瓷烧结依据是否产生液相分为固相烧结和液相烧结。对于离子键结合的许多烧结活性好的氧化物超细粉末，如$Al_2O_3$、$ZrO_2$可实现固相烧结；但对于$Si_3N_4$等非氧化物陶瓷需采用液相烧结。透明陶瓷的烧结如透明$MgAl_2O_4$、AlON等，通常要加入适量的烧结助剂来实现致密烧结。此外，一些特殊的体系采用过渡液相烧结，促进致密化过程的液相蒸发。透明$Al_2O_3$试样直接固相烧结困难，则加入少量MgO等助烧剂进行烧结可得到透明陶瓷。

陶瓷烧结涉及温度、气氛、压力等因素及其调控，由此产生了常压烧结、真空烧结及各种压力烧结技术。常压烧结是在大气压条件下进行陶瓷烧结，气氛通常为空气，也可以是其他还原性或惰性气体，成本低，适合规模化生产和制备复杂形状制品。大多数氧化物结构陶瓷都采用这种烧结工艺，但常压烧结的陶瓷材料的力学性能有待提高。压力烧结包括热等静压烧结、热压烧结、气压烧结等。高强度氧化锆陶瓷件的生产也可以通过热等静压烧结工艺，由于外部施加压力而补充了驱动力，因此可在较短时间内达到致密化，并且有利于获得晶粒细小均匀的显微结构。此外，由于热等静压可有效消除瓷体内剩余气孔或缺陷，因此也是制备各种透明陶瓷和提高材料可靠性(韦伯模数)的方法。

本章内容主要包括：陶瓷烧结理论，例如晶粒生长、烧结传质方式等；重要的烧结工艺，例如常压烧结、热压烧结、热等静压烧结、振荡压力烧结工艺以及所用的烧结设备；氧化锆及其复合陶瓷以及透明氧化铝、透明镁铝尖晶石、透明AlON陶瓷的烧结工艺，将详细讨论上述各种工艺的烧结过程及其控制与应用。

## 4.2 烧结过程与机理分析

### 4.2.1 烧结过程及驱动力

烧结过程是通过对陶瓷粉末提供热能及外加压力，使素坯从多孔状态变为致密体从而制备出高强度高性能陶瓷材料的过程，其中涉及烧结颈的形成与长大，并伴随晶粒长大、晶界迁移、气孔尺寸及其形状的变化，由此引起的宏观变化为体积收缩、致密度提高与强度增大。烧结的致密化程度与致密化速率常常可以用收缩率、气孔率、相对密度等来表征。陶瓷材料的烧结可以分为固相烧结、液相烧结及反应烧结。对于液相烧结，无论是达到烧结温度之前还是处于烧结温度时都有液相存在，而且液相可以促进烧结时的质量传输和致密化；液相烧结适用于非氧化物陶瓷和部分氧化物陶瓷及透明陶瓷的烧结制备。固相烧结过程中不形成液相，且全部的固-固界面和固-气界面最终都被固-固界面所取代。相比于液相烧结，固态烧结主要靠自身的各种扩散传质来实现致密化，氧化锆等许多氧化物陶瓷的烧结方式为固相烧结。另外，根据烧结过程中有无外加压力，把烧结分为无压烧结和加压烧结两大类，加压烧结包括热压烧结、热等静压烧结、气压烧结、振荡压力烧结等。

从热力学的观点来看，烧结过程是多孔坯体里的固-气界面全部被固-固界面所取代，因此烧结的总驱动力即为系统表面能的减少。与烧结体相比，初始粉料具有较大的比表面积，这是外界对粉料做功的结果。例如，当采用机械法或者化学法制备粉体原料时，所消耗的机械能和化学能部分转化为表面能储存在粉体中。此外，粉体制备会在粉体表面或者晶格内部引入缺陷，使晶格活化。由于以上原因，陶瓷初始粉体具有较高的表面能，处于能量不稳定的状态。任何使系统总能量减少的不可逆过程都是热力学优先选择的，因此粉体过剩的表面能就成为烧结过程中的动力，可以描述为：

$$d(\gamma A) = A\,d\gamma + \gamma dA < 0$$

通常，在烧结过程的初始阶段和中期阶段，固-气界面逐渐被固-固界面所取代，因此($A\,d\gamma$)占主导地位；在烧结末期，晶粒发生粗化，此时($\gamma dA$)占主导地位。从理论上来说，在烧结驱动力的作用下，坯体中粉末颗粒将从一种呈圆球状疏松排列的状态转变为呈六角形紧密堆积的状态，如图 4-1 所示，同时气孔的尺寸和形状发生变化。

### 4.2.2 烧结过程中的传质机理

烧结过程除了要有驱动力之外，还必须在传质的作用下产生致密化过程，最终使坯体成为致密的陶瓷。研究表明传质方式主要包括：蒸发与凝聚、扩散传质、黏滞流动和塑性流动、溶解和沉淀。通常情况下陶瓷材料的烧结致密化过程需要多种传质方式协同作用，但是在不同烧结阶段，某种机理将占主导地位。

#### 4.2.2.1 蒸发和凝聚传质

两个相互接触的粉体颗粒球在烧结初期，由于颗粒球表面具有正曲率，所以比同种物质的平面上蒸气压高；此外由于球体之间颈部的表面具有较小的负曲率，所以蒸气压低。在陶瓷粉末颗粒成型体内，当这种具有高蒸气压的球体表面和具有低蒸气压的颈部表面相互连接而存在时，物质(原子或离子)经由颗粒表面蒸发，通过气相扩散而在蒸气压低的颈部表

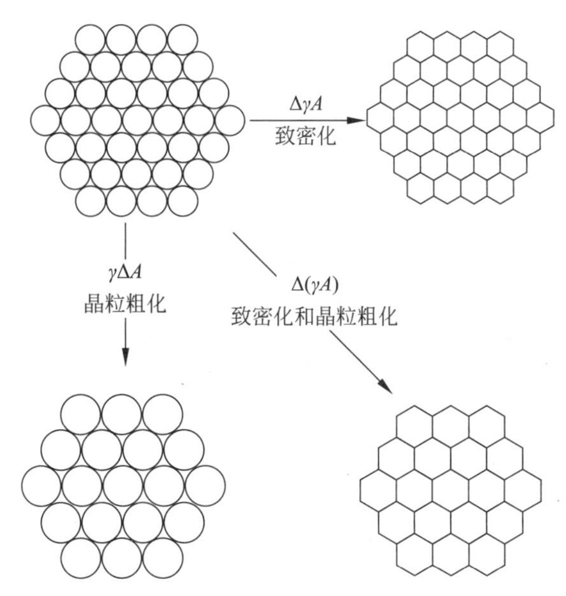


图 4-1　烧结过程中烧结驱动力作用下发生的基本现象

面凝聚，使颈部长大，这就是蒸发-凝聚机理。蒸发-凝聚传质的特点是烧结时颈部区域扩大，颗粒间的接触面积增大，颗粒和气孔的形状改变，但陶瓷粉体颗粒之间的球心距离不会发生变化，在这种传质过程中坯体基本不发生收缩，如图 4-2 所示。

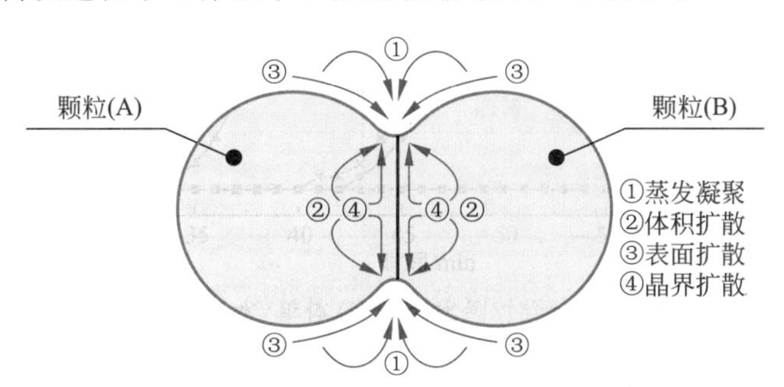


图 4-2　烧结过程中颗粒颈部的形成

#### 4.2.2.2　扩散传质

陶瓷粉料在高温下难以发生挥发产生气相，烧结中物质的传递主要依靠表面扩散和体积扩散来实现。在实际的陶瓷晶粒中往往有许多缺陷，并且浓度有一定差异，浓度差驱动缺陷从浓度高的地方向浓度低的地方做定向扩散；若缺陷是间隙离子，则离子的扩散方向与缺陷的扩散方向一致；若缺陷的类型是空位，则离子的扩散方向与缺陷的扩散方向相反。所以，固体颗粒晶体中空位缺陷越大，离子扩散就越容易。

陶瓷粉体颗粒表面或晶粒界面上的原子和离子排列不规则，活性较强，导致表面和界面上的空位浓度比晶粒内部大。另外，两个颗粒接触处的颈部是凹曲面，表面自由能最低，因此容易产生空位，可以视作空位的发源地。在颈部、晶界和晶粒内部存在一个空位浓度梯度；颗粒越细，表面能越大，空位浓度梯度越大，烧结驱动力越大。空位浓度梯度的存在促使物质发生迁移，一般由晶粒内部通过体积扩散、表面扩散、晶界扩散向颈部迁移，见图 4-3 和表 4-1，使颈部不断长大，促进烧结过程。

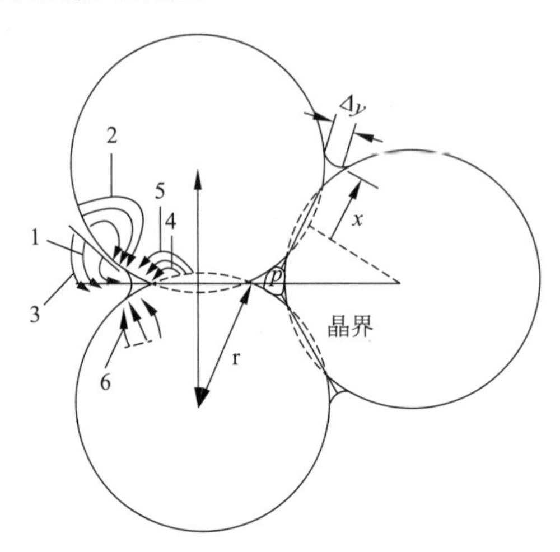


图 4-3 陶瓷粉体烧结过程中 6 种可能的传质现象

1—表面扩散；2—晶格扩散；3—蒸发-凝聚；4—晶界扩散；5—晶格扩散；6—塑性流动

**表 4-1 多晶陶瓷烧结传质路径与致密化收缩**

| 途径 | 传质路径 | 物质来源 | 物质抵达的部位 | 致密化收缩 |
| --- | --- | --- | --- | --- |
| 1 | 表面扩散 | 表面 | 颈部 | 无 |
| 2 | 晶格扩散 | 表面 | 颈部 | 无 |
| 3 | 蒸发-凝聚 | 表面 | 颈部 | 无 |
| 4 | 晶界扩散 | 晶界 | 颈部 | 有 |
| 5 | 晶格扩散 | 晶界 | 颈部 | 有 |

影响扩散传质的因素较多，如材料组成、原始粉料尺寸、烧结温度、烧结气氛、显微结构以及晶格缺陷等，其中以材料的粒度、烧结温度和材料组成较为重要。这是因为烧结颈部的长大速率随粉体颗粒尺寸的减小而显著增加，相同组成的粉末在相同的烧结温度下，粒径为 10nm 的粉体颗粒所需的烧结时间比粒度为 10$\mu$m 的少 6 个数量级。热缺陷的浓度随温度的升高成指数增加，而材料组成中的阳离子和阴离子两者的扩散系数也影响扩散速率，一般扩散较慢的离子控制整个烧结速率。烧结添加剂的引入，增加体系内的空位缺陷浓度，也会因扩散速率变化而影响烧结速率，通常有助于烧结过程。

#### 4.2.2.3 液相流动及溶解-沉淀

液相烧结与固相烧结的类似之处在于烧结的驱动力同样为表面能的降低，不同的是液相烧结必须满足以下三点：①体系必须有一定的液相含量；②液相必须能较好地润湿固相颗粒；③部分固相物质在液相发生溶解或相互作用。液相的存在会对粉体颗粒进行润滑，便于颗粒移动，此外引入的毛细管压力有利于促进粉料的初次重排和溶解析出，所以液相的存在往往会促进烧结过程。有液相参与的烧结过程一般有两个阶段：其一，液相的形成、流动和对于坯体孔隙的填充，即颗粒重排过程；其二，固体颗粒溶解-沉淀过程的进行以及由此导致的坯体的显著致密化。只有在液相足够填充坯体气孔的情况下,烧结的第一个阶段才能保证坯体充分致密化;烧结的第二阶段通常是坯体产生强烈致密化的阶段。在液相出现后,在形成的液相较少的坯体中,陶瓷颗粒将不再保持球形,而逐渐变成最紧密堆积所要求的形状,图 4-4 为液相流动示意图。

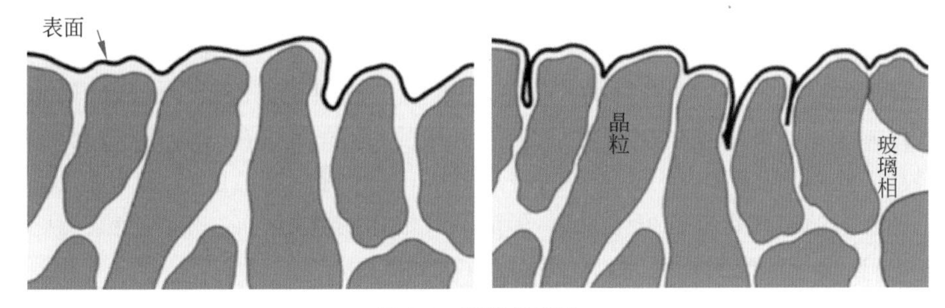


图 4-4　液相的流动

(1) 黏性流动与塑性流动

在液相含量较高,如氧化铝陶瓷液相烧结时,在氧化铝粉体中加入 10%～15%(质量分数)的氧化硅、氧化钙、氧化镁烧结助剂,就会形成低共熔物的液相,该液相具有牛顿型流体的流动性质,黏性流动将促进粉体的烧结。高温下物质的黏性流动可以分为两个阶段:第一阶段,物质在高温下形成黏性流体,减小颗粒中心距离,增加接触面积,进而颗粒间发生黏合和形成封闭气孔;第二阶段,封闭气孔在液相包围和流动下而密实化。在此过程中,粉料粒径、液相黏度和表面张力都将影响烧结致密化速率。首先液相的黏度要适中,若黏度太高,则润湿性不好,需要掺入添加剂降低黏度改善对固相组分的润湿性。当黏度过小时,会在重力的影响下发生流动变形,对烧结不利。此外,在液相烧结时必须采用细颗粒原料,且原料粒度合理分布。

在高温下液相含量降低而固相含量升高,烧结体系中的流体转化为塑性流动,但是烧结驱动力依然是表面能的降低。为了尽可能提升烧结体密度,应选择粒径小的原始粉料。

(2) 溶解-沉淀过程

在烧结温度下,坯体内的固相在液相中有可溶性,这时烧结传质过程就有部分固相溶解而在另一部分固相上沉积,直至晶粒长大和获得致密的烧结体。发生溶解-沉淀传质过程引起坯体致密化必须有以下条件:①足够的液相量;②固相在液相中溶解度较高;③固相能被液相润湿;溶解-沉淀传质过程的推动力是细颗粒间液相的毛细管压力,当液相润湿固相时,颗粒之间的空间都组成了一个毛细管。细小颗粒和固体颗粒表面凸起的部分溶解,并通过液相转移并在粗颗粒表面上析出。在颗粒生长和形状改变的同时,使坯体进一步致密化。颗粒之间有液相存在时互相压紧,在压力作用下又提高了固体物质在液相中的溶解度。在液相表面张力的作用下,固体颗粒相互靠近并趋于接触,在接触点上固体颗粒受到一定的压力,因此接触点附近的晶格发生畸变,从而导致接触部位的溶解度增加。这样就产生了接触部位和非接触部位组成的溶解-沉淀过程,从而导致了颗粒间的配置逐渐趋于最紧密堆积所要求的形状,也就导致了坯体的显著致密化。液相的存在往往还有使晶粒溶解并产生重结晶的作用。在液相中细小颗粒(缺陷多)比粗大的颗粒(缺陷少)具有更大的溶解度。当小颗粒溶解时,由于大颗粒的溶解度低,所以就沉积在大颗粒上。这样随着小颗粒的溶解与消失，大颗粒的长大也在一定程度上导致了坯体的致密。烧结的第三阶段是固体颗粒骨架的形成和固体颗粒的成长。在这一阶段，如果颗粒迅速长大，则往往闭口气孔被包裹在颗粒内部而不易被排出。

影响溶解-沉淀传质过程的因素主要有：起始固相颗粒粒度、成型坯体起始孔隙度、原始粉末特性、液相数量和润湿能力等。其中起始粒径是最重要影响因素，由于毛细管压力正比于毛细管直径的倒数，颗粒度越小，过程开始进行得速度越快，但速度降低也越快。这主要是由于封闭气孔的形成，气孔中的气体不能逸出，气压增高抵消了表面能的作用，使烧结过程趋于停顿。氮化硅陶瓷的烧结就是溶解-沉淀的过程，例如在 α-$Si_3N_4$ 粉体中加入 5%（质量分数，下同）氧化铝和 5%氧化钇的烧结助剂，当达到一定温度时，氧化铝和氧化钇就会与氮化硅表面的二氧化硅膜发生反应，形成低共熔物的液相，而 α-$Si_3N_4$ 颗粒就会溶解在该液相中，当达到一定饱和浓度时，就会沉淀析出 β-$Si_3N_4$。

### 4.2.3 致密化烧结的三个阶段

根据显微结构的变化，可将烧结分为三个阶段：(1)烧结初期，坯体中颗粒重排，接触处产生键合形成颈部并快速生长，孔隙变形、缩小（即大气孔消失），固-气总表面积没有变化，该阶段有一定程度的致密化产生，坯体相对密度可增大到大约 65%，并产生 3%～5%的收缩，其传质途径可通过气相传质、扩散、塑性流动等；(2)烧结中期，颗粒间颈部进一步长大，传质开始，孔隙进一步变形、缩小并沿三叉晶界边界从烧结体排出，但有联通气孔，形如隧道。烧结中期最显著特征是晶界开始移动，通过晶界扩散和晶格扩散，晶粒正常长大，气孔发生迁移，最终变成孤立气孔。这一过程的终点通常以烧结体的气孔率降到 5%为标志；(3)烧结后期，气孔已呈孤立封闭状态，在正常状态下，气孔位于 4 个十四面体相交处的四面体位置，近似球形。晶粒明显长大，质点通过晶界扩散和体积扩散进入晶界间近似球状气孔中。在此阶段，致密化过程停滞，即标志着烧结后期结束，其典型的显微结构显示，大多数多晶陶瓷烧结结束后在某些三叉晶界上仍会保留少量近似球形的小气孔，如图 4-5 所示。

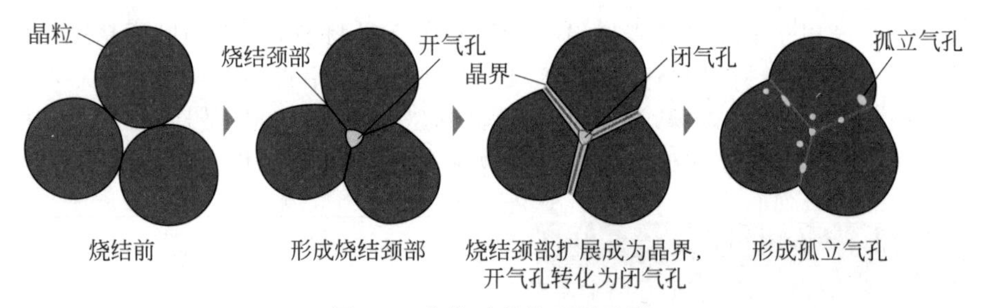


图 4-5 烧结过程的不同阶段

下面以纳米氧化锆粉末的烧结为例来进一步阐述烧结致密化过程及其不同阶段的变化。将纳米 3Y-$ZrO_2$ 粉体干压成型并经 200MPa 冷等静压获得素坯，在空气中按预定温度进行常压烧结，达到不同温度时，均保温为 2h，从而得到不同致密度的氧化锆陶瓷，再测试烧结体的密度，分析烧结过程中晶粒和密度的相关变化，如图 4-6 所示。

由图 4-6 可以看出，纳米氧化锆陶瓷的烧结过程可进行如下划分：一是烧结初期，从室温到 1100℃，坯体的相对密度变化较小；二是烧结中期，烧结温度在 1100～1300℃，坯体的相对密度升高至 95%；三是烧结后期，烧结温度达到 1400℃，坯体接近致密化。图 4-7 为烧

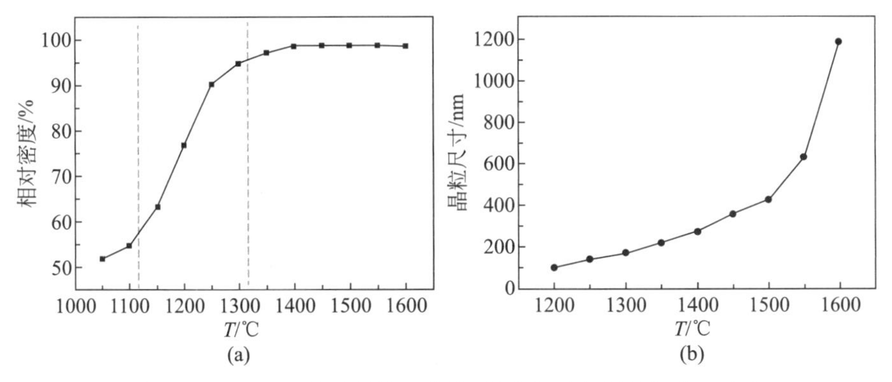


图 4-6　3Y-$ZrO_2$ 烧结过程中密度、晶粒尺寸与烧结温度的关系

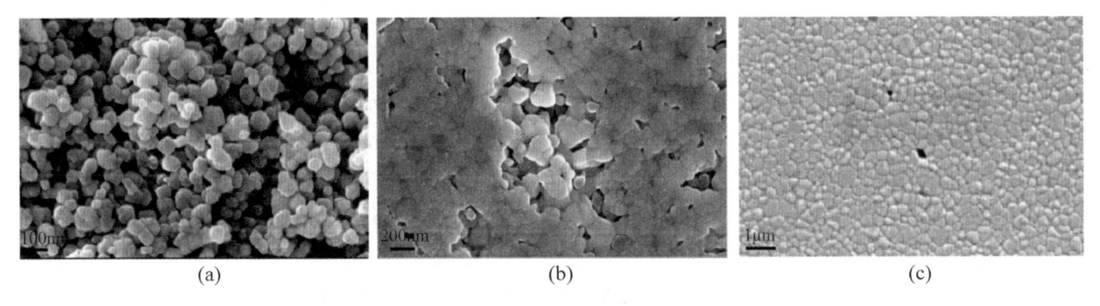


图 4-7　氧化锆陶瓷烧结三个阶段典型的显微结构

(a) 烧结前期；(b) 烧结中期；(c) 烧结后期

结初期、烧结中期、烧结后期这三个阶段材料内部显微结构及其晶粒尺寸的变化，这与图 4-6(a)、(b)曲线是相吻合的。

在上述烧结过程中晶粒的生长可分为两个明显不同的阶段，当温度低于 1450℃时，晶粒生长比较缓慢。而当温度继续升高时，晶粒快速生长。比较图 4-6(a)、(b)可以发现，在 1400℃左右，坯体已经基本致密，但是晶粒并未迅速生长。这与一般经典理论所说的烧结后期晶粒迅速生长似乎有些差异，其原因在于纳米氧化锆粉体烧结时，晶粒中的 $Y^{3+}$ 会向晶界析出，并在晶界富集，从而在一定温度下抑制了氧化锆晶粒的生长。

### 4.2.4　烧结过程中的晶粒生长理论

烧结中晶粒生长过程，也是陶瓷致密化的过程。通常陶瓷素坯经过烧结初期，在颗粒间形成颈部后，相互结合在一起的细小颗粒开始晶粒生长，其平均尺寸将开始增大。当平均晶粒尺寸增大时，某些晶粒必然长大，而另一些晶粒则必然缩小与消失。

在陶瓷材料烧结过程中，晶粒生长及其控制是十分重要的，因为晶粒尺寸大小及其分布和均匀性不但影响最终产品的性能，而且影响到材料的最终致密化程度。多晶陶瓷中晶粒生长伴随着晶界运动，即晶粒生长的过程也就是晶界运动的过程。晶粒生长这一过程的驱动力是细晶粒材料和大晶粒产物之间的能量差，这一能量差是晶界面积的减少和总的界面能的降低所引起的。图 4-8 表示晶粒生长过程中晶界运动及能量状态变化，可见弯曲晶界两侧的原子具有不同的自由能，图中原子 A 的自由能高于原子 B 的自由能，在这种情况下原子 A 就可能越过界面而进入原子 B 所在的晶粒，此时晶界却向着原子 A 所在的晶粒迁

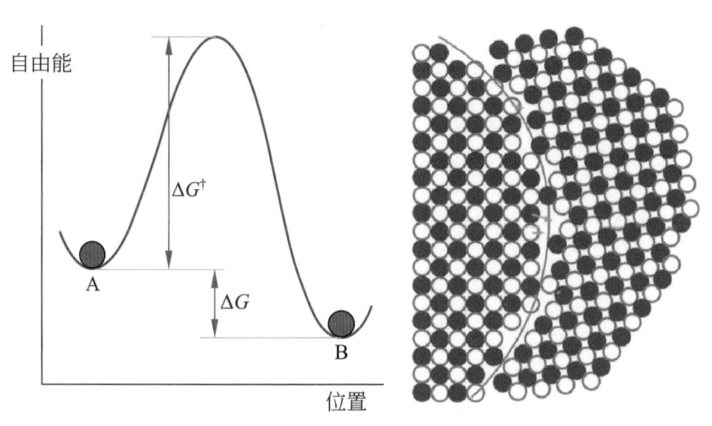

图 4-8 陶瓷晶粒生长过程

移，这样原子 B 所在的晶粒将长大，而原子 A 所在的晶粒将缩小。

多晶陶瓷材料的晶界结构及晶界迁移如图 4-9 所示，其特征之一是在任意一个二维晶界连接处，晶界夹角为 120°时，晶界处于平衡稳定的状态；若晶粒具有六条晶界，该晶粒处于稳态。然而，当一个晶粒的边界总数小于 6，那么晶界都必须向内凹，这些晶粒因此而坍缩，最终在烧结过程中不断减小甚至彻底消失。另一方面，如果晶粒的晶界边数超过 6 这一稳定状态时，部分晶界向外凹，根据曲率方向决定的能量降低原则，这些晶界具有向凸面中心移动的趋势，因此晶粒最终呈现显著的粗化趋势。一旦发生晶粒异常粗大，大晶粒能迅速地消耗掉在其周围原来正常生长的晶粒，这些过大的晶粒内往往含有大量的气孔，并且气孔难以再由晶粒内抵达晶界而排出。因此，晶粒异常长大造成的非均匀显微结构使多晶陶瓷材料难以达到较高的密度，材料的许多性能将恶化。

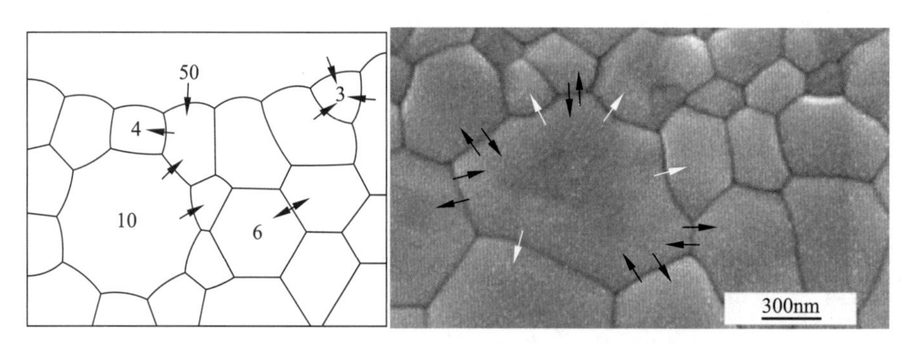

图 4-9 多晶陶瓷晶粒生长过程（箭头表示界面迁移的方向）

对于超细氧化锆粉体而言，晶粒生长和致密化将影响坯体中气孔的尺寸变化，晶粒的生长将有可能造成气孔的同步长大。通过研究超细氧化锆粉体烧结初始阶段晶粒生长和致密化关系可以发现，超细氧化锆粉体的烧结初期可忽略不计，因为晶粒生长和致密化同时进行。从烧结起始至烧结中期结束，晶粒尺寸和坯体密度呈线性关系，这一线性关系可通过晶粒生长和致密化受同一扩散机制主导来解释。另外，成型坯体的性质影响晶粒尺寸和密度的关系。因为晶粒生长受到了由颗粒间曲率差别造成的化学位驱动，而致密化则受到作用于气孔的烧结压应力推动。颗粒间较高的二面角，较高的成型密度、窄的颗粒分布和气孔尺寸分布有利于使晶粒尺寸-密度关系向高密度、细晶粒尺寸方向移动。烧结中期至后期晶粒生长伴随着烧结的全过程，晶粒的生长不仅影响致密化，而且对制品显微结构产生影响。

由于以上原因，应该控制晶界迁移引起的晶粒生长来优化致密度和性能，其方法包括添加适当的添加剂来影响烧结过程晶粒粗化等，具体工艺上常采用掺杂第二相来钉扎晶界，晶界上的第二相夹杂物会增大晶粒界面移动所需的能量，因而会抑制晶粒的长大。通过在 $Al_2O_3$ 中加入 MgO，在 $ZrO_2$ 中掺入少量 $Al_2O_3$ 以及在其他系统中都已观察到固态第二相夹杂物对晶粒长大的抑制作用。由于夹杂物是通过粉末混合引入的，其分布状态非常关键。当两种粉末混合时，当第二相夹杂物分布不均匀时，某些区域内的晶粒同样发生异常长大。例如，一些大的物相团聚并没有从粉料中移除，或者一些夹杂物并不能从这些团聚中引入，包含少量掺杂物的区域会出现晶粒的快速长大。此外，少量部分的掺杂物使用后，这些内在的少量分布相对单相物质而言，能够扩大晶粒非均匀生长。因此，控制具有掺杂物的晶粒生长是从均匀制备粉体开始的。除此之外，要避免晶粒的异常长大，还需要保证：原始粉料尺寸分布窄，颗粒大小均匀；破除粉料中的团聚体，保证成型的素坯各部分密度与成分要均匀；选择合理的外加剂和烧结气氛；严格控制烧结的最高温度和保温时间。

## 4.3 致密化烧结的影响因素

### 4.3.1 初始粉料对烧结的影响

在固相烧结中，初始粉体的大小及粒度分布对烧结体的晶粒尺寸起着决定性的作用，初始粉体的粒子越细小越均匀，其体系的能量越高，烧结的推动力越大，越容易低温烧结制备晶粒细小的陶瓷致密产品。对氧化锆陶瓷而言，粉体粒径对烧结后的晶粒尺寸及其断裂韧性均有一定的影响。随着粉体粒径的减小，制备的 Y-$ZrO_2$ 陶瓷的晶粒在临界尺寸的数量多，产生应力诱导相变量增多，断裂强度和韧性增大。但是一般液相化学法制备的超细粉末，并非粉末越细，烧结性能越好，其原因是超细粉体中普遍存在着团聚现象，团聚体的大小、形状及分布等严重影响超细粉末的优越性发挥。团聚体可导致坯体堆积密度下降、分布不均匀，又由于团聚体使得粉料体系的能量降低，故会使烧结温度提高，烧结体结构产生差异化。对具有少量团聚的粉体来说，团聚体与粉体的收缩不一致，导致显微结构中气孔的生成。当团聚体含量过高时，团聚体间相互作用，导致产生大缺陷，这些缺陷如图 4-10 所示，在较高的烧结温度下也难以消除。由于烧结温度提高，极容易导致过烧和晶粒异常长大，给

图 4-10 氧化锆团聚粉体烧结后的显微结构

烧结后材料性能造成不良的后果。大的团聚体颗粒尤其是硬团聚体引起的空隙也将阻碍烧结致密化，致使烧结体密度偏低，因而无法得到高密度的多晶陶瓷。

粉料团聚体越少，则烧结体密度越高，另外含硬团聚的烧结体的相对密度远低于含软团聚的烧结体相对密度。所以，粉体团聚对烧结温度、烧结体的显微结构有较大影响，从而也就直接影响烧结后陶瓷的性能。团聚体引起的晶粒大小不均，气孔等会严重降低陶瓷材料的强度，成为制备优质陶瓷材料的主要障碍。因此，获得高质量氧化锆陶瓷产品的首要前提是采用初始粒子细小均匀、颗粒呈球形、粒度分布窄、组分均匀、无团聚的纳米活性氧化锆粉末。

### 4.3.2 添加剂对致密化烧结的作用

在一些氧化物或者非氧化物陶瓷的烧结过程中，如果不加入适当的添加剂，即使烧结温度接近熔融温度也难以获得高致密陶瓷。这是因为在烧结后期，烧结体内形成闭气孔，其原因是烧结温度升高，晶界迁移速率加快，晶粒快速长大，气孔逐渐被包裹进晶粒内部，形成晶内气孔。这些晶内气孔只有依靠体积扩散才能排出，而体积扩散相对晶界扩散很慢，导致晶内气孔难以排出而形成残余气孔。为了获得具有特殊性能的高强度陶瓷或者光学性能好的透明陶瓷，在陶瓷的制备过程中加入添加剂显得尤为重要。

添加剂在烧结中所起的作用，一般可分为以下几个方面：(1)改变点缺陷浓度，从而改变某种离子扩散系数；(2)在晶界附近富集，减缓晶界的迁移速率，从而抑制晶粒的异常长大；(3)提高表面能与界面能的比值，提高致密化驱动力，促进致密化；(4)在晶界形成连续第二相，为原子扩散提供快速通道；(5)作为第二相在晶界处起到钉扎作用，阻碍晶界迁移。

添加剂的引入应在素坯成型之前进行，将其均匀地分散于粉体中。添加剂的用量要适宜，能在陶瓷烧结时有效地抑制晶粒生长，有助于晶粒细化、均匀化和气孔排出。

目前，在氧化锆陶瓷手机背板的制备中，主要掺杂的第二相为 $Al_2O_3$。通常将钇稳定氧化锆 Y-$ZrO_2$ 与 $Al_2O_3$ 复合，制备的陶瓷复合材料具有很好的综合力学性能，同时提高了材料的硬度、断裂韧性和断裂强度。$ZrO_2$ 中的四方相到单斜相(t-m)的相变必须克服周围晶粒的约束力，随着高弹性模量 $Al_2O_3$ 的增多，相变要克服的约束力也增大，相变困难。四方相含量增加，提高了材料的断裂韧性和断裂强度。此外，在粉体合成过程中添加 $Al_2O_3$ 有利于提高 $ZrO_2$ 的结晶温度，阻碍 $ZrO_2$ 在结晶过程中的成核和生长，使 $ZrO_2$ 晶粒得以细化。加入的 $Al_2O_3$ 主要弥散在 $ZrO_2$ 晶粒间，弥散的 $Al_2O_3$ 在高温烧结时阻止 $Zr^{4+}$ 扩散和晶界迁移，起到填补材料中孔隙的作用，提高材料致密度，从而提高材料力学性能，如图 4-11 所示。

图 4-11 氧化锆复合氧化铝陶瓷的显微结构

许多研究表明，添加的$Al_2O_3$质量分数为20%左右对$ZrO_2$陶瓷材料强度提升显著，添加的$Al_2O_3$质量分数小于10%时，对$Al_2O_3/ZrO_2$复合材料强度提高有限，但可以改善其介电性能，比如减小$ZrO_2$陶瓷的介电常数和提高击穿强度。除掺杂$Al_2O_3$之外，在陶瓷手机背板生产过程中也可在氧化锆粉体中加入$SiO_2$、$TiO_2$等作为添加剂，从而制备力学性能好、透光度高的手机背板，表4-2为在$ZrO_2$中引入不同添加剂所制备的氧化锆陶瓷产品的相关性能。除了可调整氧化锆材料的力学性能之外，通过掺杂氧化铝还可制备出具有不同介电常数的复合材料，适用于智能穿戴设备中的不同部位，其中陶瓷手机指纹片可采用7.5%（质量分数）$Al_2O_3$掺杂氧化锆进行制备。

**表4-2 部分陶瓷手机背板的配方及性能**

| 主要成分/% | 添加剂配方/% | | | | 烧结后性能 | | | | |
|---|---|---|---|---|---|---|---|---|---|
| $ZrO_2$ | $Y_2O_3$ | $Al_2O_3$ | $TiO_2$ | $SiO_2$ | 密度/($g/cm^3$) | 强度/MPa | 硬度HV1 | 断裂韧性/($MPa\cdot m^{1/2}$) | 透光率/% |
| 97.2 | 2 | 0.5 | 0.2 | 0.1 | 6.08 | 1408 | 1208 | 18.8 | 38.9 |
| 96.5 | 2.5 | 0.35 | 0.45 | 0.2 | 6.06 | 1385 | 1284 | 18.2 | 39.5 |
| 95.6 | 3 | 0.25 | 0.75 | 0.4 | 6.06 | 1352 | 1315 | 17.5 | 40.5 |
| 94.25 | 4 | 0.15 | 1 | 0.6 | 6.05 | 1346 | 1350 | 15.6 | 43.5 |

说明：成分和配方均为摩尔分数。

在制备透明陶瓷的过程中常加入的添加剂为烧结助剂，常用的烧结助剂包括MgO、LiF等氟化物，$Y_2O_3$和$La_2O_3$等稀土氧化物以及$B_2O_3$等。MgO作为烧结助剂常被用在透明氧化铝陶瓷的制备中，由于加入MgO，形成镁铝尖晶石在氧化铝晶界表面析出，阻碍晶界过快迁移，而且MgO在高温下比较容易挥发，能防止形成封闭气孔，因此限制了氧化铝晶粒的长大。但是MgO的加入量要控制在0.1%～0.5%，过量时将生成过多的镁铝尖晶石第二相，增强了光的散射，降低$Al_2O_3$陶瓷的透光性，如图4-12所示。LiF是镁铝尖晶石透明陶瓷烧结和致密化的添加剂，它可以使镁铝尖晶石晶体发育良好，并能清洁晶界上的气孔和第二相，获得透光度更好的镁铝尖晶石产品。此外$Y_2O_3$、$La_2O_3$和$B_2O_3$等添加剂也有助于阿隆(AlON)透明陶瓷的烧结。

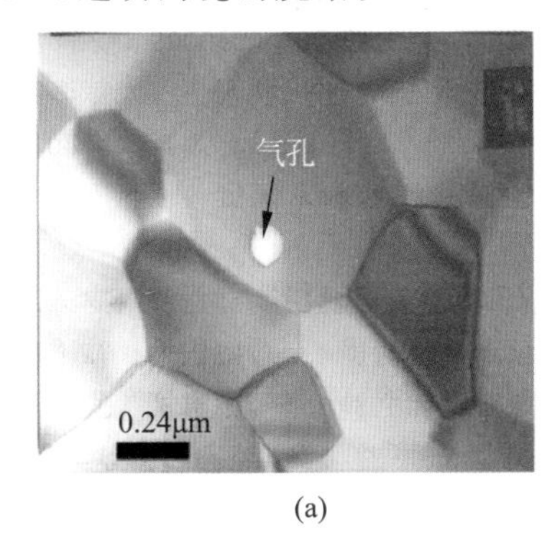


(a)

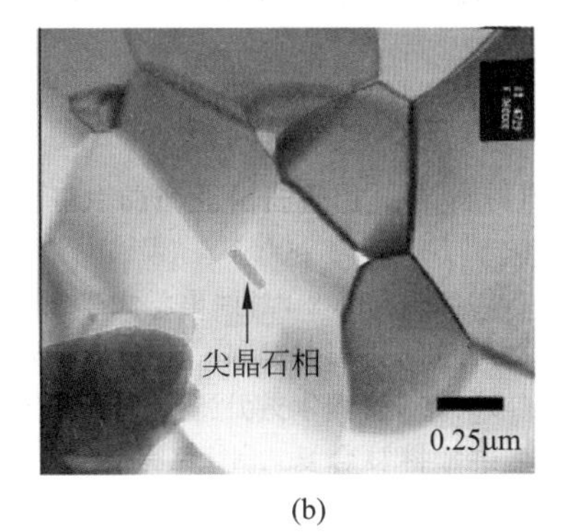


(b)

图4-12 透明$Al_2O_3$陶瓷的TEM照片（添加$200/10^6$ MgO）

(a) $Al_2O_3$晶粒中的气孔；(b) $Al_2O_3$晶界处的尖晶石相

### 4.3.3 烧结制度对致密化的影响

烧结制度中的烧结温度和保温时间,是致密化烧结的重要外部条件。伴随烧结温度的升高及保温时间的延长,物质质点迁移扩散充分,坯体不断收缩、体积密度不断提高。通常将陶瓷内部的气孔率、致密度及机械强度等性能指标变化达到最高值时的温度称为最佳烧结温度,将在温度最高点的恒温时间称为保温时间。当烧结温度超过某一临界点时,坯体的体积密度和机械强度因晶粒生长过大不增反降,这种现象称为过烧。常将上述温度区间称为烧成温度范围。烧成温度若达不到,保温时间再长也很难完全致密化。提高烧结温度对于固相烧结中的扩散是有利的,但是单纯提高烧结温度不仅会造成能源浪费,提高成本,而且可能促进二次结晶并引起晶粒粗大、体积密度下降等过烧现象,从而导致烧结材料的机械强度降低,如图 4-13 所示。所以在稳定配料工艺的情况下,确定制品的烧成温度和保温时间等烧结制度至关重要。

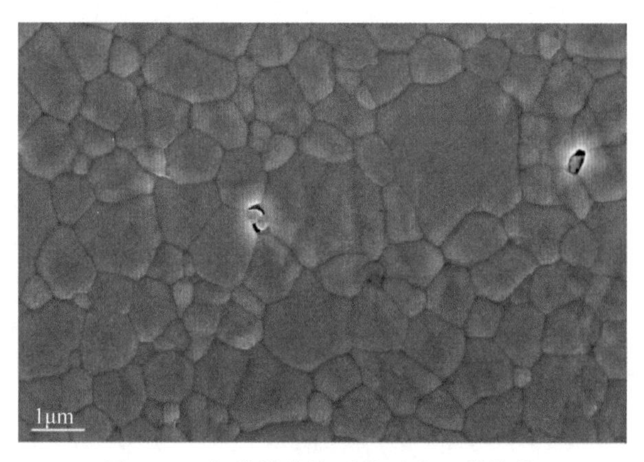


图 4-13 氧化锆陶瓷过烧后的显微结构

由烧结机理可知,体积扩散导致坯体致密化,表面扩散只能改变气孔形状而不能改变颗粒的中心距离,因此不出现致密化过程。通常烧结高温阶段主要以体积扩散为主,而在低温阶段以表面扩散为主。如果烧结制度中低温区设置过长,不仅不引起致密化反而会因表面扩散改变气孔形状和尺寸,从而给制品性能带来影响,因此从理论上分析,应尽可能快地从低温升到高温以创造体积扩散的条件,高温短时间烧结适于制造致密陶瓷材料,但是还需考虑二次再结晶温度、相变温度等因素合理制定烧结制度。

氧化锆陶瓷的烧成由于伴随相变产生的体积变化,很容易出现开裂,因此烧结制度的选择要注意控制升温速率,特别在结晶相的转变温度,比如四方相与单斜相的相变这一温度区间,升温速率要放慢;对于氧化锆厚胎制品和大件制品更要注意升温速率,在 1100℃以上降温速率也要控制不能过快,否则也会出现开裂等缺陷。

### 4.3.4 气氛对烧结的影响

烧结气氛一般分为氧化气氛、中性气氛和还原气氛以及真空气氛四种,不同的气氛对烧结效果的影响是很大的。一般来说,在扩散主导的氧化物烧结中,气氛的影响与扩散控制因素有关,特别是坯体气孔内气体的扩散能力。例如在透明氧化铝陶瓷的烧结过程中,氧化铝材料是由阳离子扩散速率控制烧结过程，在还原气氛下烧结时，晶体中的氧从表面脱落，从而在晶格表面产生很多氧离子空位，使氧离子的扩散系数增大，从而导致烧结过程加速。表 4-3 是不同气氛下氧化铝中氧离子扩散系数，可见气孔在还原气氛下更容易排除，从而提高氧化铝陶瓷的透光率。氧离子扩散主导的氧化物陶瓷烧结过程需要在氧气气氛下进行，氧积聚于表面，使阳离子空位增大，有利于阳离子的扩散加速并促进烧结。

**表 4-3　不同气氛条件下氧化铝中氧离子扩散系数与温度的关系**

| 气氛类型 | 1400℃ | 1450℃ | 1500℃ | 1550℃ | 1600℃ |
|---|---|---|---|---|---|
| 氢气 | $8.09\times10^{-12}$ | $2.36\times10^{-11}$ | $7.11\times10^{-11}$ | $2.51\times10^{-10}$ | $7.5\times10^{-10}$ |
| 空气 | | $2.97\times10^{-12}$ | $2.7\times10^{-11}$ | $1.97\times10^{-10}$ | $4.9\times10^{-10}$ |

另一方面，在烧结气氛条件下若进入封闭气孔内气体的原子尺寸越小则越容易扩散，气孔越容易排除。如氩气或者氮气，在氧化物晶格内不易自由扩散，最终残留在坯体中，但氢气和氦气扩散速度较快，气孔容易排除。气氛除对气孔排除有影响之外，对氧化锆材料煅烧还影响氧化锆的相变，惰性气氛煅烧可以有效地稳定样品内和表面的四方相，抑制相变的发生。

综上所述，烧结过程的影响因素除上述几点之外，粉料成型压力、坯体堆积密度、气孔尺寸分布同样影响材料的烧结。一般地说，成型压力越大，颗粒间接触越紧密，生坯密度越大，对材料的烧结越有利。同样烧结过程中施加压力也是十分有效的，例如热等静压烧结法就是通过增加烧结过程的环境压力，有效促进烧结进程。当成型密度条件相同时，颗粒尺寸分布越窄，越有利于烧结。值得注意的是，以上影响陶瓷烧结的几个重要因素在实际操作中并不是孤立的，在不同条件下起主导作用的因素也是不一样的。因此建议在生产过程中，视具体要求进行科学分析，有方向性地选择和设计最理想的工艺路线和设备条件来确定烧成制度。

在实际生产中有以下三点值得考虑和重视：(1)用于成型的原料颗粒尺寸最好相近或相对集中，晶界最好是平面型的。这就要求原始粉料具有很好的颗粒分布曲线，从原料开始就不允许混入大团聚粒子或聚合粒子；(2)在原料处理过程中以及成型过程中，除保证坯体的成型效果之外，还不能掺入大颗粒的添加剂或杂质，特别要避免可燃性有机物，以免产生低温熔洞、针眼及大气孔，这就要求要有良好的工艺卫生和质量管理体系；(3)在具体生产中，应根据坯体的形状规格，有选择地增减烧成要素，严格烧成记录，并注意分析，不断完善。

## 4.4　烧结方法及工艺特点

### 4.4.1　常压烧结

常压烧结又称无压烧结(pressureless sintering，PS)，是指在整个烧结过程中，坯体处于常压环境下，无外加压力，即自然大气条件下(1atm)进行的加热烧结，烧结驱动力主要是系统自由能的变化。常压烧结是最经典、最简便、最经济、应用最广泛的一种烧结方法。在空气气氛下烧结，主要有氧化物陶瓷，如氧化锆陶瓷、氧化铝陶瓷和氧化物复相陶瓷材料等。

氧化锆陶瓷外观件的常压烧结需要通过控制烧结曲线使坯体在致密化时使晶粒尽可能避免过分长大，因此烧结曲线是否合理，需要通过材料性能和产品质量判定。对于陶瓷背板而言，影响产品外观的主要问题是变形和开裂，变形和开裂来源于烧结过程中的体积变化，这是由于坯体中气孔率较高，烧结中气孔排除伴随百分之几十的体积收缩和相当大的线收缩，这样大的收缩难以保证烧结后产品的尺寸精度。而非均匀收缩甚至会引起裂纹的发生。烧结期间变形产生的主要原因如下：

(1) 生坯内密度的波动。由于烧成后的密度几乎是均匀的，因此烧成中低密度部分比高密度部分收缩量大。许多原因可以造成坯体密度的不均匀，例如在干压成型时，坯体中心部位的密度比端部低，造成产品弯曲变形。

(2) 烧结温度梯度的存在。假如坯体置于平板上并从上部加热，则在坯体顶部和底部之间有温差，使得顶部收缩大于底部，产生相应的变形；另外成型工艺造成原始颗粒的择优取向也使得干燥收缩和烧成收缩都具有方向性。

(3) 重力作用下的变形。这种变形可以通过预留变形量的方法加以克服。

(4) 摩擦力或制品定位面拉力造成的变形，此时底部表面的收缩比上表面小。

消除常压条件下不均匀烧结收缩以及由不均匀收缩造成的扭曲和变形，可从以下四个方面考虑：(a)优化成型方式，以获得密度均匀的坯体；(b)合适的烧结温度和保温时间，提高窑炉内的温度均匀性；(c)通过外形工艺设计补偿和抵消变形；(d)通过正确的装炉方式消除不均匀收缩。装炉方式对控制变形十分重要，在陶瓷生产中一般有直接装炉、匣钵装炉和棚板支架装炉，氧化锆陶瓷背板装炉时应有支撑以防止变形。

目前，陶瓷背板生产通常采用团聚少、粒径小、分布窄、含 2%～3%(摩尔分数) $Y_2O_3$ 的 $ZrO_2$ 粉，通过与黏结剂充分混炼或混磨，达到均匀分散和消除团聚，再经造粒获得要求的颗粒物料。烧结温度强烈地受到粉末性能(如细度，团聚状态)影响，粒度越细、团聚程度小或无团聚时，则粉末烧结活性好，烧结温度就会越低。采用化学共沉淀法制备的 Y-$ZrO_2$ 粉末烧成温度一般在 1450～1520℃，而采用水解法和水热合成得到的 Y-$ZrO_2$ 粉末的烧成温度则可降低至 1350℃。在常压烧结条件下获得高致密陶瓷材料的重要条件是成型得到高致密度高均匀的素坯。高密度的粉料堆积紧密，气孔率较低，有助于颗粒之间的扩散，可降低烧结温度，从而细化晶粒。实际生产中的常压烧结大都采用连续隧道式烧结炉，具有温场均匀、生产效率和产量高、产品质量好等特点。图 4-14 为用于 $ZrO_2$、$Al_2O_3$ 等陶瓷件常压烧结的连续隧道式烧结炉，特别适合压制成型产品的脱脂烧结一体化。

图 4-14 $ZrO_2$、$Al_2O_3$ 等陶瓷常压烧结的连续隧道式烧结炉

### 4.4.2　热等静压烧结

热等静压烧结(hot isostatic pressing,HIP)是工程陶瓷快速致密化烧结最有效的一种方法,其基本原理是以高压气体作为压力介质作用于陶瓷材料(包封的粉末和素坯,或预烧结后的陶瓷),使其在加热过程中经受各向均衡的压力,借助于高温和高压的共同作用达到材料高度致密化。从20世纪60年代开始,热等静压技术已在硬质合金产品等粉末冶金领域得到应用。随着设备所能达到的温度和压力的不断提高,随后引起了陶瓷工作者的极大兴趣,70年代后开始应用于精密陶瓷烧结领域,成为许多高性能陶瓷产品制备的一种关键技术。

在热等静压烧结中不需要刚性模具来传递压力(例如在单向热压中的石墨模具),从而不受模具强度的限制,因此可以选择更高的压力。典型的压力为150～300MPa,工作温度达2000℃。由于热等静压的压力大,是单向热压的5～10倍,且受压坯体不存在任何与模壁的摩擦,从而加速陶瓷坯体的烧结,甚至对于难烧结的共价键陶瓷也能充分致密化。

热等静压烧结与无压烧结和热压烧结相比具备如下优点:(1)降低烧结温度和缩短烧结时间;(2)减小烧结助剂的用量;(3)提高陶瓷性能和可靠性;(4)便于制造具有复杂形状的产品。

热等静压烧结工艺中采用惰性气体来传递压力,应防止气体进入待烧坯件的孔隙中。为此热等静压烧结可分为两种工艺路线,即“直接包套式热等静压”和“常压烧结再进行热等静压的两步烧结法”。包套式热等静压烧结是指陶瓷粉末或预成型后的陶瓷素坯被置于不透气的包封材料内,然后在高温高压条件下进行致密化过程,常用的包封材料有石英玻璃或钼、钨、钽等高熔点金属薄壁容器。当烧结温度≤1500℃时,也可采用金属薄板(如低碳钢)作为包套材料。尽管两种材料(薄壁的金属钼或钽)都可以有效地将压力传递给坯体,但陶瓷材料热等静压中多用高温玻璃封装,因为玻璃封装更加经济,尤其是坯体形状复杂时。封装内残余的气体会影响最终的致密化,因而除气和封装应该在真空中进行,致密化烧结后的包套材料用机械法(如喷砂法)去除。

在烧结过程中,采用直接热等静压工艺能够利用收缩和致密化阶段的压力效应,高的压力经由包封体传至多孔坯体表面使坯体变得坚硬,整个收缩和烧结过程气体压力一直紧密作用在粉体上。所以,直接热等静压工艺能够使均匀的粉末坯体制成形状复杂的致密陶瓷并达到更好的尺寸精度。其中最重要的工艺是在素坯粉体出现明显收缩前将其紧密包封,该工艺要求包封材料要软,不使坯体形状发生改变。

无包套热等静压烧结工艺又称热等静压后处理工艺,其工艺过程是将常压烧结后不含连通和开口气孔的陶瓷烧结体(一般相对密度达到95%以上)直接放入炉膛进行热等静压,从而减小或消除烧结体内剩余气孔的数量和尺寸(见图4-15),甚至愈合裂纹,如图4-16所示。热等静压处理后可使材料致密度接近或达到理论密度,而晶粒没有明显长大,因此可显著提高陶瓷的力学性能。采用无包套热等静压技术来处理陶瓷部件,既可省去包封这一复杂过程,又可制备异形制品,且没有必要作更多的加工,因此该技术早在70年代就开始获得广泛商业应用。实践表明,无包套热等静压技术特别适合于氧化物陶瓷的完全致密化烧结并已成功地用于氧化物陶瓷刀片以及透明陶瓷的生产。

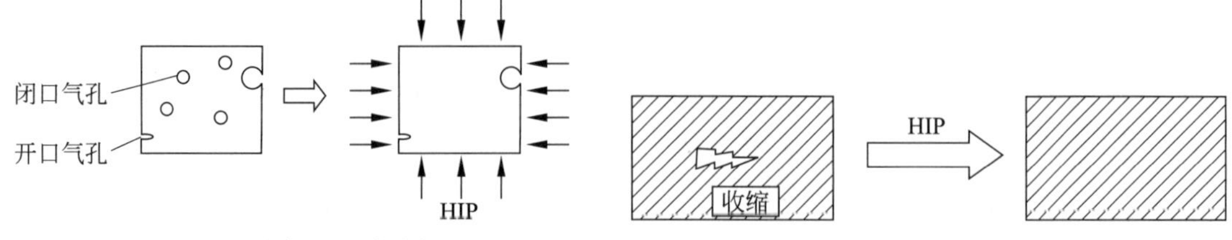


图 4-15 无封套 HIP 消除气孔

图 4-16 HIP 后处理消除内部缺陷

在上述不同种类的热等静压工艺中，与陶瓷材料有化学接触的气体是烧结效果的重要影响因素，不同的气体组分和分压将会影响样品的外观和性能。无包套 HIP 常使用惰性气体，通常为氩气。但在某些情况下，则倾向于选择化学性质活泼的加压气体。这是由于在惰性气体条件下，一些氧化物材料会发生轻微的还原，引起变色。在 Ar 气氛中 HIP 处理后的 Y-$ZrO_2$ 材料强度可能会出现大幅度降低的情况，导致这种强度的降低是由于 HIP 过程中的还原反应以及氩气气氛下 HIP 处理过程中使用的石墨加热体产生的碳的渗入。使用石墨加热体 HIP 处理的 Y-$ZrO_2$ 试样呈黑灰色，在空气中经氧化处理后，黑色 Y-PSZ 试样转变为黄白色。具有一定氧分压的气体能够用于制备"白色氧化锆陶瓷"，如在含有 $O_2$ 的高压气体介质条件下进行 HIP 更有利于生产白色 $ZrO_2$ 陶瓷手机背板。

在智能穿戴设备用陶瓷材料的制备方面，HIP 处理后产品的致密度接近甚至达到理论密度，同时晶粒无明显长大，因此可显著提高产品的力学性能、透光性和可靠性。热等静压工艺适用于该类产品生产的另外一个优势是能够精确地控制产品的形状与尺寸，理想条件下产品无形状改变，并且该方法对产品而言不存在尺寸和形状上的限制。在强度方面，HIP 处理可使 Y-$ZrO_2$ 的强度从 1000MPa 提高到大约 1500MPa 甚至更高。在透光性方面，HIP 工艺可使透明氧化铝陶瓷达到充分致密化且具有均匀的细晶粒显微结构。对于镁铝尖晶石透明陶瓷，采用先常压后 HIP 烧结工艺，已可制得像玻璃一样完全透明的材料。

采用热等静压烧结制备更高弯曲强度和断裂韧性的 Y-$ZrO_2$ 陶瓷的案例如图 4-17 所

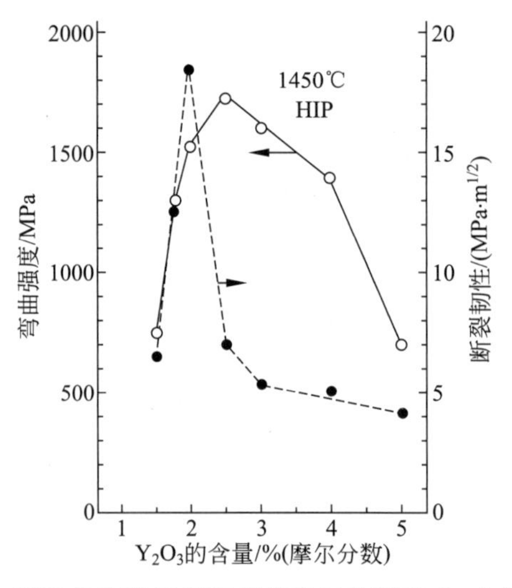


图 4-17 HIP 热处理 Y-TZP 强度和韧性随 $Y_2O_3$ 含量的变化

示，常压烧结后氧化锆再于 1450℃、200MPa×2h 热等静压条件下进行热处理，$Y\text{-}ZrO_2$ 的强度和韧性随 $Y_2O_3$ 含量的变化，可在大约 2% $Y_2O_3$ 摩尔含量时，强度和韧性分别达到 1600MPa 和 $18MPa \cdot m^{1/2}$。本实验室采用热等静压后处理工艺制备 $3Y\text{-}ZrO_2$ 陶瓷，1500℃常压烧结后再经 1450℃热等静压处理后密度从 6.02g/$cm^3$ 升高至 6.098g/$cm^3$，弯曲强度和断裂韧性大幅提升，分别达到 1750MPa 和 $14.2MPa \cdot m^{1/2}$。

热等静压烧结氧化铝增韧氧化锆陶瓷（ATZ）最大的优点是可以获得更细小的晶粒尺寸，显著减小缺陷尺寸，因此材料的室温和高温抗弯强度均有明显提高。与热压烧结工艺相比，热等静压烧结的氧化铝增韧氧化锆陶瓷显微结构具有更好的各向同性和均匀性，1500℃热等静压烧结后的 $ZrO_2$-20%（质量分数）$Al_2O_3$ 复合材料的弯曲强度可达 2000MPa。$Y\text{-}ZrO_2$ 粉体及 $Y\text{-}ZrO_2\text{-}Al_2O_3$ 复合粉体热等静压与常压烧结陶瓷的性能对比见表 4-4。

**表 4-4　$Y\text{-}ZrO_2$ 和 $Y\text{-}ZrO_2\text{-}Al_2O_3$ 热等静压与常压烧结的性能对比**

| 测试材料 | 烧结方法 | 烧结工艺 | 体积密度 /(g/$cm^3$) | 弯曲强度 /MPa | 断裂韧性 /($MPa \cdot m^{1/2}$) |
|---|---|---|---|---|---|
| $ZrO_2$ 粉体（摩尔分数 3% $Y_2O_3$） | 常压烧结 | 1450℃×2h | 6.027±0.021 | 1043±147 | 13.5±0.9 |
| | 热等静压 | 1400℃×2h 常压烧结后 1450℃×1h 热等静压(150MPa，Ar) | 6.098±0.010 | 1770±57 | 14.2±1.1 |
| $ZrO_2\text{-}Al_2O_3$ 复合粉体（质量分数 20% $Al_2O_3$） | 常压烧结 | 1500℃×2h | 5.449±0.020 | 1205±170 | 16.0±1.5 |
| | 热等静压 | 1450℃×2h 常压烧结后 1500℃×1h 热等静压(150MPa，Ar) | 5.506±0.004 | 2037±83 | 17.9±0.6 |

### 4.4.3　热压烧结

热压烧结（hot pressing，HP）是在对粉末坯体加热烧结过程中同时通过油压系统对样品施加机械压力，达到烧结温度并保温一段时间，最终获得高致密度的陶瓷材料的方法。由于从外部施加压力而补充了驱动力，因此可在较短时间内达到致密化。对于氧化锆氧化铝等氧化物陶瓷进行烧结可获得均匀细小晶粒的显微结构和优异的力学性能。对于共价键类难烧结的高温陶瓷材料（如 $Si_3N_4$、$B_4C$、SiC、$TiB_2$、$ZrB_2$），热压烧结是一种有效的致密化技术。热压的加压方式有电阻直热法、电阻间热法、感应直接加热法和感应间接加热法四种，热压烧结所用模具材料有石墨和陶瓷等。热压烧结可以在低于常压烧结温度 100℃左右的温度下得到接近理论密度的陶瓷产品，并可显著提高制品的力学性能以及使用可靠性。图 4-18(a)为一种大尺寸卧式热压烧结炉，炉门开启便捷，方便烧结制品的装炉与出炉；(b)为立式实验室热压炉。

热压烧结的技术优势包括如下几个方面：(1)热压时，由于粉末处于热塑性状态，形变阻力小，易于塑性流动和致密化，因此所需成型压力仅为冷压法的 1/10，可以用来成型大尺寸的陶瓷产品；(2)由于同时加温加压，有粉末颗粒的接触、扩散和流动等传质过程，降低烧结温度和缩短烧结时间，因而抑制了晶粒的长大；(3)热压烧结法容易获得接近理论密度、气

(a)

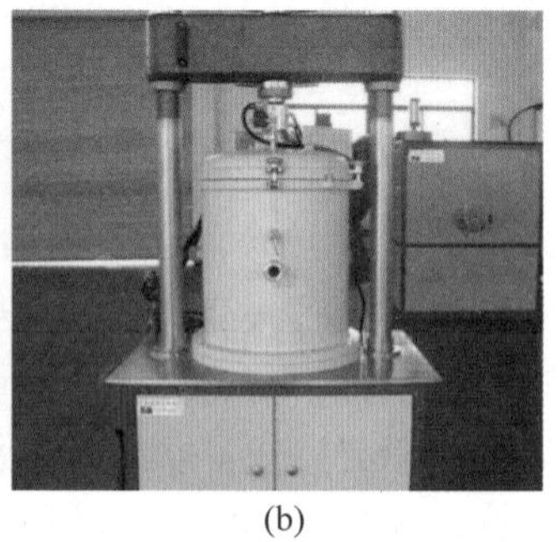
(b)

图 4-18 热压烧结炉

(a) 大型卧式；(b) 实验室热压炉

孔率接近零的烧结体，容易获得细晶粒的组织，容易实现晶体的取向效应和控制组分变化，因而容易得到具有良好的力学性能、电学性能的产品。

热压烧结工艺的不足主要是：(a)热压烧结只能用于制备形式简单和比较扁平的制品；(b)一次烧结的制品数量有限；(c)成本较高。

为了获得高致密度的样品，要选择适当的压力和升温制度。一般是通过加热模具，模腔内粉体在单轴压力作用下被渐进加热到热压温度或者低于热压温度；实际的加压制度视不同粉体而异，主要目的在于充分地排除坯体中的气体。在热压温度下的保温时间因粉体特性而异，从几分钟到几个小时，一般在 0.5～2h。热压压力在达到预定致密度(通常为完全致密化)时卸去，一般在热压烧结温度下或者刚刚开始冷却时卸压，因为在冷却过程中卸压制品会产生裂纹。热压烧结温度比常压烧结的温度要低 100～200℃，氧化铝的热压温度为 1350～1500℃，氧化锆陶瓷的热压烧结温度为 1300～1450℃。

热压烧结可使 ATZ 高度致密化。与无压烧结相比，热压烧结的优点之一是可以避免差分烧结，这有利于显微结构的控制和力学性能的提高；但缺点是，热压烧结中的外加压力可以导致基体中产生残余应力，从而影响 $ZrO_2$ 晶粒的四方到单斜的相变，降低了 ATZ 材料性能的各向同性。ATZ 在热压烧结后，产品的颜色随 $ZrO_2$ 体积分数增大从浅灰变化到黑色；试样中同样存在颜色的梯度，外面色黑，中心色灰。颜色的形成是由于 ATZ 陶瓷在石墨模具和还原性气氛中烧结时因缺氧，$ZrO_2$ 晶粒中产生了氧空位。

### 4.4.4 振荡压力烧结

上述热压烧结和热等静压烧结等各种压力烧结技术采用的都是静态的恒定压力，烧结过程中静态压力的引入，虽有助于气孔排除和陶瓷致密度的提升，但难以完全将离子键和共价键的特种陶瓷材料内部气孔排除，对于希望制备的超高强度、高韧性、高硬度和高可靠性的材料仍然具有一定的局限性。

静态压力烧结局限性主要体现在以下三个方面：(1)在烧结开始前和烧结前期，恒定的压力无法使模具内的粉体充分实现颗粒重排并获得高的堆积密度；(2)在烧结中后期，塑性流动和团聚体消除仍然受到一定限制，难以实现材料的完全均匀致密化；(3)在烧结后期，恒定压力难以实现残余孔隙的完全排除。

为此，清华大学提出在粉末烧结过程中引入动态振荡压力替代现有的恒定静态压力这一全新的思想，并与企业合作研发出一种振荡压力烧结技术和设备，即振荡压力烧结技术(oscillatory pressure sintering，OPS)。振荡压力烧结的基本原理是在一个比较大的恒定压力作用下，叠加一个频率和振幅均可调的动态压力。振荡压力烧结技术的优势在于：首先可以通过连续振荡压力产生的颗粒重排显著提高烧结前粉体的堆积密度；其次，振荡压力为粉体烧结提供了更大的烧结驱动力，更加有利于促进烧结体内晶粒旋转和滑移、塑性流动而加快坯体的致密化，破除团聚体；尤其是在烧结后期，通过调节振荡压力的频率和大小，可完全消除材料内部的残余孔隙，使材料达到近乎理论密度。最后，振荡压力烧结技术能够有效抑制晶粒生长，强化晶界。因此，采用振荡压力烧结技术可充分加速粉体致密化、降低烧结温度、减少保温时间、抑制晶粒生长、减少硬质合金材料中金属黏结相的作用，从而可制备出具有超高强度和高可靠性的陶瓷材料和硬质合金材料。图 4-19 为振荡压力烧结原理。

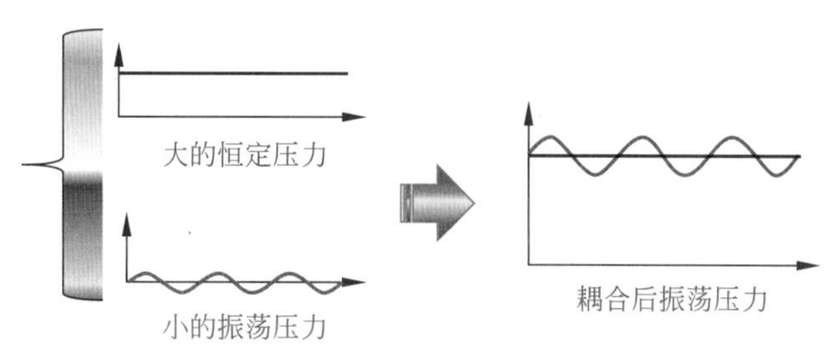


图 4-19　振荡压力烧结原理

采用上述振荡压力烧结技术对氧化锆材料、氧化锆/氧化铝复合材料以及氮化硅材料进行烧结实验，均得到了超高密度、细晶粒、高强度的陶瓷材料，取得优异的烧结效果。与常压烧结和热压烧结相比，振荡压力烧结技术使上述陶瓷材料的烧结温度分别降低 150～200℃和 50～100℃，并且细化了晶粒，强化了晶界，排除了残余气孔。最终，振荡压力烧结 Y-$ZrO_2$ 陶瓷的相对密度最高能达到 99.92%，抗弯强度达到 1810MPa 以上，均显著优于传统无压和热压技术得到的氧化锆陶瓷材料。对于 Y-$ZrO_2$/$Al_2O_3$ 复相陶瓷，振荡压力引起的致密度和晶粒尺寸的变化使其强度达到了 2100MPa。此外，振荡压力烧结技术制备出的氮化硅陶瓷材料具有更高的强度(1448MPa)和断裂韧性(12.8MPa·$m^{1/2}$)。振荡压力烧结 Y-$ZrO_2$ 陶瓷和 Y-$ZrO_2$/$Al_2O_3$ 复相陶瓷的显微结构如图 4-20 所示。显然，这种烧结新技术对制备具有接近理论密度(大于理论密度的 99.9%)、低缺陷、超细晶粒显微结构的材料有独特的优势，从而为提高目前结构陶瓷和硬质合金材料的实际断裂强度和可靠性提供了一种新方法。

图 4-20　振荡压力烧结 Y-$ZrO_2$(a)和 Y-$ZrO_2$/$Al_2O_3$ 复相陶瓷(b)的显微结构

### 4.4.5 真空及气氛烧结

对于空气中难以烧结的陶瓷材料(如透明陶瓷等),为提高烧结体致密度,可以采用各种真空烧结和气氛烧结技术。真空烧结即在烧结前对烧结炉抽真空,在一定真空度下进行陶瓷素坯烧结的方法。通常 $H_2O$、$H_2$、$O_2$ 等气体在烧结过程中容易溶解和扩散,可沿着陶瓷晶界或通过晶粒从气孔中逸出,但其中的 CO、$CO_2$ 和 $N_2$ 溶解度很低,不易从气孔中逸出,在陶瓷样品中留下微气孔,难以获得高致密度的高光学质量的陶瓷。采用真空烧结工艺时,坯体处在负压环境下,坯体内气体更易向外扩散,有利于加快坯体致密化和最终获得气孔含量低的陶瓷。因此真空烧结法是透明陶瓷烧结工艺中最简单且最实用的方法;而气氛烧结是在炉膛中通入一定量气体,形成所要求的气氛,在此气氛下使陶瓷完全致密化,甚至达到透明。

目前,制备透明氧化铝陶瓷,除了要使用高纯度原料,微量地加入抑制晶粒异常长大的 MgO 添加剂外,还必须在真空或 $H_2$ 气氛中进行特殊气氛烧结。在真空或氢气中烧结可排除烧结后期氧化铝晶粒之间存在的孤立气孔,从而使氧化铝获得优异的透光性。除氧化铝透明陶瓷之外,镁铝尖晶石、AlON 透明陶瓷等均需在特殊气氛下烧结。

## 4.5 烧结设备及功能

### 4.5.1 常压间歇式烧结炉

#### 4.5.1.1 箱式电阻炉

箱式电阻炉的外观形状如一个矩形箱体,炉膛呈长六面体,主要由炉体和控制箱两大部分组成。箱式电阻炉一般工作在自然空气气氛条件下,多为内加热工作方式,采用耐火材料和保温材料做炉衬,多用于单个小批量的中小型产品或研发样品的烧结过程,制品装卸通过炉门。箱式电阻炉大多采用两侧面加热形式,这种炉的硅钼棒(或硅碳棒)发热体分布在炉内左、右两侧,特点是结构简单、容易安装、成本低廉,是目前应用最广泛的箱式烧结炉,特别是氧化锆氧化铝陶瓷的小件产品。当发热丝安装在炉内两侧时,热量从两侧向位于中间的产品辐射,为了保证温度均匀性,炉膛尺寸不宜太大,图 4-21 为该类箱式电阻炉,相关功能参数见表 4-5。

图 4-21 硅钼棒发热体箱式电阻炉

表 4-5　箱式电阻炉的功能参数

| 炉子型号 | HFL 160/16 |
|---|---|
| 炉膛容积 | 160L |
| 最高使用温度 | 1650℃ |
| 可长期使用温度 | 1600℃ |
| 测温元件 | 热电偶，后方测温 |
| 发热元件 | 硅钼棒，安装于多面，最多可进行 5 面加热 |
| 升温速率 | 推荐≤10℃/min，最快升温速率≤20℃/min |
| 降温速率 | 500℃以上≤10℃/min |
| 炉体外壳温度 | 长期使用不停炉，外壳温度低于 45℃ |

#### 4.5.1.2　梭式烧结炉

梭式烧结炉是一种台车式烧结炉，其炉膛固定，炉底可以移出炉外。梭式炉在台车长度方向上的两端均可设置炉门，在炉外码装好陶瓷制品的台车由一端炉门推入炉内，制品烧成后冷却至一定温度后的台车被推出，接着把另外已装好制品的台车推入炉内；也可以让台车从同一侧的同一炉门推入，烧结冷却后推出，像抽屉一样在炉内来回移动，所以又称为抽屉炉。因为制品是在炉外装卸，易实现机械化操作，与箱式炉炉内装卸制品相比较，大大改善了劳动条件并减轻了劳动强度。

梭式炉在结构上主要由固定的加热室和在台车上的活动炉底两大部分组成，与箱式炉相比增加了台车电热元件通电装置、台车与炉体间密封装置及台车行走驱动装置。梭式炉密封性较差，所以在结构的处理上要加强炉内密封，特别是台车车下以及炉门处的密封，以避免漏气影响炉内的热工制度。为此梭式炉炉门通常采用多层台阶迷宫式密封结构，该结构可确保炉门在生产过程中始终处于较好的热密封状态，杜绝了高温炉气外逸，改善了工作环境，并增强了节能效果。炉衬多采用全纤维结构，常以硅酸铝纤维板、氧化铝纤维板、氧化铝(多晶)纤维板等作为保温层，达到完好蓄热效果，纤维炉衬的优点为低导热，低热容量、优良的抗腐蚀性能、优良的热稳定性及热抗震性、绝热性。加热元件采用高温硅钼棒，分别吊挂在炉侧、炉门、后墙上。台车上安装有耐压抗高温的铸钢炉底板，以承载工件。为了防止工件加热后产生的氧化皮通过炉底板间的缝隙落入加热元件周围而造成加热元件损坏，在炉底板与炉体接触处采用插入式接触。

梭式炉的炉门由机械机构和炉门压紧装置组成。炉门壳体内用耐火纤维压制模块叠铺而成，保温性能好，重量轻。炉门的提升装置采用电动装置，主要由炉门架、炉门提升横梁、减速器、链轮、传动轴和轴承等组成，炉门升降通过减速器上正反传动来带动炉门的升降。炉门压紧装置采用弹簧式压紧结构，由弹簧的弹力通过杠杆将炉门水平移进到压紧密封状态。

台车内用耐火砖砌筑，承重部位用重质砖砌筑，以增强炉衬结构强度。台车由减速机传动链轮带动滚轮在轨道上行走，同样采用自动迷宫式结构和软接触双密封。台车进出以及炉门升降均为电动控制，并常配有电磁制动器和连锁控制，即打开炉门后，自动切断加热元件，同时恢复台车行走机构电源。炉门关闭到位后，自动切断台车行走机构电源，同时恢复加热元件电源。为了缩短冷却工艺时间，台车式电阻炉炉顶可设有加快冷却用排气装置，该装置加热时关闭，冷却到一定温度后打开。图 4-22 为常见的梭式炉，其功能参数见表 4-6。

图 4-22　典型的梭式炉外形与内部结构

**表 4-6　典型的梭式炉功能参数**

| 型号 | T-1600 |
|---|---|
| 最高使用温度 | 1600℃ |
| 可长期使用温度 | 1550℃ |
| 温度控制范围 | 50～1600℃ |
| 测温元件 | 热电偶，测温范围 0～1850℃ |
| 发热元件 | 采用 U 形 1800 硅钼棒，安装于多面，最多可进行 5 面加热 |
| 控温精度 | ±1℃ |
| 炉温均匀度 | ±2℃ |
| 升温速率 | 最快升温速率 40℃/min，最慢升温速率 1℃/h |
| 冷却方式 | 双层炉壳，风冷 |
| 炉体外壳温度 | 长期使用不停炉，外壳温度低于 45℃ |

#### 4.5.1.3　升降式烧结炉

简称为升降炉，是一种间歇式窑炉，可用于各类结构陶瓷的高温烧结。通常升降炉是由固定的炉膛和可升降的炉底两部分组成，炉膛外是保护炉膛的炉壳，炉膛与炉壳之间是起保温作用的耐火材料，炉膛下部开口，炉底由可升降平台和平台上的耐火材料组成，待烧样品放在耐火材料或承烧板上，经炉底升降平台从炉膛下部开口处升入炉膛中，硅钼棒电加热元件和温控元件热电偶从炉膛上部伸入炉膛中。陶瓷烧结时要求升降炉具备升降的稳定性和炉门的密封性，同时要确保炉膛内温度的均匀，所以升降机构的主轴驱动装置要轻缓运动，炉门处通常采用迷宫式密封装置将炉子紧密的关闭。炉膛要采用多面加热，同时使用纤维隔热材料进行保温，降低热量损失，确保温度均匀。另外，升降炉可采用带有风冷装置的双层炉壳结构，降低外壁温度。典型的升降炉见图 4-23，其功能参数如表 4-7 所示。

图 4-23　典型的升降式烧结炉

**表 4-7　升降式烧结炉功能参数**

| | |
|---|---|
| 最高使用温度 | 最大温度 1600℃，1750℃或 1800℃ |
| 发热元件安装位置 | 四周或者四周＋底部 |
| 测温元件 | 热电偶，测温范围 0～1850℃ |
| 控温精度 | ±1℃（集成化电路控制，无超调现象） |
| 炉温均匀性 | ±1℃（根据炉膛尺寸大小而定，大型炉膛可采用多点控制，从而达到更好的炉温均匀性） |
| 升温速率 | 升温速率可自由调节，调节范围：最快升温速率 40℃/min，最慢升温速率 1℃/h |
| 发热元件 | 硅钼棒 |
| 炉体结构 | 电炉三层外壳，炉体采用风冷双层结构 |
| 自动密封 | 高强度弹簧＋液压密封（迷宫式密封） |
| 装料台升降 | 采用两根丝杠升降，四根光轴导向，升降速度可调 |
| 装料台耐火材料 | 真空成型高纯氧化铝材料与高纯氧化铝空心球板组合 |
| 保温材料 | 硅酸铝纤维板、氧化铝纤维板、氧化铝（多晶）纤维板 |
| 炉体外壳温度 | 长期使用不停炉，外壳温度低于 45℃ |

## 4.5.2　隧道式连续推板烧结炉

与传统的间歇式窑炉相比，连续式窑炉具有连续操作、产能大、机械化程度高、大大改善劳动条件和减轻劳动强度、提高生产效率、降低能耗等优点。其中连续推板烧结炉因具有长度短、占地面积小、设备简单、操作方便、温差小、气氛压力适合某些产品的特殊要求、投资少、见效快等优点，在氧化锆氧化铝等陶瓷生产企业得到广泛应用。

连续推板烧结炉的主体结构由炉体、推进系统、温度控制系统组成，其炉内温度带可划分为三带：预热带、烧成带、冷却带。干燥后的坯体送入炉中，首先经过预热带，受到来自烧成带的温度预热，防止开裂；然后进入烧成带，对坯体进行加热，使达到一定的温度而烧成，烧成废气自炉顶设置的排气口排出；烧成的产品最后进入冷却带，冷却后出炉。连续推板烧结炉的重要结构介绍如下：

（1）温度控制系统

连续推板烧结炉内加热方法取决于温度、气氛、功率和应用，目前大多采用硅钼棒作为发热体，烧成温度可以达到1650℃。氧化锆陶瓷的烧成温度通常在1550℃以下，但氧化铝陶瓷的烧成温度可能达到1650℃。推板烧结炉多采用热电偶进行测温，装配的热电偶数量视窑炉长度和温度区个数而定，如某型号手机背板烧结用推板烧结炉采用硅钼棒加热，高温区上下分别控温，保证了截面温度的均匀性。另设置有8个温区，在8个温度控制点处均装有热电偶。热电偶、微处理器控制器和完善的控制算法相结合，炉子将得到稳定均匀的控温。例如BTU国际公司为厚膜电阻器提供了一种609mm宽的推板烧结炉，其跨带温差为1℃。

（2）传送机构

推板烧结炉就是以推板作为运载工具而得名，推板由推进器施加推力通过摩擦达到传送制品的目的。多数精密推板烧结炉采用再循环滚珠丝杠，并采用步进机系统，精密控制速度。控制采用继电器逻辑或PLC可编程控制器控制，可实现无级调速、慢进快退、推力数显、超推力停推、报替、手动、自动、推进系统工作平稳，无冲击。传送机构根据传送方式的不同分成两种：滑动摩擦运动和滚动摩擦运动。滑动摩擦运动就是靠推板与支撑板（窑底）之间的摩擦通过外力达到传送制品的目的，推板的材质要求耐高温、机械强度高、热容小、耐急冷急热性好、周转次数多。

推板滑动摩擦运动具有三种方式：①靠板摩擦运动，此方式传动平稳，不易出现推板事故，但摩擦力大，损耗大；②根据推板尺寸的大小，设计两条或三条筋来减少摩擦面，这种结构既能加强板的强度，又能相对减薄板的厚度，如果发热体是水平布置，则会提高传热效率，降低能耗；③可以将支撑板设计成砖的形式，直接砌在窑墙上，好处有两点，一是节省支撑板，降低造价，比较经济，二是传热效率高，易调节；缺点是更换时较困难。这种传动方式适合于运载较轻的制品，如手机陶瓷背板。

除滑动摩擦之外，滚动摩擦是在推板与支撑板之间放入瓷球，通过瓷球滚动达到减小摩擦力的运动，此方式省时省力。目前，常见的是一种无轨式，即在支撑板上放入小瓷球，推板放在瓷球之上，由于瓷球尺寸不一，运动不平稳，易出现推板拱起堆叠现象。另一种为有轨式的，在推板及支撑板上均设有轨道，轨道内采用尺寸相同的大滚珠，该传动方式传动平稳、摩擦力小，但推板与支撑板制作难度大，成本高。

为了提高生产效率降低能耗，推板烧结炉可设计成双孔通道或多孔通道。双通道电烧结炉的结构为上下布置，垂直温差高，两窑道完全隔离，冷却带余热能充分利用。国内某型号双孔推板烧结炉采用独特的水平布置双列炉膛，左中右三面发热结构，两通道炉膛之间采用中柱砖，形成间隔连通结构。中间发热体有利于横向温度场均匀，垂直温度场均匀性与单窑相同。烧成产品在炉内逆流运行，由于窑孔连通，一窑道的产品冷却热预热；另一窑道的产品，达到充分节能的目的。多通道电烧结炉的节能特点为：产品单耗低、产品出窑温度低、炉表面温升低。主要节能途径是产品冷却热预热进窑产品，这是其他烧结炉所无法实现的。图4-24为典型的单孔隧道式连续推板烧结炉，其功能参数如表4-8所示。

图 4-24　连续推板式电烧结炉

**表 4-8　连续推板式电烧结炉功能参数**

| 炉膛尺寸 | 45000mm×700mm×600mm(长×宽×高) |
|---|---|
| 最高使用温度 | 1600℃ |
| 可长期使用温度 | 1550℃ |
| 温度控制范围 | 50～1600℃ |
| 测温元件 | 热电偶,测温范围 0～1850℃ |
| 发热元件 | 硅钼棒 |
| 控温精度 | ±1℃ |
| 恒温区截面炉温均匀度 | ±5℃ |
| 温度区间设置 | 预热区、中温区、高温区 |
| 温度控制点 | 8 个 |
| 冷却方式 | 双层炉壳,风冷 |
| 炉体外壳温度 | 长期使用不停炉,外壳温度小于 40℃ |
| 推进速度 | 600～2500mm/h,无级可调 |

### 4.5.3　热等静压烧结炉

热等静压烧结炉最早是在 1955 年由美国 Battelle Columbus 实验室首先研制成功,随后瑞典的 ASEA 公司,美国的 ABB 公司生产出商用热等静压设备。在国内北京钢铁研究总院和川西机器公司的热等静压烧结设备生产技术处于领先地位。2008 年由北京钢铁研究总院制造的亚洲最大的热等静压烧结设备顺利安装成功并用于生产高品质粉末涡轮盘。在陶瓷或金属粉末坯体烧结过程中,要求热等静压设备必须同时在可控的情况下保持高的等静压力、高的温度和足够长的保温时间。通用的热等静压设备主要由高压容器、加热炉体、压缩机、真空泵、冷却系统和计算机控制系统组成。其中高压容器为整个设备的关键装置,压力容器壁造成了内部和外部环境的压力差,而加热系统通过电阻加热和热绝缘层使炉内达到工作温度,高质量加热系统是先进的热等静压设备不可缺少的关键部件。加热元件可根据使用温度进行选择,如金属钼加热可达到 1400℃,更高温度可采用石墨、石墨-石墨复合材料为加热元件。由于加热部分是插入式设计,使用时可根据烧结温度、气氛要求方便地更换。热等静压加热系统均可实现快速升温，快速冷却，炉内温差小于±15℃。

温度测量部件通常采用铂/铑热电偶，使用温度最高至 1750℃。如果采用钨/铼热电偶，测量最高温度可至 2000℃。但是上述热电偶在高温条件下或者氮气条件下寿命较短，温度输出不准确。热电偶绝缘层的质量直接影响热电偶寿命，经 HIP 处理的高纯 BN 是绝缘层材料的良好选择。此外，$B_4C$/C 热电偶最高使用温度为 2400℃（长期使用温度为 2200℃），石墨系统可用至 3000℃（长期使用温度为 2700℃）。

热等静压设备中的关键技术应该是压力容器和高压通气组件。目前，先进的热等静压机的压力容器为预应力钢丝缠绕的框架式结构。高压容器的端盖与缸体间的连接采用无螺纹设计，筒体和框架均采用钢丝预应力缠绕。钢丝是矩形截面、冷轧弹簧钢带，筒体经锻造和热处理，框架由两个横架和两个立柱组成，金属外壳包装，施加了预应力。压力容器的结构特点包括：筒体在切线方向均衡压缩，可防止轴向断裂；框架压缩均衡，可防止切向断裂；可靠安全，承载区域独立；压力容器各点应力能精确计算；应力集中被消除；筒体、框架没有承受任何拉力负载；钢丝缠绕起防爆、屏障作用。因此，这种结构的热等静压机在高温高压（2000℃，200MPa）的工作条件下，无需外加任何特殊的防护装置。图 4-25 为实验室用小型热等静压烧结炉，图 4-26 为大尺寸热等静压烧结炉实物照片和系统结构，表 4-9 为国外某一型号热等静压烧结炉的技术指标。

图 4-25 实验室用小型热等静压烧结炉及发热体

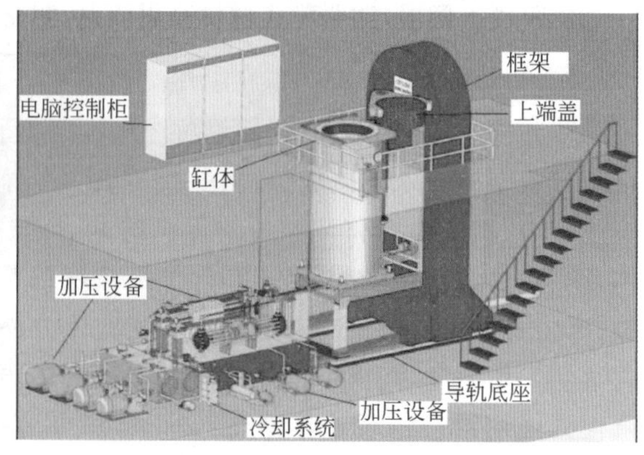


图 4-26 大型热等静压烧结炉及系统结构

表 4-9　国外某牌号热等静压烧结炉功能参数

| 额定功率 | 450kW |
|---|---|
| 最高使用温度 | 2000℃ |
| 工作尺寸 | $\phi$350×600 |
| 极限真空度 | 20Pa |
| 最高充气压力 | 200MPa |
| 测温与温度控制 | 热电偶+红外自动控制 |
| 控温精度 | ±1℃ |
| 冷却方式 | 水冷 |

### 4.5.4　振荡压力烧结炉

振荡压力烧结炉由炉体与机架、升降机构、专用油压机、液压控制系统、振荡压力系统、加热系统、冷却系统、真空系统、气氛及充气控制系统、测温及控温系统、压力测量系统、轴向位移测量系统、电供电控系统等组成。设备主要采用立式结构形式，炉底（炉下盖）升降下出料，自锁工位，采用专用上下独立油缸。振荡压力烧结炉的系统结构如图 4-27 所示，清华大学与株洲新融利实业有限公司合作研发的振荡压力烧结炉实物照片见图 4-28。该振荡压力烧结炉的性能参数如表 4-10 所示，相关各个系统构成及运行情况介绍如下。

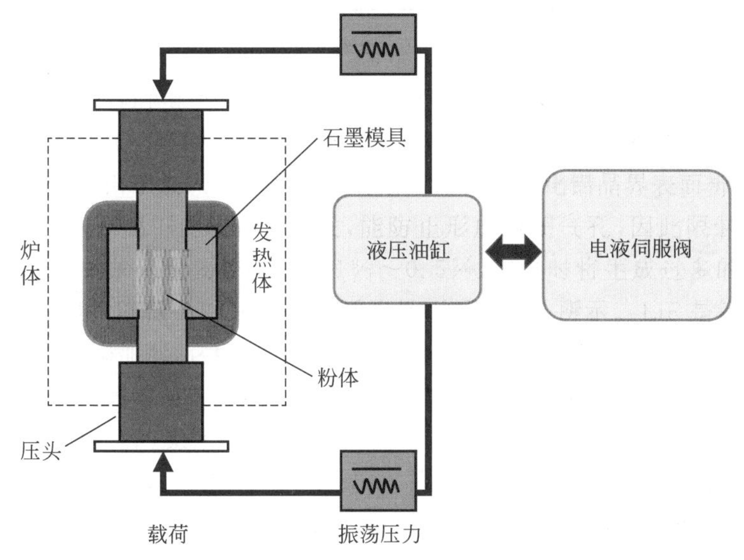


图 4-27　振荡压力烧结炉的系统结构

（1）炉体：由上炉盖、下炉盖、炉壳（炉壳为带夹层双壁水冷结构）、隔热层、发热体、料架、上下冷却钢制压头、气动开合炉盖系统、上下密封系统、石墨压力组件等组成。炉体结构具有以下特点：下炉盖开启，便于人工装卸料；高效水冷，表面温度低于 60℃。

（2）升降与支撑机构：由液压控制机构、双立柱、双支承、限位开关、横梁和升降活塞杆组成。具有以下特点：限位开关缓冲装置减少冲击；横梁平稳升降；支承柱开闭自动化，操作简单；下炉盖开启，便于装料。

图 4-28 清华大学与株洲新融利公司研发的振荡压力烧结炉

**表 4-10 振荡压力烧结炉的性能参数**

| 功能 | 参数 |
|---|---|
| 最高温度 | 2000℃ |
| 工作温度 | 1900℃ |
| 恒定压力范围 | 0～70MPa |
| 振荡压力范围 | 0～7MPa |
| 振荡频率范围 | 0～50Hz |
| 升温速率 | 0～25℃/min |
| 工作气氛 | 真空/$N_2$/Ar |
| 位移精度 | 0.01mm |
| 炉体有效区域尺寸 | $\phi$350mm×500mm |
| 加热功率 | 120kW |

(3) 双向振荡压力系统：该系统由电机、液压泵、高压管路、电液伺服阀、压力传感器、控制器、各种控制软件等组成。升压、保压、振荡加压、降压过程由规定的曲线控制，过程由可编程控制器实现；包含恒定压力控制模块和振荡压力控制模块；振荡压力大小和振幅可控可调，已实现可视化编程。

(4) 加热系统：由电柜控制变压器、进电极及电极连套、石墨发热体以及保温碳毡等组成。升温速率为 0～25℃/min，工作温度范围为室温到 1900℃。

(5) 测温与控温系统：采用热电偶测量 1200℃以下的炉内温度，采用美国雷泰红外测温仪准确测量 1200℃以上的炉内温度。升温、保温、降温等过程由可编程控温仪实现，仪表柜上同步实时显示炉内实际温度和设置温度，升温速率为 0～25℃/min，控温精度为±1℃。

(6) 真空及气氛系统：由真空泵、真空表、充/排气管路、真空阀门及流量阀等组成，抽气时间<20min，压升率<0.4Pa/h，工作气氛可为真空、Ar、$N_2$，采用高真空蝶阀和压差阀等装置，达到高真空度。

(7) 冷却系统：由水冷却机、冷却管路、压力表、不锈钢阀门、水压传感器、管道过滤器、温度传感器及水压检测控制开关等组成。冷却对象为炉体、电极、金属压头，炉体外侧表面温度不超过 60℃。

(8) 位移测量系统：采用光栅位移采集器采集位移信息，利用可视化位移记录窗口显示数据，并且轴向位移采集点位于压头上，便于精确位移测量，可以实现实时监测压缩及烧结致密化进程。双向位移实时显示，位移测量精度达到 0.01mm。

(9) 电供电控系统：由控制柜、计算机系统、可编程逻辑控制器 PLC、组态控制软件、控温仪、热电阻水温检测、位移记录仪等组成。

## 4.5.5　氢气烧结炉与真空烧结炉

### 4.5.5.1　氢气烧结炉

氢气烧结炉是以氢气或氢与氮混合气体(含氢量>5%)作为保护气氛的烧结设备，通常有立式和卧式两种：一种是立式氢气烧结炉为间歇式，容积有限，常用于实验室研发；另一种是卧式氢气烧结炉为连续式，产能大，适合于工厂生产。

氢气烧结炉主要结构包括炉腔、加热系统、氢氮气系统、冷却水系统、电气控制系统等，其中氢氮气系统由手动阀、压力传感器、流量计及压力表、湿氢装置等组成。发热体通常采用钼丝(钼的熔点为 2630℃)，窑具常用钼盘或钼舟。目前，氢气炉广泛应用于透明氧化铝陶瓷产品的烧结，图 4-29 为卧式连续式氢气烧结炉，表 4-11 为某型号氢气烧结炉的功能参数。

图 4-29　卧式氢气烧结炉

表 4-11　氢气烧结炉功能参数

| | |
|---|---|
| 最高温度 | 1900℃ |
| 工作温度 | 1850℃ |
| 温度控制精度 | ±2℃ |
| 温度均匀性 | ±3℃，5 点测温　1000℃时空炉保温 30min |
| 升温时间 | 室温到 1000℃　可小于 1h |
| 真空要求 | 排大气 5Pa |
| 氢气压力 | $1\times10^4\sim3\times10^4$ Pa，耗气量<10L/min |

#### 4.5.5.2 真空烧结炉

真空烧结炉是指在真空环境中对被加热物品进行保护性烧结的炉子，有石墨炉胆和金属炉胆两种。石墨炉胆发热体为石墨件，隔热屏为多层石墨毡和陶瓷毡。若烧结特殊材料，则需采用金属炉胆，其发热体为金属钼和钨，隔热屏通常采用金属钼、钨和不锈钢。真空烧结炉的工作原理是在抽真空后，利用中频感应或大电流低电压加热的原理，通过热辐射传导到工件上。容积小的真空炉多为立式，而容积大的真空炉多为卧式，其主要组成包括电炉本体、真空系统、水冷系统、气动系统、液压系统、进出料机构、底座、工作台、感应加热装置或钨加热体及高级保温材料、进电装置、中频电源及电气控制系统等。图 4-30 为美国 WWW-2000-VT-G 真空烧结炉，其技术指标如表 4-12 所示。

图 4-30 美国 WWW-2000-VT-G 真空烧结炉

表 4-12 美国 WWW-2000-VT-G 真空烧结炉技术指标

| | |
|---|---|
| 最高使用温度 | 2000℃ |
| 最高真空度 | $6\times10^{-6}$ torr |
| 使用气氛 | 真空、氢气 |
| 发热体材料 | 钨丝网 |
| 测温方式 | 热电偶 |
| 有效热区 | 直径 102mm×长度 127mm |

## 4.6 多晶透明陶瓷烧结

透明陶瓷具有高硬度耐磨损耐腐蚀等优异性能，可替代玻璃用做智能穿戴设备的表面材料，日常使用中不易产生刮痕。此外，某些透明陶瓷的抗弯强度为玻璃的数倍，测试结果表明空中跌落难以破坏。下面将介绍几种在智能穿戴设备上具有应用前景的多晶透明陶瓷及其制备工艺，主要包括透明氧化铝陶瓷、镁铝尖晶石透明陶瓷、阿隆(AlON)透明陶瓷。

### 4.6.1　透明氧化铝陶瓷烧结

透明氧化铝陶瓷的制备通常采用高纯度 α-$Al_2O_3$ 粉，粒度一般控制在 0.3μm 以下，并且分散性好、无团聚、特别是不能有硬团聚，纯度需在 99.9%以上。添加剂通常选择 MgO，还可采用 $Y_2O_3$、$La_2O_3$、$ZrO_2$、$ThO_2$ 等，也可将这些氧化物与氧化镁混合使用。与 MgO 相比，$Y_2O_3$、$La_2O_3$、$ZrO_2$、$ThO_2$ 等添加剂具有较宽的掺杂浓度范围，在此浓度范围内，最大透光率仍能保持不变。除烧结添加剂之外，须采用合理而有效的烧结工艺以便充分地排除气孔，使气孔率趋近于零，从而达到完全致密化，获得透光性良好的透明氧化铝陶瓷。

透明 $Al_2O_3$ 陶瓷的烧结通常需在一定气氛或真空条件下进行，或采用常压烧结与热等静压结合的两步烧结法。主要烧结工艺概述如下：①真空烧结，采用立式真空烧结炉，适合少量样品，多用于实验室；②氢气氛下烧结，采用卧式氢气烧结炉，适合企业批量化生产；③先常压后热等静压两步法烧结，陶瓷坯体先经常压烧结达到一定致密度并消除开口气孔，然后再置于热等静压炉中烧结，可消除陶瓷体内剩余的闭气孔，达到完全致密化，并且晶粒细小，强度高，采用这种烧结工艺还可制备大尺寸或形状复杂的透明 $Al_2O_3$ 陶瓷制品。

美国通用电气公司最早生产的 Lucalox™ 半透明氧化铝陶瓷，是在 $Al_2O_3$ 中添加 0.25%(质量分数) MgO，并于 1700～1800℃氢气氛下烧结而成，0.75mm 厚的 Lucalox 薄片于可见光谱区的总透光率达 90%。其主要性能如表 4-13 所示。

**表 4-13　Lucalox™ 透明氧化铝陶瓷主要性能**

| 性能指标 | 数值 |
| --- | --- |
| 熔融温度 | 2040℃ |
| 密度 | 3.98g/$cm^3$ |
| $\lambda$=1μm 时的折射率 | 1.756 |
| 在可见光和红外光谱区的透光率 | 90%以上 |
| 抗弯强度 | 320MPa |
| 弹性模量 | 390GPa |
| 导热率 | 32.5W/(m·K) |
| 线膨胀系数(25～2000℃) | $8.6\times10^{-6}$/℃ |

(1) 氧化铝透明陶瓷的烧结

通常在空气中烧结常有 1%～3%的剩余气孔，这些气孔的产生主要是由于在烧结后期气孔被封闭在氧化铝陶瓷中。只有当内部压力与表面收缩能量平衡时，气孔才进一步收缩，此时气孔需要借助晶界扩散到表面，但气孔中的氮元素在烧结温度下不溶于氧化铝晶粒，难以通过晶界扩散到达表面；然而氢气是可溶的，能很快从体系中扩散出去，从而达到完全致密，因此透明氧化铝陶瓷在氢气气氛下烧结时气孔中的氮和氧被氢置换，烧结过程中可有效排除剩余气孔。图 4-31 表示在 $Al_2O_3$ 粉中加入微量 MgO 添加剂于氢气氛中，1800℃×1h 烧结后的透明氧化铝陶瓷试样，从其显微结构中可见晶粒尺寸大约在 20～40μm。

(2) 常压烧结+热等静压制备透明氧化铝

将纳米级氧化铝粉末通过常压烧结与热等静压相结合可制备出微米或亚微米级的细晶

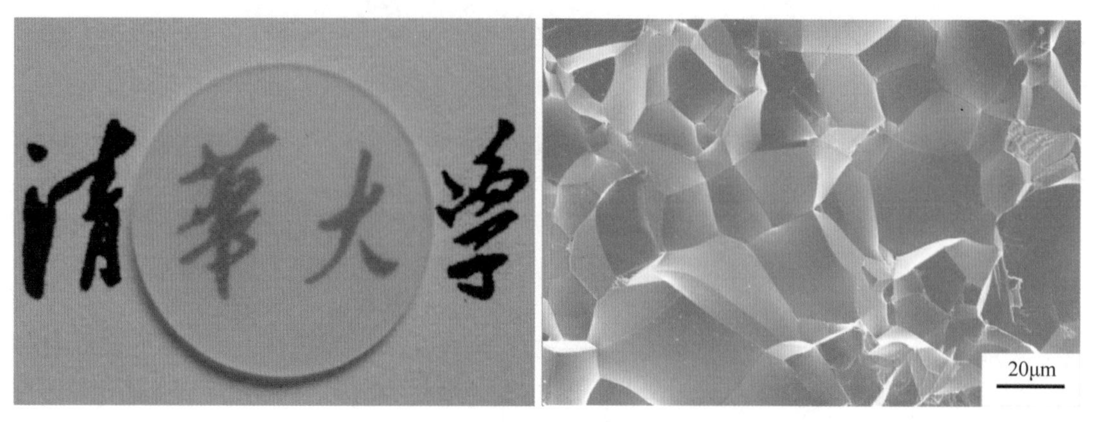


图 4-31 氢气氛下烧结的透明氧化铝陶瓷试样及其显微结构

透明氧化铝陶瓷，且直线透光率高；由于晶粒细小，机械性能也显著提高，甚至接近氧化铝单晶材料。

在高纯超细 α-$Al_2O_3$ 粉(99.99%，0.2μm)中掺入 0.03%(质量分数) MgO 助烧剂，于空气中进行无压烧结，1240～1250℃保温 2h，致密度达到 96%；然后在 200MPa 的 Ar 气压下进行热等静压烧结，烧结温度为 1150～1400℃。经热等静压烧结后，试样的密度达到 99.9%以上，并且晶粒尺寸细小，大约在 0.5μm，抗弯强度达到 750～900MPa，维氏硬度为 20GPa。表 4-14 给出烧结工艺条件对透明 $Al_2O_3$ 陶瓷晶粒大小和透光率的影响，其中 RIT 表示直线透光率，TFT 表示总透光率。此外，在高纯 α-$Al_2O_3$ 中掺入 CaO/$TiO_2$ 作为烧结助剂，采用 PS+HIP 的方法，同样可以获得透光性较好的透明陶瓷。表 4-15 对已报道的一些透明氧化铝陶瓷所用助烧剂及烧结条件和相关性能进行了汇总。

**表 4-14 PS+HIP 对透明 $Al_2O_3$ 陶瓷晶粒大小和透光率的影响**

| PS+HIP | 平均晶粒尺寸/μm | RIT/% | TFT/% |
|---|---|---|---|
| 1250℃×2h+1250℃×2h | 0.55 | 40 | 72 |
| 1250℃×2h+1200℃×12h | 0.53 | 47 | 76 |
| (1270～1290)℃×2h+1200℃×12h | 0.62～0.69 | 53～57 | 80～83 |
| 1280℃×2h+1200℃×15h | 0.59 | 55 | 84 |

**表 4-15 透明氧化铝陶瓷烧结工艺的助烧剂和相关性能**

| 助烧剂 | 烧结工艺 | 相对密度 | 透光率<br>(波长，厚度) | 晶粒尺寸 | 抗弯强度 |
|---|---|---|---|---|---|
| CaO，$TiO_2$ | 常压烧结即 1285℃保温 10min 之后 HIP 1200℃烧结 15h，压强为 200MPa | 99.9% | RIT=70%<br>(1μm，1mm) | 0.47±<br>0.03μm | — |
| MgO | $H_2$ 中 1850℃保温3h | — | RIT=50%～60%<br>(400～800nm，0.8mm) | 30～<br>40μm | — |

续表

| 助烧剂 | 烧结工艺 | 相对密度 | 透光率（波长，厚度） | 晶粒尺寸 | 抗弯强度 |
|---|---|---|---|---|---|
| MgO | 1250℃常压烧结 2h，之后 1250℃ HIP 烧结 1～2h，压强为200MPa | >99.9% | RIT=40% | ～0.60μm | 638±51MPa |
| MgO，$Y_2O_3$ | 1800～1850℃，$H_2$ | 99.5% | 95%～98% | — | 320MPa |
| $ZrO_2$ | 1200～1350℃ 常压烧结 1～4h 之后 Ar 气氛中 1200℃ HIP 烧结 10～14h | >99.95% | RIT>60% | ≤0.5μm | 650～800MPa |

### 4.6.2　镁铝尖晶石透明陶瓷烧结

相比氧化铝透明陶瓷而言，镁铝尖晶石（$MgAl_2O_4$）透明陶瓷因晶体结构对称性高（立方晶系）而具有更高的透明度，所以透明镁铝尖晶石材料在智能终端方面同样具有应用潜力。高性能 $MgAl_2O_4$ 的粉末是制备尖晶石透明陶瓷关键，理想的 $MgAl_2O_4$ 粉末应当纯度高，粒径小且分布均匀，烧结活性好。目前采用湿化学法，如均匀沉淀法、共沉淀法，水热合成法等可制备满足上述要求的尖晶石粉末。$MgAl_2O_4$ 是一种难烧结的陶瓷材料，因此需要在 $MgAl_2O_4$ 粉末中引入助烧剂，并且要在高于 1400℃进行热压或热等静压烧结。例如在 $MgAl_2O_4$ 中掺入 1%（质量分数）LiF，于 1550℃×2h 条件下进行热压烧结，可获得直线透光率达到 85%的透明 $MgAl_2O_4$ 陶瓷。有关促进 $MgAl_2O_4$ 透明陶瓷烧结和致密化的添加剂还有 $CaCO_3$ + LiF、CaO、$B_2O_3$、$AlCl_3$、$AlF_3$、$Na_3AlF_6$。在初始原料（$Al_2O_3$、MgO、$MgAl_2O_4$）中掺入 LiF 不仅可显著促进 $Al_2O_3$ 和 MgO 之间反应形成 $MgAl_2O_4$，而且 LiF 熔融后可润湿 $MgAl_2O_4$，从而促进 $MgAl_2O_4$ 致密化。此外，LiF 的蒸气对于试样内残余碳的消除和完全致密化也起到关键作用。透明尖晶石陶瓷的工业化烧结需在一定的气氛或压力下进行烧结，下面进行讨论。

透明 $MgAl_2O_4$ 陶瓷热等静压制备工艺的基本思路就是采用两步烧结，第一步烧结可用热压或常压烧结，使 $MgAl_2O_4$ 陶瓷材料达到一定密度，只含闭气孔（无开口气孔），然后再进行热等静压烧结排除剩余气孔，达到完全致密化，从而得到透明的 $MgAl_2O_4$ 陶瓷。这种工艺要求初始原料具有高纯度，并引入 LiF 作为助烧剂，添加量一般在 0.5%～3%（质量分数，下同），最好为 1.5% LiF。热等静压烧结在 1500℃以上，最好低于 1800℃，压力应高于 170MPa，最好达到 200MPa，热等静压时间在 0.5～5h，最好为 2.5h。采用热等静压可制备出高性能和大尺寸的透明 $MgAl_2O_4$ 陶瓷，如图 4-32 所示。

热压烧结制备透明 $MgAl_2O_4$ 陶瓷，通常采用高纯超细 $MgAl_2O_4$ 粉末和高强石墨模具，在 30～70MPa，1500～1700℃条件下进行真空热压烧结，制得 $MgAl_2O_4$ 透明陶瓷具有非常好的机械强度和硬度及适中的热膨胀系数。在 0.3～0.5μm 波段，光透过率不低于 81%，在 0.3～0.5μm 波段，透光率达到 87%。已报道的一些透明尖晶石陶瓷烧结条件和性能汇总见表 4-16。

图 4-32 采用 HIP 制备的高性能和大尺寸的透明 $MgAl_2O_4$ 陶瓷

**表 4-16 透明尖晶石陶瓷所用助烧剂、烧结条件及性能**

| 烧结工艺与参数 | 相对密度 | 直线透光率（波长，厚度） | 晶粒尺寸 | 弹性模量 | 硬度 |
|---|---|---|---|---|---|
| HIP，1500℃，3h，200MPa，Ar | — | 63%（635nm，2mm） | 2.2μm | 285GPa | 13.2GPa |
| HIP，1700℃，3h，200MPa，Ar | — | 77%（635nm，2mm） | 17μm | 300GPa | 12.8GPa |
| 热压，真空，50MPa，1h，之后 HIP，1900℃，1h，189MPa，Ar | 99.88% | 60%（200～1100nm，2mm）70%近红外（2.5～25μm，2mm） | 100～1200μm | — | — |
| 前驱体共沉淀，1100℃煅烧 2h，所得粉末真空烧结，1750℃，2h | >99% | | | — | — |

## 4.6.3 阿隆透明陶瓷烧结

阿隆（AlON）透明陶瓷的制备方法主要有以下几种途径：①$Al_2O_3$ 和 AlN 粉末于高温下直接合成得到透明 AlON 陶瓷；②先制备出 γ-AlON 粉体，然后加入烧结助剂，再进行高温致密化烧结获得 AlON 陶瓷；③在 $Al_2O_3$、AlN 粉末中加入烧结助剂（如 $Y_2O_3$、$La_2O_3$、$B_2O_3$ 等），在高温某一阶段形成过渡液相，高温下形成液相促进致密化过程和气孔消除。图 4-33 为美国 Surmet 公司生产的 AlON 透明陶瓷产品，表 4-17 为透明 AlON 陶瓷的主要性能指标。

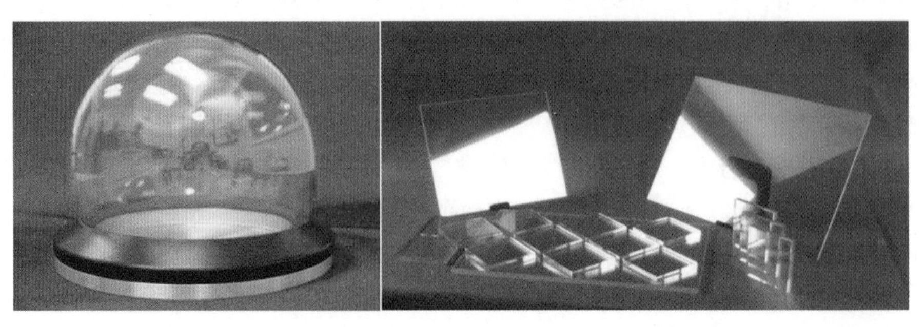

图 4-33 美国 Surmet 公司生产的 AlON 透明陶瓷

**表 4-17　透明 AlON 陶瓷的主要性能指标**

| 性能 | 指标 | 性能 | 指标 |
|---|---|---|---|
| 密度/($g/cm^3$) | 3.671 | 显微硬度/GPa | 19.5 |
| 晶格常数/Å | 7.947 | 断裂韧性/($MPa \cdot m^{1/2}$) | 2.0 |
| 熔点/℃ | 2140 | 热导率/($W/(m \cdot K)$) | 12.6 |
| 杨氏模量/GPa | 323 | 折射率 | 1.66($\lambda=4.0\mu m$) |
| 剪切模量/GPa | 130 | | 1.793($\lambda=0.589\mu m$) |
| 泊松比 | 0.24 | 热膨胀系数 | $5.8\times10^{-6}$(30～200℃) |
| 抗弯强度/MPa | 300±34.5 | | $7.8\times10^{-6}$(30～900℃) |

(1) 高温固相反应合成 AlON 透明陶瓷

该方法是使用高纯 $Al_2O_3$ 和 AlN 粉末于高温下直接合成和烧结得到透明 AlON 陶瓷，工艺较为简便。通常是将 $Al_2O_3$、AlN 及添加剂 $Y_2O_3$、$La_2O_3$(占总量 0.5%以内)混合试样于 7～20MPa，1350～1600℃(1620℃开始发生反应)条件下热压处理 1～4h，冷却后得到致密的中间体(未反应的 $Al_2O_3$ 与 AlN 的混合物)；再将该中间体放入高温炉在流动 $N_2$ 气氛下，于 1700℃以上进行固相反应，时间为 2～8h，得到相对密度为 99.99%的 AlON 陶瓷。该方法得到的 AlON 陶瓷硬度高、透光性能和均匀性好、制造成本也低。

(2) γ-AlON 粉末高温烧结制备 AlON 透明陶瓷

首先合成得到 γ-AlON 粉末，再进行高温烧结得到 AlON 透明陶瓷。γ-AlON 粉末的制备可直接由 $Al_2O_3$ 与 AlN 反应得到，也可由 $Al_2O_3$ 还原氮化法制得。在 γ-$Al_2O_3$ 粉末中加入 5.6%(质量分数)炭粉，于 1820℃保温 40min，得到 γ-AlON 含量超过 99.9%的粉末，然后在 γ-AlON 粉末中加入质量分数为 0.08%的 $Y_2O_3$ 和 0.02%的 $La_2O_3$ 作为助烧剂，均匀混合干燥后在 1930℃氮气氛下烧结 24h，所得试样经抛光处理为厚度为 1.45mm 的透明陶瓷片，在波长为 4μm 处的透光率达到 80%。此外，也可采用 γ-$Al_2O_3$ 粉和炭黑通过还原氮化合成得到纯度达到 99.9%的 γ-AlON 粉末，通过湿式球磨及过筛除去粉料中的炭等污染物之后，加入 $La_2O_3$、$Y_2O_3$ 添加剂，添加量<0.5%，然后在 200MPa 压力下等静压成型，在 0～0.03MPa 的 $N_2$ 气氛下并在高于 1900℃和低于 2140℃范围内高温烧结 24～48h，即可制备出高透光性的 AlON 陶瓷。由于加入 $Y_2O_3$ 或 $La_2O_3$ 后，液相在 1900℃附近形成，促进了致密化和气孔消除。并且 $Y^{3+}$ 和 $La^{3+}$ 固溶到 $Al_2O_3$ 晶格中，试样中液相逐渐消失。因此，应当控制 $Y_2O_3$ 和 $La_2O_3$ 的加入量，使得在烧结初始阶段形成液相，但液相在烧结后又不保留下来。

(3) 过渡液相烧结

AlON 过渡液相烧结是将 $Al_2O_3$(摩尔分数 70%～73%)、AlN(摩尔分数 27%～30%)和稀土元素添加剂均匀混合后，于 35MPa 下干压和 170～190MPa 下冷等静压得到压实的坯体，在无氧的气氛下于 1950～2025℃热处理 0.5～8h，该温度范围为固液两相区，可得到致密的中间体，然后降低约 50℃，即在 1900～2000℃的固相区，进行充分的反应烧结，稀土离子固溶到 AlON 晶格中，液相逐渐消失，即致密化烧结后又不保留第二相。图 4-34 为采用该工艺制备的 6mm 厚的 AlON 透明陶瓷试样，其显微结构如图所示，晶界洁净无第二相存在，平均晶粒尺寸约为 100μm。已报道的一些 AlON 透明陶瓷所用添加剂、烧结条件和

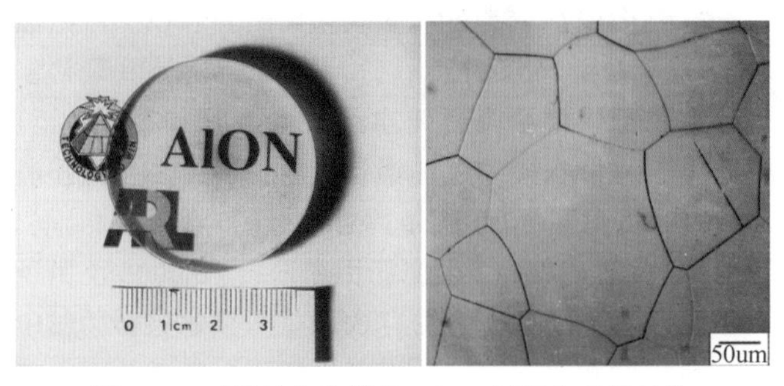


图 4-34 过渡液相烧结的 AlON 试样和显微结构

性能见表 4-18。

**表 4-18 一些 AlON 透明陶瓷所用添加剂、烧结条件和性能**

| 添加剂 | 烧结工艺 | 相对密度 | 透光率(波长,厚度) |
|---|---|---|---|
| $Y_2O_3$<br>$La_2O_3$ | 反应烧结,1930℃,24h,$N_2$ | >99% | RIT=80%(4μm,1.45mm) |
| $Y_2O_3$ | 反应烧结,$N_2$,1950℃,18h | 98.6%~98.9% | 半透明 |
| — | 反应烧结,$N_2$,1925℃,24h | >99% | RIT=43%(4μm,1.78mm) |
| — | 反应烧结,1900℃,8h,$N_2$ | 99.98% | RIT=10%(0.26~6μm,1mm) |

## 4.7 单晶蓝宝石的制备

蓝宝石是氧化铝的单晶体,又称为刚玉晶体。蓝宝石晶体化学性质非常稳定,不溶于水,不受酸和碱的腐蚀,晶体硬度很高,莫氏硬度为 9 级,仅次于最硬的金刚石。它具有很好的透光性、热传导性和电气绝缘性,力学和机械性能好,并且具有耐磨和抗风蚀的特点。其独特的晶格结构、优异的力学性能、良好的热学性能使蓝宝石晶体成为 LED、大型集成电路 SOI 和 SOS 等最为理想的衬底材料和智能穿戴设备的外观部件。如华为 P7 手机和 VIVO X5 手机等智能手机均采用蓝宝石作为屏幕材料,苹果公司也一直在 iPhone 产品上应用蓝宝石技术,如 iPhone 5S 的 Home 键、摄像头等。而 Apple Watch 等品牌智能手表也采用蓝宝石透明外观件,如图 4-35 所示。蓝宝石晶体制备通常采用熔体高温长晶技术,主要包括焰熔法、提拉法、泡生法、热交换法、导模法。

图 4-35 单晶蓝宝石表盖以及蓝宝石屏幕手机

### 4.7.1 焰熔法

焰熔法是利用氢气及氧气在燃烧过程中产生高温，使高纯氧化铝(99.999%)粉末原料通过氢氧焰加热融化，然后滴落在冷却的结晶杆上形成单晶。焰熔法是第一种用以生产红宝石和蓝宝石的商业方法，并在 19 世纪后期得到快速发展，它适用于生产首饰，手表上使用的小直径的晶体。因为成本低，这种方法即便在发明之后的 130 多年仍有市场，如今它主要的市场则在为与蓝宝石有关的其他生长技术提供籽料。焰熔法工艺原理如图 4-36 所示。

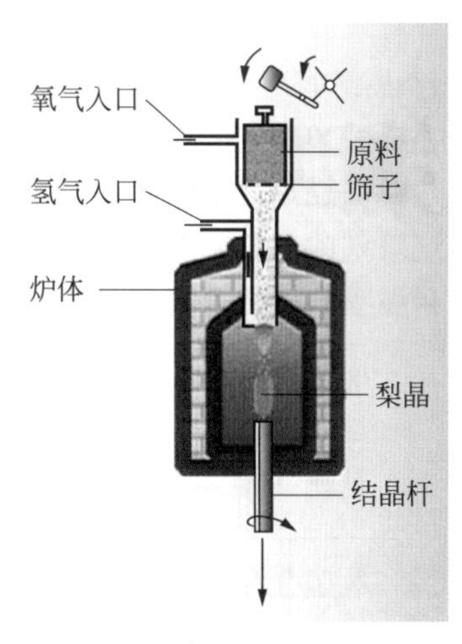


图 4-36　焰熔法工艺原理

### 4.7.2 提拉法

提拉法是指从坩埚的熔体中提拉晶体，已成为生产所有半导体材料和大多数氧化物晶体最主要的工业生长方法。图 4-37(a)为提拉法生产装置，图 4-37(b)为采用提拉法生长的蓝宝石晶体。坩埚通常采用难熔金属材料铱、钼或钨制造，内盛籽料，坩埚外部通过电磁感应或电阻发热体加热的方式来保证坩埚壁的高温。坩埚上方有一个旋转的晶棒接触熔体表面并缓慢上升，通过重量传感器测量晶体重量来调节坩埚壁加热量，最终可以控制晶体直径的大小。20 世纪六七十年代采用提拉法成功生长制备了第一块固态激光器的高质量红宝石。然而，在蓝宝石制造中，提拉法仍然存在局限性，对于生长直径超过 10～50cm 的晶体，以及生长 $c$ 向晶体时，它并不是最佳的生长方法。

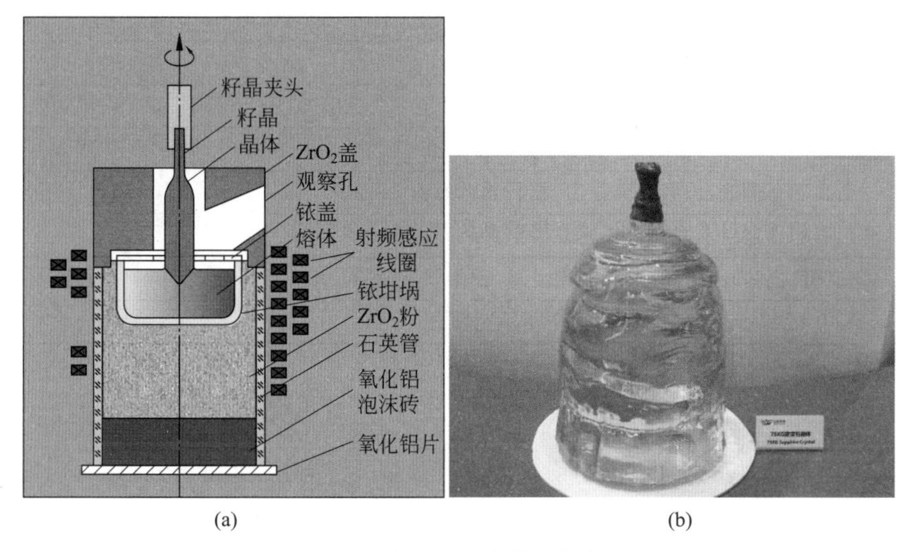


图 4-37　提拉法生产装置与产品

(a) 生产装置；(b) 生长的蓝宝石晶体

### 4.7.3 泡生法

泡生法的生长原理与提拉法相似，但二者的不同在于晶体凝固时，泡生法避免了晶体和坩埚的接触。泡生法工艺过程是首先使晶棒接触到熔体表面，在晶棒与熔体的固液界面上开始长晶，然后旋转晶棒很缓慢地往上提拉晶种，当晶种形成晶颈后，晶种便不再旋转和不再提拉。最后控制冷却速度使晶体从上方逐渐向下凝固成一整个单晶晶锭。图 4-38 为泡生法工艺原理及生长的蓝宝石晶体。泡生法结晶缓慢，制备周期长，在坩埚高温长期加热的情况下对设备考验极大，另外其加热和保温系统基本采用钨钼材料，作为支撑材料与坩埚接触时，本身的高热导率使得炉体下半部分温度梯度非常小，当熔体液面随晶体生长下降时，会发生温度梯度倒置，晶体结晶容易粘连坩埚壁。所以，采用泡生法制备大尺寸蓝宝石的成品率并没有提拉法高。采用一般泡生法设备生长一个 25～40kg 的晶体是合理的，至于更高质量级别的蓝宝石晶体，采用泡生法并不是一个理想的选择，这个问题的解决可以从坩埚底部和托盘的导热合理化设计上下功夫，许多晶体生长模拟软件都可以模拟泡生法工艺。

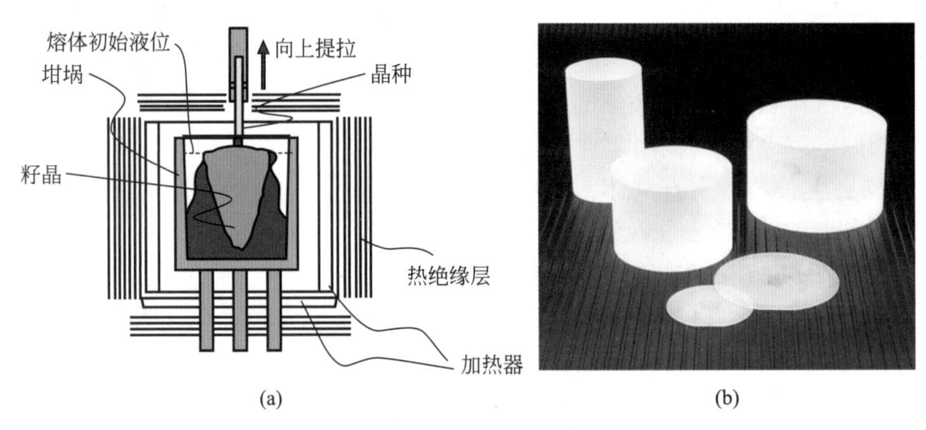


图 4-38　泡生法工艺原理与产品

(a) 工艺原理；(b) 生长的蓝宝石晶体

采用泡生法制备的蓝宝石晶体产品主要用于 LED 光电技术、高能物理、医学成像等领域中常用的氟化物/卤化物/氧化物晶体与大尺寸蓝宝石晶体的生长工艺过程。近年来，我国科技人员在泡生法的基础上创新发展了冷心放肩微量提升法（SAPMAC），在蓝宝石晶体生长中得到了广泛的应用。其生长过程如下：①把金属提拉杆底端籽晶夹具夹有的蓝宝石籽晶，浸入坩埚中温度高达 2340K 的熔体（氧化铝）表面；②严格控制熔体温度使其表面温度略高于籽晶熔点，即熔去少量籽晶，以使蓝宝石单晶可在籽晶表面生长；③待籽晶与熔体完全浸润，再使熔体表面温度处于籽晶熔点，将籽晶从熔体中缓慢向上提拉生长蓝宝石单晶；④严格控制调节加热功率，使熔体表面温度等于籽晶熔点，以逐步实现蓝宝石单晶生长的缩颈、扩建、等径生长及收尾全过程。

### 4.7.4　热交换法

热交换法具有位错率低的优点，是生长大型晶体（直径 350mm，质量 105kg 以上）的最佳方法之一。由于坩埚在生长晶体之后的不可回收再利用，该方法只适用于大型晶体尺寸的工业生长和高品质的晶体生长。热交换法的实质是控制温度，让熔体在坩埚内直接凝固结晶，如图 4-39 所示。热交换法主要技术特点是：有一个温度梯度炉，在真空石墨电阻炉的底部装上一个钨钼制成的热交换器，内有冷却氦气流过；把装有原料的坩埚放在热交换器的顶端，两者中心相互重合，而籽晶置于坩埚底部的中心处，当坩埚内的原料被加热熔化以后，氦气流经热交换器进行冷却，使籽晶不被熔化。随后，加大氦气的流量，带走更多的熔体热量，使籽晶逐渐长大，最后使整个坩埚内的熔体全部凝固。热交换法生长晶体遇到最大的挑战在于在生长过程中，无法自动测量生长晶体尺寸和质量，而通过目测来获得晶体的几何参数也是不可能的，因为凝结的晶体是埋在熔体之中的。

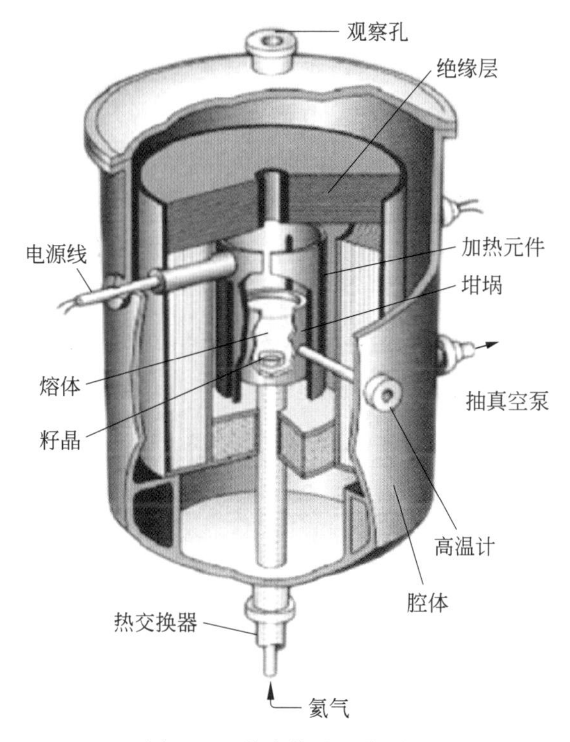


图 4-39　热交换法工艺原理

## 4.7.5　导模法

导模法的工艺原理及制备的蓝宝石手机贴屏如图 4-40 所示，将耐熔金属模具放入熔体

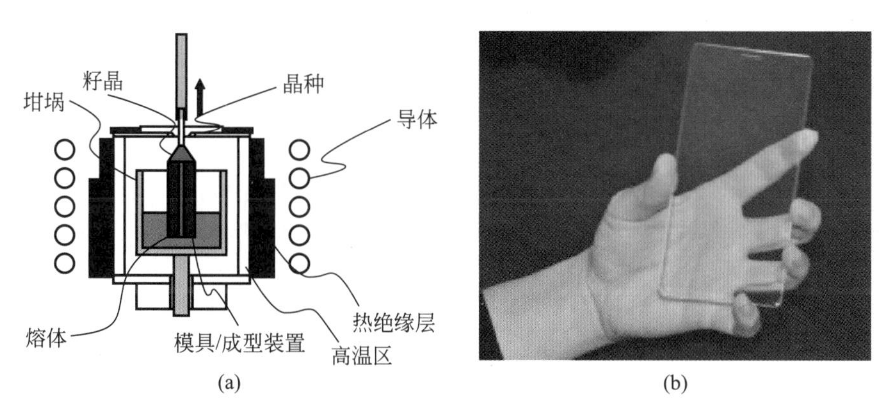


图 4-40　导模法的工艺原理和产品

(a) 工艺原理；(b) 生产的蓝宝石手机贴屏

中，模具的下部通有细管，因为毛细作用，熔体就被吸引到模具的上表面与籽晶接触，将籽晶不断向上提拉使得单晶凝固成型。导模法的优点主要是可以直接拉出各种形状的晶体，晶体成分均匀，生长晶体无生长纹且光学均匀性好。导模法虽然可以用于多片生长工艺，一次提拉可以生长10片以上的蓝宝石晶体，但它的缺点是：当需要大量晶体基板生长和考虑能源消耗和产出率时，它并不如其他技术（例如提拉法、泡生法和热交换法）的效率高。

综上所述，智能手机和穿戴设备领域应用的蓝宝石已有多种制备工艺，但目前生产中遇到的关键问题就是存在缺陷，如气泡、杂质、位错，这些缺陷可以通过视觉观测或是显微镜来进行检查。在蓝宝石晶体的各种生长方法中，泡生法和热交换法显示出最低的位错率，位错率在$10^2 cm^{-2}$，提拉法的位错率高于泡生法和热交换法，但低于导模法，导模法有最高的位错率（$10^4 \sim 10^5 cm^{-2}$）。表4-19为蓝宝石晶体各种生长方法的特点与比较。目前，由于高生产率和相对低的成本和低位错率，泡生法和热交换法被公认为最适合商业化制备大尺寸的蓝宝石晶体。

**表 4-19 蓝宝石晶体各种生长方法的特点与比较**

| 方法 | 晶体尺寸 | 温度梯度 | 位错密度 | 产出率 | 可使用材料产量 | 晶片成品尺寸 |
|---|---|---|---|---|---|---|
| 焰熔法 | 小 | 低 | 低 | 高 | 高 | |
| 提拉法 | 中 | 中 | 中 | 高 | 高 | 中 |
| 泡生法 | 大 | 高 | 高 | 高 | 中 | 高 |
| 热交换法 | 大 | 高 | 高 | 中 | 中 | 高 |
| 导模法 | 中 | 低 | 低 | 高 | 中 | 中 |

## 参考文献

[1] 谢志鹏. 结构陶瓷[M]. 北京：清华大学出版社，2010.
[2] 李世普. 特种陶瓷工艺学[M]. 武汉：武汉理工大学出版社，2007.
[3] 刘维良. 先进陶瓷工艺学[M]. 武汉：武汉理工大学出版社，2004.
[4] 崔国文. 缺陷、扩散与烧结[M]. 北京：清华大学出版社，1990.
[5] 黄勇，汪长安. 高性能多相复合陶瓷[M]. 北京：清华大学出版社，2008.
[6] 王树海. 先进陶瓷的现代制备技术[M]. 北京：化学工业出版社，2007.
[7] [美]W. D Kingery 等. 陶瓷导论[M]. 清华大学新型陶瓷与精细工艺国家重点实验室译. 2版. 北京：高等教育出版社，2010.
[8] 金志浩，高积强，乔冠军. 结构陶瓷材料[M]. 西安：西安交通大学出版社，2000.
[9] 张玉军，张伟儒，等. 结构陶瓷材料及其应用[M]. 北京：化学工业出版社，2005.
[10] 施剑林. 现代无机非金属材料工艺学[M]. 长春：吉林科学技术出版社，1993.
[11] 尹衍升，李嘉. 氧化锆陶瓷及其复合材料[M]. 北京：化学工业出版社，2004.
[12] 谢志鹏，许靖堃，安迪. 先进陶瓷材料烧结新技术研究进展[J]. 中国材料进展，2019，22(9)：821-830.
[13] 陈黎亮，贾成厂. 各种添加剂对 $ZrO_2$ 性能的影响[J]. 粉末冶金技术，2008(2)：138-144.
[14] 陈涵，朱小芳，郭露村. 纳米 $Al_2O_3$ 对 3Y-$ZrO_2$ 陶瓷性能的影响[J]. 中国陶瓷，2007，43(11)：23-25.

[15] 施剑林，高建华，林祖纕，等. 团聚体含量对氧化锆粉料烧结性能的影响[J]. 硅酸盐学报，1993(5)：413-420.

[16] 李双，谢志鹏. 振荡压力烧结法制备高致密度细晶粒氧化锆陶瓷[J]. 无机材料学报，2016，31(2)：207-212.

[17] 杜亚男，范立坤. 高性能氧化锆陶瓷最优工艺研究[J]. 中国陶瓷工业，2019,26(6)：1-4.

[18] 李双，孟兆禄，谢志鹏，等. 基于振荡压力烧结的氧化锆陶瓷水热老化行为(英文)[J]. 硅酸盐学报，2020，48(3)：391-398.

[19] 孙亚光，金昊，杨文龙，等. 氧化锆陶瓷的制备与应用[J]. 中国陶瓷工业，2016，23(6)：24-29.

[20] 杨龙，田思宇，夏风，等. 氧化锆陶瓷弯曲强度的尺寸效应[J]. 硅酸盐通报，2017，36(9)：3125-3127.

[21] 孟兆强，黄德信，冯涛，等. 3Y-TZP 粉体烧结性能研究[J]. 人工晶体学报，2009(S1)：375-378.

[22] 周倩，宋胜东，许珂洲，等. AlON 合成及致密化的研究[J]. 硅酸盐通报，2014,33(2)：393-396.

[23] 姜华伟，杜洪兵，田庭燕，等. AlON 透明陶瓷研究进展[J]. 硅酸盐通报，2009，28(2)：298-302.

[24] 张笑. MgO 对快速烧结制备氧化铝透明陶瓷光学性能的影响[J]. 硅酸盐通报，2019(12).

[25] 张丛，曹剑武，林广庆，等. 烧结温度对 AlON 性能的研究[J]. 材料导报. 2019，32(22)：158-160.

[26] 张芳，王士维，张昭，等. AlON 粉体制备及透明陶瓷的烧结[J]. 稀有金属材料与工程，2009，38(S2)：403-406.

[27] 齐建起，卢铁城，常相辉，等. $MgAl_2O_4$ 纳米透明陶瓷的制备及其透明机理[J]. 材料研究学报，2006，20(4)：367-371.

[28] 燕红，陈彬，黄存新. 光学透明多晶尖晶石的烧结性能研究[J]. 人工晶体学报，2013，42(5)：860-864.

[29] 江东亮. 透明陶瓷——无机材料研究与发展重要方向之一[J]. 无机材料学报，2009，24(5)：873-881.

[30] 付萍，许永，吕文中，等. $MgAl_2O_4$ 透明陶瓷微观组织和光学性能的研究[J]. 华中科技大学学报(自然科学版)，2013(10)：6-10.

[31] 刘冲. 氧化锆纳米陶瓷的制备及其烧结机理研究[D]. 武汉：湖北工业大学，2017.

[32] 韩耀. 高性能结构陶瓷的振荡压力烧结与机理研究[D]. 北京：清华大学，2018.

[33] 朱天彬. 动态振荡压力烧结设备的研制及在高强度结构陶瓷制备中的应用[R]. 北京：清华大学(博士后研究报告)，2018.

[34] 王石，匡万兵，刘亚红. 电子陶瓷用的几种新型烧结设备[J]. 电子元件与材料，2007，26(8)：65-66.

[35] 刘国祥. 影响氧化铝陶瓷烧结的因素分析[J]. 江苏陶瓷，2000(1)：19-21.

[36] 张美杰，程玉保. 无机非金属材料工业窑炉[M]. 北京：冶金工业出版社，2008.

[37] 赖斌贤，刘广乾，严波，等. 一种五面加热的箱式电炉[P]. CN202501753U，2012-10-24.

[38] 谢灿生，邱基华. 一种氧化锆陶瓷手机后盖的制备方法[P]. CN104961461A，2015-10-07.

[39] 张文祥. 一种节能箱式电炉[P]. CN204854345U，2015-12-09.

[40] 刘为柱，柯兆龄，韩斌. 烧结-热等静压炉的研制和应用[J]. 粉末冶金材料科学与工程，1996(1)：70-74.

[41] 解衍新，郑力. BTU 烧结炉在生产中的应用及设备维护[J]. 中国电子商情，2002(5)：47-50.

[42] 王博，王丽红，阎冬成，等. 高温升降炉[P]. CN207074008U，2018-03-06.

[43] 吹野洋平. 脱脂烧结一体式高温升降炉[P]. CN105910435A，2016-08-31.

[44] 席万选. 电热辊道窑[P]. 中国：CN203163479U，2013-08-28.

[45] 石万君. 高温多孔推板窑的设计概述[J]. 江苏陶瓷，1990(2)：30-32.

[46] 郭占臣，刘俊. 烧结特种陶瓷全自动高温双孔推板电窑的优化设计[J]. 江苏陶瓷，2005，38(1).

[47] 盛华生，李锦桥. SYGT 节能双通道逆向高温推板电窑的研制[J]. 信息空间，2000(1)：14-16.

[48] 宁武成，易卫红．高温双向推板窑及其节能[J]．中国陶瓷，1999(2)：16-18.

[49] 谢志鹏，刘伟，薄铁柱．透明氧化铝陶瓷制备的研究进展[J]．硅酸盐通报，2011，30(5).

[50] 付萍，吕文中．透明 $MgAl_2O_4$ 陶瓷制备工艺研究进展[J]．电子元件与材料，2011，30(11)：77-81.

[51] 韩旭．AlON 透明陶瓷无压烧结工艺研究[D]．大连：大连海事大学，2013.

[52] 莫东鸣．蓝宝石单晶生长技术的现代趋势和应用进展[J]．应用能源技术，2015(6).

[53] 范志刚，刘建军，肖昊苏．蓝宝石单晶的生长技术及应用研究进展[J]．硅酸盐学报，2011，39(5)：880-891.

[54] 赵学国，冯涛，王士维，等．透光性氧化铝陶瓷的制备方法[P]．CN1903784，2007-01-31.

[55] 李伯涛，韩敏芳．具有高线性透光率的亚微米晶粒透明氧化铝陶瓷[P]．CN1887786，2007-01-03.

[56] 刘杰．蓝宝石晶体的制备方法及特点概述[J]．矿冶工程，2011，31(5).

[57] 纳博热工业炉有限公司官网．产品介绍[EB/OL]．https://www.nabertherm-cn.com/.

[58] 江苏前锦企业集团公司官网．产品介绍[EB/OL]．http://www.jsqjluye.com/ssyl/lu-66.html.

[59] 成都新德南光机械设备有限公司官网．产品介绍[EB/OL]．http://www.wenkzz.com/wiki-7/view-36.

[60] 蓝宝石材料的制备与应用[EB/OL]．https://wenku.baidu.com/view/e0e60c419a6648d7c1c708a1284ac850ad02040a.html? from=search.

[61] Rahaman M N. Ceramic Processing and Sintering[M]. Boca Raton: CRC press, 2017.

[62] Kang S J L. Sintering: Densification, Grain Growth and Microstructure[M]. Amsterdam: Elsevier, 2004.

[63] Basu B, Balani K. Advanced Structural Ceramics[M]. Hoboken: John Wiley & Sons, 2011.

[64] Lange F F. Powder processing science and technology for increased reliability[J]. J. Am Ceram. Soc, 1989, 72(1): 3-15.

[65] Messing G L, Stevenson A J. Toward pore-free ceramics[J]. Science, 2008, 322(5900): 383-384.

[66] Masaki T. Mechanical properties of toughened $ZrO_2$-$Y_2O_3$ ceramics[J]. Journal of the American Ceramic Society, 1986, 69(8): 638-640.

[67] Ling Bing Kong, Yizhong Huang, Wenxiu Que, Tianshu Zhang, Sean Li, Jian Zhang, Zhili Dong, Dingyuan Tang, Transparent Ceramics[M]. Springer International Publishing Switzerland, 2015.

[68] Bocanegra-Bernal M H. Hot isostatic pressing (HIP) technology and its applications to metals and ceramics[J]. Journal of Materials Science, 2004, 39(21): 6399-6420.

[69] Dubok V A, Lashneva V V. New materials and processes for improvement of hip prostheses[J]. Powder Metallurgicaurgy and Metal Ceramics, 2011, 49(9-10): 575-580.

[70] Garvie R C, Hannink R H, Pascoe R T. Ceramic steel? [J]. Nature, 1975, 258: 703-704.

[71] Rahaman M N, Yao A H, Bai B S, et al. Ceramics for prosthetic hip and knee joint replacement[J]. J. Am. Ceram. Soc., 2007, 90(7): 1965-1988.

[72] Krell A, Blank P, Ma H, et al. Transparent sintered corundum with high hardness and strength [J]. Journal of the American Ceramic Society, 2010, 86(1): 12-18.

[73] Mao X, Wang S, Shimai S, et al. Transparent polycrystalline alumina ceramics with orientated optical axes[J]. Journal of the American Ceramic Society, 2010, 91(10): 3431-3433.

[74] Roy D. W, et al. Method for producing tramsparent polycrystalline body with high ultraviolet transmittance[P]. U. S. Patent, 5244849.

[75] Goldstein A, Raethel J, Katz M, et al. Transparent $MgAl_2O_4$/LiF ceramics by hot-pressing: host-additive interaction mechanisms issue revisited[J]. Journal of the European Ceramic Society, 2016, 36(7): 1731-1742.

[76] Goldstein, Adrian, Goldenberg, et al. Transparent $MgAl_2O_4$ spinel from a powder prepared by flame spray pyrolysis[J]. Journal of the American Ceramic Society, 2010, 91(12): 4141-4144.

[77] Dericioglu A F, Kagawa Y. Effect of grain boundary microcracking on the light transmittance of sintered transparent $MgAl_2O_4$[J]. Journal of the European Ceramic Society, 2003, 23(6): 951-959.

[78] Li J G, Ikegami T, Lee J H, et al. Fabrication of translucent magnesium aluminum spinel ceramics [J]. Journal of the American Ceramic Society, 2000, 83(11): 2866-2868.

[79] Gary A. , et al, Method for making dense polycrystalline aluminum oxynitride [P]. U. S. Patent,7163656B1.

[80] Hartnett T M, Bernstein S D, Maguire E A, et al. Optical properties of AlON (aluminum oxynitride)[C]//Aerosense. 1997.

[81] Jin X, Gao L, Sun J, et al. Highly transparent AlON pressurelessly sintered from powder synthesized by a novel carbothermal nitridation method[J]. Journal of the American Ceramic Society, 2012, 95(9): 2801-2807.

[82] Mccauley J W, Patel P, Chen M, et al. AlON: A brief history of its emergence and evolution[J]. Journal of the European Ceramic Society, 2009, 29(2): 223-236.

[83] Bakas M, Chu H. Pressureless reaction sintering of AlON using aluminum orthophosphate as a transient liquid phase[J]. Ceramic Engineering & Science Proceedings, 2009, 30(5): 213-223.

[84] Hartnett T M, Maguire E A, Gentilman R L, et al. Aluminum oxynitride spinel (AlON): a new optical and multimode window material[M]. A Collection of Papers Presented at the 1981 New England Section Topical Meeting on Nonoxide Ceramics: Ceramic Engineering and Science Proceedings, 1982, 3(1/2).

[85] Gentilman R L, et al. Transparent aluminum oxynitrideand method of manufacture[P]. U. S. Patent. 4720362. 1988.

[86] Patel P. J, et al. Transient liquid phase reactive sintering of aluminum oxynitride (AlON)[P]. U. S. Patent. 7045091B1. 2006.

[87] Swab J J, Lasalvia J C, Gilde G A, et al. Transparent armor ceramics: AlON and spinel[C]. 23rd Annual Conference on Composites, Advanced Ceramics, Materials, and Structures: B: Ceramic Engineering and Science Proceedings, 2008, 20(4).

# 第5章　彩色氧化锆陶瓷及制备

## 5.1　概述

相变增韧纳米氧化锆陶瓷不仅具有高强度、高韧性、耐磨损、耐腐蚀以及温润如玉的质感和优异的人体亲肤性，而且通过引入着色剂可以获得各种色彩的外观，是至今为止色彩变化最丰富的高技术精密陶瓷材料。氧化锆陶瓷这种可变换的绚丽色彩，为智能终端陶瓷产品，如智能手机和智能穿戴等外观件的设计带来更丰富的美学元素。

通常在氧化锆粉体中添加着色氧化物或着色剂，经过充分混合、成型后再经过高温烧结，着色剂与氧化锆发生反应，即可形成稳定的发色相，从而显色。着色剂主要为离子晶体型化合物，呈色离子通常是过渡金属离子和稀土金属离子。这些着色化合物色料具有不同晶体结构，主要包括尖晶石类型色料，钙钛矿类型色料，硅酸盐类型色料等。其中尖晶石类型着色剂高温稳定性好，在氧化锆高温致密化烧结过程中不易分解，化学性能稳定，着色稳定，色泽亮丽，可以获得各种蓝色和绿色、红色、棕色、黑色、青色等数十种颜色，是彩色氧化锆陶瓷使用最多的一类着色剂。图5-1为日本东曹公司开发的部分彩色氧化锆陶瓷样本。

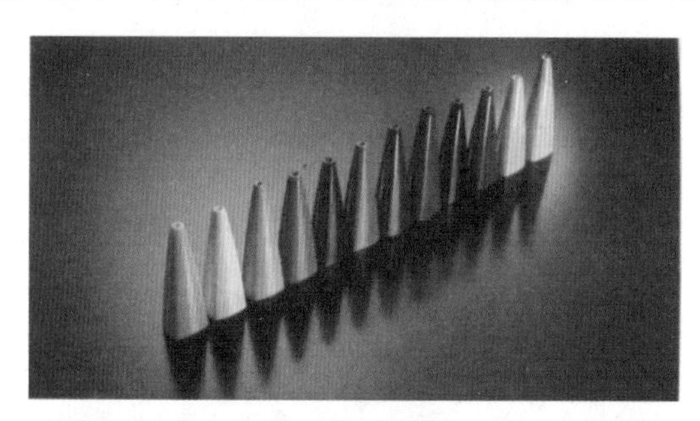

图5-1　日本东曹公司开发的彩色氧化锆陶瓷

日本京瓷公司也开发出多种色彩的氧化锆粉料，如图5-2所示，产品的颜色亮丽，触感

图5-2　日本京瓷公司开发的彩色氧化锆陶瓷

奢华，特别适合高档手表和智能手机等消费电子产品，因为其色泽深沉有光泽、令人赏心悦目，抗划伤，具有生物相容性，无金属过敏。

法国圣戈班公司生产的彩色系列氧化锆陶瓷，包括黑色、灰色、浅灰、巧克力色、深绿、天空蓝、海军蓝、紫色，如图 5-3 所示。

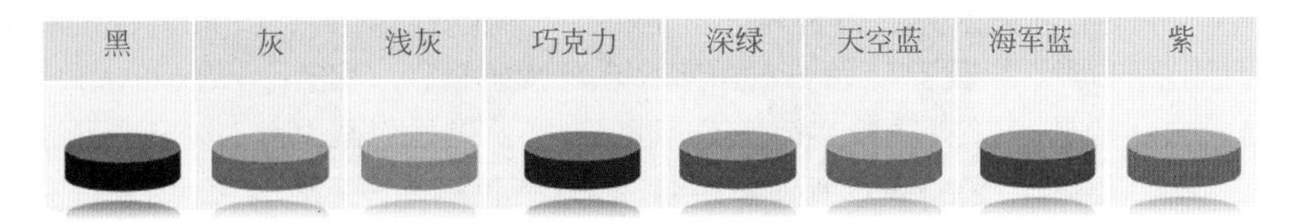


图 5-3　法国圣戈班公司生产的彩色氧化锆陶瓷

国内潮州三环公司目前可量产的彩色氧化锆粉体颜色系列，包括蒂芙尼蓝、莫兰迪灰、水湖蓝、樱花粉、紫罗兰、深锖蓝、保时捷灰，如图 5-4 所示。这些极具科技感的色调，主要来自奢侈品牌如蒂芙尼、保时捷等，进而引领现代潮流风尚。

图 5-4　潮州三环公司量产的彩色氧化锆陶瓷

此外，传统复古色调的氧化锆彩色粉体，有孔雀绿、景泰蓝、汝窑蓝、秘色瓷、中国红，其中部分色彩分别来自宋瓷・汝窑蓝，唐宋越窑・秘色瓷，图 5-5 为潮州三环为小米手机开发的来自敦煌壁画的孔雀绿氧化锆陶瓷手机背板。

图 5-5　潮州三环公司开发的孔雀绿氧化锆陶瓷手机背板

此外，山东国瓷、东莞信栢、丁鼎陶瓷、广东夏阳、深圳宏通、湖南正阳等企业也开发出各种彩色系列的氧化锆陶瓷，图 5-6 为山东国瓷公司开发的彩色氧化锆陶瓷样本。

近几年，国内外企业又发展了一种粉体成型撞色工艺，即通过调节和优化粉体的收缩匹配，通过模具分级成型实现两种或数种颜色粉体在同一个外观件结构中达到撞色效果，如手

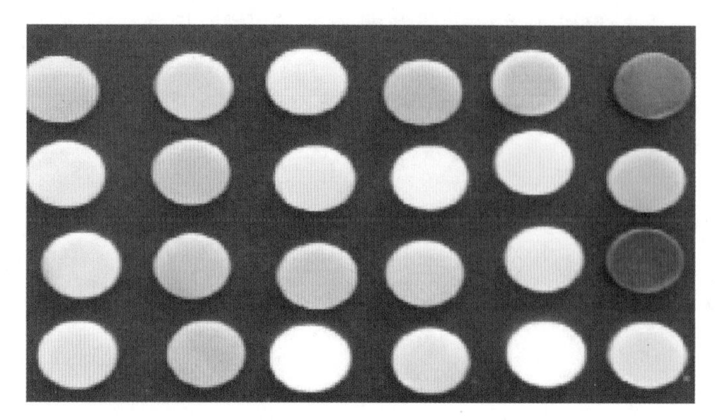

图 5-6 山东国瓷公司开发的彩色氧化锆陶瓷样本

表的表圈和 3D 陶瓷手机背板的弧边撞色，如图 5-7 所示。此外，潮州三环开发出可拼接的颜色还有透白撞亮蓝、粉色撞透白、深锖色撞黑色。

图 5-7 同一外观结构件中不同颜色达到撞色

本章将从呈色机理与陶瓷着色剂、着色剂的合成、彩色氧化锆陶瓷的制备方法及各种工艺等方面进行详细论述。

## 5.2 颜色的产生与表征方法

### 5.2.1 颜色的产生与三属性

#### 5.2.1.1 颜色的产生

光线照射到物体上时，会与物体产生相互作用，发生折射和反射；其中反射回来的光线与人眼的视网膜相互作用，人就能感受到颜色。与光源本身发出的颜色(称作光源色)不同，这种由物体反射回来产生的颜色称作物体色；物体色的产生是由物体的本质，即物体本身的内部结构所决定的。

光的本质是一种电磁波，在整个电磁波谱中，只有很窄的一部分射线照射到眼睛中能引起视觉。一般来说可见光的波长范围在 400～800nm，而不同波长的光与视网膜作用会产生不同的颜色感觉，常见颜色与相应的波长范围如表 5-1 所示。

表 5-1　不同波长与颜色的关系

| 波长/nm | 400～430 | 430～480 | 480～500 | 500～560 | 560～590 | 590～620 | 620～760 |
|---|---|---|---|---|---|---|---|
| 颜色 | 紫色 | 蓝色 | 青色 | 绿色 | 黄色 | 橙色 | 红色 |

通常的太阳光也称白色光，是以上各种波长的光的适当比例的混合。当物质选择性地吸收了白光中某种波长光时，就会呈现出与之互补的那种光的颜色。物质对光的这种选择吸收，可以通过光谱的测量来获得，表 5-2 列出了物质的颜色与吸收光谱之间的关系，图 5-8 为可见光谱颜色示意图。当反射的光是各种不同波长的光以适当比例混合时，我们感觉到的则是白光。而如果入射光全部被物质吸收，我们感觉为黑色。

表 5-2　物质颜色与吸收光颜色的关系

| 观察到的颜色 | 吸收光波长/nm | 吸收颜色 |
|---|---|---|
| 黄绿 | 400～450 | 紫 |
| 黄 | 450～480 | 蓝 |
| 橙 | 480～490 | 青 |
| 红 | 490～500 | 蓝绿 |
| 紫红 | 500～560 | 绿 |
| 紫 | 560～580 | 黄绿 |
| 蓝 | 580～600 | 黄 |
| 青 | 600～650 | 橙 |
| 蓝绿 | 650～750 | 红 |

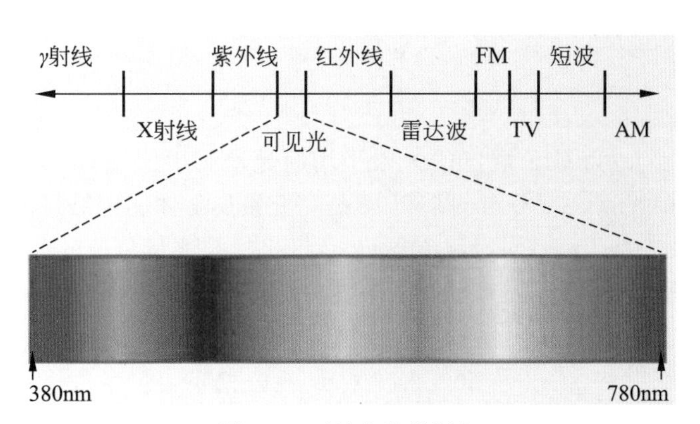


图 5-8　可见光谱的颜色

#### 5.2.1.2　颜色的三属性

颜色的三属性通常是指色调(H)、明度(V)、饱和度(C)。

色调(H)：又称色相，是色彩最主要的特征，是色与色的主要区别，如红、橙、黄、绿等。一定波长的光或者某些不同波长光的混合，呈现出不同的色彩表现，这些色彩的表现就称为色调。单色光色调取决于该色光的波长，复色光色调和波长与各波长的比例有关。

明度(V)：它表示颜色深浅明暗的特征量，是人眼对颜色明亮程度的视觉反映。表面或光源的亮度越高，人感觉的明度越高。物体表面的光反射率愈高，它的明度愈高，所以，红色颜料与黄色颜料相比有更高的明度。

饱和度(C)：是指颜色的纯洁性，也称为纯度，是表示颜色强弱程度的特征量。在颜料方面，严格说来，饱和度是指某色彩与灰色的距离，含灰色越少纯度越高，含灰色越多纯度越低。

色调相同的颜色可以有不同明度，相同明度的颜色也可以有不同色调；明度和色调是两个独立的变数。另外，同一色调的颜色有的较鲜艳(较纯)，有的较淡，即饱和度不同，因此，饱和度也是一个独立量。在描述一个颜色特性时，必须综合考虑三个基本的颜色属性。

## 5.2.2 颜色的表征与测量

### 5.2.2.1 颜色的表征

CIE(Commission Internationale de L'Eclairage)是国际照明协会的简称，该协会负责制定测量颜色的国际标准，对色值进行测定。CIE 制定了 $L^*$，$a^*$ 和 $b^*$ 值来测量色值，这种测量方法称为 CIELAB。

根据 CIE 推荐的标准色度学系统的规定，1-4 视场的颜色测量采用"CIE1931 年标准色度观测者"数据，大于 4 的视场的颜色测量则采用 CIE1964 年补充标准色度观察者数据；其数据可以通过光谱光度测色法得到，即通过测量反射光来测量有色物体的全部吸收光谱。

根据 CIE 的规定，一个物体的颜色可由它的三刺激值来表示：

$$X = k\int_{\lambda} \varphi(\lambda) X(\lambda) \mathrm{d}\lambda$$

$$Y = k\int_{\lambda} \varphi(\lambda) Y(\lambda) \mathrm{d}\lambda$$

$$Z = k\int_{\lambda} \varphi(\lambda) Z(\lambda) \mathrm{d}\lambda$$

式中，$X(\lambda)$、$Y(\lambda)$、$Z(\lambda)$ 为 CIE 规定的人眼平均的光谱刺激值，$\varphi(\lambda)$ 为测量物体的反射光谱曲线积分与光源的光谱功率分布的乘积，$k$ 是完全漫反射体测定结果的归一化系数。

根据 CIE 1976($L^* a^* b^*$)均匀颜色空间，色度坐标与测量色值的关系为：

$$L^* = 116(Y/Y_0)^{\frac{1}{4}} - 16$$

$$a^* = 500[(X/X_0)^{\frac{1}{3}} - (Y/Y_0)^{\frac{1}{3}}]$$

$$b^* = 200[(Y/Y_0)^{\frac{1}{3}} - (Z/Z_0)^{\frac{1}{3}}]$$

当 $X/X_0$、$Y/Y_0$ 或 $Z/Z_0$ 小于 0.008856 时，则上式改为：

$$L^* = 903.9Y/Y_0$$

$$a^* = 3893.5(X/X_0 - Y/Y_0)$$

$$b^* = 1557.4(Y/Y_0 - Z/Z_0)$$

$L^*$ 代表明亮度，从明亮(此时 $L^* = 100$)到黑暗(此时 $L^* = 0$)之间变化。$a^*$ 值表示颜色从绿色($-a^*$)到红色($+a^*$)之间变化，范围为 $-128 \sim 127$；当 $a^*$ 值为正值时，表示该样品比标准样品偏红，当 $a^*$ 值为负值时，表示该样品比标准样品偏绿；而 $b^*$ 值表示颜色从黄色（$+b^*$）到蓝色（$-b^*$）之间变化，范围为 $-128\sim127$，当 $b^*$ 值为正时，表示该样品比标准样品偏黄，当 $b^*$ 为负值时，表示该样品比标准样品偏蓝，如蔚蓝色可表示为 $L^*a^*b^*$：$L^*66a^*-22b^*-39$。

$X_0$、$Y_0$、$Z_0$ 为 CIE 标准照明体照射在完全漫反射体上，再经过完全漫反射体反射到观察者眼中的白色的三刺激值。

CIE 1976（$L^*a^*b^*$）均匀颜色空间如图 5-9 所示，$L^*a^*b^*$ 色彩空间的中心无饱和度，当颜色点远离圆心移动时，颜色饱和度增加，色相不变；圆球形顶部的亮度最大，沿 $L^*$ 轴向下自白-灰-黑依次变化；使用该系统后，任意一种颜色都可在其图表上找到一个相对应的位置。

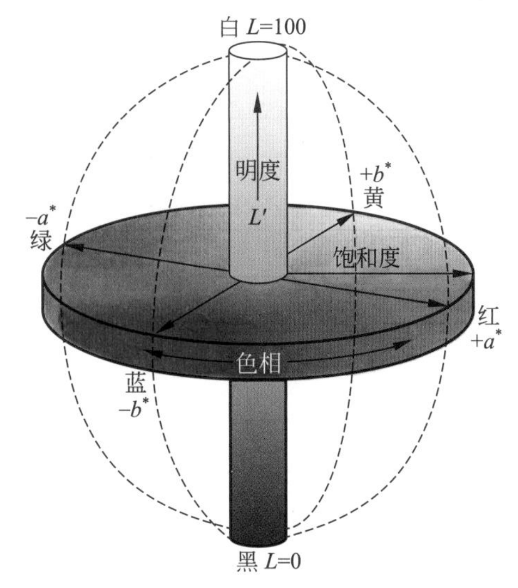


图 5-9　CIE 的 $L^*a^*b^*$ 色彩空间

随着 $L^*$，$a^*$，$b^*$ 及色差 $E^*$ 的变化，$\Delta L^*$，$\Delta a^*$，$\Delta b^*$ 及 $\Delta E^*$ 随之变化，而

$$\Delta E_{\text{CIE}}(L^*a^*b^*)=[(\Delta L^*)^2+(\Delta a^*)^2+(\Delta b^*)^2]^{\frac{1}{2}}$$

在上式中，$\Delta E_{\text{CIE}}(L^*a^*b^*)$代表了不同颜色的色值，但不是直接表示颜色的不同，而是表示色差。

#### 5.2.2.2　颜色的测量

在彩色氧化锆的制造过程中，为了保证产品颜色的稳定一致，需要对其进行检测。常见的颜色测量方法主要有三种：目视法、分光光度法和光电积分法（三刺激值法）。

1. 目视法

目视法是色度测量的最基本方法，它是用目视比较产品与标准颜色的差别，实际操作时应该在 CIE 标准照明体下进行。进行目视比较时，应具有一定的亮度水平，使人眼的锥体细胞处于工作状态，同时也应该依照 CIE 的规定选择一定的视场大小；观察中很大程度上掺入观察者的主观心理因素，往往因人而异，只能是一个大致评价方法。

2. 分光光度法

分光光度法测量颜色主要是测量物体反射的光谱功率分布或物体本身的特性，它可以看成是一个专门的反射率测量仪器，测量的是一个物体整个可见反射光谱，所用的分光测色计是在可见光谱区域逐点测量，通常每个点间隔 10 或 20nm，在 400～700nm 的范围内测量 16～31 个点，然后再由这些光谱测量数据通过计算的方法求得物体在各种标准光源和标准照明体下的三刺激值。这是一种精确测量颜色的方法，而且已有自动化的测量设备。图 5-10 为一种分光测色计，采用紧凑轻便的垂直机身，适用于生产线及实际成品，测量口径可根据实际样品尺寸，在 $\phi8\sim\phi3$mm 之间进行选择。测量后直接显示光谱数据、色度值、色差值等，该型号分光测色计的技术参数如表 5-3 所示。

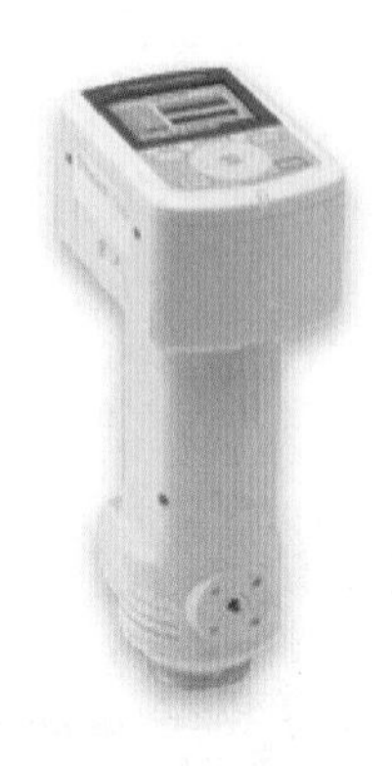
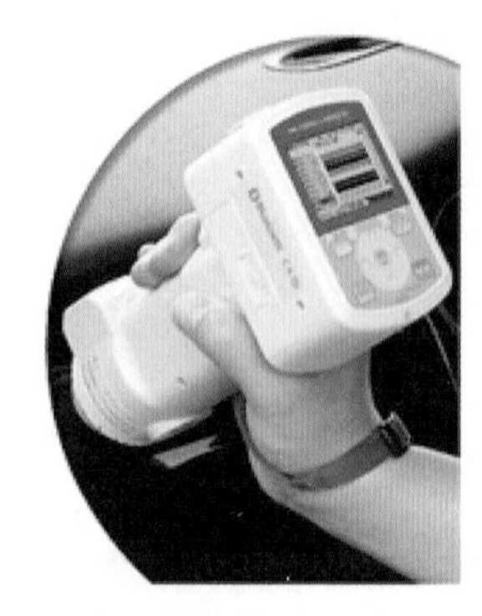

图 5-10　CM-700d 型分光测色计

**表 5-3　CM-700d 型分光测色计的技术参数**

| 仪器型号 | CM-700d |
|---|---|
| 传感器 | 硅光二极管阵列(双列 40 组) |
| 分光方式 | 平面回折光栅 |
| 积分球尺寸/mm | $\phi$40 |
| 测量波长范围/nm | 400～700 |
| 半波宽/nm | ～10 |
| 照明光源 | 脉冲氙灯(含 UV 滤镜) |
| 测量时间/s | ～1 |
| 最小测量间隔/s | ～2 |
| (测量/照明口径)/mm | MAV：$\phi$8/$\phi$11<br>SAV：$\phi$3/$\phi$6 |
| 重复性 | 光谱反射率：标准偏差小于 0.1%<br>色度值：标准偏差小于 $\Delta E*ab$ 0.04<br>* 在白板校准后以 10s 间隔测量白板 30 次 |
| 器间差 | 小于 $\Delta E*ab$ 0.2(SCI/MAV)<br>* 23℃时以主机测量 BCRA 系列Ⅱ 12 色板 |
| 标准观察者 | 2°视角、10°视角 |
| 观察光源 | A、C、D50、D65、F2、F6、F7、F8、F10、F11、F12<br>(最多可同时选择两种光源进行显示) |
| 显示内容 | 光谱数据/图、色度值、色差值、合格/不合格、仿真色彩、色彩评估 |

3. 光电积分法

光电积分法是通过把探测器的光谱响应匹配成所要求的 CIE 光谱标准色度观察者光谱的三刺激值曲线，或某一特定的光谱响应曲线，来对被测量的光谱功率进行积分并给出结果。这类仪器测量速度快，也具有适当的测量精度，可满足大多数场合的颜色测量要求。图 5-11 为一种 MSE 在线色度检测计，可以将结果转换为 XYZ 三刺激值曲线并进行拟合，其技术参数见表 5-4。

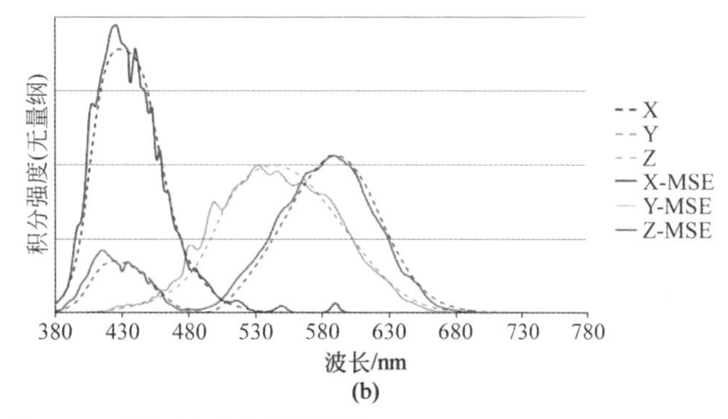


(a) (b)

图 5-11 MSE 在线色度检测计

(a) 仪器外形；(b) 测量结果实例

**表 5-4 MSE 在线色度检测计的技术参数**

| 仪器型号 | MSE 在线色度检测计 |
| --- | --- |
| 探测器 | 采用 XYZ 干涉滤片的 3 个硅光二极管 |
| 质量/g | 250 |
| 光谱响应 | 接近 CIE 1931 色度匹配曲线 |
| 测量参数 | XYZ,Yxy,Yuv,CCT(校准色彩温度),DWL(主波长),Flicker,响应时间 |
| 外形尺寸 | 63mm×24mm×65mm(不包含透镜系统) |
| 供电 | USB |

# 5.3 呈色机理与陶瓷着色剂分类

## 5.3.1 呈色机理及颜色调配

### 5.3.1.1 呈色机理

陶瓷着色剂主要为离子晶体型化合物，呈色离子通常是过渡金属离子和稀土金属离子，呈色原因是过渡金属离子都具有 $4s^1$-$23d^x$ 型电子结构，稀土金属离子具有 $6s^1$-$25d^1$-$84f^x$ 型电子结构，它们最外层的 $s$ 层和次外层的 $d$ 层，甚至从最外层向内算的第三层的 $f$ 层上均未充满电子；这些未成对电子不稳定，容易在各层的次亚层间发生跃迁。当这些未成对电子受可见光光能的激发时，从能量低($E1$)轨道跃迁到能量高($E2$)轨道，即从基态激发到激发态从而吸收可见光；只要基态与激发态之间的能量差处于可见光能量范围时，对应波长的单色光即被吸收而呈现未被吸收的光的颜色，如 $V^{4+}$($3d^1$)显蓝色；$V^{3+}$($3d^2$)显绿色；$Ti^{3+}$($3d^1$)显蓝紫色；$Fe^{2+}$($3d^6$)显黄色；$Cu^{2+}$($3d^9$)显蓝色，着色离子发生电子跃迁的致色机理如图 5-12 所示。

离子晶体中的着色离子，其呈色不仅取决于上述离子的种类与电价，而且还与着色离子的配位数、极化能力以及周围离子对它的作用有关。晶体场理论是把中心离子(M)和配位体(L)之间的相互作用看作类似离子晶体中正负离子的静电作用。当 L 接近 M 时，M 中的 $d$ 轨道受到 L 负电荷的静电微扰作用，使原来能级简并的 $d$ 轨道发生分裂；根据晶体场理论，过渡金属离子的配合物大多具有特定的颜色，因为在具有 1～9 个 $d$ 电子数的过渡金属

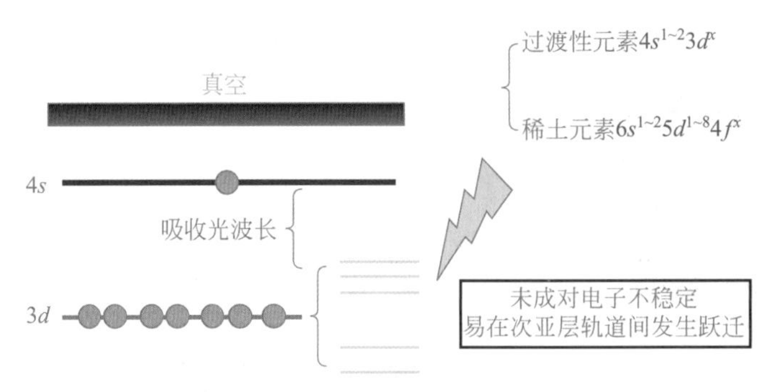


图 5-12　着色离子发生电子跃迁的致色机理

配位体(或中心离子)中,由于 $d$ 轨道未填满,有未成对电子,$d$ 电子吸收光能后,从低能级的 $d$ 轨道到高能级的 $d$ 轨道之间发生电子跃迁,这种跃迁称 $d$-$d$ 跃迁,其相应的能量间隔在 $10000\sim40000cm^{-1}$,相当于可见光及近紫外光区的波长范围,所以在离子吸收一定波长的可见光产生 $d$-$d$ 跃迁后,离子就会显示与吸收光呈互补关系的透过光的颜色,不同的离子因分裂能不同,产生 $d$-$d$ 跃迁所需吸收的能量也不同,吸收光的波长也不同,那么离子所呈现的颜色就不同,因此从分裂能的大小可以判断离子的颜色。如正八面体离子$[Ti(H_2O)_6]^{3+}$的水溶液显紫红色,这是因为 $Ti^{3+}$ 只有 1 个 $d^3$ 电子,它在八面体场中的电子排布为 $d\varepsilon1$。当可见光照射到该离子溶液时,处于 $d\varepsilon$ 轨道上的电子吸收了可见光中波长为 492.7nm 附近的光而跃迁到 $d\gamma$ 轨道。这一波长光子的能量恰好等于离子的分裂能,相当于 $20400cm^{-1}$,这时可见光中蓝绿色光被吸收,剩下红色和紫色的光,故溶液显紫红色。

根据晶体场理论,配位体的颜色与分裂能 $\Delta$ 值有关,$\Delta$ 越大,要实现 $d$-$d$ 跃迁就需要吸收高能量的光子(即波长短的光子),就会使配合物吸收光谱向短波方向移动;因此对于同一着色离子来说其配位数越高,其分裂能就越大,就会使配合物吸收短波长的色光而呈现出长波长的色光。

另外,由于过渡金属离子发生跃迁的电子在 $3d$ 层上,过渡金属离子的跃迁容易受邻近离子的影响,呈色稳定性相对较差;而稀土金属离子发生跃迁的电子在 $4f$ 层上,稀土金属离子的跃迁电子不易受邻近离子的影响,因此呈色更稳定。

通常陶瓷色料大致可以分成三大类:晶体着色、离子着色、胶体着色。其中晶体着色占了大部分,按其晶体结构可将色料分成 10 类约 50 种,如尖晶石型的钴铁铬铝黑,锆英石型的锆钒蓝,刚玉型的铬铝红,金红石型的钒锡黄,石榴石型的维多利亚绿等,特别是尖晶石型色料因高温稳定性好,已在手机背板和智能穿戴用氧化锆陶瓷着色上得到广泛应用。

离子着色理论就机理而言广义上包括了离子晶体的着色,其呈色原因源自它们特有的电子层结构,过渡金属离子都具有 $4s^{1\text{-}2}3d^x$ 型电子结构,而部分稀土金属元素离子具有 $6s^{1\text{-}2}5d^{1\text{-}4}f^x$ 型电子结构,它们都能量较高,不稳定,只需较少的能量即可激发,故能选择吸收可见光。常见的离子着色是 $Co^{2+}(3d^2)$,它吸收橙、黄和部分的绿光,呈带紫的蓝色;$Co^{3+}(3d^3)$吸收绿光以外的色光,强反射绿色而呈绿色;$Ni^{2+}$ 通过紫、红光吸收其他光形成紫调灰色;$Cu^{2+}(3d^9)$ 吸收红、橙、黄及紫光,让蓝、绿光通过而呈蓝、绿色;$Cr^{3+}$ 吸收红蓝光着绿色。镧系元素如 $Ce^{3+}$(铈)在蓝紫处有不大的吸收故呈黄色;$Pr^{3+}$(镨)吸收蓝紫光呈黄色和绿色;$Nd^{3+}$(钕)吸收橙、黄呈红紫色。复合离子如其中有显色的简单离子则必然会显色，如全为无色离子，相互作用强烈产生较大的极化，则会由于轨道变形，易受到激发而吸收可见光。如 $V^{5+}$、$Cr^{6+}$、$Mn^{2+}$、$O^{2-}$ 均为无色，但 $VO^{3-}$ 显黄色，$CrO_4^{2-}$ 也呈黄色，$MnO^{4-}$ 显紫色。

在陶瓷色料中，由于色剂的添加量很少（一般质量分数小于 5%），而且添加的种类很多，这些添加物的相互作用以及与基体的相互作用是十分复杂的。

### 5.3.1.2　颜料的混合与调配

1. 颜料的混合

光色的混合及颜色的复现都是利用颜色相加原理混合，即两种光色混合时，明度为两色之和，合色越多，则明度越强；陶瓷颜料的混合是按颜色的减法混合原理来控制混合料的颜色，这是两个不同的过程，而减色法原理更为复杂。

当陶瓷颜料颗粒均匀分布在基体中时，投射在表面的光线一部分被反射，另一部分则进入内部。光线在进入基体和从基体内部再反射的过程中，必然不断地与颜料颗粒相遇，每一次都被吸收一部分波长的辐射，使入射光的光谱分布受到改变，而反射光具有特定的颜色。在不考虑各颜料相互间的反应的情况下，当蓝色颜料与黄色颜料相混合时，则基体中既包含蓝色颗粒物质也包含黄色颗粒物质；当光线照射时，必须先后通过蓝色和黄色颜料颗粒，然后再从表面反射出来。蓝色颗粒主要反射蓝色波长的辐射，同时也反射邻近绿色波长的辐射，而吸收黄色和其他颜色波长的辐射，这是一次减法过程；黄色颜料颗粒主要反射黄色波长的辐射，同时也反射相邻的绿色波长的辐射，而吸收蓝色和其他颜色波长的辐射，这是又一次减法过程。蓝色和黄色的颜料颗粒都反射绿色波长的辐射，而吸收了其他颜色，两种颜料混合的结果是绿色。因此，两种颜色颜料的混合是对入射光的双重减法过程。参加混合的颜料的颜色愈多，被吸收的光线愈多，被反射出来的光线就愈少，明度愈弱，也就接近于黑色，这就是颜料的减色混合过程。

2. 颜料的调配

(1) 原色

原色又称为一次色，是用以调配成其他颜色的基本色。由原色混合调配可产生具有各种色调、明度、饱和度的颜色。色光的三原色为红、绿、蓝，如图 5-13 所示。根据减色原理，颜料的三原色分别是红、绿、蓝的补色，即青、品红和黄色；对颜料来说，通过三原色的等量混合可得黑色。

在减法颜色混合中，每一原色都控制它所吸收的光谱波段的颜色，三原色的密度变化分别控制红、绿、蓝反射光的比例，从而得出各种混合色，这就达到了用红、绿、蓝色三个加法原色混合的同样效果。

(2) 间色

间色又称为二次色，由两种不同的原色拼合而成，主要有橙、绿、紫三种颜色。习惯上采用的间色调配当量：黄 3－红 5－青 8；如 红 5＋黄 3＝

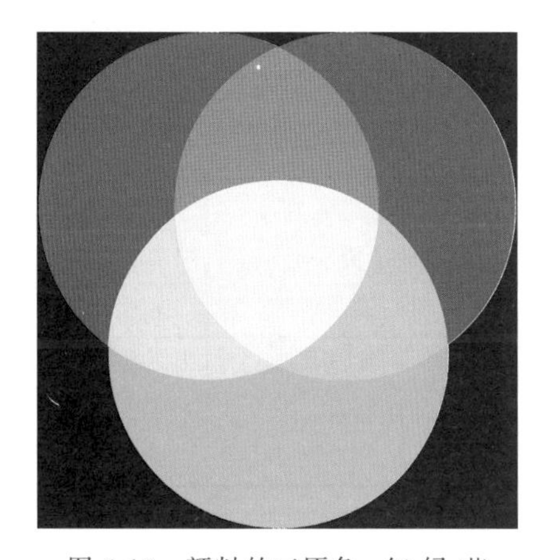

图 5-13　颜料的三原色：红 绿 蓝

橙，黄 3＋青 8＝绿，青 8＋红 5＝紫。

(3) 复色

又称为三次色，是用两种不同的二次色拼合，或者任意一种原色和黑色拼合所得颜色。其主要的调配方法有五种：三原色的适当混合：红＋黄＋青＝黑色；两种间色的混合：橙＋绿＝橙绿，橙＋紫＝橙紫，绿＋紫＝绿紫等；原色与黑色的混合效果与两种间色的混合相同。

## 5.3.2 陶瓷常用着色剂分类

陶瓷着色剂(或称陶瓷色料)品种很多，根据不同的原则可以有不同的分类方法，通常可以按下述几个特征来进行分类。

### 5.3.2.1 依据着色剂的结构组成分类

陶瓷着色剂根据其组成可以分为以下几种情况，详见表 5-5，可以归纳为以下六种，分别叙述如下。

表 5-5 陶瓷着色剂根据组成分类

| 着色剂类型 | | 示例 |
|---|---|---|
| 简单化合物类 | 着色氧化物及其氢氧化物 | $CoO$、$Cr_2O_3$、$Fe_2O_3$、$Cu(OH)_2$ |
| | 着色碳酸盐、硝酸盐、氯化物 | $CoCO_3$、$CrCl_3$ |
| | 铬酸盐 | 铬酸铅红 |
| | 铀酸盐 | 铀酸钠红 |
| | 硫化物 | 拿波尔黄，镉黄(CdS) |
| 固溶体单-氧化物类 | 刚玉型 | 铬铝红 |
| | 金红石型 | 铬锡紫，丁香紫 |
| | 萤石型 | 钒锆黄 |
| 尖晶石类 | 完全尖晶石型 | $NiO\cdot Al_2O_3$ |
| | 不完全尖晶石型 | $CoO\cdot 5Al_2O_3$ |
| | 类尖晶石型 | $2ZnO\cdot TiO_2$ |
| | 复合尖晶石型 | 孔雀蓝 |
| 钙钛矿类 | 锡灰石型 | 铬锡红 |
| | 灰钛石型 | 钒钛黄 |
| 硅酸盐类 | 锆英石型 | 钒锆蓝 |
| | 榍石型 | 铬钛茶 |
| | 柘榴石型 | |
| 混合异晶类 | | 两种以上晶型色料的混合物，如尖晶石与柘榴石的混晶，色调为其混合色 |

(1) 简单化合物类色料，除少数外通常都不耐高温，抵抗还原气氛和耐酸碱能力也弱。

(2) 固溶体类型色料，由简单着色氧化物与另一种耐高温的氧化物经高温固溶而形成稳定的固溶体，因而性质稳定。

(3) 尖晶石类型色料，该色料具有耐高温、耐气氛变化力强和化学稳定性好等特点。因为金属氧化物(其中包括着色氧化物)在矿化剂作用下，经高温而生成稳定的尖晶石晶体，该有色晶体一经生成，便不易被分解而产生变化。

(4) 钙钛矿类型色料，一些着色氧化物与钙钛矿母体固溶形成，如少量氧化铬与钙锡矿母体固溶时，就形成钙钛矿型的铬锡红色料。

(5) 硅酸盐类型色料，包括柘榴石型($3RO\cdot R_2O_3\cdot 3SiO_2$)，榍石型($CaO$，$TiO_2$ 或 $CaO$，$SnO_2$，$SiO_2$)，锆英石型，如镨离子固溶于 $ZrSiO_4$ 结构的 $ZrO^{+4}$ 立方体中，则形成镨锆黄。硅酸盐类型着色剂比较稳定，特别是锆英石型着色剂，因其化学稳定性和耐高温性能良好，得到迅速的发展与应用。

(6) 混合异晶类型色料，是由两种或两种以上的晶型色料混合而得到的异晶型色料，如尖晶石与柘榴石的混晶。

#### 5.3.2.2　依据着色剂的呈色来分类

陶瓷着色剂根据其呈色可以分为以下几类主要颜色，主要包括黑色、灰色、黄色、棕色、绿色、蓝色、红色等，详见表 5-6。

**表 5-6　按着色剂的呈色分类**

| 颜色 | 名称 | 组成 | 矿物构成 |
|---|---|---|---|
| 黑色 | 黑色 | Cr-Fe | $FeCr_2O_4$ 尖晶石 |
| | | Co-Cr-Fe | 尖晶石 |
| | | Co-Mn-Fe | |
| | | Co-Mn-Cr-Fe | |
| | | Co-Ni-Cr-Fe | |
| | | Co-Ni-Mn-Cr-Fe | |
| | | Co-Mn-Al-Cr-Fe | |
| | | Co-Ni-Cr-Fe-Si | |
| 灰色 | 锑锡灰 | Sn-Sb | $SnO_2$[Sb] |
| | | Sn-Sb-V | $SnO_2$[Sb,V] |
| | 锆英石灰 | Zr-Si-Co-Ni | $ZrSiO_4$[Co,Ni] |
| 黄色 | 钒锡黄 | Sn-V | $SnO_2$[V] |
| | | Sn-Ti-V | $SnO_2$[Ti,V] |
| | 钒锆黄 | Zr-V | $ZrO_2$[V] |
| | | Zr-Ti-V | $ZrO_2$[Ti,V] |
| | | Zr-Y-V | $ZrO_2$[Y,V] |
| | 镨黄 | Zr-Si-Pr | $ZrSiO_4$[Pr] |

续表

| 颜色 | 名称 | 组成 | 矿物构成 |
| --- | --- | --- | --- |
| 黄色 | 铬钛黄 | Ti-Zr-Sb | $TiO_2$[Zr,Sb] |
| | | Ti-Cr-W | $TiO_2$[Cr,W] |
| | 锑黄 | Pb-Sb-Al | $Pb_2Sb_2O_7$[Al] |
| | | Pb-Sb-Fe | $Pb_2Sb_2O_7$[Fe] |
| 棕色 | 棕色 | Zn-Cr-Fe | 尖晶石 |
| | | Zn-Al-Cr-Fe | |
| | | Zn-Mn-Al-Cr-Fe | |
| | | Zr-Si-Pr-Fe | $ZrSiO_4$[Pr]+$ZrSiO_4$[Fe] |
| 绿色 | 维多利亚绿 | Ca-Cr-Si | $Ca_3Cr_2(SiO_4)_3$ |
| | | Cr-Al | $(Al,Cr)_2O_3$ |
| | | Cr-Al-Si | $(Al,Cr)_2O_3$ |
| | 孔雀绿 | Co-Zn-Al-Cr | 尖晶石 |
| | | Zr-Si-Pr-V | $ZrSiO_4$[Pr]+$ZrSiO_4$[V] |
| | | Zr-Si-Zn-V | $ZrSiO_4$[V]+$ZnSiO_4$[V] |
| 蓝色 | 海碧 | Co-Zn-Al | 尖晶石 |
| | 钴蓝 | Co-Al | |
| | 绀青 | Co-Al-Si | |
| | | Co-Zn-Si | $(Co,Ni)_2SiO_4$ |
| | | Co-Si | $Co_2SiO_4$[V] |
| | 土耳其蓝 | Zr-Si-V | $ZrSiO_4$[V] |
| 红色 | 锰红 | Al-Mn | a-$Al_2O_3$[Mn] |
| | 尖晶石红 | Zn-Al-Zr | 尖晶石 |
| | 铬镉锡红 | Ca-Sn-Si-Zr | CaSnO · $SiO_4$[Zr] |
| | 铬锡紫 | Ca-Sn-Si-Zr-Co | CaSnO · $SiO_4$[Zr,Co] |
| | | Sn-Cr | $SnO_2$[Cr] |
| | 珊瑚红 | Zr-Si-Fe | $ZrSiO_4$[Fe] |
| | 火焰红 | Zr-Si-Cd-S-Se | Cd(S,Se)用锆英石包裹 |

采用上述表5-5和表5-6中各种着色剂通过高温烧结即可在氧化锆陶瓷中形成不同着色晶体或着色化合物，可以使氧化锆呈现鲜艳亮丽的几十种色彩。日本东曹公司开发了33种彩色氧化锆陶瓷样本。国内潮州三环、山东国瓷等公司也开发出各种色彩的氧化锆，并用于手机陶瓷背板和智能手表等外观件，表5-7为山东国瓷开发的各种蓝色和黑色氧化锆陶瓷所用色料的化学组成和晶相结构。

**表 5-7　山东国瓷的蓝色和黑色氧化锆所用色料的化学组成和晶相结构**

| 颜色 | 名称 | 组成 | 矿物构成 |
| --- | --- | --- | --- |
| 黑色 | 黑色 | Cr-Fe | $FeCr_2O_4$ |
| | | Co-Cr-Fe | 尖晶石 |
| | | Co-Mn-Cr-Fe | |
| | | Co-Ni-Cr-Fe | |
| | | Co-Ni-Al-Cr-Fe | |
| 蓝色 | 海碧 | Co-Zn-Al | |
| | 钴蓝 | Co-Al | |
| | 紫蓝 | Co-Al-Si | |
| | | Co-Zn-Si | $(Co,Zn)_2SiO_4$ |
| | 土耳其蓝 | Zr-Si-V | $ZrSiO_4(V)$ |

## 5.3.3　陶瓷色料呈色的影响因素

### 5.3.3.1　着色离子自身的影响

化合物的颜色取决于着色离子,同一种离子因化学价态不同颜色也不同,如 $Co^{2+}$ 为紫蓝色,$Co^{3+}$ 为绿色。除此以外,离子间的相互极化也会由于轨道变形使电子易受激发,而使得无色离子组合成有色的复合离子或使有色离子颜色发生变化,如 $CrO_4^{2+}$、$VO_3^-$ 为黄色,$MnO_4^-$ 呈紫色。除此以外,离子配位数不同,其色彩也有差异。

着色氧化物加入到氧化锆陶瓷基体中后,一些会和基体产生固溶反应。一方面,固溶进入氧化锆晶格的着色离子,由于晶体场环境的改变,光学性质也会发生变化;另一方面,固溶掺杂后的氧化锆陶瓷微观结构和烧结性能也会有较大的变化。

在固溶着色中,稀土氧化物的固溶着色有着与众不同的特性。稀土元素具有特殊的结构,因其有未充满的 $4f$ 电子层所以能发射或吸收几乎所有波长范围的光,且能在高温下稳定存在。稀土金属离子发生跃迁的电子在 $4f$ 层上,而过渡金属离子发生跃迁的电子在 $3d$ 层上,因此,稀土金属离子的跃迁电子不易受邻近离子的影响,呈色稳定、色调柔和。在复合的过程中稀土氧化物不仅能通过改变光学属性对氧化锆实现着色,同时还能通过固溶掺杂有效地影响氧化锆材料的晶型结构,对氧化锆起到相稳定剂的作用。

刘丽菲等研究了复合着色剂的比例不同时颜色变化情况,发现复合着色剂的比例不同时颜色变化较大,例如用氧化铁和氧化钴混合着色制备深绿色陶瓷,着色剂总添加量为10%,通过改变 $Fe_2O_3$ 与 $Co_2O_3$ 的配比来调整陶瓷颜色,如图 5-14 所示。图中上排着色剂总量10%,$Co_2O_3$ : $Fe_2O_3$ 依次为 9.7 : 0.3、94 : 0.6、9 : 1、7 : 3、5 : 5、3 : 7、1 : 9。由该图可以看出,随 $Co_2O_3$ : $Fe_2O_3$ 比例的降低试样从深蓝色逐渐变为黑色,由于 $Co_2O_3$ 的着色力非常强,即使 $Co_2O_3$ : $Fe_2O_3$ 为 1 : 9 ,试样仍然近似于黑色。降低着色剂总比例,选择 $Co_2O_3$ : $Fe_2O_3$ = 5 : 5,结果见图 5-14 下排,图中着色剂总量依次为 7%、5%、3%、2%、1%。由该图还可以看出,随着色剂总量的减少,试样颜色由深变浅。当选择着色剂总量为 2%,$Co_2O_3$ : $Fe_2O_3$ = 5 : 5 时,这就是墨绿色配方。

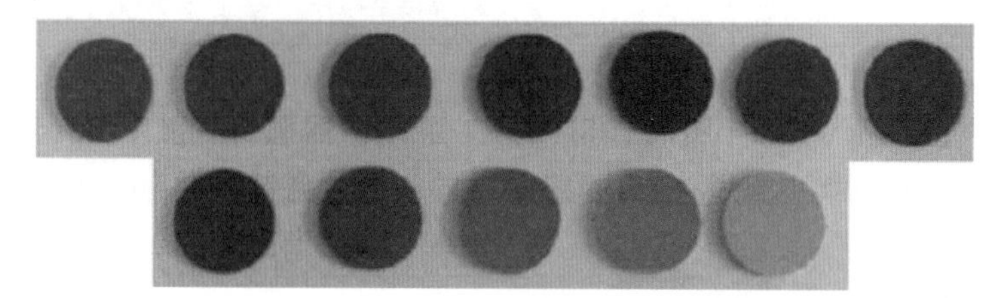

图 5-14　$Co_2O_3$ 与 $Fe_2O$ 的复合着色试样

#### 5.3.3.2　烧成工艺参数的影响

1. 烧成温度的影响

对于氧化锆陶瓷来说，要保证烧结产品达到一定的强度和韧性，烧成温度一般在1350～1520℃，在这么高的温度下，所添加的着色剂色料都会有很高的挥发性，因此彩色氧化锆的烧结很容易产生不均匀的呈色：一是表面颜色与内部颜色深浅不一样，表现为颜色只浸入表面不深的表层；二是表面的颜色深浅不均匀，甚至出现不同的颜色区域。一些研究表明，在烧结黑色氧化锆时，保温时间在1500℃、4h，表面出现了一个3.5mm大小的灰色区域，而保温20min颜色没有明显的不均匀。而当使用另一种着色剂时，样品表面出现了四种不同颜色的区域。解决颜色不均匀这个问题目前主要有两种思路：一种思路是加入能耐高温的着色化合物，如尖晶石类着色剂，直接添加尖晶石型的 $CoFe_2O_4$，烧结温度可以高达1600℃；另一种思路是加入添加剂（$Al_2O_3$，TiO 等）可以在一定程度上降低烧结温度，同时可以在晶界上形成玻璃相，包裹着色氧化物以减少挥发。

2. 烧成气氛的影响

烧结气氛对颜色也有很大影响，气氛不同，颜色效果有很大差别。一些研究发现在惰性气体保护下，烧结出来的蓝色更亮，而对黑色没有明显区别；也有在空气烧结之后，再用氩气保护进行热等静压处理。烧结气氛的选择从总体上来看并没有有效的规律可以遵循，基本上是一种尝试性的摸索。高温条件下，不同的元素有不同的热化学性质，气氛可以影响离子的价态，比如要保证色剂以 $Cu_2O$ 形式存在，就必须采用还原气氛。

#### 5.3.3.3　添加剂的影响

对于彩色氧化锆陶瓷，常添加少量 $Al_2O_3$，图 5-15 分别为氧化锆陶瓷基体中添加

图 5-15　添加剂 $Al_2O_3$ 对着色试样颜色影响

$Al_2O_3$ 和不加 $Al_2O_3$ 时，不同着色配方着色试样的颜色对比。图中上排为添加 $Al_2O_3$ 的着色试样，下排相对应的是同一个着色配方不加 $Al_2O_3$ 的着色试样；其中左侧为添加 5% $Fe_2O_3$ 的彩色氧化锆陶瓷样品，中间添加 3% $MnO_2$，右侧添加 10%（$NiO+Co_2O_3$），$NiO:Co_2O_3$ 为 9.5∶0.5 的陶瓷样品。由图可见，不添加 $Al_2O_3$ 时，陶瓷的颜色会加深。

若采用 75% $ZrO_2$ +25% $Al_2O_3$ 为陶瓷基料，选择 $MnO_2$ 作为黑色着色剂，制备的彩色陶瓷试样如图 5-16 所示，图中的添加量依次为 7%、5%、3%、1%。由图可以看出，由于 $MnO_2$ 的着色力很强，试样中不同 $MnO_2$ 添加量的试样颜色相差很小，只有当添加量为 1% 时颜色稍淡些，因此选择 $MnO_2$ 的加入量为 3% 比较适宜。

图 5-16　$MnO_2$ 着色的试样（添加量依次为 7%，5%，3%，1%）

在彩色氧化锆陶瓷制备过程中也常添加少量氧化硅（$SiO_2$），其对着色也会产生影响。例如对于着色剂 $Co_2O_3$，图 5-17 上排为 $Co_2O_3$ 着色试样，添加比例依次为 10%、8%、6%、4%、2%，下排是 $Co_2O_3+SiO_2$，总添加量为 10%，$Co_2O_3:SiO_2$ 比例依次为 1∶9、3∶7、5∶5、7∶3、9∶1；由图可以看出，$Co_2O_3$ 致色试样的颜色随 $Co_2O_3$ 添加量减少逐渐小幅变浅，试样光泽度较差，且致色不匀；在 $Co_2O_3$ 中添加 $SiO_2$ 制备的试样颜色随 $Co_2O_3$ 所占比例的增大而加深：当 $Co_2O_3:SiO_2$ 为 9∶1 时，试样颜色明显较单独加 9% 的 $Co_2O_3$ 试样颜色深，光泽度也比较好，说明 $SiO_2$ 有助显色。因此选择 $Co_2O_3:SiO_2$ 为 9∶1，总添加量为 10% 作为蓝色配方。

图 5-17　$SiO_2$ 对 $Co_2O_3$ 着色剂的影响

## 5.4 陶瓷用高温着色剂及制备方法

### 5.4.1 尖晶石型着色剂

#### 5.4.1.1 尖晶石晶体结构及着色化合物

尖晶石结构的单位晶胞含有 8 个分子，其中，32 个氧离子共组成 64 个四面体和 32 个八面体，金属离子只占据其中的 8 个四面体（A 位）与 16 个八面体（B 位），如图 5-18 所示。

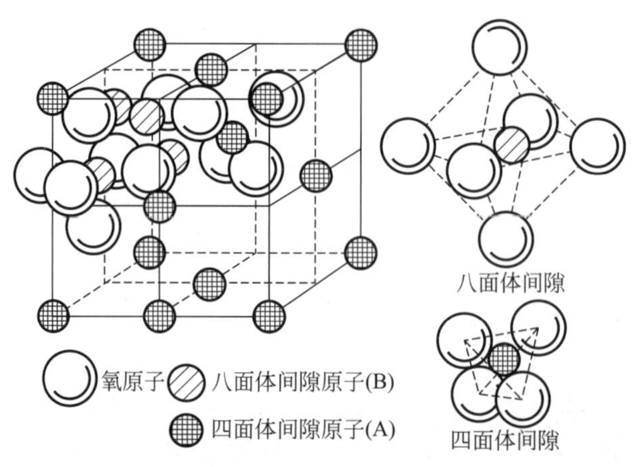


图 5-18 尖晶石的晶体结构

大多数尖晶石结构化合物，A 和 B 位离子化合价之比为 2∶3，除了 2∶3 外电价比最常见的是 4∶2，约占 15%左右，其结构多为反尖晶石结构，如 $TiMg_2O_4$，$TiZn_2O_4$，$TiMn_2O_4$，可看作 8 个 A 位离子与 16 个 B 位离子中的 8 个进行相互换位，8 个 B 离子进入四面体间隙(A 位)，而剩下 8 个 $B^{2+}$ 离子与 8 个 $A^{4+}$ 离子复合占据正常情况下 B 位的八面体间隙。除正反两种极端情况外，还可能有混合型中间状态分布。这样可用反分布率 $a$ 定量表示 A 离子占八面体上的分数，从而将各种尖晶石结构通式扩充如下：

正型：$AB_2O_4$，$a=0$；

反型：$B(A,B)O_4$，$a=1$；

混合型：$(A_{1-x},B_x)(A_x,B_{2-x})O_4$，$0<a<1$。

正型与反型的属性及反位的程度对于材料的性能有较大影响，影响这种分布的因素极其复杂，有离子键的静电能、离子半径、共价键的空间分布、晶体场等诸多方面。根据经验数据可将大部分二、三价离子的优先顺序排出，即 $Zn^{2+}$，$Cd^{2+}$，$Ga^{2+}$，$In^{2+}$，$Mn^{2+}$，$Fe^{3+}$，$Mn^{3+}$，$Fe^{2+}$，$Mg^{2+}$，$Cu^{2+}$，$Co^{2+}$，$Ti^{3+}$，$Ni^{2+}$ 和 $Cr^{3+}$，排在前面的离子倾向于四面体填隙，后面的倾向于八面体填隙。此外，阳离子的分布对尖晶石型复合氧化物材料的光学性能有重大影响，而该分布不仅与化学成分有关，并且与组成阳离子的电荷、晶体化学和形成时的物理化学环境有关。

在中心过渡族金属阳离子与配位体之间的静电作用下，中心离子的 $d$ 轨道在配体(场)作用下，发生能级分裂。$d$ 电子在分裂后的 $d$ 轨道上重排，改变了 $d$ 电子的能量。过渡族金属阳离子的配合物大多具有特定的颜色，晶体场理论认为，在具有 1～9 个 $d$ 电子数的过渡金属配离子中，因 $d$ 轨道上没有充满电子，电子在获得光能后，可以从低能级的 $d\varepsilon$ 轨道跃迁到高能级的 $d\gamma$ 轨道，这种跃迁称为 $d$-$d$ 跃迁。实际跃迁所需吸收的能量即为分裂能，一般在$(1.99\sim5.96)\times10^{-19}$J 的范围内，正处于可见光能的范围，所以当配离子吸收一定波长的可见光产生 $d$-$d$ 跃迁后，配离子就会显示与吸收光呈互补关系的透过光的颜色，不同的配离子因分裂能不同，产生 $d$-$d$ 跃迁需吸收的能量不同，吸收光的波长也不同，使配离子所呈现的颜色因而不同。由于尖晶石结构中存在四面体和八面体两种配位体结构，它特别适合过渡族金属离子轨道裂解后吸收可见光，从而呈现不同的颜色。

尖晶石型着色剂或色料历史悠久，早在 1902 年，德国著名陶瓷学家塞格尔就对此类着色剂作了系统的研究，尖晶石的化学通式是 $AB_2O_4$。如前所述，一种是 A 为 +2 价金属阳离子，B 为 +3 价金属阳离子；另一种是 A 为 +4 价金属阳离子，B 为 +2 价金属阳离子。+2 价的金属阳离子有：$Co^{2+}$、$Mn^{2+}$、$Fe^{2+}$、$Ni^{2+}$、$Cu^{2+}$、$Zn^{2+}$、$Mg^{2+}$、$Cd^{2+}$ 等；+3 价的金属阳离子有 $Al^{3+}$、$Cr^{3+}$、$Fe^{3+}$、$V^{3+}$、$In^{3+}$ 等；+4 价的金属阳离子有 $Ti^{4+}$、$Sn^{4+}$ 等。与尖晶石类似的化合物还可以 $(A_1A_2)(B_1B_2)_2O_4$ 的复合形式出现，如 $(Co_{0.5} \cdot Zn_{0.5})Cr_2O_4$，$Zn(Cr_{0.2} \cdot Al_{0.8})_2O_4$，$NiO \cdot ZnO \cdot SnO_2$ 等。此外，有的 A 和 B 的比例不确定为 1∶2 左右，其结构更加复杂，称为不完全尖晶石。通过这些过渡族金属离子间的相互组合，形成很多种化合物，常见的尖晶石型着色化合物如表 5-8 所示。

**表 5-8　部分尖晶石型着色化合物**

| 颜色 | 化合物组成 | 颜色 | 化合物组成 |
|---|---|---|---|
| 海碧蓝 | $(Co,Zn)Al_2O_4$ | 钴铁锌铝黑 | $(Co_{1-x}Zn_x)(Fe_{1-y},Al_y)_2O_4$ |
| 孔雀蓝 | $(Co,Zn)Al_2O_4$ | 铬铁镍锰黑 | $(Fe,Ni,Mn)Cr_2O_4$ |
| 铬铁锌棕 | $(Fe,Zn)Cr_2O_4$ | 孔雀绿 | $CoCr_2O_4$ |
| 铬铁黑 | $FeCr_2O_4$ | 钴蓝 | $CoAl_2O_4$ |
| 钴铬铁黑 | $(Co,Fe)\ Cr_2O_4$ | 深蓝 | $CoAl_2O_4+Co_2SiO_4$ |
| 钴铬铁锰黑 | $(Co,Fe,Mn)\ Cr_2O_4$ | 铬铝锌红 | $Zn(Cr,Al)O_4$ |
| 钴铬铁镍黑 | $(Co,Fe,Ni)\ Cr_2O_4$ | 铬铁锌铝棕 | $(Fe,Zn)(Cr,Al)_2O_4$ |
| 钴铬铁镍锰黑 | $(Co,Fe,Ni,Mn)\ Cr_2O_4$ | 铬铁锰锌铝棕 | $(Fe,Zn,Mn)(Cr,Al)_2O_4$ |

在尖晶石构造中 A—O，B—O 是较强的离子键，且静电键强度相等，结构牢固，故尖晶石材料硬度大、熔点高、化学性能稳定，在高温下对各种熔体的浸蚀有较强的抵抗性，因此尖晶石色料的主要特点是耐高温、高温稳定性好，合成后不容易离解，这有利于它在氧化锆的高温烧结过程中保持自己的晶型，最终以第二相的形式稳定下来，从而保持自己的光学特性，实现对氧化锆的着色。图 5-19 为采用尖晶石型着色剂制备的不同颜色的氧化锆陶瓷表圈和表链，图 5-20 为尖晶石型着色剂的彩色氧化锆陶瓷手机背板。

图 5-19　尖晶石型着色剂的彩色氧化锆陶瓷表圈和表链

#### 5.4.1.2　尖晶石型 $CoAl_2O_4$ 钴蓝色料的制备

钴蓝是具有尖晶石型结构的最典型的色料，其中主要的化学成分是 $CoAl_2O_4$；性能主要表现在具有化学稳定性和高温稳定性，具有很强的耐酸碱性能、良好的耐候性，在饱和度、

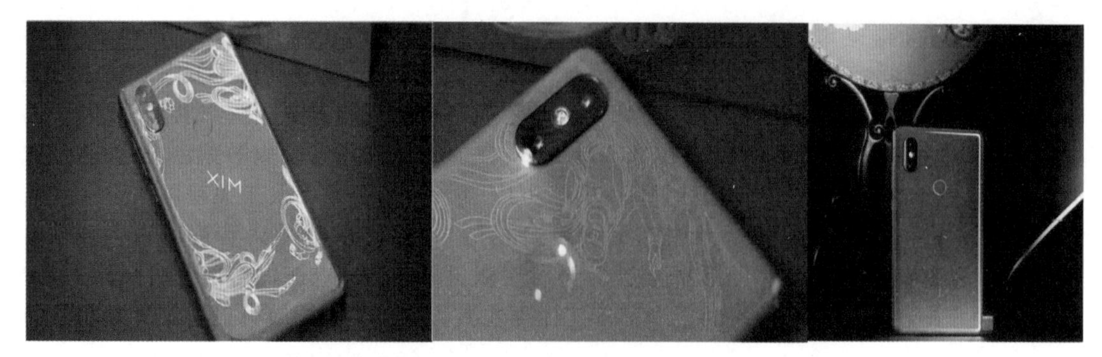


图 5-20 尖晶石型着色剂的彩色氧化锆陶瓷手机背板

透明度、折射率等方面都比其他蓝色色料优异，并且钴蓝属于无毒无污染的环保颜料，$CoAl_2O_4$ 钴蓝着色剂的制备主要包括以下几种方法。

(1) 固相反应法

通常是将金属盐或金属氧化物按一定比例混合、研磨，将研磨后的混合固体在高温下煅烧直接得到颜料粉体。典型的固相法制备钴蓝颜料过程如下：将钴的氧化物和铝的氧化物(或是两者氢氧化物及高温下能分解的盐类)用机械研磨分散为细小颗粒后高温下煅烧。在高温条件下，$Co^{2+}$、$Al^{3+}$、$O^{2-}$ 离子进行离子扩散同时相互渗透，并发生一系列化学反应，最终形成了铝酸钴($CoAl_2O_4$)固熔体。

刘春江等以 CoO 和 $Al_2O_3$ 粉末为初始原料固相反应合成 $CoAl_2O_4$ 钴蓝，研究不同温度与颜料蓝色程度的关系发现：随着温度的升高，钴蓝颜料蓝度值提高，晶体发育趋于完善，当温度达到 1100℃以上时，温度变化对钴蓝颜料色度影响逐渐减小，在 1280℃可获得色度佳的钴蓝颜料。

赵金朋等报道的一种方法是将 $Al(OH)_3$ 和 $CoCO_3$ 为原料，Co∶Al 摩尔比为 1∶2 左右进行配比，溶于无水乙醇溶液中，移入球磨罐内，在一定速率的球磨机中进行球磨，将磨好的湿料进行真空干燥或者放置在烘箱内烘干，烘干后的粉体放入坩埚在马弗炉中于 1100～1250℃进行煅烧和保温，然后自然冷却至室温，研磨得到色料样品，可以得到钴蓝色料。结果表明，当烧结温度为 1250℃时，所得颜料的色度值最大，蓝色最鲜艳；1250℃时随着保温时间延长，$CoAl_2O_4$ 蓝色颜料的色度值变化很小，如图 5-21(a)所示，1250℃保温 2.5h，$CoAl_2O_4$ 的晶粒形貌见图 5-21(b)。

(2) 化学共沉淀法

在混合两种或两种以上金属离子的金属盐溶液中加入合适沉淀剂，使共存于溶液中某些特定的离子分别沉淀下来，经过洗涤、干燥、煅烧、粉碎磨细后，即可得到均匀细晶的尖晶石型 $CoAl_2O_4$ 蓝色颜料。

化学共沉淀法制备工艺流程如图 5-22 所示，具体工艺步骤如下：称取一定比例的钴盐、铝盐，$Co^{2+}$∶$Al^{3+}$=1∶2，把称量好的原料放入容器中，加入一定量的蒸馏水配制成溶液浓度为 0.3mol/L 的混合溶液；量取一定量的氨水溶于蒸馏水中，充分溶解均匀，配置氨水的浓度为 1mol/L 的沉淀剂，缓慢滴入到钴盐铝盐的混合溶液中；用碱作为沉淀剂，$Co^{2+}$、$Al^{3+}$ 均能与 $OH^-$ 离子反应形成不溶性的 $Co(OH)_2$、$Al(OH)_3$ 沉淀物，化学反应式如下：

$$Co^{2+} + OH^- \longrightarrow Co(OH)_2$$

$$Al^{3+} + OH^- \longrightarrow Al(OH)_3$$

图 5-21 $CoAl_2O_4$ 蓝色颜料的 LAB 色度值与晶粒形貌

(a) LAB 色度值；(b) 晶粒形貌

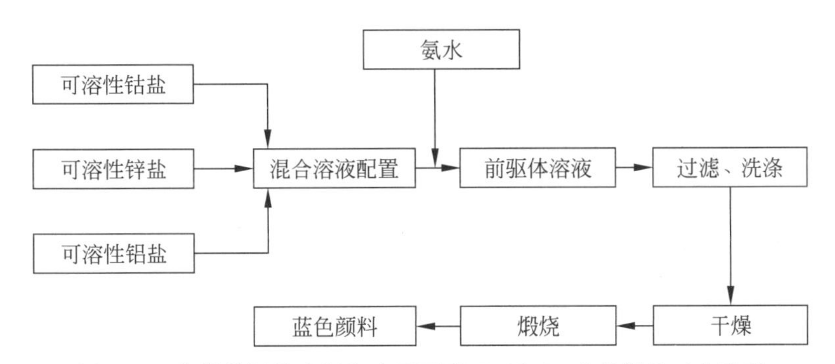


图 5-22 化学共沉淀法制备尖晶石型 $CoAl_2O_4$ 蓝色颜料工艺流程

当溶液的 pH 值为 9 左右时，放置一段时间后，取少量上层清液滴加数滴 0.5mol/L 的氢氧化钠溶液，观察有无沉淀生成，若无沉淀，可结束反应；然后用蒸馏水洗涤沉淀物，过滤，如此反复数次，在 pH 值为 7 左右时，将过滤后的颜料前驱体(沉淀物)置于电热干燥箱中 100℃下干燥；将干燥后的颜料前驱体于 1100～1300℃进行煅烧，再冷却破碎磨细，即可得到尖晶石型钴系蓝色颜料粉末。

有关钴蓝色料煅烧温度与明度和蓝度的关系表明，随着煅烧温度的升高，其明度和蓝度都发生了明显的变化；明度随温度的升高是先升高后降低，在 1200℃时，明度最高，说明在此温度时颜色最亮，在 1200℃时蓝度也达到最大值，其值为－31.47；而到 1280℃时蓝度却降到最小值，其值为－21.90。这种变化可能是由于 1200℃为钴蓝颜料合成的最佳温度，温度过高会使颜料过烧，导致蓝度降低，而温度过低则无法形成尖晶石结构，影响颜料的发色，因此沉淀法制备尖晶石钴蓝颜料的煅烧温度大约为 1200℃。

(3) 均匀沉淀法

即利用某一化学反应使沉淀剂在混合的金属盐溶液内缓慢生成，生成的沉淀离子与金属离子发生反应，沉淀在整个溶液中均匀析出。该方法消除了沉淀剂的局部不均匀性，因此，沉淀物纯度很高，容易过滤、清洗。韩云芳等将尿素加入到一定浓度的铝和钴的盐溶液中，观察不同温度下尿素水解速率及钴蓝前驱体成核过程，发现由于尿素受热分解产生 $OH^-$ 离子均匀缓慢，不需加任何助剂在 1000℃左右温度下焙烧，即可制得色调鲜艳不用粉碎就很松散的钴蓝颜料。

(4) 水热合成法

水热合成法是指在特制的密闭反应容器里,采用水溶液作为反应介质,通过对反应容器加热,创造高温高压的一个反应环境,使前驱体在水热介质中溶解、成核、生长,最终形成具有一定粒度和结晶形态的粉体。水热合成法直接生成结晶良好的粉体,减少了一般液相反应后需要高温煅烧、球磨等可能形成硬团聚及混入杂质的步骤,所合成的粉体晶型完整、团聚程度低,用此法制备的颜料着色能力强,而且易于制备掺杂固熔体颜料。Chen Z. Z. 等以 $AlCl_3 \cdot 6H_2O$ 和 $CoCl_2 \cdot 2H_2O$ 为原料,分别用 NaOH 和 $NH_3 \cdot H_2O$ 合成出具有一定浓度的 $Co^{2+}$、$Al^{3+}$ 前驱体,将前驱体在不同水热温度下反应不同时间,最终合成得到平均粒径为 65～75nm 的钴蓝颜料。研究结果表明,不同水热温度下合成的钴蓝尖晶石相有所不同,215℃水热下是 Co-Al-LDH、γ-AlO(OH) 和 $CoAl_2O_4$ 相,245℃水热下为 $CoAl_2O_4$ 相。

### 5.4.1.3 尖晶石型黑色着色剂的制备

通常将 Fe-Cr-Co 系过渡金属的氧化物按照一定的比例能够合成出尖晶石型黑色色料,黑色料属同晶混合型尖晶石结构,一般由 $Fe_2O_3$-$Cr_2O_3$-$MnO_2$-$Co_2O_3$ 合成,$Co_2O_3$ 是黑色料中必不可少的成分,否则得不到纯黑色调的黑色料。

Fe-Cr-Co 系黑色色料的着色机理分析如下:$Co^{2+}$、$Fe^{3+}$ 和 $Cr^{3+}$ 的光谱吸收可以相互抑制其离子的光透过率,若它们的离子浓度配比调整合适,它们的光谱曲线叠加后可互补,对可见光全部吸收而呈黑色。由于 $Co^{2+}$、$Cr^{3+}$ 的最外层含有未配对电子,基态和激发态能量比较接近,可见光易使其激发而产生强烈的选择性吸收,所以 $Co^{2+}$、$Cr^{3+}$ 的吸光度大,着色能力强,这是黑色色料呈色的主要因素。

通常 $Co^{2+}$、$Cr^{3+}$ 都以稳定的价态处于尖晶石晶格中,着色稳定,而 $Fe^{3+}$ 的最外层 $3d5$ 电子层均为半充满型,吸光度小,着色能力弱,在配方中应尽量增加 $Fe^{3+}$ 的浓度以提高其吸光度,否则 $Fe^{3+}$ 的调色作用不明显;其他尖晶石型黑色色料的形成机理都类似于上述的 Fe-Cr -Co 系黑色色料的机理。尖晶石型黑色着色剂的制备主要包括固相法和液相法。

(1) 固相法

张旭东等人较早进行了 $Co_2O_3$-$Cr_2O_3$-$Fe_2O_3$-$MnO_2$ 系尖晶石型高温黑色料的合成,工艺过程如下:首先将 $Co_2O_3$,$Cr_2O_3$,$Fe_2O_3$,$MnO_2$ 的工业纯化工原料单独球磨过 250 目 (58μm)筛,烘干后再进行配料,配方见表 5-9。配料后再进行球磨,干燥,然后于 1200～1280℃进行煅烧,保温 15min;煅烧后的混合料再次球磨至一定细度,要求完全过 300 目 (50μm)筛,然后用 5%的稀盐酸洗涤至滤液为中性为止。

**表 5-9 $Co_2O_3$-$Cr_2O_3$-$Fe_2O_3$-$MnO_2$ 系尖晶石型高温黑色料的合成配方**

| 编号 | $Co_2O_3$ | $Cr_3O_3$ | $Fe_2O_3$ | $MnO_2$ | 煅烧温度/℃ | 保温时间/min |
|---|---|---|---|---|---|---|
| 1# | 53.33 | 10.00 | 33.34 | 3.33 | 1250 | 15 |
| 2# | 51.60 | 9.70 | 38.70 | | 1250 | 15 |
| 3# | 42.00 | 32.00 | 20.00 | 6.00 | 1200 | 15 |
| 4# | 35.80 | 15.00 | 11.70 | 37.50 | 1200 | 15 |
| 5# | 35.00 | 26.00 | 30.00 | 9.00 | 1200 | 15 |
| 6# | 11.76 | 23.53 | 41.18 | 23.57 | 1280 | 15 |

影响该颜料呈色的主要因素为 $Co_2O_3$ 和 $Cr_2O_3$，而 $MnO_2$ 和 $Fe_2O_3$ 则起调色作用，通过合理的工艺控制和配方调整可制备出含 Co 量低(质量分数 11%～12% $Co_2O_3$)，且呈色稳定纯正，耐高温的 $Co_2O_3$-$Cr_2O_3$-$Fe_2O_3$-$MnO_2$ 系尖晶石型黑色颜料。

值得注意的是，配料前原料的细度会影响固相反应程度。颗粒尺寸越小，反应体系比表面积越大，反应界面积和扩散截面也相应增加，因此反应速率增加。通常化工原料细度达不到工艺要求，所以有必要进行磨细处理。实验结果也表明，原料的细度处理促进颜料的固相反应，同时充分均匀混合也是保证颜料固相反应完全进行的重要条件。

此外，煅烧温度对颜料呈色也有明显影响，过高温度煅烧合成稳定晶体结构的混晶尖晶石，难以得到纯黑色调且又可在高温下保持稳定的色料；但煅烧又必须充分，否则颜料反应不完全。

在高温氧化气氛下较高价态的 $Co_2O_3$、$MnO_2$、$Fe_2O_3$ 为强氧化剂，而低价态的 $Cr_2O_3$ 则为还原剂，这样 $Cr_2O_3$ 在 200℃开始被氧化生成$[CrO_4]^{2+}$，而在 800～1000℃下这种离子的数量占有很大的优势，$Co^{3+}$ 本身被还原为最稳定氧化态 $Co^{2+}$，$Mn^{4+}$ 还原为 $Mn^{3+}$ 和 $Mn^{2+}$，$Fe^{3+}$ 还原为 $Fe^{2+}$。按 $Co^{2+}$ 的光谱吸收特性，$Co^{2+}$ 着蓝色之中带有紫色调，由于部分 $Mn^{3+}$ 会转化成 $Mn^{2+}$，形成稳定结构的 $MnFe_2O_4$ 尖晶石，而 $Mn^{2+}$ 的光谱吸收紫色较多，吸收蓝色少，因此适量的 $Mn^{2+}$ 能增加 $Co^{2+}$ 的蓝色色调，这样在适当比例条件下 $Mn^{2+}$ 能起到节约 Co 的作用。

但随着温度的进一步提高，由于 $Cr^{6+}$ 为不稳定氧化态，在高于 1000℃时能把 $Mn^{2+}$、$Fe^{2+}$ 重新氧化成 $Mn^{3+}$、$Fe^{3+}$，本身被还原成稳定的氧化态$[Cr_2O_4]^{2-}$，这样 $Cr^{6+}$ 就保持了 $Mn^{3+}$ 和 $Fe^{3+}$ 的高价状态，最终形成稳定的 $CoFe_2O_4$ 和 $CoMnCrO_4$ 尖晶石，使 $Mn^{3+}$ 和 $Fe^{3+}$ 着色稳定，而大大加强 $Mn^{3+}$ 的着色能力，增强了绿色区的吸收，起到节约 Cr 的作用；同时 $Co^{2+}$ 与 $Fe^{3+}$，$Mn^{3+}$ 与 $Cr^{2+}$ 的光谱吸收能相互抑制其离子的光透过率，若它们的浓度配比调整合适，$Co^{2+}$ 和 $Fe^{3+}$、$Cr^{3+}$ 和 $Mn^{3+}$ 的光谱曲线叠加后可互补并对可见光全部吸收而呈黑色，如表 5-9 中的 6 号配方所示。

(2) 液相法

对于 Fe-Cr-Co 系 $Co_xFe_{1-x}Cr_2O_4$ 和 $Co_xFe_xCr_{2-x}O_4$ 尖晶石型黑色色料的液相法制备，其工艺流程如图 5-23 所示。

赵鑫鑫等采用 $Cr(NO)_3$-$9H_2O$、$Co(NO_3)_2$：$6H_2O$、$Fe(NO_3)_39H_2O$ 和尿素(99%)为初始原料，按照适量的摩尔比进行配料，在加热搅拌条件下，将 $Cr(NO)_3$-$9H_2O$、$Co(NO_3)_2$：$6H_2O$ 和 $Fe(NO_3)_39H_2O$ 溶解在去离子水中，按照尿素与金属离子总量的摩尔比混合加入尿素，恒定反应温度 90℃，用 pH 计记录反应过程中的 pH 变化，直至不再产生气泡(即尿素完全分解)，反应完全后得到前驱体沉淀物，沉淀过程中三种金属离子发生沉淀反应是有序进行的，沉淀顺序为 $Fe^{3+}$、$Cr^{3+}$ 和 $Co^{2+}$，最终的产物为 $Fe(OH)_3$、$Cr(OH)_3$ 和 $Co(OH)_2$ 的混合物。

然后用去离子水将其洗涤数次，至溶液 pH=7；再用无水乙醇继续洗涤 2 次，洗至水分完全消失，再进行过滤，得到前驱体沉淀物，经干燥后得到前驱体粉末。再对前驱体粉末进行煅烧，温度为 600～1050℃。平均升温速率 15℃/h，得到尖晶石型黑色色料粉体。分析不同煅烧温度对 $CoCr_{0.4}Fe_{1.6}O_4$ 型反射率的影响可以看出：850℃煅烧色料的反射率最低，随着温度的升高，钴黑色料的反射率逐渐增大，1050℃的反射率整体最高，这说明温度升高对样品反射率的影响很大，且不利于呈色。

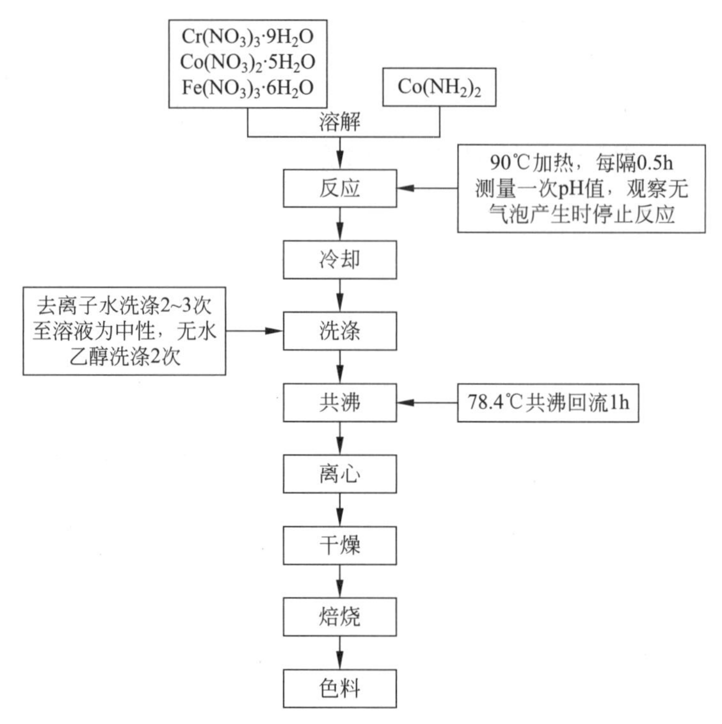


图 5-23　Fe-Cr-Co 系尖晶石型黑色色料的液相法

在 $Co_xFe_{1-x}Cr_2O_4$ 型配方中按 $x=0.5$ 配比制备钴黑色料纳米粉体，$L$ 值整体趋势最小，且随温度升高 L 值变化比较小。$Co_xFe_xCr_{2-x}O_4$ 型配方中 $x=0.4$ 配比制备钴黑色料纳米粉体，$L$ 值整体趋势最小，且随温度升高 $L$ 值变化比较小。$Co_xFe_{1-x}Cr_2O_4$ 和 $Co_xFe_xCr_{2-x}O_4$ 两种类型配方制备样品的 $L^*$ 值和反射率相比较，后者的呈色效果更好，且 $x=0.4$ 配方制备色料的整体呈色性能最好。

根据色度指数的含义可知：$L^*$ 数值在 0～50 范围内样品呈现黑色，50～100 时呈现白色，即随着 $L^*$ 值增大亮度逐渐增加；$L^*$ 为最大值 100 时，呈色为纯白色；$L^*$ 为最小值 0 时，颜色为纯黑色；$a>0$，颜色泛红，$a<0$，颜色泛绿；$b>0$，颜色泛黄，$b<0$，颜色泛蓝，0 为中性色。若 $a<|b|$（$b$ 的绝对值），呈泛黄（蓝）的黑色；$a>|b|$，呈泛红的黑色。为了得到纯正的黑色，要求样品的 $L^*$ 值越接近于零越好。上述根据通式 $Co_xFe_{1-x}Cr_2O_4$ 型制备出的色料 $L^*$ 值主要集中在 15～30，大多数存在随着温度升高 $L^*$ 值增加的现象。

## 5.4.2　硅酸锆基着色剂

### 5.4.2.1　硅酸锆基着色剂的发展及分类

1949 年，C. A. Seabright 在美国申请了第一个锆基陶瓷色料——V-$ZrSiO_4$ 蓝，从此，锆基陶瓷色料得到了陶瓷工业同行的广泛关注。20 世纪 50 年代后期，由于稀土化学工业的快速发展，研制成功了 Pr-$ZrSiO_4$ 黄色料，1961 年发现了 Fe-$ZrSiO_4$ 红色料，70—80 年代开发了新型锆基包裹红色料；可见，锆基陶瓷色料的研究一直是陶瓷色料研究的热点。现已形成了三大锆基色料系列，即 V-$ZrSiO_4$ 蓝、Pr-$ZrSiO_4$ 黄、Fe-$ZrSiO_4$ 红，同时成为陶瓷色料的一个重要体系，并构成了锆基色料三基色。锆基色料之所以引起如此广泛的关注缘于以下两点：(1)合成原料丰富；锆基色料的合成原料主要是 $ZrO_2$ 和 $SiO_2$ 及少量的着色剂和外加剂，$ZrO_2$ 和 $SiO_2$ 在地壳中的含量极其丰富，而制备 $ZrO_2$ 的锆英砂($ZrSiO_4$)价格便宜，工艺处理过程相对简单，处理成本较低；(2)锆基色料显色稳定、鲜艳，光谱反射曲线平滑，高温稳定性好，耐化学侵蚀，能与很多其他种类的色料混合配色。下面介绍锆基陶瓷色料的分类。

(1) 固溶型锆基色料，着色成分以离子状态分布在 $ZrSiO_4$ 晶格中，通常这类着色离子会置换硅酸锆晶格中的 $Zr^{4+}$ 离子，占据 $Zr^{4+}$ 的结点位置，使硅酸锆晶格畸变，从而改变对可见光的吸收和反射。例如，锆钒蓝中的着色离子 $V^{4+}$ 离子固溶在硅酸锆晶格中，形成了固溶体。一些研究者认为，着色离子能否进入硅酸锆晶格置换 $Zr^{4+}$ 离子占据在氧离子的立方体之中，取决于互换离子的粒径之差是否在合适的范围内。在固溶体中，如果以 $r^1$ 和 $r^2$ 分别代表着色离子半径和被置换离子的半径，当 $|r^1-r^2/r^1|$ 的值小于15%时，才容易形成连续的固溶体，当此值在15%～30%时，只能形成有限的固溶体，如大于30%则一般很难形成固溶体。

(2) 包裹型锆基色料：是指将烧成温度较低的色料包裹保护在耐高温的硅酸锆晶体之中的一类色料，此类色料是在硅酸锆晶体中引入了发色的晶体颗粒基体而呈色，源自发色颗粒或团簇对硅酸锆晶体中大量空间的占据。包裹型色料的粒径常常比离子取代型色料略大，后续的研磨和酸洗等处理容易导致着色剂流失，从而导致包裹率降低、发色效果削弱等问题。在包裹型硅酸锆色料的研究中，硅酸锆包裹硫硒化镉大红色料成为最有市场的高温陶瓷色料，已经实现工业化生产。

由于锆基色料的高温稳定性好、透明性好、耐腐蚀性强且膨胀系数较小，工业界已开发出一系列锆基色料，如表5-10所示。

**表5-10　锆基色料的化学组成与呈色关系**

| 呈色 | 锆基色料的组成 | 呈色 | 锆基色料的组成 |
|---|---|---|---|
| 黄色 | $ZrO_2$-$SiO_2$-$Pr_6O_{11}$ | 珊瑚红 | $ZrO_2$-$SiO_2$-$Fe_2O_3$ |
| | $ZrO_2$-$SiO_2$-$MoO_3$ | 粉色 | $ZrO_2$-$SiO_2$-$MnO_2$ |
| | $ZrO_2$-$SiO_2$-$Pr_6O_{11}$-$MoO_3$ | 微绿的蓝 | $ZrO_2$-$SiO_2$-$Co_2O_3$ |
| | $ZrO_2$-$SiO_2$-$Ce_2O_3$-$Tb_4O_7$ | 蓝绿色 | $ZrO_2$-$SiO_2$-$V_2O_5$ |
| | $ZrO_2$-$SiO_2$-$Tb_4O_7$ | 钻石绿 | $ZrO_2$-$SiO_2$-$Cr_2O_3$ |
| 象牙黄 | $ZrO_2$-$SiO_2$-$Ce_2O_3$ | 灰色 | $ZrO_2$-$SiO_2$-$Co_2O_3$-$Ni_2O_3$ |
| 橘红色 | $ZrO_2$-$SiO_2$-$Pr_6O_{11}$-$Ce_2O_3$ | 棕灰色 | $ZrO_2$-$SiO_2$-$Mo_2O_3$-$WO_3$ |
| 桃红色 | $ZrO_2$-$SiO_2$-$Er_2O_3$-$Ce_2O_3$ | 红色 | $ZrSiO_4$ 包裹 Cd(S,Se) |
| 蓝紫色 | $ZrO_2$-$SiO_2$-$Nd_2O_3$-$Ce_2O_3$ | 玫瑰红 | $ZrSiO_4$ 包裹 Cd(S,Te) |
| 红紫色 | $ZrO_2$-$SiO_2$-$Nd_2O_3$ | 灰色 | $ZrSiO_4$ 包裹 SnS |
| 蓝绿色 | $ZrO_2$-$SiO_2$-CuO | 灰色 | $ZrSiO_4$ 包裹 $MoS_2$ |
| | $ZrO_2$-$SiO_2$-$Cr_2O_3$-PbO | 灰色 | $ZrSiO_4$ 包裹 PbS |
| 灰绿色 | $ZrO_2$-$SiO_2$-$Li_2O$-$V_2O_5$ | 蓝色 | $ZrSiO_4$ 包裹 Cu |
| 亮绿色 | $ZrO_2$-$SiO_2$-$SnO_2$-$V_2O_5$ | 蓝色 | $ZrSiO_4$ 包裹(Co,Zn)$Al_2O_3$ |
| 微绿的黄 | $ZrO_2$-$SiO_2$-$Ni_2O_3$ | 灰紫 | $ZrSiO_4$ 包裹 Ag |

#### 5.4.2.2 固溶型锆基色料的制备

固溶型锆基色料是通过在硅酸锆基体中掺入适量的着色离子或基团而显色的一类色料，着色离子一般通过取代 $ZrSiO_4$ 晶体中的 $Zr^{4+}$ 而形成固溶体，因此，$ZrSiO_4$ 晶格发生畸变而改变了对可见光波长的吸收和反射。最为典型的固溶型锆基色料当属锆钒蓝和锆镨黄色料，锆钒蓝是 $V^{4+}$ 取代 $ZrSiO_4$ 的 $Zr^{4+}$ 而形成置换型连续固溶体，该色料在可见光波谱中约 475nm 处形成一个较宽的反射峰，因此该色料呈海蓝色；锆镨黄色料是色度最纯的色料之一，镨元素的三价离子或四价离子部分取代 $ZrSiO_4$ 晶格中的 $Zr^{4+}$ 而形成间隙型固溶体，引起晶格畸变而使得该色料在可见光波谱 590～780nm 发生极强的反射，色料呈现明艳的柠檬黄色。

(1) 钒锆蓝 V-$ZrSiO_4$ 的固相合成

固相法原料中的锆源可采用工业级 $ZrO_2$ 原料，硅源可采用矿物级或工业级 $SiO_2$ 原料，着色剂多采用工业级的 $V_2O_5$ 或 $NH_4VO_3$，矿化剂多使用 NaF。工艺流程是首先将硅源和锆源进行混合研磨，再加入着色剂和矿化剂，充分混合均匀，经高温煅烧后，将反应产物球磨、水洗、酸洗、干燥后粉碎，得到钒锆蓝色料。研究表明原料的粒径和细度、配方中 $ZrO_2/SiO_2$ 的配比、矿化剂的种类和煅烧条件等都对色料的呈色有影响。有时为了提高色料的稳定性及呈色强度等性能，还要进行二次烧成，将其色料成本提高。

在钒锆蓝 V-$ZrSiO_4$制备中，另一个值得关注的问题是 V 的价态。早期研究认为在 V-$ZrSiO_4$ 蓝色料中，V 是以+4 价的形式固溶到 $ZrSiO_4$晶格中，并取代[$ZrO_8$]十二面体中的 $Zr^{4+}$而呈蓝色；后来，国外一些学者从 V-O 系统中分离出一种化合物——$V_3O_7$(即 $VO_2$ + $V_2O_5$)，该化合物具有明亮的蓝色，且有明显的 X 射线光谱，这说明该化合物具有规则的微观结构。所以，在 V-$ZrSiO_4$ 蓝色料中，可能同时存在着三种价态，+3、+4、+5，但以+4 价为主。V-$ZrSiO_4$的蓝色就是多价态共同作用的结果，而且进一步研究表明，在 V-$ZrSiO_4$ 中，$V^{4+}$取代的是[$SiO_4$]四面体中的 $Si^{4+}$ 的位置，而不是[$ZrO_8$]中的 Zr。

(2) 镨锆黄 Pr-$ZrSiO_4$ 的固相合成

镨锆黄 Pr-$ZrSiO_4$ 属稀土类色料，该色料呈色鲜亮，性能稳定，可与其他色料混合着色。

Pr-$ZrSiO_4$ 色料在光谱反射曲线上，位于 560nm 处有一个极强的反射峰，恰好对应于黄色光波。

Pr-$ZrSiO_4$ 色料制备的主要原料为 $ZrO_2$、$SiO_2$、$Pr_6O_{11}$，矿化剂为 NaF；$Pr_6O_{11}$ 加入量通常为 5%(质量分数，下同)，若 $Pr_6O_{11}$ 的加入量超过 5%，也不会获得更深的色调，即对黄色的增强没有明显作用；但 $Pr_6O_{11}$ 的加入量少于 5%，则呈色效果就会减弱。此外，Pr-$ZrSiO_4$色料对 $ZrO_2$ ∶ $SiO_2$ 比例不是很敏感；而在 V-$ZrSiO_4$ 蓝色料中，$ZrO_2$ ∶ $SiO_2$之比对色调影响比较明显。这是因为在锆基镨黄制备中，除了生成 Pr-$ZrSiO_4$ 固溶体外，$Pr_6O_{11}$ 不会与 $ZrO_2$或 $SiO_2$反应生成别的稳定型的呈色化合物。在镨锆黄制备中，矿化剂也是不可缺少的，否则 $ZrSiO_4$ 晶体不易形成，相应 Pr 着色离子固溶于 $ZrSiO_4$ 晶格中的量就会减少，而不能获得理想的色料。在镨锆黄制备中，含镨的化合物在高温阶段也存在气化作用，这与钒-锆蓝很相似。矿化剂的作用主要是形成含 Si 的挥发性物质，以增加 $Si^{4+}$ 与 $ZrO_2$ 的反应几率，加快 $ZrSiO_4$ 的形成，$Pr^{4+}$ 就是在这一过程中固溶到 $ZrSiO_4$晶体中的。矿化剂的反应机理如下：

(1) $SiO_2 + 4NaF \longrightarrow SiF_4(g) + 2Na_2O$　(挥发性物质的形成)

(2) $SiF_4 \longrightarrow Si^{4+} + 4e^- + 2F_2$　(挥发性物质的分解)

(3) $Si^{4+} + 4e^- + ZrO_2 + O_2 \longrightarrow ZrSiO_4(s)$　(晶体的形成)

总的化学反应：$SiF_4(g) + ZrO_2 + O_2 \longrightarrow ZrSiO_4(s) + 2F_2$

在 Pr-$ZrSiO_4$ 中，$Pr^{4+}$ 是取代晶格中的 $Zr^{4+}$，引起晶格畸变而呈色的，故镨锆黄色料的晶体结构也属锆英石型。

### 5.4.2.3　异晶包裹型锆基色料的制备

异晶包裹型色料是一个基团，整个着色基团被 $ZrSiO_4$ 晶体所包裹的一类色料，该类色料呈现颜色是因为发色晶体颗粒基团的引入而非发色离子的作用，所以该类色料中至少存在两类晶体，故称为异晶。在异晶包裹型锆基色料中，色料颗粒或团簇作为着色剂在 $ZrSiO_4$ 中占用大量空间，这与固溶型色料中在原子或其他极小基团级别的取代有着根本的不同，所以，这类色料的颗粒尺寸一般比固溶型色料大，这些差别也在极大程度上决定了两种色料的制备方法的差异。

硅酸锆包裹硫硒化镉大红色料是将 $CdS_xSe_{1-x}$ 晶体包裹在高温稳定的 $ZrSiO_4$ 晶体中，除了提高色料的高温稳定性，还可有效地防止 $CdS_xSe_{1-x}$ 被化学物质氧化或腐蚀。在色料的制备加热过程中，由于硫硒化镉晶体的生成温度明显低于 $ZrSiO_4$ 晶体的生成温度，两种晶体的生成过程没有交集和干涉，也不发生其他反应而产生副产物，从而能制备高温稳定性好的硫硒化镉色料。

制备硅酸锆包裹硫硒化镉大红色料的方法主要有两种，分别是固相反应合成法(又称干法)与液相合成法(又称湿化学法或化学沉淀法)。

(1) 固相反应合成法

固相反应合成法的一般制备工艺：先将能形成包裹体硅酸锆晶体的化合物 $ZrO_2$ 和 $SiO_2$ 与能生成着色剂硫硒化镉的化合物 $CdCO_3$、$Na_2S$ 和 Se，一并与 NaF 或 LiF 等矿化剂混合，再将混合料在 1000～1200℃高温下煅烧，其中着色剂 $CdS_xSe_{1-x}$ 晶体约在 500℃时形成，包裹体 $ZrSiO_4$ 则在 750℃以上生成；将煅烧反应得到的色料用强酸洗去未被包裹或包裹不完全的 $CdS_xSe_{1-x}$，最后经水洗、烘干后得到硅酸锆包裹硫硒化镉色料。固相反应合成法工艺较简单，生产设备简易，但包裹率一般只有 1%～2%，色料呈色较弱，应用性较差。

(2) 化学沉淀法

化学沉淀法的典型工艺是采用氧氯化锆和硅酸钠为锆源和硅源，首先将 $ZrOCl_2$ 和 $Cd(NO_3)_2$ 制成混合溶液，再将 Se 粉溶于 $Na_2S$ 溶液中得到含 Se 和 S 的溶液，将上述两种溶液混合共沉淀，在不停搅拌下加入一定比例的水玻璃，并用 NaOH 溶液调节反应体系的 pH 值，得到沉淀物，经水洗、干燥、粉碎过筛后，加入适量的矿化剂 LiF，置于球磨机中混合均匀，然后将混合均匀的干粉放入坩埚中，在 900～1200℃下煅烧一定时间，将煅烧后的产物经粉碎、酸洗和水洗处理，除去未被包裹的着色剂和不符合要求的产物，经充分干燥后，即可得到硅酸锆包裹的 $CdS_xSe_{1-x}$ 大红色料，其工艺流程如图 5-24 所示。

化学沉淀法制备色料的生产工艺略为复杂，但包裹率可达 7%～12%，色料的呈色力强，应用范围广。此外，采用溶胶-凝胶法制备硅酸锆包裹的 $CdS_xSe_{1-x}$ 色料的一般工艺是将可溶性锆盐和水玻璃在特定分散剂和溶剂中分别制成溶胶，在不断搅拌下将两种溶胶迅

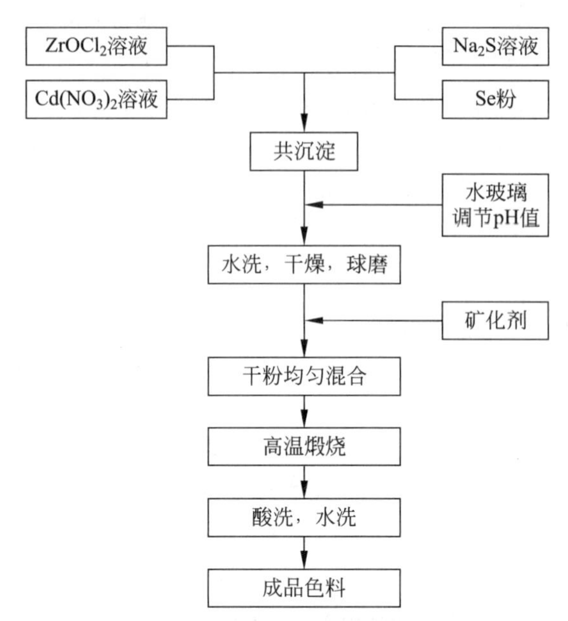


图 5-24 化学沉淀法制备硅酸锆包裹硫硒化镉大红色料的工艺流程

速混合，并加入预先制备的 $CdS_xSe_{1-x}$ 悬浮液，控制混合体系的 pH 值，静置一段时间后，过滤、干燥、研磨过筛，再加入一定比例的 LiF 矿化剂和助剂混合均匀，在 800～1200℃高温下煅烧，产物经酸洗、碱洗、水洗后，最后经干燥和研磨后即可制得包裹色料。用该法制备的色料均匀性好，纯度高，与化学沉淀法制备的色料在呈色性能和包裹率方面差别不大。

## 5.4.3 钙钛矿型着色剂

### 5.4.3.1 $ABO_3$ 钙钛矿晶体结构特征

在 $ABO_3$ 钙钛矿型复合氧化物中，A 位是稀土或碱土金属离子，通常起稳定结构作用，B 位则由较小的过渡金属离子所占据。由于它的晶体结构稳定，特别是在用其他金属离子部分取代 A 位或 B 位离子后，可以形成阴离子缺陷或不同价态的 B 位离子，使其性能得到改善，而晶体结构却不会发生根本改变。$ABO_3$ 型钙钛矿结构中 B 离子有六个氧与之配位，A 离子有十二个氧与之配位，$O^{2-}$ 有四个 A 离子、两个 B 离子与之相连。如果 B 离子占据晶胞的体心，$O^{2-}$ 则位于晶胞的面心，A 离子位于晶胞的各个顶点。当 A 离子处于晶胞的体心时，$O^{2-}$ 则位于晶胞各条棱的中点，而 B 离子则处在顶角上。从整体结构来看，八面体之间顶角相连，构成了 B 氧离子链，图 5-25 是其结构示意图。

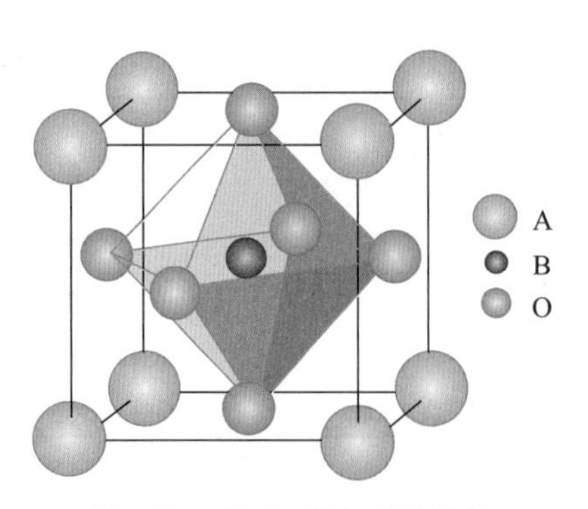


图 5-25 $ABO_3$ 钙钛矿的结构

### 5.4.3.2 钙钛矿型色料及合成

(1) 钙钛矿型铬钇铝红色料

俞康泰等对铬钇铝红的呈色机理进行了分析：[$AlO_6$]八面体间通过顶角相互连接，八面体

的中心是 $Al^{3+}$；$Al^{3+}$ 间组成一个正方体，[$AlO_6$]八面体相互连接，中间形成大空隙，$Y^{3+}$ 则占有空隙中的位置；当 $Cr^{3+}$ 置换 $Al^{3+}$ 时，由于这是等价离子置换，不会产生电缺陷，$A^{3+}$ 的离子半径为 0.050nm，而 $Cr^{3+}$ 的离子半径为 0.069nm，在铬钇铝色料的晶体结构中由于大离子置换小离子，其结果必然会造成正方晶歪斜，即晶格畸变，它直接导致了原对称型的破坏，其影响是沿 Z 轴方向的同心配合体相对其他而言，离中心离子较远，结果是 $d_{xy}d_{x^2-y^2}$ 和 $d_{xz}-d_{yz}$ 的轨道分裂，并引起 $Cr^{3+}$ 离子的 3 个轨道电子 $3d^3$ 从基态 $4A2$ 向两个激发态 $4T2$ 和 $4T1$ 转移。当位于[$AlO_6$]八面体中的 $Al^{3+}$ 为 $Cr^{3+}$ 所置换时，由于晶格畸变、正负电荷中心不重合所形成的电场可以吸收波长为蓝色和绿色区域的可见光谱，其结果是在红色的强烈散射中伴随着轻弱的紫色散射，最终形成了相当强烈的红宝石艳红色。

通常随着 $Cr_2O_3$ 含量的增加，颜色从红到大红再到棕红，颜色越来越深；随着钙钛矿($ABO_3$)型分子式 $A_x(Al_{2-x-y}Cr_y)O_3$，红色料中改变发色剂的数量以及 A 种类，就能够得到一个宽广范围的色调，而最好的效果在 $x=1$，$0.025<y<0.060$，此时，式中 A 为 Nd、Er、Yb、Y。

(2) 钙钛矿型黑色剂

钙钛矿型$(La_{1-x}Ca_x)(Cr_{1-y}Al_y)O_3$ 黑色剂也是一种高温色剂，熊焰等人报道了一种简便的制备方法：采用 $La_2O_3$、$CaO$、$Cr_2O_3$、$Al_2O_3$ 粉末作为黑色剂合成的原料，进行湿法研磨至粒径小于 1μm，并混合均匀，然后将浆料烘干，在马弗炉中于 1200℃煅烧 1h；能够在高温下协同作用形成具有钙钛矿结构($ABO_3$)的黑色剂，其中 La、Ca 作为混合元素 A，Cr、Al 作为混合元素 B；这种钙钛矿晶体结构的黑色剂具有优异的高温稳定性，即便在 1450～1550℃的温度下也不会出现分解和色移，且上述原料中不含有常用原料钴，也有利于降低成本。

该合成工艺中值得注意的是 $La_2O_3$、$CaO$、$Cr_2O_3$、$Al_2O_3$ 的摩尔比为$(1-x):x:(1-y):y$，其中 $0<x\leqslant0.4$，$0<y\leqslant0.5$，$x$，$y$ 过小或超出比例都不利于最终黑色的形成，$x$ 过高会使色剂偏绿色，$y$ 过高会使色剂偏红褐色。另外需控制黑色剂制备过程中的煅烧温度范围为 1050～1250℃，温度过高会使晶体粗大，不利于晶胞生长，过低会使色剂密度过低，不利于黑色的形成；控制煅烧时间为 1～1.5h 为宜，时间过长会使色剂挥发，过低会煅烧不充分，不利于色剂的形成。

若将上述黑色剂(黑色剂占氧化锆粉体质量分数 2.5%)与氧化锆粉体球磨混合均匀，压制成型，于 1450℃烧结保温 2h，就可得到黑色氧化锆陶瓷。显微结构的扫描电镜分析表明，所制备的黑色氧化锆陶瓷无残余气孔，如图 5-26 所示；加入的黑色剂颗粒均匀分布于氧

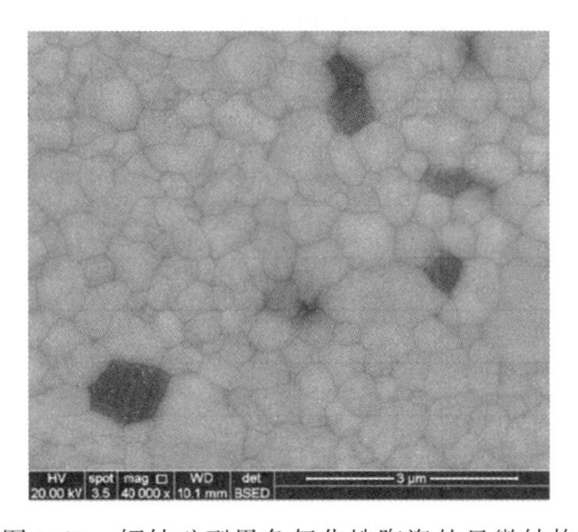


图 5-26　钙钛矿型黑色氧化锆陶瓷的显微结构

化锆基体中，该黑色氧化锆陶瓷兼具良好的力学性能与黑色度，密度为 6.02g/$cm^3$，抗弯强度为 970MPa，色度值 $L=45$、$a=-0.08$、$b=-0.21$。

## 5.5 氧化锆陶瓷的着色技术

### 5.5.1 固相法制备彩色氧化锆

固相法即以固态物质为出发点来获得彩色氧化锆的方法。该方法是将着色剂、烧结添加剂或稳定剂等氧化物颗粒按照一定化学配比，掺入到氧化钇稳定的氧化锆纳米粉体中进行混合、球磨，在此过程中使固体颗粒晶粒细化以便实现低温化学反应。

固相法制备彩色氧化锆陶瓷具有工艺简单、可采用常用化学原料、成本低、操作方便、易于工业化等优点，但固相法潜在的问题是不易完全破坏较细的纳米颗粒的团聚，使着色相和基体纳米颗粒完全混合均匀，固相法的工艺流程如图 5-27 所示。

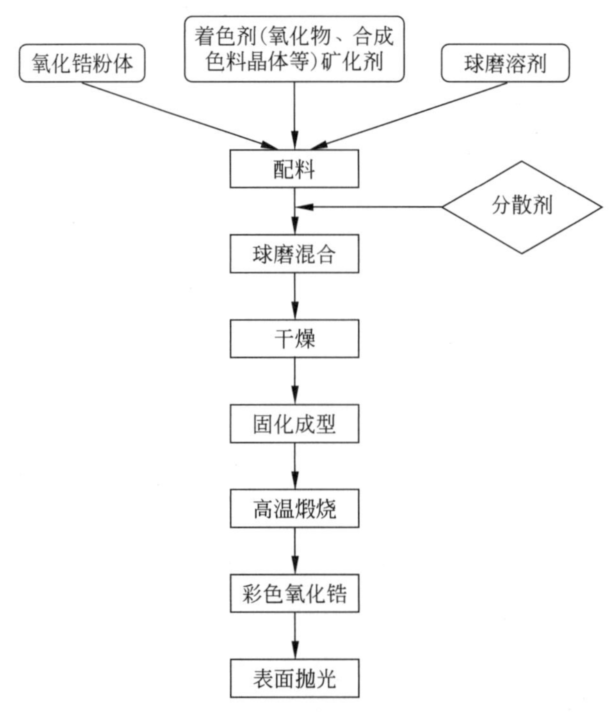


图 5-27 固相法的工艺流程

#### 5.5.1.1 固相法制备黑色氧化锆陶瓷

黑色氧化锆陶瓷制备采用固相法比较悠久，工艺相对简单。早期采用在 Y-TZP 粉体中固相混合加入 $Co_3O_4$、$Cr_2O_3$、$TiO_2$、$Al_2O_3$ 等制备黑色氧化锆陶瓷材料，但是颜色的稳定性较差，烧结温度不能过高，否则着色剂挥发严重，而且 Cr 不利于环保，为此 Briod R 在氧化锆粉末中直接添加耐高温的尖晶石型 $CoFe_2O_4$ 黑色剂来制备黑色氧化锆陶瓷，这样就避免了重金属 Cr 的使用。

日本京瓷公司在黑色氧化锆陶瓷制备方面做了大量研究和试验，他们采用平均粒径为

0.35$\mu$m、含有3%(摩尔分数) $Y_2O_3$ 作为稳定剂的3Y-$ZrO_2$ 粉,平均粒径为2$\mu$m 的 $Al_2O_3$、CoO、MgO 粉末,参照表5-11的配方(均为质量分数)进行配料来制备黑色氧化锆陶瓷。其工艺过程是将配料粉与分散剂和水一起放入振动磨机中进行混合磨细得到浆料,再向浆料中添加规定量的黏结剂聚乙烯醇溶液混合,然后使用喷雾干燥装置对浆料进行喷雾造粒,使用该造粒粉料通过干式加压成型得到成型体。成型体脱脂后,在大气气氛中对于试样No.1～3、No.5～7,在1200℃的温度下保温2h后,再于1580℃的温度下烧结2 h,由此得到黑色氧化锆陶瓷。另一方面,对于试样No.4,不进行1000℃以上、1300℃以下的保温,而是直接升温至1580℃的温度下烧结2h得到陶瓷试样。

**表5-11　京瓷公司黑色氧化锆陶瓷原料配比及着色性能**

| 试样编号No. | 稳定化氧化锆粉末/% | 氧化铝粉末/% | 氧化钴粉末/% | 氧化锰粉末/% | 固溶体晶体的面积占有率/% | 针孔的个数/个 | $L^*$ | $a^*$ | $b^*$ |
|---|---|---|---|---|---|---|---|---|---|
| 1 | 99.2 | 0.3 | 0.3 | 0.2 | 1 | 4 | 6 | −14 | −8 |
| 2 | 98.7 | 0.5 | 0.5 | 0.3 | 1.5 | 4 | 7 | −13 | −10 |
| 3 | 96.5 | 1.5 | 1.3 | 0.7 | 4 | 5 | 10.5 | −6.5 | −14.5 |
| 4 | 96.5 | 1.5 | 1.3 | 0.7 | 无固溶体晶体 | 14 | 5 | −3 | −5 |
| 5 | 95 | 3 | 1.3 | 0.7 | 6 | 7 | 15 | −3 | −21 |
| 6 | 94 | 4 | 1.3 | 0.7 | 7.5 | 9 | 22 | 0 | −30 |
| 7 | 93 | 5 | 1.3 | 0.7 | 8 | 9 | 25 | 1 | −33 |

对上述各试样的表面进行研磨,然后用光学显微镜以10倍的倍率观察各试样的表面,将直径50$\mu$m以上的孔视为针孔,统计针孔的个数和各试样表面存在的针孔数量。然后对各试样中铝酸钴晶体中是否存在固溶有锰的固溶体进行确认;切割各试样,将切割的截面进行镜面研磨后在1410℃下热处理10min,将热处理后的表面作为测定面进行面分析。然后,在所获得的彩色图谱中,通过在铝酸钴晶体的存在位置即铝、钴和氧重叠的区域中是否检测到锰来确认是否存在固溶体晶体,其结果是试样No.1～3、No.5～7中存在固溶体晶体;与此相对,试样No.4中不存在固溶体晶体。

然后使用色彩色差计(Konica Minolta公司出品, CM-700d),计算出各试样在CIE 1976$L^*a^*b^*$颜色空间的亮度指数$L^*$、色度指数$a^*$和$b^*$。结果表明,试样No.4的针孔的个数为14个,与此相对,试样No.1～3、No.5～7的针孔的个数为9个以下。由此可知,锰不是以易脱粒的氧化锰的形式存在,而是固溶于铝酸钴晶体中,因此制备过程中不易产生针孔。

此外,在试样No.1～3、No.5～7中,试样No.2、3、5、6的亮度指数$L^*$为7～22,色度指数$a^*$为−13～0,色度指数$b^*$为−30～−10,呈现有深度的深蓝色调。由此可知,如果固溶体晶体的面积占有率为1.5%～7.5%,则在使用时脱粒的可能性小,因此能够耐受长期使用。

### 5.5.1.2 固相法制备红/黑两色氧化锆陶瓷

日本东曹公司以2%(质量分数)氧化铒粉末和含有3%(摩尔分数)氧化钇稳定氧化锆粉末(含有质量分数0.25%的氧化铝,商品名:TZ-3YSE),BET比表面积为$8m^2/g$,使用直径10mm的氧化锆球,在乙醇溶剂中利用球磨机将这些粉末混合球磨24h。将混合后的粉末干燥而获得粉红色氧化锆粉末。在得到的粉红色氧化锆粉末中混合丙烯酸黏合剂,将其作为粉红色氧化锆原料,氧化锆粉末的体积含量为45%;再使用市售的黑色氧化锆粉末(商品名:TZ-Black,东曹公司),该粉末有以下组成:由含有铁及钴的尖晶石氧化物和含有摩尔分数3%的氧化钇的氧化锆构成的粉末,所述含有铁及钴的尖晶石氧化物中部分钴被Zn取代,且部分铁被Al取代,即$(Co_{0.7}Zn_{0.3})(Fe_{0.7}Al_{0.3})_2O_4$;另外,黑色氧化锆粉末中的尖晶石型固溶氧化物的质量含量为3.5%。

对上述粉红色氧化锆原料进行注射成型,获得具有凸部的圈环状的红色氧化锆成型体,注射成型的条件中,将成型用的模具的温度设定为60℃,将压力设定为100MPa。随后在得到的粉红色氧化锆成型体上注射成型黑色氧化锆原料。由此,在粉红色氧化锆成型体上叠加有黑色氧化锆成型体,获得两者接合而成的二次成型体;二次成型用的模具的温度设定为50℃,使一次成型温度比二次成型温度高10℃。将得到的成型体在大气中以升温速度2.0℃/h、脱脂温度为450℃及脱脂时间为4h的条件进行脱脂处理。

将脱脂处理后的成型体在大气中以升温速度为100℃/h、烧成温度为1400℃及烧结时间为2h的条件进行烧成,由此获得一次烧结体。将得到的一次烧结体配置于氧化铝坩埚中,在纯度99.9%的氩气气氛下,在1350℃和150MPa条件进行HIP处理,保温时间为1h,得到的粉红色/黑色氧化锆烧结体的粉红色氧化锆烧结体和黑色氧化锆烧结体的体积比为41∶59,相对密度为99.8%。对该烧结体的黑色氧化锆烧结体侧的表面进行加工,直至清晰确认粉红色氧化锆烧结体的凸部为止。由此,将粉红色/黑色氧化锆烧结体制成在黑色氧化锆烧结体的表面上具有由粉红色氧化锆烧结体制成的花纹的圈环;通过对表面加工后的圈环进行研磨处理,获得强烈光泽感的圈环。

### 5.5.1.3 固相法制备氧化锆/氧化铝彩色复相陶瓷

刘丽菲等报道了75% $ZrO_2$+25% $Al_2O_3$为陶瓷基料,加入单一着色氧化物或两种着色氧化物,通过固相反应来制备不同色彩的陶瓷件。首先参照表5-12的配方进行配料,放入球磨机湿法研磨,为防止原料板结,在湿磨后的烘干过程中,待水分蒸发掉一部分后加入一定量无水乙醇烘至半干时加入乙醇继续烘干。然后采用干压成型法,将配制好的混合粉料置入内径2cm的金属磨具中,施加压力制成直径为2cm的圆形陶瓷坯片,陶瓷坯片置于高温炉中于1350~1550℃温度烧结,保温时间均为3h,最后随炉冷却,得到不同色彩的氧化锆/氧化铝彩色复相陶瓷。

表5-12 制备氧化锆/氧化铝彩色陶瓷着色剂及用量

| 配方 | 着色剂比例/% | 着色剂 | 颜色 |
|---|---|---|---|
| a | 5 | $Fe_2O_3$ | 红色 |
| b | 3 | $MnO_2$ | 灰黑色 |

续表

| 配方 | 着色剂比例/% | 着色剂 | 颜色 |
|---|---|---|---|
| c | 2 | $Co_2O_3$ ∶ $Fe_2O_3$ =5∶5 | 墨绿色 |
| d | 10 | $Co_2O_3$ ∶ $SiO_2$ =9∶1 | 蓝色 |
| e | 8 | NiO | 浅绿色 |
| f | 5 | $Cr_2O_3$ ∶ $SiO_2$ =9∶1 | 粉色 |
| g | 2 | $NH_4VO_3$ | 黄色 |
| h | 10 | NiO∶ $Co_2O_3$ =9.5∶0.5 | 浅蓝色 |

表5-12中七个配方试样分别为显示红色、粉色、墨绿色、浅绿色、蓝色、黄色、灰黑色、浅蓝色八个色系的彩色复相陶瓷，如图5-28所示。每个色系又可通过改变着色剂比例及混合着色剂中不同致色化合物的比例制备出颜色深浅不一的彩色陶瓷。

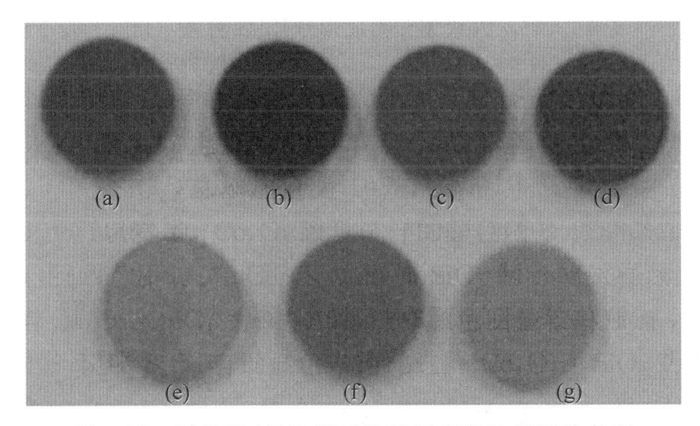


图5-28　氧化锆/氧化铝彩色复相陶瓷及相应着色剂

(a) $Fe_2O_3$；(b) $MnO_2$；(c) $Co_2O_3+Fe_2O_3$；(d) $Co_2O_3+SiO_2$；(e) NiO；(f) $Cr_2O_3+SiO_2$；(g) $NH_4VO_3$

对上述彩色陶瓷的分析结果表明：(a)，(b)，(c)，(f)，(g)试样中对应的 $Fe_2O_3$、$MnO_2$、$Co_2O_3$、$Cr_2O_3$、$NH_4VO_3$ 着色物质固溶到耐高温的 $Al_2O_3$ 和 $ZrO_2$ 中形成稳定的固溶体，使呈色稳定。试样d中着色剂为 $Co_2O_3/SiO_2$，Co分别与Al和Si形成尖晶石型的 $CoAl_2O_4$ 和橄榄石结构的 $Co_2SiO_4$，其中Co均以二价形式存在，因此试样呈现很深的蓝色。NiO单独致色的(e)试样中，Ni与Al形成尖晶石型结构的 $NiAl_2O_4$，试样呈稳定的浅绿色；由于尖晶石高温发色稳定，对气氛敏感小。

上述以含25% $Al_2O_3$ 的Y-$ZrO_2$ 粉体为基体原料，添加适量的不同着色剂制备出多种色彩亮丽、显色均匀的增韧彩色氧化锆陶瓷，着色剂和颜色分别是：$Fe_2O_3$ 呈砖红色：$MnO_2$ 呈黑色、($Co_2O_3+Fe_2O_3$)呈绿色、($Co_2O_3+SiO_2$)呈蓝色、NiO呈浅绿色、($Cr_2O_3+SiO_2$)呈粉色、($NH_4VO_3$)呈黄色、(NiO+$Co_2O_3$)呈浅蓝色，且所有配方均致色稳定。总体上随着着色剂加入量的减少，颜色逐渐变浅，但 $Co_2O_3$、$NH_4VO_3$ 着色力强，添加少量即可呈较深的颜色，且颜色随添加量变化不大；$SiO_2$ 的加入有助于改善Co离子和Cr离子致色的彩色陶瓷的光泽度。

不同着色剂对陶瓷的烧成温度有一定的影响，但总体烧结范围为1450～1550℃，保温时间均为3h，获得的彩色陶瓷的抗弯强度均在1000MPa左右，且陶瓷的抗热震性和耐酸碱性均很好；彩色增韧陶瓷的致色机理为所有致色离子均进入氧化锆晶格或形成新的物相，陶瓷中未发现致色元素以氧化物形式存在。

### 5.5.1.4 黄色绿色氧化锆的固相法制备

(1) 黄色氧化锆的固相法制备

固相法制备黄色氧化锆的一种方法是将 3Y-$ZrO_2$ 粉与着色剂镨锆黄色料和添加剂 $Al_2O_3$ 及 $SiO_2$ 按一定比例配料，然后湿法球磨、干燥后得到混合粉体再成型，成型后的试样于 1460～1560℃在空气中烧结就得到黄色氧化锆陶瓷件。研究表明：若不加助剂 $Al_2O_3$ 与 $SiO_2$，烧结陶瓷只呈现浅黄色；且在同一烧结温度下，随着着色剂加入量增加，颜色略有加深，但材料的强度和密度减小。若加入少量助剂即质量分数为 5%～10%（$SiO_2$＋$Al_2O_3$），不但产品的烧结温度可降低，并且在同样的色料加入量时，可使氧化锆陶瓷呈现的黄色更深、更鲜艳。镨锆黄色料是镨固溶入硅酸锆晶体中形成的高温色料，其分解温度约为 1560℃，色料的加入量为 2%～10%(质量分数)比较合适。

若以偏钒酸铵为着色剂，若不加入 $Al_2O_3$ 和 $SiO_2$，$ZrO_2$ 陶瓷呈现深黄色，但颜色不均匀。添加助剂 $Al_2O_3$ 和 $SiO_2$ 后，呈现纯正鲜艳的黄色，均匀性也提高。偏钒酸铵中 $V^{4+}$ 固溶于 $ZrO_2$ 晶格中导致呈现黄色，固溶程度与 $ZrO_2$ 粉体粒径、烧结温度、助剂或矿化剂有关，粉体细化和加入 $Al_2O_3$、$SiO_2$ 助剂都有助于固溶与呈色的均匀性。

张培萍等报道若分别以 $NH_4VO_3$ 和 $V_2O_5$ 为着色剂制备黄色氧化锆，实验证明着色离子的含氧盐作为着色剂的效果要优于致色离子的氧化物；一般随着致色离子含量的增加，陶瓷颜色会加深，但是含量太多又会影响陶瓷的色泽。另外，加入 25%的 $Al_2O_3$ 一方面可以提高氧化锆的力学性能，另一方面可以保持颜色的稳定性。

陈蓓研究了偏钒酸铵（$NH_4VO_3$）和烧成温度对 Y-$ZrO_2$ 陶瓷黄色度的影响。在 Y-$ZrO_2$ 粉末中分别添加 0.1%(质量分数，余同)、0.3%、0.5%、0.7%、0.9%、1.1%、1.9% 的 $NH_4VO_3$，将上述配比的 Y-$ZrO_2$ 粉末和 $NH_4VO_3$ 与无水乙醇一起球磨 24h，球磨后的浆料置于 80℃的烘箱中进行干燥，干燥后的混合料研磨后干压成型制备成直径为 2.5cm 的毛坯，分别于 1400℃、1450℃、1500℃、1550℃、1600℃温度下烧结。结果表明，当添加量为 0.9%时，氧化锆呈现比较均匀的金黄色，且颜色光泽较好；当 $NH_4VO_3$ 的添加量超过 0.9%时，其颜色逐渐变浅，色度变差，如图 5-29 所示。

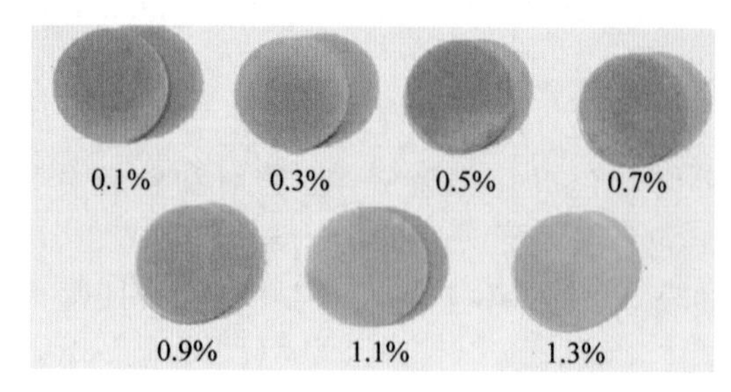


图 5-29 $NH_4VO_3$ 添加量对 Y-$ZrO_2$ 陶瓷黄色度的影响

(2) 绿色氧化锆的固相法制备

通常采用纳米级 $ZrO_2$ 粉体，以 $Cr_2O_3$ 粉末为着色剂，加入量为 2%～10%(质量分数，下同)，同时添加 $Al_2O_3$、$SiO_2$ 为助剂，加入量 5%～10%，高温烧结后所得 $ZrO_2$ 陶瓷制品在 530nm 左右具有强烈的反射率，呈现纯正鲜艳的绿色。致色机理是 $Cr_2O_3$ 着色剂与 $ZrO_2$ 及 $SiO_2$ 等反应形成 $ZrSiO_4$ 固溶体，从而呈现绿色。纳米 $ZrO_2$ 粉体及 $SiO_2$ 的引入可降低固溶反应和烧结温度，抑制 $Cr_2O_3$ 的挥发，因而制品具有鲜艳的绿色；反之若采用微米级 $ZrO_2$ 粉体又不加入 $SiO_2$ 和 $Al_2O_3$ 助剂，$ZrO_2$ 陶瓷基本上无绿色出现。

### 5.5.2　化学共沉淀法制备彩色氧化锆

这是一种常用的合成方法，它是利用锆盐、稳定剂和着色离子盐溶液混合后，通过与碱或者碳酸盐等的反应，共同生成氢氧化物或者碳酸盐沉淀，然后将沉淀物进行洗涤、过滤、煅烧得到结晶产物。共沉淀法制备彩色氧化锆粉体的工艺流程见图 5-30，该法在反应过程中可能产生团聚，影响陶瓷致密化烧结及性能。为了避免粉末的团聚，在粉末制备过程中，适当加入分散剂和表面活性剂有助于调控粉末的分散性和粒径。

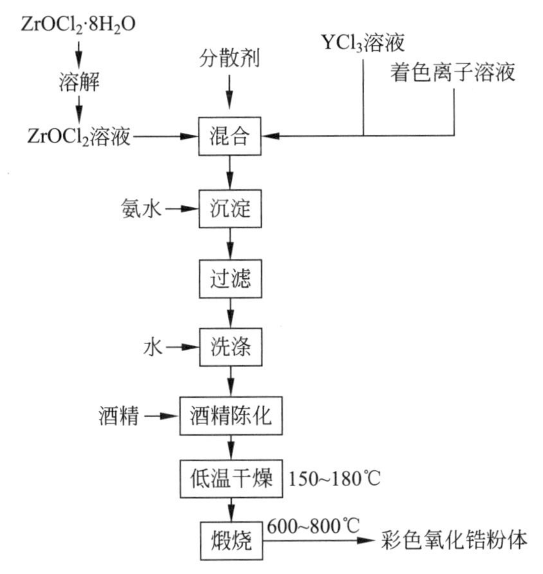


图 5-30　制备彩色氧化锆的化学共沉淀法工艺流程

#### 5.5.2.1　化学共沉淀法制备黑色和粉红色氧化锆

日本东曹公司在 2006 年研制成功含有 2%～6%(质量分数，下同)着色剂的黑色氧化锆陶瓷，着色剂为尖晶石结构的 $(Co_{1-x}Zn_x)(Fe_{1-y}Al_y)_2O_4$ $(0\leqslant x\leqslant 0.5, 0\leqslant y\leqslant 0.5)$。Co，Zn，Fe，Al 系尖晶石着色剂采用共沉淀的方法获得，这种黑色氧化锆具有珠宝光泽的深黑颜色，而且颜色对烧结温度的变化不敏感，可以在 1300～1500℃烧结制品，颜色不变化；同时具有优异的力学性能，其抗弯强度达到 1200～1300MPa。

粉红色氧化锆的化学共沉淀工艺是首先将氧氯化锆溶于水中形成氧氯化锆水溶液，然后按照下述比例：氧化铒 0.5%～3.5%(摩尔分数)、氧化钇 0.5%～3.5%、氧化镁 0.1%～0.25%、氧化铝 0.1%～0.25%(上述外加氧化物相对于氧化锆含量的比例)；将硝酸铒、硝酸钇溶于氧氯化锆水溶液中，并加入浓度为 3～5mol/L 的碱作为沉淀剂，控制体系

pH 值为 7.0～10.0。将锆、铒、钇元素完全转化为沉淀，经过滤、洗涤、干燥，得到前驱体Ⅰ；按照所述比例将碳酸镁溶于浓度为 3～5mol/L 的酸中至其完全溶解，然后加入浓度为 3～5mol/L 的碱作为沉淀剂，控制体系 pH 值为 8.0～10.0，使其中的金属离子完全沉淀，经过滤、洗涤、干燥，得到前驱体Ⅱ；按照所述比例将硫酸铝铵溶于 3～5mol/L 酸中至其完全溶解，然后加入浓度为 3～5mol/L 的碱作为沉淀剂，控制体系 pH 值为 3.0～5.0，使其中的金属离子完全沉淀，经过滤、洗涤、干燥，得到前驱体Ⅲ。

将所述前驱体Ⅰ、前驱体Ⅱ、前驱体Ⅲ混合均匀，经过 800～1200℃，保温时间为 3～8h 的煅烧、破碎后粉体的粒径小于 1μm，即得到高强度粉红色氧化锆陶瓷粉体，将所述陶瓷粉体为原料成型得到陶瓷坯体，在 1450～1550℃温度下烧结，即可获得高强度粉红色氧化锆陶瓷产品。

#### 5.5.2.2 化学共沉淀法制备不同颜色的氧化锆陶瓷

化学共沉淀法也是制备各种色彩的氧化锆陶瓷外观件的一种有效方法。谢志鹏、王巍等的实验工艺过程如下：以总质量 1000 份，其中氧化锆粉体 850～980 份，稳定剂 10～50 份、着色剂 10～120 份；稳定剂为以下一种或几种物质的水溶液：含镁、钙、铝、硅离子的氯化物、硝酸盐、碳酸盐和硫酸盐，优选稳定剂为 $MgCl_2$、$Ca(NO_3)_2$ 或 $AlCl_3 \cdot 6H_2O$ 的水溶液；着色剂为以下一种或几种物质的水溶液：含铁、锡、铬、钴、钛、铜、锰离子的氯化盐、硝酸盐、碳酸盐和硫酸盐中的一种或几种，优选着色剂为 $FeCl_2$、$FeCl_3 \cdot 6H_2O$、$Cu(NO_3)_2$、$CoCO_3$、$CrCl_3 \cdot 6H_2O$、$SnSO_4$ 或 $MnCl_2$ 的水溶液。

首先将氧化锆粉体分散于水或者乙醇中制成悬浊液，向悬浊液中加入稳定剂和着色剂，混合均匀，用碱性溶液或沉淀剂调节溶液 pH 值为 9.2～10.0；碱性溶液或沉淀剂为以下一种或几种物质的水溶液：氨水、氢氧化钠、氢氧化钾、碳酸盐、碳酸氢盐和可溶性硫化物；通过上述碱性溶液或沉淀剂使得稳定剂和着色剂以氢氧化物或碳酸化合物或其他难溶性化合物的形式沉淀下来，形成的氢氧化物或氧化物的水合物或其他难溶性化合物包含但不限于氢氧化铝、氢氧化铁、氢氧化铜、碳酸钙、硫化锡等；形成的氢氧化物或氧化物的水合物或其他难溶性化合物或包覆在氧化锆粉体的表面或独立沉淀成细小絮状沉淀物。将上述溶液过滤后，进行干燥和造粒，再干压成型或注射成型，排胶或脱脂后，于 1350～1550℃的温度下进行烧结，所用气氛为空气、惰性气氛和还原性气氛；制备的彩色氧化锆陶瓷包括但不限于黑色、蓝色、粉红色、紫色、灰色、青色、绿色、红色、棕色。

例如，以钇稳定氧化锆粉体为原料，取 100g 钇稳定氧化锆粉体，用搅拌的方式分散在 300mL 水溶液中，形成稳定的悬浮液；将 1.5g 硝酸铝溶于水中配成 15mL 硝酸铝水溶液，缓慢滴加到氧化锆粉体的悬浮液中，然后用 1mol/L 碳酸氢氨溶液调节溶液的 pH 值到 9.5，再加入 40mL 含有 0.7g 硫酸钴、0.4g 硝酸铬和 0.5g 氯化锰的水溶液；将上述溶液过滤后，将粉体物质置于干燥箱内，在 80℃的条件下进行干燥，然后用研钵将干燥后的粉体碾细，过 80 目(180μm)筛网；加入 10mL 4%的聚乙烯醇溶液，造粒过 60 目(250μm)筛网，通过干压成型得到圆片坯体；在 350℃保温 2h，以脱除胚体中的黏结剂和结晶水，然后以 5℃/min 升温到 1500℃，在 1500℃惰性气体($N_2$ 或 Ar 气体等)保护气氛下保温 4h，即可得到表面颜色均匀的黑色氧化锆陶瓷片。

此外，杨斌等报道采用 $ZrOCl_2 \cdot 8H_2O$、$Y(NO_3)_3$溶液以及硝酸铒溶液($Er_2O_3$、$Y_2O_3$、

$ZrO_2$质量之比为5∶5∶90)混合配制成0.5mol/L浓度混合溶液，控制水浴温度为95℃，搅拌速度为300r/min，反应釜中pH值为2.5，并在反应釜中加入柠檬酸铵(为$ZrO_2$质量的7%)作为分散剂，控制液体的反应滴定速度，反应完成后加入去离子水搅拌2h，陈化24h，抽掉沉淀上清液，再加入去离子水，陈化，再抽掉沉淀上清液，此过程反复进行4次。再将反应釜进行低频率超声波振荡，再进行陈化；最后取少量上清液滴定$AgNO_3$溶液，无白色沉淀生成即可，对沉淀进行抽滤，将所得沉淀置于90℃鼓风干燥箱进行干燥，粉料干燥后进行800～900℃预烧，将得到的粉料进行醇洗、过滤以及干燥，便可得到分散良好的粉红色钇锆陶瓷混合粉体。

将该粉料与注射成型黏结剂进行混合，黏结剂占混合总量的15%(质量分数，余同)，其中黏结剂各组分为：PW 45%、EVA 5%、聚乙烯5%、环氧树脂40%、SA 5%。将混合均匀的注射喂料经陶瓷注射机成型得到陶瓷坯体，脱脂后进行真空热压烧结，采用$7.3\times10^{-3}$Pa真空度、烧结温度为1350℃，真空热压烧结4h；烧结后氧化锆陶瓷呈现粉红色，其密度可达到$6.1g/cm^3$，硬度达到1400HV。

在上述化学共沉淀法配方中，若将硝酸钕溶液和硝酸镨溶液取代硝酸铒溶液，照此工艺流程，由于钕离子($Nd^{+3}$)铒离子($Er^{+3}$)的着色功能，可分别得到紫红色和黄色氧化锆。

## 5.5.3　非均匀沉淀法制备彩色氧化锆

### 5.5.3.1　非均匀沉淀法原理及工艺

固相混合法传质距离太大，着色相存在分布不够均匀的问题；化学共沉淀法虽然能大大缩短传质距离，但是由于存在多种反应离子，它们之间会出现许多复杂的反应从而消耗氧化锆稳定剂，可能影响制品的性能，谢志鹏、王巍、刘国全等人发展了另外一种化学非均匀沉淀法来制备彩色氧化锆陶瓷。

由热力学第二定律可知，在等温等压条件下，物质系统总是自发地从自由能较高的状态向自由能较低的状态转变。只有伴随着自由能降低的过程才能自发地进行，只有当新相的自由能低于旧相的自由能时，旧相才能自发地转变为新相。当某种物质在溶液中的浓度超过其在该温度下的饱和度时，才有可能发生沉淀析出新相。沉淀过程主要有两种方式：一是自成核沉淀，即物质在过饱和度的推动下首先形成微小的晶核，然后这些微小的晶核在一定的概率下不断生长变大，这就是均匀沉淀，多种离子参加沉淀的称为共沉淀，是化学共沉淀法的理论基础；二是非均匀沉淀，如果沉淀时体系中已经存在晶粒或其他杂质，沉淀就容易在这些颗粒的表面发生，形成包覆结构，如图5-31所示。

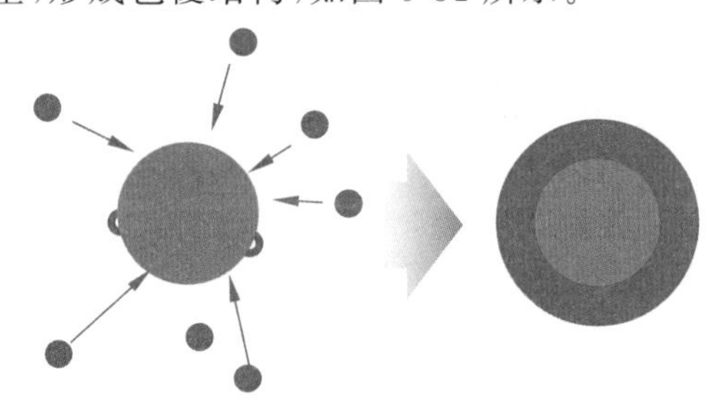

图5-31　非均匀沉淀的包覆结构

合理地控制体系的 pH 值,理论上可以实现所有的沉淀相都以非均匀包覆的形式成长为 Y-$ZrO_2$ 纳米粉体(异质核)外包裹着色离子沉淀物的形式;影响包覆效果的主要因素是控制沉淀物的均匀成核,使它们都沉淀在异质核 Y-$ZrO_2$ 纳米粉体的外表面上。

这样在已经结晶化的 Y-$ZrO_2$ 纳米粉体外边包裹上了着色离子沉淀,烧结过程中参加呈色反应的着色离子之间的传质距离大大缩短,而且很难再影响氧化锆的稳定烧结,这就达到了既缩短传质距离又控制体系反应的效果。所以,可采用化学非均匀沉淀法制备着色剂前驱体包覆 Y-$ZrO_2$ 纳米粉体,得到具有壳-核结构的 $M(OH)_n$/Y-$ZrO_2$ 复合粉体;具体工艺过程如图 5-32 所示。

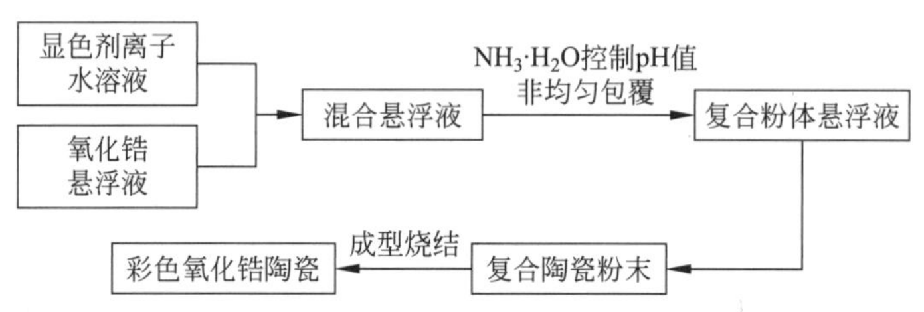


图 5-32 非均匀成核法制备彩色氧化锆陶瓷工艺过程

清华大学王巍、谢志鹏等对化学非均匀沉淀法制备彩色氧化锆陶瓷进行了系统的试验研究。其技术路线是采用纳米 Y-$ZrO_2$ 粉体为初始原料,加入分散剂分散后,以溶液的形式加入着色所需过渡金属阳离子或稀土阳离子,球磨均匀分散,在分散后的悬浮液中缓慢滴加氨水溶液(0.01mol/L)调节悬浊液 pH 值,形成着色金属阳离子沉淀,同时保持搅拌状态,以期沉淀反应均匀充分;将得到的悬浊液过滤、洗涤(水洗、醇洗)、烘干,造粒后将粉料压制成型得到坯体试样,然后将成型试样放入氧化铝陶瓷坩埚中,于 1400～1550℃烧结,保温时间 2h,即可得到彩色氧化锆陶瓷。

上述工艺过程中两个关键问题,一是氧化锆分散用分散剂;二是非均匀沉淀过程 pH 值的调控。分散剂可采用聚乙烯醇(PVA)、聚乙二醇(PEG)、异丙醇、正丁醇、聚甲基丙烯酸氨、柠檬酸胺等。图 5-33 从直观和粒度分布的角度对比了分散剂的添加对粉体粒径分布的影响,在经历了 24h 静置后可以看到没有分散剂的 Y-$ZrO_2$ 粉体已经完全沉降,而添加了醇类分散剂后,明显改善了粉体的分散悬浮性能。原始氧化锆粉体的粒径 $D_{50}=0.2\mu m$ 左右,

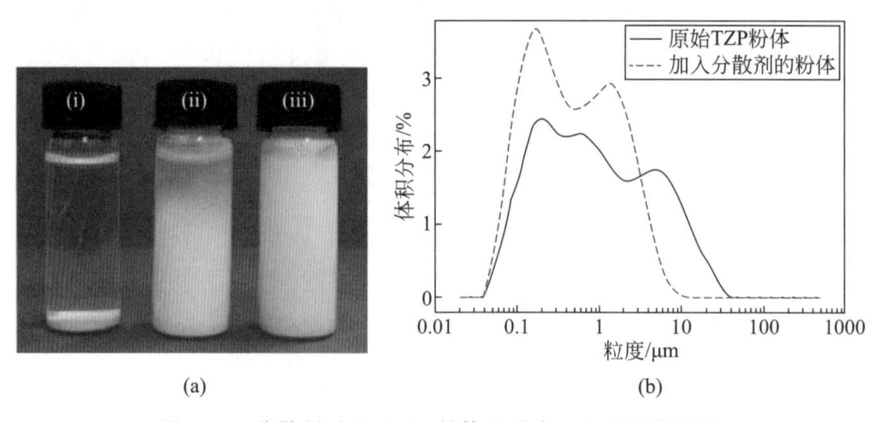


图 5-33 分散剂对 Y-$ZrO_2$ 粉体悬浮液 24h 后分散效果

(a) (i)无分散剂,(ii)异丙醇,(iii)PEG2000 分散剂; (b) 采用 PEG2000 分散剂后粒度分布的变化

对应分布图里最高的峰，可见在 3～10μm 的峰说明存在比较严重的团聚；而添加了 PEG2000 分散剂之后，整个粒径分布范围变窄，并朝粒径小的方向移动，2～10μm 的团聚大部分被打散，分散粉体的数量大大增加。

分散剂的用量对分散效果有很大的影响，分散剂过少时粉体表面吸附不够，部分颗粒仍然容易团聚；分散剂过多时某些颗粒表面吸附了多层分散剂，增加了不同颗粒之间分散剂相互作用的可能性，特别是高分子类分散剂，用量过多的情况下容易造成不同颗粒表面的高分子链进行缠绕而形成松散的团聚体。另外，过多的分散剂也会影响后期包覆反应的进行，使得非均匀沉淀效果大打折扣。实验结果表明：分散剂的添加量占到粉体 1.5%（质量分数）左右时，分散效果最好。

$Y\text{-}ZrO_2$ 粉体悬浮液在不同分散条件下合成的 $Al(OH)_3/Y\text{-}ZrO_2$ 复合粉体的包裹体形貌特征的透射电镜照片如图 5-34 所示。原始 $Y\text{-}ZrO_2$ 粉体团聚严重，沉淀在不同区域分散不均匀，不能实现对单个粉体的包裹（见图 5-34(a)）；在悬浊液中使用了分散剂 PEG2000 的 $Y\text{-}ZrO_2$ 粉体，其分散性大大改善，表面得到较好的包覆效果（见图 5-34(b)）。这说明要想实现对粉体的均匀包裹，首先要保证包裹粉体的良好分散性，才有可能将着色离子沉淀包裹在粉体表面。

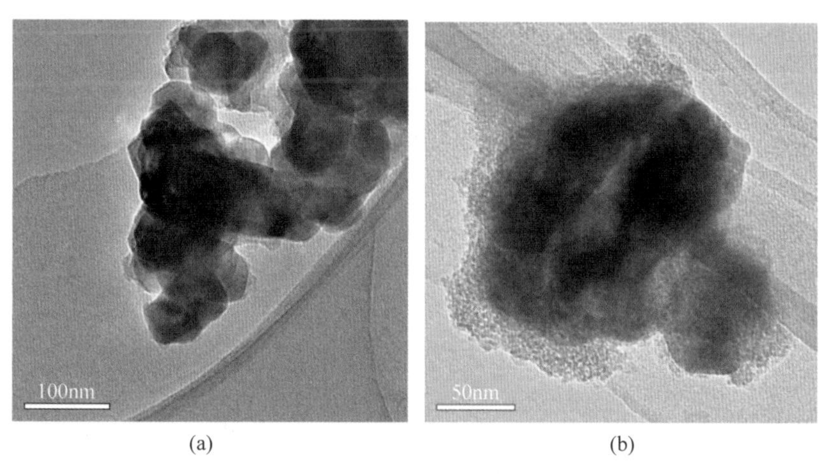


(a) (b)

图 5-34 添加分散剂前后 $Y\text{-}ZrO_2$ 粉体包裹体表面的透射电镜照片

(a) 无分散剂；(b) 加入 PEG2000 分散剂

关于 pH 值对包覆过程产生的影响，Lamer V K 等曾提出一个模型，即滴加沉淀剂过程中溶液的过饱和度的变化可以用图 5-35 表示，图中的第一个区域即是溶液处于亚稳区，尽管其浓度已超过饱和度，但仍不足以产生沉淀，只有当其浓度超过 $C_0$ 时，即过饱和度产生的驱动力大于成核势垒时，才进入第二个区域即成核沉降区；而一旦发生沉淀，溶液的过饱和度就会下降，当下降到 $C_0$ 之下时，不再形成新核，而只在原有核的表面进行沉淀生长即进入第三个生长区。如果颗粒本身已经浸入异质核，那么成长的过程变成包裹异质核的过程，这个过程也集中在第三生长区，溶液过饱和度低于最低成核浓度。通过模型中的 $C_0$ 可以计算出成核的最低 pH 值，对于均匀沉淀就是 $pH_{eh}$，如果体系中有其他粒子的存在，就可以计算出 $pH_{er}$，从而非均匀沉淀的 pH 值需要控制在低于 $pH_{eh}$ 而高于 $pH_{er}$ 的范围内。

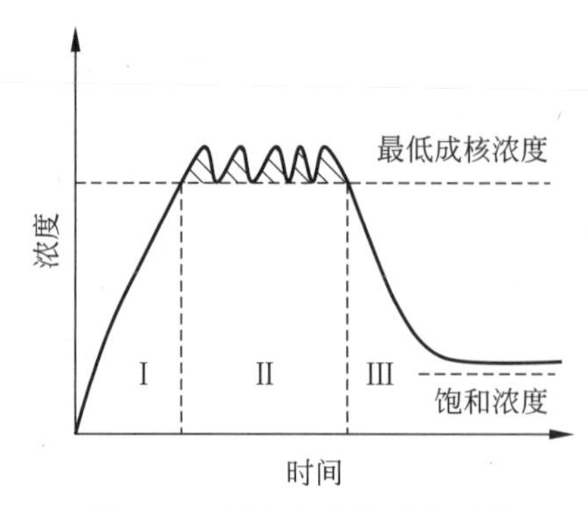

图 5-35 过饱和溶液成核过程

图 5-36 描述了上述三种曲线及其相互关系，在沉淀过程中，如果 pH 能够一直控制在非均匀沉淀区，则大部分的沉淀将发生在粉体的表面，包覆效果将比较好。

沉淀时如果保持氨水的匀速滴加，则体系的 pH 随时间的关系可以用图 5-37 表示，在第一个区域，氨水的滴加使得溶液的饱和度上升，但过饱和度还没达到沉淀的要求，即处于亚稳区；对于非均相沉淀而言，其开始沉淀的 pH 要低，因此第一区域时间要短；第二区域，溶液的 pH 达到非均匀沉淀区曲线，沉淀开始，第二区域的时间长短受体系中铝离子浓度以及滴加的氨水速率的控制；第三区域是在溶液中铝离子沉淀基本结束后，pH 迅速上升。

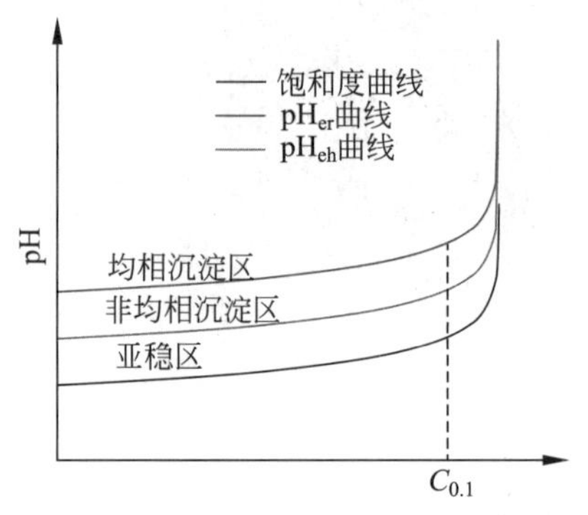

图 5-36 非均匀沉淀 pH 控制范围

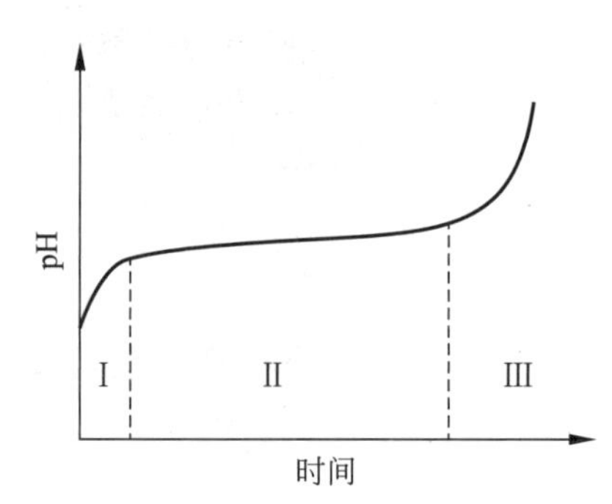

图 5-37 非均匀沉淀过程中 pH 的变化

如果每次滴加氨水的量和速率相对于悬浊液的量来说都足够小，那么溶液的过饱和度的改变很小，第二区域的时间将被延长，包裹就在这个阶段进行。所以只有有效地控制 pH 值的变化，使得它沿图 5-36 的非均匀沉淀区曲线进行而不是升高到均匀沉淀区自成核长大而放弃包裹。

以氢氧化铝的包裹沉淀为例，改变体系的 pH 值时，溶液中的 $Al^{3+}$ 与 $OH^-$ 按下式进行沉淀反应：

$$Al^{3+} + 3OH^- \longrightarrow Al(OH)_3 \downarrow$$

只要保证足够大的悬浊液体积和控制氨水滴加的速度，就可以控制体系在非均匀沉淀曲线上进行。在沉淀初期，体系的 pH 比较小，因此滴加的速率应该更慢一些，以保证非均匀沉淀的进行。

图 5-38 为 Y-$ZrO_2$ 粉体非均匀沉淀包裹后的 TEM 形貌图，可以看出 Y-$ZrO_2$ 粉体表面的包覆层厚度在 10～30nm；由于包覆层是连续的，看不到细小颗粒的堆积，说明包覆层是直接在粉体表面成核生长的，而非先在溶液中自成颗粒再吸附在 Y-$ZrO_2$ 粉体表面。包裹层均匀完整，可实现非均匀沉淀方法制备彩色氧化锆陶瓷。

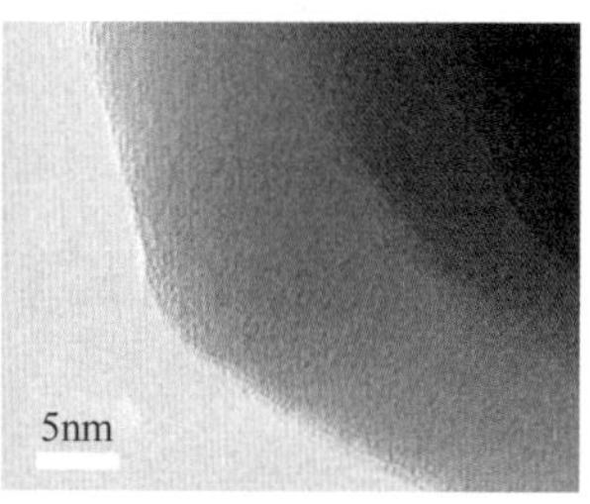


图 5-38　Y-$ZrO_2$ 粉体非均匀沉淀包裹后的 TEM 形貌

#### 5.5.3.2　非均匀沉淀法制备尖晶石型钴蓝氧化锆

非均匀沉淀法制备尖晶石型钴蓝氧化锆陶瓷工艺如下：(1)形成均匀分散的氧化锆悬浊液，初始原料采用纳米级的 3Y-TZP 粉体(摩尔分数 3% $Y_2O_3$-$ZrO_2$)，以质量分数 1.5% 的聚乙二醇(PEG 2000) 作为悬浊液分散剂，以溶液的形式加入合成尖晶石所需的过渡族金属阳离子，球磨分散；(2)非均匀成核包裹，将均匀分散的纳米级的 3Y-TZP 悬浊液在磁力搅拌的条件下，缓慢滴加氨水溶液(0.01mol/L)调节悬浊液 pH 值，最终控制悬浊液 pH 值在 9.1～9.5，形成过渡族金属阳离子沉淀，保持磁力搅拌状态 2h，以期沉淀反应均匀充分；(3)将得到的悬浊液过滤、洗涤、烘干，得到的粉体造粒后压制成圆片状试样，然后放入氧化铝陶瓷坩埚中于 1450～1550C 温度范围内烧结成瓷。

图 5-39 为烧结后的样品外观，由图可见氧化锆陶瓷呈现纯正的天蓝色。非均匀包裹沉淀法制备的样品颜色比固相混合法明显更加鲜艳亮丽，而且认真对比观察可以看到，固相法制备的样品表面有颜色深浅不一的区域，这是由于着色剂挥发造成的结果，非均匀沉淀法制备的样品则没有这样的现象。

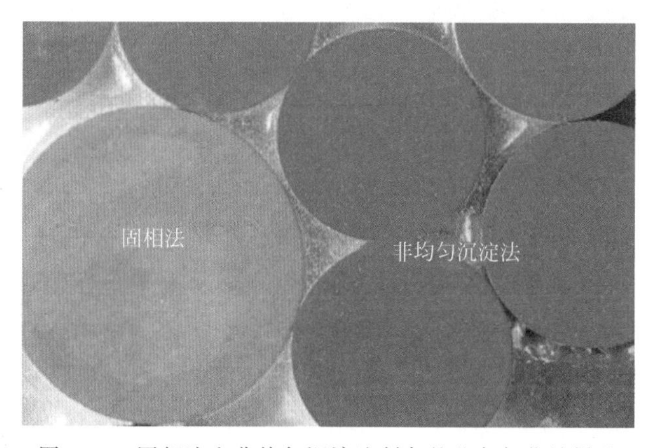


图 5-39　固相法和非均匀沉淀法制备的蓝色氧化锆样品

图 5-40 是采用非均匀沉淀法制备的蓝色氧化锆陶瓷的显微结构的扫描电镜照片，可以观察到高温反应合成的 $CoAl_2O_4$ 晶体作为着色相，分布在氧化锆陶瓷基体中；$CoAl_2O_4$ 相

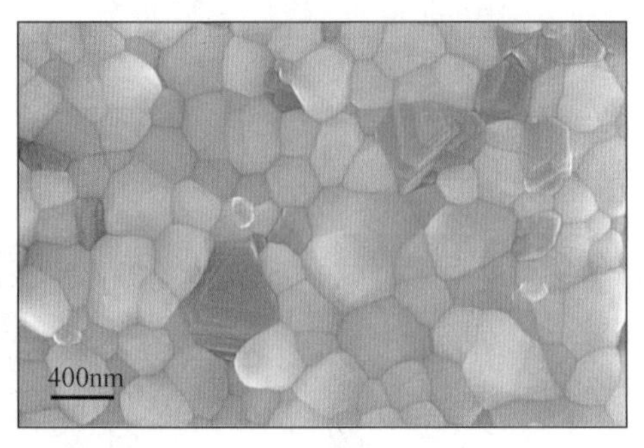


图 5-40 采用非均匀沉淀法制备的蓝色氧化锆陶瓷的显微结构照片

呈现典型的尖晶石层错形态，并且与氧化锆晶粒间形成洁净的晶界；$CoAl_2O_4$ 着色相晶粒大小在 300nm 左右，均匀地分布在晶粒尺寸相差不大的氧化锆晶粒中，两种结晶相的晶粒尺寸都是纳米级，这对于最终彩色氧化锆制品的颜色均匀亮丽至关重要。

图 5-41(a)为非均匀沉淀法在 1400℃烧制成的蓝色氧化锆陶瓷圆环状制品，制品颜色纯正亮丽、光泽度高、富有质感。该制品在室温下得到的紫外可见光谱图如图 5-41(b)所示；根据此吸收图谱，计算得到 CIELab 色彩系数为 $L^*=45.56$，$a^*=10.34$，$b^*=-31.41$，这一结果进一步确认了纯正亮丽的蓝色氧化锆。

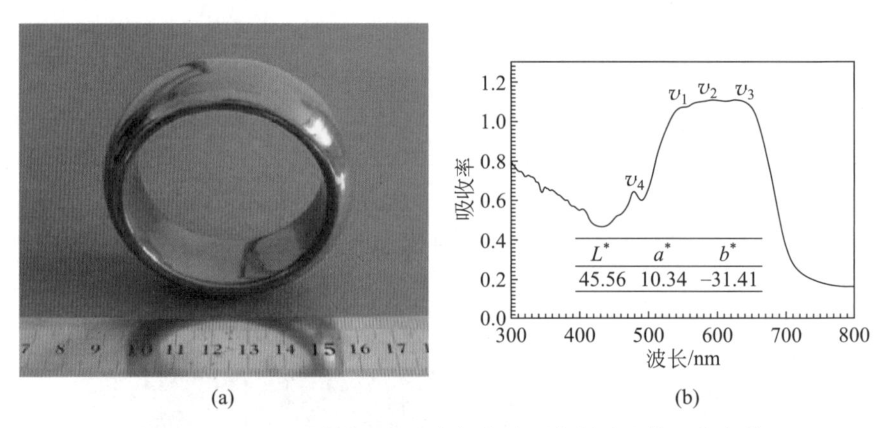


图 5-41 $CoAl_2O_4$ 尖晶石相蓝色氧化锆环状制品及其吸收光谱

(a) 蓝色氧化锆光滑圆环制品；(b) 蓝色氧化锆的吸收光谱

#### 5.5.3.3 非均匀沉淀法制备 $NiAl_2O_4$ 尖晶石型青色氧化锆

$NiAl_2O_4$ 尖晶石型青色氧化锆陶瓷的非均匀沉淀法，其制备工艺过程与上述 $CoAl_2O_4$ 尖晶石型钴蓝氧化锆类似，此处是将着色离子 $Ni^{2+}$ 与 $Al^{3+}$ 离子以絮状沉淀的形式包裹在 3Y-$ZrO_2$ 纳米颗粒表面，如图 5-42 所示，可以看见一层大约 10nm 厚的絮状沉淀层均匀地包裹在颗粒外表面。由于氢键的影响，颗粒之间彼此有一定的连接。在高分辨率电镜下，可以明显地观察到包裹的核心是晶体结构明显的颗粒，而外部的包裹层是无定形的絮状物质，通过能谱的观测可以确定外部的絮状层为 $Ni^{2+}$、$Al^{3+}$ 离子的沉淀。

尖晶石型 $NiAl_2O_4$ 结晶相对氧化锆着色同样可以得到颜色纯正亮丽的青色氧化锆陶瓷材料，如图 5-43 所示，其微观形貌的电镜照片见图 5-44，可以观察到 $NiAl_2O_4$ 晶粒(图 5-44 中标

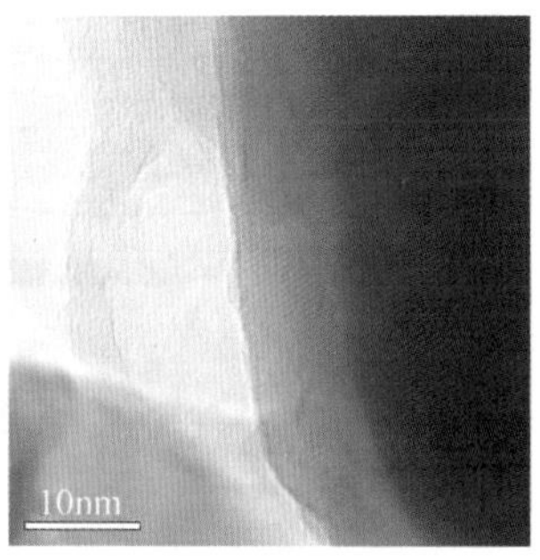


图 5-42　$Ni^{2+}$ 与 $Al^{3+}$ 离子沉淀包裹在 3Y-$ZrO_2$ 纳米颗粒表面的 TEM 照片

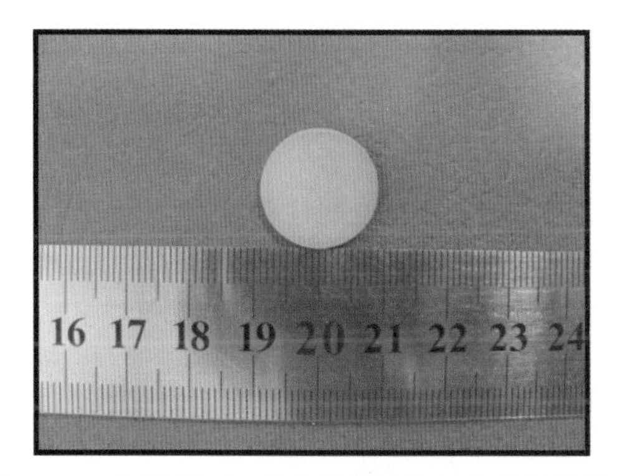


图 5-43　含 $NiAl_2O_4$ 着色剂的青色氧化锆陶瓷样品

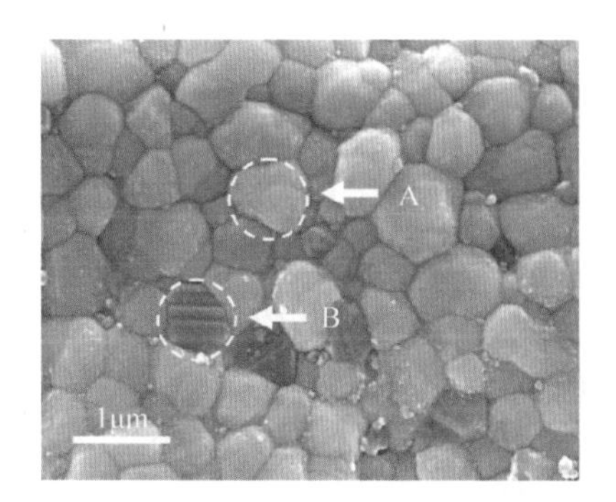


图 5-44　$NiAl_2O_4$ 着色 $ZrO_2$ 陶瓷的微观形貌

记为 B 的晶粒)作为着色第二相,均匀分布在氧化锆陶瓷晶粒中。$NiAl_2O_4$ 相呈现典型的尖晶石层错形态,它与氧化锆晶粒(图 5-44 中标记为 A 的晶粒)之间晶界洁净,不存在其他杂质相。$NiAl_2O_4$ 相晶粒大小在 500nm 左右,均匀分布在晶粒尺寸接近的 $ZrO_2$ 晶粒中。

## 5.5.4　液相浸渗法制备彩色氧化锆

### 5.5.4.1　液相浸渗原理及工艺过程

液相浸渗法是一种可以实现高均匀度掺杂、表面改性的制备彩色氧化锆陶瓷的新工艺。该工艺首先需要制备含有连通孔隙结构的陶瓷坯体,然后将其置于含有着色离子或改性组元的液相前驱体中,液相中离子会在毛细作用下沿孔隙结构从坯体表面渗入内部,通过控制浸渗的外界气压、温度、时间和循环浸渗次数等参数,可以对陶瓷材料组成和性能进行调控,从而实现从表面改性到内部均匀掺杂等具有不同特性的多种彩色氧化锆制备。

此外,浸渗时直接使用具有均匀多孔结构的陶瓷坯体,因此只要在保证完全浸渗的前提下(比如使用足够长的浸渗时间,尽量使用有利于坯体内残余气体排出的机制,比如抽真空等),就可以让前驱体中的改性组元在坯体中实现纳米级的均匀分布,从而实现高均匀度的掺杂。液相前驱体浸渗在工艺的简便性、制备材料的组织均一性和性能等方面,与传统工艺相比都具有一定的优势,溶液浸渗法工艺如图 5-45 所示。

制备彩色氧化锆陶瓷通常是通过向氧化锆中加入可固溶的着色离子或具有一定结构的稳定第二结晶相,其关键技术在于如何将着色相均匀地分布在氧化锆基体中。传统的固相

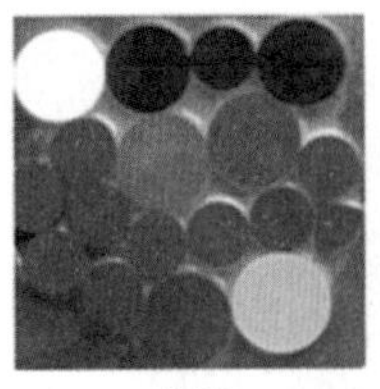

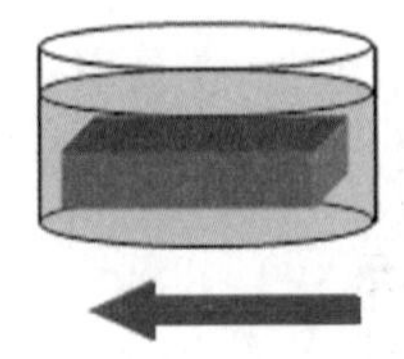

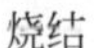

烧结　　着色离子溶液浸渗　　注射成型陶瓷坯体与微观形貌

图 5-45　溶液浸渗法工艺

球磨混合着色氧化物粉体粒径较大，形成最终着色相反应所需的传质路径较长，需要较高的烧结温度，挥发严重。基于化学沉淀的工艺可以获得着色剂分散良好的粉体，但是制备过程比较复杂。而使具有连通孔隙结构的陶瓷坯体置于含有着色离子的溶液中浸渗，可达到分子级别的高度分散性和均匀性，获得色彩更均匀的氧化锆陶瓷或美学陶瓷。

#### 5.5.4.2　注射成型氧化锆坯体的液相浸渗

清华大学谢志鹏、刘冠伟等人较早提出和研究了采用脱脂后的注射成型氧化锆坯体进行液相浸渗获得彩色氧化锆陶瓷这一方法。具体工艺如下：采用85%～90%(质量分数，下同)的 3Y-$ZrO_2$ 商业粉体与 6%～10%低熔点有机黏结剂(石蜡、硬脂酸和邻苯二甲酸丁二醇酯中的一种或多种)和 4%～8%非可溶性骨架黏结剂(聚乙烯，聚乙二醇、聚丙烯和聚甲基丙烯酸甲酯中的一种或多种)在混炼机上于 160～180℃条件下进行密炼、造粒，得到注塑成型的陶瓷喂料。然后在注塑机上进行注射成型获得坯体，坯体经过初步溶剂脱脂或水萃取脱脂(时间为 12～30h，温度为 20～200℃)，得到具有通孔结构但具有一定强度的陶瓷坯体；将部分脱脂后的坯体放入含有着色离子的溶液中浸渗，着色离子的溶液为 $Er^{3+}$，$Fe^{3+}$，$Cr^{3+}$，$Al^{3+}$，$Co^{3+}$，$Ni^{3+}$ 的硝酸盐中的一种或多种物质的水溶液，含有着色离子的溶液的浓度为 0.1～3mol/L，浸渗温度为 30～50℃，浸泡时间为 1～24h；浸泡过的坯体再于 450℃进行热脱脂，然后高温烧结，烧结所用气氛为空气、惰性气氛或还原性气氛，烧结温度为 1400～1550℃，保温时间为 1～4h，从而得到不同色彩氧化锆陶瓷件。

注射成型陶瓷坯体显微结构如图 5-46(a)所示，氧化锆陶瓷粉体和有机黏结剂均匀密实结合在一起，将坯体内部分黏结剂脱去后就出现联通气孔的结构，如图 5-46(b)所示；但此时坯体内仍有部分黏结剂可保持多孔坯体足够的强度。可见在水萃取脱脂后，随着聚乙二醇的溶出，在坯体内产生 25%(体积分数)左右的孔隙，这些纳米尺度的连通气孔结构，为接

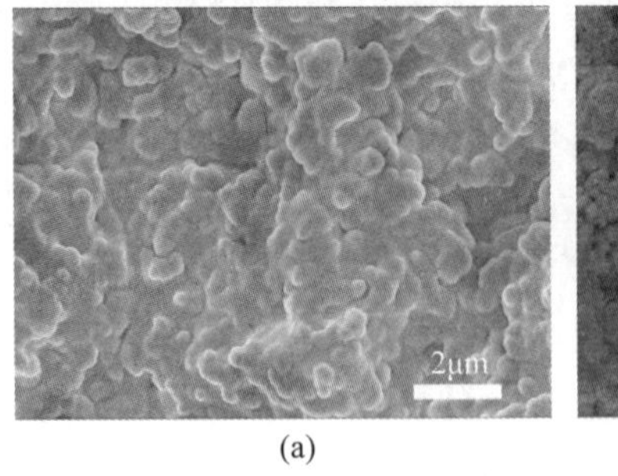


(a)

(b)

图 5-46　注射成型的坯体的显微组织

(a) 脱脂前；(b) 脱脂后

下来通过浸渗方法均匀引入着色组元提供了先决条件。

图 5-47 为陶瓷坯体在含有 $Co^{2+}$, $Al^{3+}$ 离子的溶液中浸渗得到的蓝色氧化锆陶瓷，可以看出水萃取脱脂后干燥与否，对浸渗深度会有显著的影响。不经干燥的坯体在 2h 的浸渗下已经实现氧化锆内外整体呈蓝色，而经过干燥的坯体只有一定厚度的表层呈蓝色，芯部还是白色。

(a)

(b)

图 5-47　水萃取脱脂后 $ZrO_2$ 陶瓷

(a) 不经干燥直接浸渗；(b) 干燥 24h 后再浸渗

最终烧结获得的蓝色 $ZrO_2$ 样品截面颜色状况不同，导致上述两种不同效果的原因是在水脱脂坯体未经干燥时，坯体的多孔结构内充满了水，将其浸入含 $Co^{2+}$、$Al^{3+}$ 离子的溶液中，溶液中的着色离子会在浓度梯度的作用下从溶液中向多孔坯体内部扩散迁移，起决定性作用的传质机制为扩散作用而非毛细力驱动。而在坯体水萃取脱脂和完全干燥后，坯体的多孔结构会充满空气，此时干燥坯体再浸入溶液中，里面的气体会被液体封闭在坯体中，外面的溶液也会在毛细力作用下，缓缓地向内迁移，在这个过程中气体会被压缩，然后以气泡的形式逸出；另外内外压差导致的内部的气体具有更高的溶解度，能够溶解于液体中扩散出去；在这两个因素的共同作用下，使得浸渗速率变得非常低，因此在 40℃、浸渗 2h 的同样的条件下，前者可达到完全浸渗，$ZrO_2$ 样品内部和表面整体呈现亮丽的蓝色，后者只能在被浸渗的表层呈蓝色，内部因为 $Co^{2+}$、$Al^{3+}$ 离子未能浸渗而保持原有白色。

表 5-13 给出着色离子的金属盐溶液浓度及浸渗时间和温度，参照前面所述氧化锆坯体的液相浸渗工艺流程，可制备出不同色彩的氧化锆陶瓷，其外观颜色和光学性能如图 5-48 所示。采用着色离子溶液 B～E 分别制备了粉色、黄色、青色、黑色的氧化锆陶瓷，见图 5-48(a)；图 5-48(b)是它们的色度坐标值，参考国际 CIE 组织的标准，其 $L^*$, $a^*$, $b^*$ 坐标很好地符合它们的颜色特征。

**表 5-13　制备彩色氧化锆使用的溶液及浸渗工艺制度**

| 溶液名 | 溶液成分与浓度 | 浸渗时间与温度 | 颜色 |
|---|---|---|---|
| A | 1.00mol/L $Co^{2+}$, 2.00mol/L $Al^{3+}$ | 6h,40℃<br>2h,60℃ | 蓝色 |
| B | 0.30mol/L $Er^{3+}$ | 6h,40℃ | 粉色 |
| C | 0.11mol/L $VO^{4-}$ | 6h,40℃ | 黄色 |
| D | 1.00mol/L $Ni^{2+}$, 1.22mol/L $Al^{3+}$ | 6h,40℃ | 青色 |
| E | 0.40mol/L $Fe^{3+}$, 0.61mol/L $Co^{2+}$,<br>0.54mol/L $Cr^{3+}$, 0.15mol/L $Al^{3+}$ | 6h,40℃ | 黑色 |

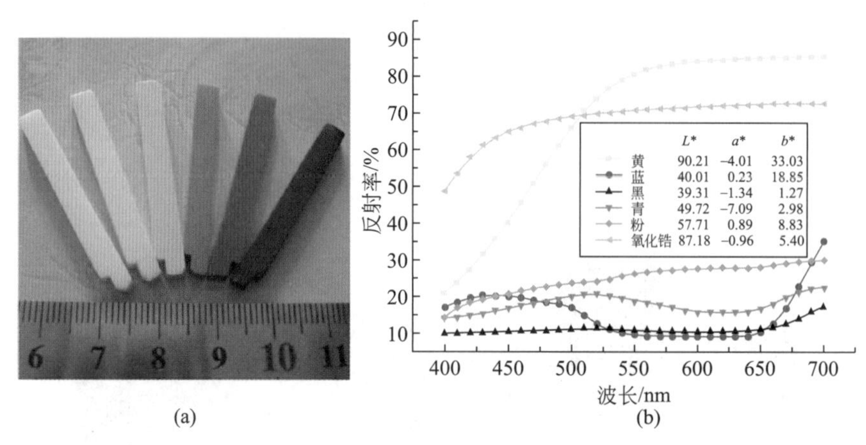


图 5-48 彩色氧化锆陶瓷样品及其色度

(a) 注射坯体浸渗法制备的陶瓷；(b) 色度指标

### 5.5.4.3 干法成型氧化锆坯体的液相浸渗

谢志鹏、刘冠伟等人采用商业亚微米级 3Y-$ZrO_2$ 造粒粉，先于 10MPa 压力下干压成型出圆片状试样，再于 200MPa 冷等静压条件下成型，得到高强度的坯体试样，然后将该试样分别置于含有 $V^{4+}$、$Co^{2+}+Al^{3+}$、$Fe^{3+}+Co^{2+}+Cr^{3+}+Al^{3+}+Zn^{2+}$ 的离子溶液中，于 40～60℃温度下浸渗 4～6h，取出干燥后，于 1500℃进行烧结，保温 2h，即可得到黄色、蓝色、黑色的氧化锆陶瓷，如图 5-49 所示，图 5-50 为液相浸渗制备的黑色氧化锆结构件。

图 5-49 干法成型与液相浸渗制备的彩色陶瓷

图 5-50 黑色氧化锆结构件

此外，吴音等也报道了通过干压坯体预烧后液相浸渗来制备彩色氧化锆的工艺，其方法是先将 3Y-$ZrO_2$ 粉末在压片机上，用直径为 18mm 的模具于 100MPa 压力下干压成型，然后将坯体放入箱式电炉中以 5℃/min 的速率升温至 1100℃进行预烧，保温 2h，获得强度足够高的氧化锆素坯。再按照表 5-14 中溶液种类和用量配制着色离子溶液，将预烧后的试样放入着色离子溶液中浸泡 24h，浸泡的样品取出干燥后放入高温箱式电炉中烧结，以 5℃/min 的速率升温至 1450℃烧结，保温 2h，随炉冷却后即可得到如图 5-51 所示的蓝色、粉红、绿色和黑色的氧化锆陶瓷。

**表 5-14　浸渗着色离子的种类及溶液配比**

| 颜色 | 化学组成 | 浓度/(mol/L) | 质量/g |
|---|---|---|---|
| 蓝色 | $Co(NO_3)_2 \cdot 6H_2O$ | 1 | 29.105 |
| | $Al(NO_3)_3 \cdot 9H_2O$ | 2 | 75.026 |
| 粉色 | $Er(NO_3)_3 \cdot 5H_2O$ | 0.3 | 13.299 |
| 绿色 | $NiCl_2$ | 1 | 12.960 |
| | $Al(NO_3)_3 \cdot 9H_2O$ | 1.22 | 45.766 |
| 黑色 | $FeCl_3$ | 0.4 | 6.488 |
| | $Co(NO_3)_2 \cdot 6H_2O$ | 0.61 | 17.754 |
| | $Cr(NO_3)_3 \cdot 9H_2O$ | 0.54 | 21.608 |
| | $Al(NO_3)_3 \cdot 9H_2O$ | 0.15 | 5.627 |

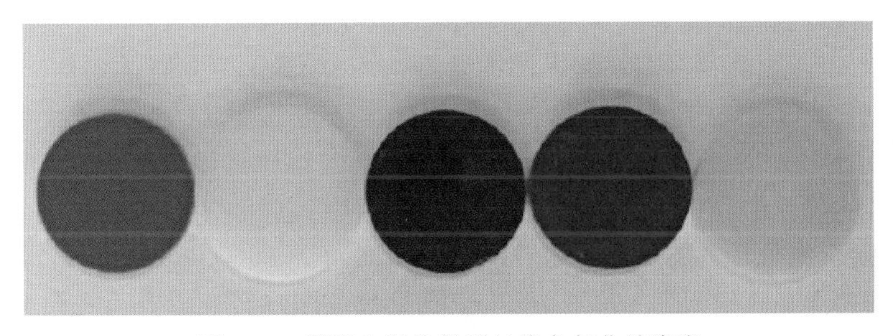

图 5-51　预烧和浸渗得到的彩色氧化锆陶瓷

## 5.5.5　高温真空渗碳渗氮法

### 5.5.5.1　高温渗碳制备黑色氧化锆陶瓷

前面讨论了黑色氧化锆陶瓷可以采用在氧化锆陶瓷粉体中添加过渡金属氧化物或稀土氧化物着色剂通过固相混合法制备，但该工艺工序比较多，若着色剂分散不均匀，颜色的色度和均匀性也难以控制，同时烧结温度和气氛的波动对烧结后制品的颜色也产生影响。为此开发了一种工艺比较简单的高温渗碳制备黑色氧化锆陶瓷的方法，如图 5-52 所示。

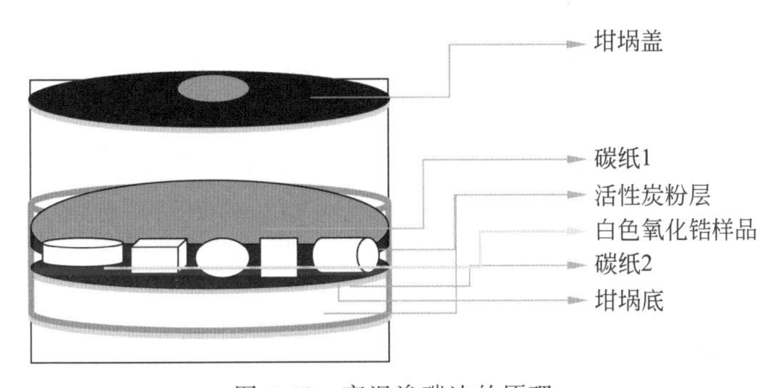


图 5-52　高温渗碳法的原理

高温渗碳制备黑色光亮氧化锆陶瓷的工艺如下所述：(1)通过注塑成型或干法成型制

得氧化锆陶瓷成型体；(2)经脱脂或排胶后得到陶瓷素坯；(3)将坯体码放在间歇式硅钼棒电炉或隧道式电热推板炉中于空气中，在 1400～1520℃高温烧结，保温 2h 左右；(4)随炉冷却后得到白色氧化锆陶瓷毛坯；(5)烧结后的白色氧化锆陶瓷毛坯置于真空炉中，将毛坯整齐码放在真空炉中的石墨板或石墨碳纸上，并在码放好的产品底部或者四周铺满石墨或者活性炭，然后将真空炉真空度升至 5～10Pa，升温至 1450～1520℃，保温 2～4h，自然冷却；(6)冷却后取出的经高温渗碳后得到的黑色氧化锆陶瓷件，再经过 800～1200 目(10～18μm)金刚石砂轮平面抛光或者滚磨抛光，经过上光研磨后就可制得表面光亮、颜色一致、强度高的黑色氧化锆陶瓷背板或智能穿戴件。

### 5.5.5.2 高温渗氮制备金色氧化锆陶瓷

瑞士阿苏拉布公司采用高温等离子体渗氮的方法制备出金色氧化锆陶瓷表件。其工艺是将在空气中烧结致密的白色氧化锆制品放在反应容器中，容器抽真空后，充入氨气和隋性气体的混合气体，或者氮气、氢气和隋性气体的混合气体，或者这两种混合气体的混合物产生的等离子体；陶瓷制品在等离子体中保持大约 60～240min，在这样的条件下，制品的平均温度为 600～1300℃，制品表层因等离子体氮原子与氧化锆表面的锆原子发生化学反应而生成氮化锆(ZrN)膜，随着离表面的深度而变化，并且连续地从化学计量的氮化锆过渡到包括亚化学计量的氮化锆和氧氮化锆的过渡区；过渡区中亚化学计量的氮化锆的氮含量随着深度而减少，而氧氮化合物的氧含量随着深度而增加。

该方法的要点在于极薄的 100～1000nm 数量级范围内转变成具有金色金属光泽氮化锆膜，涉及氧化锆的结构向氮化锆结构转变，氮化锆膜层不容易撕裂或从氧化锆制品的表面剥落，尤其是在后者经受重大冲击或摩擦的时候。特别地，具有氮化锆结构的表层外区域的厚度为从制品的表面延伸到 20～150nm 处；陶瓷内部和外部区域之间的过渡区包括 $ZrN_{1-y}$ 型亚化学计量的氮化锆，亚化学计量的氮化锆向氧化锆制品内部方向逐渐增加(氮含量减少)，而从某一深度开始，以氧氮化锆的形式出现，含氧量逐渐增加，然后到达氧化锆内部中心处，最终可以获得维氏硬度大于 12GPa 数量级，并且具有与黄金极相近的金色金属外观的氧化锆制品。

### 5.5.5.3 高温表面反应制备钛银色氧化锆陶瓷件

该方法是通过注塑或干压后制得氧化锆陶瓷的素坯，经脱脂后把坯体码放在电热推板隧道窑或间歇式硅钼棒电炉中，于 1420～1460℃高温烧结得到白色氧化锆陶瓷毛坯，再经过平面抛光或滚磨抛光等精加工制得表面光洁的白色氧化锆陶瓷件，滚磨抛光采用质量百分比为 90%的高铝瓷棒和 10%的碳化硅混合物作为研磨介质，以水为滚磨抛光液体介质。抛光后将其置于真空炉中，整齐码放在真空炉的石墨板上，根据产品形状、长宽、厚度不同，一般码放 3～6 层；在码放好的产品底部或者四周铺满石墨或者活性炭，将真空炉真空度升至 5～10Pa，真空炉升温至 1440～1480C，保温 4h，高温下碳与锆原子在 $ZrO_2$ 产品表面形成一层高硬度的碳化锆膜，其化学反应式如下：

$$ZrO_2 + C(g) \longrightarrow ZrC + CO_2 \uparrow$$

高温烧结后随炉自然冷却，原来的白色氧化锆的表面即转变成钛银色氧化锆陶瓷，再经过 200～1200 目(10.6～75μm)金刚石砂轮平面抛光或者滚磨抛光，再经上光工艺，上光研磨介质采用质量百分比为90%的高铝瓷粉，配合研磨膏，最后得到表面光亮、颜色一致、强度高的钛银色氧化锆陶瓷产品。

## 参考文献


[1] 谢志鹏. 结构陶瓷[M]. 北京：清华大学出版社，2010.

[2] 谢伟国. 一种彩色氧化锆陶瓷的制备方法[P]. CN108689706A，2018-10-23.

[3] 谢志鹏，刘冠伟. 一种制备彩色氧化锆陶瓷部件的方法[P]. CN101857433A，2010-10-13.

[4] 千粉玲，谢志鹏，孙加林，王峰. 非均匀沉淀法制备黑色氧化锆陶瓷[J]. 硅酸盐学报，2011，39(8)：1290-1294.

[5] 刘国全，王巍，谢志鹏. 制备 $CoAl_2O_4/ZrO_2$ 复相陶瓷及微观结构[J]. 稀有金属材料与工程，2008，37(S1)：337-340.

[6] 王巍. 氧化锆陶瓷着色工艺与显色机理研究[D]. 北京：清华大学，2010.

[7] 刘国全. 非均相沉淀法制备有色氧化锆陶瓷[D]. 北京：清华大学，2007.

[8] 刘冠伟. 基于溶液前驱体浸渗调控陶瓷组成和性能的研究[D]. 北京：清华大学，2007.

[9] 沈志坚，熊焰，张杰，等. 一种彩色氧化锆陶瓷[P]. CN107244914B，2019-10-18.

[10] 刘丽菲. 高韧性彩色氧化锆陶瓷的制备及性能研究[D]. 长春：吉林大学，2009.

[11] 宋锡滨. 高性能陶瓷粉体的研究及产业化状况[R]. 2018陶瓷基板制备技术及产业链应用发展高峰论坛，苏州，2018-11-09.

[12] 谢志鹏. 手机陶瓷背板制备关键技术及产业化应用进展[R]. 2018陶瓷基板制备技术及产业链应用发展高峰论坛，苏州，2018-11-09.

[13] 杨双节. 5G手机氧化锆陶瓷背板新工艺新进展[R]. 2019上海国际先进陶瓷前沿与产业发展高峰论坛，上海，2019-03-24.

[14] 刘继红. 氧化锆材料在小米手机的应用实践[R]. 2019上海国际先进陶瓷前沿与产业发展高峰论坛，上海，2019-03-24.

[15] 杨双节. 火凤凰陶瓷的新进展-在换机周期变长的情况下陶瓷外观件的耐用性[R]. 2020上海国际先进陶瓷前沿与产业发展高峰论坛，上海，2020-08-11.

[16] 刘明亮. 陶瓷颜料的颜色测量与评价[J]. 中国陶瓷，1994，2：33-39.

[17] 文进，焦新建. 陶瓷颜料的应用技术[J]. 佛山陶瓷，2000，2：29-31.

[18] 束越新. 颜色光学基础理论[M]. 济南：山东科学技术出版社，1981.

[19] 刘华明. 色彩研究[M]. 上海：上海人民美术出版社，1985.

[20] 唐绍裘. 陶瓷颜色的测量[J]. 中国陶瓷，1984，(2)：33-36.

[21] 杜海清. 陶瓷釉彩[M]. 长沙：湖南科学技术出版社，1985.

[22] 俞康泰. 现代陶瓷色釉料与装饰技术手册[M]. 武汉：武汉工业大学出版社，1995.

[23] 赵露，吴音，郭兴国，等. 浸渍掺杂技术制备彩色氧化锆陶瓷[J]. 稀有金属材料与工程，2018，47(S1)：375-378.

[24] 张培萍，吴国学，迟效国，等. 高韧性彩色氧化锆陶瓷的制备与性能[J]. 稀有金属材料与工程，2005，34：650-653.

[25] 张灿英，朱海涛，李长江，等. 彩色氧化锆陶瓷的制备[J]. 稀有金属材料与工程，2007，36(S1)：266-268.

[26] 吕浩东，包金小，郭文荣，等. 绿色氧化锆陶瓷的制备方法及性能研究[J]. 内蒙古科技大学学报，2019，38(1)：96-102.

[27] 熊焰，杜凯旋，王千瑞，等. 黑色氧化锆陶瓷的制备方法[P]. CN106495689A，2017-03-15.

[28] 刘明亮. 陶瓷颜料的颜色测量与评价[J]. 中国陶瓷，1994，2：33-39.

[29] 文进，焦新建. 陶瓷颜料的应用技术[J]. 佛山陶瓷，2000，2：29-31.
[30] 束越新. 颜色光学基础理论[M]. 济南：山东科学技术出版社，1981.
[31] 程磊. 彩色氧化锆陶瓷的制备工艺进展[J]. 陶瓷学报，2018，39(5)：539-544.
[32] 王峰，张灿英. 蓝色氧化锆陶瓷的研制[J]. 中国陶瓷，2007，9：45-47.
[33] 张红燕，高雅春. 绿色陶瓷颜料研究的进展与展望[J]. 陶瓷，2006，(5)：34-36.
[34] 王德平，董文. 着色剂 $Pr_2O_3$ 对 $ZrO_2$ 陶瓷性能的影响[J]. 建筑材料学报，1999，2(4)：329-333.
[35] 张铭霞. 钒锆蓝颜料综述[J]. 现代技术陶瓷，1997(2)：34-36.
[36] 陈蓓. 彩色氧化锆陶瓷烧结工艺研究[D]. 武汉：武汉工程大学，2017.
[37] 藤崎浩之. 用于黑色氧化锆烧结体的粉末、其制造方法及其烧结体[P]. CN101172838，2008-05-07.
[38] 刘竹波，叶明泉，韩爱军. 尖晶石型钴蓝颜料的研究进展[J]. 化工进展，2008，27(4)：483-487.
[39] 韩云芳，李向堂. 均匀沉淀法制备钴蓝颜料的研究[J]. 天津城市建设学报，2002，8(2)：92-95.
[40] 董秀珍，俞康泰. 陶瓷釉用色料的应用和进展[J]. 中国陶瓷，2007，43(10)：6-10.
[41] 孙立肖，阎文静，张艳峰，等. 钴蓝颜料的制备方法和应用研究进展[J]. 河北师范大学学报，2012，36(2)：181-184.
[42] 刘世明，曾令可，税安泽，等. 论黑色陶瓷色料的制备[J]. 陶瓷，2007(5)：32-35.
[43] 刘春江. $Co_{1-x}Zn_xMg_yAl_2O_4$ 颜料制备及其性能的研究[M]. 景德镇：景德镇陶瓷学院，2011.
[44] 赵金朋. 钴蓝与钇铟锰蓝无机颜料的制备及呈色性能研究[D]. 湘潭：湘潭大学，2017.
[45] 俞康泰，江玲玲. 铬钇铝红色料的组成与结构的研究[J]. 陶瓷学报，2004，25(1)：1-5.
[46] 李美霞. 钙钛矿型红色料制备及研究[D]. 天津：河北理工大学，2005.
[47] 张丽莉，谢志鹏，刘伟，等. 氧化锆陶瓷注射成型溶剂脱脂行为的研究[J]. 陶瓷学报，2011，32(4)：501-505.
[48] 张强，周学东. 锆基陶瓷色料的制备及其性能[J]. 硅酸盐通报，2001(3)：41-45.
[49] 赖志华，黎先财，王春风. 红色陶瓷颜料的研究和发展[J]. 江西石化，2001(4)：10-14.
[50] 吴大清，王辅亚，刁桂仪，等. 锆英石型系列陶瓷颜料研制[J]. 中国陶瓷，1991(3)：1-4.
[51] 李桂家，郑曼云，王献，等. 锆镨黄色料研究[J]. 陶瓷学报，2000，21(3)：162-165.
[52] 黄丽群. 化学共沉淀法制备陶瓷色料研究进展[J]. 2011，18(2)：27-32.
[53] 谢明贵. 锆镨黄陶瓷色料的制备与表征[D]. 广州：华南理工大学，2016.
[54] 周杨帆. 溶胶共沉淀法制备硅酸锆基色料的研究[D]. 湘潭：湘潭大学，2015.
[55] 袁远，杨群. 一种氧化锆陶瓷制备多种颜色手机零件的方法[R]. 仙桃：湖北国瓷科技有限公司，2014-05-07.
[56] 张旭东，何文，邵明兰. 合成 $Co_2O_3$-$Cr_2O_3$-$Fe_2O_3$-$MnO_2$ 系高温黑颜料最佳工艺条件的探讨[J]. 中国陶瓷，1996，32(3)：23-26.
[57] 何代英，李春文. 黑色陶瓷色料的生产与应用[J]. 佛山陶瓷，2002，4：4-6.
[58] 刘华峰，王慧，曾令可. 黑色陶瓷色料的研究现状与展望[J]. 中国陶瓷工业，2013，20(6)：32-34.
[59] 付威，袁志，陈开远，等. 尖晶石型 $CoAl_2O_4$ 蓝色色料高温固相法合成研究[J]. 陶瓷学报，2019，40(4)：483-490.
[60] 李宏书，钟伟. 一种黑色氧化锆陶瓷的制造方法[P]. CN1566021，2005-01-19.
[61] 邓湘凌. 银白色氧化锆陶瓷制品及其制造方法[P]. CN101020607，2007-08-22.
[62] 曹春娥，胡琪，陈云霞，等. 一种用水热法制备球状纳米尖晶石型钴蓝色料的方法[P]. CN102241528A，2011-11-16.
[63] 孙再清，刘属兴. 陶瓷色料生产及应用[M]. 北京：化学工业出版社，2007.
[64] 刘攀. 纳米钴蓝色料和纳米镨锆黄色料的制备及表征[D]. 北京：北京化工大学，2012.
[65] 胡琪. 水热法合成纳米钴蓝色料的工艺研究及性能表征[D]. 景德镇：景德镇陶瓷学院，2011.
[66] 赵鑫鑫. 多元氧化物陶瓷色料纳米粉体的制备和表征[D]. 北京：北京化工大学，2012.
[67] 杨斌，张骞，吴珊，等. 一种彩色氧化锆结构陶瓷的制备方法[P]. CN102701733A，2012-10-03.

[68] 袁爱灵，胡礼军，毛翔鹏，等. 一种高强度粉红色氧化锆陶瓷粉体及其制备方法和应用[P]. CN109400150A，2019-03-01.

[69] 张思铭. 陶瓷色釉料[J]. 景德镇陶瓷，1995(3)：13-18.

[70] 刘冠伟，谢志鹏，吴音. 液相前驱体浸渗技术调控陶瓷材料组成和特性的研究进展[J]. 无机材料学报，2011，26(11)：1121-1128.

[71] Liu G. W.，Xie Z. P.，Wang W.，et al. Fabrication of coloured zirconia ceramics by infiltrating water debound injection moulded green body[J]. Advance in Applied Ceramics，2011，110：58-62.

[72] Wang W.，Xie Z. P.，Liu G. W.，et al. Fabrication of blue-colored zirconia ceramics via heterogeneous nucleation method[J]. Crystal Growth & Design，2009，9：4373-4377.

[73] Liu G. W，Xie Z. P，Wu Y. Effectively inhibiting abnormal grain growth of alumina in ZTA with low-content fine-sized $ZrO_2$ inclusions introduced by infiltration and in-situ precipitation[J]. Journal of the American Ceramic Society. 2010，93(12)：4001-4004.

[74] Liu G. W，Xie Z. P.，Wang W.，et al. Fabrication of $ZrO_2$-$CoAl_2O_4$ composite by injection molding and solution infiltration[J]. International Journal of Applied Ceramic Technology. 2011，8(6)：1344-1352.

[75] Chiou Y. H.，Lin S. T.. Influence of CoO and $Al_2O_3$ on the phase partitioning of $ZrO_2$-3mol% $Y_2O_3$[J]. Ceramics International. 1996，22：249-256.

[76] Ozel E.，Turan S.. Production of coloured zircon pigments from zircon[J]. Journal of the European Ceramic Society，2007，2：179-184.

[77] Ferrari A. M.，Leonelli C.，Pellacani G. C.，et al. Effect of $V_2O_5$ addition on the crystallisation of glasses belonging to the CaO-$ZrO_2$-SiO2 system[J]. Journal of Non-crystalline Solids，2003，315：77-88.

[78] S. Etoh，T. Arahori，K. Mori，et al. Machinable ceramic of blackish color used in probe guides comprises solid particles of boron nitride，zirconia and silicon nitride，sintering aid and coloring additive[P]. U. S. 2005130829-A1. 2004-09-17.

[79] H Fujisaki，Hiroyuki F. Zirconia-containing powder for black zirconia sintered body，e. g. For ornamental articles such as watch bands，contains specified amount of cobalt-zinc-iron-aluminum or aluminum oxide containing pigment，aluminum oxide，and yttrium oxide[P]. Japan. 2007308338-A. 2006-05-18.

[80] Saravanan L and Subramanian S. Surface chemical studies on the competitive adsorption poly (ethylene glycol) and ammonium poly (methacrylate) onto of alumina[J]. J Colloid Interf Sci，2005，284：363-377.

[81] Chen Z. Z.，Shi E. W.，Zheng Y. Q.，et al. Hydrothermal synthesis and optical property of nano-sized $CoAl_2O_4$ pigment[J]. Materials Letters，2002，55(1)：281-289.

[82] Tena M. A.，Meseguer S.，Gargori C.，et al. Study of Cr-$SnO_2$ ceramic pigment and of Ti/Sn ratio on formation and coloration of these materials[J]. Journal of European Ceramic Society，2007，27：215-221.

[83] Eppler R. A. Zirconia-based colors for ceramic glazes[J]. Am. Ceram. Soc. Bull，1977，56(2)：213-224.

[84] Pedro T. J.，Sernu C. J.，Ocana M.. Preparation of blue vanadium-zircon pigments by aerosols hydrolysis[J]. Journal of the American Ceramic Society，1995，78(5)：1147-1152.

[85] Werner Hesse，Birgit Tommuscheit. Process for the production of polychrome ceramic shaped parts [J]. 1999.

[86] Matsuo Higuchi，Yasuyuki Kuwagaki，Harutoshi Ukegawa. Black zirconia sintered body and its preparation[P]. EP0826645-A2. 1998.

[87] Briod R. Method of manufacturing a black zirconia-based article and black zirconia-based decorative article notably obtained by this method[P]. U. S. 5711906, 1998-01-27.

[88] Beatrice M, Lionel L. Manufacturing method for a colored zirconia based article in particular an orange/red article and colored zirconia based decorative article obtained in accordance with such method[P]. US Patent, 6200916, 2001.

[89] Zeng F Q, Ren G Z, Qiu X N, et al. Effect of different $Er^{3+}$ compounds doping on microstructure and photoluminescent properties of oxyfluoride glass ceramics [J]. Physica B, 2008, 403: 2417-2422.

[90] Viktorov V V, Fotiev A A, Badich V D. Abrasive and thermal properties of $Al_2O_3$-$Cr_2O_3$ solid solutions[J]. Inorg Mater, 1996, 32: 55-57.

[91] Arahori T, Whitney E D. Microstructure and mechanical-properties of $Al_2O_3$-$Cr_2O_3$-$ZrO_2$ composites[J]. J Mater Sci, 1988, 23: 1605-1609.

[92] Lopez-Navarrete E, Ocana M. Fine spherical particles of narrow size distribution in the $Cr_2O_3$-$Al_2O_3$ system[J]. J Mater Sci, 2001, 36: 2383-2389.

[93] Del Nero G, Cappelletti G, Ardizzone S, et al. Yellow Pr-zircon pigments-the role of praseodymium and of the mineralizer[J]. J Eur Ceram Soc, 2004, 24: 3603-3611.

[94] 纳比尔·纳哈斯，丹尼尔·厄弗. 有色烧结氧化锆[P]. CN102482163A, 2012-05-30.

[95] 永山仁士，篠崎直树，伊藤武志，等. 氧化锆烧结体及其用途[P]. CN105849064B, 2019-05-31.

[96] B. 米切尔，L. 勒迈雷. 着色氧化锆制品的生产方法和获得着色氧化锆装饰制品[P]. CN1241551A, 1999-03-23.

[97] TANI, Yoshito. Color Ceramics[P]. Japan: WO2018021492, 2018-02-01.

[98] C. 维尔东. 获得具有金色金属外观的氧化锆基制品的方法[P]. CN1325833A, 2001-12-12.

# 第6章　陶瓷材料的精密加工

## 6.1　概述

作为外观结构部件，智能终端设备所使用的陶瓷材料都需要进行精密加工，特别是对形状复杂精度要求较高的陶瓷外观件。由于陶瓷部件在烧结过程中发生收缩和变形，其尺寸公差和表面光洁度都难以满足要求，因此烧结后需要各种研磨抛光。陶瓷部件的精密加工除了达到产品的尺寸精度和改善表面光洁度外，还可以除去表面缺陷。通过精细的研磨和抛光可达到镜面甚至超镜面效果，因此精密加工是陶瓷外观件不可或缺的一项关键性工艺。

陶瓷材料主要由共价键、离子键或两者混合的化学键结合，呈现出与金属不同的性质。在常温下对剪切力的变形阻力很大，陶瓷材料一般抗剪切应力很高，抗拉伸应力很低，同时弹性模量相当大，属于硬脆材料，同时具有很高的强度和硬度，从而成为难加工的材料。陶瓷材料的高强度、高硬度和高脆性一方面给精密加工带来了极大的困难，稍有不慎即可产生裂纹和破坏；另一方面精加工的成本和费用也相应提高。因此，不断开发高效率、高质量、低成本的精密加工技术已成为国内外陶瓷工业界的热点问题。

目前，陶瓷精密加工技术应用最多的还是机械加工，如磨削加工、研磨加工、抛光加工等。此外，近十几年发展起来的化学加工、激光加工、超声波加工等技术也在生产中得到了应用，表6-1给出陶瓷材料的主要加工方法，图6-1为精密加工后的智能手机与智能手表陶瓷外观件。本章将较全面地介绍陶瓷材料常用的各种加工方法及相应的理论，以及新发展起来的加工新工艺。

表6-1　陶瓷材料的主要加工方法

| | |
|---|---|
| 机械加工 | 磨削加工、研磨加工、抛光加工 |
| 光学加工 | 激光加工 |
| 超声加工 | 超声波加工 |
| 化学加工 | 化学腐蚀加工、电泳加工 |
| 复合加工 | 超声电火花加工、化学-机械加工 |

图6-1　精密加工后的智能手机与手表陶瓷外观件

# 6.2 陶瓷的机械加工

陶瓷部件表面的机械加工主要包括磨削加工、研磨加工、抛光加工；其中磨削加工又可分平面磨削、内圆磨削、外圆磨削、无芯磨削，这些都是目前陶瓷工业广泛应用的机械加工方法。

## 6.2.1 磨削加工

### 6.2.1.1 磨削加工过程与机理

磨削加工一般选用金刚石砂轮，金刚石砂轮磨削去除材料是由于金刚石磨粒切入工件时，磨粒切削刃前方的材料受到挤压，当应力值超过陶瓷材料承受极限时被压溃形成碎屑。另一方面，磨粒切入工件时，由于压应力和摩擦热的作用，磨粒下方的材料会产生局部塑性流动形成变形层，当磨粒划过后，由于应力的消失，引起变形层从工件上脱离形成切屑。

在选择磨削条件时，磨粒切入的深度非常重要。粗磨时磨料的切入深度适当大一些，但若磨料的切入深度过大，则相应的工件速度和磨具切入深度也要过大，而磨具(砂轮)转速必然减小，这时工件有崩裂的危险。如果磨具的转速也相应过大，则研磨温度提高，工件产生热裂，或磨具损耗变大。

磨粒的硬度很高，磨具具有自锐性，磨削可以用于加工各种材料，包括陶瓷、硬质合金、玻璃、大理石等高硬度材料。磨削速度是指砂轮线速度，一般为 30～35m/s，超过 45m/s 时称为高速磨削。磨削通常用于半精加工和精加工，精度可达 IT 5～8 甚至更高，表面粗糙度一般磨削为 $Ra$1.25～0.16μm。

在陶瓷磨削过程中，通常采用湿式磨削，以水溶性物质作为磨削液较好，因磨屑而使研磨液发黏时，用大量水将磨屑沉淀出来还是有效的。如果用过滤或其他方法将磨削液中的磨屑除掉，则对降低磨具的磨损很有效果，为了减少金刚石的氧化磨损，重视润滑性等原因，有时也使用非水溶性磨削液。

总之，碾压磨削时容易生成破碎型切屑，形成晶界断裂，有的陶瓷表面还会产生塑性流动与破碎型切屑混合型的破损，其表面明显地呈现条状磨痕，或呈现沿晶界破碎型破损。在表面的晶粒层破碎后，在滚压的作用下表面晶粒逐步掉下来。随后新表面的晶粒又被破碎经滚压后剥落，反复磨削，就可除去材料的加工余量，获得符合质量的陶瓷表面。

### 6.2.1.2 磨削加工参数与砂轮

1) 工艺参数

陶瓷部件的磨削加工工艺参数主要包括砂轮磨削速度($V_s$)、工件速度($V_m$)、磨削深度($a_p$)、磨削比($G$)。

(1) 砂轮磨削速度($V_s$)

适当地增加磨削速度，既可以增强磨削砂轮的自锐能力，获得较高的去除率，又可以增加裂纹变形，改善工件的表面质量。但是磨削速度不能太大或太小，太大会加剧砂轮的热磨损，引起砂轮黏结颗粒的脱落，并且还会引起磨削系统的振动，增大加工误差；太小则会增大切削刃的切深，导致磨粒碎裂和脱落。

(2) 工件速度($V_m$)

随着工件速度的增加，法向磨削力和切向磨削力均增大，但趋势逐渐变缓。研究表明，在一定条件下，加工氧化锆陶瓷时，随着工件速度的提高，磨削力有明显的增加，但随后继续增大工件速度时，由于磨粒实际切削厚度增大，脆性剥落增多，故磨削力减小，不同的陶瓷材料以及在不同的磨削条件下，工件速度对磨削力的影响也不同。

(3) 磨削深度($a_p$)

当增大切削深度时磨削力和磨削比均增大，当磨削深度很小时，由于陶瓷发生微塑性变形，磨削力很小；增大磨削深度使得参与磨削的有效磨粒数增多，同时接触弧长增大，磨削力将呈线性增加。当达到临界切深，出现脆性断裂时，该磨削力有所下降并不断波动，这表明绝大多数陶瓷材料的去除是脆性断裂作用，而磨削力主要是随着塑性变形而增大。在实际的磨削加工中，由于其他磨削条件如砂轮速度、工件速度等的影响，使得切深的变化呈现出一定的随机性。

(4) 磨削比($G$)

磨削比是评价磨削效果的主要参数，砂轮磨削受许多因素影响，但主要因素是磨削最大切削深度 $a_{p_{max}}$ 和磨削切削深度系数 $\Phi_s$，$\Phi_s=(V_m/V_s)(a_p/d_s)^{1/2}$，其中 $d_s$ 是砂轮直径。

在磨削过程中，砂轮的磨损主要是摩擦型磨损，每单位长度的磨削距离上砂轮半径的磨损量，称为砂轮半径磨损率，用 $R_s$ 表示，则磨削比为 $G=\Phi_s/R_s$。

实验结果表明，在 $V_s=1800\text{m/min}$，$V_m=0.1\sim16\text{m/min}$，$a_p=5\mu\text{m}$ 及 $V_s=1800\text{m/min}$，$V_m=0.4\text{m/min}$，$a_p=2.5\sim20\mu\text{m}$，实验中得到磨削深度系数 $\Phi_s=1.41\times10^{-6}$ 左右时，有最大的磨削比。在这种最大磨削比的情况下，砂轮磨损最小，陶瓷零件表面可达到较低的表面粗糙度而不造成崩边等缺陷。进一步研究表明，采用高磨削速度、小进深加工可使磨削比较高而提高表面加工质量。

2) 砂轮

砂轮种类繁多：(a)按所用磨料可分为普通磨料(刚玉、碳化硅等)砂轮和超硬磨料(金刚石、立方氮化硼等)砂轮；(b)按形状可分为平形砂轮、斜边砂轮、筒形砂轮、杯形砂轮、碟形砂轮等；(c)按结合剂可分为陶瓷砂轮、树脂砂轮、金属砂轮等。砂轮特性参数主要有磨料、黏度、硬度、结合剂、形状、尺寸等。

砂轮通常在高速下工作，因而使用前应进行回转试验(保证砂轮最高工作转速下，不会破裂)和静平衡试验(防止工作时引起机床振动)。砂轮工作一段时间后，应进行修整以恢复磨削性能。

金刚石砂轮是加工陶瓷材料最常用的磨削工具。陶瓷加工用金刚石砂轮主要分为三种：(a)金属结合剂金刚石砂轮；(b)树脂结合剂金刚石砂轮；(c)陶瓷结合剂金刚石砂轮。金属结合剂金刚石砂轮具有结合强度高、成型性好、使用寿命长等特点，得到较广泛的应用。金属结合剂金刚石砂轮按制造方法不同又可分为电镀金属结合剂金刚石砂轮、烧结金属结合剂金刚石砂轮、钎焊金属结合剂金刚石砂轮。树脂结合剂金刚石砂轮常采用酚醛树脂、改性酚醛树脂、聚酰亚胺等热固性树脂为结合剂，具有磨削力和磨削热小、自锐性好、不易堵塞、不易烧伤工件、磨具易修整、磨削效率高、加工表面粗糙度低等优点，但其耐热性差、磨耗快、使用寿命较短。陶瓷结合剂金刚石砂轮是以金刚石为主要磨料，以陶瓷结合剂为结合相，适当加入一定的辅助材料经烧结而成，具有硬度高、刚性好、耐磨性好、耐热性和耐酸碱性好等优点，目前主要应用于金刚石刀具、立方氮化硼刀具、硬质合金、金属陶瓷、宝石、工程陶瓷材料的磨削加工。

金刚石砂轮的形状主要有平形砂轮、双斜边砂轮、单斜边砂轮、筒形砂轮、杯形砂轮、碗形砂轮、薄片砂轮等，其中金刚石平形砂轮与碗形砂轮如图 6-2 所示。

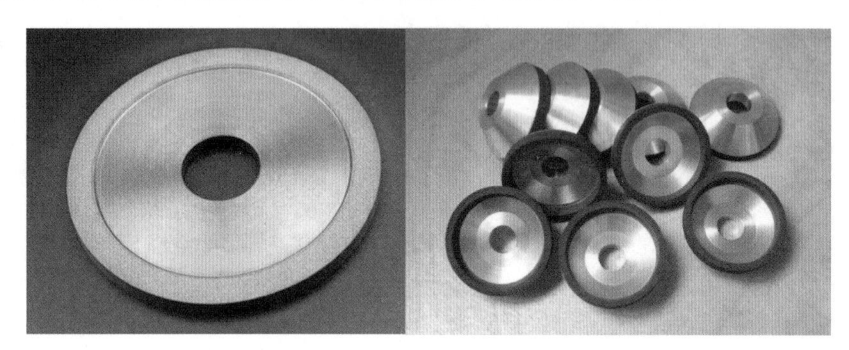

图 6-2 金刚石平形砂轮(左)与碗形砂轮(右)

砂轮的磨粒对加工表面的影响很大，金刚石粒度大时通常可以得到较高的磨削效率，但表面粗糙度较高，同时易产生崩边现象；而粒度小时可得到较低的表面粗糙度，但磨削效率低。此外，砂轮基体对磨削效率及表面粗糙度也有较大影响，树脂基砂轮由于砂轮颗粒密度低，易磨损，且自锐性差，在选用 60# ～70# 粒度(212～250μm)时，表面粗糙度较高，选用 160# ～180# 粒度(80～96μm)时，不仅磨削效率低，还易崩边，表面粗糙度也不理想。铜基砂轮磨削效率高，崩边小，表面粗糙度也较高，但铜基砂轮价格较高；电镀砂轮价格便宜，金刚石密度高，磨削效率高，崩边也小，但粗糙度较大。

采用新砂轮磨削时，表面粗糙度较大，但在使用 160h 后，表面粗糙度可达到 1.6μm 左右，再经 200h 后，表面粗糙度可达到 0.4μm。因此砂轮从新轮到 300h 可用作粗加工，以后可用作精加工。

#### 6.2.1.3 磨床的种类与加工特点

随着机械制造业的发展，磨床的性能、加工精度、自动化程度都在不断提高。目前用于精密陶瓷产品加工的磨床主要包括以下几类：(a)平面磨床：主要用于磨削陶瓷工件平面；(b)外圆磨床：主要用于磨削圆柱形和圆锥形外表面；(c)内圆磨床：主要用于磨削圆柱形和圆锥形内表面；此外，还有兼具内外圆磨的磨床；(d)坐标磨床：具有精密坐标定位装置的内圆磨床；(e)无心磨床：工件采用无心夹持，主要用于磨削量大的圆柱形表面的加工，如光通信用陶瓷插芯；(f)珩磨机：主要用于加工各种圆柱形孔(包括光孔、轴向或径向间断表面孔、通孔、盲孔和多台阶孔)，还能加工圆锥孔、椭圆形孔等；(g)工具磨床：用于磨削工具的磨床；(h)端面磨床：利用两个磨头的砂轮端面同时磨削工件的两个平行平面，工件由直线式或旋转式等送料装置引导通过砂轮；这种磨床效率很高，适用于大批量生产陶瓷轴承环、活塞环、氧化锆指纹片等零部件。

(1) 平面磨床

平面磨床主要是通过砂轮旋转研磨工件以使其达到要求的平整度。根据工作台形状可分为矩形工作台和圆形工作台两种，矩形工作台平面磨床的主参数为工作台宽度及长度，目前在陶瓷部件加工和智能手机陶瓷背板的加工中得到广泛的应用，通过黏结或真空吸盘将工件固定，可同时加工多件产品甚至数十件产品，加工效率高，对于陶瓷背板的粗磨非常有效，特别是采用自动平面磨床。图 6-3 分别为德国和日本产的平面磨床，其性能参数和技术指标分别见表 6-2 和表 6-3。

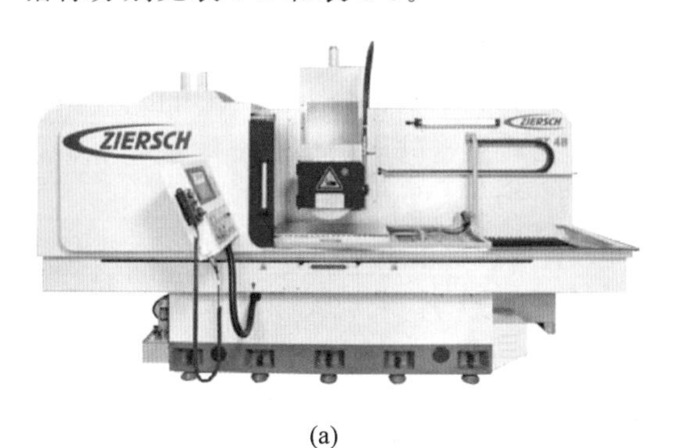

(a)

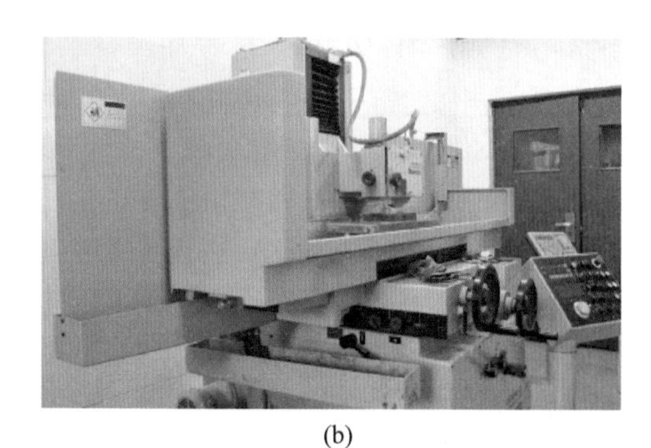
(b)

图 6-3　德国平面磨床(a)和日本平面磨床(b)

**表 6-2　德国 ZIERSCH 平面磨床性能参数和技术指标**

| 机型 | ZT24 | |
|---|---|---|
| 磨削范围 | mm | 400×250 |
| 横向行程(Z 轴) | mm | 220 |
| 纵向行程(X 轴) | mm | 600 |
| 磨削主轴中心至工作台面距离 | mm | 540 |
| 磁力平台尺寸 | mm | 400×200 |
| 工作台最大载重 | kg | 250 |
| 连续进给速率(X 轴) | mm/min | 1000～30000 |
| 连续进给速率(Z 轴) | mm/min | 0.01～2000 |
| 连续进给速率(Y 轴) | mm/min | 0.001～1500 |
| 砂轮尺寸(长×宽×高) | mm | 250×25×50.8 |
| 砂轮主轴功率 | kW | 3.7 |
| 砂轮转速范围 | r/min | 1000～4500 |
| 机床质量 | kg | 2900 |
| 占地面积 | mm | 2600×1800 |

**表 6-3　日本平面磨床性能参数和技术指标**

| 机型 | ACC-52DX | |
|---|---|---|
| 加工精度 | mm | 0.0008～0.001 |
| 最小进刀量 | μm | 0.1 |
| 吸盘尺寸 | mm | 180×300 |
| 砂轮类型 | 金刚石砂轮 | |

(2) 外圆磨床

外圆磨床是应用广泛的一类机床，它一般是由基础部分的铸铁床身、工作台、支承并带动工件旋转的头架、尾座、安装磨削砂轮的砂轮架(磨头)、控制磨削工件尺寸的横向进给机构、控制机床运动部件动作的电器和液压装置等主要部件组成。

外圆磨床可分为：(a)普通外圆磨床，最通用的外圆磨床，一般加工粗糙度 $Ra$ 值可到 $Ra0.4$；(b)数控外圆磨床，即按加工要求预先编制程序，由控制系统发出数字信息指令进行加工，主要用于磨削圆柱形和圆锥形外表面的磨床。数控外圆磨床一般具有通用化、模块化程度高、精度高、刚性高、效率高及适应性高等特点；(c)高精密外圆磨床：比普通外圆磨床可大幅度提高磨削效率和磨削工件的加工质量，从而降低劳动成本。

外圆磨床的磨削精度一般为：圆度不超过 3μm，表面粗糙度 $Ra0.63 \sim 0.32\mu m$；高精度外圆磨床则分别可达圆度 0.1μm 和 $Ra0.01\mu m$。图 6-4 为日本捷太格特(JTEKT)公司生产的外圆磨床，其性能参数或技术指标如表 6-4 所示。

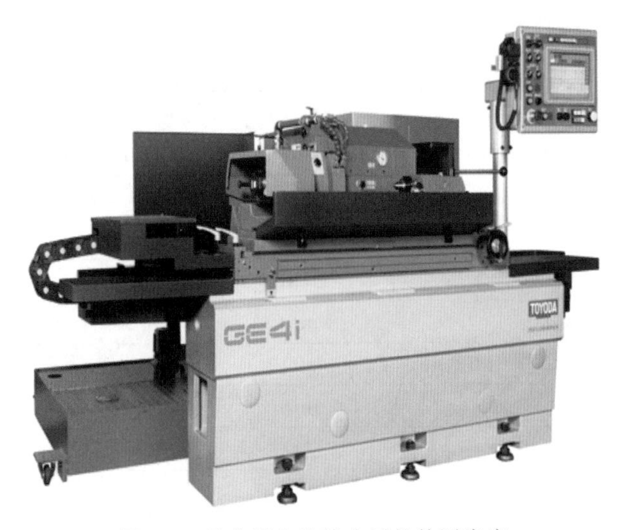


图 6-4 日本捷太格特公司的外圆磨床

**表 6-4 日本捷太格特公司的外圆磨床性能参数**

| | GE4Pi | GE4Ai |
|---|---|---|
| 两顶尖间距离/mm | 500,1000,1500,2000 | |
| 最大研磨直径/mm | 300 | |
| 研轮直径/mm | 405 | 455 |
| 研轮线速度/(m/s) | 30～45 | |

(3) 内圆磨床

内圆磨床分为普通内圆磨床和万能内圆磨床，其中万能内圆磨床是应用广泛的磨床。在内圆磨床上可磨削各种轴类和套筒类工件的内圆柱面、内圆锥面以及台阶轴端面等。

磨床的主要结构为床身，床身是磨床的基础支承件，在它的上面装有砂轮架、工作台、头架、尾座及横向滑鞍等部件，使这些部件在工作时保持准确的相对位置。床身内部用作液压油的油池，头架用于安装及夹持工件并带动工件旋转，头架在水平面内可逆时针方向旋转

90°，内圆磨具用于支承磨内孔的砂轮主轴。内圆磨具主轴由单独的电动机驱动，砂轮架用于支承并传动高速旋转的砂轮主轴。砂轮架装在滑鞍上，当需要磨削短圆锥面时，砂轮架可以在水平面内调整至一定角度位置±30°，尾座和头架的顶尖一起支承工件。滑鞍及横向进给机构传动横向进给手轮，可以使横向进给机构带动滑鞍及其上的砂轮架作横向进给运动。工作台由上下两层组成，上工作台可绕下工作台的水平面回转一个角度用以磨削锥度不大的长圆锥面，上工作台的上面装有头架和尾座。它们可随着工作台一起，沿床身导轨作纵向往复运动。

普通精度级万能内圆磨床，整机精度为 IT6、IT7 级，加工的表面粗糙度值 $Ra$ 可控制在 1.25μm 和 0.08μm 范围内。万能内圆磨床可用于内圆柱表面、内圆锥表面的精加工，虽然生产效率较低，但由于万能内圆磨床通用性较好，被广泛用于单件小批量生产。图 6-5 为国产内圆磨床，其技术指标如表 6-5 所示。

图 6-5　国产内圆磨床

**表 6-5　国产内圆磨床技术指标**

| 产品型号 | 磨削孔径/mm | 磨削深度/mm | 最大工件旋径罩（内/外）/mm | 加工精度/μm | | | 总功率/kW | 机床质量/kg | 外形尺寸/cm | 备注 |
|---|---|---|---|---|---|---|---|---|---|---|
| | | | | 圆度 | 圆柱度 | 粗糙度 $Ra$ | | | | |
| MK2110 | 15～100 | 125 | 400 | 2 | 3 | 0.40 | 25 | 4500 | 290×140×1 | 数控 |

（4）无心磨床

这是不需要采用工件的轴心定位而进行磨削的一类磨床，主要由磨削砂轮、调整轮和工件支架三个机件构成，其中磨削砂轮担任磨削的工作，调整砂轮控制工件的旋转，并控制工件的进刀速度，至于工件支架乃在磨削时支撑工件，这三种机件可有数种配合的方法，原理上都相同。

无心外圆磨床主要有三种磨削方法：(a)通过式、切入式、切入-通过式。通过式无心磨削是工件沿砂轮轴线方向进给进行磨削，调整导轮轴线的微小倾角来实现工件轴向进给，适于磨削细长圆柱形工件、无中心孔的短轴和套类工件等；(b)切入式无心磨削是托板上有轴向定位支点，工件支承在托板一定位置上，以砂轮或导轮切入进行磨削，用于磨削带轴肩或凸台的工件以及圆锥体、球体或其他回转体工件；(c)切入-通过式无心磨削是这两者的复合。无心外圆磨床生产效率较高，可用于陶瓷棒、轴类产品的大批量生产，易于实现自动化。

无心外圆磨床与普通外圆磨床相比有下列特点：(a)加工，无需退刀，装夹工件等时间短，生产率高；(b)轮定位机构比普通外圆磨床顶尖、中心架机构支承刚性好，切削量可以较大，并有利于细长轴类工件的加工，易于实现高速磨削和强力磨削；(c)无心外圆磨床工件靠外圆在定位机构上定位，磨削量是工件直径上的余量，故砂轮的磨损、进给机构的补偿和切入机构的重复定位精度误差对零件直径尺寸精度的影响只有普通外圆磨床的一半，不需打中心孔，且易于实现上、下料自动化；(d)无心磨床通过式机构可采用加大每次的加工余量，在切入磨加工时可对复杂型面依次磨削或多砂轮磨削，生产率高，适用范围广；(e)无心外圆磨床无保证磨削表面与非磨削表面的相对位置精度(同轴度，垂直度等)的机构，磨削周向断续的外表面时圆度较差；(f)磨削表面易产生奇数次棱圆度，如较大时往往会造成测量尺寸小于最大实体尺寸的错觉，而影响装配质量和工作性能；(g)无心磨床调整较复杂、费时，每更换不同直径的工件就需重新调整托架高度及与距离有关的工艺参数，故调整技术难度较大，不适宜小批量及单件生产。图 6-6 为瑞士斯图特无心磨床照片，其技术指标见表 6-6。

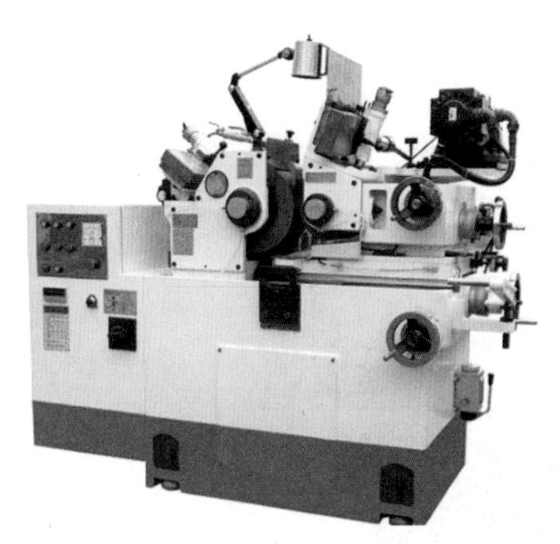

图 6-6 瑞士斯图特无心磨床

**表 6-6 瑞士无心磨床技术指标**

| 型号 | JTM-1206 |
|---|---|
| 研磨范围(直径)/mm | 1～40 |
| 研磨轮尺寸(外径×宽×内径)/mm | 305×150×120 |
| 调整轮尺寸(外径×宽×内径)/mm | 205×150×90 |
| 研磨轮转速/(r/min) | 1950 |
| 调整轮转速/(r/min) | 0～320 |
| 砂轮驱动马达/hp | 7.5 |
| 调整轮驱动马达/kW | 2.0 |
| 油压泵驱动马达/hp | 1 |
| 冷却泵驱动马达/hp | 1/8 |
| 调整轮进刀刻度 | 3.5mm/r 0.02mm/刻度 |
| 调整轮微调刻度 | 0.1mm/r 0.001mm/刻度 |
| 工作台进刀刻度 | 7mm/r 0.05mm/刻度 |
| 工作台微调刻度 | 0.2mm/r 0.001mm/刻度 |
| 修整装置进刀刻度 | 1.5mm/r 0.01mm/刻度 |

续表

| 型号 | JTM-1206 |
| --- | --- |
| 调整轮倾斜角度/(°) | ±5 |
| 调整轮回转角度/(°) | ±5 |
| 机械尺寸/mm | 1800×1400×1450(长×宽×高) |
| 装箱尺寸/mm | 2350×1650×1770(长×宽×高) |
| 机械质量/kg | 1750 |
| 装箱质量/kg | 1900 |

注：hp 表示马力，1hp=745W。

(5) 坐标磨床

坐标磨床具有精密坐标定位装置，用于磨削孔距精度要求很高的精密孔和成型表面。坐标磨床磨削时，工件固定在能按坐标定位移动的工作台上，砂轮除高速自转外还通过行星传动机构作慢速的公转，并能作垂直进给运动；改变磨头行星运动的半径，可实现径向进给。磨头通常采用高频电动磨头或空气透平磨头，坐标磨床除能磨削圆柱形孔外，还可磨削圆弧内外表面和圆锥孔等；随着数字控制技术的应用，坐标磨床已能磨削各种成型表面。图 6-7 为德国罗德斯公司坐标磨床，其性能指标如表 6-7 所示。

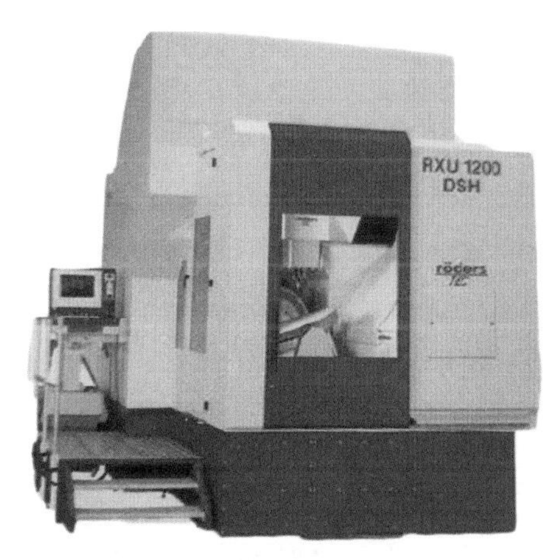


图 6-7　德国罗德斯公司坐标磨床

**表 6-7　德国罗德斯公司坐标磨床性能指标**

| 机床行程/mm | 1000×1050×600 |
| --- | --- |
| 工作台尺寸/mm | $\phi$600 |
| A 轴摆动角度/(°) | ±115 |
| C 轴旋转角度/(°) | ±$n$×360 |
| 工作台最大负重/kg | 1500 |
| 进给速度/(mm/min) | 每轴均可达 60000 |
| 主轴转速/(r/min) | 36000(HSK E50 规格，最大刀具直径 20mm) |

#### 6.2.1.4　磨削加工对材料性能影响

(1) 材料强度

陶瓷加工表面存在加工痕迹或沿加工沟槽方向分布的微裂纹，这些微裂纹在外界载荷作用下有可能扩展，从而导致加工后材料的抗弯强度降低。强度降低的大小与表面损伤的深度密切相关。此外，陶瓷强度与砂轮粒度、磨削方向等均有直接关系，磨削方向对抗弯强度的影响见表 6-8。

表 6-8 研磨方向对抗弯强度的影响

| 材料 | 粒径/μm | 研磨方向（相对抗拉轴） | 试样数 | 抗弯强度/MPa | $\sigma_{\perp}/\sigma_{//}$ |
|---|---|---|---|---|---|
| $MgF_2$ | <1 | // | 10 | 87±2 | 0.6 |
| | | ⊥ | 10 | 53±2 | |
| 莫来石瓷 | 1～3 | // | 7 | 319±35 | 0.8 |
| | | ⊥ | 6 | 259±54 | |
| $B_4C$ | 2～10 | // | 5 | 374±69 | 0.6 |
| | | ⊥ | 9 | 154±24 | |
| $B_4C$ | 100～200 | // | 4 | 282±228 | 0.9 |
| | | ⊥ | 6 | 250±55 | |
| $CaF_2$ | 50～150 | // | 3 | 50±13 | 0.8 |
| | | ⊥ | 3 | 40±5 | |

（2）表面相变

对四方相氧化锆陶瓷（Y-TZP）和部分稳定氧化锆陶瓷（Mg-PSZ）进行磨削时，在变形较大的磨削应力作用下，产生应力诱导相变，相变为单斜相氧化锆，这种马氏体相变伴随着体积膨胀，在相变区产生压应力场，对提高材料的强度和韧性有利。

（3）残余应力

磨削作用会在陶瓷表面产生磨削残余应力，形成陶瓷磨削残余应力的主要因素是磨削温度引起的不均匀热膨胀、热塑性变形和显微塑变的冷挤压作用。热膨胀产生热残余拉应力，后者产生残余压应力。随着磨削速度和磨削深度的增加，磨削残余应力有较大的增长，残余压应力变为残余拉应力。

（4）表面粗糙度

氧化铝陶瓷表面粗糙度随晶粒尺寸的变化见图 6-8，即表面粗糙度的算术平均值 $Ra$ 随着晶粒尺寸的增大而增加。粗糙度的测量表明，从 2.5～40μm 的各种切削深度对其没有影

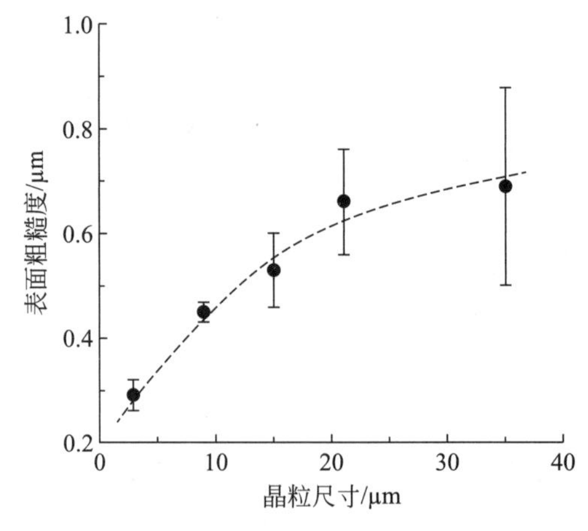


图 6-8 氧化铝陶瓷表面粗糙度随晶粒尺寸的变化

响，其与硬度值没有关系。这表明磨削去除过程与晶粒尺寸有关，而与硬度无关。

### 6.2.2　铣削加工与 CNC 加工中心

智能终端产品所用陶瓷部件的精密铣削加工主要由 CNC 加工中心（也称 CNC 数控机床或数控加工中心）完成，CNC（computerized numerical control）指计算机数字化控制精密机械加工，即数控加工。CNC 数控机床是按照事先编制的加工程序，自动地对被加工零件进行加工。其工艺过程是把零件的加工工艺路线、工艺参数、刀具的运动轨迹、位移量、切削参数（主轴转速、进给量、背吃刀量等）以及辅助功能（换刀、主轴正转、反转、切削液开、关等），按照数控机床规定的指令代码及程序格式编写成加工程序单，然后输入到数控机床的数控装置中，从而使机床按编程和指令来加工零件。

CNC 加工中心是从数控铣床发展而来的。与数控铣床的最大区别在于加工中心具有自动更换加工刀具的能力，通过在刀具库中安装不同用途的刀具，可在一次装夹中通过自动换刀装置改变主轴上的加工刀具，实现多种加工功能。因此，CNC 数控加工中心是一类特别适用于加工复杂零件的高效率自动化机床。数控加工中心综合加工能力较强，工件一次装夹后能完成较多的加工工序，加工精度较高，对中等加工难度的批量工件，其效率是普通设备的 5～10 倍，特别是它能完成许多普通设备不能完成的加工；对形状较复杂，精度要求高的单件加工或中小批量多品种生产更为适用；它把铣削、镗削、钻削、攻螺纹和切削螺纹等功能集中在一台设备上，因而具有多种工艺手段。

CNC 数控加工具有下列特点：(1)大量减少工具安装数量，加工形状复杂的零件不需要复杂的工具安装，如要改变零件的形状和尺寸，只需要修改零件加工程序，适用于新产品研制和改型；(2)加工质量稳定，加工精度高，重复精度高；(3)在多品种、小批量生产情况下生产效率较高，能减少生产的准备、机床调整和工序检验的时间，而且使用最佳切削量而减少了切削时间；(4)可加工常规方法难于加工的复杂型面，甚至能加工一些无法观测的加工部位。但数控加工的机床设备费用较高，要求操作人员和维修人员具有较高专业水平。

德国德玛吉公司生产的 CNC 加工中心有 3 轴和 5 轴，不仅具有高动态性能和优异的性能及操作舒适性，还能确保高生产效率的灵活性和高性能的切削能力及高精度。图 6-9 为 NVX 7000 型 CNC 加工中心，其技术指标如表 6-9 所示。

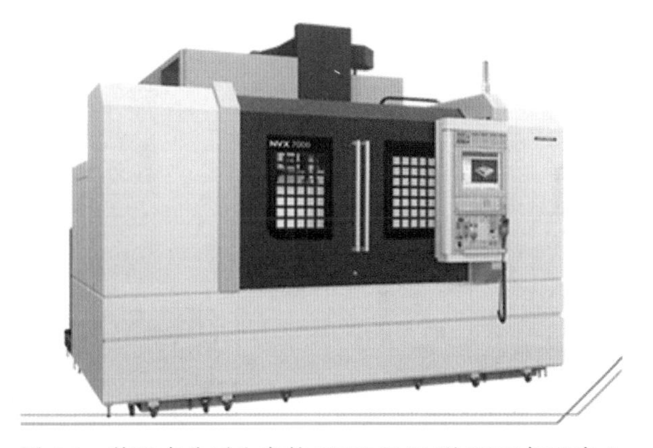


图 6-9　德玛吉公司生产的 NVX 7000 型 CNC 加工中心

表 6-9 德玛吉公司 NVX 7000 型 CNC 加工中心技术参数

| | | |
|---|---|---|
| 工作区域 | X 轴最大行程/mm | 1540 |
| | Y 轴最大行程/mm | 760 |
| | Z 轴最大行程/mm | 660 |
| 工作台尺寸 | 最大工作台承重/kg | 2000 |
| | 工作台长度/mm | 1700 |
| | 工作台宽度/mm | 760 |
| 工件尺寸 | 最大工件高度/mm | 600 |
| 主轴 | 标准转速/(r/min) | 14000 |
| | 最大转速(可选)/(r/min) | 20000 |
| | 功率(100%ED)/kW | 26 |
| | 扭矩(100%ED)/(N·m) | 327 |
| 刀库 | 刀具容量(标准)/把 | 30 |
| | 最大刀具容量/把 | 60 |
| 快速行程 | X 轴最高/(m/min) | 20 |
| | Y 轴最高/(m/min) | 20 |
| | Z 轴最高(m/min) | 20 |

注：100%ED 表示可以满足 100%的长期使用，工作制(通电时间)。

近几年在陶瓷制品或陶瓷外观件的数控加工方面也广泛使用精雕机，它与 CNC 加工中心类似，也是一种自动化程度高的数控加工机床。通常被认为是使用小刀具、大功率和高速主轴电机的数控铣床，可以对陶瓷零部件进行精确雕刻和铣削加工。精雕机是在雕刻机的基础上加大了主轴、伺服电机功率及床身承受力，同时保持主轴的高速旋转，更重要的是精度很高。中国生产的北京精雕机如图 6-10 所示，其性能参数见表 6-10。

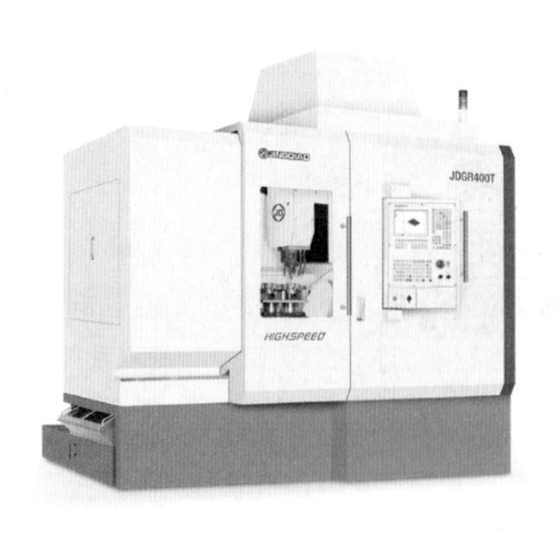

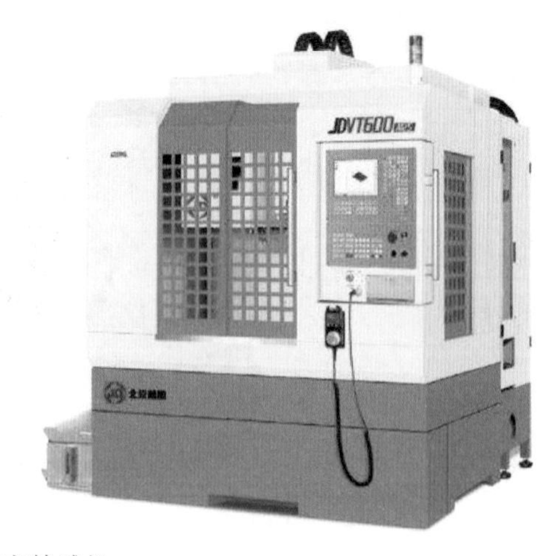


图 6-10 北京精雕机

**表 6-10　北京精雕机性能参数**

| 项目 | 标准值 |
|---|---|
| X/Y/Z 轴运动定位精度/mm | 0.002/0.002/0.002 |
| A/C 轴运动定位精度/(″) | 8/8 |
| X/Y/Z 轴重复定位精度/mm | 0.0018/0.0018/0.0018 |
| A/C 轴重复定位精度/(″) | 5/5 |
| X/Y/Z 轴工作行程/mm | 450/680/400 |
| A/C 轴回转角度/(°) | −120～90/360 |
| 工作台直径/mm | 400 |
| 最大工作负重/kg | 150 |
| 主轴最高转速/(r/min) | 20000 |
| 刀柄规格 | HSK-150 |
| 刀库容量/把 | 36(链式刀库) |
| X/Y/Z 轴快速移动速度/(m/min) | 15 |
| A/C 轴快速旋转速度/(r/min) | 30/50 |
| 驱动系统 | 交流伺服 |
| 工作电压/V | 三相 380(50Hz) |
| 气源压力/MPa | ≥0.52 |
| 机床总质量/kg | 10000 |

CNC 加工中心一般以铣削为主，具有加工精度高、生产自动化程度高等优势。其不足是在用小刀具加工小型模具时会显得力不从心，并且成本很高。精雕机的出现可以说弥补了加工中心的短板，它既可以雕刻，也可铣削，是一种高效高精度的数控机床。两者的对比见表 6-11。

**表 6-11　CNC 加工中心与精雕机对比**

| 项目 | CNC 加工中心 | 精雕机 | 备注 |
|---|---|---|---|
| 外观体积 | 按照 X/Y 轴行程不同区别：<br>X 行程 1.6m，Y 行程 900 机型(T1690)体积在 4m×3m；<br>X 行程 0.8m，Y 行程 0.5m，机型(T850)体积在 2.5m×2.5m | 一般精雕机尺寸最大：1.8m×1.8m<br>最小尺寸有：1.4m×1.5m | 体积与质量，与设备切削量有关 |
| 主轴功率与转速 | 加工中心主轴功率较大，一般最小 6.5kW(36000 r/min)，高达几十千瓦 | 精雕机功率最大为加工不锈钢等硬质材料所用主轴 6.5kW/(36000r/min) | 功率越大，切削力度与切削量越大 |
| | | 功率最小主轴为 1.2kW/(60000r/min)(用于玻璃精雕机) | 功率越大，转速越小 |

续表

| 项目 | CNC 加工中心 | 精雕机 | 备注 |
|---|---|---|---|
| 切削量 | 切削量大，适合重切削，粗磨适宜，用于模具加工较多 | 切削量次于加工中心，可粗铣，适合精修加工，精度更高，适宜精细零件加工 | |
| 应用范围 | 大型的模具，硬度比较高的材料，普通模具的开粗 | 精加工：石墨、五金配件、陶瓷、蓝宝石、贵金属等 | |
| 主轴数量 | 单轴 | 单轴/双轴/三轴/四轴 | 主轴数量越多，一次出夹越多，效率越高 |
| 价格定位 | 25 万～100 万元以上不等 | 10 万～40 万元不等 | 一般情况下精雕机定价低于加工中心，因加工中心只单轴运作，价格亦高，如今趋向被精雕机取代部分市场 |

### 6.2.3 研磨加工

#### 6.2.3.1 研磨机理及分类

研磨是比磨削更精细的一种机加工，是指利用涂敷或压嵌在研具上的磨料颗粒，通过研具与工件在一定压力下的相对运动对加工表面进行的精细加工，是用研具和磨料从工件表面磨去极薄一层陶瓷的一种加工方法。在研磨加工中，研磨参数选择合理时可以达 1μm/m 的形状精度和 $Ra$<0.3μm 的粗糙度。从材料的去除机理上看，研磨加工是介于脆性破坏与弹性去除之间的一种加工方法。

研磨方法一般可分为湿研、干研和半干研三类：(1)湿研是把液态研磨剂连续加注或涂敷在研磨表面，磨料在工件与研具之间不断滑动和滚动，形成切削运动；(2)干研又称嵌砂研磨，把磨料均匀压嵌在研具表面层中，研磨时只需在研具表面涂以少量的硬脂酸混合脂等辅助材料；(3)半干研类似湿研，所用研磨剂是糊状研磨膏。研磨既可用手工操作，也可在研磨机上进行。工件在研磨前须先用其他加工方法获得较高的预加工精度，所留研磨余量为 5～30μm。

研具是使工件研磨成形的工具，同时又是研磨剂的载体，硬度应低于工件的硬度，又有一定的耐磨性，常用灰铸铁制成。湿研时研具的金相组织以铁素体为主；干研法的研具则以均匀细小的珠光体为基体。研具应有足够的刚度，其工作表面要有较高的几何精度。研具在研磨过程中也受到切削和磨损，如操作得当，它的精度也可得到提高，使工件的加工精度能高于研具的原始精度。

要正确处理好研磨的运动轨迹是提高研磨质量的重要条件。在平面研磨中，一般要求：①工件相对研具的运动，要尽量保证工件上各点的研磨行程长度相近；②工件运动轨迹均匀地遍及整个研具表面，以利于研具均匀磨损；③运动轨迹的曲率变化要小，以保证工件运动平稳；④工件上任一点的运动轨迹尽量避免过早出现周期性重复。为了减少切削热，研磨一般在低压低速条件下进行，粗研的压力不超过 0.3MPa，精研压力为 0.03～0.05MPa。

#### 6.2.3.2　研磨工艺及研磨液

（1）平面或端面研磨工艺

端面研磨（也是平面研磨）在智能终端陶瓷产品（如 2D 手机陶瓷背板和指纹识别片）上获得越来越多的应用，端面磨床是高精度端面加工设备，有着高强度机械构造和稳定的精度。高精度端面研磨基本原理是利用自由散粒磨料研磨液在工件被加工面及磨盘基面上相对运动，使工件表面达到非常高的平整度及光滑度，工件固定不需要固定夹，只是自然地放置在磨盘上，基本上能适合加工任何金属和非金属陶瓷材料的工件；因为没有强制性的装夹及一般磨床的刚性磨削，减少了冲击及发热产生的次生变形，更有利于高精度和高光洁度的加工，可以轻易获得最佳 0.2μm 的平面度及 *Ra* 0.02μm 粗糙度。图 6-11 为端面研磨机理示意图。

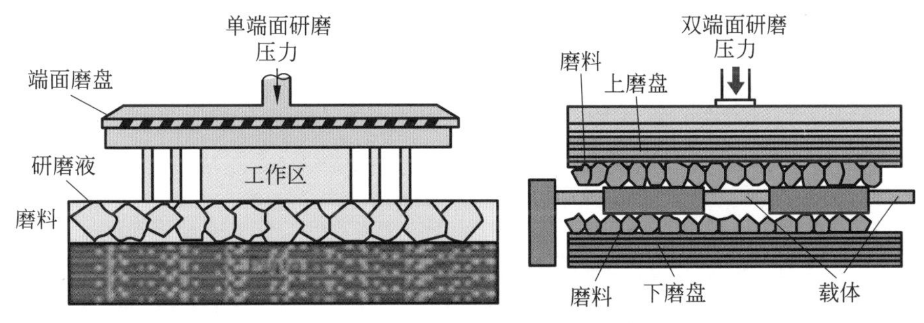


图 6-11　端面研磨的机理

端面研磨工艺过程及相关的性能参数主要包括以下几点：①平整度，陶瓷件或工件的平整度取决于磨盘的平整度。随着加工领域的不断深化及精度和效率要求越来越高，磨盘从铸铁盘、合成盘、铜盘、纯锡盘、树脂盘发展到金刚石盘，并通过各种方法把盘的平面修整到最佳的 2μm；②粗糙度，取决于磨料颗粒的大小及形状和磨盘的材料，以及工件材质及硬度；③精磨：利用较细颗粒度的磨料在磨盘中与工件面上磨削，进刀量较小，表面光洁度好，磨削痕迹均匀而细；④软抛光，在磨盘上加装一个特殊材料抛光垫或抛光布，抛光料在抛光垫或抛光布之间运动，使工件比硬抛光具有超镜子一样的高光洁度；⑤硬抛光：利用合成盘、铜盘、锡盘、树脂盘等非常高精密度的基面加入微米级金刚石磨料，使工件表面变得既有高精密平面度，又有像镜子一样的高光洁度。

图 6-12 为东莞金研公司生产的双端面研磨机，其性能参数见表 6-12。端面研磨机在智能终端陶瓷产品中的应用包括 2D 手机陶瓷背板及氧化锆陶瓷指纹片以及手机屏幕玻璃等，如图 6-13 所示。

（2）研磨液

研磨液分水剂研磨液和油剂研磨液。水剂研磨液由水及各种皂剂配制而成，油剂研磨液由航空汽油、煤油、变压器油及各种植物油、动物油及烃类，配以若干添加剂组成。

研磨液也可以根据磨料的不同分为：金刚石研磨液，二氧化硅研磨液，氧化铈研磨液等，其中，金刚石研磨液又可分为单晶金刚石研磨液、多晶金刚石研磨液和爆轰纳米金刚石研磨液。

图 6-12 东莞金研公司生产的端面研磨机

**表 6-12 东莞金研公司生产的双端面研磨机技术参数**

| | |
|---|---|
| 磨盘尺寸(外圆×内圆×厚度)/mm | $\phi$1355×$\phi$458×50 |
| 最大加工尺寸/mm | 410 |
| 磨盘转速/(r/min) | 0～50 |
| 游星轮参数 | Z=147/DP12 |
| 总功率/kW | 15 |
| 游星轮数量 | 6 |
| 气压/MPa | 0.5～0.6 |
| 设备质量/kg | 5600 |
| 外形尺寸(宽×深×高)/mm | 2350×1700×3000 |

图 6-13 手机陶瓷背板及陶瓷指纹片的研磨加工

陶瓷外观件精密研磨加工主要采用多晶金刚石研磨液，利用多晶金刚石良好的韧性，在研磨抛光过程中能够保持高磨削力的同时不易产生划伤，为后续精密抛光加工提供了良好的条件。

研磨液的添加量是根据水质和切削量来决定的，水质硬切削量多，则研磨液的添加量应多些。由于研磨机在相同的时间内切屑量多，所以研磨液的添加量应多些。研磨液的作用如下：①软化作用：即对工件表面氧化膜的化学作用，使其软化，易于从表面研磨除去，以提高研磨效率；②润滑作用：像研磨润滑油一样，在研磨块和工件之间起润滑作用，从而得到光洁的表面；③洗涤作用：像洗涤剂一样，能除去工件表面的油污；④防锈作用：研磨加工后的零件，未清洗前在短时间内具有一定的防锈作用；⑤缓冲作用：在光洁加工运转中，与水一起搅动，会缓解零件之间的相互撞击。

## 6.2.4　抛光加工

### 6.2.4.1　抛光用材料与研具

抛光是在研磨加工后的更精细的表面加工，很多时候抛光和精细研磨几乎是同时完成的。抛光与研磨加工方法相似，也是采用游离磨料（抛光液）对被加工表面材料产生微细去除作用以达到加工效果的一种超精密加工方法。在陶瓷材料的超精密加工与完整加工中，抛光加工有着不可替代的位置，光学玻璃、蓝宝石等光学材料、硅片、GaAs 基片等半导体材料，$Al_2O_3$、$ZrO_2$、SiC、$Si_3N_4$ 等陶瓷材料的镜面加工常采用抛光加工方法。

为获得光滑的加工表面，在抛光液磨粒和研具材料的选择上抛光与研磨加工有所不同，抛光通常使用 0.5μm 以下的微细磨粒，如金刚石微粉、三氧化二铁（$Fe_2O_3$）、氧化铬（$Cr_2O_3$）、氧化铈（$CeO_2$）、氧化锆（$ZrO_2$）、氧化硅（$SiO_2$）、氧化镁（MgO）；抛光盘用沥青、石蜡、合成树脂和人造革、锡等软质金属或非金属材料制成。

（1）抛光液种类及应用

金刚石抛光液以多晶金刚石微粉为主要成分，配合高分散性剂和液体，可以在保持高切削率的同时不易对研磨材质产生划伤。主要应用于蓝宝石衬底的研磨、LED 芯片的背部减薄、各种氧化物和非氧化物陶瓷件的抛光加工。

氧化硅抛光液（CMP 抛光液）是以高纯氧化硅粉为原料，经特殊工艺生产的一种高纯度低金属离子型抛光产品。广泛用于多种材料纳米级的高平坦化抛光，如硅晶圆片、锗片、化合物半导体材料砷化镓、磷化铟还有精密光学器件的抛光加工。

氧化铈抛光液是以微米或亚微米级 $CeO_2$ 为磨料的氧化铈研磨液，该研磨液具有分散性好、粒度细、粒度分布均匀、硬度适中等特点。适用于手机玻璃、光学镜头、微晶玻璃基板、晶体表面、集成电路光掩模等方面的精密抛光。

氧化铝和碳化硅抛光液是以超细氧化铝和碳化硅微粉为磨料的抛光液，主要成分是微米或亚微米级的磨料；主要用于高精密光学仪器、硬盘基板、磁头等方面的研磨和抛光。

（2）抛光垫作用及种类

抛光垫是抛光过程中消耗量较大的耗材，其作用包括：①把抛光液有效均匀地输送到抛光工件的不同区域；②从被加工表面带走抛光过程中的残留物质、碎屑等，达到去除效果；③传递和承载加工去除过程中所需的机械载荷；④维持抛光工件表面的抛光液薄膜，以便化学反应充分进行；⑤保持抛光过程的平稳、表面不变形，以便获得较好的产品表面形貌。

根据磨料填充、材质、表面结构情况，抛光垫共分为三大类：(a)按磨料填充分为：无填充磨料和有填充磨料抛光垫；无填充磨料的抛光垫，抛光过程比抛光工件更稳定；有填充磨料的抛光垫，含氧化铈抛光垫和含氧化锆抛光垫；氧化铈抛光垫能提高抛光速率；氧化锆抛光垫能提高被抛光工件的光洁度；(b)按材质的不同分为：无纺布磨皮、发泡聚氨酯磨皮和阻尼布磨垫；(c)按表面结构分为：开槽和不开槽的抛光皮。图 6-14 为常用抛光垫材质，常用抛光垫表面结构如图 6-15 所示。

无纺布磨皮

发泡聚氨酯磨皮

阻尼布磨皮

图 6-14 常用抛光垫材质

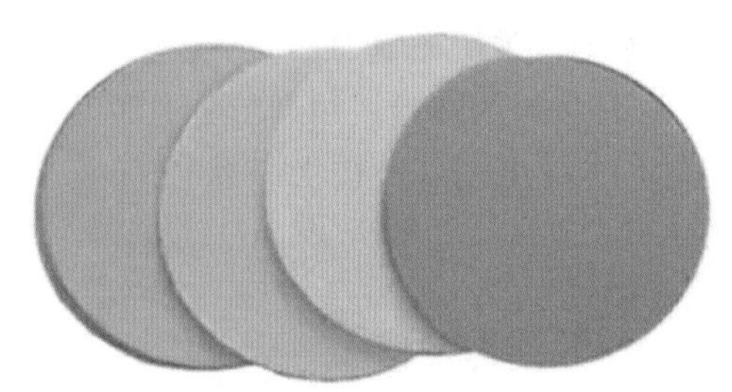
不开槽抛光皮

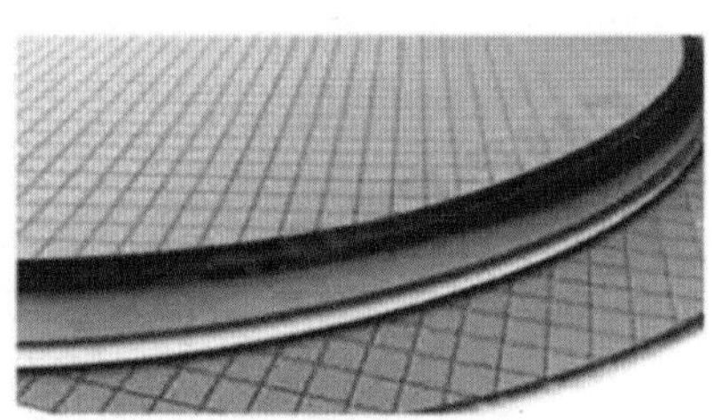
开槽抛光皮

图 6-15 常用抛光垫表面结构

#### 6.2.4.2 抛光机理与数控抛光机

关于抛光机理有如下几种理论：(1)机械微量除去理论；(2)塑性流动理论；(3)化学作用理论等。关于微量除去理论可以用磨料尖端的微小切削作用而除去表面凹凸进行解释。采用金刚石研磨膏和布轮抛光机的抛光，就是基于这种机理而进行抛光的。研磨、抛光加工的材料去除率与被加工材料的韧性有较大关系，韧性越高，加工效率越低。

陶瓷产品相比较其他材质的产品来说其材质更硬，也就注定了它的打磨难度和成本会比其他产品高，所以一般会选择转速更高的圆机头(电动主轴圆头机)。在开粗以及中抛过程中通常会选择以金刚石粉为主的耗材进行抛光，在镜面收光时一般会选择增亮效果较好的二氧化硅精抛液进行抛光。

通常，陶瓷手机背板材料的抛光主要通过端面抛光机完成。目前，在工业生产中也有采用五轴联动数控抛光机床或圆头机来进行陶瓷材料的平面和曲面抛光。其原理为采用CNC 控制系统，五轴联动运动仿形，驱动产品按照自身轮廓作仿形运动。同时，旋转震动抛光轮粘砂纸对产品进行抛光打磨作业。经过循环加工后，使产品抛光效果达到标准要求。图 6-16 为用于手机陶瓷背板的五轴联动数控抛光机，所用各种抛光轮和抛光垫如图 6-17 所示。

#### 6.2.4.3 振动抛光及应用

振动抛光是一种易行且有效的抛光方式，对于形状复杂的智能穿戴陶瓷件表面的毛刺去除、倒棱角、表面研磨抛光都非常有效。它是批量表面处理的重要设备，而且工件在经过

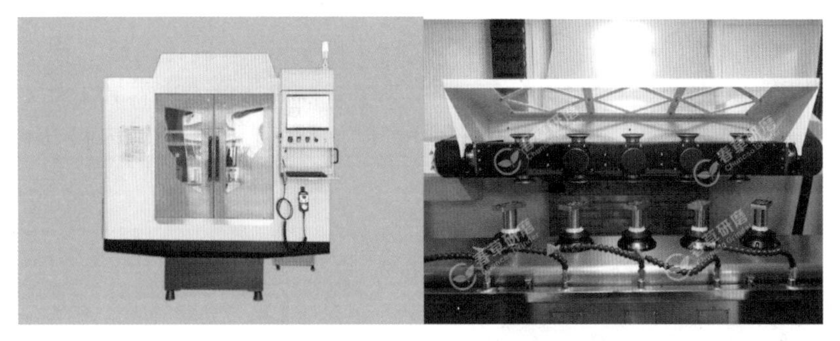

图 6-16　用于手机陶瓷背板的五轴联动数控抛光机

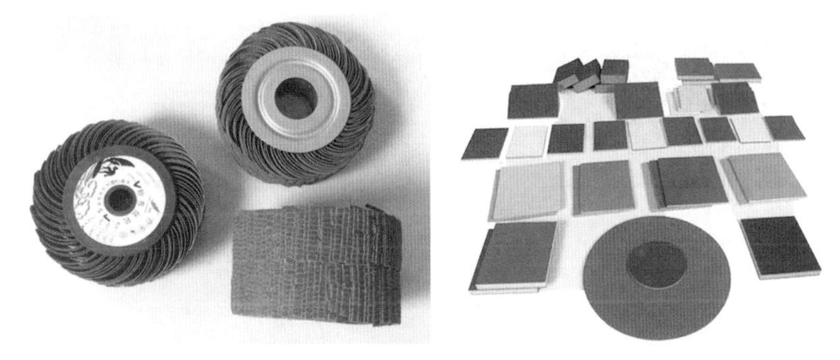

图 6-17　数控抛光机用抛光轮及抛光垫

它的处理后，不影响工件的原有尺寸和精度。

振动抛光机要完成陶瓷材料表面的抛光处理，必须具备相应的研磨介质，也就是抛光研磨材料。抛光研磨材料的品种很多，如研磨抛光磨料、抛光研磨液、研磨光亮剂等。在研磨抛光磨料中，可选择多个品种，各个品种的抛光磨料又分为多种形状、多种规格。做好工件表面的抛光处理，必须要有研磨抛光磨料这种介质，对研磨介质的选择也就是做好工件表面抛光处理的基础。抛光研磨介质主要有氧化铝柱状体等，图 6-18 为雷达牌陶瓷手表圈在抛光介质中的振动抛光实物照片。

图 6-18　雷达牌陶瓷手表圈振动抛光(左)与实物(右)

振动研磨抛光机的结构和工作原理如下：工件抛光作用的动力来自机器中心部位的振动电机，该电机所产生的激振动力促使研磨容器中的研磨物发生研磨作用，由此完成工件的表面抛光工作。振动电机的振动功率来自于电机中装有的上、下偏心块，当振动电机高速旋转时，电机上的两个偏心块就随着电机的转动，产生高速激振力，偏心块固定在电机上，所以这种振动力在水平面内沿圆周方向变化，带动底部装有弹簧的研磨容器槽发生振动，使得研磨容器产生高速的圆周摇摆振动。由于容器底部是圆弧状，电机转动时工作槽内的研磨抛光磨料和工件绕着机器的中心进行振动翻滚。为了减少研磨抛光磨料和工件对容器槽壁的磨损和降低工作时所产生的噪声，在容器槽内壁装有耐磨聚氨酯(PU)内衬，图6-19为振动抛光机及其结构。

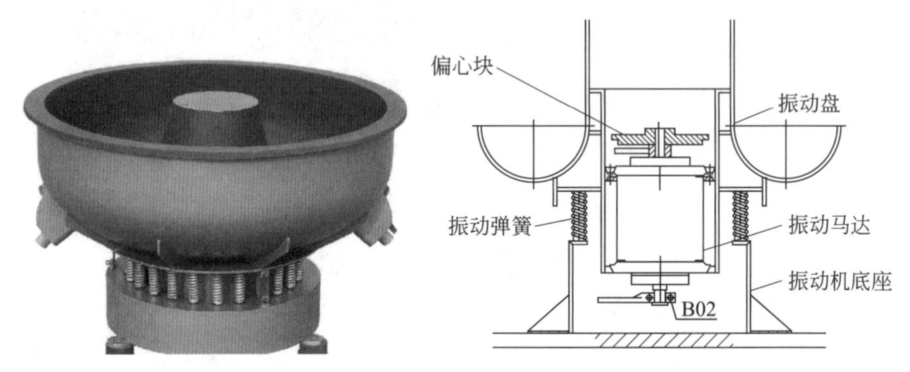


图6-19　振动抛光机及其结构

### 6.2.4.4　化学机械抛光

化学机械抛光的发展源于半导体加工技术的进步，最初的半导体基片(衬底片)抛光沿用机械抛光，但是得到的晶片表面损伤是极其严重的。直到20世纪60年代末，一种新的抛光技术——化学机械抛光技术(chemical mechanical polishing，CMP)取代了旧的方法。CMP技术综合了化学和机械抛光的优势：单纯的化学抛光，抛光速率较快，表面光洁度高，损伤低，平整性好，但表面平整度和平行度差，抛光后表面一致性差；而单纯的机械抛光表面一致性好，表面平整度高，但表面光洁度差，损伤层深。化学机械抛光可以获得较为平整的表面，又可以得到较高的抛光速率，得到的平整度比其他方法高两个数量级，是能够实现全局平面化的有效方法。

对硅单晶片化学机械抛光机理、动力学控制过程和影响因素的研究说明，化学机械抛光是一个复杂的多相反应，它存在着两个动力学过程：

(1) 抛光首先使吸附在抛光布上的抛光液中的氧化剂、催化剂等与衬底片表面的硅原子在表面进行氧化还原反应，这是化学反应的主体。

(2) 抛光表面反应物脱离硅单晶表面，即解吸过程使未反应的硅单晶重新裸露出来，这是动力学过程，是控制抛光速率的另一个重要过程。

硅片的化学机械抛光过程是以化学反应为主的机械抛光过程，要获得质量好的抛光片，必须使抛光过程中的化学腐蚀作用与机械磨削作用达到一种平衡。如果化学腐蚀作用大于机械磨削作用，则抛光片表面产生腐蚀坑和橘皮状波纹。如果机械磨削作用大于化学腐蚀作用，则表面产生高损伤层。

该技术已用于获得高质量的玻璃表面，如军用望远镜等。其最大特征是粉末比加工件的机械性质还软，能够与加工件发生固相反应。在其与通常的抛光进行同样的滑动运动时，粉末与加工物局部接触点上产生机械-化学效应的微小反应部分(1nm级)由于摩擦力而发生脱落，加工得以进行。例如，对于硅单晶片，为了除掉加工变质层，可使用 $SiO_2$ 微粉（约10nm）与碱性的悬浮液进行抛光。

典型的化学机械抛光原理如图6-20所示，将旋转的被抛光晶片或玻璃或陶瓷片压在与其同方向旋转的弹性抛光垫上，而抛光液在晶片（或玻璃或陶瓷片）与底板之间连续流动。上下盘高速反向运转，被抛光晶片（或玻璃或陶瓷片）表面的反应产物被不断地剥离，新抛光液补充进来，反应产物随抛光液带走。新裸露的晶片（或玻璃或陶瓷片）平面又发生化学反应，产物再被剥离下来而循环往复，在衬底、磨粒和化学反应剂联合作用下，形成超精密表面。

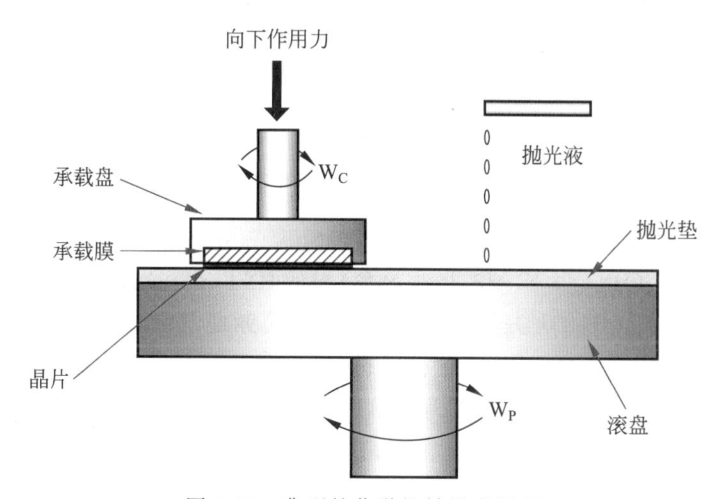


图6-20　典型的化学机械抛光原理

在化学机械抛光中抛光液是关键因素之一。抛光磨料的种类、物理化学性质、粒径大小、颗粒分散度及稳定性等均与抛光效果紧密相关。此外，抛光垫的属性（如材料、平整度等）也极大地影响了化学机械抛光的效果。目前，$CeO_2$ 等软质抛光料广泛应用于玻璃和陶瓷的精密抛光。此外，抛光还需注意的一个问题是加工环境的整洁，尤其是电子部件的最终抛光工艺，应在无粉尘的清洁加工室内进行，在加工面有污染倾向时，需要注意抛光液和洗净液的纯度。

## 6.3　陶瓷的化学加工

陶瓷的化学加工主要包括化学研磨、化学蚀刻、电化学中的电泳抛光及磨削，下面主要介绍化学研磨抛光和电泳抛光及磨削。

### 6.3.1　化学研磨抛光

在一定的溶液中，不利用外接电源，靠化学溶液侵蚀作用完成材料表面的平整和光亮过程的工艺称为化学研磨抛光。该工艺主要利用化学研磨抛光液和待处理工件之间形成的化学电池原理对工件进行研磨抛光；在工件表面粗糙不平处，峰高处相对峰谷处电动势较高，也更加易于与化学研磨抛光液产生激烈的化学反应，即更易于被溶解去除，从而使其峰高值接近难于与溶液发生反应的峰谷，达到平整光滑的研磨抛光目的。

通常化学研磨抛光仅需要将工作液加热到一定温度(100℃以下),并将工件在工作液中浸泡,搅拌工作液或摇动工件,使其待处理表面与工作液充分接触,经过一定时间后即可完成。相对于机械抛光和电化学抛光而言,该工艺简单易操作。

化学研磨抛光液通常是无机酸溶液,只要溶液能够浸入的位置都可以完成反应并达到工件表面研磨抛光的目的,可以用于处理各种外形复杂的工件。因此,处理工件外形不受限制。而用传统的机械抛光方法对工件进行处理,由于许多机械装置不能接触到工件位置,内腔、缝隙无法得到抛光处理。此外,机械抛光处理后的工件表面难免会出现应力变形、晶格组织破坏等现象,而化学研磨抛光不仅可以避免上述现象,还可以修复由机械研磨破坏的工件表面的微观化学结构。

氧化铝陶瓷或蓝宝石的化学研磨可以使用加热的磷酸或硼砂溶液及 $V_2O_5$ 等。为了除去机械加工而产生的加工层,也可使用该方法。

### 6.3.2 电泳抛光与电泳磨削

(1) 电泳抛光

电泳抛光是将电泳现象应用于陶瓷工件的一种非接触无损抛光方法。电泳抛光的原理见图 6-21。图 6-21(a)为当工件端为负极,抛光头为正极时,微粒子将在电场作用下向抛光头聚集,从而形成一个柔性磨粒层;当工件旋转时,磨粒与工件间发生摩擦与碰撞,从而达到去除材料的目的。图 6-21(b)为当工件端为正极,抛光头为负极时,微粒子将在电场作用下向工件聚集;由于工件和抛光头产生相对运动,因此抛光粒子对工件表面产生冲击碰撞,达到抛光的目的。由于两种抛光磨粒的作用机理不同,因此在切削效率和切削表面质量上将有不同。由于没有外加载荷,脆硬性陶瓷材料的去除全部依赖粒子的碰撞和微切削来实现;连续的碰撞和微切削使陶瓷表面局部发生微疲劳剥落和极细微的犁削。这两种材料去除方式对被加工表面的性能影响可以忽略不计,因此可称为无损抛光。

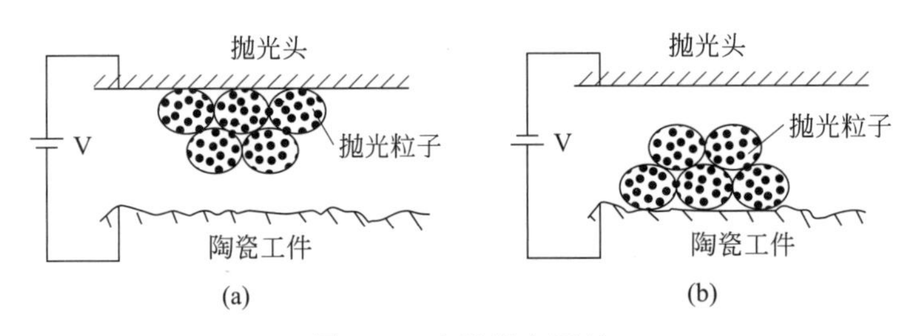


图 6-21 电泳抛光原理

(a) 抛光头为正极,工件为负极;(b) 抛光头为负极,工件为正极

影响电泳抛光效率和质量的关键因素是抛光粒子的速度或动能、冲击角度。影响参数有材料参数和工况参数两类。材料参数包括抛光粒子大小及材质、抛光液种类、粒子浓度等;工况参数包括非接触间隙宽度、施加电压的大小及方向、抛光机运转速度等。

(2) 电泳磨削

电泳磨削是利用超微磨粒的电泳特性,在加工过程中使磨粒在电场作用下向工具表面运动并吸附在工具表面,形成一层超微细磨粒层,利用该吸附层随工具运动对工件进行磨削加工,如图 6-22 所示。在电场力和磨削力的作用下,磨粒不断吸附和脱落,只要根据磨削条

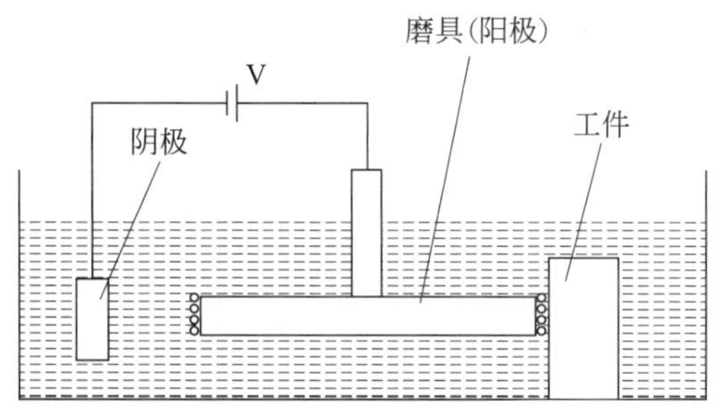


图 6-22 电泳磨削原理示意图

件调节电泳的电场强度,就完全可以使脱落量与吸附量保持动态平衡,从而稳定吸附层的厚度。同时,工具每旋转一周,磨粒层表面都有大量的新磨粒补充,使工具表面磨削始终保持锋利尖锐。另外,由于磨粒层表面凹陷处局部电流大,新磨粒优先在凹陷处沉积,从而使磨粒层表面处于均匀状态,保持工具表面良好的等高性。所以,工具的实际工作表面始终保持良好的加工特性。

电泳磨削技术对硅单晶、玻璃等硬脆材料加工,可大大降低工件表面的粗糙度,以 $SiO_2$ 胶体溶液为磨削液,对硅片和玻璃的电泳磨削可获得纳米级的加工表面质量;对于硬度更大的工程陶瓷,也具有一定效果。对 $Al_2O_3$ 陶瓷进行电泳磨削时,先用金刚石砂轮磨出基准表面 $Ra1.69\mu m$,再进行 2h 的电泳磨削;当采用黄铜($\phi 60\times 50mm$ 端面密布小孔)为磨具基体,硅溶胶(粒径 $R<50nm$,质量分数 30%)为磨削溶液,模具与工件间隙为 0.5mm,主轴转速为 750r/min;电泳磨削后 $Al_2O_3$ 陶瓷表面粗糙度降至 $0.0623\mu m$。

## 6.4 陶瓷的激光加工

### 6.4.1 激光加工原理及激光器特性

激光加工是工程陶瓷加工的一种新方法。该法与材料的硬度、强度等机械性能无关,只要材料能吸收激光,一般都能进行加工。

激光加工的基本过程是将激光照射到工件上,通过高度聚焦的光能转变成热能,产生10000℃以上的高温,使得加工部位熔融和蒸发,实现材料的去除。激光加工不需要工具,不存在工具损耗,也没有更换、调整等问题,适于自动化、连续化操作,不受切削力影响,亦可保证精度,且加工速度快,效率高。

激光加工装置的基本构造如图 6-23 所示,包括激光振荡器、机械光学系统和工件系统。每个系统都有很多控制器影响加工特性,机械光学系统参数包括光束形状、直径、发散角、焦距、深度、光斑直径、保护辅助气体(组成、流量、方向)和喷嘴形状及位置。工件系统参数则包括材料、形状、维数、表面状态、气氛和位移速度。

激光加工可用于陶瓷板的切割、陶瓷打孔、刻蚀等,适于加工深的微孔(直径小于几十个微米,深度与直径之比可达 10 以上)及窄缝。目前,可产生振荡激光的激光器种类很多,其中用于工程陶瓷加工的主要有 $CO_2$ 激光器和 Nd:YAG(钇铝石榴石)激光器。Nd:YAG 固体激光器操作容易,可靠性高,适宜于微细加工;$CO_2$ 激光器在效率和输出功率方面较优异,可用于需要大功率的陶瓷材料加工。而红宝石激光器及玻璃固体激光器用得较少,因为

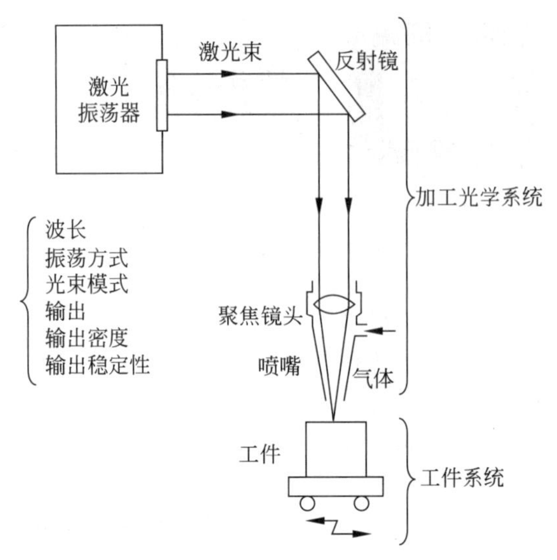


图 6-23 激光加工装置的基本构造

其振荡效率低、振荡周期长。表 6-13 所列的几种激光能够用于工业加工，$CO_2$ 激光器的切割效果如表 6-14 所示。

**表 6-13 加工用激光及其特性**

| 激光种类 | 波长/μm | 平均输出/W | 发振方式 | 效率/% | 特征 |
|---|---|---|---|---|---|
| Nd:YAG 激光 | 1.06 | ～200 | 脉冲，CW[1] | ～2 | 高速反复 |
| 玻璃激光 | 1.06 | ～20 | 脉冲 | ～1 | 高能脉冲 |
| 红宝石激光 | 0.69 | ～20 | 脉冲 | ～1 | 高能脉冲 |
| $CO_2$ 激光 | 10.6 | ～10k | 脉冲，连续波 | ～10 | 高效率，连续输出 |

**表 6-14 $CO_2$ 激光器的加工特性**

| 材料名称 | 板厚/mm | 切断速度/(mm/min) | 切缝宽度/mm | 激光输出功率/kW |
|---|---|---|---|---|
| 普通玻璃 | 9.5 | 1500 | 1.5 | 20 |
| 石英玻璃 | 1.9 | 600 | 0.2 | 0.25～0.3 |
| 熔融石英 | 9.5 | 130 | — | 1 |
| 陶瓷面砖 | 6.4 | 500 | — | 0.85 |
| 氧化铝陶瓷 | 0.6 | 2300 | — | 0.5 |

## 6.4.2 激光加工陶瓷工艺及影响因素

陶瓷材料的热学性能(熔点和热传导率等)对激光加工的效果影响很大，目前主要以 $NY$ 值作为判断材料激光加工难易性的判据。

$$NY = T_m \times \lambda$$

式中，$T_m$ 为熔点(K)；$\lambda$ 是热传导率(W/(m·K))。

$NY$ 值越小，激光加工越容易，几种陶瓷材料的 $NY$ 值见表 6-15。由此可见，其加工的难易顺序为：α-SiC，$Al_2O_3$，$Si_3N_4$，$ZrO_2$，即 $ZrO_2$ 的 $NY$ 值最小，最容易激光加工，其去除效率($mm^3/J$)大约是 $Si_3N_4$ 的 3 倍多。

**表 6-15　几种陶瓷材料激光加工的 NY 值**

| 材料 | | $T_m/K$ | $\lambda/(W/(m\cdot K))$ | $NY$ |
|---|---|---|---|---|
| 金属 | 钨 | 3410 | 0.41 | 1380 |
| | 铜 | 1083 | 0.95 | 1030 |
| | 铁 | 1540 | 0.20 | 300 |
| 陶瓷 | α-SiC | 2200 | 0.16 | 352 |
| | $Al_2O_3$ | 2050 | 0.07 | 144 |
| | $Si_3N_4$ | 1900 | 0.04 | 76 |
| | $ZrO_2$ | 2677 | 0.008 | 21 |

由于照射部位和周围环境的温度差很大,激光加工会产生很大的热应力,而工程陶瓷属脆性材料,热稳定性较差,若热应力的最大值 $\sigma_{max}$ 超过材料的强度极限 $\sigma_f$,则材料损坏。因此陶瓷材料激光加工必须防止和避免裂纹的产生和断裂破坏,以确保激光加工的质量。为此,必须明确陶瓷材料的热稳定性。通常以产生的热应力等于材料的强度极限时之温差值作为材料热稳定性的度量标准。一般称该温差值为热应力断裂抵抗因子,用 $R$ 表示:

$$R=\frac{\sigma_f(1-\mu)}{\alpha E}$$

式中,$\sigma_f$ 为极限强度;$\mu$ 为泊松比;$\alpha$ 是热膨胀系数;$E$ 是弹性模量。

显然,$R$ 值愈大,承受温度变化能力愈强,即热稳定性好,抵抗破坏能力高,由表 6-16 可见,材料的损伤抵抗能力大小顺序依次为:$Si_3N_4$、SiC、$ZrO_2$ 及 $Al_2O_3$。

**表 6-16　工程陶瓷激光加工的热稳定性经验数据**

| 材料 | $\sigma_f/(10^8 N/m^2)$ | $E/(10^{10} N/m^2)$ | $\mu$ | $\alpha/(10^{-6}/K)$ | $R/K$ |
|---|---|---|---|---|---|
| $Si_3N_4$ | 9.0 | 33.00 | 0.27 | 3.2 | 622 |
| SiC | 6.2 | 42.00 | 0.16 | 4.0 | 310 |
| $ZrO_2$ | 6.5 | 21.00 | 0.31 | 9.6 | 222 |
| $Al_2O_3$ | 3.1 | 35.00 | 0.25 | 7.9 | 84 |

由上可知,不同的陶瓷其热稳定性差异很大。激光加工过程中形成热冲击,一旦产生的热应力值超过陶瓷的极限强度,陶瓷就会产生裂纹甚至破坏。因此激光实际加工过程中需利用流动的气体或液体对陶瓷工件进行冷却,水是最常用的辅助液体,其与激光的组合方式分为两种:一种是将陶瓷工件浸泡在水中进行加工,如图 6-24 所示。研究表明,在水中通过 Nd:YAG 激光器可以加工出无缺陷的陶瓷,并发现 Nd:YAG 激光器加工 $Al_2O_3$ 过程中产生的气泡和加热液体的流动有助于熔渣的排除和加工质量的提高。另一种是使激光和水流以同轴的方式射向陶瓷工

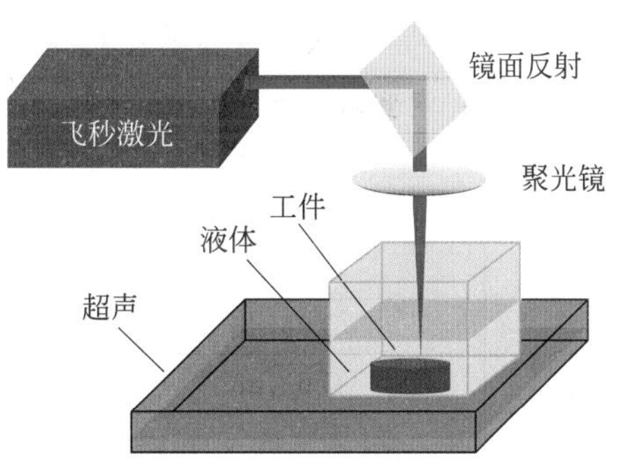

图 6-24　液体辅助激光切割

件，如图 6-25 所示。Delphine Perrottet 等研究认为水导激光切割可以有效减少热量影响区域，降低热应力，抑止裂纹产生，适合陶瓷厚板的切割，切割速度快，同时喷射的冷却水也有助于去熔渣，减少表面沉积。

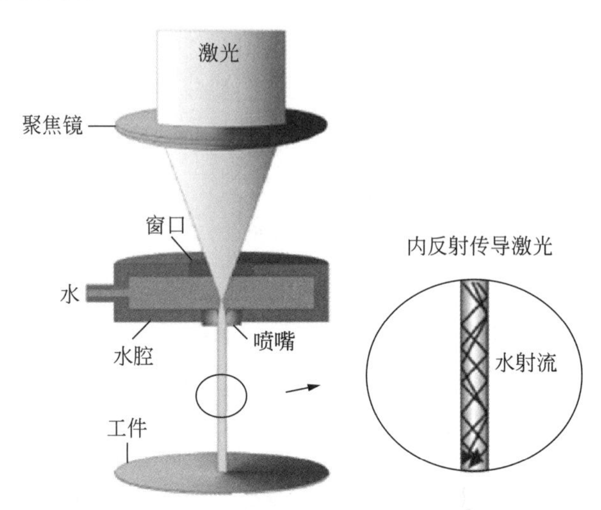


图 6-25 液体辅助的水导激光切割

激光加工已成功用于 $ZrO_2$、$Al_2O_3$、AlN、$Si_3N_4$ 陶瓷基板的切割和陶瓷的打孔，当激光用于陶瓷这样超硬材料的打孔加工时，功率密度为 $10^7 \sim 10^8 W/cm^2$，作用时间为 $10^{-3} \sim 10^{-5}s$，效果显著。

激光切割是利用聚焦的高功率密度激光束辐照在陶瓷工件上，工件表面吸收激光能量，导致工件局部温度急剧上升，材料产生熔融、气化，并形成微细空洞，随着激光束与工件的相对运动，使得材料形成切口，切口处的熔渣被气体或液体带走，最终材料被切割。目前，主要采用 $CO_2$ 激光发生器进行陶瓷材料的切割，一些陶瓷的激光切割工艺参数见表 6-17。

**表 6-17 激光切割陶瓷的工艺参数**

| 陶瓷材料 | 试件厚度/mm | 切割速度/(m/min) | 切割缝宽/mm | 激光功率/kW | 辅助气体 |
|---|---|---|---|---|---|
| 氧化铝陶瓷 | 1.4 | 0.76 | 0.4 | 0.2 | $N_2$ |
| 氧化铝陶瓷 | 0.6 | 1.3 | 0.3 | 0.25 | $N_2$ |
| 氧化铝陶瓷 | 0.8 | 0.02 | — | 0.25 | — |
| 氧化铝陶瓷 | 0.8 | 0.02 | — | 0.25 | — |
| 石英 | 1 | 2.5 | — | 0.5 | 空气 |
| 石英 | 9.5 | 0.13 | — | 1.0 | — |

激光器功率大小对切割陶瓷质量有直接影响，一些研究表明，分别用 $CO_2$ 激光器和 Nd：YAG 激光器切割 $Si_3N_4$ 陶瓷，发现在切割表面附着 30～100$\mu$m 大的颗粒，且这些颗粒中布满了微裂纹。这是由于所使用的 $CO_2$ 激光器和 Nd：YAG 激光器输出功率密度不够高，在切割 $Si_3N_4$ 陶瓷时只能将 $Si_3N_4$ 分解为气体氮和液体硅，这些液体硅就形成液滴附着于切割表面，冷却后形成含有裂纹的 30～100$\mu$m 的颗粒。若提高激光的功率密度，使 $Si_3N_4$ 陶瓷分解为气体氮和气体硅，就不会有液体硅沉积在切割表面上，即可消除切割表面上的微

裂纹。

在芝加哥召开的美国机械工程年会上，斯罗·费尔斯公司的 R. F. Firestone 博士和工业技术人员协会的 E. J. Vesel Jr 博士提出，$CO_2$ 激光束热加工可能成为取代目前常用金刚石磨料陶瓷加工的一种新方法，可以提高铣削工效 10～30 倍。与常用金刚石磨料的典型材料铣削加工速度（0.164$cm^3$/min）相比，用 $CO_2$ 激光加工诺顿公司的 NC-350 $Si_3N_4$，在 1552℃，其工效提高 10 倍，在 952℃和 1552℃时加工尼尔森公司生产的 $ZrO_2$ 时可提高工效 30 倍，且陶瓷不会产生断裂，由此可避免金刚石磨料加工速度慢、降低陶瓷性能的缺点，提高陶瓷激光铣削速度的主要途径是增大光束，降低扫描速度或提高加工温度。

## 6.5 陶瓷的超声波加工

### 6.5.1 超声波加工原理

超声波加工是在加工工具或被加工材料上施加超声波振动，在工具与工件之间加入由磨料和液体混合的悬浮液，并以较小的压力使工具贴压在工件上，加工时由于工具与工件之间存在超声振动，在加工工具的纵向高频振动（$f=20\sim23$kHz）作用下，迫使工作液中悬浮的磨粒以很大的速度和加速度不断撞击，在接触点产生高的应力，在工件表面形成微裂纹并不断积累，加上加工区域内的空化、超压效应，从而产生对材料的去除效果，其加工机理见图 6-26。

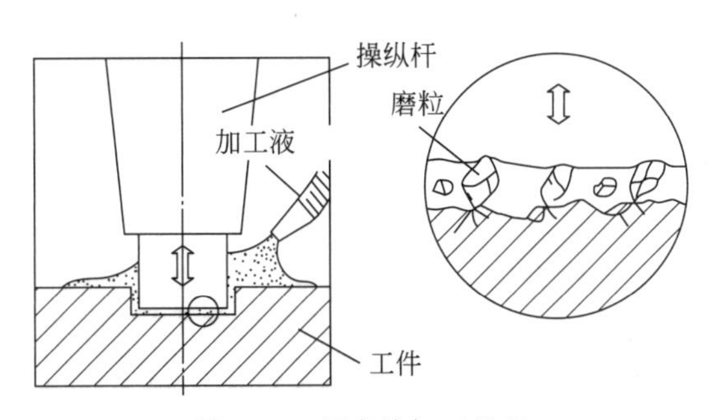


图 6-26　超声波加工机理

具体而言，材料去除发生于加工工具与工件间的间隙中，有以下四种机理中的一种或多种同时产生加工作用：(a)直接冲击，当加工工具与磨粒发生直接接触时，磨粒将被压入工件，大部分冲击力通过磨粒直接传入工件表面，形成的微裂纹随时间累积造成少量材料脱落；(b)间接冲击及磨粒加速撞击，这种冲击与撞击工件表面，都会引起裂纹汇集与材料剥落，但是这两种机理的能量利用率较低。在间接冲击过程中，动能通过磨粒碰撞传递，其能量损失与离心时克服水的阻力引起的能量损耗相当；(c)磨粒滚动，这一机理发生于加工间隙的侧面，在这里工件表面与成型工具的侧面发生接触。磨粒在加工工具的非正碰作用下发生滚动，并进行往复运动。在这种情况下，材料不仅会因微裂纹破碎，更大程度上会被磨粒的切削作用所去除；(d)空化效应，由于加工工具在加工间隙中高速运动，空化泡闭合时释放的大量能量能轻微剥除工件表面的材料；(e)气穴现象，即应用超声所产生的气穴现象，快速将切削粉末排走，减少二次研磨导致崩边的情况。

### 6.5.2 超声波加工装置与工艺

超声波加工装置中超声传感器与加工工具的组合如图 6-27 所示。超声波发生器产生高频交变电压，经超声换能器转换为同频的机械振动，这一纵向振动过去主要利用磁致伸缩效应产生，现在则采用压电效应产生。

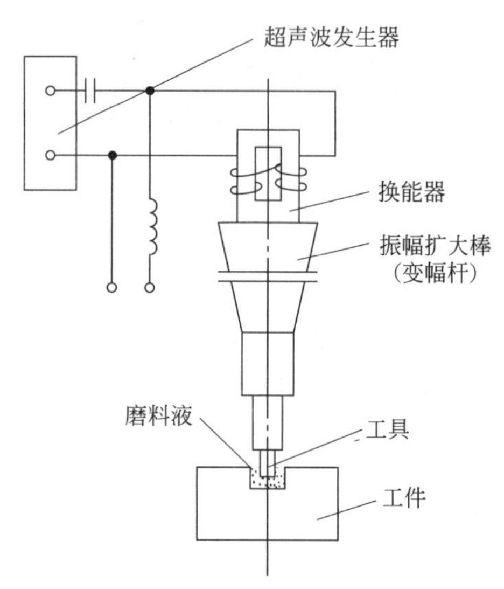


图 6-27 超声波加工装置中超声传感器与加工工具的组合

初始的输出振幅约为 5μm，通常不足以用于加工，必须通过换能器与变幅杆组成的系统进行放大，实际上需要将工作振幅扩大至 20～30mm。变幅杆的主要作用有固定加工刀具、放大振幅，以及作为整个振动系统的适配器。

由于超声加工过程是非热处理型的、非化学性的、非电性的，对工件的冶金性能、化学、物理性能不产生改变。典型的加工材料是 $Al_2O_3$、$ZrO_2$、SiC、$Si_3N_4$，压电陶瓷、熔融石英、玻璃、硼硅酸盐玻璃、蓝宝石、碳化物。因此超声加工可获得无残余应力加工表面，相对于其他工艺，超声切割的质量好，对工件没有任何损坏。

研磨剂是超声加工的关键要素。一般常用的研磨剂有金刚石、$B_4C$、SiC 和 $Al_2O_3$。$B_4C$ 是很硬的研磨剂并且寿命最长，因此推荐用它来加工工程陶瓷(例如 SiC、$Si_3N_4$、$Al_2O_3$、$ZrO_2$)；SiC 经常用来研磨像玻璃、石英和单晶硅这样的材料。$B_4C$ 和 SiC 磨料悬浮液的浓度为 20%～50%，悬浮液循环流动，不断提供新鲜的研磨剂并移走磨损的粒子。

磨削和研磨加工通常用于加工平整表面和一定弧度的表面，复杂形状的加工困难；电火花加工虽可进行复杂形状加工，但一般要求被加工的陶瓷材料具有导电性。而超声加工对各种结构陶瓷、石墨等硬脆材料都可以进行加工，适用的材料范围广，并且既能进行钻孔、切断等简单加工，又能胜任各种复杂形状的加工；此外，其加工的切削力非常低，使得加工直径小于 1mm 的小孔或薄板成为可能。

超声加工已在工业领域得到广泛应用，电子工业从加工陶瓷基板到在传感器的硼玻璃上钻孔，带有超声加工的孔的微波衬底很容易金属化，因此有更高产率和更高的可靠性。

将超声波加工与其他方法相结合，可形成各种超声复合加工工艺，如超声磨削、超声钻孔、超声螺纹加工、超声振动珩磨、超声研磨抛光等。

超声复合加工方式较适用于陶瓷材料的加工，其加工效率随着材料脆性的增大而提高。日本研究人员对陶瓷材料的超声磨削加工研究表明，加工效率可提高近一倍，他们在对氧化锆与氧化铝陶瓷进行加工时在工具与工件上同时施加超声振动，从而使加工效率提高了2～3 倍；在钻头上施以超声振动进行深孔加工大大提高了孔内表面质量与孔的圆度。表 6-18 给出一些材料的超声波加工特性。

**表 6-18　各种材料的超声波加工特性**

| 加工物 | 磨料 | 加工速度/(mm/min) | 加工比 |
|---|---|---|---|
| 玻璃 | SiC　320# | 6.0 | 150～250 |
| 瓷器 | SiC　320# | 6.5 | 200～240 |
| 石英 | SiC　320# | 5.5 | 100～140 |
| 氧化锆单晶 | SiC　320# | 3.5 | 200 |
| 红宝石 | SiC　320# | 0.6 | 8～12 |
| 红宝石 | $B_4C$　280# | 0.8 | 5～7 |
| 氧化铝 | SiC　320# | 3.0 | 30～40 |
| 氧化铝 | $B_4C$　280# | 3.6 | 20～25 |

注：输出功率：150W；共振频率：16kHz；工具：3$\phi$ 实心棒(钢丝)。加工比＝加工深度/工具磨损量。

## 6.6　陶瓷打孔的加工技术

在工程陶瓷产品上进行打孔是生产中经常需要的，也是陶瓷加工的一个重要技术。目前陶瓷打孔的技术主要有机械法打孔、超声波打孔、激光打孔等方法。

### 6.6.1　机械打孔

这是目前使用最广泛的方法，该法采用金刚石空心钻或金刚石棒形磨头，利用空心钻或磨头的旋转进行磨削而不断切入到陶瓷材料中，直到穿透为止。这种方法特别适合数毫米以上直径的圆孔洞的加工。图 6-28 为两种金刚石磨头，打孔后的氧化锆陶瓷结构件见图 6-29。

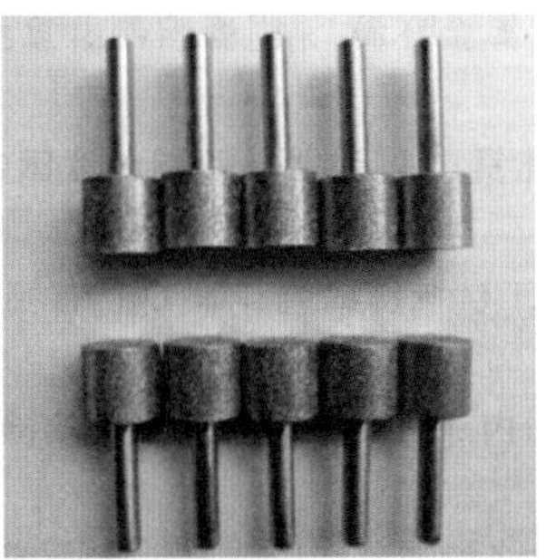

图 6-28　陶瓷打孔用金刚石磨头

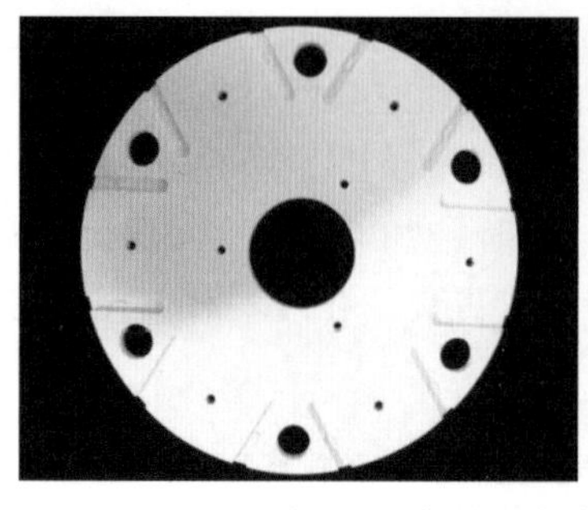

图 6-29　打孔后的氧化锆陶瓷结构件

用金刚石磨头对 $Si_3N_4$ 陶瓷打孔加工过程中转速和切入深度的关系曲线如图 6-30 所示。据报道该方法在对常压烧结 $Si_3N_4$ 陶瓷打孔时，材料的去除率可达 $1600mm^3/mm$ 以上。这种方法优点是操作方便，设备简单。但是由于陶瓷硬度高，因此钻孔过程中金刚石钻头磨损严重。此外，由于陶瓷的脆性大，在孔的入口和出口处容易产生崩刃现象，从而可能影响孔的加工质量。

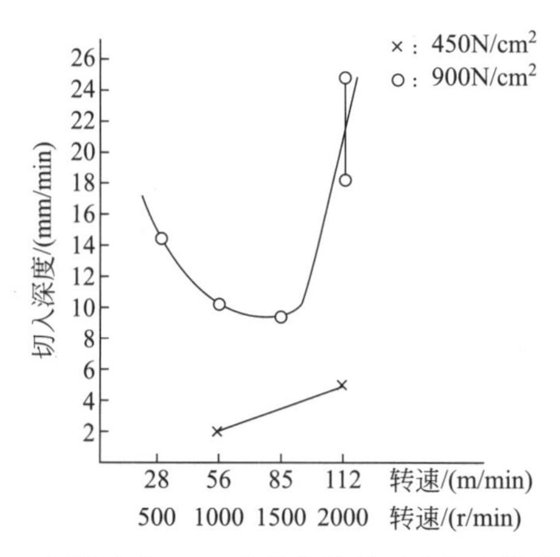


图 6-30　金刚石对 $Si_3N_4$ 陶瓷打孔转速和切入深度的关系

## 6.6.2　超声波打孔加工方法

对于抗拉强度低的陶瓷材料采用超声加工是适宜而有效的方法之一，因为超声加工是在加工工具或被加工材料上施加超声波振动，使工具与工件之间的液体磨粒以很大的速度和加速度不断撞击和磨削被加工表面，因此加工效率与超声波输出功率、磨粒种类、加工速度等有关。该法的优点是加工工具无需旋转，能加工特殊轮廓的孔洞。但也存在如下缺点：加工工具的更替比较麻烦，由于加工而产生的工具质量变化或力的传导等因素而使加工质量受到微妙影响。

日本在陶瓷的微孔加工中采用 20kHz 的超声波，一边不断地供给碳化硼等磨粒和水的泥浆，一边进行加工，但由于是进行微孔加工，所以磨粒的粒度很小，从而导致加工速度慢。随后，日本在 40kHz 的超声波加工机主轴上装备电极沉积金刚石钻头，通过使主轴振动和旋转的超声波磨削来完成微孔加工，可以避免 20kHz 超声波加工的缺陷，主轴的旋转速度 $v=3000r/min$，进给量 $a=0.55mm/r$。

1996 年，天津大学研制开发了一台陶瓷小孔超声波磨削加工机床，采用无冷、压电陶瓷换能器，对各种陶瓷小孔加工进行了系统研究，与普通超声加工相比，效率可提高 5～10 倍。另外一种超声波加工方法是将金刚石钻头与超声波结合起来，即在金刚石钻头上施加超声振动进行深孔加工，可大大提高孔内表面质量与孔的圆度。

### 6.6.3　激光打孔加工方法

激光用于陶瓷这样的超硬材料的小孔加工也是行之有效的。激光打孔一般采用脉冲激光器，激光束通过光学系统聚焦在陶瓷工件上，利用高能量密度（$10^6$～$10^9$ W/cm$^2$）的激光脉冲使被加工表面部位熔融、气化和蒸发，从而去除材料实现小孔加工。

激光打孔与材料不接触、操作简单、速度快、效率高，并且用计算机控制易于实现机械化。通过优化激光工艺参数，可以加工出高质量的微孔。

目前用 $CO_2$ 激光器可在 $ZrO_2$、$Al_2O_3$ 陶瓷上打出精确的孔，加工成本大大降低。采用英国 Frumpt 公司生产的 TLF750$CO_2$ 激光器打出的孔径为 0.762±0.013mm，位置公差＜0.0635mm。

日本安永畅男等采用 Nd-YAG 固体激光器对钻石、红宝石、$Al_2O_3$ 陶瓷进行了孔加工，加工孔径 0.05～0.2mm，厚度 0.3～3mm，脉冲 20～50 次，加工效率非常高，加工时间仅 2～5s。采用脉冲 Nd-YAG 激光加工机，张银江等对厚度为 0.6～5mm 的 $Al_2O_3$ 陶瓷基板打孔，分别在 2mm、5mm 厚的 $Al_2O_3$ 基板上加工出直径＜0.1mm 的孔，孔锥度小于 1∶20，孔深径比＞25；在 0.6mm 的基板上加工出 10～15μm 的微孔。对于氮化硅陶瓷激光打孔的研究表明：在厚度为 6.6mm 的 $Si_3N_4$ 陶瓷工件上打出无损伤的、直径约 0.5mm 的孔，而且孔的圆形度较高，孔的深度与直径比约为 12，最大深径比达 18.75。

此外，天津激光研究所与天津大学合作，在 YAG 脉冲激光的坐标数控加工机床上，对几种陶瓷材料进行了小孔加工的系统实验，发现导热性能良好的 $Si_3N_4$ 陶瓷小孔激光加工效率高，质量好；而导热系数小的 $ZrO_2$ 陶瓷需要采取相应的措施，防止由于热应力集中导致工件的断裂。图 6-31 为在陶瓷上激光打孔，直径 0.5mm 小孔。

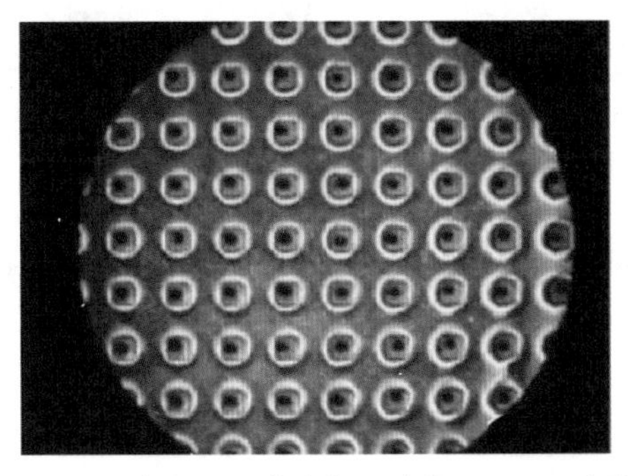

图 6-31　陶瓷上用激光加工直径 0.5mm 小孔

## 6.7　智能手机陶瓷背板加工

陶瓷材料硬度高，耐刮痕，化学性能稳定，便于无线充电，外观更是温润如玉，精致高雅。尤其是随着 5G 的到来，金属外观件由于对信号的屏蔽作用而受到影响，而无信号屏蔽的陶瓷和玻璃材料将成为手机背板的主流材料。特别是近几年开发的高强度高韧性的纳米氧化锆陶瓷材料，可通过1.2m以上高度的跌落测试，其质感和颜色效果更佳，并且可制备成Unibody一体式手机外壳等，尤其受到重视。

因此，近几年国内外各厂商纷纷布局手机陶瓷背板产业，包括前段的粉体制备，中段的成型与烧结，后段的陶瓷背板的精密加工，都取得许多突破和进展。在这三段工序中，手机陶瓷背板的精密加工尤为重要，由于加工工序多，时间较长，容易产生缺陷和瑕疵，因此直接影响到手机陶瓷背板的良率和成本。目前，实际生产中陶瓷的精密加工主要采用磨削、CNC、研磨抛光结合的工艺来制备手机陶瓷背板及其他外观件。手机陶瓷背板和手机中框的具体加工工艺流程如图6-32所示，其主要加工工序介绍如下。

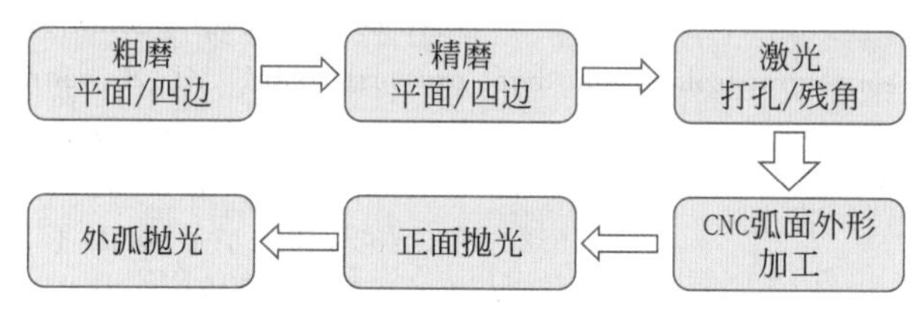


图6-32 智能手机陶瓷背板加工工艺流程

(1) 粗磨

将烧结好的陶瓷手机背板先使用平面磨床采用金刚石砂轮进行平面和四边的粗磨修平，按设计标准尺寸加工，然后通过端面磨床进行平面和表面粗磨加工，减薄至设计厚度。

(2) 精磨

将粗磨得到的产品继续使用立式端面磨床进行平面和表面精磨加工，这一步工艺的目的在于收光打磨纹路，降低表面粗糙度。在精磨过程中，磨盘材质使用的是树脂，研磨介质一般使用金刚石粉，粒径在十几微米左右，如图6-33所示。

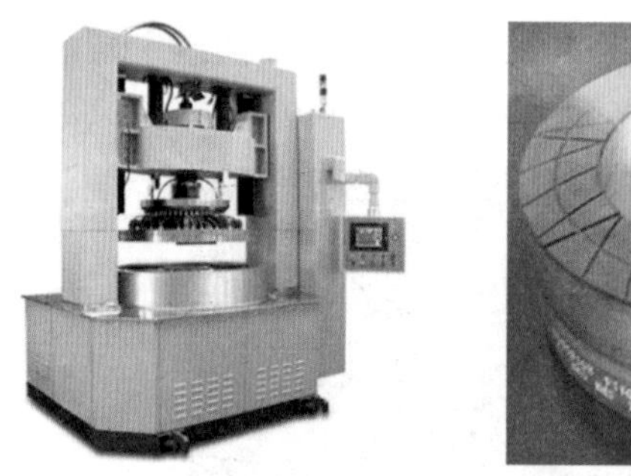

图6-33 立式端面磨床与磨盘

(3) 激光切割

使用激光切割机切除外形R角残余量和孔残料，外形单边预留0.3mm，如图6-34所示。

(4) CNC弧面外形加工

采用CNC进行弧面外形加工针对的是3D和2.5D陶瓷手机背板，2D陶瓷手机背板不一定需要进行该项工艺操作。

(5) 正面抛光

陶瓷手机背板的正面抛光使用端面抛光机，抛光耗材选用白色阻尼布垫，这是一种丝绒状抛光布，可用来抛光陶瓷、玻璃等脆硬材料，抛光液选用的是金刚石细粉抛光液，粒径在微米左右，如图6-35所示。

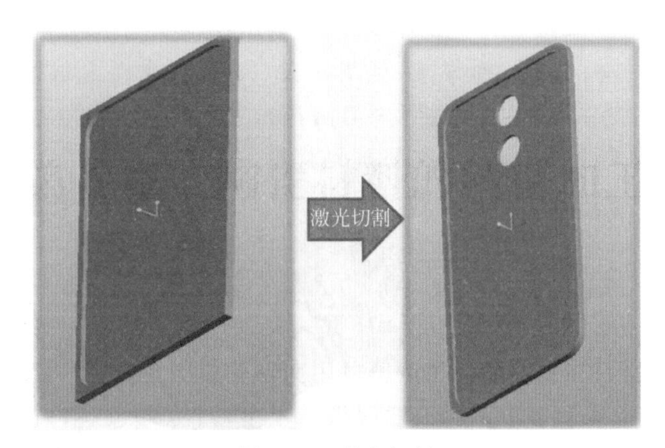


图 6-34　激光切割

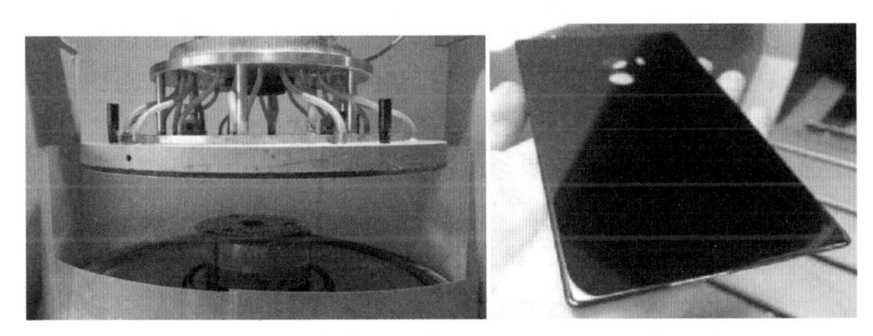

图 6-35　陶瓷手机背板正面抛光及效果

(6) 弧面抛光

陶瓷手机背板的弧面抛光是个难点。具体较难的研磨抛光部分包括：(a)平面与侧面相交的 4 条弧边;(b)有一定深度的 4 个弧边侧边;(c)侧面相交的 4 个圆角;(d)龟壳状隆起的弧形背板。现有的成熟的适合大规模生产的曲面加工工艺主要有以下两种。

第一种方法：扫光毛刷＋抛光液，见图 6-36。该弧面抛光方式具有抛光效率高的特点，且仪器设备较为简单，但也有其自身的缺点，即只能加工浅弧面(2.5D)，更深的部分无法扫

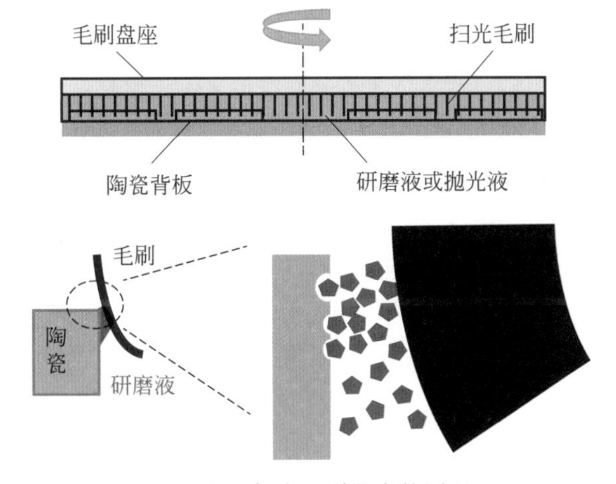


图 6-36　扫光毛刷抛光的原理

光且粉尘较大。除此之外,该抛光方式良率较低,易出现小针孔、橘皮孔。

第二种方法:柔性抛光垫+抛光液,见图6-37。该抛光方法是通过数控研磨抛光设备结合金刚石柔性抛光盘、柔性垫对陶瓷手机背板进行抛光,其优点是压力大且均匀、效率高,作用面均匀。金刚石柔性抛光盘的工作机理是将超硬的金刚石用树脂固结起来,靠表面凸起的金刚石尖对样品进行刨刻。在研磨过程中金刚石会缓慢脱落,与水形成金刚石浆料,自生的金刚石浆料会进一步激活更多的金刚石微尖,防止研磨体封闭。该方法可以充分利用磨粒,减少金刚石使用量,降低成本,且不产生大量砂浆排放,降低环境压力。

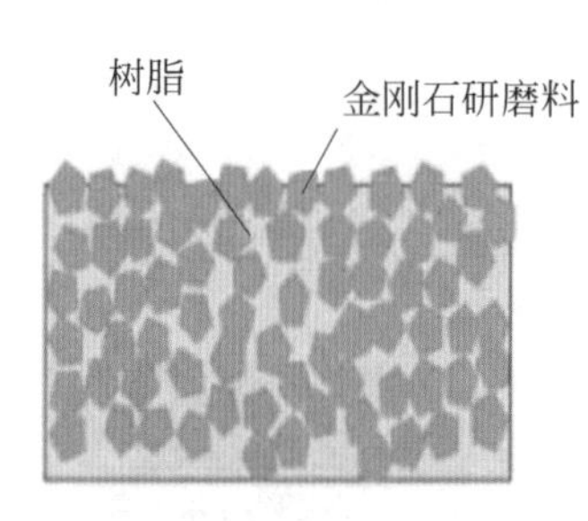

图6-37 金刚石柔性抛光盘

## 参考文献

[1] 田欣利,于爱兵. 工程陶瓷加工的理论与技术[M]. 北京:国防工业出版社,2006.
[2] 谢志鹏. 结构陶瓷[M]. 北京:清华大学出版社,2010.
[3] 于思远,林彬. 工程陶瓷材料的加工技术及其应用[M]. 北京:机械工业出版社,2006.
[4] 童幸生. 陶瓷零件磨削加工质量研究[J]. 江汉大学学报,2001(3):82-84.
[5] 杜奕. MSY7115平面磨床的实验模态分析及动态特性修改[D]. 昆明:昆明理工大学,2002.
[6] 毕承恩. 现代数控机床[M]. 北京:机械工业出版社,1991.
[7] [美]Ioan D. Marinescu. 先进陶瓷加工导论[M]. 田欣利,张保国,吴志远译. 北京:国防工业出版社,2010.
[8] 张虎,武立根. 弯管CNC加工中的参数转换[J]. 华中理工大学学报,1998,26(4):46-49.
[9] 李超. 浅谈手机设计中陶瓷材质的应用与趋向[C]. 第二届粉末冶金/手机陶瓷外壳研讨会,深圳,2017-3-17.
[10] 贺跃辉. 氧化锆陶瓷片高效高精磨抛用超硬材料砂轮及其应用[C]. 第二届粉末冶金/手机陶瓷外壳研讨会,深圳,2017-3-17.
[11] 黄海云. 陶瓷在手机智能穿戴中的成型加工技术及应用[C]. 第二届粉末冶金/手机陶瓷外壳研讨会,深圳,2017-3-17.
[12] 赖正明. 现代新型陶瓷材料激光+CNC复合加工工艺应用[C]. 第二届粉末冶金/手机陶瓷外壳研讨会,深圳,2017-3-17.
[13] 彭荣森. 精密陶瓷部件的激光精微加工[C]. 第二届粉末冶金/手机陶瓷外壳研讨会,深圳,2017-03-17.
[14] 艾邦高分子. CNC加工中心与精雕机![EB/OL]. https://mp.weixin.qq.com/s/AyhbGZ_rDgokE2-c0fmVFg,2017-04-07.
[15] 百度百科. 研磨.[EB/OL]. https://baike.baidu.com/item/%E7%A0%94%E7%A3%A8/7351539?fr=aladdin,2019-10-06.

[16] 薄化产业研究. 研磨抛光中常见抛光皮的种类特性及应用解析[EB/OL]. https://mp.weixin.qq.com/s/oW7qTTtcvK8JWsQqJcOQAA，2017-03-02.
[17] 宋晓岚，李宇焜，江楠，等. 化学机械抛光技术研究进展[J]. 化工进展，2008(1)：26-31.
[18] 廉进卫，张大全，高立新. 化学机械抛光液的研究进展[J]. 化学世界，2006，47(9)：565-567.
[19] 董岚枫，徐春旭，诺门仓. 化学研磨抛光技术在IC制造设备中的应用[J]. 电子工业专用设备，2005(9)：42-45.
[20] 江亲瑜，张继和. 功能陶瓷表面电泳抛光的实验研究[C]. 全国摩擦学大会，2002.
[21] 彭伟，许雪峰，贺兴书，等. 电泳磨削技术及其应用[J]. 中国机械工程，1999(3)：317-320.
[22] 胡建德，韩放龙，彭伟，等. 硬脆性材料塑性电泳磨削试验研究[J]. 浙江工业大学学报，2000(3)：25-28.
[23] 阎胤洲，季凌飞，鲍勇，等. 高硬脆陶瓷激光加工技术的研究及进展[J]. 激光杂志，2008(6)：5-8.
[24] 朱波，齐立涛，王扬. 水辅助激光加工技术的实验研究[J]. 现代制造工程，2003(12)：73-74.
[25] 邓琦林，张永康. 激光加工陶瓷微裂纹的减少和消除[J]. 电加工与模具，1994(3)：2-4.
[26] 黄春峰. 工程陶瓷的加工技术[J]. 机械，2002，29(6)：19-22.
[27] 潘洪平，梁迎春，董申. 陶瓷材料加工技术发展概况[J]. 工具技术，1999(4)：3-5.
[28] 于思远，林彬，林滨，等. 工程陶瓷超精密磨削表面质量的研究[J]. 金刚石与磨料磨具工程，2002(5)：12-16.
[29] 陈可心，王卫乡，张有，等. 氮化硅陶瓷的激光打孔[J]. 应用激光，1999(5)：3-5.
[30] 安永畅男，陈赛克. 最近的表面改性技术[J]. 国外金属加工，1990(1)：52-57.
[31] 张银江，方鸣岗. 陶瓷激光精密打孔工艺研究[J]. 激光与红外，2001(3)：161-162.
[32] 手机技术资讯. 手机陶瓷件CNC加工工艺[EB/OL]. https://mp.weixin.qq.com/s/vhTiF89cSwpvfJxjt1AGQQ，2018-03-26.
[33] 艾邦高分子. 陶瓷背板上的加工：有此"金刚钻"，敢揽瓷器活[EB/OL]. http://www.polytpe.com/t/107750，2018-04-28.
[34] Jananmir S，Ramulu M，Koshy P. Machining of Ceramics and Composites[M]. New York：Marcel Dekker Inc，1999.
[35] Hockey B J，Rice R W. The Science of Ceramic Machining and Surface Finishing Ⅱ[R]. 1979.
[36] Herzog Arno H，Walsh Robert J. Process for polishing semiconductor materials[P]. US3170273，1965.
[37] [日]铃木弘茂. 工程陶瓷[M]. 陈世兴，译. 北京：科学出版社，1989.
[38] Electronic packaging and production group. BGAs for high reliability applications[J]. Electronic Packaging and Production，1998，38(3)：45-50，52-0.
[39] Mel M，Schwartz. Handbook of Structural Ceramics[M]. New York：McGraw-Hill，Inc. 1992.
[40] Morita N，Ishida S，Fujimori Y，et al. Pulsed laser processing of ceramics in water[J]. Applied Physics Letters，1988，52(23)：1965-1966.
[41] Perrottet D，Housh R，Richerzhagen B，et al. Heat damage-free laser-microjet cutting achieves highest die fracture strength[J]. Proc Spie，2005，5713：285-292.

# 第7章　陶瓷材料的性能及测试

## 7.1　概述

陶瓷材料的性能检测是指利用专用检测仪器对陶瓷的基本物理性能、力学性能、热学性能、电学性能等各方面性能进行测试，得到材料的性能指标，从而对材料性能及应用进行评价。材料性能的测试与评价在材料研究开发乃至批量化生产中起着非常重要的作用，它是联系材料设计与制造工艺直到获得满意使用性能的材料之间的桥梁，材料性能的测试与评价技术是材料性能得以保障的前提。

在智能终端陶瓷生产的过程中，陶瓷性能检测也是重要的一个环节，是智能终端陶瓷质量和可靠性保障的一个重要方面。对于智能手机和智能穿戴所用的陶瓷外观件的性能检测包括：材料的密度、气孔率、材料的硬度、材料的弹性模量、材料拉伸强度与弯曲强度、材料的断裂韧性以及材料的热学性能和介电性能。对于手机陶瓷背板其抗弯强度和断裂韧性等性能指标是至关重要的，事关使用过程中跌落不开裂和破坏。

本章将全面介绍上述各种材料性能的测试原理、测试方法和过程及其在实际陶瓷材料中的应用。

## 7.2　陶瓷的密度

### 7.2.1　密度的表示方法

密度是指单位体积的质量，常用 $g/cm^3$ 表示。对于陶瓷材料其密度可分如下几种情况：

(1) 结晶学密度，是指由原子组成的没有缺陷的连续晶格计算出来的理想密度。

(2) 比重，其含义与结晶学密度相同。

(3) 理论密度，与结晶学密度同义，但考虑了固溶体和多相。

(4) 体积密度，指陶瓷体实际测出的密度，包括陶瓷内部所有的晶格缺陷，各种相组成和制造过程中形成的气孔。

(5) 相对密度，是指陶瓷实测体积密度与其理论密度比值的相对百分数。

前三种密度是指陶瓷材料内没有缺陷的理想情况，意味着制造过程中形成的气孔为零；对含有制造过程中形成的缺陷和气孔的情况，通常使用体积密度或相对密度。

### 7.2.2　密度的测定与计算

材料的体积密度定义为不含游离水的材料的质量与其总体积(包括固体材料的实占体积和全部气孔所占体积)之比。当不含任何气孔时，材料的质量与材料的实占体积之比则为其理论密度。气孔分开口气孔(与表面相通,又称为显气孔)和闭气孔(不与表面相通)两种,由粉末经烧结制备的陶瓷材料通常或多或少地含有这两种气孔。

陶瓷体(烧结后)的体积密度的测量通常采用排水法,浸于液体中的试样所受到的浮力等于该试样排开的液体的重量,按阿基米德原理计算出来。如果陶瓷体含有表面连通气孔,此时应按美国试验和材料标准协会 ASTMC-373 规定的"水煮法"进行测定。"水煮法"可测量体积密度、开口气孔率、吸水率,并可间接评估封闭气孔;其测量步骤为:

(a) 在空气中先称出陶瓷试样的质量($D$);

(b) 将试件放在沸水中煮沸 2~5h,然后冷却至室温,静放 24h;

(c) 将陶瓷试样悬挂在水中称其重量($S$);

(d) 将试样从水中取出,并用干净棉纸或纱布轻轻将试样表面的水擦去,在空气中称其重量($W$);

然后可按下述公式计算:

$$\text{体积密度:}P=\frac{D}{W-S}\quad(\text{g/cm}^3)$$

$$\text{显气孔率:}\eta=\frac{W-D}{W-S}\times 100\%$$

此外,还有一种较为简单,但精度稍低的方法,即在含连通气孔的陶瓷试样表面涂上一层密封性好的石蜡,此时可按无连通气孔,即不吸水的陶瓷材料直接用排水法测定。

$$\text{体积密度:}P=\frac{D}{D-S}\quad(\text{g/cm}^3)$$

$$\text{吸水率:}A=\frac{W-D}{D}\times 100\%$$

可将表观比重与真比重(一般可以从手册上查出或用结晶学计算法得出)对比,以测定封闭气孔率。图7-1为常用的排水法体积密度测试用天平,其精度要求在万分之一;此外精密测量时需确认去离子水的密度,表7-1显示水的密度随温度变化,要求不高时水的密度值采用 1g/cm$^3$ 即可。

图7-1 体积密度排水法测试用天平

表 7-1　水的密度随温度的变化(10～30℃)

| 温度/℃ | 密度/(g/cm³) | 温度/℃ | 密度/(g/cm³) | 温度/℃ | 密度/(g/cm³) |
|---|---|---|---|---|---|
| 10 | 0.9997 | 17 | 0.9988 | 24 | 0.9973 |
| 11 | 0.9996 | 18 | 0.9986 | 25 | 0.9970 |
| 12 | 0.9995 | 19 | 0.9984 | 26 | 0.9968 |
| 13 | 0.9994 | 20 | 0.9982 | 27 | 0.9965 |
| 14 | 0.9992 | 21 | 0.9980 | 28 | 0.9962 |
| 15 | 0.9991 | 22 | 0.9978 | 29 | 0.9959 |
| 16 | 0.9989 | 23 | 0.9975 | 30 | 0.9956 |

如果陶瓷样品具有简单的均匀对称的几何形状(如圆柱体或矩形块体),则可通过测量外形尺寸计算出体积,再称量试样在空气中干重,进而求出体积密度。

陶瓷素坯(烧结前)的体积密度测定,则不能采用“水煮法”,可采用后两种方法,即对于形状规则和简单的陶瓷素坯,测定其体积和干重即可计算求得体积密度;对于形状较复杂的陶瓷素坯,则在表面均匀涂上蜡层,使素坯体不能吸水,再用排水法测定。

还有一种“压汞法”可用于测量陶瓷孔隙率和体积密度,其原理与排水法相同,只是用液态汞替换水,因为汞不润湿陶瓷,常压下不会被素坯的气孔吸附,因此需加压进行测量。常见陶瓷和金属及高分子材料的密度比较见表 7-2。

表 7-2　陶瓷金属及有机材料的密度比较

| 材料 | 组成 | 密度/(g/cm³) | 材料 | 组成 | 密度/(g/cm³) |
|---|---|---|---|---|---|
| α-氧化铝 | α-$Al_2O_3$ | 3.95 | 方石英 | $SiO_2$ | 2.32 |
| γ-氧化铝 | γ-$Al_2O_3$ | 3.47 | 碳化硅 | SiC | 3.17 |
| 氮化铝 | AlN | 3.26 | 氮化硅 | $Si_3N_4$ | 3.19 |
| 莫来石 | $Al_6Si_2O_{13}$ | 3.23 | 二氧化钛 | $TiO_2$ | 4.26 |
| 碳化硼 | $B_4C$ | 2.51 | 立方氧化锆 | c-$ZrO_2$ | 5.80 |
| 氮化硼 | BN | 2.20 | 四方氧化锆 | t-$ZrO_2$ | 6.10 |
| 氧化铍 | BeO | 3.06 | 单斜氧化锆 | m-$ZrO_2$ | 5.56 |
| 钛酸钡 | $BaTiO_3$ | 5.80 | 金属 | | |
| 金刚石 | C | 3.52 | 铝 | Al | 2.7 |
| 石墨 | C | 2.1～2.3 | 铁 | Fe | 7.87 |
| 萤石 | $CaF_2$ | 3.18 | 镁 | Mg | 1.74 |
| 氧化铈 | $CeO_2$ | 7.30 | 1040 钢 | Fe 基合金 | 7.85 |
| 氧化铬 | $Cr_2O_3$ | 5.21 | 耐盐酸镍基合金 X (Hastelloy X) | 镍基合金 | 8.23 |
| 尖晶石 | $MgAl_2O_4$ | 3.55 | $HS_{-25}$ ($L_{605}$) | 钴基合金 | 9.13 |

续表

| 材料 | 组成 | 密度/(g/cm³) | 材料 | 组成 | 密度/(g/cm³) |
|---|---|---|---|---|---|
| 铁铝尖晶石 | $FeAl_2O_4$ | 4.20 | 黄铜 | 70Cu-30Zn | 8.5 |
| 硅酸锆 | $ZrSiO_4$ | 4.65 | 青铜 | 95Cu-5Sn | 8.8 |
| 氧化铪 | $HfO_2$ | 9.68 | 银 | Ag | 10.4 |
| 锂辉石 | $LiAlSi_2O_6$ | 3.20 | 钨 | W | 19.4 |
| 堇青石 | $Mg_2Al_4Si_5O_{18}$ | 2.65 | 有机材料 | | |
| 氧化镁 | MgO | 3.75 | 聚苯乙烯 | 苯乙烯聚合物 | 1.05 |
| 镁橄榄石 | $Mg_2SiO_4$ | 3.20 | 特氟隆 | 聚四氟乙烯 | 2.2 |
| 石英 | $SiO_2$ | 2.65 | 耐热有机玻璃 | 聚甲基丙烯酸甲酯 | 1.2 |
| 鳞石英 | $SiO_2$ | 2.27 | 聚乙烯 | 乙烯聚合物 | 0.9 |

## 7.3　陶瓷的硬度

### 7.3.1　硬度的表示方法

硬度是衡量材料软硬程度的一个性能指标。硬度代表材料抵抗硬的物体压陷表面或破坏的能力，它既可理解为材料抵抗弹性变形、塑性变形或破坏的能力，也可表述为材料抵抗残余变形和反破坏的能力，是反映材料弹性、塑性、强度和韧性等力学性能的综合指标。常见的硬度表示法有：莫氏硬度、洛氏硬度(HR)、维氏硬度(HV)、努普硬度(HK)、布氏硬度(HB)等。

表征材料硬度的维氏硬度(HV)、洛氏硬度(HRC)及布氏硬度(HB)这些方法的基本原理都是将一硬的物体在静载荷下压入被测物体表面，表面上被压入成为一凹面，以凹面单位面积的荷载表示被测物体的硬度。洛氏硬度法测量的范围较广，常用于硬质金属和陶瓷材料的硬度表征；维氏硬度和努普硬度都适用于较硬的材料，也用于陶瓷硬度的测定。陶瓷材料薄膜硬度可采用显微硬度法来测量，其原理和维氏硬度法一样，但是把硬度试验的对象缩小到显微尺度以内，它能测定显微观察时所评定的某一组织组成物或某一相的硬度。陶瓷材料硬度测试中必须要用金刚石压头，这是因为其他材料的压头很有可能被扭曲，即便是金刚石压头也存在被压裂的危险，所以压头需要定期检查。

由于测量方法不同，测得的硬度所代表的材料性能也各异。例如金属材料常用的硬度测量方法是在静载荷下将一种硬的物体压入材料，这样测得的硬度主要反映材料抵抗塑性形变的能力；而陶瓷、矿物材料使用的划痕硬度却反映材料抵抗破坏的能力。所以硬度没有统一的定义，各种硬度的单位也不同，彼此间没有固定的换算关系。

绝大多数陶瓷和晶体材料具有较高的硬度和耐磨性，作为智能终端的陶瓷外观件材料的氧化锆、蓝宝石晶体、氧化铝等透明陶瓷的硬度和抗磨损抗划痕的能力都远高于玻璃和金属材料，如图7-2所示，黑色氧化锆陶瓷手机背板能经受锋利钢刀的刻划而不留下刮痕。

图 7-2　手机陶瓷背板可经受锋利钢刀的刻划

## 7.3.2　硬度的测试与计算

### 7.3.2.1　莫氏硬度

陶瓷及矿物材料常用的划痕硬度叫做莫氏硬度，它是用一系列矿物互相对比而成一个序列。早期根据天然矿物将其分为 10 级，最硬的是金刚石、它的莫氏硬度是 10，可以在刚玉上刻痕迹，刚玉是 9，黄玉是 8，石英是 7……最低的是滑石。后来由于人工合成的硬度大的各种材料出现，如碳化硅、碳化硼，立方氮化硼等，于是又将莫氏硬度细分为十五级，如表 7-3 所示，可见氧化锆和蓝宝石（刚玉晶体）的硬度远高于 $SiO_2$ 玻璃的硬度和钢铁的硬度。

表 7-3　莫氏硬度顺序

| 第一种排序 | | 第二种排序 | |
|---|---|---|---|
| 1 | 滑石 | 1 | 滑石 |
| 2 | 石膏 | 2 | 石膏 |
| 3 | 方解石 | 3 | 方解石 |
| 4 | 萤石 | 4 | 萤石 |
| 5 | 磷灰石 | 5 | 磷灰石 |
| 6 | 正长石 | 6 | 正长石 |
| 7 | 石英 | 7 | $SiO_2$ 玻璃 |
| 8 | 黄玉 | 8 | 石英 |
| 9 | 刚玉 | 9 | 黄玉 |
| 10 | 金刚石 | 10 | 石榴石 |
| | | 11 | 氧化锆 |
| | | 12 | 刚玉 |
| | | 13 | 碳化硅 |
| | | 14 | 碳化硼 |
| | | 15 | 金刚石 |

#### 7.3.2.2　维氏硬度(HV)

维氏硬度的符号为 HV,维氏硬度测量的压头采用一相对两面夹角为 136°的金刚石正四棱锥形压头,在一定载荷 $P$ 的作用下压入试样表面,经规定保压时间后卸除载荷。此时在试样测试面上压出一个正方形的压痕,然后在读数显微镜下测量其正方形压痕两对角线 $d_1$ 和 $d_2$ 的长度,算出平均值 $d=1/2(d_1+d_2)$,并算出压痕凹面的面积 $F$,即可计算出维氏硬度值 $P/F$,其单位为 MPa, 计算公式为:

$$HV=\frac{P}{F}=1.8544\frac{P}{d^2}$$

式中,$P$ 为载荷(N);$F$ 为压痕凹面面积($mm^2$);$d$ 为压痕两对角线长度的平均值(mm)。图 7-3 为维氏硬度计压痕裂纹示意图,氧化锆陶瓷于 9.8N 和 49N 载荷下的压痕形貌见图 7-4。维氏硬度实际测定中有三点须特别注意:

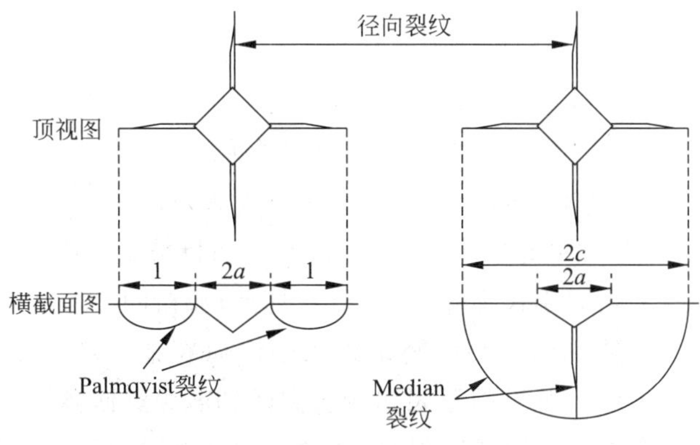


图 7-3　维氏压痕裂纹

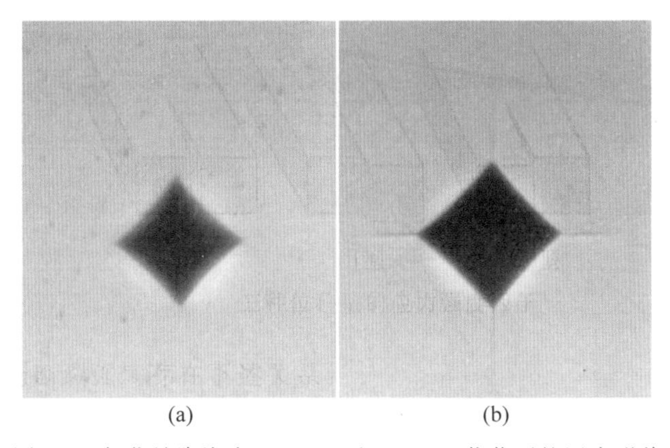


图 7-4　氧化锆陶瓷在 9.8N(a)和 49N(b)载荷下的压痕形貌

(1) 测试中载荷 $P$ 的确定应依据试样的大小、厚薄及材料性质。陶瓷材料从 9.807～294.21N 中选择。日本采用维氏硬度试验方法测定精细陶瓷材料的硬度,压痕载荷为 10N 和 100N。

(2) 被测陶瓷试样的上下表面必须平行,测试表面不得有油污或脏点,需抛光成镜面,且试样的厚度至少大于压痕对角线的两倍。

(3) 为了避免材料局部不均匀性引起大的误差，同一试样上至少测定不同位置的 3～5 个点，求出其平均值作为该试样的硬度。试验在常温下，施加载荷的保压时间为 10～20s。

维氏压痕在金属材料上主要形成塑性变形。然而在精细陶瓷材料上除了造成变形外，还造成微裂纹和微断裂，这些不同点在对比金属和陶瓷硬度时应被考虑。与金属材料不同，陶瓷材料是脆性材料，当无变形压头在试样表面加载形成压痕时，压痕顶角处很容易形成裂纹。

正是由于存在压痕裂纹这一独特的现象，因此精细陶瓷硬度的测试对试验条件更加敏感，对压痕的质量要求更高。只有符合要求的压痕才是有效压痕，才能用于计算硬度。

对于大多数工程陶瓷，采用压痕方法测得的硬度值一般都表现出随测试载荷增大而降低的趋势。这一实验现象通常称为压痕的尺寸效应。因此在说明材料硬度值时，一般都要求特别标注硬度测试时所使用的载荷。

维氏硬度测定通常采用维氏硬度计，图 7-5 为美国威尔逊(Wilson)公司 Tukon2500B 型号的全自动维氏硬度计，其特点是实验加载和卸载采用全自动封闭环传感器控制，配备自动测量系统，自动转台自动对焦，定点或多点连续测试，测量结果自动读数。仪器测试标准符合 ASTM E384、ASTM E92、ISO 6507、ISO 9385 标准。该硬度计的技术指标见表 7-4。

图 7-5 美国威尔逊公司出品的维氏硬度计

**表 7-4 美国威尔逊公司出品的维氏硬度计技术指标**

| 型号 | 美国威尔逊公司，TuKon2500B |
|---|---|
| 载荷范围 | 10gf～50kgf |
| 力值精度 | ±1.5% <200g<br>±1% <200g |
| 保持载荷时间 | 1～999s |
| 放大倍率 | 50×，100×，200×，300×，500×，600×，1000×，2000× |
| 显示分辨率 | 0.1HV≤1000<br>1.0HV≥1000 |
| 转塔 | 5 位全自动转塔，288°旋转 |
| Z 轴行程 | 全自动移动，500mm/min，最大测试高度 83mm |
| 自动 XY 试台 | 尺寸 280mm×260mm，行程 180mm×160mm，精度 0.3% |
| 光源 | LED 灯 |
| CCD 摄像头 | 500 万像素 |

注：1kgf=$10^3$gf=9.8N。

#### 7.3.2.3　洛氏硬度

洛氏硬度是以压痕塑性变形深度来确定硬度值的指标，以 0.002mm 作为一个硬度单位。当布氏硬度 HB>450 或者试样过小时，不能采用布氏硬度试验而改用洛氏硬度计量。洛氏硬度测试一般采用 120°的圆锥形金刚石压头，它是通过测量压痕深度值来表示材料的硬度值。洛氏硬度的测试是在先后两次施加载荷(初载荷 $P_0$ 及总载荷 $P$)的作用下，将标准型压头(金刚石圆锥)压入试样或零件表面来进行；总载荷 $P$ 为初载荷 $P_0$ 及主载荷 $P_1$ 之和，即 $P=P_0+P_1$。

洛氏硬度值是用加总载荷 $P$ 并卸除主载荷 $P_1$ 后，在初载荷 $P_0$ 继续作用下，由主载荷 $P_1$ 所引起的残余压入深度值 $e$ 来计算，数值 $e$ 以规定单位 0.002mm 表示。因此，当压头轴向位移一个单位时，即相当于洛氏硬度变化一个数，试验时 $e$ 值越大，材料的硬度越低；反之，则硬度越高。

根据试验材料硬度的不同，分三种不同的标度来表示：(1)HRA：是采用 60kg 载荷和钻石锥压入器求得的硬度，用于硬度极高的材料测试，如陶瓷材料、硬质合金等；(2)HRB：是采用 100kg 载荷和直径 1.58mm 淬硬的钢球求得的硬度，用于硬度较低的材料，如铸铁；(3)HRC：是采用 150kg 载荷和钻石锥压入器求得的硬度，用于硬度很高的材料，如陶瓷和淬火钢等。HRD 是采用 100kg 载荷和钻石锥压入器求得的硬度。

$e$ 值可采用下式计算：

$$e=\frac{h_1-h_0}{0.002}$$

式中，$h_0$ 为在初载荷 $P_0$ 作用下，压头压入试样表面的深度(弹性变形＋残余变形)，$h_1$ 为在已施加总载荷 $P$ 并卸除主负荷 $P_1$，但仍保留初载荷 $P_0$ 时压头压入试样表面的深度。当用标尺 A、C、D 试验时：

$$\mathrm{HR}=100-e$$

结构陶瓷的洛氏硬度值通常在 70～90；对于 HRC>70 的试样，应用圆锥压头在 100kg 或 60kg 负荷下测量 HRD 或 HRA 值，否则负荷过大而损坏压头。与维氏硬度相比，洛氏硬度计得到的硬度值往往较高(因为 $e$ 很小)，数据分散性更小，而且不存在读数错误，但是一般需要至少测量 5 次再取平均值。图 7-6 为德国 Struers Duramin-160 洛氏硬度计，该硬度

(a)

(b)

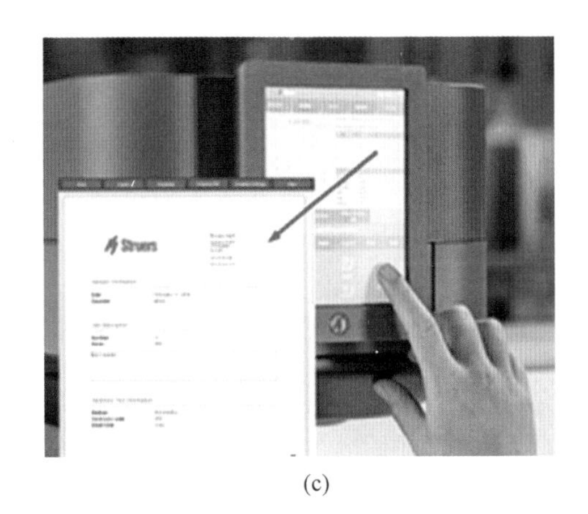
(c)

图 7-6　德国 Struers Duramin-160 洛氏硬度计

(a) 硬度计外观；(b) 高精度压头与压力传感器；(c) 触摸屏控制与数显测试报告

计的特点是采用先进的传感器技术，测试精度高，配备 7in(1in＝2.54cm)触摸屏，测试点区域采用 LED 照明，适用于所有洛氏硬度测试方法。测试载荷范围(主要载荷)1～250kgf(9.8～2450N)，最大试样高度 300mm，最大深度 200mm；详细技术指标如表 7-5 所示。

**表 7-5　德国洛氏硬度计的技术指标**

| 型号 | Duramin-160 |
|---|---|
| 载荷范围(主载荷) | 1.0～250kgf |
| 洛氏硬度标准(ISO 6508 和 ASTM E18) | 是 |
| XY 载物台大小/mm | $\phi$80 |
| 垂直测试空间/mm | 230 |
| 喉深/mm | 195 |
| 电动 Z 轴 | 否 |
| 转塔位数 | 1 |
| 机器质量 | 95kg |

注：1kgf＝9.8N。

#### 7.3.2.4　努普硬度(HK)

这种方法最初是为了避免维氏硬度测试中产生裂纹，用来测量玻璃的显微硬度。该测试方法也用于研究硬质陶瓷，因为它采用的压头很长，是一般维氏硬度计中同样载荷下压痕的 2.5 倍，所以压痕尺寸更易于测量。努普金刚石压头主轴方向的压痕大约是副轴方向的 7 倍，硬度值的计算与维氏硬度类似，但用的是压痕的投影面积而不是实际表面积，计算公式如下：

$$HK = \frac{14.229P}{d^2}$$

式中，$d$ 是长对角线的长度，压痕长度单位是 mm；努普硬度也是不带单位的，但是计算时载荷单位是 kg，后面也要带上测试参数，例如：1200 HK 0.1 表示在 100g 载荷下进行的测试。

可能有人会问陶瓷硬度测试的最好方法是哪个？这个问题的答案很有可能首先取决于做硬度测试的目的。如果是为了测量高载荷下材料抵抗压入的性能，那就最好测试维氏硬度。洛氏硬度是操作上最简单的，数据的重复性也很好，而且不存在个人操作带来的读数差异(而这种读数差异存在维氏硬度测试中)，但是高载荷可能会使试样粉碎，尤其是对于粗晶粒的试样(这种试样在低负载维氏法中最好选择 1kg 载荷)。

### 7.3.3　陶瓷硬度对比及影响因素

陶瓷硬度的影响因素主要考虑以下几方面：化学结合键类型、晶体结构、化学组成。通常离子半径越小、离子电价越高、配位数愈大、结合能愈大、抵抗外力摩擦和刻划及压入的能力也就愈强，所以硬度就较大。此外，陶瓷材料的微观结构、裂纹、杂质等都对硬度有影响，一般晶粒细小如亚微米或纳米级的陶瓷，比大晶粒时的硬度要高。温度对陶瓷硬度也有影响，通常温度升高时，硬度将下降，这是由于所有材料的屈服应力都会随着温度升高(至某一显著温度)而降低,所以随着压头深入变得越来越容易,而材料的其他性能(如强度或杨氏模量)都没有迅速降低时,硬度值便开始下降了。对目前已使用的陶瓷轴承,很重要的一个性能就是在高温时依然要保持高硬度和刚性。

表 7-6 列出常见的氧化铝、氧化锆等陶瓷材料及蓝宝石晶体和玻璃陶瓷的维氏硬度、努普硬度及洛氏硬度。

**表 7-6　典型陶瓷材料维氏硬度、努普硬度及洛氏硬度**

| 陶瓷种类 | | HV 2.5 | HV 0.1 | HK 0.1 | HK 0.05 | HR |
|---|---|---|---|---|---|---|
| 氧化铝 | >99% $Al_2O_3$ | 1450 | 1900 | 1930 | 2030 | 83 |
| | 95% $Al_2O_3$ | 1170 | 1600 | 1590 | 1780 | 78 |
| | 90% $Al_2O_3$ | 1050 | 1400 | 1400 | 1620 | 77 |
| MgO(致密) | | 500 | | ~600 | | |
| 尖晶石(致密) | | 1200 | 1500 | 1700 | | |
| 稳定 $ZrO_2$ | | | | 1200 | 1500 | |
| 热压烧结 $Si_3N_4$ | | | 1600~1800 | 2500~2700 | | |
| $B_4C$ | | 2800 | 3200 | 2800 | | 90 |
| 反应烧结 SiC | | | 2000 | 2500 | 2900 | |
| 热压烧结 SiC | | | 2400~2800 | | | |
| 常压烧结 SiC | | | ~2500 | | | 89 |
| 金刚石 | | | ~8000 | | | |
| 云母玻璃陶瓷 | | | | | 420 | |
| 蓝宝石 | | | 1800~2400 | | | |

## 7.4　陶瓷的弹性模量与泊松比

### 7.4.1　弹性变形与弹性模量

材料在外力作用下都会发生相应的应变。应变的大小和类型取决于材料的原子键、应力和温度。对于每种材料,在一定的应力极限范围内应变是可逆的,即在应力取消时,应变便消失,这就叫做弹性变形。弹性变形中应力 $\sigma$ 和应变 $\varepsilon$ 的关系为简单的比例常数,对于拉伸应力比例常数 $E$ 叫做弹性模量或杨氏模量,因而有:

$$\sigma = E\varepsilon$$

材料受拉伸应力伸长时,垂直于伸长方向出现横向收缩,相对伸长值为 $\Delta l/l$,相对横向收缩为 $\Delta d/d$,则两者的比值 $\mu=\dfrac{\Delta d/d}{\Delta l/l}$,称为泊松比,也叫横向变形系数,它是反映材料横向变形的弹性常数。泊松比越小,拉伸变形中体积变化即膨胀越大。对于剪切载荷,比例常数 $G$ 叫做剪切模量或刚性模量,见下式:

$$\tau = GY$$

式中,$\tau$ 是剪切应力,$Y$ 是剪应变。

陶瓷与金属材料的应力应变行为如图 7-7 所示。陶瓷材料在室温或中等温度下受到静拉伸或静弯曲载荷时,在短暂的弹性阶段后立即发生断裂,一般均不出现塑性变形(见图 7-7(c))。这种断裂形式称为脆性断裂,是陶瓷的最重要特性之一,因此,陶瓷用作结构材料时在设计中必须加以考虑。

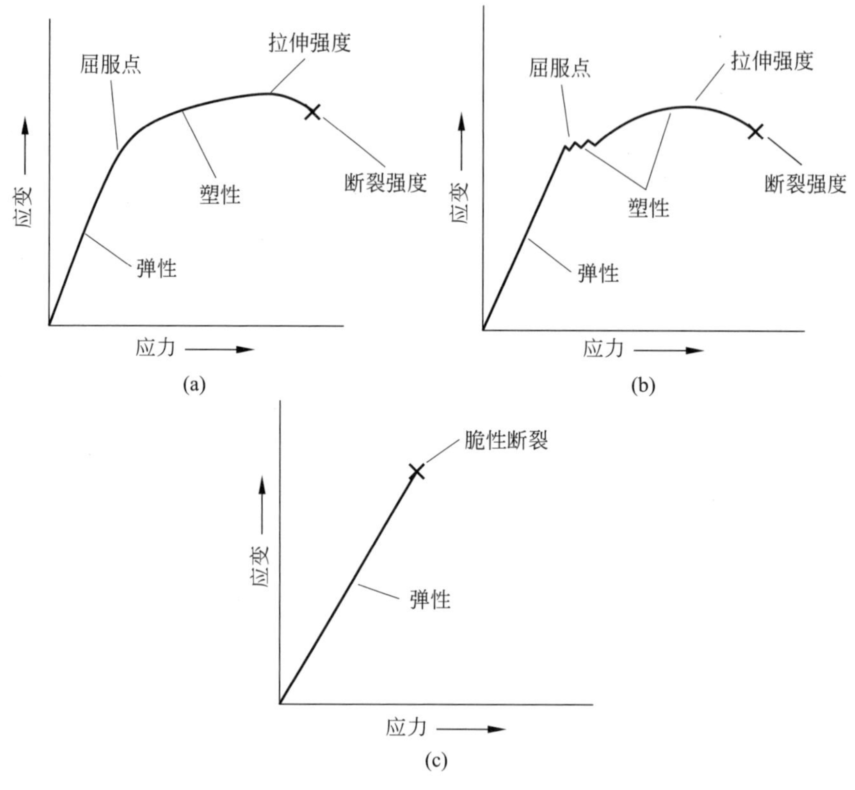


图 7-7 陶瓷与金属材料的应力应变行为

(a) 金属铝;(b) 低碳钢;(c) 陶瓷材料

对各种金属材料而言,断裂前都不同程度存在一个塑性变形阶段。有些金属例如铝,从弹性应变平滑地过渡到塑性应变,如图 7-7(a)所示;另一些金属如低碳钢,在塑性应变的开头有一突变点,叫做屈服点,如图 7-7(b)所示。

弹性模量 $E$ 是弹性应力和弹性应变之间的比例常数,数学表达式如下:

$$E=\frac{\sigma}{\varepsilon}$$

弹性模量在工程上反映了材料刚度大小,在微观上反映原子的键合强度。键合越强,则使原子间隙加大所需的应力越大,弹性模量就愈高。因此弹性模量与陶瓷的化学键合类型有关,通常具有共价键的陶瓷 $E$ 值也高。

### 7.4.2 弹性模量的测量

材料弹性模量 $E$ 的测定主要有静态法、动态法和三维数字图像法,下面分别进行讨论。

(1) 静态法

静态法是采用拉伸方式直接测试应力与应变关系,再通过测量应力应变曲线的斜率得到弹性模量。该方法中，应变的测量又可分两种情况：一种是贴应变片来记录应变；另一种是由弯曲试样的挠变来计算应变值，图 7-8 为弹性模量试验机。

图 7-8　弹性模量试验机

弹性模量 $E$ 是在弹性范围内所承受的应力与应变之比，应变是必要的参数。因此，弹性模量 $E$ 的测试实质是测试弹性变形的直线段斜率，故其准确度由应力与应变准确度所决定。应力测量的准确度取决于试验机施加的力与试样横截面积，此时试验机夹具与试样夹持方法也非常关键，夹具与试样要尽量同轴；应变测量的准确度要求试验引伸计真实反映试样受力中心轴线与施力轴线同轴受力时所产生的应变。由于试样受力同轴是相对的，且在弹性阶段试样的变形很小，所以为获得真实应变，应采用高精度的双向平均应变机械式引伸计。

拉伸法测量弹性模量适用于常温测量，然而陶瓷材料的脆性和高模量给弹性模量的测定在技术上带来一定困难，金属材料中常用的拉伸试样直接测定法对陶瓷材料难以仿效，因为在试样几何形状加工与夹具装置方面都有不同程度的困难，并且应变片使用温度受到限制，不能在高温下使用。所以目前陶瓷弹性模量的测量通常采用共振频率法，即动态法测量。

(2) 动态法

动态法是试样在受到交变应力作用下产生振动，测定试样的共振频率，通过下式计算 $E$ 值。

$$E = Cmf^2$$

式中，$C$ 为常数，取决于试件大小和形状以及泊松比，$m$ 为试件的质量，$f$ 为基本的横向挠性振动频率，可采用共振法或敲击法来测定。

固体试样在受敲击力激发后将产生瞬变响应受迫振动，该响应取决于外力的大小、方向和位置、材料本身的性质、试样质量分配以及支撑条件等因素。在外力消失后，试样所储存的能量总有一部分在阻尼或黏滞过程中耗散，故试样将呈自由阻尼振动。采用动态弹性模量仪通过测试探针或测试话筒将振动波转换成电信号，经特定的信号识别电路准确地对基频信号进行分析、判断，选出基频，从而测出试样的固有频率。材料的固有频率近似于共振频率，而根据固有频率可以计算出弹性模量。该法适用于各种金属及非金属(脆性)材料的测量，测定的温度范围可从液氮温度至 3000℃左右，再由相关公式和数据计算出试样的动态弹性模量。工程陶瓷弹性模量试验方法可参见 GB 10700—1989 或美国陶瓷协会标准 ASTM C747,图 7-9 为动态法弹性模量测试系统。

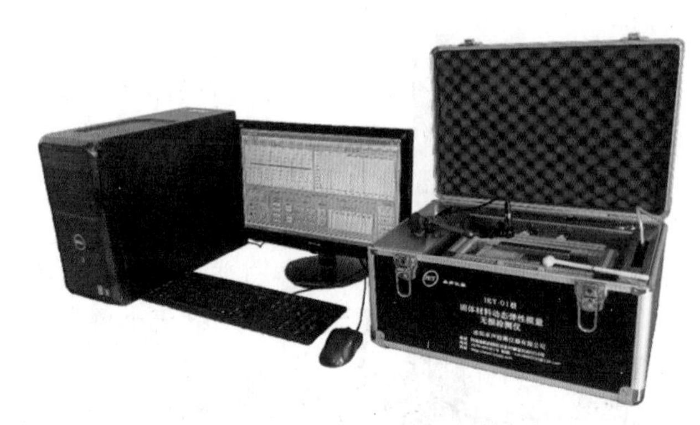

图 7-9 动态法弹性模量测试系统

(3) 三维数字图像法

利用非接触的三维光学应变测量系统可以方便快捷地测量氧化锆等陶瓷材料在弹性阶段的变形行为,获得其弹性模量。该光学应变测量系统是德国 GOM 公司基于数字图像相关技术开发的,由于具有 2 个摄像头,所以可以实时观测材料复杂表面的三维位移和变形,测量精度高,结果形象直观,可以为一些无法利用传统力学实验方法进行测量的材料提供新的研究途径。

三维数字图像相关方法是在二维数字图像相关方法的基础上发展起来的,可以准确观察表面形状复杂的材料或者构件,具有二维方法不可比拟的优越性。该方法利用 2 个 CCD 镜头采集不同载荷下的系列图像,利用数字图像相关的计算方法得出不同载荷下试件的三维位移场和变形场,最后对不同载荷下的测量区域的应变取平均值。应力由各级不同的载荷除以试件的横截面积得到,然后用最小二乘线性回归拟合应力-应变曲线,斜率就是材料的弹性模量。

### 7.4.3 泊松比的测量

泊松比 $\mu$ 的测试方法有很多,根据泊松比测试过程中所用的基本原理,可以分为机械法、电测法等。

机械法是运用机械方法测定材料泊松比,一般属于接触式测量,弹性泊松比的测试已经标准化。美国陶瓷协会 ASTM 测试标准规定采用两对引伸计,分别用来测量材料的横向应变和纵向应变;国际标准规定通过直接测定 $E$ 和 $G$ 值,再由公式 $G=E/[2(1+\mu)]$ 间接计算得到 $\mu$ 值。其中 $E$ 可以通过单向拉伸、压缩和弯曲试验测定,$G$ 可以由扭转试验或专门设计的简单剪切试验测定。

电测法测试的基本原理为:把电阻应变片固定在试件的测试表面,当试件变形时,应变片的电阻值会发生相应的变化,通过电阻应变仪将电阻变化测定出来,并直接转化为应变值,从而求得材料的泊松比。

不同的测试方法具有不同的优缺点。机械测量法在常温下操作简单方便,使用引伸计法,位移测量直观;电测法灵敏度高,可以在应变计上直接绘出应力应变曲线。

日本京瓷公司测定的陶瓷材料的弹性模量与泊松比及强度值见表 7-7,可见陶瓷的弹性模量范围主要在 200～440GPa,泊松比在 0.17～0.31,通常陶瓷的弹性模量越大,泊松比越小,反之亦然。

**表 7-7　日本京瓷公司测定的陶瓷材料性能指标**

| 材料 | 弹性模量/GPa | 泊松比 | 三点弯曲强度/MPa | 压缩强度/MPa |
|---|---|---|---|---|
| $92Al_2O_3$ | 280 | 0.23 | 340 | |
| $96Al_2O_3$ | 320 | 0.23 | 350 | |
| $99Al_2O_3$ | 360 | 0.23 | 370 | 2160 |
| $99.7Al_2O_3$ | 380 | 0.23 | 380 | |
| $Y\text{-}ZrO_2$ (1) | 200 | 0.31 | 1000 | |
| $Y\text{-}ZrO_2$ (2) | 220 | 0.31 | 1470 | |
| SiC | 440 | 0.17 | 450 | |
| $Si_3N_4$ | 290 | 0.28 | 610 | 3820 |
| AlN | 320 | 0.24 | 310 | |
| 蓝宝石 | 470 | | 690 | 2940 |

$Y\text{-}ZrO_2$ (1) 为常压烧结; $Y\text{-}ZrO_2$ (2) 为常压+热等静压。

## 7.5　陶瓷材料的强度

陶瓷材料的强度,若根据原子键断裂来计算可得到理论强度,若将材料内部和表面的各种缺陷,如裂纹、气孔或夹杂物都考虑进去,则为实际强度。

陶瓷材料的实际强度依测定方法不同,又可分拉伸强度、弯曲强度和压缩强度。下面将讨论这些强度的计算与测量方法、不同强度之间相互关系,以及强度大小的影响因素。

### 7.5.1　理论强度与实际强度

理论强度是指理想晶体中使原子键断裂,使结构破坏所需的拉伸应力,其计算公式为:

$$\sigma_{th}=\left(\frac{E\gamma}{a_0}\right)^{\frac{1}{2}}$$

式中,$\sigma_{th}$ 为理论强度,$E$ 为弹性模量,$\gamma$ 为断裂表面能,$a_0$ 为原子间距。由上式可知,材料的刚性(弹性模量)愈大,表面能愈大,原子间距愈小,即结合得愈紧密,理论强度 $\sigma_{th}$ 值愈大。

陶瓷材料的理论强度一般为弹性模量的 1/10～1/5。例如,氧化铝的平均弹性模量为 380GPa,其理论强度为 38～76GPa;碳化硅的平均弹性模量为 440GPa,理论强度为 44～88GPa。表 7-8 列出几种常见陶瓷材料的理论强度。

表 7-8 常见陶瓷材料的理论强度与实际断裂强度 GPa

| 材料名称 | 弹性模量 | 理论强度 | 实际断裂强度 |
|---|---|---|---|
| 氧化铝 | 380 | 38 | 0.4～0.5 |
| 氧化锆 | 210 | 21 | 0.8～1.2 |
| 氮化硅 | 280 | 29 | 0.7～1.0 |
| 碳化硅 | 440 | 44 | 0.4～0.7 |

然而，陶瓷材料的实际强度远低于理论强度，这是由于材料中存在制造缺陷和结构缺陷，如气孔、夹杂物、裂纹、团聚等，如图 7-10 所示，从而导致应力集中，使材料在远低于理论强度的载荷下发生断裂。通常多晶陶瓷的实际断裂强度大约为理论强度的 1/50～1/100。常见陶瓷材料的实际断裂强度见表 7-8。

(a)

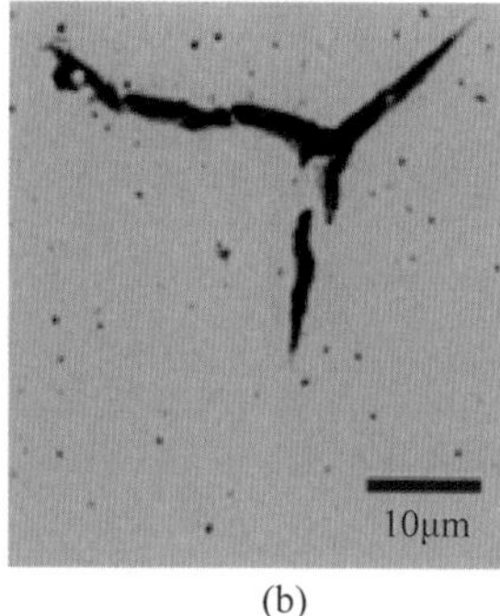

(b)

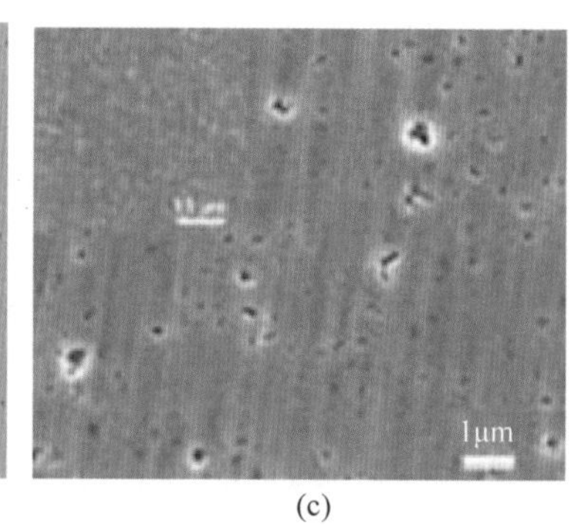

(c)

图 7-10 氧化锆陶瓷内部可能存在的缺陷

(a) 团聚体缺陷；(b) 内裂纹；(c) 残余气孔

## 7.5.2 拉伸、弯曲、压缩强度测量

### 1. 拉伸强度及测试

拉伸强度也称抗拉强度，是指材料在单向均匀拉应力作用下断裂时的应力值，其计算可用断裂时的载荷 $P$ 除以试件的横截面积 $A$ 求得，即

$$\sigma_t = \frac{P}{A}$$

拉伸强度测量在万能试验机上进行，一般对于具有塑性特征的金属，其测量可确定材料的屈服强度、断裂强度和伸长值。

陶瓷制备成拉伸试样后可进行拉伸强度的测试，拉伸试验试件及试验机见图 7-11。但通常情况下较少采用拉伸试验来测定陶瓷材料的拉伸强度，主要有两点原因：一是陶瓷拉伸试件的制作困难、成本高；二是拉伸试验要求试件内的应力是均匀拉应力，这对于陶瓷等脆性材料是很困难的。因为这不仅要求试件非常光滑和对称，还要求试验机尖头绝对垂直对中，没有偏斜，在试验中负荷顺序要排列得好，这就使得拉伸试验费用高而且精度难以保证。

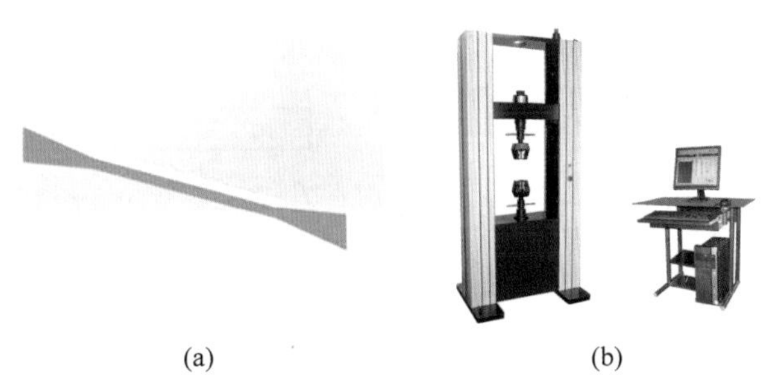

(a) (b)

图 7-11 陶瓷拉伸强度试件(a)与试验机(b)

2. 弯曲强度及测试

弯曲强度又称抗弯强度，是指试件在弯曲应力作用下，受拉面断裂时的最大应力。试件横截面通常为矩形，沿整个长度的截面是均匀的，这种试件制作成本远低于拉伸强度试件。

抗弯强度依据加载方式不同可分三点弯曲和四点弯曲两种，图 7-12 为两种加载方式。

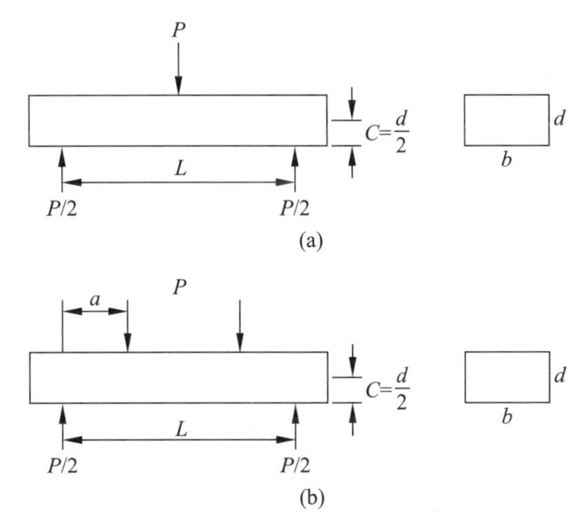


图 7-12 三点弯曲试验(a)与四点弯曲试验(b)

三点弯曲强度计算式为：

$$\sigma_f = \frac{3PL}{2bh^2}$$

四点弯曲强度计算式为：

$$\sigma_f = \frac{3P(L-l)}{2bh^2}$$

式中，$\sigma_f$ 为试样的弯曲强度(MPa)；$P$ 为断裂时载荷(N)；$L$ 为试样支座间距(mm)；$b$ 为试样宽度；$h$ 为试样高度，$L$ 为上支点跨距(mm)。

弯曲强度试件尺寸通常采用 3mm×4mm×36mm，测试时跨距为 30mm，考虑到测试数据具有较大离散性，这就要求有一定试件数量，一般每组为 10～12 根，高温试验时试样数量可适当少一些，每组为 6～10 根。

陶瓷材料在三点弯曲、四点弯曲测试过程中，外加载荷在试件上的应力分布是不同的，如图 7-13 所示。

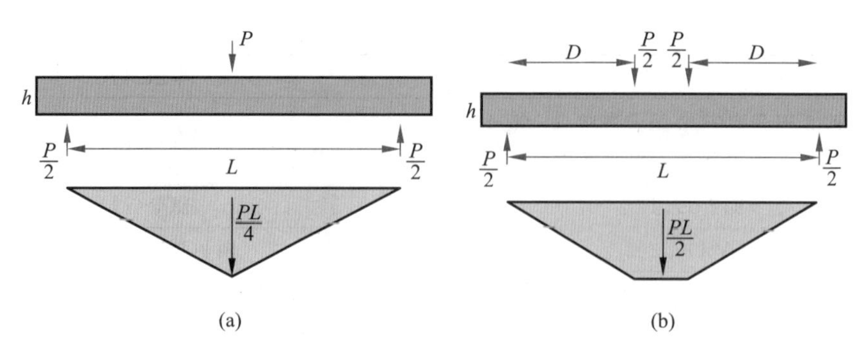


图 7-13　强度测试中陶瓷试件上的应力分布

(a) 三点弯曲强度测试；(b) 四点弯曲强度测试

三点弯曲强度测试的应力分布见图 7-13(a)，最大应力位于试件加载点对面的中线上，应力沿着试件两端呈线性下降，在试件底部支点处应力降到零。

四点弯曲测试的应力大致分布见图 7-13(b)，其最大应力是在两个加载点之间的整个拉伸表面内，拉伸应力从加载点至底部支点降至为零。对于处在最高拉伸应力或接近最高拉伸应力范围内的面积或体积，四点弯曲试验要比三点弯曲试验大得多，因而暴露于高应力下的较大的缺陷出现的几率就增大。因此，对于给定的陶瓷材料，四点弯曲试验得到的强度值比三点弯曲试验得出的数值要低一些。图 7-14 为日本岛津公司的电子万能试验机，采用三点弯曲和四点弯曲夹具，可以分别测试陶瓷试样的三点弯曲强度及四点弯曲强度；此外该仪器还配备了一个加热系统，可以测试室温至 1000℃ 范围内陶瓷材料的抗弯强度和断裂韧性，该试验机的技术指标见表 7-9。

图 7-14　日本岛津公司电子万能试验机

**表 7-9　日本岛津公司电子万能试验机的性能参数**

| 型号 | AG-IC20KN |
| --- | --- |
| 载荷容量 | 20kN |
| 载荷精度 | 显示值的±0.5% |
| 横梁速度范围 | 0.0005～1000mm/min |
| 横梁速度精度 | ±0.1% |
| 采样间隔 | 1.25ms |

对于给定的陶瓷材料，单轴向拉伸强度试验得出的强度值低于弯曲强度值。现以热压 $Si_3N_4$ 陶瓷为例，分别进行拉伸强度和弯曲强度的测试，其拉伸强度仅为 552MPa，四点弯曲强度为 724MPa，而三点弯曲强度为 930MPa。这是由于三者暴露在最大应力的区域不同导致的。拉伸强度试样在测试跨距之间均呈现最大应力值，四点弯曲强度试样在中间两加压点之间呈现最大应力值，而三点弯曲强度试样只有中心加压点处于最大应力值，如图 7-15 所示。

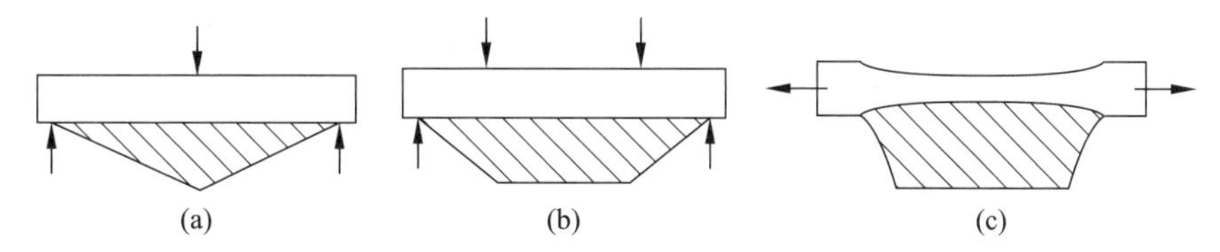


图 7-15　不同加载方式下试样中的应力分布状况

(a) 三点弯曲；(b) 四点弯曲；(c) 拉伸应力分布

值得注意的是，陶瓷材料抗弯强度的测定值还与测试过程中试样的尺寸、加载速率有关，这就涉及强度测量的影响因素，分述如下。

(1) 尺寸效应

陶瓷材料的强度测试值随着试样尺寸增大而减小，这种现象称为强度的尺寸效应。

陶瓷材料的强度指标通常是指弯曲强度（三点弯曲或四点弯曲），弯曲强度尺寸效应包括长度效应、宽度效应和厚度效应，其中厚度效应最显著。表 7-10 给出不同尺寸比例的氧化铝试样的弯曲强度，可见随着试样尺寸增大，其弯曲强度值减小。同样热压氮化硅陶瓷的弯曲强度的尺寸效应结果见表 7-11。因此，当评价和对比陶瓷材料强度时，应注意弯曲强度试样尺寸及比例。如前所述，目前广泛采用的弯曲试样尺寸为 36mm×4mm×3mm（长×宽×高，或 $L\times B\times H$，下同），但在美国标准测试材料协会中还给出了 25mm×1.5mm×2mm；85mm×6mm×8mm 等不同的试样尺寸。

**表 7-10　不同尺寸比例的氧化铝试样的弯曲强度**

| $H\times B\times L$/mm | 1×2×10 | 1.5×2×15 | 2×4×30 | 3×4×30 | 7×13×90 |
|---|---|---|---|---|---|
| $\sigma_f$/MPa | 338.7 | 308.7 | 267.5 | 204.8 | 183.2 |
| 试件数 $n$ | 8 | 6 | 8 | 10 | 6 |

**表 7-11　热压氮化硅弯曲强度尺寸效应的测试结果**

| $H\times B\times L$/mm | 1×2×10 | 2×3×20 | 3×4×30 | 6.3×3.5×50 |
|---|---|---|---|---|
| $\sigma_f$/MPa | 769.9 | 720.5 | 693.3 | 611.2 |
| 试件数 $n$ | 8 | 8 | 6 | 4 |

(2) 加载速率影响

大量实践表明，陶瓷的强度随加载速率的增加而增加。在某种程度上，可以将强度随加载速率变化看作是缺陷对强度的影响随加载速率而变化。加载速率越大，缺陷对强度的影响程度越小。对于相同的试样和相同尺寸的裂纹，高速载荷下的强度测试值要比慢速载荷下的强度值高得多，因为在慢速载荷上裂纹有足够的时间扩展。图 7-16 为氧化铝陶瓷弯曲

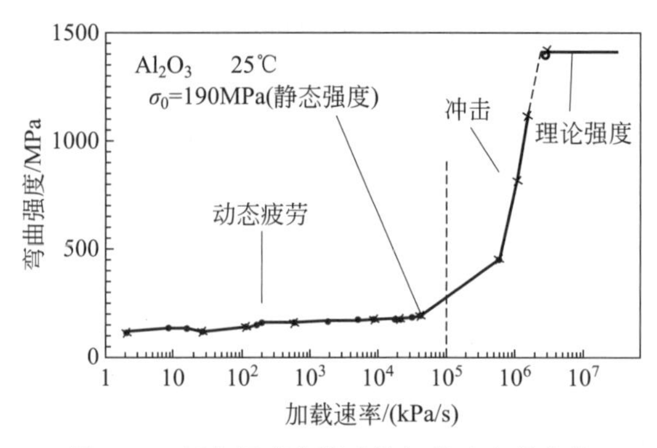


图 7-16 氧化铝弯曲强度随加载速率的变化

强度随载荷速率变化的试验结果，试验采用三点弯曲加载，试件厚 3mm、宽 4mm、跨距 30mm。通常工程陶瓷弯曲强度测试的加载速率规定为 0.05mm/min，测量过程中应加以注意。

陶瓷材料中含有不同尺寸晶粒、玻璃相及气孔，这使陶瓷结构中存在许多缺陷。在外力的作用下裂纹易发生失稳扩展和快速断裂。但是采用 2%～3%(摩尔分数) $Y_2O_3$ 稳定的 Y-$ZrO_2$ 陶瓷原料，致密化烧结后的 Y-$ZrO_2$ 晶粒主要为亚稳四方相，在受到足够大的外界应力作用下，材料内部的亚稳四方相 Y-$ZrO_2$ 晶粒发生相变成为单斜相，这一相变过程将吸收外加载荷的能量，大大提升氧化锆陶瓷的断裂强度和韧性，这就是 Y-$ZrO_2$ 的相变增韧作用。若在 Y-$ZrO_2$基体中加入少量 $Al_2O_3$，则 $Al_2O_3$/Y-$ZrO_2$ 复相陶瓷(简称 ATZ)的强度和韧性也非常高，抗弯强度达到 1000MPa 以上，韧性可达到 10MPa・$m^{1/2}$ 以上，符合智能终端陶瓷外观件所需要的抗跌落抗摔裂的要求，可以应用于手机陶瓷背板，如图 7-17 所示。

图 7-17 小米 MIX 2 手机的四曲面陶瓷背板

3. 压缩强度及测试

压缩强度又叫抗压强度，是指一定尺寸和形状的陶瓷试样在规定的试验机上受轴向压应力作用破坏时，单位面积上所承受的载荷；或是陶瓷材料在均匀压力下破坏时的应力，其计算公式如下：

$$\sigma_c = \frac{P}{A}$$

式中，$\sigma_c$ 为试样的抗压强度(MPa)；$P$ 为试样压碎时的总压力(N)；A 为试样受载截面积($mm^2$)。

抗压强度的试样一般要求：高度：直径＝2：1（如高度为18mm，直径应为9mm），每组试样为10个左右。

陶瓷材料的压缩强度比拉伸强度和弯曲强度都要高许多，因而陶瓷部件处于受压状态下有利于发挥陶瓷材料的力学性能，这对压应力场合下工程陶瓷部件的设计和使用是有利的。工程陶瓷材料抗压强度试验方法参见GB 8489—1987。

表7-12给出美国CoorsTec公司陶瓷材料在室温下的强度性能，由该表可见几种陶瓷的压缩强度均在2000～3500MPa，显著大于弯曲强度和拉伸强度；拉伸强度值又远低于弯曲强度值。

**表 7-12　美国 CoorsTec 陶瓷材料强度性能**　MPa

| 材料 | 弯曲强度 | 拉伸强度 | 压缩强度 |
|---|---|---|---|
| Y-TZP | 1240 | — | 2500 |
| Y-TZP(HIP) | 1720 | — | 2500 |
| ZTA | 450 | 290 | 2900 |
| $90Al_2O_3$ | 338 | 221 | 2482 |
| $96Al_2O_3$ | 358 | 221 | 2068 |
| $98.5Al_2O_3$ | 375 | 248 | 2500 |
| $99.5Al_2O_3$ | 379 | 262 | 2600 |
| $99.9Al_2O_3$ | 400 | 283 | 2700 |
| SiC | — | 480 | 3500 |
| $Si_3N_4$ | 900 | 483 | 2500 |

## 7.5.3　缺陷对强度的影响

（1）裂纹的影响

Griffith推导出脆性材料的断裂强度与材料本征参数和缺陷尺寸的关系：

$$\sigma_f = A\left(\frac{E\gamma}{c}\right)^{\frac{1}{2}}$$

式中，$\sigma_f$ 为断裂强度，$E$ 为弹性模量，$\gamma$ 为断裂表面能，$c$ 为缺陷尺寸，$A$ 为常数，取决于试样和缺陷的几何形状。

Evans和Tappin提出更通用的关系式：

$$\sigma_f = \frac{Z}{Y}\left(\frac{2E\gamma}{C}\right)^{\frac{1}{2}}$$

式中，$Y$ 为无量纲项，取决于缺陷深度和试样的几何形状；$Z$ 为另一无量纲项，取决于缺陷的形状；$C$ 为表面缺陷的深度（对于内部缺陷，或为缺陷尺寸的一半）；$E$ 和 $\gamma$ 的含义同上式。对于在拉伸负荷下小于横截面尺寸的1/10的内部缺陷，$Y=1.77$。对于在弯曲负荷下比横截面厚度的1/10小得多的表面缺陷，$Y$ 接近2.0。$Z$ 根据缺陷的形状而变化，但一般在1.0～2.0。

裂纹的来源，主要分陶瓷制造过程中产生的内部裂纹和陶瓷后加工过程中引入的表面裂纹。对于实际陶瓷部件，通常表面裂纹比内部裂纹对强度影响更大。

（2）气孔的影响

气孔的存在，一方面会减小与强度直接相关的弹性模量 $E$；另一方面气孔往往是陶瓷材料内部裂纹形成的发源地，因此气孔会显著降低陶瓷的强度。Duckworth 就气孔率对强度的降低给出了一个经验方程式：

$$\sigma = \sigma_0 \exp(-bp)$$

式中，$b$ 因材料而不同，一般在 3～9；当 $p=0.08 \sim 0.23$ 时，原始强度 $\sigma_0$ 就会降低一半。例如，对于刚玉瓷器，$\sigma_0=238\text{MPa}$，$b=8$，当气孔率为 20%时，抗折强度降低到 100MPa。

陶瓷中的气孔形状因制造工艺不同而各异。对于湿法成型如注浆成型、流延成型和凝胶注模成型，由于浆料真空除泡不完全，或者注浆过程中夹入空气，容易产生近似球形的独立大气孔；对于干法成型，如干压和等静压，气孔往往是非球形。

另外一种情况是气孔与裂纹的结合。最简单和常见的气孔和裂纹的结合是陶瓷材料的气孔与晶界相交处，假如气孔比晶粒尺寸大得多的话，则气孔的最大尺寸与临界裂纹尺寸很接近；如果气孔的尺寸趋近晶粒的尺寸，则裂纹沿晶界扩展的影响可能是主要的。

（3）夹杂物的影响

夹杂物通常是指陶瓷制备过程中引入的外来杂质，如在混料、球磨、成型过程中都有可能引入各种杂质。对于有机物和低熔点夹杂物，经过陶瓷高温烧成会发生变化，可能成为一种缺陷。对于无机非金属夹杂物，则保留在陶瓷内，这种夹杂物对材料强度的影响，取决于夹杂物相对材料基体的热学性能和弹性模量。当热膨胀系数差别大时，陶瓷烧结与冷却过程中可能会导致夹杂物附近形成裂纹；弹性模量的差别，也可能会导致施加压力时形成裂纹。具体来说，当夹杂物比基体具有低的热膨胀系数和低的弹性模量时，陶瓷的强度降低最多。这时由于材料内部会产生张应力，有影响的缺陷尺寸大于可见的夹杂物尺寸，相当于夹杂物尺寸加上附近裂纹的长度，而当夹杂物的热膨胀系数或弹性模量高于基体时，对材料的强度影响较小。

### 7.5.4 手机陶瓷背板强度测试

由于陶瓷标准试样的尺寸与手机背板实际使用过程中的尺寸不同，因此很多时候采取标准试样测试并不能准确表征陶瓷背板的实际抗弯强度。目前，国内外大部分企业采用直接从手机陶瓷背板上切割试样进行强度的测量，如图 7-18 所示。

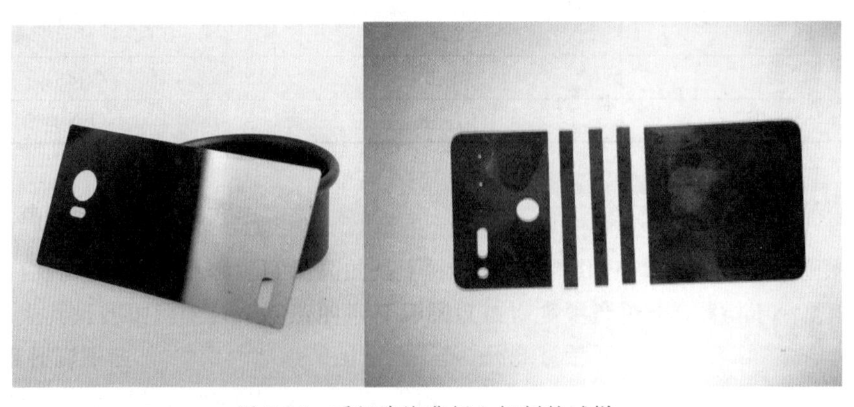

图 7-18 手机陶瓷背板上切割的试样

试样尺寸通常为 6mm 宽的试条，其长度、厚度与背板保持一致，测试方法为四点弯曲或三点弯曲法，强度值需要达到 800～1000MPa，据此来判断背板强度是否达标。例如，潮州三环制备的手机陶瓷背板三点弯曲强度已达到 1000MPa 以上，完全满足抗跌落等要求。

## 7.6 陶瓷的断裂韧性及测试

### 7.6.1 断裂韧性概念

脆性材料的破坏往往是破坏性的，即材料中裂纹一旦扩展就会立即达到失稳状态，之后裂纹迅速扩展导致断裂。材料的断裂韧性可以用来衡量它抵抗裂纹扩展的能力，亦即抵抗脆性破坏的能力。断裂韧性是材料塑性优劣的一种体现，是材料的固有属性。陶瓷材料内裂纹的尖端存在应力集中，可以用应力强度因子 $K$ 表示。根据所加载荷相对裂纹位置的方向又可划分为三种，分别记为 $K_{\mathrm{I}}$，$K_{\mathrm{II}}$，$K_{\mathrm{III}}$。对于典型的拉伸试验或弯曲试验，位移为Ⅰ型情况，用 $K_{\mathrm{I}}$ 表示，这是陶瓷中最常见的，也称张开型应力或裂纹。剪切负荷作用下位移为Ⅱ型和Ⅲ型，用 $K_{\mathrm{II}}$ 和 $K_{\mathrm{III}}$ 表示。三种类型的负荷加载方向如图 7-19 所示。其中掰开型是最为苛刻的一种形式，通常采用这种方式来测量材料的断裂韧性，此时的测量值称作 $K_{\mathrm{IC}}$。$K_{\mathrm{IC}}$ 值对了解陶瓷这一多裂纹材料的本质属性，具有非常重要的意义。图 7-16 中的Ⅰ型应力状态是陶瓷材料最常遇到的情况，此时，当裂纹尖端应力强度因子达到某一临界值时，裂纹将会扩展并导致断裂，这一临界应力强度因子称为材料的断裂韧性，用 $K_{\mathrm{IC}}$ 表示。它是使裂纹失稳扩展导致材料断裂破坏时的应力强度因子临界值。由上可知，断裂韧性是材料的一种基本属性，是材料抵抗裂纹扩展的能力，材料断裂韧性值越高，裂纹扩展和材料断裂就越困难。

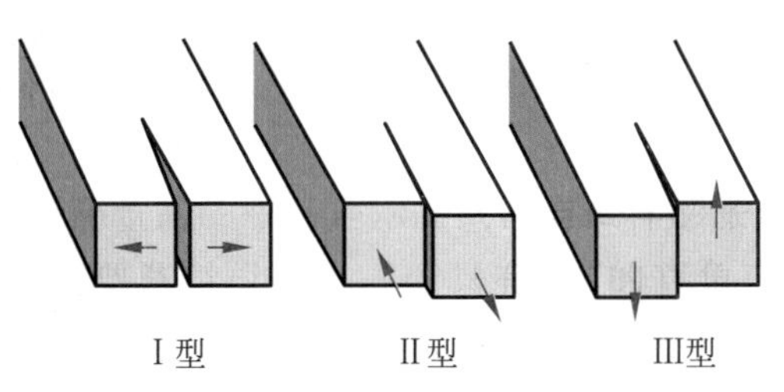


图 7-19　三种位移型的应力强度因子

材料断裂韧性与断裂强度存在下述关系：

$$K_{\mathrm{IC}}=\sigma_{\mathrm{f}}\gamma\sqrt{a}$$

式中，$K_{\mathrm{IC}}$ 为断裂韧性（MPa · $\mathrm{m}^{1/2}$），$\sigma_{\mathrm{f}}$ 为断裂强度（MPa），$\gamma$ 为无量纲因子，取决于裂纹形状和加载的几何情况，$a$ 为裂纹长度。

陶瓷材料与金属材料的拉伸强度或弯曲强度并不存在很大差异，但是反映材料裂纹扩展阻力的断裂韧性值却差别较大，陶瓷断裂韧性与金属材料相比，通常低 1～2 个数量级。表 7-13 为部分陶瓷材料断裂韧性值。

**表 7-13 部分陶瓷材料断裂韧性**

| 材料 | $K_{IC}$/(MPa·$m^{1/2}$) |
|---|---|
| 氧化铝 | 3～6 |
| 莫来石 | 2～3 |
| 部分稳定氧化锆(PSZ) | 7～15 |
| 四方相氧化锆(TZP) | 10～20 |
| 热压烧结氮化硅(HPSN) | 6～8 |
| 反应烧结氮化硅(RBSN) | 3～5 |
| 常压固相烧结碳化硅 | 3～4 |
| 常压液相烧结碳化硅 | 4～8 |
| 硅酸盐玻璃 | <1 |

### 7.6.2 断裂韧性的测试

断裂韧性的测试方法多种多样,包括单边切口梁法(SENB法)、双扭法、山形切口法(又称单边V形切口梁法,SEVNB法)、压痕法(IM法)等。其中有些方法技术难度较高,不太容易实现实用化;有些方法会出现较大测量误差,应用起来存在一定局限性。相对而言,实际应用的比较多的主要有单边切口梁法 (SENB)和压痕法,这两种方法试样加工较简单,预制裂纹的引入也较容易。

(1) 单边切口梁法

单边切口梁法是在矩形截面的长柱状陶瓷试件中部开一个很小的切口作为预制裂纹,切口宽度最好不要大于0.25mm,切口深度约为试件高度的0.4～0.5倍,采用三点或四点弯曲对试样加载直至断裂,如图7-20所示。

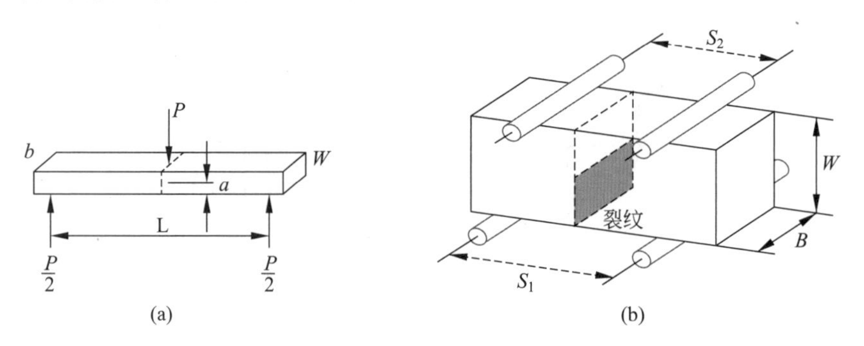


图 7-20 单边切口梁法预制裂纹

(a) 三点弯曲;(b) 四点弯曲

采用三点弯曲加载时,$K_{IC}$ 计算式如下:

$$K_{IC}=Y\times\frac{3PL}{26W^2}\times\sqrt{a}$$

式中,$b$ 为梁的宽度,$W$ 为梁的高度,$a$ 为切口的深度,$L$ 为支点间距,$P$ 为断裂载荷,$Y$ 为与试样有关的常数。因此,对试件必须要求形状一致。

对于单边切口梁法,跨长∶厚度∶宽度=8∶2∶1(如试件尺寸为36mm×4mm×

2mm，即可满足），形状因子 $Y$ 的值为：

$$Y = 1.96 - 2.75\left(\frac{a}{W}\right) + 13.66\left(\frac{a}{W}\right)^2 - 23.98\left(\frac{a}{W}\right)^3 + 25.22\left(\frac{a}{W}\right)^4$$

单边切口梁法的主要优点是：(a)试样加工比较简单，采用矩形长试样[2mm×4mm×(36～40)mm]，中间用金刚石圆形刀开一个狭窄的切口（切口宽≤0.25mm，深度为 0.4～0.5$W$）；(b)测定值比较稳定，可比性较好，又比较接近真实的 $K_{IC}$ 值；(c)可在高温或不同介质与气氛中试验。因此，该法已被许多国家用作标准方法。

但该法也存在一个问题，即断裂韧性受开口宽度的影响明显，$K_{IC}$ 值随切口宽度的增大而增大。这样，若开口宽度控制不当，用单边切口梁法所测定的断裂韧性值就会偏高。

对于测定裂纹失稳扩展时的裂纹应力强度因子的临界值，要求裂纹尖端具有足够高的应力集中效应，否则，易于造成试验因为应力-位移曲线不符合要求而得不到预定结果。为此，试样中裂纹的制备由两道工序完成。首先要通过机加工或者线切割方法制备出裂纹的主体部分，随后还要通过疲劳过程在此切割裂纹基础上制备出尖端很尖锐的疲劳裂纹。试样的裂纹即第一道加工的切割裂纹缺口，应垂直于试样表面和预期的裂纹扩展方向，偏差在±2°以内，其根部半径应在 0.08mm 以下。在前期预制裂纹尖端引发疲劳裂纹的过程中，可以采用先大后小的最大应力强度因子，即采用不高于材料的断裂韧度的 0.8 倍的应力来制备疲劳裂纹；而在后期，要求降低施加的应力水平，使裂纹尖端的应力强度因子降低到断裂韧度的 0.6 倍以下。

试样中的裂纹需要满足如下条件才是有效的：(a)裂纹平面应与试样的宽、厚两个方向平行，裂纹不能分叉；(b)缺口加工裂纹的总长度为 0.45$W$～0.55$W$；(c)试样表面上的疲劳裂纹长度不得小于 0.025$W$，或者 1.3mm，并且取其中的较大值；或者疲劳裂纹的长度不能小于裂纹总长度的 5%；(d)裂纹在试样两个自由表面上的长度不应小于总裂纹长度的 90%。

表 7-14 为美国最大的先进陶瓷公司库尔斯泰克（CoorsTec）公司陶瓷材料在室温下由单边切口梁法测得的断裂韧性，由该表可见钇稳定的四方多晶氧化锆陶瓷具有最高的断裂韧性，达到 13MPa·$m^{1/2}$；而氧化铝、碳化硅、氮化硅等陶瓷的断裂韧性通常都在 4～7.5MPa·$m^{1/2}$。

**表 7-14 库尔斯泰克公司测定的陶瓷材料断裂韧性（单边切口梁法）**

| 陶瓷材料 | Y-TZP | Mg-PSZ | 99.9$Al_2O_3$ | ZTA | SiC | $Si_3N_4$ |
|---|---|---|---|---|---|---|
| 断裂韧性/(MPa·$m^{1/2}$) | 13 | 11 | 4～5 | 5～6 | 4 | 7.5 |

(2) 压痕法（IM 法）

压痕法是在陶瓷材料表面进行精密抛光，表面光洁度达到 1μm 以上，然后在维氏硬度仪上用 Vickers 金刚石压头以适当载荷加压，制造压痕及沿压痕对角线扩展的裂纹，如图 7-21 所示。在光学显微镜或扫描电子显微镜下测量压痕对角线长度 $2a$ 及裂纹扩展长度 $l$，$c=l+a$，根据裂纹几何尺寸选择合适的计算公式，计算材料 $K_{IC}$。

目前常用于压痕法计算 $K_{IC}$ 的公式及其使用条件包括如下几种：

Evans & Clarles 公式：

$$K_{IC} = 0.16H\sqrt{a}\left(\frac{c}{a}\right)^{-\frac{3}{2}}, \quad c/a > 1.8$$

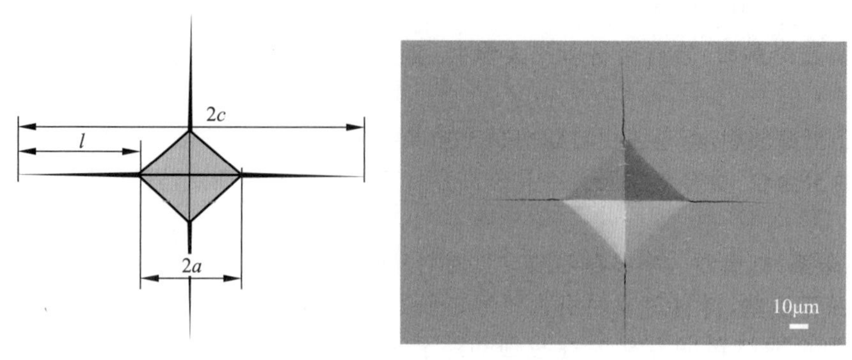


图 7-21 压痕法测量陶瓷材料的断裂韧性

Lawn 公式：

$$K_{IC}=0.028\left(\frac{E}{H}\right)^{\frac{1}{2}}H\sqrt{a}\left(\frac{c}{a}\right)^{-\frac{3}{2}},\quad c/a>5$$

Niihara 公式：

$$K_{IC}=\frac{0.129}{3}(c/a)^{-\frac{3}{2}}H\sqrt{a}\,(H/3E)^{-0.4},\quad c/a>2.5$$

Anstis 公式：

$$K_{IC}=0.016\left(\frac{E}{H}\right)^{\frac{1}{2}}PC^{-\frac{3}{2}},\quad c/a<2.5$$

Laugier 公式：

$$K_{IC}=0.015\left(\frac{l}{a}\right)^{-\frac{1}{2}}\left(\frac{E}{H}\right)^{\frac{2}{3}}PC^{-\frac{3}{2}},\quad l/a<2.5$$

上述公式中，$H$ 为被测材料硬度；$E$ 为材料弹性模量；$P$ 为压痕载荷；$l$ 为压痕裂纹长度；$a$ 为压痕对角线半长；$c=l+a$。

压痕法的主要优点是：(a)对试样尺寸和数量要求不高，便于制备，可用小尺寸样品测试断裂韧性；(b)试样加工简单，仅需对表面精密抛光；(c)不需预制裂纹，测试速度快；(d)不需要特殊的装置和夹具，只需精度较高的维氏硬度计即可；(e)可以对一个试样的不同部分进行 $K_{IC}$ 的测试。

但是该方法也存在一些不足：(a)受材料组织均匀性影响，对某些材料，如气孔率高和组织非常不均匀的材料不适用；(b)测量值具有一定分散性；(c)采用不同计算公式差别较大。所以，应尽量增加测试点数，以提高结果准确性。

值得注意的是，采用压痕法和单边切口梁法测试同一种陶瓷材料的断裂韧性，结果有一定差异，不会完全一致，通常情况下压痕法测得的断裂韧性值小于单边切口梁法。

(3) 飞秒激光预制 V 形切口法

鉴于传统的 V 形切口制备困难，且切口尖端半径过大，近几年又发展了飞秒激光预制 V 形切口测试陶瓷断裂韧性的方法。姚平根等人的研究表明，采用飞秒激光在 Y-$ZrO_2$ 等结构陶瓷试样上可预制超尖 V 形切口($\rho<0.5\mu m$)，具有快速(30s)、重复性好、切口两端一致性等特点，为可靠评价陶瓷断裂韧性提供了一种新方法。表 7-15 给出了 3Y-TZP、2.5Y-TZP、2Y-TZP 陶瓷分别采用单边切口梁法(SENB 法)和飞秒激光 V 形切口法(SEVNB 法)

得到的断裂韧性及相应的相变体积。

**表 7-15　单边切口梁法和飞秒激光 V 形切口法的对比**

| 无压烧结 | 断裂韧性/($MPa \cdot m^{1/2}$) | | 断口表面的 m-$ZrO_2$ 体积百分比 | |
|---|---|---|---|---|
| | SENB 法 | SEVNB 法<br>($\rho \approx 0.25\mu m$) | SENB 法 | SEVNB 法 |
| 3Y-TZP | 8.6±0.5 | 4.5±0.1 | 13 | 10 |
| 2.5Y-TZP | 10.9±0.6 | 5.3±0.1 | 30 | 22 |
| 2Y-TZP | 13.3±0.5 | 6.4±0.1 | 36 | 27 |

# 7.7　手机陶瓷背板抗摔性测试方法

## 7.7.1　落球测试与跌落测试

跌落测试，包括钢球冲击测试和整机跌落测试。落球测试基本都是 130g 标准的钢球，由 30cm 的高度跌落，冲击手机陶瓷背板不同地方，通常有 9 个着落点。而跌落测试则是将手机放置于一定的高度，通过跌角、跌楞、跌面的方式进行自由落体测试，地面为钢板或水泥地板，测试的标准差别比较大，一般来说 1.5m 高度是比较高的标准。手机背板落球冲击试验机和落球冲击位置如图 7-22 所示。

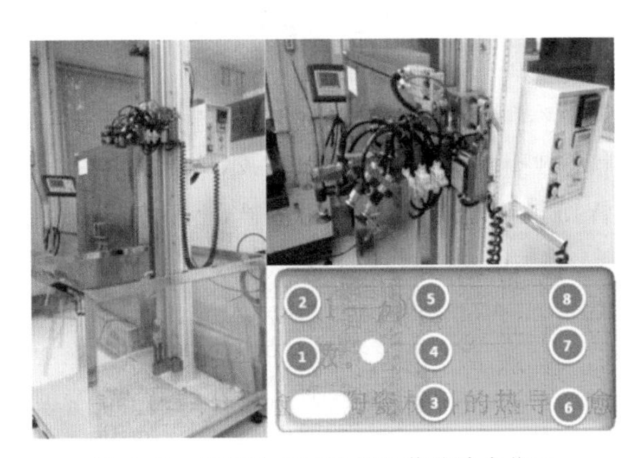


图 7-22　落球冲击试验机和落球冲击位置

我们经常会看到国外一些测评视频，在马路上把两部手机同时扔下去做跌落对比测试，这样的测试方法有过多的客观因素，比如路面的突起不同，手持机器的角度差异，都会直接影响测试结果。因此正规的跌落测试对环境有明确的规定，例如需专用设备，指定地面材质，跌落面和跌落次数等等，依照标准操作的测试才更具有参考意义，而足够数量的测试样本才能出具最终报告。

目前，国外手机上市前是强制要求跌落测试报告的，标准要求跌落高度 1m，国内标准针对大屏幕 PDA 产品(即掌上电脑)的跌落测试高度是 0.6～0.8m，低于国外标准。

早期的诺基亚公司和摩托罗拉公司都制定了更为严格的企业跌落测试标准，但随着大屏幕智能手机的普及，根据屏幕大小和机身材质差异，厂商的跌落标准也会随之变化。目前了解到苹果的跌落测试最为严格,如 iPhone 5C 手机的测试高度可达 1.8m,三星 S5 手机的测试高度为 1.2m,而国内厂商的 5 寸屏幕手机一般测试高度定为 0.8m 以上即可。除了高度差异之外,还有跌落面差异,国内一般测试 6 个面,国外通常要求测试含 4 个角在内的 10 个面。

### 7.7.2 整机跌落测试

(1) 1.0m 跌落试验：手机处于开机状态,以 1.0m 高度将直板手机 6 面(翻滑盖手机 8 面；增加开启翻滑盖时的主按键面和电池面)跌落于厚度为 10mm 跌落试验机铁板上,跌落顺序依次为：底面—左面—右面—后面—前面—顶面—(电池面—主按键面)。

判定标准：(a)外观要求：不允许手机表面存在任何程度的爆裂和变形,但允许一定程度的磨损;(b)功能要求：不允许手机功能存在任何失效,并要求手机在跌落时不允许出现掉电、电池脱落现象;(c)电性能测试要求：不允许手机 RF 指标(标准测试项目)出现超标;(d)拆机检查要求：不允许手机内部元器件存在松脱或损坏,以及虚焊现象,焊点不允许出现裂纹。

(2) 1.5m 跌落试验：手机处于开机状态,以 1.5m 高度将直板手机 6 面进行测试。

判定标准同于 1.0m 试验。上述 1.0m 和 1.5m 跌落,原则上是并行进行测试,试验样品数量各持一半。图 7-23 为整机跌落不同测试部位。

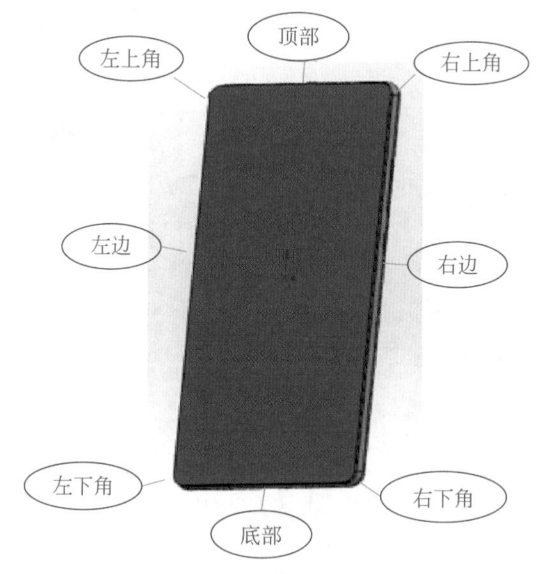


图 7-23 整机跌落不同测试部位

(3) 微跌落试验

手机处于开机状态,位于 7cm 高度,自由跌落在厚度为 20mm 的木制桌面上。跌落次数为 10000 次,跌落面为前面和后面(各一台手机),每面各跌落 10000 次。

判定标准：手机在跌落过程中,表面不允许出现磨损、壳离、壳裂及变形,显示不允许出现异常;不允许掉电及电池脱落,试验后各项功能不允许失效。

测试主要用来模拟产品在搬运期间可能受到的自由跌落,考察产品抵抗意外冲击的能力。通常跌落高度大都根据产品质量以及可能掉落几率作为参考标准,跌落的表面应该是混凝土或钢制的平滑、坚硬的刚性表面(如有特殊要求应以产品规格或客户测试规范来决定)。

对于不同国际规范即使产品在相同质量下但掉落高度也不相同,对于手持型产品(如手机,MP3 等)大多数掉落高度介于 1.0~1.5m,IEC(国际电工委员会)对于≤2kg 之手持型产品建议满足 1.0m 之掉落高度不损坏,MIL(美国军用标准)则建议掉落高度为 1.20m,Intel 对手持型产品(如手机)则建议落下高度为 1.5m。试验的严苛程度取决于跌落高度、跌落次数、跌落方向。裸机跌落测试参考测试标准:GB/T 2423.8,ISTA,IEC 60068-2-32,GB-T4857.5 等。

### 7.7.3 滚筒抛落测试

滚筒测试见图 7-24,是将智能手机等产品置于 75cm 或 100cm 深的筒体内让整机轮回摔砸 100 次。具体测试参数如下:(1)由电机实现滚筒定速旋转(5r/min);(2)跌落高度 50/100/150cm,三工位同时工作;(3)滚筒结构保证手机随机跌落,避免非标准的摩擦及碰撞运动。

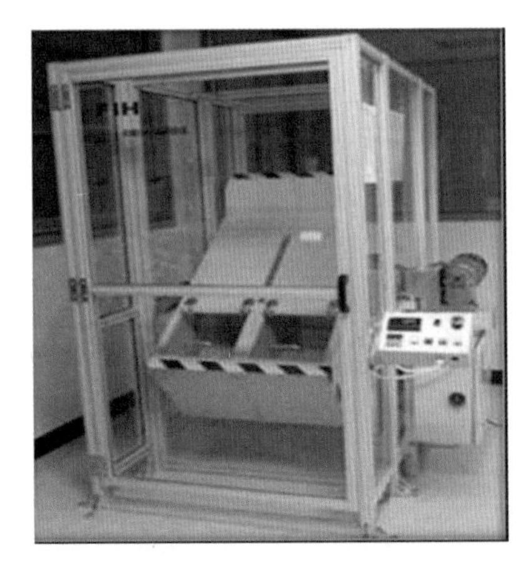

图 7-24 整机滚筒抛落测试

## 7.8 陶瓷的介电性能测试

陶瓷材料在许多领域的应用对介电性能要求很高,如在真空电子器件中不但要求陶瓷绝缘,还要求较小的介电常数和介电损耗,此外还要求高的介电强度(也称击穿场强,耐电压强度)。对于优异的绝缘陶瓷,其电学性能包括:(a)体积电阻率 $\rho \geq 10^{12}\Omega \cdot cm$;(b)相对介电常数 $\varepsilon_r \leq 30$;(c)介电损耗 $\tan\delta \leq 0.001$;(d)介电强度 DS≥5.0kV/mm。同样,在消费电子产品中作为智能终端的陶瓷外观件或指纹识别片,陶瓷材料的介电常数等性能也至关重要。几种常见结构陶瓷材料的介电性能见表 7-16。

**表 7-16 几种陶瓷材料的介电性能**

| 材料 | $\tan\delta$(1MHz,室温) | $\varepsilon_r$(1MHz,室温) | DS/(kV/mm) |
|---|---|---|---|
| Y-TZP | 0.0001 | 29 | 9.0 |
| Mg-PSZ | 0.0001 | 28 | 9.4 |
| ZTA 10% | 0.0005 | 10.6 | 9.0 |
| 90$Al_2O_3$ 瓷 | 0.0004 | 8.8 | 8.3 |
| 96$Al_2O_3$ 瓷 | 0.0002 | 9 | 8.3 |
| 99.5$Al_2O_3$ 瓷 | <0.0001 | 9.7 | 8.7 |
| 莫来石瓷 | 0.004~0.005 | 6.2~6.8 | 7.8 |
| AlN(HIP) | <0.001 | 9.0 | 17 |
| BN 瓷 | 0.001 | 4.2 | 35.6~55.4 |
| $Si_3N_4$ 瓷 | 0.0001 | 6.1 | 15.8~19.8 |
| 石英玻璃 | 0.0003 | 4~6 | 15~25 |

### 7.8.1 陶瓷的介电常数与介电损耗

(1) 介电常数

介电常数 $\varepsilon$ 是衡量电介质材料在电场作用下的极化行为的指标。极化有不同类型，可分电子极化、离子极化、偶极子取向极化，但陶瓷材料中最重要的是离子极化，即在电场作用下离子偏离它的平衡位置。介电常数 $\varepsilon$ 是随材料温度变化的，当温度升高时离子的活动能力增大，因而 $\varepsilon$ 增大。

通常，相对介电常数大于 3.6 的物质为极性物质，相对介电常数在 2.8～3.6 的物质为弱极性物质，相对介电常数小于 2.8 为非极性物质。

陶瓷材料室温下的介电常数 $\varepsilon$ 大致为 5～1 万以上，因具体陶瓷种类不同，其 $\varepsilon$ 数值有很大差异。例如瓷器的介电常数约为 6，$Al_2O_3$ 约为 10，$TiO_2$ 约为 100（室温下 1MHz 的条件下），$BaTiO_3$ 陶瓷可达到几千，而高介电常数的 $BaTiO_3$ 陶瓷可达 1 万以上。

根据陶瓷材料用途不同，对其介电常数要求也不同。对于装置瓷和电真空陶瓷要求介电常数必须很小，一般为 2～12。介电常数若偏大，则会使电子线路的分布电容较大，会影响线路的参数，导致线路的工作状态恶化。介电常数大的陶瓷材料可用来制作电容量大、体积小的电容器。

值得注意的是，常用作智能终端陶瓷外观件的 $ZrO_2$ 陶瓷的介电常数为 28～29，比蓝宝石晶体（9.5～11.5）和手机屏幕玻璃（5～11）的介电常数要大一些，但对 4G 和 5G 通信的信号影响并不大，而铝合金手机背板对 5G 频段信号具有较强的屏蔽作用。

由于氧化锆陶瓷比蓝宝石和玻璃具有更高的介电常数，可以让指纹识别片的工作更灵敏，而且成本显著低于蓝宝石。图 7-25 为手机采用的氧化锆材质的指纹识别片及模组。

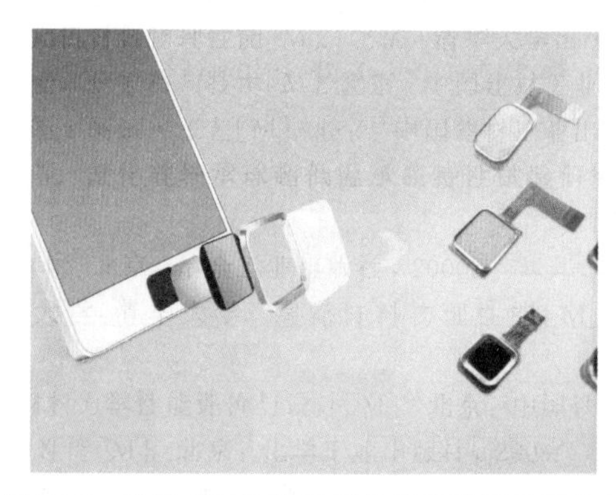

图 7-25 手机用氧化锆材质的指纹识别片及模组

(2) 介电损耗

介电损耗是陶瓷材料在交变电场作用下，由于电导和极化而产生的能量损耗。常用陶瓷介质损耗角正切 $\tan\delta$ 来衡量介电损耗大小，称介电损耗因子。介电损耗因子 $\tan\delta$ 是无量纲的物理量，可用电桥、Q 表、介电损耗仪进行测量。对于一般电介质要求损耗越小越好。

介电损耗因子 $\tan\delta$ 与电场频率和环境温度有关，在频率增高时 $\tan\delta$ 减小；室温中长石瓷、氧化铝瓷、特种滑石瓷的 $\tan\delta$ 值，在 50Hz 频率时其顺序为 0.02、0.003、0.001；在 106Hz 频率时减小到约 0.01、0.002、0.0004。温度升高后离子易于运动，会使 $\tan\delta$ 值增大，在 50Hz 时温度由 20℃升高至 100℃，材料的 $\tan\delta$ 值可能增大 5～10 倍。此外陶瓷介质材料的 $\tan\delta$ 值对湿度也很敏感，受潮后试样的 $\tan\delta$ 值急剧增大。

常用的高强度高韧性的 2%～3%（摩尔分数）$Y_2O_3$-$ZrO_2$ 陶瓷的 $\tan\delta$ 值一般在 0.0001，完全可以满足智能终端材料的要求。

## 7.8.2　介电常数与介电损耗的测试

在实际应用中，陶瓷材料的介电常数和介电损耗是非常重要的参数。例如，制造电容器的材料要求介电常数尽量大，而介电损耗尽量小。相反地，制造仪表绝缘器件的材料则要求介电常数和介电损耗都尽量小。而在某些特殊情况下，则要求材料的介电损耗较大。所以，通过测定介电常数及介电损耗，可进一步了解影响介电损耗和介电常数的各种因素，为提高材料的性能提供依据。

通常测量材料介电常数和介电损耗的方法有两种：交流电桥法和 Q 表测量法，其中 Q 表测量法在测量时由于操作与计算比较简便而应用较多。

一般情况下，人们比较关注材料在 1MHz 以下的介电性能。在此频率范围，试样通常做成圆片状，并在两端面镀上银电极。这样，试样即可看作一平板电容器，通过测试试样的电容即可计算得到其介电性能；而 1MHz 以下电容的测试则可用阻抗分析法或电桥法。前者在试样两端施加一交流电压，测量通过试样的电流得到试样的复阻抗，并由此求出电容和介电损耗，进而计算得到介电常数。而电桥法则是将试样置于由两个臂组成的电桥的一个臂上，通过调节电桥上的电容、电感及电阻使电桥达到平衡，此时两个臂上的阻抗相同，通过已知的其他电容、电感及电阻即可计算得到试样的电容和介电损耗。阻抗分析法和电桥法均有成套的仪器可供直接使用，分别为阻抗分析仪和 LCR 仪表（L、C、R 分别为英文电感、电容、电阻的首字母）。

图 7-26 为常用的美国安捷伦公司的 Agilent 4294A 精密阻抗分析仪，该仪器覆盖了很宽的测试频率范围（40Hz～110MHz），具有 ±0.08% 的基本阻抗精度。其优异的高 Q 值/低 D 值精度使其能分析低损耗元件，其宽频率信号范围可用于在实际工作条件下评估器件。测试信号电平范围为 5mV～1V（均方根）或 200μA～20mA（均方根），直流偏置范围为 0～±40V 或 0～±100mA。先进的校准和误差补偿功能避免了样品夹具对器件测量产生

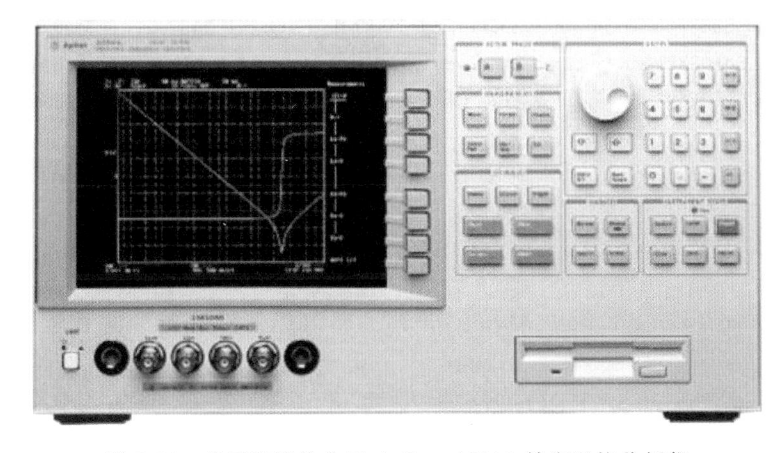

图 7-26　美国安捷伦公司 Agilent 4294A 精密阻抗分析仪

的测量误差。通过阻抗分析仪可以得到测试器件的主要参数,包括:谐振频率、反谐振频率、半功率点、最大导纳、静电容、动态电抗、动态电容、动态电感、自由电容,进一步可以计算得到自由介电常数、机械品质因素、机电耦合系数等,并可以绘制测试器件的五种特性曲线(导纳特性图、阻抗特性图、导纳极坐标图、阻抗极坐标图、对数坐标图)。该仪器的技术参数见表 7-17。

**表 7-17 Agilent 4294A 精密阻抗分析仪技术参数**

| 工作频率 | 40Hz～110MHz，分辨率 1mHz |
|---|---|
| 基本阻抗精度 | ±0.08% |
| Q 精度 | Q=100、测量频率小于 10MHz 时，±3% |
| 阻抗范围 | 3mΩ～500MΩ |
| 测量时间 | 测量频率大于 500kHz、分辨率带宽=1 时，3ms/点 |
| 每次扫描点数 | 2～801 个点 |
| 测量类型 | 四端子对测量(标准)，或者 7mm 单端口测量 |
| 阻抗参数 | IZI、IYI、θ、R、X、G、B、L、C、D、Q |
| 直流偏置 | 0～±40V/100mA，1mV/40μA 分辨率 |
| 其他功能 | 等效电路分析功能，限制线功能，迹线累加模式 |

此外,早期测试陶瓷材料介电常数、介电损耗等电性能参数也采用美国惠普公司 HP 4284A 精密 LCR 仪表,如图 7-27 所示。该仪表可提供精确的测试方法来评估元件的质量,20Hz～1MHz 宽的测频范围和优良的测试信号,使该仪表在测试元件时符合通行的测试标准,如 IEC 或 MIL 标准(国际电工委员会或美国军用标准)。该仪表主要用来测试材料的电阻,电抗,阻抗,导纳,电导,电纳,电感,电导率,介电常数,介电损耗,品质因数。基本测量精度:0.05%,阻抗范围:0.01mΩ～100MΩ。用于测试介电常数 ε 和介电损耗的陶瓷试样通常为直径大约 10mm,厚度 1～2mm 的圆片状试样,试样的两个平面镀银后即可测试。

图 7-27 美国惠普公司 HP 4284A 精密 LCR 仪表

## 7.8.3 陶瓷的介电强度及测试

当作用于陶瓷材料上的电场强度超过某一临界值时,它就丧失了绝缘性能,由介电状态转变为导电状态，这种现象称为介质击穿；击穿时的电压称为击穿电压，相应的电场强度称为介电强度，也称为击穿电场强度或抗电强度。介电强度单位为每单位厚度的介电材料受到的电压，通常 $Al_2O_3$ 瓷的介电强度为 9～15kV/mm，$ZrO_2$ 的介电强度为 11～13kV/mm。

一般陶瓷介质材料的击穿分为电击穿和热击穿，电击穿是指在电场直接作用下，陶瓷材料中载流子迅速增殖造成的击穿。该过程约在 $10^{-7}$s 完成，电击穿的介电强度较高，为 $10^3$～$10^4$kV/cm 或 $10^2$～$10^3$kV/mm。热击穿是指陶瓷材料在电场作用下由于电导和极化等介质损耗使陶瓷介质的温度升高造成热不稳定而导致的破坏，由于热击穿有一个热量积累过程，其击穿电场强度较低，为 10～$10^2$kV/cm 或 1～10kV/mm。

陶瓷材料的介电强度为 4～60kV/mm。介电强度大小与材料本身的组成、结构均匀性、内部缺陷，特别是气孔大小密切相关。当陶瓷中存在气孔时，气孔本身的击穿电场强度比陶瓷材料低得多，气孔容易首先被击穿，引起气孔中的气体电离，产生大量热量使周围的陶瓷材料温度升高，从而使击穿电场强度降低。而气孔击穿又使该局部材料的厚度相对变薄，造成整个陶瓷材料击穿，电场强度进一步降低，从而可能引起整体陶瓷介质材料发生击穿。

介电强度的测试可采用介电击穿强度试验仪（又称击穿电压试验仪或耐电压击穿强度试验仪），图 7-28 为一款国产的介电击穿强度试验仪，该介电强度测试仪主要由以下几部分构成：(a)升压部件，由调压器和高压变压器组成 0～50kV 的升压部分；(b)运动部件，由步进电机均匀调节调压器使加给高压变压器的电压变化；(c)检测部件，由集成电路组成的测量电路，通过信号线把检测的模拟信号和开关信号传给计算机；(d)计算机软件：通过智能电路把检测设备采集的测控信号传给计算机，计算机根据采集的信息控制设备运行并处理试验结果；(e)试验电极：根据国家标准随设备提供三个电极，具体规格为 $\phi$25mm×25mm 两个，$\phi$75mm×25mm 一个。

图 7-28　介电击穿强度试验仪

该试验仪采用计算机控制，通过人机对话方式，完成对绝缘介质材料的工频电压击穿和工频耐压试验，适用于对固体绝缘材料（如陶瓷、玻璃、树脂塑料等）在工频电压下击穿电压、击穿强度和耐电压的测试。表 7-18 为该介电强度试验仪的技术指标。

**表 7-18　介电强度试验仪的技术指标**

| 输入电压 | 交流 220V |
| --- | --- |
| 输出电压 | 交流 0～50kV；直流 0～50kV |
| 电器容量 | 10kV，高压分级：0～10kV，0～50kV |

续表

| | |
|---|---|
| 升压速率 | 0.1～5.0kV |
| 试验方式 | 直流试验：1、匀速升压 2、梯度升压 3、耐压试验<br>交流试验：1、匀速升压 2、梯度升压 3、耐压试验 |
| 试验介质 | 空气，试验油 |
| 试验电压连续可调 | 0～100kV |
| 击穿试样 | 试样击穿点大小可调，一般为 1～5mm |

## 7.9 陶瓷的热学性能

### 7.9.1 陶瓷的热容及测试

#### 7.9.1.1 陶瓷的热容

热容是指材料温度升高 1℃所吸收的热量，用单位 J/(mol·℃)表示。对于 1g 物质的热容又称为“比热”，单位为 J/(g·℃)。同一材料在不同温度时热容也往往不同，工程上通常所用的平均热容是指物体从温度 $T_1 \sim T_2$ 所吸收的热量的平均值：

$$C_{均} = \frac{Q}{T_2 - T_1}$$

平均热容是比较粗略的，$T_1 - T_2$ 的范围愈大，精确性愈差，而且应用时还特别要注意它的适用范围。

陶瓷材料的热容在近 1000℃以内，随温度而增加，在 1000℃以上几乎不再增加，如图 7-29 所示。此外，陶瓷材料的热容与其结构的关系不大，例如 CaO 和 $SiO_2$ 的 1∶1 混合物与 $CaSiO_3$(硅灰石)的热容-温度曲线基本重合。

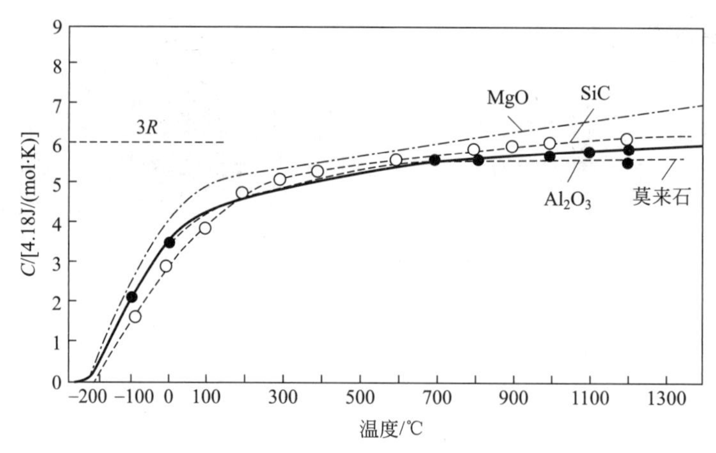


图 7-29　几种陶瓷材料的热容-温度曲线

虽然固体材料的摩尔热容不是结构敏感的，但是单位体积的热容却与气孔率有关。多孔材料因为质量轻，热容小，提高轻质隔热材料的温度所需要的热量远低于致密的陶瓷材料。

#### 7.9.1.2　陶瓷比热容测量方法

比热容的测量方法是测试比热容的实验技术,比热容分为平均比热容和微分比热容(真实比热容)。平均比热容是指单位物质在 $T_1 \sim T_2$ 温度范围内温度升高 1K 所需要的热量;微分比热容是单位物质在给定的温度 $T$ 时升高 1K 所需要的热量。作为参考,比热容的测量结果常与美国国家标准技术研究院(https://www.nist.gov)公布的参考值进行对比。下面介绍三种陶瓷材料比热容的测量方法。

(1) 绝热量热计法

绝热量热计法是将封闭在一个绝热环境中的陶瓷试样直接通电加热,记录所加电能、试样温度增加量及试样的质量而计算材料微分比热容。采用的绝热量热仪如图 7-30 所示。

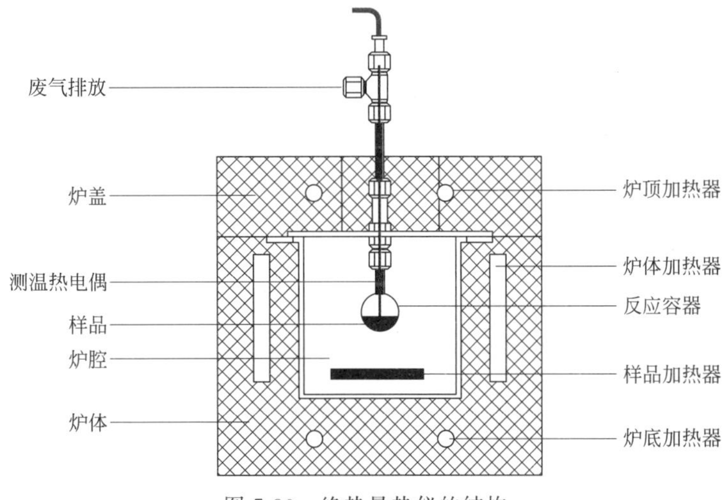


图 7-30　绝热量热仪的结构

绝热量热仪测试温度范围通常为 4.2～1900K,低温区域内误差不超过 0.5%～1.2%,超过 100K 误差增加,高温时为 2%～5%。

绝热量热仪测试具体方法包括:(a)连续加热法,在全部试验过程中对试样一直进行电加热,并控制使热屏与试样的温度始终保持一致;(b)周期加热法,在没有进行电加热时,使样品与热屏温度处于平衡状态,在限定时间内通电加热使试样有很小的升温。

测试过程中值得注意的事项:(a)准确测量比热容的关键是防止样品周围环境发生热交换,应采用系统抽空除气和样品外围安装辐射屏蔽的办法,以防止试样与环境的对流、传导和辐射交换;(b)调节并控制热屏的温度跟踪试样的温度,使两者的温度始终保持一致,保证试样与周围环境没有热交换;(c)在低温下试验可根据不同需要采用不同的恒温浴的介质,如液氦、液氢、液氨、干冰或酒精等。

(2) 激光脉冲法

激光脉冲法是以激光为光源测试比热容的闪光脉冲方法,其特点是样品小、测试速度快,测试的温区广,但准确度较低。

具体测试方法是将薄圆片状陶瓷试样处于周围环境绝热的状态,在垂直于试样的正面辐照激光脉冲,测试在一维热流作用下获得试样背面的温升曲线,由此而得到试样的最大温升。如果将一已知比热容的试样作为标准样品，将其置于激光脉冲辐照下，通过测定其最大温升就可以计算出吸收的激光能量，然后，将试样在相同条件下以激光辐照，假定试样与标准试样吸收的激光能量相同，测得试样的最大温升，相比即可获得试样的比热容。

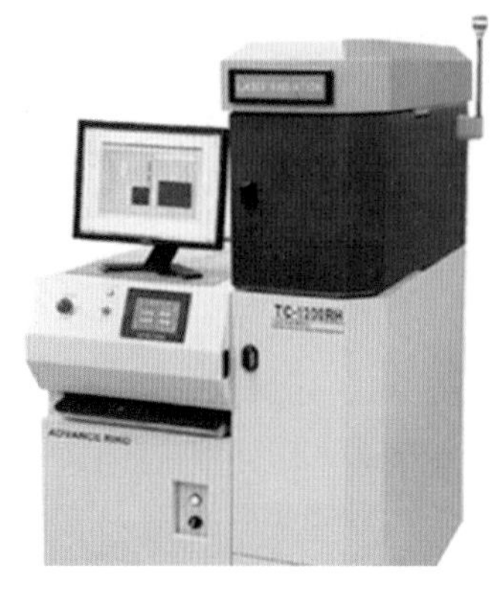

图 7-31　日本激光闪光法热常数测量系统

图 7-31 为日本 Advance Riko 公司最新推出的激光闪光法热常数测量系统，它使用红外金面炉替代传统电阻炉加热，大大缩短测量时间，可应用于热电材料的研究与开发，及其他材料的热物理性能评价。TC-1200RH 系统采用符合 JIS/ISO 标准的激光闪光法，可测定材料的比热容、热扩散系数。

该仪器设备参数主要有：(a)样品尺寸：$\phi$10mm×(1～3mm)，测量方向：厚度方向；(b)测量氛围：真空(不高于 150℃时，可在大气下测量)；(c)温度范围：室温至 1150℃(最高 1200℃)。

(3) 示差扫描量热法

示差扫描量热法(DSC)是在程序控制温度下，测量输给物质和参比物的功率差与温度关系的一种技术，是用来测量材料多种热力学和动力学参数的常用设备。它是在程序控制升温条件下，测量试样与参比试样之间的能量差随温度变化的一种分析方法。DSC 记录到的曲线称为 DSC 曲线，纵坐标可以是热流率 $dH/dt$，表示样品吸热或放热的速率，也可以是热功率；横坐标一般用温度表示。DSC 可以用来测量比热容、熔点、玻璃化转变温度、反应热、结晶速率、相转变等。用 DSC 测试比热容的手段比较多，常见的有直接法和间接法。间接法是一种比较准确且常用的测试方法，该法需要通过测试标准蓝宝石(已知比热容)在该条件下的 DSC 曲线，然后通过公式换算成待测样品的比热容。具体测试步骤如下：在一定的升温速率和气氛下，DSC 的样品室保持空白，得到一条曲线，即为基线，然后将质量为 $m_1$，比热容为 $C_1$ 的标准蓝宝石放置在样品室，测定 DSC 曲线；之后将蓝宝石取出，换成质量为 $m_2$，比热容未知的待测试样，测试 DSC 曲线；对照三条曲线，根据得到的数据代入换算公式，即可得待测样品的比热容。测试曲线如图 7-32 所示。

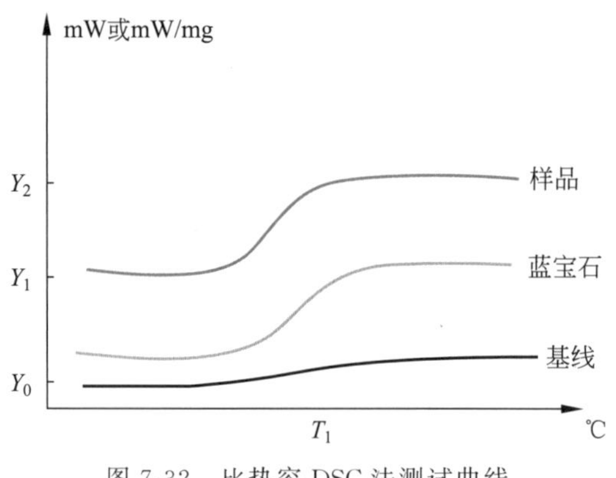


图 7-32　比热容 DSC 法测试曲线

## 7.9.2　陶瓷的热膨胀及测试

### 7.9.2.1　热膨胀系数及其影响因素

物体的体积或长度随温度的升高而增大的现象称为热膨胀，这是由于受热时物体结构内原子振动的幅度随温度升高而加大，热膨胀系数常用线膨胀系数 $\alpha$ 表示：

$$\alpha = \frac{\Delta l}{l_0 \Delta T}$$

式中，$l_0$ 为室温下的长度，$\Delta l$ 为温度增加 $\Delta T$ 时的长度变化。

热膨胀系数单位一般为 cm/(cm・℃)，往往将数据画成线膨胀系数(以%表示)随温度而变化的曲线。陶瓷材料的线膨胀系数一般都不大，其数量级为 $10^{-5}\sim10^{-6}$/℃。一些重要的陶瓷、金属和有机材料的热膨胀系数与温度的变化曲线如图 7-33 所示。

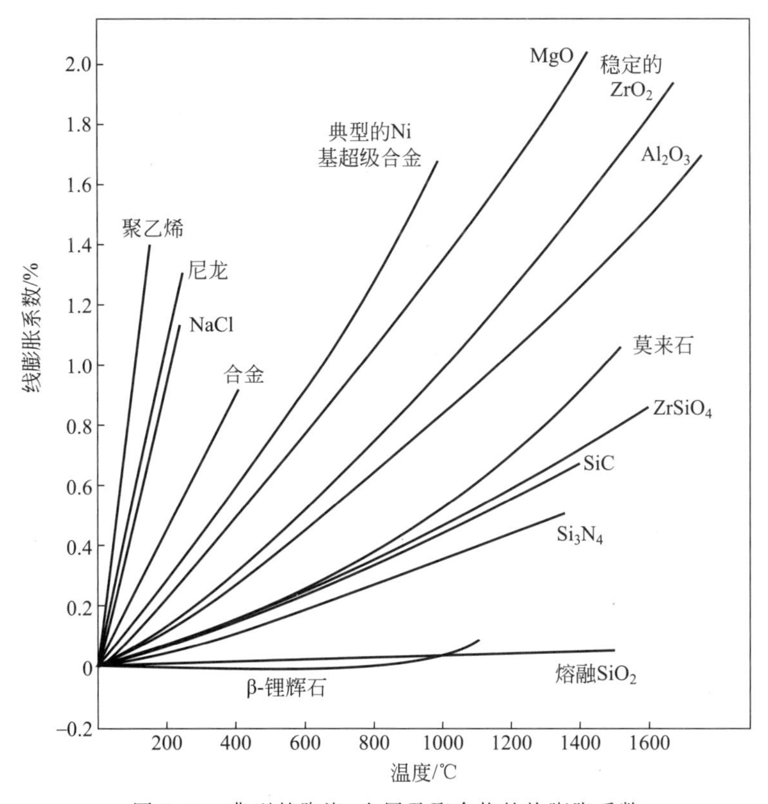


图 7-33　典型的陶瓷、金属及聚合物的热膨胀系数

热膨胀与陶瓷材料的化学键类型和晶体结构密切相关。通常共价键陶瓷具有较低的热膨胀系数，例如 SiC：$\alpha=4.0\times10^{-6}$/℃(20～500℃)；$Si_3N_4$：$\alpha=3.2\times10^{-6}$/℃(20～1000℃)；金刚石：$\alpha=1.0\times10^{-6}$/℃(20℃)；$B_4C$：$\alpha=5.0\times10^{-6}$/℃(20～500℃)。

这是由于共价键的方向性使这类陶瓷中易产生一些空隙，受热时各原子产生振动，有一些被结构内的空隙和键角的改变所吸收，从而使整个部件的膨胀小得多。而对于离子键陶瓷或金属材料，由于它们具有紧密堆积结构，受热时每个原子的振幅累积起来使得整个材料发生比较大的膨胀。例如常见的离子键陶瓷 $Al_2O_3$ 和 $ZrO_2$ 的热膨胀系数分别为 10×

$10^{-6}$/℃(200～1000℃)和 $8.6\times10^{-6}$/℃(200～1000℃)，均大于共价键陶瓷 SiC($4.0\times10^{-6}$/℃)和 $Si_3N_4$($3.2\times10^{-6}$/℃)(20～1000℃)的热膨胀系数。

对于相同组成的材料，由于结构不同，热膨胀系数也不同。通常结构紧密的晶体，热膨胀系数都较大；而类似于无定形的玻璃，则往往有较小的热膨胀系数。最明显的例子是 $SiO_2$，多晶石英的热膨胀系数为 $12\times10^{-6}$/℃，而石英玻璃则只有 $0.5\times10^{-6}$/℃。这是由于玻璃的结构较松弛，结构内部的空隙较多，所以温度升高，原子振幅加大而原子间距增加时，部分地被结构内部的空隙所容纳，整个物体宏观的热膨胀量就会小些。

对于立方晶系的单晶体和多晶陶瓷，其热膨胀系数在各个方向上均是相同的。而对于非等轴晶系的晶体，各晶轴方向的热膨胀系数是不同的，最显著的是层状结构的陶瓷材料。例如石墨在层内是很强的共价键结合，而在层与层之间都是弱的范德华力键合，因此垂直于 $c$ 轴的层内热膨胀系数很小，仅为 $1\times10^{-6}$/℃；而平行于 $c$ 轴方向的热膨胀系数很大，达到 $27\times10^{-6}$/℃。此外，钛酸铝和方解石虽不像石墨那样是层状结构，而是在不同的结晶学方向的结合键和原子堆积差别很大的结构，因而具有各向异性热膨胀系数。表 7-19 列出一些具有各向异性非等轴晶体的热膨胀系数。

**表 7-19　各向异性非等轴晶体的热膨胀系数**

| 材料 | 热膨胀系数/($10^{-6}$/℃) | |
|---|---|---|
| | 垂直于 $c$ 轴 | 平行于 $c$ 轴 |
| 石墨 | 1 | 27 |
| $Al_2TiO_5$(钛酸铝) | −2.6 | 11.5 |
| $CaCO_3$(方解石) | −6 | 25 |
| $Al_2O_3$ | 8.3 | 9.0 |
| $3Al_2O_3\cdot2SiO_2$(莫来石) | 4.5 | 5.7 |
| $TiO_2$ | 6.8 | 8.3 |
| $ZrSiO_4$ | 3.7 | 6.2 |
| $SiO_2$(石英) | 14 | 9 |
| $LiAlSi_2O_6$(β-锂辉石) | 6.5 | −2.0 |
| $LiAlSi_2O_4$(锂霞石) | 8.2 | −17.6 |
| 6H-SiC(0～423℃) | 4.2 | 4.68 |
| β-$Si_3N_4$ | 3.23 | 3.72 |
| t-$ZrO_2$ | 8～10 | 10.5～13 |

### 7.9.2.2　热膨胀系数测试方法

在所有方法中，测量不确定度最高的是干涉法，它主要用于高精度测量。应用最广泛的是顶杆法，尤其是德国耐驰公司制造的推杆膨胀仪被许多生产单位应用。

(1) 推杆膨胀法

推杆膨胀法通过仪器感应温度与厚度变化的关系，进而确定样品的热膨胀系数。该法适用温度范围宽：−260～2800℃，是目前陶瓷材料热膨胀系数测试应用较多的一种方法。

推杆膨胀法的基本原理与方法如下：推杆能够平整地接触试样，使样品的其中一个面与支架接触，另一个面与推杆接触，推杆连接着传感器，通过传感器去感应并记录推杆的位置变化情况，即可得出样品厚度的变化量。把样品厚度的变化量与室温时样品的厚度相比，得到样品厚度的相对变化量，把测得的不同温度下样品厚度的相对变化量与温度作图，即可得出样品的相对厚度随温度的变化曲线，曲线的斜率表示的是不同温度下样品的热膨胀系数。由于样品支架和推杆也会使测量产生一定的误差，为了提高热膨胀系数测定的准确性，需要多次重复测量样品的热膨胀系数，进而得到较为稳定的相对长度变化曲线。需要注意的一点是，测试样品之前要先测试一个标准样，作为待测样品的标准参照，图 7-34 表示德国耐驰公司出品的采用推杆膨胀法的热膨胀系数测试仪。

（2）光学杠杆法

光学杠杆法是试样的膨胀量通过传递杆推动一个带三脚架的小镜转动，进而转换成光点位移量的测试方法。该方法适合各种刚性固体材料，包括陶瓷等非金属和金属材料，但测试温度范围通常在 1000℃以下。光学杠杆法包括普通光学杠杆膨胀仪和示差光学杠杆膨胀仪；普通光学杠杆膨胀仪一般由膨胀计、记录仪、炉子、标准试样及光源等组成，图 7-35 为普通光学杠杆膨胀仪的测量原理。

图 7-34　德国耐驰公司热膨胀系数测试仪

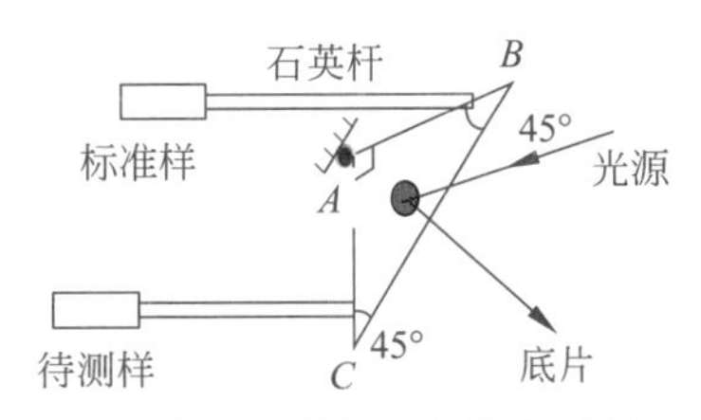


图 7-35　普通光学杠杆膨胀仪测量原理

示差光学杠杆膨胀仪所测量的膨胀量是标准试样与试样膨胀量之差。与普通光学膨胀仪相比，示差光学膨胀仪的主要测量机构是一个具有 30°的直角三角形。示差光学膨胀仪可测量更小的膨胀量，采用更高的放大倍数，极大地提高测量的灵敏度和精度。示差光学膨胀仪通常用于研究材料的相变特性，不适用于材料热膨胀系数的测定。

高灵敏度光学杠杆膨胀仪适用于在低温范围内的高精度测量，其特点不仅仅在灵敏度高，而且在光学杠杆系统的外面有一个方便调节结构。

示差法的优点是便于展示在相变过程中试样膨胀量的变化，可从膨胀量的变化确定材料的相变点，因此多用于测量有相变的材料。由于抵消了石英的膨胀，测量的准确度较高，而且在试样出现相变时更灵敏，还可用于测量相变点和相转变的速率。

（3）电感法

电感法是将位移量的变化转换为电感量的变化来测量热膨胀量的方法，图 7-36 为电感式膨胀仪测试原理，通常有差动变压器法及可变变压器法。

差动变压器法是用差动变压器传递变化并测量热膨胀的方法，该测试仪由一个初级线

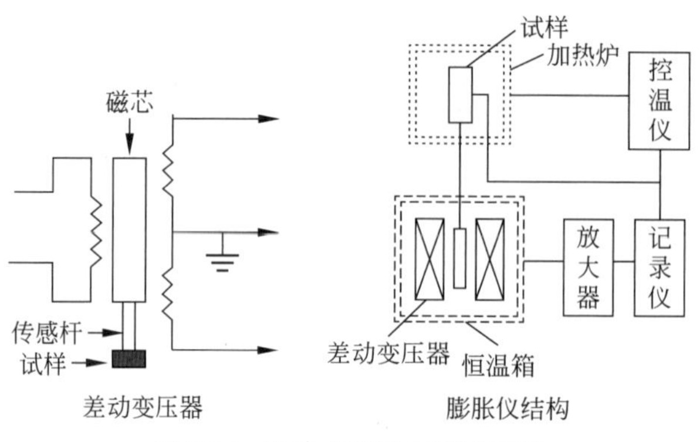


图 7-36 电感式膨胀仪测试原理

圈、两个绕制方向相反的并相串联的次级线圈和一个铁芯组成，试样通过传递杆与铁芯相连接，置于线圈的中心。试样膨胀或收缩时，铁芯相对于线圈移动，使初级和次级线圈之间的互感发生变化，因而输出电压发生变化，较小的位移量和电感量呈直线关系变化，因而膨胀或收缩大小与电压呈线性关系变化。

差动变压器膨胀仪可获得较高的精度（$\pm 1\mu m$），易于实现自动测量，测量的温度范围很宽。该方法的缺点是易受到电场和磁场的干扰，精密测量时需采取屏蔽措施。

可变变压器法测量热膨胀系数的原理和差动变压器法相似，不同之处是可变变压器是一个空心变压器，其初级线圈沿轴线方向具有陡峭的磁场梯度。

## 7.9.3 陶瓷的热导率及测试

### 7.9.3.1 陶瓷材料的热导率

热导率（常用 $\lambda$ 表示）的物理意义是指单位温度梯度下，单位时间内通过单位垂直面积的热量，它的单位为 W(/m·k)。

依据热导率高低，陶瓷材料大致可分三类：(1)高热导率陶瓷，如 BeO，AlN，SiC；(2)低热导率陶瓷，如 $UO_2$，$ThO_2$；(3)中等热导率陶瓷，如 MgO，$Al_2O_3$，$TiO_2$ 等。一些材料的导热率见表 7-20，部分陶瓷和耐火材料的热导率及随温度的变化如图 7-37 所示。

**表 7-20 结构陶瓷在不同温度下的热导率** W/(m·K)

| 材料 | 25℃ | 100℃ | 500℃ | 1000℃ | 1500℃ | 备注 |
|---|---|---|---|---|---|---|
| $Al_2O_3$(>99.5%) | 33 | 29 | 12 | 9 | 7 | |
| $Al_2O_3$(99.5%) | 23 | 13 | 9 | 6 | 5 | |
| $Al_2O_3$(90%) | 17 | 12 | 7 | 5 | 4 | |
| $ThO_2$ | 8～10 | 6～8 | 3～5 | 2～3 | | |
| BeO(>99.5%) | 300 | 220 | 70 | 18 | 14 | |
| MgO(致密) | 40～60 | 36～48 | 13～16 | 6～8 | 6～8 | |
| $ZrO_2$(稳定化) | 1.7～2.0 | 1.7～2.0 | 1.7～2.0 | 1.7～2.2 | 1.8～3.5 | |
| $ZrO_2$(部分稳定) | 1.3 | 1.3 | 1.4 | 1.5 | | |

续表

| 材料 | 25℃ | 100℃ | 500℃ | 1000℃ | 1500℃ | 备注 |
| --- | --- | --- | --- | --- | --- | --- |
| BN(热压烧结) | 20 | 17 | 14 | 13 | | 平行热压方向 |
| | 33 | 31 | 30 | 27 | 12 | 垂直热压方向 |
| $Si_3N_4$(反应烧结) | 14 | 13 | 12 | 11 | 10 | |
| 热压 $Si_3N_4$ (5% MgO) | 37～40 | 30 | 28 | 18 | 15 | |
| 高导热 $Si_3N_4$ | 80～100 | 80 | 80 | 70 | 50 | |
| $B_4C$ | 27 | 21 | 15 | 14 | 13 | |
| SiC(热压) | 90～110 | 70～90 | 55～65 | 35～45 | 30～40 | +2% $Al_2O_3$ |
| SiC 常压烧结致密 | 90～110 | 70～90 | 55～65 | 35～45 | 30～40 | |
| 非致密 SiC | 35～50 | 30～40 | 18～25 | 15～20 | 10～15 | |
| $UO_2$ | 8～10 | 6～8 | 4～5 | 2～3 | ～2 | |

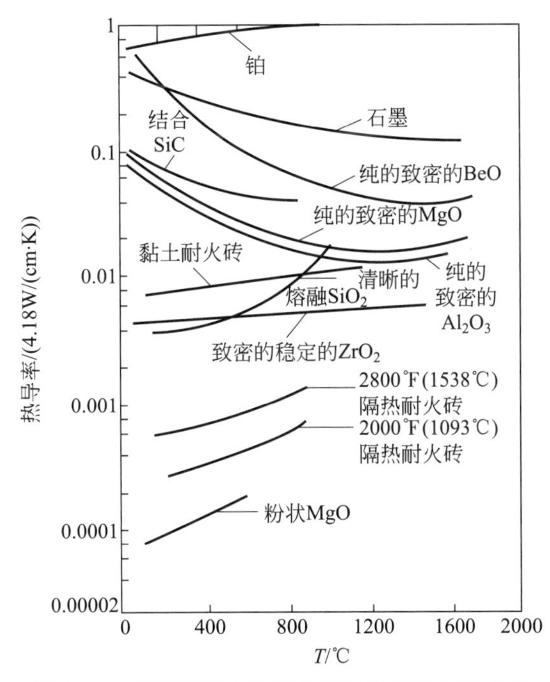


图 7-37　陶瓷和耐火材料的热导率随温度的变化

#### 7.9.3.2　导热机理及影响因素

(1) 材料导热机理

热量传递是由材料所含的热能、材料中载流子的性质和耗散的热量所决定。材料含的热能是体积热容的函数，载流子是电子或声子，耗散的热量是散射效应的函数，可看作格波(有时叫做平均自由行程)的衰减距离。

热导率 $\lambda$ 与热容 $c$、载流子的数目和速度 $v$，平均自由行程 $l$ 呈比例关系：

$$\lambda \propto cvl$$

增加热容、载流子的数目和载流子的速度，并增大平均自由行程(即减少衰减或散射)，会使热导率增加。

金属材料的载流子是电子，形成金属键的电子可比较自由地移动，因此载流子数量大且具有大的平均自由行程，从而使纯金属材料具有高热导率。但对于合金，合金化可减小平均自由行程，其热导率会降低。

大多数有机材料由于大分子和缺少结晶性而具有低的热导率。如橡胶、聚苯乙烯、聚乙烯、尼龙、聚甲基丙烯酸甲酯、特氟隆以及其他市场上常见的有机材料，室温下的热导率在0.0008～0.0033W/(cm·℃)，聚合物的热导率可通过添加导热的填料如金属或石墨来提高。

陶瓷导热的主要载流子是声子，声子可简单地看作量子化晶格振动，即热量是依靠晶格振动来传递的。当把振动的传播看成是声子的运动以后，就可把振动与物质的相互作用理解为声子和物质的碰撞，把振动在晶体中传播达到的散射，看作是声子同晶体中质点的碰撞。通常散射干扰越小，结构陶瓷的热导率越高。

(2) 陶瓷热导率的影响因素

① 晶体结构的影响

晶体结构愈简单，晶格振动散射愈小，因此平均自由程较大，热导率就高。例如金刚石和石墨是单个元素构成的简单结构的陶瓷，其热导率较高。金刚石在室温下的热导率为900W/(m·K)，它比铜的热导率大两倍多；石墨是层状结构，因而是各向异性的，在每层内的键合是牢固而呈周期性的，不会导致热激发晶格振动的严重散射，因此，层内方向具有高热导率(840W/(m·K))；而层与层之间的键合只靠范德华键，因而晶格振动很快衰减，导致在这个方向的热导率低得多(250W/(m·K))。

陶瓷多晶体的热导率总是比单晶小，这是由于多晶体中晶粒尺寸小、晶界多、缺陷多、晶界处杂质也多，声子更易受到散射，所以热导率就小。特别是随着温度升高，多晶陶瓷与单晶材料热导率差异更明显。

通常玻璃的热导率较小，而随着温度升高，热导率将增大。这是因为玻璃仅存在近程有序性，其声子平均自由程小，这也就导致石英玻璃的热导率可以比石英晶体低三个数量级。

② 化学组成的影响

不同化学组成的晶体，热导率往往有很大的差异。一般说来，质点的相对原子量愈小，晶体的密度愈小，杨氏模量愈大，则热导率愈大。对于氧化物和碳化物陶瓷(如BeO，MgO，$Al_2O_3$，CaO，$TiO_2$，NiO，$UO_2$，$ThO_2$，$B_4C$，SiC，TiC等)，凡是阳离子的相对原子量较小的，即与氧及碳的相对原子量相近的氧化物和碳化物，其热导率比阳离子相对原子量较大的要大些。因此在氧化物陶瓷中BeO具有最大的热导率，在碳化物陶瓷中SiC和$B_4C$的热导率较高。在诸如$UO_2$和$ThO_2$等材料中，阴离子和阳离子的尺寸和相对原子量均相差很大，因而晶格散射大，热导率就低，$UO_2$和$ThO_2$的热导率只有BeO和SiC的1/10。

固溶体可降低热导率，这是因为当原子发生置换形成固溶体时，尽管不改变晶体结构，但离子尺寸和电子分布的微小差别也会导致晶格有相当大的畸变而增加晶格振动的散射，从而使热导率下降。如MgO和NiO以任何比例形成的固溶体热导率均低于MgO或NiO。又如莫来石($Al_6Si_2O_{18}$)比镁铝尖晶石($MgAl_2O_4$)的热导率低得多，而$MgAl_2O_4$的

热导率又比 $Al_2O_3$ 或 MgO 低一些。

③ 温度的影响

温度对陶瓷材料的热导率有很大的影响，通常随温度升高，大多数陶瓷的热导率下降，但到一定温度时，热导率趋于恒定或开始增大。这可从 $\lambda \propto cvl$ 进行分析，热容 $c$ 起初是增加的，但接近常数；平均自由程 $l$ 与温度成反比（在相当宽的温度范围），但在高温时 $l$ 值趋于恒定（如 $TiO_2$ 和莫来石）；但有些陶瓷达到一定高温时 $l$ 值增大（如 $Al_2O_3$、MgO 在 1300℃以上，$l$ 值开始增大），这是由于光子传导的效应，导致热导率又开始增大。

对于玻璃，热容是主要影响因素，热导率一般随温度升高而增大，图 7-38 列出熔融二氧化硅等玻璃热导率与温度的关系。

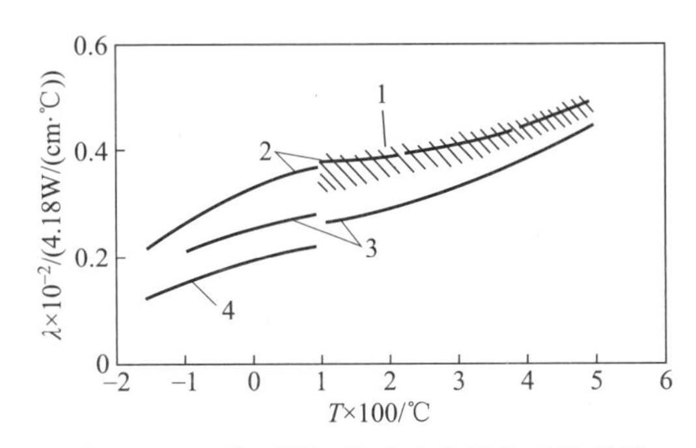


图 7-38　几种不同组分玻璃的导热系数曲线

1—钠玻璃；2—熔融 $SiO_2$；3—耐热玻璃；4—铅玻璃

④ 气孔的影响

通常陶瓷材料含有一定量的气孔，气孔对热导率的影响是较复杂的。一般在温度不是很高，而且气孔率也不大，气孔尺寸很小，又均匀地分散在陶瓷基体中时，这样的气孔就可看作为分散相。因为气孔的热导率很小，与固相热导率相比，可近似看作为零，因此可用下式表示热导率与气孔体积分数关系：

$$\lambda = \lambda_s(1 - p)$$

式中，$\lambda_s$ 为固相的热导率；$p$ 为气孔的体积分数。

由此可知，一般情况下气孔体积分数愈高，陶瓷材料的热导率愈低，气孔率大的陶瓷保温材料往往具有很低的热导率。

对于陶瓷粉末和纤维材料，其热导率比烧结状态时又低得多，这是因为在其间气孔已形成了连续相，因此材料的热导率就在很大程度上受气孔相的热导率所影响，这也是通常粉末和纤维类材料能有良好的隔热性能的原因。

### 7.9.3.3　陶瓷热导率的测试方法

热导率（导热系数）测量方法的选择要从材料的热导率范围、材料可能做成的试样形状、测量结果所需的准确度和测量周期等方面综合考虑。在过去的几十年里，已经发展了大量的导热系数测试方法与测量系统。然而，没有任何一种方法能够适合于所有的应用领域，反之对于特定的材料和应用场合，并非所有方法都能适用。要得到准确的测量值，必须基于陶瓷材料的导热系数范围与样品特征，选择正确的测试方法。

热导率测量方法可分为稳态法和非稳态法两大类。稳态的含义是指试样内的温度场不随时间而变化,反之即为非稳态。用稳态法测量热导率时,需要测出试样单位面积上的热流密度和在试样上产生的温度梯度;而非稳态法多数是测量试样内温度场的变化进而测得扩散率,再按照公式 $\lambda = ac_p\rho$ 来计算热导率。

一般来说,稳态法热导率测量的准确度较高,仪器装置相对简单,但被测试样大,适用面有限。而非稳态法(也称动态法)测量周期短、试样小,更加便捷,其中以激光闪射法导热仪的应用最广泛。下面对热导率(导热系数)测量的几种方法分别进行论述。

稳态法测量热导率有多种方法,主要包括热流法导热仪、保护热流法导热仪、保护热板法导热仪等,该类仪器主要应用于低导热率陶瓷材料(热导率通常小于 W/(m·K))的测试。

(1) 热流法导热仪

热流法导热仪是一种稳态法测试技术。该方法是将厚度一定的方形样品(例如长宽各 30cm,厚 10cm)插入两个平板间,设置一定的温度梯度;使用校正过的热流传感器测量通过样品的热流;依据样品厚度、温度梯度与通过样品的热流便可计算导热系数。图 7-39 为德国耐驰公司的热流法导热仪,比较适用于隔热材料导热系数的测定。测量温度为 −20～100℃(取决于不同的仪器型号)。这种仪器能测量导热系数在 0.005～0.5W/(m·K)之间的材料,通常用于确定玻璃纤维绝热体或绝热板的导热系数与 $k$ 因子。该仪器的优点是易于操作,测量结果精确,测量速度快(仅为同类产品的 1/4),但是测量温度与热导率范围非常有限。

图 7-39 德国耐驰公司的热流法导热仪

(2) 保护热流法导热仪

对于较大的、需要较高量程的样品,可以使用保护热流法导热仪。其测量原理几乎与普通的热流法导热仪相同;不同之处是测量单元被保护加热器所包围,因此测量温度范围和导热系数范围更宽。

下面介绍动态测量法,这类方法是近几十年开发的导热系数测量方法,可应用于中、高导热系数材料的测试,也可在高温度条件下进行测量。动态法的特点是精确性高、测量温度范围宽(最高能达到 2000℃)、样品制备相对简单。

(1) 激光闪射法

激光闪射法可直接测量材料的热扩散性能,在已知样品比热与密度的情况下,便可以得到样品的导热系数。激光闪射法的特点是热导率测量范围宽(0.1～2000W/(m·K)),测量温度范围大(－110～2000℃),并适用于各种形态的样品(固体、液体、粉末、薄膜等)。此外,激光闪射法还能够直接测量样品的比热,但推荐使用差示扫描量热仪,该方法的比热测量精确度更高。

应用激光闪射法测量时,样品在炉体中被加热到所需的测试温度,随后,由激光器产生的一束短促激光脉冲对样品的前表面进行加热,热量在样品中扩散,使样品背部的温度上升,用红外探测器测量温度随时间上升的关系。不同类型的炉子可达到的最高测试温度不同,最高可达 2000℃(石墨炉体)。

图 7-40 为德国耐驰公司的激光闪射法导热仪,该仪器既能够测量液体与粉末样品,也能测量不同几何形状的固体样品。由于高效率、高精确度以及样品兼容性好,激光闪射法已经进入工业研发的许多领域:从导热系数小于 0.1W/(m·K)的隔热材料,到导热系数大到 2000W/(m·K)的金刚石材料。该仪器还能测量多层结构的材料,如对于涡轮叶片上的热保护涂层的检测。

图 7-40　德国耐驰公司的激光闪射法导热仪

该仪器具有以下特点:超高的数据采集速率(最高 2MHz)与极窄的光脉冲宽度(最小 20μs 以下),允许测量薄的高导热的材料。仪器内置全自动真空系统,在测量开始之前可进行自动抽真空与气氛置换操作,保证了气氛的纯净性。仪器另有扩展的真空接口,可连接到外部真空泵。铂炉为真空密闭设计,最快升温速率可达 50K/min。仪器通过自动进样器可实现在宽广温度范围内的高效测试。自动进样器包含四个样品位,可装载直径 12.7mm 的圆形样品,或 10mm 规格的圆形或方形样品。每个样品位都拥有独立的热电偶。这一设计极大地缩小了样品与测温点之间的温度偏差。

(2) 热线法

热线法是在样品(通常为大的块状样品)中插入一根热线,测试时在热线上施加一个恒定的加热功率,使其温度上升,然后测量热线本身或与热线相隔一定距离的平板的温度随时间上升的关系。

测量热线的温升有多种方法,其中交叉线法是用焊接在热线上的热电偶直接测量热线的温升;平行线法是测量与热线隔着一定距离的一定位置上的温升;热阻法是利用热线(多为铂丝)电阻与温度之间的关系测量热线本身的温升。一般来说,交叉线法适用于导热系数低于 2W/(m·K)的样品,热阻法与平行线法适用于导热系数更高的材料,其测量上限分别为 15W/(m·K)与 20W/(m·K)。图 7-41 为热线法导热仪的结构原理(平行线法)。

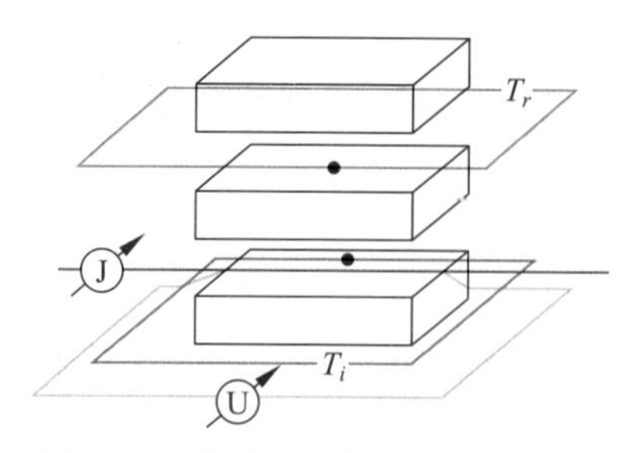


图 7-41　热线法导热仪的结构原理

上述几种热导率测试方法中,对于陶瓷材料(包括各种高导热陶瓷基板)而言,目前应用最多的还是以德国耐驰激光闪射法导热仪为代表的激光法,因为试样制备简便、测试便捷、数据重复性较好。

## 参考文献

[1] 谢志鹏. 结构陶瓷[M]. 北京:清华大学出版社,2010.
[2] 戴维 W.里彻辛. 现代陶瓷工程——性能·工艺·设计[M]. 徐秀芳,宪文,译. 北京:中国建筑工业出版社,1992.
[3] 高瑞平,李晓光,施剑林,等. 先进陶瓷物理与化学原理及技术[M]. 北京:科学出版社,2001.
[4] 龚江宏. 陶瓷材料断裂力学[M]. 北京:清华大学出版社,2001.
[5] 吴音,刘蓉翾. 新型无机非金属材料制备与性能测试表征[M].北京:清华大学出版社,2016.
[6] 关振铎,张中太,焦金生.无机材料物理性能[M]. 北京:清华大学出版社,1992.
[7] 包亦望.先进陶瓷力学性能评价方法与技术[M].北京:中国建材工业出版社,2017.
[8] 李懋强.热学陶瓷——性能·测试·工艺[M].北京:中国建材工业出版社,2013.
[9] 古乐,王黎钦,李秀娟,等. 氮化硅轴承球超低温承载特性试验研究[J]. 哈尔滨工业大学学报,2002(2):148-151.
[10] 顾立德.特种耐火材料[M]. 北京:冶金工业出版社,2000.
[11] 华南工学院,南京化工大学,清华大学. 陶瓷材料物理性能[M]. 北京:中国建筑工业出版社,1979.
[12] 金宗哲,包亦望. 脆性材料力学性能评价与设计[M]. 北京:中国铁道出版社,1996.
[13] 刘强,黄新友. 材料物理性能[M]. 北京:化学工业出版社,2009.
[14] 宁青菊,谈国强,史永胜. 无机材料物理性能[M]. 北京:化学工业出版社,2005.
[15] 清华大学材料科学与工程系. 高温陶瓷[M]. 北京:清华大学,1996.
[16] 吴其胜,蔡安兰,杨亚群. 材料物理性能[M]. 上海:华东理工大学出版社,2006.
[17] 徐政,倪宏伟. 现代功能陶瓷[M]. 北京:国防工业出版社,1998.
[18] 杨秋红. 激光透明陶瓷研究的历史与最新进展[J]. 硅酸盐学报,2009,37(3):476-484.
[19] 张灿英,朱海涛,李长江,等.彩色氧化锆陶瓷的制备[J]. 稀有金属材料与工程,2007(S1):266-268.
[20] 张培萍,吴国学,迟效国,等. 高韧性彩色氧化锆陶瓷的制备与性能[J]. 稀有金属材料与工程,2005,34(Z2):650-653.
[21] 张清纯. 陶瓷材料的力学性能[M]. 北京:科学出版社,1987.

[22] H. 萨尔满，H. 舒尔兹. 陶瓷学(上册・基本理论与重要性质)[M]. 黄照柏，译. 北京：轻工业出版社，1989.
[23] 龚江宏，赵喆，吴建军，等. 陶瓷材料 Vickers 硬度的压痕尺寸效应[J]. 硅酸盐学报，1999(6)：3-5.
[24] 运新跃，蒋丹宇，周丽玮，等. 精细陶瓷硬度测试方法实验验证[J]. 稀有金属材料与工程，2009，38(S2)：1158-1160.
[25] 林广涌，雷廷权，周玉. 陶瓷材料断裂韧性的评定方法[J]. 宇航材料工艺，1995(4)：12-19.
[26] 艾邦高分子. 手机、智能穿戴等陶瓷外壳产业链分布[EB/OL]. http://www.polytpe.com/t/105392，2016.
[27] 蓝思科技. 手机 3D 玻璃，陶瓷背板十问十答[EB/OL]. http://www.xincailiao.com/news/news_detail.aspx? id=44563，2018.
[28] 顺络拍砖. 为什么要搞氧化锆陶瓷手机背板[EB/OL]. http://www.360powder.com/info_details/index/3362.html，2017.
[29] 新材料在线. 5G 时代将来临 手机背板材料方案将走向何方？[EB/OL]. https://mp.weixin.qq.com/s?，2018.
[30] 康塔克默仪器贸易(上海)有限公司. 比表面积测试仪[EB/OL]. http://www.quantachrome.com.cn/.
[31] 岛津企业管理(中国)有限公司. 电子万能材料试验机[EB/OL]. https://www.shimadzu.com.cn/.
[32] 意大利 AFFRI 硬度测试仪器有限公司. AFFRI 洛氏硬度计和洛氏硬度块[EB/OL]. http://www.affri.com/.
[33] 美国康塔仪器公司. Pore Master Macro 压汞仪[EB/OL]. https://ibook.antpedia.com/p/30753.html.
[34] 中关村智能穿戴在线. Apple Watch 手表及其背部陶瓷[EB/OL]. http://smartwear.zol.com.cn/.
[35] 小米科技有限公司. 小米 MIX2 全陶瓷背板手机[EB/OL]. https://www.mi.com/mix2/.
[36] 日本京瓷集团.[EB/OL]. http://www.kyocera.com.cn/.
[37] 腕表之家. 日内瓦钟表展[EB/OL].. http://geneva.xbiao.com/.
[38] 百度文库. YD/T 1539—2006 移动通信手持机可靠性技术要求和测试方法(中文版)[EB/OL]. https://wenku.baidu.com/view/263ce7275901020206409c00.html.
[39] 手机跌落测试标准是什么？[EB/OL]. https://www.zhihu.com/question/25031978.
[40] EBO 手机测试标准[EB/OL]. http://www.ebosz.cn/CErenzhengzhuanqu/CErenzhengzhidao/2012/0523/2994.html.
[41] 中国移动手机跌落测试标准[EB/OL]. http://club.tgfcer.com/thread-6942862-1-1.html.
[42] 手机跌落测试可信度有多高？[EB/OL]. http://news.zol.com.cn/583/5830463.html 2016.
[43] 探索一次手机跌落测试的真相[EB/OL]. http://digi.163.com/14/0805/22/A2TS06K800162OUT.html.
[44] 小米科技有限公司. 小米 MIX3 全陶瓷背板手机[EB/OL]. http://www.sohu.com/a/270465654_163726.
[45] 华为、vivo、oppo 更重视手机陶瓷后盖？[EB/OL]. http://www.sohu.com/a/169636286_732542 2017.
[46] 材料的热学性能及试验概述[EB/OL]. http://www.ecorr.org/news/industry/2018-08-22/170053.html.
[47] 德国耐驰仪器.[EB/OL]. http://www.ngb-netzsch.com.cn/.
[48] 美国 Quantum Design 公司[EB/OL]. https://qd-china.com/zh.
[49] C. 维尔东. 获得具有金色金属外观的氧化锆基制品的方法[P]. CN1325833，2001-12-12.

[50] Etoh S, Arahori T, Mori K, et al. Machinable ceramic of blackish color used in probe guides comprises solid particles of boron nitride, zirconia and silicon nitride, sintering aid and coloring additive[P]. U. S.. 2005130829-A1.

[51] Ren F, Ishida S, Takeuchi N. Color and vanadium valency in V-doped $ZrO_2$[J]. Journal of the American Ceramic Society, 1993, 76(7).

[52] Fujisaki H, Hiroyuki F. Zirconia-containing powder for black zirconia sintered body, e. g. For ornamental articles such as watch bands, contains specified amount of cobalt-zinciron-aluminum or aluminum oxide containing pigment, aluminum oxide, and yttrium oxide [P]. Japan. 2007308338-A.

[53] Morrell. R. 1989. Handbook of Properties of Technical & Engineering Ceramics. Part 1, An Introduction for the Engineer and Designer[M]. London: HMSO Publication Centre.

[54] Nosaka M, Oike M, Kikuchi M, et al. Self-lubricating performance and durability of ball bearings for the LE-7 liquid oxygen rocket-turbopump[J]. Lubr. Eng. 1993, 49: 677-688.

[55] 雷达精密陶瓷产品手册.[EB/OL]. http://www. rado. com.

[56] David W. Modern Ceramic Engineering[M]. New York: M. Dekker, 1982.

# 第 8 章　陶瓷结构件的外观检测

## 8.1　概述

智能终端陶瓷产品在最后装配前需要经过外观质量检测，保证产品质量满足各项技术指标。通常产品外观检测涉及以下几个方面：尺寸精度检测、几何精度检测、表面粗糙度检测以及颜色检测等。尺寸精度检测的对象是产品的长、宽、高等线性尺寸；几何精度检测的对象是产品的平面度、圆度、位置度等几何公差项目，如检测手机背板上摄像头孔、耳机孔、Logo 等要素的位置是否符合要求；表面粗糙度检测可反映手机背板等产品表面的微观不平整度；颜色检测控制产品颜色的均匀一致性。对于某一具体的智能终端配件，只有同时通过以上这些方面的检测，才能进入后续的装配调试环节。

本章将分别论述以上各种检测的有关定义、检测原理和检测方法，列举智能终端陶瓷件实例进行描述，并介绍部分密切相关的检测设备，及其在手机陶瓷背板和智能穿戴陶瓷件上的检测应用。智能手机和智能穿戴用陶瓷外观件如图 8-1 所示。

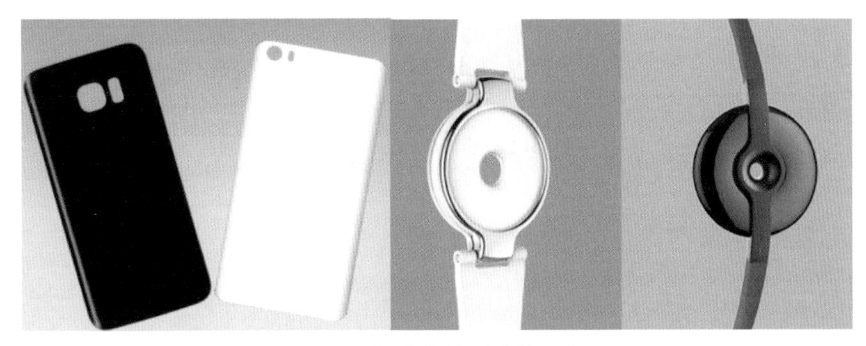

图 8-1　智能终端用陶瓷配件

## 8.2　尺寸精度的检测

### 8.2.1　有关尺寸精度的术语

尺寸是以特定单位表示产品线性长度的数值，它由数字和长度单位（如 mm）组成，用以表示长度的大小，如手机背板的长、宽、高等。

公称尺寸是指设计给定的尺寸。公称尺寸是设计者根据零部件的使用要求，通过强度、刚度等方面的计算或结构需要，并考虑工艺方面的其他要求而确定的，它一般应按标准尺寸选取，以减少定值刀具、量具和夹具的规格数量。

极限尺寸是允许尺寸变化的两个界限值，其中较大的一个称为上极限尺寸（$D_{max}$），较小的一个称为下极限尺寸（$D_{min}$）。

最大实体状态(MMC)与最大实体尺寸：工件所允许的材料量为最多时的状态称为最大实体状态。在最大实体状态下的极限尺寸称为最大实体尺寸。

最小实体状态(LMC)与最小实体尺寸(LMS)：工件所允许的材料量为最少时的状态称为最小实体状态。在最小实体状态下的极限尺寸称为最小实体尺寸。

### 8.2.2 有关偏差和公差的术语

(1) 尺寸偏差

尺寸偏差是指某一尺寸(实际(组成)要素、极限尺寸等)减其公称尺寸所得的代数差。实际(组成)要素减去其公称尺寸所得的代数差称为实际偏差;极限尺寸减去公称尺寸所得的代数差称为极限偏差;偏差可以为正、负或零值。

(2) 尺寸公差

尺寸公差是指允许尺寸的变动量。它等于上极限尺寸与下极限尺寸代数差的绝对值,也等于上下极限偏差代数差的绝对值。由于公差取绝对值,所以不存在负值,也不允许为零。

(3) 尺寸公差带图

公差带图由零线和公差带组成。由于公差或偏差的数值比公称尺寸的数值小得多,在图中不便用同一比例表示,同时为了简化,在分析有关问题时,不画出工件具体结构,只画出放大的公差区域和位置,采用这种表达方法的图形,称为公差带图,如图 8-2 所示。

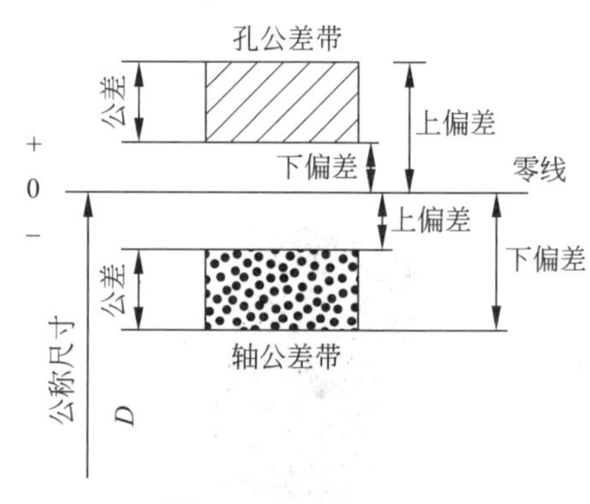


图 8-2 尺寸公差带

(a) 零线：指在公差带图中,表示公称尺寸的一条基准直线。通常零线沿水平方向绘制,零线以上为正,以下为负,即正偏差位于零线上方,负偏差位于零线下方。

(b) 公差带：在公差带图中,由代表上下极限偏差的两平行直线所限定的区域。公差带在零线垂直方向上的宽度代表公差值,在零线方向上的长度可适当选取。通常,孔公差带用斜线表示,轴公差带用网点表示。尺寸单位用毫米(mm)表示,偏差及公差单位用微米(μm)表示,单位省略不写。

(c) 公差带的两要素：在国家标准中,公差带图包括了"公差带大小"与"公差带位置"两个要素,前者由公差确定(见表 8-1),后者由基本偏差确定,基本偏差是确定公差带相对于零线位置的那个极限偏差,它可以是上极限偏差或下极限偏差,一般为靠近零线的那个极限偏差。

### 8.2.3 尺寸精度检测方法

传统上可以使用量具直接测量手机背板等产品的整体尺寸,或通过量规判断产品尺寸是否符合标准,这种方法成本较低,但是工作效率不高,过度依赖人力。在工厂大规模批量生产中,通常借助自动检测设备进行尺寸测量,例如可以使用影像仪进行手机背板、手机玻璃屏等的尺寸检测,而且在得到整体尺寸的同时还能测量许多其他参数。

**表 8-1　公称尺寸至 1600mm 的标准公差数值(摘自 GB/T 1800.1—2009)**

| 公称尺寸/mm | | 标准公差等级 | | | | | | | | | | | | | | | | | |
|---|---|---|---|---|---|---|---|---|---|---|---|---|---|---|---|---|---|---|---|
| | | IT1 | IT2 | IT3 | IT4 | IT5 | IT6 | IT7 | IT8 | IT9 | IT10 | IT11 | IT12 | IT13 | IT14 | IT15 | IT16 | IT17 | IT18 |
| 大于 | 至 | μm | | | | | | | | | | | mm | | | | | | |
| — | 3 | 0.8 | 1.2 | 2 | 3 | 4 | 6 | 10 | 14 | 25 | 40 | 60 | 0.1 | 0.14 | 0.25 | 0.4 | 0.6 | 1 | 1.4 |
| 3 | 6 | 1 | 1.5 | 2.5 | 4 | 5 | 8 | 12 | 18 | 30 | 48 | 75 | 0.12 | 0.18 | 0.3 | 0.48 | 0.75 | 1.2 | 1.8 |
| 6 | 10 | 1 | 1.5 | 2.5 | 4 | 6 | 9 | 15 | 22 | 36 | 58 | 90 | 0.15 | 0.22 | 0.36 | 0.58 | 0.9 | 1.5 | 2.2 |
| 10 | 18 | 1.2 | 2 | 3 | 5 | 8 | 11 | 18 | 27 | 43 | 70 | 110 | 0.18 | 0.27 | 0.43 | 0.7 | 1.1 | 1.8 | 2.7 |
| 18 | 30 | 1.5 | 2.5 | 4 | 6 | 9 | 13 | 21 | 33 | 52 | 84 | 130 | 0.21 | 0.33 | 0.52 | 0.84 | 1.3 | 2.1 | 3.3 |
| 30 | 50 | 1.5 | 2.5 | 4 | 7 | 11 | 16 | 25 | 39 | 62 | 100 | 160 | 0.25 | 0.39 | 0.62 | 1 | 1.6 | 2.5 | 3.9 |
| 50 | 80 | 2 | 3 | 5 | 8 | 13 | 19 | 30 | 46 | 74 | 120 | 190 | 0.3 | 0.46 | 0.74 | 1.2 | 1.9 | 3 | 4.6 |
| 80 | 120 | 2.5 | 4 | 6 | 10 | 15 | 22 | 35 | 54 | 87 | 140 | 220 | 0.35 | 0.54 | 0.87 | 1.4 | 2.2 | 3.5 | 5.4 |
| 120 | 180 | 3.5 | 5 | 8 | 12 | 18 | 25 | 40 | 63 | 100 | 160 | 250 | 0.4 | 0.63 | 1 | 1.6 | 2.5 | 4 | 6.3 |
| 180 | 250 | 4.5 | 7 | 10 | 14 | 20 | 29 | 46 | 72 | 115 | 185 | 290 | 0.46 | 0.72 | 1.15 | 1.85 | 2.9 | 4.6 | 7.2 |
| 250 | 315 | 6 | 8 | 12 | 16 | 23 | 32 | 52 | 81 | 130 | 210 | 320 | 0.52 | 0.81 | 1.3 | 2.1 | 3.2 | 5.2 | 8.1 |
| 315 | 400 | 7 | 9 | 13 | 18 | 25 | 36 | 57 | 89 | 140 | 230 | 360 | 0.57 | 0.89 | 1.4 | 2.3 | 3.6 | 5.7 | 8.9 |
| 400 | 500 | 8 | 10 | 15 | 20 | 27 | 40 | 63 | 97 | 155 | 250 | 400 | 0.63 | 0.97 | 1.55 | 2.5 | 4 | 6.3 | 9.7 |
| 500 | 630 | 9 | 11 | 16 | 22 | 32 | 44 | 70 | 110 | 175 | 280 | 440 | 0.7 | 1.1 | 1.75 | 2.8 | 4.4 | 7 | 11 |
| 630 | 800 | 10 | 13 | 18 | 25 | 36 | 50 | 80 | 125 | 200 | 320 | 500 | 0.8 | 1.25 | 2 | 3.2 | 5 | 8 | 12.5 |
| 800 | 1000 | 11 | 15 | 21 | 28 | 40 | 56 | 90 | 140 | 230 | 360 | 560 | 0.9 | 1.4 | 2.3 | 3.6 | 5.6 | 9 | 14 |
| 1000 | 1250 | 13 | 18 | 24 | 33 | 47 | 66 | 105 | 165 | 260 | 420 | 660 | 1.05 | 1.65 | 2.6 | 4.2 | 6.6 | 10.5 | 16.5 |
| 1250 | 1600 | 15 | 21 | 29 | 39 | 55 | 78 | 125 | 195 | 310 | 500 | 780 | 1.25 | 1.95 | 3.1 | 5 | 7.8 | 12.5 | 19.5 |

图 8-3 为一种全自动二次元影像测量仪，可用于检测手机背板内外长、宽及侧孔长、宽等尺寸。在测量时首先获得背板的影像照片，然后根据检测头姿态变化调整软件测量工具的位置后，利用软件卡钳工具测量背板外形尺寸，同样利用软件卡钳也可测量背板内尺寸。图 8-4 为手机背板的影像扫描照片及测量外尺寸示意图，关于影像仪的详细介绍见后面的章节。

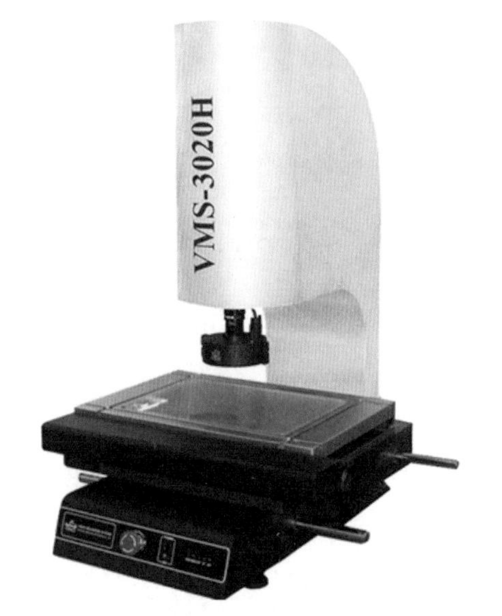


图 8-3 VMS-3020H 全自动二次元影像测量仪

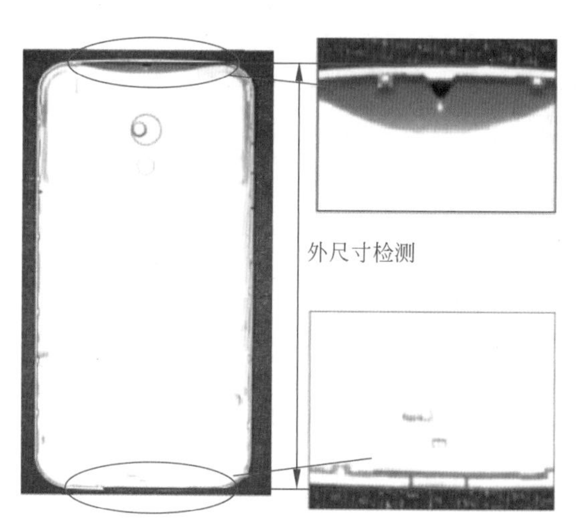


图 8-4 用影像仪测量手机背板外尺寸

## 8.3 几何精度的检测

尺寸公差限定了零件的总体尺寸，但在实际生产中，零件在加工过程中会产生或大或小的形状误差和位置误差，几何误差影响产品的工作精度、连接强度、运动平稳性、密封性、耐磨性和使用寿命等。如图 8-5 所示的圆柱体，即使在尺寸合格时也有可能出现一端大、另一端小或者中间细两端粗等情况，其界面也有可能不圆，这属于形状方面的误差。

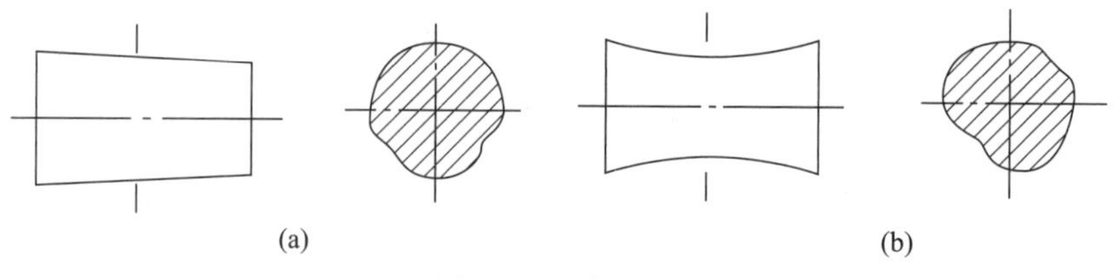


图 8-5 形状误差

再如图 8-6 所示的阶梯轴，加工后可能出现各轴段不同轴线的情况，这属于位置方面的误差。

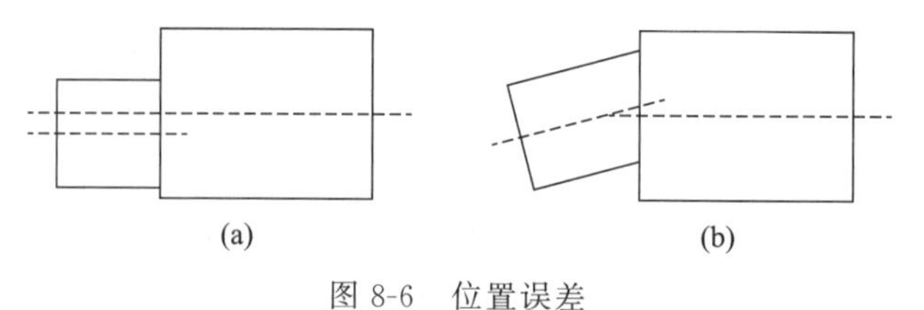


图 8-6 位置误差

图 8-7(a)为市面上的一种陶瓷手表，图(b)、(c)分别为陶瓷表链及陶瓷表圈，为了保证产品的装配精度符合要求，就需要对表圈和表带等结构件的几何精度进行检测。

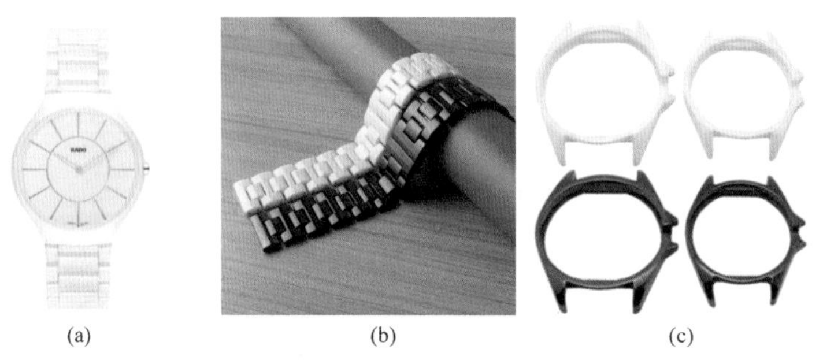

(a)　(b)　(c)

图 8-7　陶瓷手表(a)、陶瓷表链(b)和陶瓷表圈(c)

## 8.3.1　有关几何精度的术语

为了保证产品的质量，保证零部件的互换性，应给定形状公差和位置公差，以限制几何误差(又称为形位误差)。几何公差表示实际被测要素形状和位置允许变动的区域，它是控制形位误差的专用指标。新的国家标准规定了 19 项形状和位置公差项目，其名称、符号以及分类见表 8-2。

**表 8-2　几何公差项目、基本符号及分类(摘自 GB/T 1182—2008)**

| 公差类型 | 几何特征项目 | 符号 | 有无基准 | 公差类型 | 几何特征项目 | 符号 | 有无基准 |
|---|---|---|---|---|---|---|---|
| 形状公差 | 直线度 | — | 无 | 位置公差 | 位置度 | ⌖ | 有或无 |
| | 平面度 | ⏥ | 无 | | 同心度 | ◎ | 有 |
| | 圆度 | ○ | 无 | | 同轴度 | ◎ | 有 |
| | 圆柱度 | ⌭ | 无 | | 对称度 | ⌯ | 有 |
| | 线轮廓度 | ⌒ | 无 | | 线轮廓度 | ⌒ | 有 |
| | 面轮廓度 | ⌓ | 无 | | 面轮廓度 | ⌓ | 有 |
| 方向公差 | 平行度 | // | 有 | 跳动公差 | 圆跳动 | ↗ | 有 |
| | 垂直度 | ⊥ | 有 | | | | |
| | 倾斜度 | ∠ | 有 | | 全跳动 | ⌰ | 有 |
| | 线轮廓度 | ⌒ | 有 | | | | |
| | 面轮廓度 | ⌓ | 有 | | | | |

形状误差是指被测实际要素对其理想要素的变动量，或称偏离量；形状公差是单一实际要素的形状所允许的变动全量。位置误差是关联被测实际要素对理想要素的变动量；位置公差是关联实际要素的位置对基准所允许的变动全量。

几何公差用几何公差带来表示。几何公差带是限制被测实际要素变动的区域，被测实际要素应在给定的公差带内，否则是不合格的。几何公差带有一定的大小、形状、方向和位置。常见的几何公差带形状包括两平行直线间、两等距线之间、圆内区域、两同心圆之间、两平行平面间、两等距曲面之间、圆柱面内、两同轴圆柱面之内、球面区域等11种，如图8-8所示。

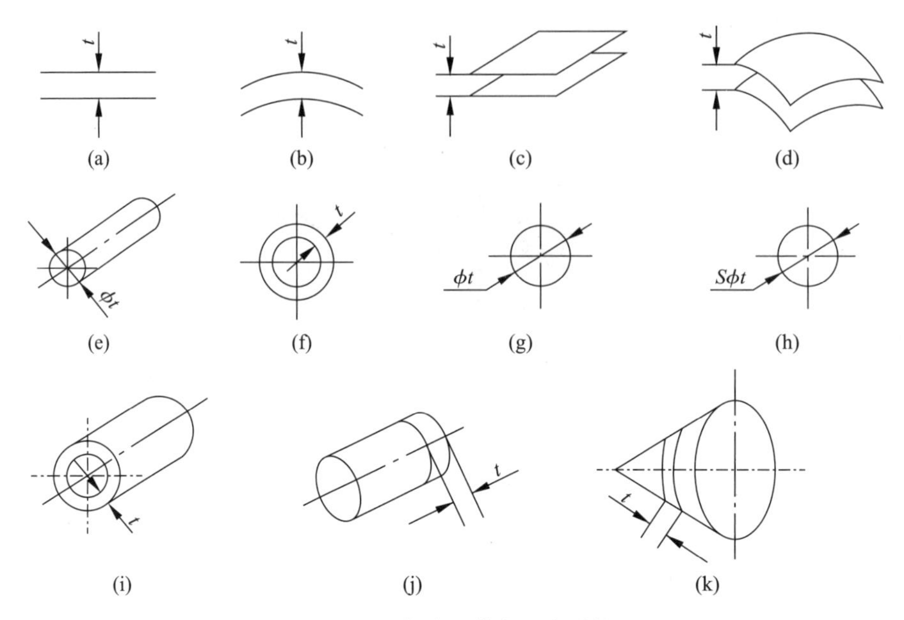


图8-8 几何公差带的基本形状

(a) 两平行直线；(b) 两等距直线；(c) 两平行平面；(d) 两等距曲面；(e) 圆柱面；(f) 两同心圆；(g) 一个圆；(h) 一个球；(i) 两同轴圆柱面；(j) 一段圆柱面；(k) 一段圆锥面

如前所述，尺寸公差是上下极限尺寸之差；与尺寸公差带比较，几何公差带可以是空间区域，也可以是平面区域；只要实际被测要素能全部落在给定的公差带内，就表明实际被测要素合格。

图8-9列举了几种手机上通常需要检测的几何误差，主要有相机孔、Home键的圆度和位置度、背板整体平面度、边缘平行度和垂直度、R角的轮廓度等。除了几何误差的检测，还

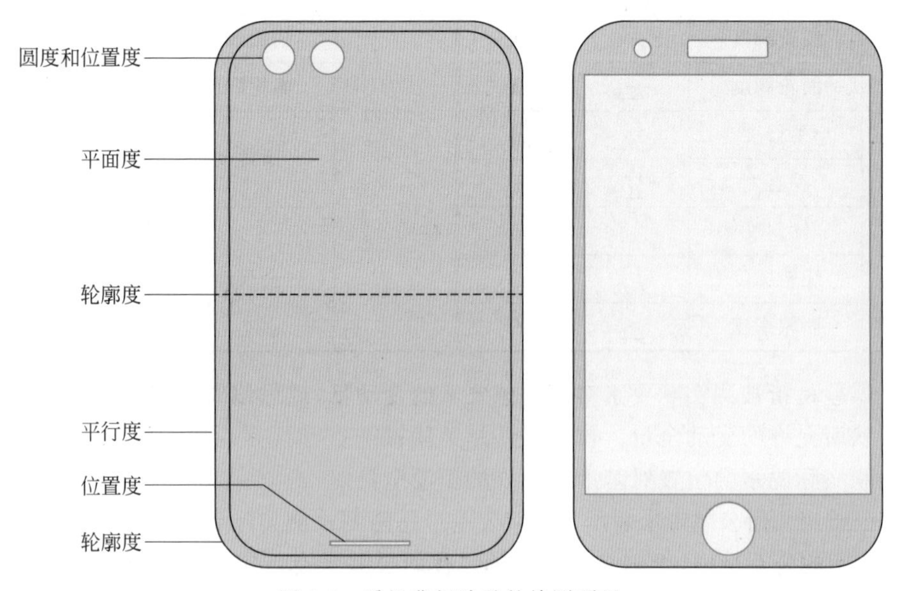


图8-9 手机背板涉及的检测项目

需要对背板整体尺寸(长、宽、高和厚度)、表面粗糙度等项目进行检测。下面将对检测中涉及的几何误差项目及检测原理与方法进行介绍。

### 8.3.2　平面度及其检测

平面度是限制实际表面对其理想平面变动量的一项指标，用于控制平面的形状误差，它同时控制被测平面上任意素线的直线度误差。平面度公差带指距离为公差值 $t$ 的两平行平面之间的区域。图 8-10 表示表面必须位于距离为公差值 0.08mm 的两平行平面内。常见的平面度检测方法主要有以下几种：

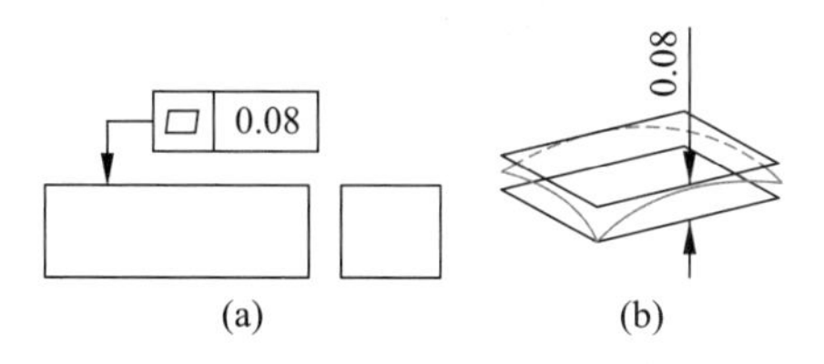


图 8-10　平面度的标注及公差带

(a) 表示方法；(b) 平面度公差带

(1) 平板测微仪法(触针法)

将被测零件和测微计放在标准平板上，以标准平板作为测量基准面，用测微计沿实际表面逐点或沿几条直线方向进行测量，如图 8-11 所示。根据评定基准面分为三点法和对角线法，三点法是用被测实际表面上相距最远的三点所决定的理想平面作为评定基准面，实测时先将被测实际表面上相距最远的三点调整到与标准平板等高；对角线法实测时先将实际表面上的四个角点按对角线调整到两两等高。然后，使用测微计进行测量，测微计在整个实际表面上测得的最大变动量即为该实际表面的平面度误差。图 8-12 为千分表与大理石平板组合成的平板测微仪，其性能指标如表 8-3 所述。

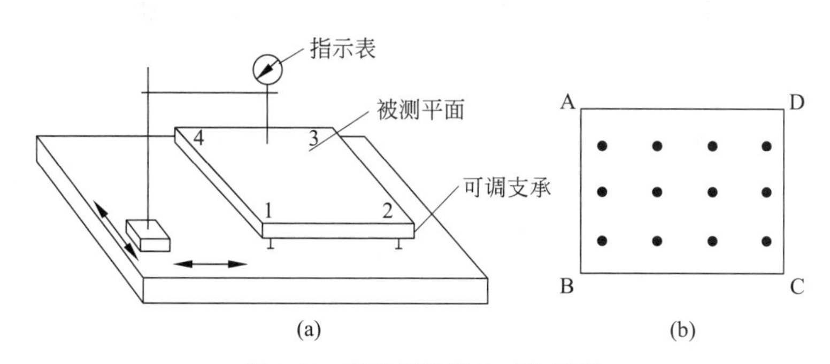


图 8-11　平板测微仪的工作原理

(a) 测量示意图；(b) 测量布点

图 8-13 为一种手机背板平面度检测方案，在背板上选择 4×7 阵列共 28 个数据点进行检测，最后分析数据得出该平面的平面度估计值。这一方法可供使用平板测微仪法或其他逐点测量方法检测平面度时参考。

(2) 激光平面度仪法

激光平面度仪的原理如图 8-14 所示，激光器发出的光经反射镜反射后沿转台转轴方向

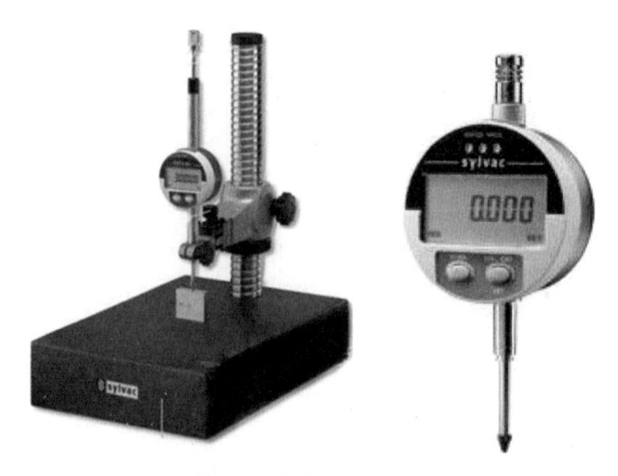


图 8-12　sylvac 数显千分表和平板组合的平板测微仪

**表 8-3　sylvac 数显千分表的仪器参数**

| 生产商 | 瑞士丹青科技有限公司 | |
|---|---|---|
| 仪器型号 | SY00134 | SY00142 |
| 测量范围/mm | 12.5 | 25 |
| 分辨率/μm | 1 | 1 |
| 最大误差/μm | 5 | 5 |
| 重复性/μm | 2 | 2 |

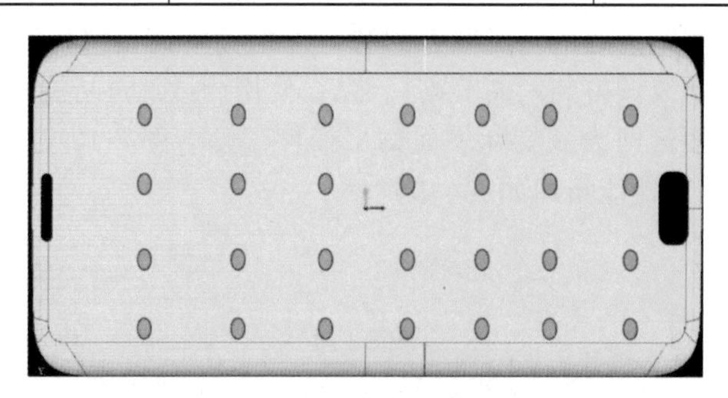

图 8-13　一种手机背板平面度检测方案

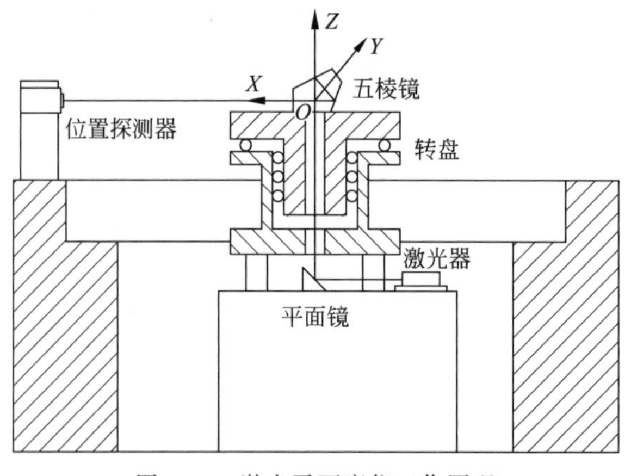


图 8-14　激光平面度仪工作原理

射向五棱镜，经五棱镜折转后水平射出，由于五棱镜出射光始终与入射光垂直，所以旋转转台出射光形成的平面可以作为基准平面，在被测平面上放置位置探测器(PSD)便可测量被测点相对于激光光束基准平面的高度差，经数据处理后便可得出被检平面度误差。图 8-15 为市场上的一种激光平面度测量仪。这种方法适合大尺寸工件的平面度测量，其技术指标见表 8-4，图 8-16 为测量结果。

图 8-15　Hamer Laser L-740 型激光平面度测量仪

**表 8-4　Hamer Laser L-740 型激光平面度测量仪的仪器参数**

| 生产商 | 美国 Hamer Laser 公司 |
| --- | --- |
| 仪器型号 | Hamer Laser L-740 |
| 材质 | 激光器：铝或不锈钢 |
| 激光类型 | 可见二极管激光，波长 670nm，光束直径 4.06mm |
| 测量范围 | 半径 33m |
| 光束功耗 | ＜0.9mW |
| 光束稳定性 | 位移：0.005mm/(h・℃)<br>角度：0.36″/(h・℃) |
| 光束平面度 | 180°/360°扫描时：0.025±0.0025mm/M<br>90°扫描时：0.001±0.0013mm/M |
| 工作模式 | 单束线激光或连续旋转的激光面 |
| 电源 | 90V DC 电池组或 115V AC 电源适配器 |
| 基座角度调整范围 | 粗调：±1.5°；细调：±0.15° |
| 水平仪 | 两个发光水平仪，精度 0.01mm/M |

注：mm/M 为无量纲的计量单位。

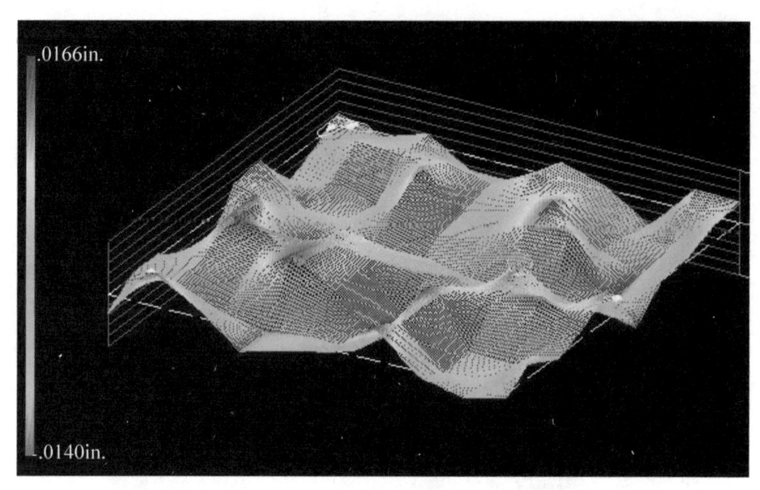


图 8-16　L-740 激光平面度仪测量结果

(3) 平晶干涉法

平晶干涉法测量平面度误差，是把平晶放在它能覆盖的整个被测平面上，用平晶工作面体现理想平面，根据测量时出现的干涉条纹形状和数目，由计算所得的结果作为平面度误差值。平面度计算公式为：

$$\Delta = 0.5N\lambda$$

式中，$\Delta$ 为平面度的测定值，单位为 $\mu$m；$N$ 为干涉光谱带数；$\lambda$ 为单色光波长，单位为 $\mu$m。

用平晶以光波干涉法检定平面度时，其干涉原理是等厚干涉，即同一干涉条纹处在同一高度上。干涉条纹的形状一般有直线、弧形、圆形、椭圆形、不规则条纹等，如图 8-17 所示。直线形等距的干涉条纹或没有条纹说明被检工作面非常平整；直线形不等距干涉条纹说明平面有弯曲；圆形干涉条纹说明被检工作面为球面，圆心为工作面的中凸或中凹的中心点，判断凹凸的方法是用手轻压平晶中央，如干涉条纹向内跑即为中凹，向外跑即为中凸。椭圆形干涉条纹说明被检表面为桶形；不规则条纹说明平面凹凸不平。

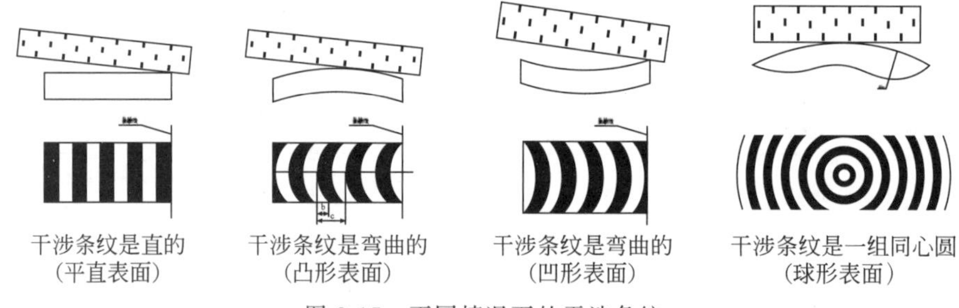


图 8-17　不同情况下的干涉条纹

图 8-18(a)为陶瓷企业实际检测陶瓷密封环端面的平面度的照片；(b)近似为平直条纹，说明陶瓷表面比较平坦，达到平面度要求；(c)显示曲线条纹，说明陶瓷表面的平面度差，没有达到加工要求。

图 8-19 为瑞士 Dantsin-lamtech 平面度测量仪的实物照片，该仪器参数见表 8-5，采用掠入射光干涉原理，用于高精密加工表面平面度快速测量，适合在半导体行业、陶瓷、玻璃、阀门密封件以及光学工程等领域使用。

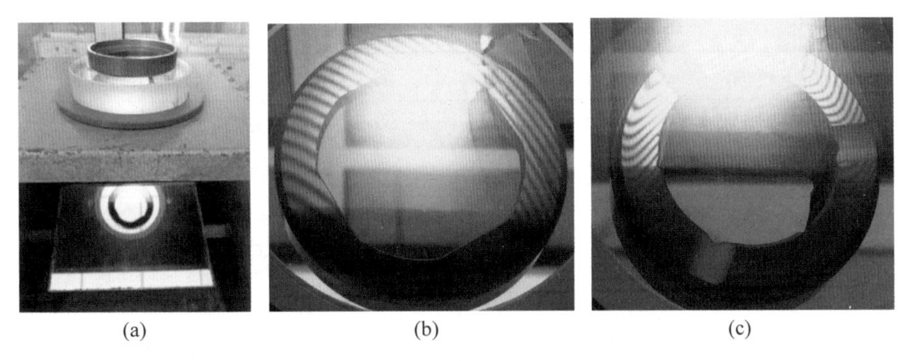

(a)　(b)　(c)

图 8-18　平晶干涉法测量陶瓷密封环端面的平面度

(a) 测量实物；(b) 平坦表面；(c) 不平表面

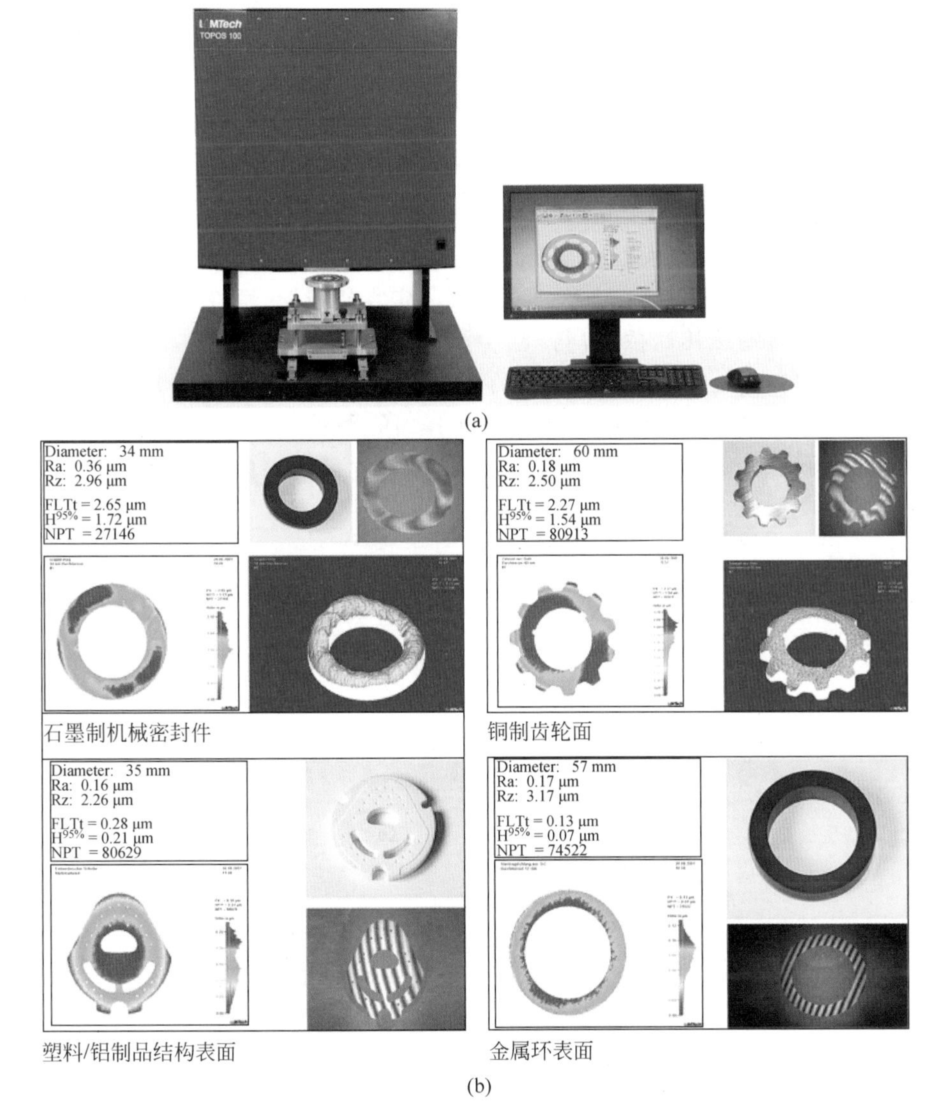


(a)

(b)

图 8-19　Dantsin-lamtech 平面度测量仪

(a) 仪器；(b) 测量实例

表 8-5 Dantsin-lamtech 平面度测量仪的参数

| 生产商 | 瑞士丹青(Dantsin)科技有限公司 |
|---|---|
| 仪器型号 | TOPOS 100 |
| 测量范围(直径)/mm | 100 |
| 参考平面的平面度/μm | <0.06 |
| 参考平面材料 | 石英玻璃 |
| 灵敏度/μm | 0.5,1,2.4(每纹) |
| 精度 | (0.1,…,0.4)μm+2%×测量值,基于灵敏度 |
| 分辨率/μm | <0.01 |
| 横向分辨率/mm | 0.2 |
| 测量时间/s | <2 |
| 整体尺寸/(mm×mm×mm) | 680×440×880(长×宽×高) |
| 质量/kg | 80 |

(4) 水平仪法

使用水平仪测量,首先要根据被测平面的实际形状和尺寸,选择布点形式,确定各条测量线的分段数和桥板的跨距。测量时,将水平仪固定在桥板上,桥板置于被测平面上,按照一定的布点形式首位衔接移动桥板,测出被测平面上相邻点相对于测量基准面(自然水平面)的倾斜角,通过数据处理求出被测平面的平面度误差值,其原理如图 8-20 所示。图 8-21 为 VL E5S 型电子水平仪,该仪器可用来进行工作面的水平调节和小角度测量,也可用于工件的水平度、平行度、直线度、平面度等的检测。表 8-6 为该仪器的参数。

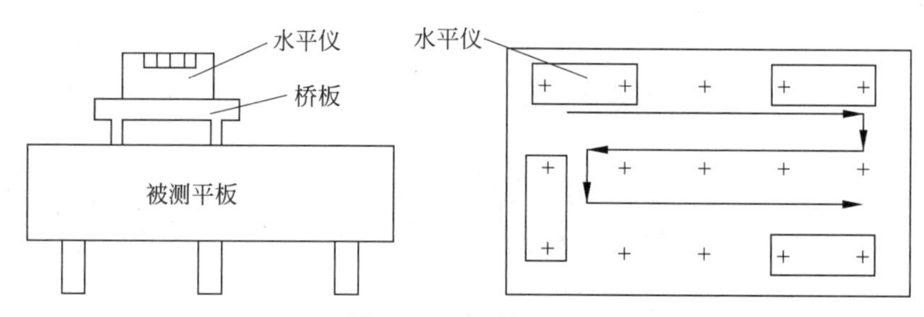


图 8-20 水平仪原理

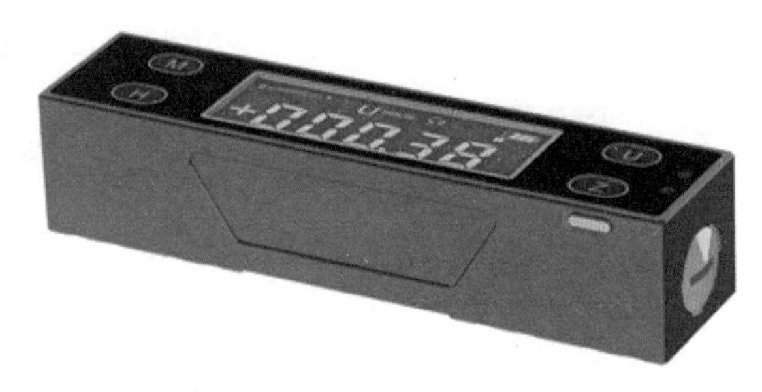

图 8-21 VL E5S 型电子水平仪

**表 8-6　VL E5S 型电子水平仪的参数**

| 生产商 | 上海维铼电子有限公司 |
|---|---|
| 仪器型号 | VL E5S |
| 测量范围轴向 | X(单轴) |
| 读数范围/(mm/m) | ±50.00 |
| 标称精度/(mm/m) | ±0.01 |
| 分辨率 | 0.01(模式Ⅰ和模式Ⅲ);0.001(模式Ⅱ) |
| 读数稳定时间/s | 3 |
| 漂移/(mm/h) | ≤0.02 |
| 工作温度/℃ | −10～40 |
| 测量时间/s | <2 |
| 整体尺寸/(mm×mm×mm) | 150×36×33(长×宽×高) |
| 质量/kg | 0.67 |

(5) 平面度在线检测设备

图 8-22 是一种专门为批量生产的平板类产品的检测而研发的厚度及平面度在线检测仪,表 8-7 列出该仪器的技术指标。这种检测仪集合了机械、光学、激光等各种技术于一身,使用传送带输送检测产品。根据预先设定的一系列工作逻辑,五组激光测头会实时记录数据,软件将数据进行分析从而得到结果。可根据产品尺寸定制测量范围,每小时可以检测 1200 件产品,是极为高效的快速在线测量方案。

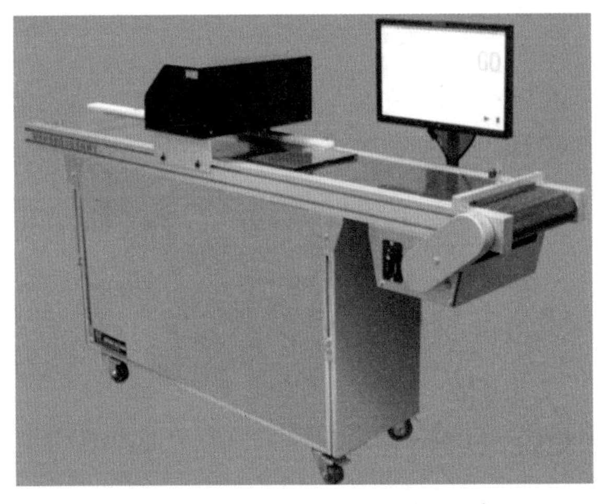

图 8-22　FL-5000 型玻璃在线测量仪

**表 8-7　FL-5000 型玻璃在线测量仪的参数**

| 生产商 | 英国海克斯康(Hexagon)计量产业集团 |
|---|---|
| 型号 | FL-5000 |
| 检测系统 | 激光位移检测系统 |

续表

| | |
|---|---|
| 激光重现性/μm | ≤0.5 |
| 工作台承重/kg | 2.5 |
| 机台质量/kg | 100 |
| 控制方式 | 自动 |
| 测量精度/μm | 5(直径 100mm 以内) |
| 最高效率/(件/h) | 1200 |
| 工作环境 | 20℃±2℃,温度变化小于 2℃/h;<br>湿度 45%~75%;振动小于 0.002g,低于 15Hz |
| 电源 | 220V±10V(AC),50Hz,接地电阻小于 4Ω |

### 8.3.3 平行度及其检测

平行度是评价直线之间、平面之间或直线与平面之间的平行状态,指一平面(边)相对于另一平面(边)平行的误差允许值。其中一直线或平面是评价基准。机械配合零部件的平行度可使用与平面度测量类似的触针法进行测量,对于手机背板等类似产品,可以使用影像仪、三坐标测量仪等自动测量设备在测量产品整体外形尺寸的同时计算出平行度,关于影像仪及三坐标测量仪的介绍见本书 8.5 节。

### 8.3.4 圆度及其检测

圆度是圆柱面、圆锥面的横截面和球面零件任意截面圆的程度。圆度公差带是在同一横截面上、半径差为公差值 $t$ 的两个同心圆之间的区域,如图 8-23(b)所示。图 8-23(a)为圆度表示方法,它的含义是被测圆柱面的任意截面的圆周必须位于半径差为公差值 0.025mm 的两同心圆之间。

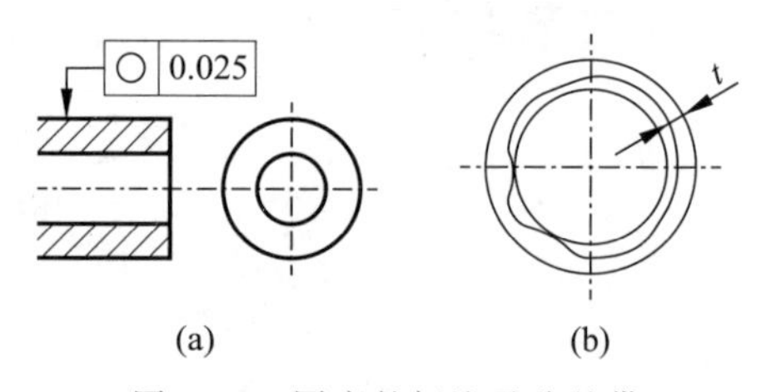


图 8-23 圆度的标注及公差带

圆度仪通常有转轴式和转台式两种。转轴式如图 8-24 所示,测量时,被测零件固定不动,测头与零件接触并旋转;转台式是将被测零件装在可旋转的回转台上,测头固定不动,传感器的测头始终与零件表面接触,零件在半径方向的误差使测头产生位移,将位移转换成电信号,经放大器放大后,记录在坐标纸上。

零件内孔圆度误差的检测如图 8-25 所示,先将被测零件放置在圆度仪上,调整被测零件的轴线,使它与圆度仪的回转轴线同轴,然后记录被测零件在回转一周过程中测量截面上各点的半径差,见图 8-25 中的①,由极坐标图(或用计算机)按最小条件计算该截面的圆度误差。

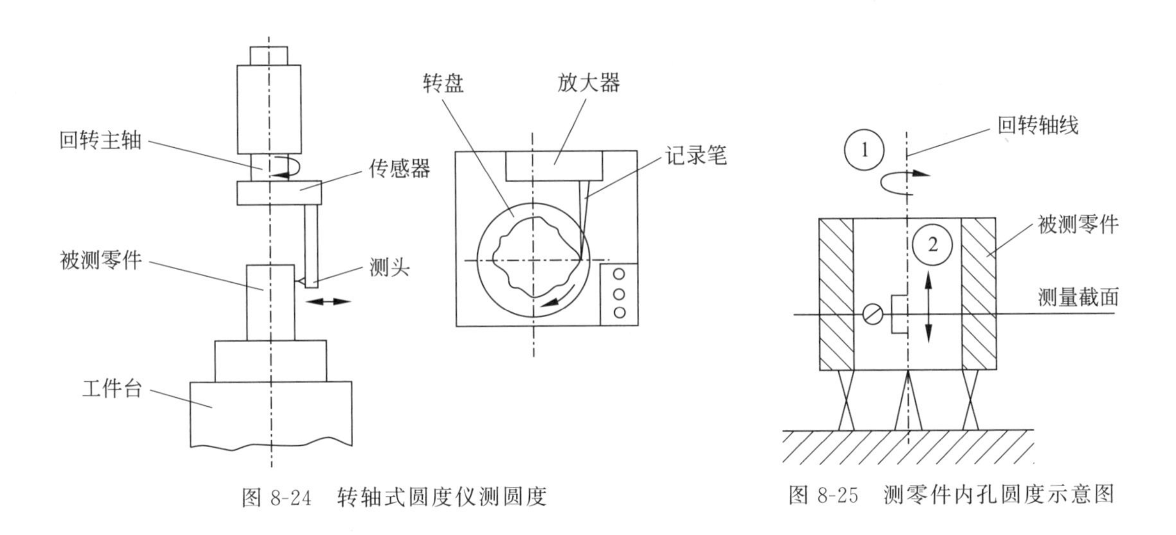


图 8-24 转轴式圆度仪测圆度　　图 8-25 测零件内孔圆度示意图

一种智能手环如图 8-26 所示，使用氧化锆陶瓷材料作为主体的外壳，具有较高的耐磨抗压性，触感柔和。圆度是这一产品外壳质量评估的关键要素之一。用圆度仪测量圆度误差符合圆度定义，且精度很高；但圆度仪对使用条件的要求也比较高，检测一般要在恒温环境中进行。圆度误差的近似测量方法有两点法和三点法，为生产中常用的方法，操作也很简便。

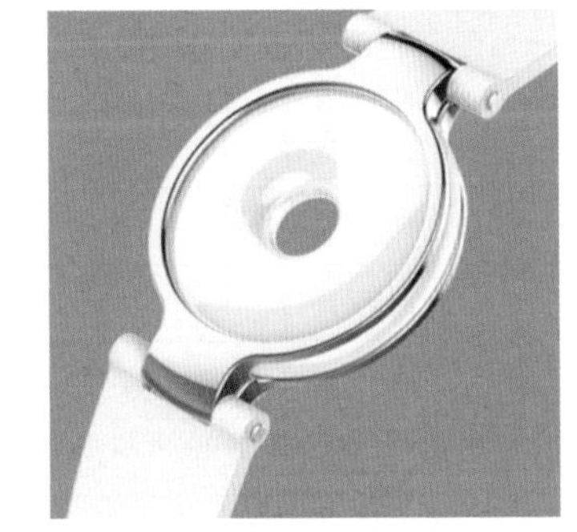

图 8-26 一种使用氧化锆陶瓷外壳的智能手环

图 8-27 为 DTP-550B 型圆度仪，其技术参数见表 8-8。除了满足圆度测量，它还能实现环形工件的同轴度、同心度、跳动量、垂直度、平行度、平面度、表面波纹度等的测量，其最大测量直径为 200mm，最大测量高度为 240mm。图 8-28 为测量区域特写照片以及测量结果。

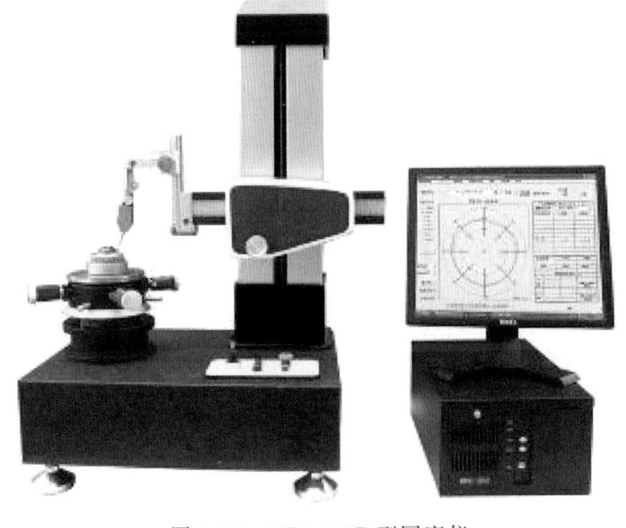

图 8-27 DTP-550B 型圆度仪

**表 8-8　DTP-550B 型圆度仪技术参数**

| 生产商 | 西安威而信(Wilson)精密仪器有限公司 |
| --- | --- |
| 测量项目 | |
| 可测环形工件的圆度、同轴度、同心度、跳动量、垂直度、平行度、平面度、表面波纹度、频谱分析、波高分析等 | |
| 测量范围 | |
| 最大测量直径 | 200mm |
| 最大测量高度 | 240mm |
| 承载质量 | 15kg |
| 主轴精度 | |
| 主轴径向误差<br>($H$ 为到工作台高度) | $\pm(0.025+5H/10000)\mu m$ |
| 主轴轴向误差<br>($X$ 为到主轴中心距离) | $\pm(0.025+6X/10000)\mu m$ |
| 工作台 | |
| 台面直径 | 150mm |
| 调整范围 | 调偏心±2mm;调水平±1° |
| 回转直径 | 200mm |
| 旋转速度 | 0～12r/min |
| 水平臂(横导轨) | |
| 水平移动距离 | 140mm |
| 移动速度 | 0.5～6mm/s 或手动 |
| 传感器 | |
| 量程 | 500μm(半径差) |
| 分辨率 | 0.005μm |
| 测针形状 | 宝石球测头(直径可选择) |
| 测力 | 1～12g |
| 放大倍率 | |
| 20 万倍 自动 | |
| 评定方法 | LSC(最小二乘法) |
| | MIC(最大内切圆法) |
| | MZC(最小区域法) |
| | MCC(最小外接圆法) |

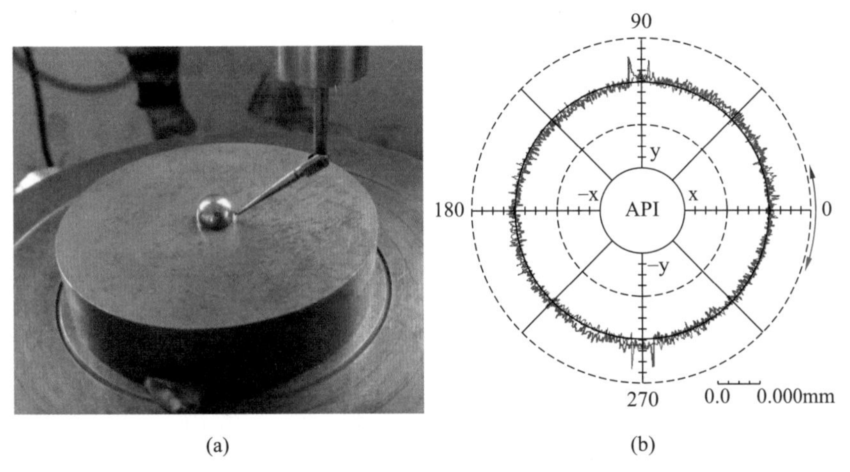


图 8-28　圆度仪测量球体照片及测量结果
(a) 圆度测量照片；(b) 圆度测量结果

一种瑞士产 FMS 8200 主轴回转式圆度仪如图 8-29 所示，可用于缸体、缸盖等大型工件的圆度、圆柱及相关形位公差的高精度测量，该圆度仪的有关参数见表 8-9。

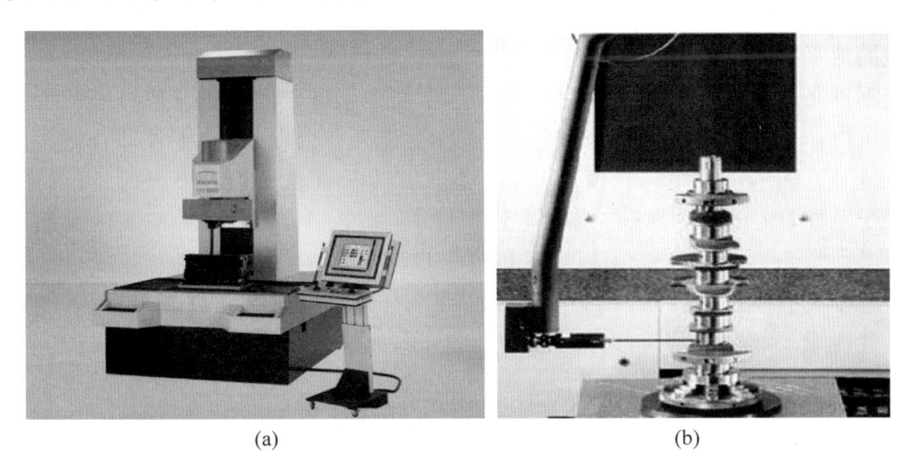


图 8-29　瑞士丹青 FMS 8200 主轴回转式圆度仪
(a) 仪器外形；(b) 测量实例

**表 8-9　FMS 8200 主轴回转式圆度仪技术参数**

| 生产商 | 瑞士丹青(Dantsin)科技有限公司 |
|---|---|
| 型号 | FMS8200 |
| 工件质量 | 300kg |
| X 轴 | 800mm |
| Y 轴 | 300mm |
| 测量高度 | 1300mm |
| 工件定位 | 自动 |

### 8.3.5 位置度及其检测

位置度是表征被测要素的实际位置对其理想位置偏离的程度，位置度公差带为被测要素的实际位置对其理想位置的允许变动区域，它是以理想位置为中心对称分布的。位置度可适用于点、线、面各要素，它们的公差带各不相同。

(1) 点的位置度公差带

当被测要素为点时，其位置度公差带是直径等于公差值 $t$，以点的理想位置为中心的圆或球内的区域。

(2) 线的位置度公差带

线的位置度可分为给定方向和任意方向两种情况：(a)给定方向上的位置度公差带。当给定一个方向时，其公差带是以距离为公差值 $t$，以线的理想位置为中心对称配置的两平行平面(或直线)之间的区域。当给定互相垂直的两个方向时，公差带是正截面为公差值 $t_1 \times t_2$，以线的理想位置为轴线的四棱柱内区域。(b)任意方向上的位置度公差带。当被测要素的位置度在任意方向上都需要控制时，其公差带是以公差值 $t$ 为直径，以线的理想位置为轴线的圆柱面内的区域。

(3) 面的位置度公差带

当被测要素为面时，其位置度公差带是距离为公差值 $t$，以被测平面的理想位置为中心对称配置的两平行平面之间的区域。

几何图框是一组表示理想要素之间和(或)它们的基准之间正确几何关系的图形。根据几何图框可以作出要素的位置度公差带图，实际要素处在公差带内，零件即合格。确定几何图框的位置及方向的依据是位置度的基准。在图样上标注位置度的基准时，可以选用一个、两个或三个基准，如图 8-30 所示，该孔受到工件 $C$ 基准、$A$ 基准和 $B$ 基准的控制。$\phi 12$ 的孔的轴线必须位于直径为公差值 0.1，以相对于 $C$、$A$、$B$ 基准平面的理论正确尺寸所确定的理想位置为轴线的圆柱内。所以，必须严格按照图样标注的基准建立好坐标系，然后评价每个孔的位置度误差，对此，这组数据不能进行坐标系的平移或旋转。

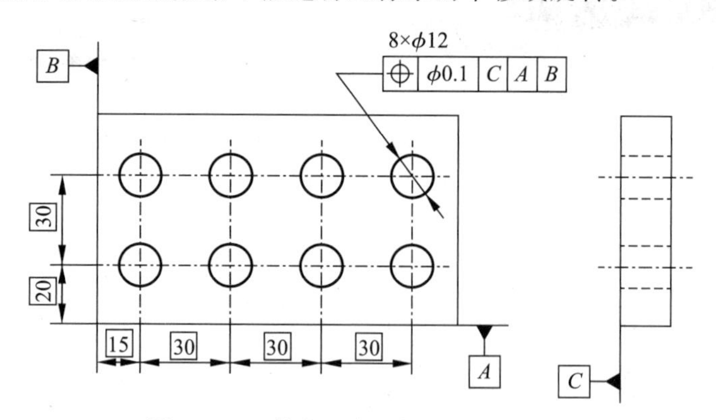


图 8-30 工件位置度的标注及几何图框

图 8-31 为一种氧化锆手机背板样品，为了保证后续的装配精度，在检测时需要对摄像头孔和指纹识别孔进行位置度评估，此外手机上的听筒键、小圆孔、丝印 Logo、Home 键等要素也都需要保证位置度。位置度的检测可以使用影像仪、三坐标测量仪等自动测量设备，详见 8.5 节。

图 8-31　氧化锆手机背板样样品

### 8.3.6　轮廓度及其检测

轮廓度指被测实际轮廓相对于理想轮廓的变动情况，包括线轮廓度及面轮廓度。

线轮廓度是用作控制平面曲线或空间曲面与截平面的交线的形状误差的项目。实际轮廓线必须位于包络一系列直径为公差值 $t$ 且圆心在理想轮廓线上的圆的两包络线之间。所以，线轮廓度公差带是包络一系列直径为公差值 $t$ 的圆的两包络线之间的区域，各圆的圆心应位于理想轮廓上。如图 8-32(a)所示，"22"为理论正确尺寸，用来确定被测要素的理想形状、方向、位置，该尺寸不附带公差。实际尺寸由线轮廓度公差控制，此处由它确定理想轮廓形状。图 8-32(b)为线轮廓度公差带示意图。

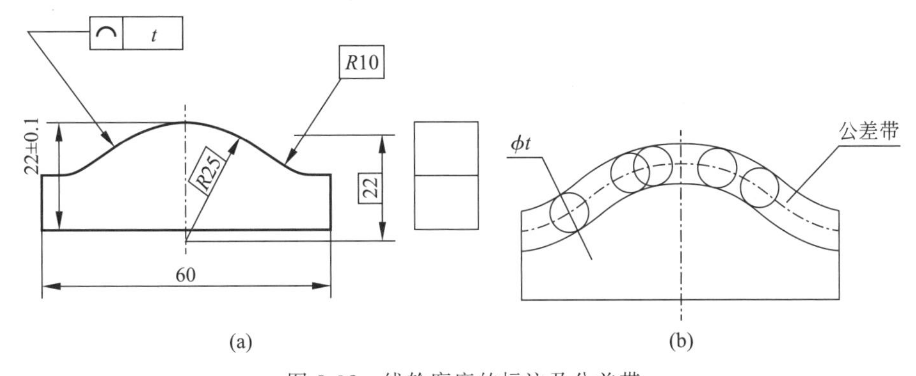


图 8-32　线轮廓度的标注及公差带

图 8-33 为手机 3D 陶瓷背板，需要测量多处的线轮廓度，例如截面线轮廓度(如图中黄

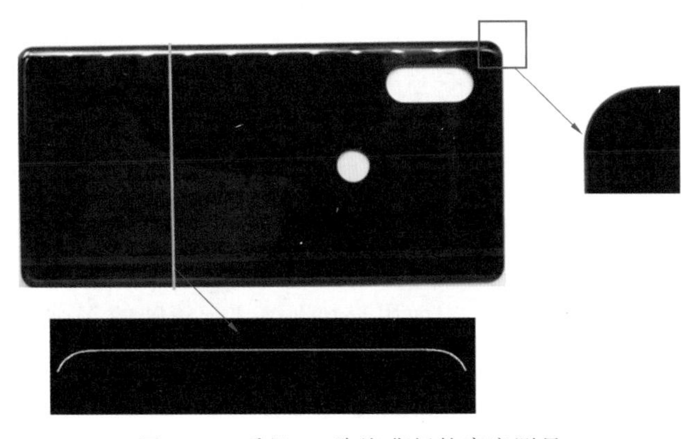

图 8-33　手机 3D 陶瓷背板轮廓度测量

线所标注),四个弧形拐角的线轮廓度、摄像头孔和指纹识别孔的线轮廓度等。图 8-34 为一种精密轮廓测量仪。

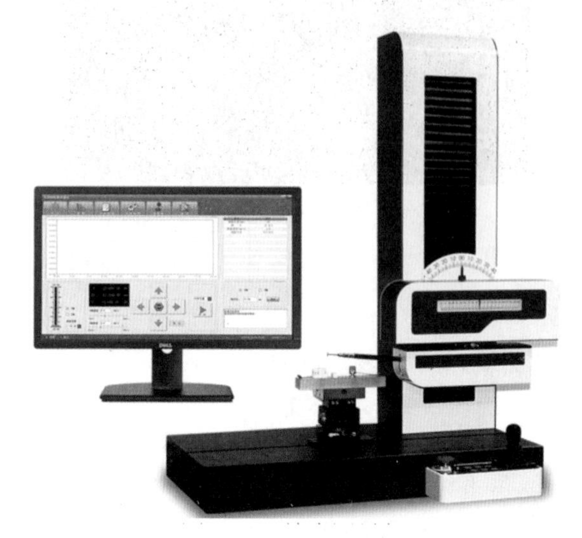

图 8-34 轮廓测量仪

## 8.4 表面粗糙度检测

### 8.4.1 表面粗糙度表示方法

表面粗糙度反映零件表面加工后,形成的由较小间距和峰谷组成的微观结合形状特性,是反映微观形状误差的一个指标,粗糙度越小,表面越光滑。表面粗糙度的表示方法如图 8-35 所示。

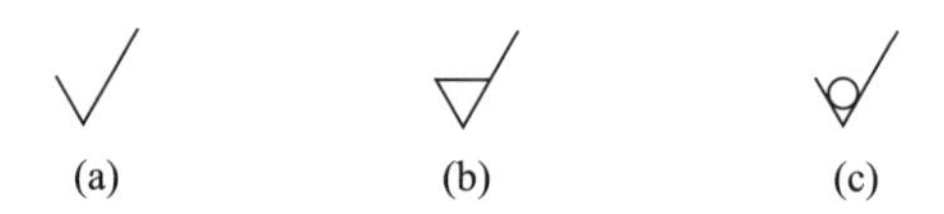


图 8-35 表面粗糙度的表示方法

(a) 表示基本符号,表示表面可以用任何方法获得;(b) 表示表面是用去除材料的方法获得的;(c) 表示表面是用不去除材料的方法获得的

### 8.4.2 表面粗糙度的检测评定

(1) 取样长度 $l_r$:在轮廓的 $X$ 轴方向上量取的用于判别具有表面粗糙度特征的一段基准线长度。取样长度应与表面粗糙度相适应,表面越粗糙,取样长度越大。一般取样长度至少包含 5 个轮廓峰和轮廓谷。

(2) 评定长度 $l_n$:指在评定轮廓表面用于判别被评定轮廓的 $X$ 轴方向上的长度所必须的一段长度。由于被加工表面粗糙度不一定很均匀,为了合理、客观反映表面质量,往往评定长度包括几个取样长度。一般 $l_n=5l_r$。若表面加工不均匀,应取 $l_n>5l_r$;反之,取 $l_n<5l_r$,如图 8-36 所示。

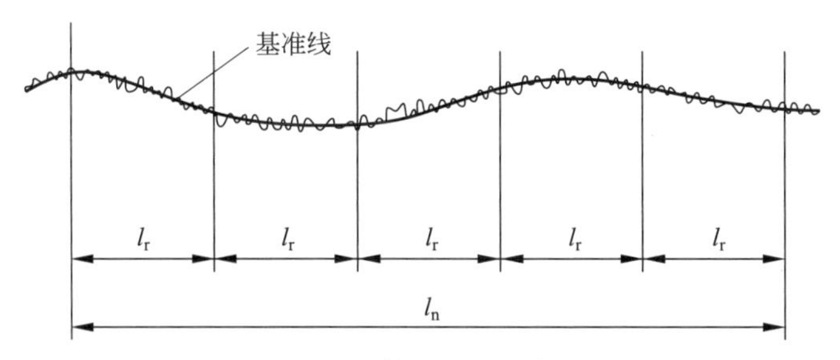


图 8-36　取样长度和评定长度

(3) 轮廓中线：是评定表面粗糙度参考值大小的一条参考线。轮廓中线包括轮廓最小二乘中线和轮廓算术平均中线。

(a) 轮廓最小二乘中线，如图 8-37 所示。在全用长度范围内，实际被测轮廓线上的各点至该线的距离平方和最小。轮廓偏距是指轮廓线上的点到基准线的距离，如 $y_1$、$y_2$、$y_3$、…、$y_n$。轮廓最小二乘中线的数学表达式为：

$$\int_0^l y^2 \mathrm{d}x = \text{最小值}$$

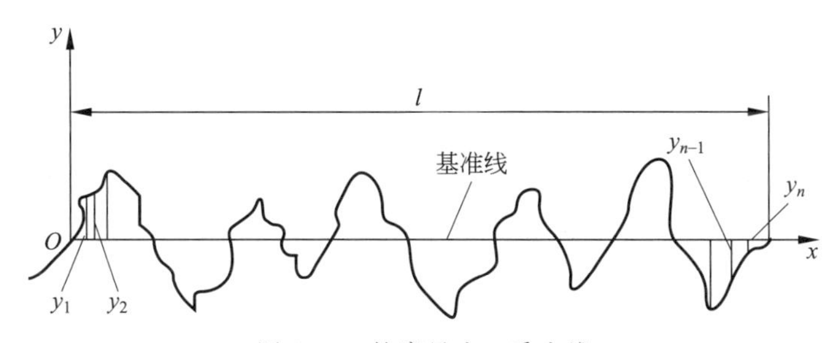


图 8-37　轮廓最小二乘中线

(b) 轮廓算术平均中线，如图 8-38 所示。在取样长度范围内，将实际轮廓划分为上下两部分，且使上下面积相等的直线。

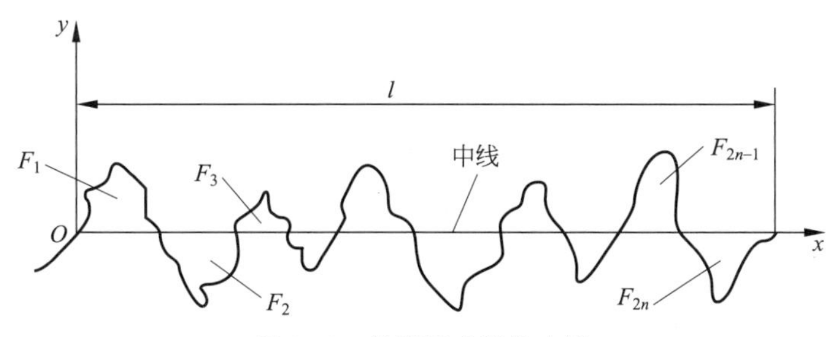


图 8-38　轮廓算术平均中线

轮廓最小二乘中线是唯一的，但获取比较困难，适合用计算机处理数据时使用。

## 8.4.3　表面粗糙度的评定参数

(1) 轮廓的算术平均偏差 $R_a$

轮廓的算术平均偏差是与高度特性有关的参数(幅度参数)，指在一个取样长度内，轮廓上各点到中线纵坐标绝对值的算术平均值，记为 $R_a$，如图 8-39 所示。计算式为：

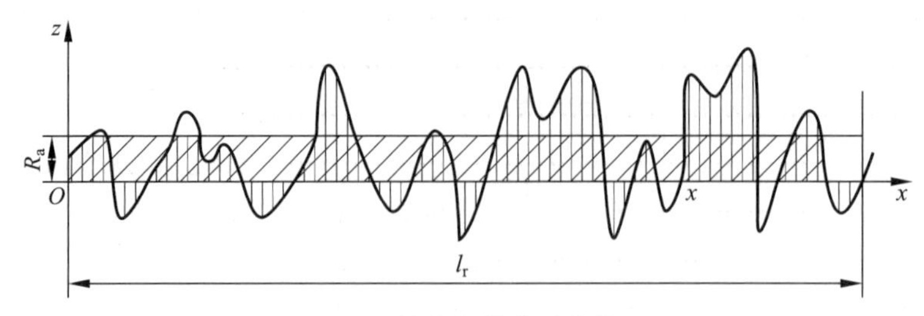


图 8-39 轮廓的算术平均偏差

$$R_a = \frac{1}{l}\int_0^l |y|\,\mathrm{d}x$$

或近似为：

$$R_a = \frac{1}{n}\sum_{i=1}^{n} |y_i|$$

(2) 轮廓的最大高度 $R_z$

轮廓的最大高度也是幅度参数，指在一个取样长度内，最大轮廓峰高 $Z_p$ 和最大轮廓谷深 $Z_v$ 之和，记为 $R_z$，如图 8-40 所示。计算公式为：

$$R_z = Z_p + Z_v = \max\{Z_{pi}\} + \max\{Z_{vi}\}$$

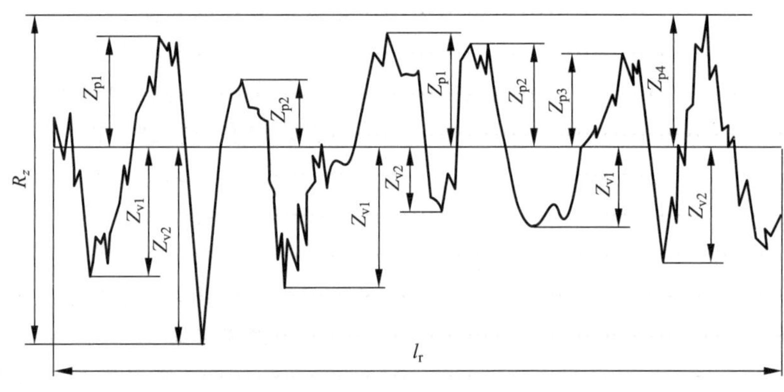


图 8-40 轮廓的最大高度

## 8.4.4 表面粗糙度的参考值

表面粗糙度的参数值已经指标化，设计时应按国家标准 GB/T 1031—2009《产品几何技术规范(GPS)表面结构轮廓法 表面粗糙度参数及参数值》规定的参数值系列选取，$R_a$ 的参数值和 $R_z$ 的参数值分别见表 8-9 和表 8-10。

**表 8-10 $R_a$ 的参数值(摘自 GB/T 1031—2009)**

| $R_a$ 参数值/μm | | | |
|---|---|---|---|
| 0.012 | 0.2 | 3.2 | 50 |
| 0.025 | 0.4 | 6.3 | 100 |
| 0.05 | 0.8 | 12.5 | |
| 0.1 | 1.6 | 25 | |

表 8-11　$R_z$ 的参数值（摘自 GB/T 1031—2009）

| $R_z$ 参数值/μm | | | | |
|---|---|---|---|---|
| 0.025 | 0.4 | 6.3 | 100 | 1600 |
| 0.05 | 0.8 | 12.5 | 200 | |
| 0.1 | 1.6 | 25 | 400 | |
| 0.2 | 3.2 | 50 | 800 | |

注：这里的 $R_z$ 对应 GB/T 3505—1983 的 $R_y$。

## 8.4.5　表面光洁度

表面粗糙度在旧标准中名为表面光洁度。表面光洁度是按照人的视觉观点提出来的，而表面粗糙度是按表面微观几何形状的实际提出来的。因为与国际标准（ISO）接轨，中国在 20 世纪 80 年代后采用表面粗糙度而废止了表面光洁度。在表面粗糙度国家标准 GB 3505—1983、GB 1031—1983 颁布后，表面光洁度已不再采用，但有时习惯上也说表面光洁度，其含义与表面粗糙度是相同的。

## 8.4.6　表面粗糙度的检测

(1) 比较法

该方法是将被测量表面与标有一定数值的粗糙度样板比较来确定被测表面粗糙度数值。比较时可以采用的方法：$R_a>1.6\mu m$ 时用目测，$0.4\mu m< R_a<1.6\mu m$ 时用放大镜，$R_a<0.4\mu m$ 时用比较显微镜。比较法特点是测量简便，可在车间现场测量，用于中等或较粗糙表面的测量。

(2) 触针法/针描法

利用针尖曲率半径为 2μm 左右的金刚石触针沿被测表面缓慢滑行，金刚石触针的上下位移量由电学式长度传感器转换为电信号，经放大、滤波、计算后由显示仪表指示表面粗糙度数值，也可用记录器记录被测截面轮廓曲线。一般将仅能显示表面粗糙度数值的测量工具称为表面粗糙度测量仪，同时能记录表面轮廓曲线的称为表面粗糙度轮廓仪。这两种测量工具都有电子计算电路或电子计算机，能自动计算出轮廓算术平均偏差 $R_a$，轮廓最大高度 $R_z$ 和其他多种评定参数，测量效率高，适用于测量 $R_a$ 为 0.02～4μm 的表面粗糙度。触针法测量表面粗糙度如图 8-41 所示。

图 8-42 为英国泰勒霍普森（Taylor Hobson）公司的 Form Talysurf Intra 车间型粗糙度测量仪，该仪器拥有坚固耐用的外壳，使用中能做到长时间无需保养亦可保持精准。其垂直量程为 1mm，对应的分辨率为 16nm，可完成全程 50mm 的测量，以横向数据点间距为 0.5μm 进行数据记录，并可通过手动模式测量提供更高的传送率，是测量大尺寸部件的可靠平台。该粗糙度测量仪的技术参数见表 8-12。

图 8-43 为英国泰勒霍普森 Form Talysurf i 系列电感式粗糙度轮廓仪，能同时测量表面粗糙度和轮廓。该仪器的低噪声和高分辨率传感器能够确保测量的完整性，通过选择不同类型的传感器，为各种应用提供多样化的方案。表 8-13 为轮廓仪的技术参数。

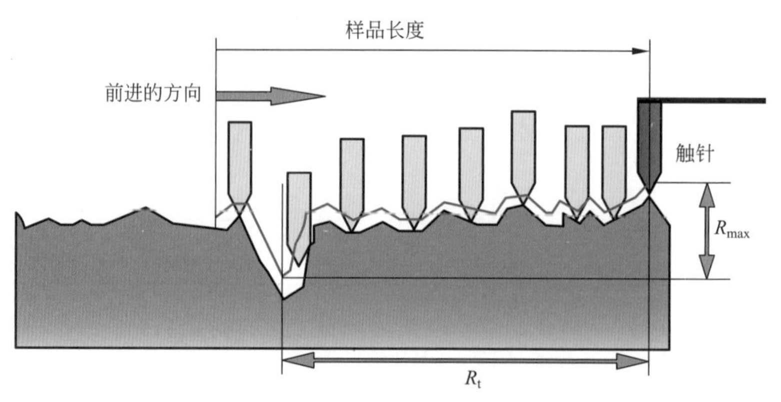


图 8-41 触针法测量表面粗糙度

图 8-42 Form Talysurf Intra 车间型粗糙度测量仪

**表 8-12 Form Talysurf Intra 车间型粗糙度测量仪技术参数**

| 生产商 | 英国泰勒霍普森公司 |
|---|---|
| 型号 | Form Talysurf Intra |
| 测量量程 | 1mm(同时测量粗糙度和轮廓,使用 60mm 长测杆)<br>2mm(使用 120mm 长测杆) |
| 分辨率 | 1mm 量程时为 16nm |
| 量程与分辨率之比 | 65536∶1 |
| 测量力 | 0.7～1mN |

(3) 非接触表面粗糙度测量仪

图 8-44 为一种非接触表面微观形貌(粗糙度)测量仪,采用数字全息三维显微测量技术,可实现三维形貌的纳米级测量。通过配置共焦显微系统、探针测量系统、不同的传感器等可以满足不同的应用需求,既可以选用数字全息技术实现高精密表面测量,也可选用光谱共焦技术实现微观轮廓测量或选用接触式探针实现内壁粗糙度测量。图 8-45 为使用这种粗糙度测量仪对几种不同材料的粗糙度进行测量的实例。

图 8-43　英国泰勒霍普森电感式粗糙度轮廓仪

**表 8-13　Form Talysurf i 系列电感式粗糙度轮廓仪的技术参数**

| 生产商 | 英国泰勒霍普森公司 |
| --- | --- |
| 型号 | Form Talysurf i60/i120/i200 |
| 垂直量程 | 1mm |
| 分辨率 | 16nm |
| 水平行程 | 200mm |
| 水平直线度误差 | 0.5μm/120mm |

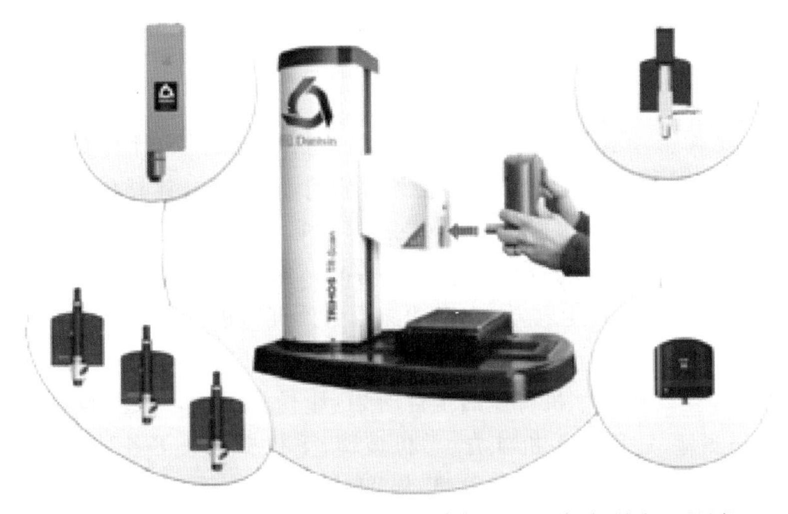

图 8-44　Dantsin-Trimos TR-Scan 非接触微观形貌(粗糙度)测量仪

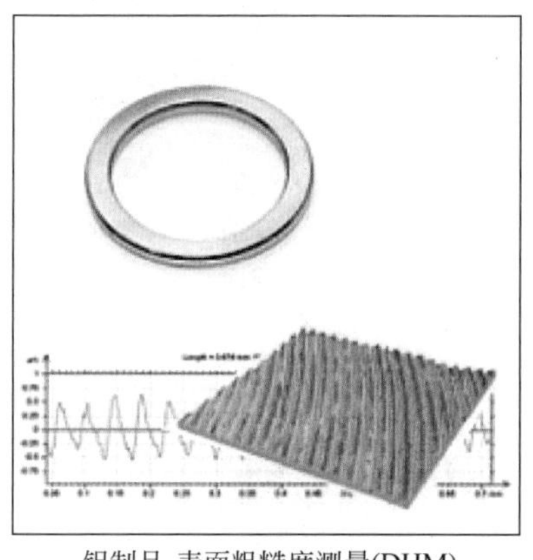

铝制品-表面粗糙度测量(DHM)

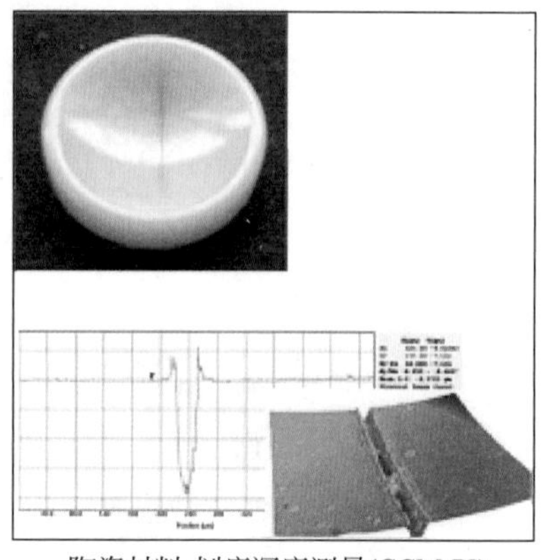

陶瓷材料-划痕深度测量(CCM-PI)

宏观表面纹理分析(CCM PI)

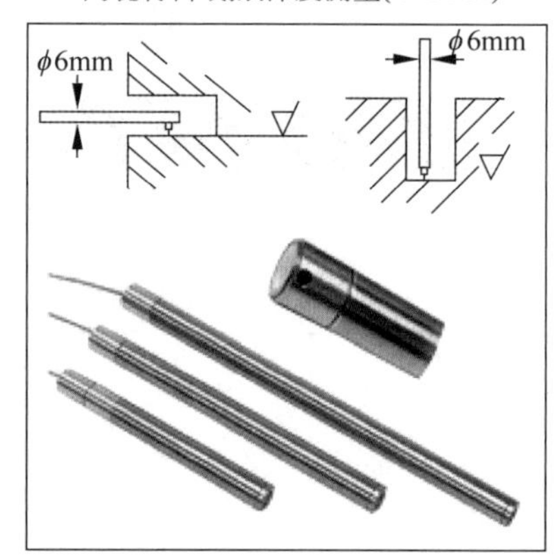


小孔内壁(DIA)及盲孔底面CCM粗糙度测量

图 8-45 表面粗糙度测量实例

## 8.5 自动检测仪器

### 8.5.1 影像测量仪

影像测量仪又称影像式精密测绘仪、光学测量仪，它依托于计算机屏幕测量技术和强大的空间几何运算软件进行工作，在手机外壳尺寸的测量上独具优势。它利用表面光或轮廓光照明后，经变焦距物镜通过摄像镜头，摄取影像再传送到电脑屏幕上，然后以十字线发生器，在显示器上产生的视频十字线为基准，对被测物体进行瞄准测量，并通过工作台带动光学尺在 $X$、$Y$ 方向上移动，由多功能数据处理器进行数据处理，通过软件进行计算完成测量。

图 8-46 为一种主要用于手机行业的全自动 3D 影像测量仪，通过 2D 影像＋3D 激光复合 CNC 批量编程测量，适用于手机外壳、手机玻璃、手机摄像头等各种手机配件的高效测量，可测量工件平面几何尺寸、平面度、高度、厚度、斜面、曲面等三维数据。该影像测量仪的参数指标如表 8-14 所示。

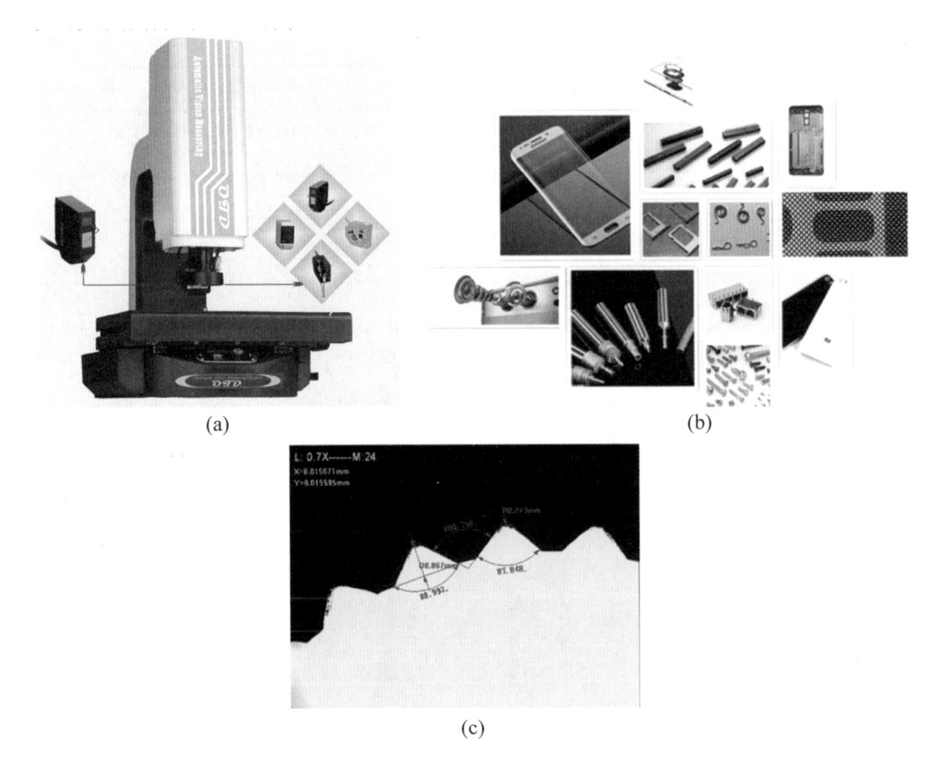

图 8-46　OTD300PICM 型全自动 3D 影像测量仪
(a) 仪器外形；(b) 应用领域；(c) 测量实例

**表 8-14　OTD300PICM 的参数**

| 生产商 | | 东莞市鼎腾仪器有限公司 |
|---|---|---|
| 仪器型号 | | OTD300PICM |
| 外形尺寸/(mm×mm×mm) | | 980×790×1065 |
| 测量范围/mm | X | 300 |
| | Y | 200 |
| | Z | 150 |
| 工作台 | 大理石台面/(mm×mm) | 466×366 |
| | 玻璃台面/(mm×mm) | 360×260 |
| | 承重 | 30kg |
| 影像及测量系统 | CCD | 高分辨率 TEO 彩色摄像机，接触式测头 |
| | 物镜 | 0.7～4.5×连续变倍卡位镜头 |
| | 总放大倍率 | 视频放大倍率：30～225× |
| | 工作距离/mm | 90 |
| | 显示分辨率/mm | 0.001/0.0005(可选) |
| 测量精度(L 为被测长度，单位：mm) | | X－Y≤(3＋L/200)μm<br>Z≤(4＋L/200)μm |

续表

| 照明光源 | 表面环光＋同轴落射光＋底部平型光 |
| --- | --- |
| 工作电源 | 220V±10V(AC),50Hz,接地电阻小于 4Ω |
| 工作环境 | 温度：18～24℃<br>相对湿度：30%～75%<br>远离振源 |

手机玻璃外形测量的一种五合一自动影像测量仪如图 8-47 所示,其参数指标见表 8-15。该影像仪将五个高分辨率镜头集合为一体,可同时测量五片手机玻璃的外形尺寸,并输出五组报告。因此可广泛应用于玻璃平板类产品的测量,能够很好地还原手机的几何外形尺寸,特别是手机的样条曲线。

图 8-47 3020 型手机玻璃影像测量仪

**表 8-15 3020 型手机玻璃影像测量仪的参数**

| 生产商 | | 美国七海(Seven Ocean)光电集团 |
| --- | --- | --- |
| 型号 | | 3020 型手机玻璃影像测量仪 |
| 行程/mm | X | 300 |
| | Y | 200 |
| 外形尺寸/(mm×mm×mm) | | 920×600×1150 |
| 工作台大小/(mm×mm) | | 550×500 |
| 机台质量/kg | | 280 |
| 工作台承重/kg | | 20 |
| 光栅分辨率/μm | | 0.5 |

续表

| 测量精度/μm | | XY(3+5L/1000) |
|---|---|---|
| 控制方式 | | 自动 |
| 光源 | 轮廓光 | LED 冷光源,亮度连续可调 |
| | 表面光 | LED 冷光源,亮度连续可调 |
| 总放大倍率 | | 100×(光学放大倍率为 2 倍) |
| 工作距离/mm | | 150 |
| 电源 | | 220V±22V(AC),50Hz,接地电阻小于 4Ω |
| 工作环境 | | 20℃±2℃,温度变化<2℃/h<br>相对湿度 45%~75% |
| | | 振动<0.002g,低于 15Hz |

### 8.5.2　光谱共焦测量仪

白光由不同的单色光组成,由于同一透镜对不同单色光的折射率不同,因此白光通过透镜时会分散为不同的单色光。光谱共焦测量方法利用这种物理现象,通过使用特殊透镜,延长不同颜色光的焦点光晕范围,形成特殊放大色差,使其根据不同的被测物体到透镜的距离,会对应一个精确波长的光聚焦到被测物体上,通过测量反射光的波长,就可以得到被测物体到透镜的精确距离。图 8-48 为一种光谱共焦位移测量系统的工作原理图。

图 8-49 为专门用于手机 3D 玻璃及陶瓷外壳等构件轮廓及厚度测量的 Holly-200 型 3D 轮廓测量系统,采用光谱共焦技术,可以非接触测量手机外壳等构件的轮廓及厚度,非常适合高反射率的玻璃和陶瓷等光滑表面的高精度高速测量,同时实现了自动光亮控制。

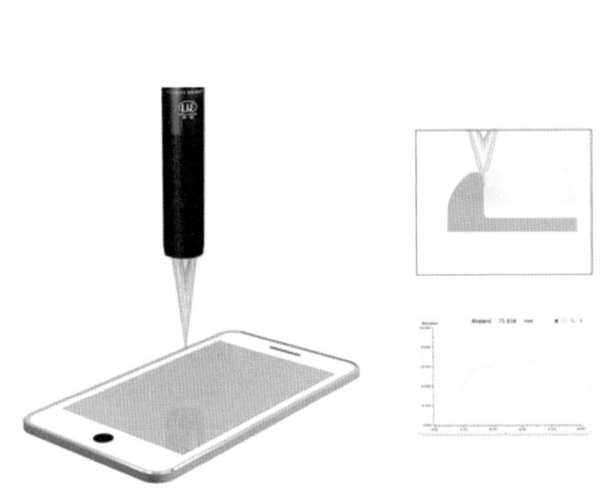

图 8-48　光谱共焦位移测量系统的工作原理

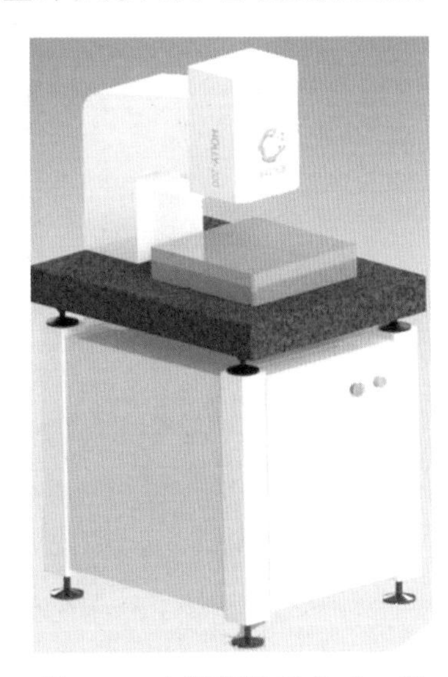

图 8-49　中科飞测 Holly-200 型 3D 轮廓测量系统

图 8-50 为测量白色和黑色陶瓷外壳三维形貌的程序分析图，这一仪器能够直观地再现外壳表面及四周的轮廓，测量平面度及轮廓度。

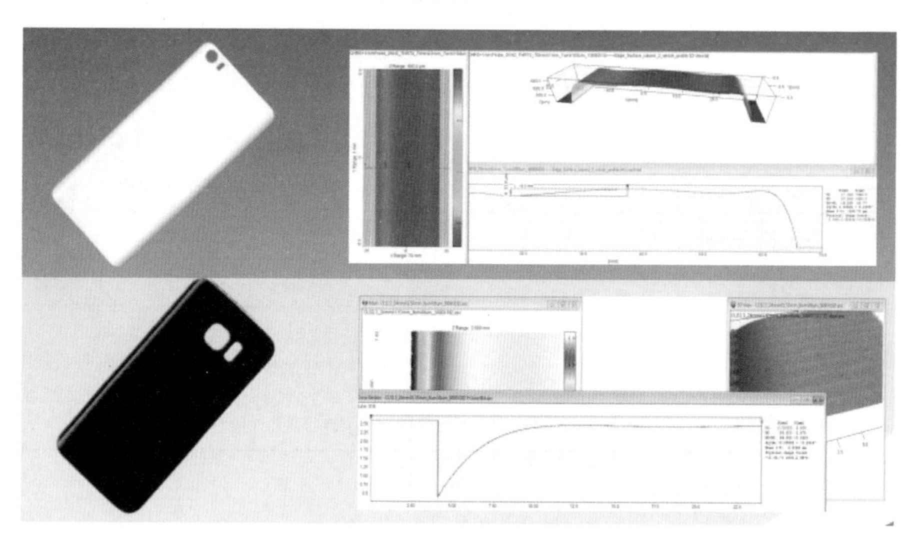

图 8-50　Holly-200 型 3D 轮廓检测系统的程序分析图

图 8-51 为用于手机外壳检测的另一种 3D 形貌测量系统 PINE-200XP，其性能指标见表 8-16。该系统采用光学全场非接触式测量技术，直接获取手机外壳的三维形貌。通过三

(a)

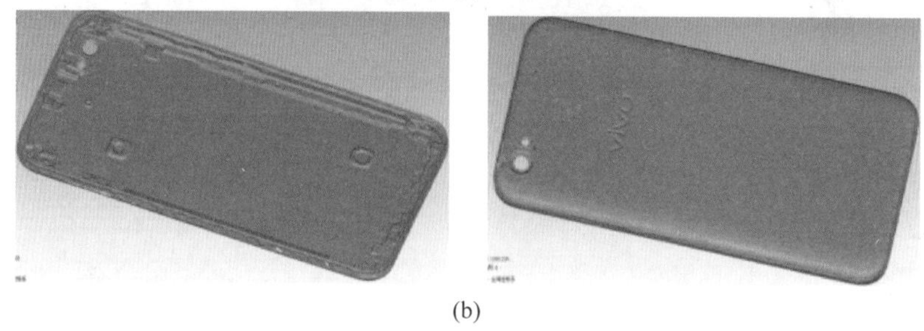

(b)

图 8-51　PINE-200XP 手机外壳 3D 形貌测量系统
(a) 仪器外形；(b) 逆向工程生成 CAD 模型实例

维形貌的点数据进行逆向工程生成 CAD 模型，与手机外壳的 CAD 原型比对，获得各种加工误差。

**表 8-16　PINE-200XP 手机外壳 3D 形貌测量系统的性能参数**

| 生产商 | 深圳中科飞测科技有限公司 | |
|---|---|---|
| 仪器型号 | PINE-200XP | |
| 测量范围(XYZ)/mm | 200×200×110(长×宽×高) | |
| 机械结构 | 直线电机+滚子导轨 | |
| 负载/kg | 15 | |
| 镜头放大倍数 | 1 | 3 |
| 工作距离/mm | 61 | 77 |
| 光学分辨率/μm | 9.2 | 3.06 |
| 光学视场/$mm^2$ | 11×7 | 3.67×2.33 |
| 光学测量标准 | VDI 2634 Ⅰ/Ⅱ | |
| 逆向工程 | CAD 比对 | |
| 2D 测量软件工具 | 全自动边缘识别测量、测量对象(距离、高度、垂直线、平行线、圆半径、圆与圆之间的距离) | |
| | 测量要素：点、线、圆、倒角、2D 轮廓、圆柱、球 | |
| | 区域工具(圆形、矩形、多边形、轮廓) | |
| 3D 测量软件工具 | 距离、轮廓、体积、角度 | |
| 图像处理 | 高分辨率图像采集 | |
| | 噪声过滤 | |
| | 阴影校正 | |
| | 锐化 | |

### 8.5.3　三坐标测量仪

三坐标测量仪是测量和获得尺寸数据的最有效的方法之一，因为它可以代替多种表面测量工具及昂贵的组合量规，并把复杂的测量任务所需时间从小时减到分钟，这是其他仪器难以达到的效果。

具体而言，三坐标测量仪是指一种具有可作三个方向移动的探测器，可在三个相互垂直的导轨上移动，此探测器以接触或非接触等方式传送信号，三个轴的位移测量系统(如光学尺)经数据处理器或计算机等计算出工件的各点坐标($X$、$Y$、$Z$)并完成各项功能测量。三坐标测量仪的测量功能包括尺寸精度、定位精度、几何精度及轮廓精度等。

三坐标测量仪由测量主机、控制系统、测头测座系统和计算机系统组成。其中测量主机是测量仪的基本硬件，主要有五种类型：活动桥式、固定桥式、高架桥式、悬臂式、关节臂式。此外还有专门为车间环境开发的车间型三坐标测量仪。下面介绍一种固定桥式三坐标测量仪和车间型三坐标测量仪。

（1）固定桥式三坐标测量仪

固定桥式三坐标测量仪由于桥架固定，刚性好，同时由动台中心驱动，中心光栅阿贝误差小；这种结构使得测量仪精度非常高，是高精度和超高精度测量仪的首选结构。图 8-52 为英国海克斯康（Hexagon）系列固定桥式超高精度三坐标测量仪，表 8-17 为该测量仪的性能参数。

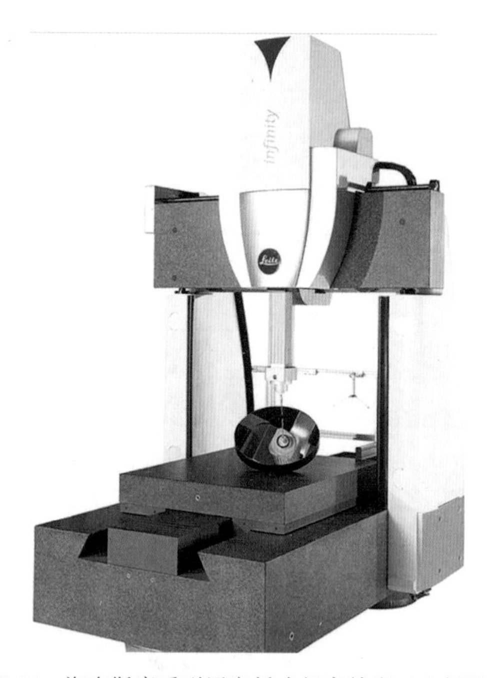


图 8-52 海克斯康系列固定桥式超高精度三坐标测量仪

**表 8-17 海克斯康系列固定桥式超高精度三坐标测量仪的性能参数**

| 生产商 | 英国海克斯康（Hexagon）计量产业集团 |
|---|---|
| 仪器型号 | Leitz Infinity |
| X 向行程/mm | 1200 |
| Y 向行程/mm | 1000 |
| Z 向行程/mm | 600 或 700 |
| 负载/kg | 1000 |
| 最大齿轮重量/kg | 750 |
| 模数范围/mm | 0.5～100 |
| 最大齿轮宽度/mm | 700 |
| 最大轴长/mm | 1200 |
| 最大齿轮直径/mm | 直齿 950；斜齿 700 |

（2）车间型三坐标测量仪

车间型三坐标测量仪专为小尺寸工件和场地狭窄的车间工作环境而设计，整体紧凑且功能强大，可以方便地移动到需要测量工件的场地，适合各种中小尺寸零部件的精确测量。图 8-53 为英国海克斯康 TIGO SF 车间型三坐标测量仪，其性能指标见表 8-18。该测量仪

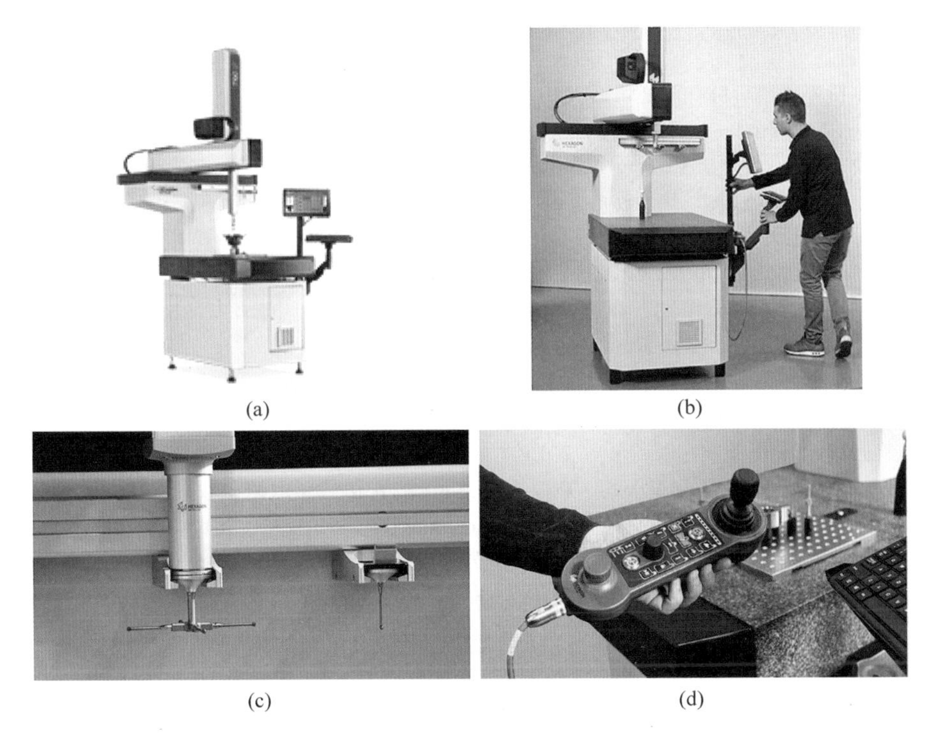


图 8-53　TIGO SF 车间型三坐标测量仪

(a) 仪器外形；(b) 现场操作；(c) 触针特写；(d) 操控装置

将显示器与主机整合为一体，减少车间现场的占地面积，可与生产单元紧密结合，能够代替所有的专用量规和手工检测仪器，无缝衔接生产线，实现连续作业。

**表 8-18　TIGO SF 车间型三坐标测量仪的性能参数**

| 生产商 | | 英国海克斯康(Hexagon)计量产业集团 |
|---|---|---|
| 仪器型号 | | TIGO SF 车间型三坐标测量仪 |
| 行程/mm | X | 500 |
| | Y | 580 |
| | Z | 500 |
| 工作环境 | | 10～40℃<br>相对湿度 40%～70%，无冷凝 |
| 电源 | | 220V(AC) |

## 参考文献

[1]　翟国栋. 机械精度设计与检测基础[M]. 北京：科学出版社，2016.
[2]　齐文春. 机械精度设计与检测[M]. 北京：科学出版社，2016.
[3]　孔德音. 形位公差与测量[M]. 天津：天津科学技术出版社，1982.
[4]　任嘉卉. 公差与配合手册[M]. 3 版. 北京：机械工业出版社，1990.

[5] 明睿陶瓷. 陶瓷智能穿戴设备产业链分析[EB/OL]. https://club. 1688. com/article/62123588. htm. 2017.

[6] 广东万濠精密仪器股份有限公司. VMS-3020H 全自动二次元影像测量仪[EB/OL]. http://www. rational-tz. com/products_content-1980639. html.

[7] 菱合科技. sylvac 数显千分表[OL]. http://www. lennon-tech. cn/products/.

[8] 杨文志，景洪伟，曹学东，等. 激光平面度仪的研究[J]. 红外与激光工程，2008，37(S1)：148-150.

[9] 艾邦高分子. 工艺工程师看过来，手机 3D 玻璃需要检测哪些参数？[EB/OL]. http://bbs. polytpe. com/thread-74259-1-1. html. 2018.

[10] 天津特鲁斯科技有限公司. 激光平面度测量仪[EB/OL]. https://b2b. hc360. com/viewPics/supplyself_pics/615538076. html.

[11] 美国 Hamar Laser 公司. 激光平面度检测仪[EB/OL]. http://b2b. hqps. com/929548_detail. html.

[12] 瑞士丹青科技有限公司. 平面度测量仪、回转式测量仪、粗糙度测量仪[EB/OL]. http://dantsin. com.

[13] 上海钰诚电子有限公司. 电子水平仪[EB/OL]. https://product. ch. gongchang. com.

[14] 广州海科思自动化设备有限公司. 玻璃在线测量仪、五合一影像测量仪[EB/OL]. http://www. hovkox. com. cn/products/bolihoudujiqiaoquduz. html.

[15] 广州威而信精密仪器有限公司. 圆度仪[EB/OL]. http://www. cnhld. com/ftafczx101. html.

[16] 华米科技. Amazfit 手环[EB/OL]. https://baike. baidu. com.

[17] 北京鸿鸥成运仪器设备有限公司. 表面粗糙度测试仪[EB/OL]. https://m. baidu. com/tc? from=bd_graph_mm_tc&srd=1&dict=20&src=http%3A%2F%2Fwww. chem17. com%2FProduct%2Fdetail%2F26037011. html&sec=1555401544&di=6b702f512e0aef0b.

[18] 英国泰勒霍普森有限公司. 粗糙度测量仪[EB/OL]. https://www. taylor-hobson. com. cn.

[19] 上海光学仪器厂. 光切法显微镜[EB/OL]. http://www. shoif. com/product/microscope/tm/1999/.

[20] 东莞 OTD 影像测量仪[EB/OL]. http://www. dgotd. com/otdcnc%20picm. html.

[21] 德国米铱测试技术有限公司. 光谱共聚焦位移测量系统[EB/OL]. https://zhidao. baidu. com/question/1992306461683069107. html.

[22] 深圳中科飞测科技有限公司. 3D 轮廓检测系统[EB/OL]. http://www. nanEB/OLighting-lab. com/index. php/about? id=38.

[23] 海克斯康测量技术(青岛)有限公司. 三坐标测量仪[EB/OL]. http://www. hexagonmetrEB/OLogy. com. cn/.

[24] 柯尼卡美能达(中国)投资有限公司. 分光测色计[EB/OL]. https://www. konicaminEB/OLta. com. cn/instruments/products/cEB/OLor/spectrophotometer/cm700d-600d.

[25] 上海昊量光电设备有限公司. 色度计[EB/OL]. https://www. instrument. com. cn/netshow/SH102831/C270822. htm.

# 附录　英文名词与缩略语对照表

AlON　阿隆

APP　atactic polypropylene　无规聚丙烯

CAB　cellulose acetate butyrate　醋酸丁酸纤维素

$CoAl_2O_4$　铝酸钴

$CO(NH_2)_2$　尿素/碳酰二胺

CPS(或 cps)　counts per second　探测器每秒接收到的信号数量

c-$ZrO_2$　cubic phase zirconia　立方相氧化锆

$D_{10}$　一个样品的累计粒度分布百分数达到10%时所对应的粒径

$D_{50}$　一个样品的累计粒度分布百分数达到50%时所对应的粒径

$D_{90}$　一个样品的累计粒度分布百分数达到90%时所对应的粒径

DBP　dibutyl phthalate　邻苯二甲酸二丁酯

DEP　diethyl phthalate　邻苯二甲酸二乙酯

DOP　dioctyl phthalate　邻苯二甲酸二辛酯

EEA　ethylene-ethyl acrylate　乙烯-丙烯酸乙酯

EVA　ethylene-vinyl acetate Copolymer　乙烯-醋酸乙烯共聚物

fL　费升，也叫菲升或飞升，容积/体积单位，$1fL=1\mu m^3$

FSR　full scale range　满量程(精度单位)

HAS　hydroxystearic　羟基硬脂酸

HB/HBS　Brinellhardness　布氏硬度

HDPE　high density polyethylene　高密度聚乙烯

HIP　hot isostatic pressing　热等静压

HR　Rockwell hardness　洛氏硬度

HV　Vickers hardness 维氏硬度

IDC　internet data center　互联网数据中心

IPP　isotactic polypropylene　等规聚丙烯

LDPE　low density polyethylene　低密度聚乙烯

LMPP　low molecular weight polypropylene　低分子量聚丙烯

$MgAl_2O_4$　镁铝尖晶石

Mg-PSZ　magnesium oxide partially stabilized zirconia ceramics　氧化镁部分稳定氧化锆陶瓷

m-$ZrO_2$　monoclinic phase zirconia　单斜相氧化锆

OA　oleic acid　油酸

PE　polyethylene　聚乙烯

PEO　polyethylene oxide　聚环氧乙烷

PEG　polyethylene glycol　聚乙二醇

PMMA　polymethyl methacrylate　聚甲基丙烯酸甲酯

POM　polyformaldehyde　聚甲醛

PP　polypropylene　聚丙烯

PS　polystyrene　聚苯乙烯

PVB polyvinyl butyral 聚乙烯醇缩丁醛
PVD physical vapor deposition 物理气相沉积
PW paraffin wax 石蜡
RH relative humidity 相对湿度
SA stearic acid 硬脂酸
$S_{BET}$ specific surface area 比表面积
smartphone 智能手机
SPS spark plasma sintering 放电等离子烧结
ST stearic acid 硬脂酸
$T_g$ 玻璃化转变温度
TOSOH 日本东曹公司
TPU thermoplastic polyurethanes 热塑性聚氨酯
t-$ZrO_2$ tetragonal phase zirconia 四方相氧化锆
wax 微晶石蜡
Y-TZP/3Y-TZP/Y-$ZrO_2$ 3mol% yttria stabilized tetragonal polycrystalline zirconia ceramics 摩尔分数约为3%氧化钇稳定的四方多晶氧化锆陶瓷
$\eta$ 黏度